ファイナンスと保険の数理

ファイナンスと
保険の数理

井上昭彦
Akihiko Inoue

中野　張
Yumiharu Nakano

福田　敬
Kei Fukuda

岩波書店

Iwanami Studies in Advanced Mathematics
Mathematics for Finance and Insurance

Akihiko Inoue, Yumiharu Nakano, Kei Fukuda

Mathematics Subject Classification(2010);
Primary: 91-01, Secondary: 60H30, 91B30, 91G20, 91G30

【編集委員】

第I期(2005-2008)　　第II期(2009-)

儀我美一　　岩田　覚
深谷賢治　　斎藤　毅
宮岡洋一　　坪井　俊
室田一雄　　舟木直久

まえがき

ファイナンスと保険の中心テーマは「リスク」である．リスクを把握するためには，情報を時間と不確実性の両方の視点で分析しなくてはならない．この分析を行う手段として確率論と確率過程論が用いられる．本書は，ファイナンスと保険の基礎となっている数理的事項を扱う．

保険数理の誕生が 17, 8 世紀にさかのぼるのに対し，現代的な数理ファイナンスのそれは 20 世紀後半と比較的最近であるが，今日では数理ファイナンスは応用数学の大きな一分野をなすまでに至っている．これらファイナンスと保険の数理は 1990 年代の初頭まではほぼ独立に発展してきたが，近年急速に両分野の境界が薄れつつある．これは，金融界の業態別組織と商品設計の両面において融合が進みつつあることにも大きく影響を受けている．

本文にもある通り，ファイナンスと保険は構造的に多くのものを共有しており，統一的に取り扱うことには多くの利点がある．例えば，2008 年に発生した世界規模の金融危機の大きな要因としてクレジット・デフォルト・スワップという金融商品のリスク管理の問題が挙げられるが，これは保険で行われているようなリスク管理と規制が行われていたならば，あれほど異常に厳しいものにはならなかったものと思われる．

このように現実社会おける重要性が増しているにもかかわらず，ファイナンスと保険の数理を統一的に学ぶことは容易ではない．例えば学部や大学院の学生が統一的に学ぼうとしても，数理ファイナンスと保険数学の教科書をそれぞれ読み，記号や枠組みの違いを理解するのに格闘しなくてはならない．そのうえ深い意味を理解するためには，金融と保険の実務的な知識と現実社会への問題意識が不可欠だが，実務界によるそれらの機会の提供は限られている．つまり「学んで思わざる」ために努力の割りに「罔(くら)」い状態に置かれがちである．一方，金融工学の実務家（フィナンシャル・エンジニア）は，保険数理の記号に辟易して本質的理解に至る前に教科書を放り出してしまいかねない．また，保険数理の実務家（アクチュアリー）は，多忙の中，数理ファイナンスの主要定理に至るまでの数学的準備に辟易してしまい，ついには鳥瞰的な視界を失ってしまいかねない．実務

家は，社会的観点，企業経営的観点から高い問題意識を持つが，それを解決するための技術を習得するコストがあまりにも高すぎるために，疑念を感じつつも，伝統的手法を使い続けざるを得ない．つまり，思いて学べず「殆（あやう）」い対処をしてしまいかねない．

本書では，ファイナンスと保険の数理を統一的に扱い，上記のような状況を幾分でも改善することを試みた．読者としては，学部・大学院生と理論的基礎を学ぼうとする実務家を想定しているが，先に述べたように，学生と実務家の間には，埋めるにはあまりに大きすぎるギャップがある．我々は，これを多少なりとも解消するために，本書を次のような3部構成とすることにした．

まず第I部では，数理ファイナンスの基礎(第1, 3章)，それに必要な確率解析(第2章)，そして確率過程論に基づく保険の基礎理論(第4章)を扱っている．数理ファイナンスの部分は，入門に適した離散時間モデルから始めて連続時間の金利モデルまでをカバーしている．方針として，理論の道筋と数学的な構造が明確になるような記述を心がけた．このうち第1章は，ほとんど予備知識なしで読み進めることができ，また確率論入門と見ることもできるので，例えば学部生向けセミナーの題材などに適しているであろう．第2章の確率解析の部分は，数学的にハードな議論を必要とするところであるが，焦点を絞って丁寧な記述・証明を心がけた．なお，第2章の最後の節(2.5節)では，不連続点を持つ確率過程に対する確率解析を整備していて，本書の特色の一つになっている．この部分は第7章で応用される．第4章では，点過程と複合過程に基づいて集合的リスク理論を詳細に論ずる．特に，複合過程の分布の性質や種々の極限定理を示す．これらはクレーム総額の分布計算，ひいては保険ポートフォリオのリスク管理において有用となるものである．

第II部は，ファイナンスと保険の理論の関係をより深く理解するための三つのトピックを取り上げている．第5章では，選好関係の数値表現理論を概説する．特に，選好関係の期待効用表現の理論とその一般化を扱う．第6章では，ファイナンス分野のリスク尺度と，保険分野の保険料算出原理を，統一的な視点から取り扱う．特に，バリュー・アット・リスク，条件付きバリュー・アット・リスク，Wangの保険料原理，およびそれらの間の関連について解説する．第7章では，ファイナンスと保険の融合商品のリスク評価の例として変額年金保険を扱う．このような商品に対しては第1, 3章の価格付け法は適用できないため，非完備市場モデルにおける効用無差別評価法という価格付け法を提示す

る．

　最後に第 III 部では，初学者が第 I 部と第 II 部を読み進む際の道案内となる金融・保険の基礎概念および数学的理論の背景を中心に記述している．また，金融・保険における主要事項と本書の各章の内容との関係が示されている．極力，文章と平易な算式で記述し，特に，保険数理記号になじみのない読者にも古典的な保険数理の考え方を受け入れやすくするため，アクチュアリー記号の使用を抑えて解説している．この分野の初学者の全体感を養い，実務家が読むべき部分を第 I・II 部から探し出す労力を軽減することを期待している．

　以上のような構成が著者たちの意図をうまく表現できているかは読者の判断に任せる他はないが，著者たちとしては本書がリスクと格闘する人々へ送るささやかなエールとなることを期待している．なお，本書では残念ながらごく一部を除いて経済学的な視野まではカバーできなかった．読者には，この点については金融経済学の教科書で補うことを薦める．第 8 章で述べるように保険の本質はリスク・シェアリングであるが，リスク・シェアリングは経済学でも長く研究されている重要なテーマでもある ([126] 参照)．

　本書の著者たちは，数学・数理ファイナンスの研究者 (井上・中野) とアクチュアリーでもある金融の実務家 (福田) とで構成されている．執筆者 3 名の分担は次の通りである：
- 井上：1・2・3・6 章 (2.5 節を除く) の執筆．
- 中野：4・5・7 章および 2.5 節の執筆．
- 福田：8・9 章の執筆および全体と第 4 章の構成の原案作成．

　最後に，本書の執筆の機会を与えてくださった儀我美一先生，および岩波書店編集部の浜門麻美子，樋口裕美，加美山亮の各位には，執筆者たちの遅筆で大変ご迷惑をおかけしたことをお詫びし，我慢強く付き合ってくださったことに心よりお礼を申し上げたい．また，本書の原稿を読んで誤りを指摘し有益な助言をくださった石村直之，関根順，査読者の各位と北海道大学・東京工業大学・広島大学の学生の方々，特に，中嶋健二，永谷俊岳，玉真佑悟，平松剛和，今津賢太郎，森内慎吾の各位に心から感謝の意を表したい．

　2014 年 7 月

井上 昭彦・中野 張・福田 敬 (五十音順)

目　次

まえがき

第 I 部 ……………………………………………………… 1

1　ファイナンスの離散時間モデル …………………………… 3
- 1.1　派生証券の価格評価　3
- 1.2　有限確率空間　9
- 1.3　1 期間二項モデル　16
- 1.4　有限確率空間上の確率論　23
- 1.5　2 期間二項モデル　37
- 1.6　完備市場と非完備市場　50
- 第 1 章ノート　65

2　確率解析 …………………………………………………… 67
- 2.1　測度論と確率論　67
- 2.2　確率過程　81
- 2.3　マルチンゲール　91
- 2.4　確率積分と確率解析　103
- 2.5　より一般の確率解析　146
- 第 2 章ノート　156

3　ファイナンスの連続時間モデル …………………………… 157
- 3.1　Black-Scholes-Merton モデル　157
- 3.2　期間構造モデルの枠組み　170
- 3.3　短期金利モデル　185

3.4 Heath-Jarrow-Morton 枠組み　196
3.5 フォワード LIBOR モデル　201
第3章ノート　203

4 保険と確率過程　205

4.1 保険請求の確率分布・確率過程　205
4.2 クレーム総額の分布　210
4.3 破産確率　224
4.4 点過程とマルチンゲール　238
4.5 4.3.3節の補遺　250
第4章ノート　256

第 II 部　259

5 不確実性下の効用理論　261

5.1 聖ペテルスブルグの逆説　261
5.2 期待効用理論　262
5.3 期待効用理論の一般化　288
第5章ノート　297

6 リスク尺度と保険料算出原理　299

6.1 リスク尺度の背景　299
6.2 リスク尺度の性質　301
6.3 分位関数　308
6.4 Value at Risk　317
6.5 Neyman-Pearson の補題　322
6.6 CVaR　324
6.7 保険料算出原理　330
6.8 Wang の保険料原理　332
第6章ノート　341

7　金融と保険の融合商品の評価例 ……………………… 343

7.1　設定　343
7.2　リスク評価の問題　345
7.3　ヘッジ誤差の最小化　349
第7章ノート　360

第Ⅲ部 …………………………………………………… 361

8　金融と保険の基礎概念 ……………………………… 363

8.1　社会的分業と金融・保険　363
8.2　金融の基本メカニズム　364
8.3　保険の基本メカニズム　366
8.4　金融と保険の数理の関連性の理解へ　373

9　金融と保険の数理の基礎 …………………………… 379

9.1　金利計算の基礎　379
9.2　保険数理における金利計算　385
9.3　保険数理のフレームワーク　390
9.4　生命保険の数理計算　408
第9章ノート　420

付録A　更新定理 ………………………………………… 423
付録B　有限加法的測度 ………………………………… 425
付録C　生命保険公式のまとめ ………………………… 427

参考文献 …………………………………………………… 431
記号一覧 …………………………………………………… 441
索　引 ……………………………………………………… 442

第Ⅰ部

1 ファイナンスの離散時間モデル

本章では，離散時間モデルを用いて数理ファイナンスの基本的な概念やアイデアを学ぶ．必要となる確率論の基本事項などはすべてはじめから書かれているので，予備知識はほとんど必要としない．初等的だが数学的に厳密な議論を積み重ねていくことで，最終的に非完備市場などの高度な内容にまで到達する．

1.1 派生証券の価格評価

この節では，**1期間二項モデル**(single-period binomial model)という金融市場モデルを導入し，そこにおいてヨーロピアン・プット・オプションという派生証券の価格評価の問題を考察する．また，それを通じて，派生証券の価格評価に関連する基本的な用語・概念を学ぶ．

この節で扱う1期間二項モデルについて説明する．このモデルでは，C社という自動車メーカーの株式が売買される．現在 $t=0$ のC社の株価 S_0 は1000円である：$S_0 = 1000$．このモデルでは，次の時間は $t=1$ で，その時点の株価 S_1 は確率 2/5 で 1100 円であるかまたは確率 3/5 で 800 円である：$P(S_1 = 1100) = 2/5$，$P(S_1 = 800) = 3/5$（図1.1参照）．ここで $P(A)$ は，事象 A の確率を表す．現在の株価 S_0 は1000円という定数であるが，現在 $t=0$ から見て S_1 は未来の株価であり，確定した値を述べることができない確率変数である．

この1期間二項モデルにおける**無リスク資産**(risk-free asset)について説明する．これは収益が確定的な資産のことである．ここでは簡単のため，これは銀行への預金またはそこからの借り入れと考える．その利子率にあたるものを**無リスク利子率**(risk-free interest rate)という．すなわち，この金融市場モデルにおいて，時間 $t=0$ に1円を無リスク資産に投資すると，時間 $t=1$ では $1+r$ 円になる（図1.1参照）．この確定的な非負定数 r が時間 $t=0$ から $t=1$ の間の無リスク利子率である．利子率 r に対しては次の仮定をおく：

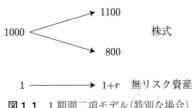

図1.1 1期間二項モデル(特別な場合)

$$(1.1) \qquad 0 \leqq r < \frac{1100-1000}{1000} = \frac{1}{10}.$$

実際，もし $r \geqq 1/10$ ならば，無リスク資産の方がいつでも株式よりよいパフォーマンスということになり，誰もその株を買わない．

初期資金が x 円であるとし，時間 $t=0$ において 1000ξ 円で C 社の株式を ξ 株購入し，残り $x-1000\xi$ 円を無リスク資産で運用するとする．ただし，$\xi < 0$ や $x-1000\xi < 0$ でもよい．$\xi < 0$ のときは(下で説明する)株の空売りにあたり，$x-1000\xi < 0$ のときは銀行から $1000\xi - x$ 円を借りることを意味する．この運用法を (x,ξ) で表し，**取引戦略**(trading strategy)あるいは**ポートフォリオ戦略**(portfolio strategy)という．すなわち

$$(x,\xi) = (初期資金, 株式保有量)$$

の形である．ここで，**ポートフォリオ**とは「金融資産の組み合わせ」という意味である．今，取引戦略 (x,ξ) というときには，実際には時間 $t=0$ では，$x-1000\xi$ 円分の無リスク資産と(1000ξ 円分の) C 社株の ξ 株からなるポートフォリオによる投資を意味する．無リスク資産への投資金額 $x-1000\xi$ 円は，x と ξ から自動的に決まるので，この取引戦略を簡単に (x,ξ) と表すのである．

取引戦略のある時点における**価値**(value)とは，その取引戦略のポートフォリオの構成資産をすべてその時点で現金化した場合の総額のことである．取引戦略 (x,ξ) の時間 $t=0$ における価値 $X_0^{x,\xi}$ は x 円である：$X_0^{x,\xi} = x$．この資金を元に時間 $t=0$ で $x-1000\xi$ 円を無リスク資産に，1000ξ 円を株式にそれぞれ投資する．一方，時間 $t=1$ では，株価の変化と金利により，この取引戦略 (x,ξ) の価値 $X_1^{x,\xi}$ 円は

$$X_1^{x,\xi} = (1+r)(x-1000\xi) + \xi S_1$$

となる．ここで，右辺の第 1 項は無リスク資産の元本の $x-1000\xi$ 円に金利が

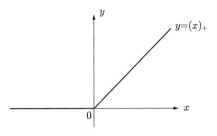

図 1.2 関数 $(x)_+$ のグラフ

加わったものであり，第 2 項は ξ 株の株式の時間 $t=1$ での価値である．S_1 が確率変数であるので $X_1^{x,\xi}$ もそうであり，時間 $t=0$ ではその値は確定しない．$S_1 = 1100$ 円，800 円それぞれの場合に $X_1^{x,\xi}$ の値は次のようになる：

$$(1.2) \quad X_1^{x,\xi} = \begin{cases} (1+r)(x - 1000\xi) + 1100\xi & S_1 = 1100 \text{ のとき}, \\ (1+r)(x - 1000\xi) + 800\xi & S_1 = 800 \text{ のとき}. \end{cases}$$

次に派生証券の説明を行う．この 1 期間二項モデルの時間 $t=0$ において，A 銀行は C 社の株式を**原資産**(underlying security)とする**ヨーロピアン・プット・オプション**(European put option)という**派生証券**(derivative security)をある価格で**発行**(write)する．一方，顧客は A 銀行にその価格を支払って，この派生証券を購入する．話を具体的にするために，**満期**(expiry)が $t=1$ で**行使価格**(strike price)が 900 円のヨーロピアン・プット・オプションを考える．その意味は，ここでは単純化して，このオプションの保有者は，満期 $t=1$ において A 銀行から $(900 - S_1)_+$ 円を受け取ることとする(下の注意 1.2 を参照)．この支払い金額 $(900 - S_1)_+$ 円をこのオプションの**ペイオフ**(payoff)という．ただし，$(x)_+$ は次で定義される(図 1.2 参照)：

$$(x)_+ := \begin{cases} 0, & x < 0, \\ x, & x \geqq 0. \end{cases}$$

すなわち，$S_1 = 1100$ 円の場合には $(900 - 1100)_+ = (-200)_+ = 0$ であるから A 銀行からの支払いは 0 であるが，$S_1 = 800$ 円の場合には $(900 - 800)_+ = (100)_+ = 100$ より 100 円の支払いを A 銀行から受ける．したがって，このヨーロピアン・プット・オプションの保有者は，このオプションに限るならば，C 社の株価が下がると収入がある．

問題 1.1 次を示せ：$x \in \mathbb{R}$ に対し $(x)_+ - (-x)_+ = x$. □

注意 1.2(ヨーロピアン・プット・オプション) ヨーロピアン・プット・オプションは本来「満期においてオプションの発行者に時価 S_1 円の原資産(今は株式)をあらかじめ定めた行使価格(今は 900 円)で売る権利を与える派生証券」である．オプションの保有者は，株価が $S_1 < 900$ の場合，株式を市場で S_1 円で買い 900 円で売ることで差額 $900 - S_1$ 円を得るが，権利であって義務ではないので，株価が $S_1 \geqq 900$ の場合には(損なので)権利は行使しない．結局，この「900 円で売却する(義務ではない)権利」は時間 $t=1$ において $(900 - S_1)_+$ 円をオプションの発行者から受け取る権利と同等になるので，上に述べたペイオフが $(900 - S_1)_+$ 円であるという簡略化された記述が可能になる．

用語の説明をする．株式という原資産があり，それから派生して作られた(derive された)金融商品であるので，これを**派生証券**あるいは**デリバティブ**(derivative)という．オプションは派生証券の一種で，決められた原資産を決められた条件のもとで売るまたは買う権利である．ただし，権利であって義務ではない．売る権利を与えるオプションが**プット**(put)であり，買う権利を与えるオプションを**コール**(call)という．また，**ヨーロピアン**という形容詞であるが，歴史的な経緯を別にするとヨーロッパという地域に関係はなく，ここでは「オプションの保有者は満期においてのみ**権利行使**(exercise)が可能」ということを意味する．これに対して**アメリカン・オプション**(American option)とよばれるオプションでは「オプションの保有者は満期およびそれ以前のいつでも権利行使が可能」である．本節では，オプションの原資産としては株式を考えるが，現実の金融市場では，それ以外にも S&P500 や日経平均株価のような株価指標，先物，金利，債券など，さまざまなものを原資産とするオプションが存在する．

注意 1.3(オプション取引の目的) 顧客がこのプット・オプションを購入する理由としては，次のようなことが考えられる：

(a) **ヘッジ**：C 社の株式を時間 $t=1$ で売却する予定の B という人が，時間 $t=0$ から $t=1$ の間に株価が下落するという見通しを持ったとしよう．この場合，B がヨーロピアン・プット・オプション $(900 - S_1)_+$ を時間 $t=0$ で購入すると，時間 $t=1$ で手にする総額は株式の売却代金とオプションのペイオフの合計で，次のようになる：

$$S_1 + (900 - S_1)_+ = \begin{cases} S_1 & S_1 > 900 \text{ のとき}, \\ 900 & S_1 \leqq 900 \text{ のとき}. \end{cases}$$

これは「株価 S_1 が 900 円より上の場合には S_1 円で株を売れ，株価 S_1 が 900 円より下の場合には 900 円で売れる」ことと同等になる．したがって，B にとってこのオプションの保有は，株価下落に対する保険の役割を果たす．このように(株価下落のような)リスクを(プット・オプションの保有のような)金融取引を用いてカバーすることを**ヘッジ**

(hedging)という．英単語の hedge の語源は「生垣」あるいは「生垣で囲む」であり，それから「防護措置を講じる」という意味が生まれ，金融における現在の意味につながっている．リスクのヘッジは，金融の重要な機能の一つである．

(b)投機：純粋に利益を得ることを目的とする投資を**投機**(speculation)という．これが，オプション取引の目的のこともある．**投機家**(speculator)は，必要なときに取引ができるといういわゆる**流動性**(liquidity)を市場に与える．

(c)裁定取引：例えば A 銀行がこのオプションの価格評価において適正価格より安い値段を誤って付けていた場合，それに気づいて裁定取引のためにこのオプションを購入することがあり得る．ここで裁定取引とは，元手もリスクもなしで利益を得ることができる取引のことである．裁定取引は，現実の取引の重要な目的の一つである．

プット・オプションを一旦保有すると，それから収入を期待できてもそれに対して支出の心配はない．したがって，それを保有することは完全なメリットであるから，それを保有するためにはある価格を支払う必要がある．このオプションの価格を**プレミアム**(premium)という．適正なプレミアムを求める**価格評価**(pricing)の問題は，オプション理論の中心的な問題の一つである．

プット・オプションの発行元はオプション 1 単位あたり時間 $t=1$ において $(900-S_1)_+$ 円の支払い義務を負うが，オプション発行時の $t=0$ では S_1 の値が不確定であるため $(900-S_1)_+$ の値も不確定である．これがこの価格評価の自明でない理由である．

次の概念は，派生証券の価格評価において鍵となるものである．

定義 1.4 取引戦略 (x^*, ξ^*) がペイオフ $(900-S_1)_+$ 円のヨーロピアン・プット・オプションの**複製戦略**(replicating strategy)であるとは，時間 $t=1$ における取引戦略の価値 $X_1^{x^*,\xi^*}$ がペイオフ $(900-S_1)_+$ に一致することである： $X_1^{x^*,\xi^*} = (900-S_1)_+$．複製戦略 (x^*, ξ^*) に対し，x^* を**複製コスト**(replication cost)とよぶ． □

上の等式 $X_1^{x^*,\xi^*} = (900-S_1)_+$ は確率変数の間の等式であることを注意せよ．

命題 1.5(**複製戦略の存在と一意性**) ペイオフ $(900-S_1)_+$ を複製する取引戦略 (x^*, ξ^*) が唯一つ存在し，次で与えられる：

(1.3) $$\xi^* = -\frac{1}{3}, \quad x^* = \frac{1000}{3(1+r)}\left(\frac{1}{10} - r\right).$$ □

[証明] 複製戦略 (x^*, ξ^*) とは，$X_1^{x^*,\xi^*} = (900-S_1)_+$ を満たすものである．(1.2)によれば，それは，

$$\begin{cases} (1+r)(x^* - 1000\xi^*) + 1100\xi^* = 0, \\ (1+r)(x^* - 1000\xi^*) + 800\xi^* = 100 \end{cases}$$

と同じである．x^* と ξ^* に関するこの連立 1 次方程式を解くと，結果(1.3)を得る．これより特に，複製戦略 (x^*, ξ^*) が存在して一意であることが分かる．■

注意 1.6(命題 1.5 の分析)　命題 1.5 の設定では $\xi^* = -1/3$ ということで，複製戦略 (x^*, ξ^*) においては株を空売りすることが分かる．ここで**空売り**(short selling あるいは shorting)とは，今の場合は「時間 $t=0$ においてある所から 1/3 株借りてそれを市場で売却することで現金 $S_0/3$ 円を得る操作」ということになる．借りた 1/3 株は後で返さなければならない．なお，条件(1.1)より，$x^* > 0$ となる．

注意 1.7(複製戦略とヘッジ)　命題 1.5 で複製戦略 (x^*, ξ^*) の値の組を具体的に求めている点は重要である．なぜならば，オプションの売り手は x^* 円を初期資金として，複製戦略 (x^*, ξ^*) に従うことにより，時間 $t=1$ におけるペイオフ $(900 - S_1)_+$ を完全に「複製」できるからである．言い換えるならば，取引戦略 (x^*, ξ^*) は，このプット・オプションの支払いのリスクをヘッジする方法を記述している．

我々は，1.3.3 節の定理 1.68 において x^* が裁定取引の生じない唯一の価格であることを見る．ここで，**裁定取引**(arbitrage)とは元手もリスクもなしで利益を得ることができる取引のことである．裁定取引の機会を**裁定機会**(arbitrage opportunity)という．裁定取引の存在は市場の非合理性を意味すると考えられるので，我々は x^* をこのプット・オプションの時間 $t=0$ における**適正価格** (fair price)であるとみなす．

ここではこのプット・オプションの価格が複製コスト x^* でなければ，裁定機会が生じることを説明する．基本的な考え方は，安い方を買い高い方を売る，である．最初に，このプット・オプションを複製コスト x^* より安い値段 x_0 $(< x^*)$ で買えたとしよう．この場合は，オプションを買いその複製ポートフォリオを売ればよい．すると，時間 $t=0$ で $(x^* - x_0)$ 円の現金が残るから，それは銀行に預ける．満期 $t=1$ ではオプションから入る収入 $(900 - S_1)_+$ で複製ポートフォリオの売りポジションを清算する．すると時間 $t=1$ において $(1+r)(x^* - x_0)$ 円の利益が元手なしで確実に得られる．よって，$x_0 < x^*$ を満たす価格 x_0 では裁定機会が生じることが分かる．今はオプション 1 単位に対して述べたが，任意の正整数 n に対しすべての取引を n 倍すれば，時間 $t=1$ における利益も $n(1+r)(x^* - x_0)$ 円になる．同様にして，逆に(1.3)の x^* より高

い値段 x_1 でも裁定機会が生じることが分かる(問題 1.8). 結局, オプションの価格が x^* でなければ裁定機会が生じる.

問題 1.8 ヨーロピアン・プット・オプション $(900 - S_1)_+$ の価格が (1.3) の x^* より高い場合には, 裁定機会が生じることを示せ.

ヒント. オプションを売りその複製ポートフォリオを買えばよい. □

注意 1.9 上の複製コストと裁定取引の存在に関する議論は次のような価格評価に関する基本的な方法論に一般化される. 二つの金融資産(あるいはポートフォリオ)があり, 将来の時間 $t = T$ におけるそれらの価値が(それぞれは不確定にもかかわらず)一致するとする. すると, 裁定取引が存在してはならないという**無裁定条件**(no-arbitrage condition) の下で, この二つの金融資産の現在の時間 $t = 0$ での価格は同じでなければならない. なぜならば, もし同じでなければ, 時間 $t = 0$ で価格の安い方を買い高い方を売ることで価格の差を手にしながら, 時間 $t = T$ では債務を利益で完全に相殺させることができるからである. 言い換えるならば裁定機会が生じる.

注意 1.10 現実の市場で裁定機会が生じた場合, 市場の参加者により裁定取引が行われ, その結果不適正な価格は是正される方向に市場が動くので, 裁定機会はやがて無くなると考えられる.

1.2 有限確率空間

本章では, 有限個の可能性しかないランダムな現象を考察の対象にしている. 本節では, これを記述するための数学的枠組みである有限確率空間について, その正確な定式化を述べる. 有限確率空間は, 次章以降で必要となる一般の確率空間と比べると技術的には格段に易しいが, 基本的な考え方は同じであるので, 次章以降のためのよい準備にもなるであろう.

Ω は N 個の元からなる次の有限集合とする: $\Omega = \{\omega_1, \omega_2, \cdots, \omega_N\}$. また集合族 $\mathscr{F}$ は, Ω の部分集合の全体 2^Ω とする: $\mathscr{F} = 2^\Omega$. 例えば $N = 3$ ならば,

$$\mathscr{F} = \{\emptyset, \{\omega_1\}, \{\omega_2\}, \{\omega_3\}, \{\omega_1, \omega_2\}, \{\omega_2, \omega_3\}, \{\omega_3, \omega_1\}, \Omega\}$$

となる. 集合 Ω を**標本空間**(sample space), Ω の元 ω を**標本点**(sample point), $\mathscr{F}$ の元を**事象**(event)という. また, 組 $(\Omega, \mathscr{F})$ を**可測空間**(measurable space)という.

問題 1.11 $\mathscr{F}$ は何個の元(事象)からなるか. ［答］ 2^N 個. □

注意 1.12(事象全体の集まり $\mathscr{F}$) Ω の部分集合が事象であり, $\mathscr{F}$ は事象全体の集ま

りである．$\mathscr{F}$ の元は Ω の点ではなく，空集合 $\emptyset$，全体集合 Ω，1 点集合 $\{\omega\}$ などの Ω の部分集合である．特に標本点 $\omega \in \Omega$ と ω だけからなる事象 $\{\omega\} \in \mathscr{F}$ を区別せよ．

標本点 ω や事象 E とモデル化したいランダムな現象との対応について説明する．標本点 ω は考えるランダムな現象の一つの可能性を表し，標本空間 Ω はその可能性をすべて集めたものである．ランダムな現象では実際には唯一つの標本点 ω が出現する．この出現する ω が事象 E に属するとき E が起こると考える．E の Ω における補集合 $E^c \in \mathscr{F}$ は「E が起こらない事象」にあたり，E の**余事象**(complementary event)という．二つの事象 $E, F \in \mathscr{F}$ に対し，和 $E \cup F \in \mathscr{F}$ は「E または F が起こる事象」にあたり，交わり $E \cap F \in \mathscr{F}$ は「E と F の両方が起こる事象」にあたる．$E \cap F = \emptyset$ は「E と F は同時には起こらない」ことを意味し，このとき E と F は**排反**(exclusive)であるという．

注意 1.13 標本空間 Ω の元である標本点 ω が何かという点については，わざと抽象的にして柔軟性を持たせている．逆にいうと「サイコロ 1 回投げ」というような具体的なモデル化でその方が都合がよい場合には，$\Omega = \{1, 2, 3, 4, 5, 6\}$ とおいてもよい．

例 1.14(サイコロ 1 回投げ) サイコロ 1 回投げのモデル化としては，$N = 6$ の $\Omega = \{\omega_1, \omega_2, \cdots, \omega_6\}$ とすればよい．そして，標本点 ω_k は，サイコロの目 k が出ることに対応すると考える．すると例えば $\{\omega_1, \omega_3, \omega_5\}$ は「奇数の目が出る事象」，$\{\omega_4\}$ は「4 の目が出る事象」，$\emptyset$ は「どの目も出ない事象」となる． □

問題 1.15 例 1.14 で次の事象を標本点を用いて記述せよ：(1)偶数の目が出る事象，(2) 2 または 5 が出る事象，(3)いずれかの目が出る事象．

[答] (1) $\{\omega_2, \omega_4, \omega_6\}$，(2) $\{\omega_2, \omega_5\}$，(3) $\Omega = \{\omega_1, \cdots, \omega_6\}$． □

次に確率測度を定義する．

定義 1.16 写像 $P : \mathscr{F} \to [0, 1]$ が次の二つの条件を満たすとき，可測空間 $(\Omega, \mathscr{F})$ 上の**確率測度**(probability measure)という：(1) $P(\Omega) = 1$，(2)**加法性**：$E, F \in \mathscr{F}, E \cap F = \emptyset \Rightarrow P(E \cup F) = P(E) + P(F)$． □

$P(E)$ を事象 E の(起こる)**確率**(probability)という．また，三つ組 $(\Omega, \mathscr{F}, P)$ を**有限確率空間**(finite probability space)という．ここで「有限」とは Ω が有限集合であることを意味する．

定理 1.17(確率測度の性質) 確率測度 P は次の性質を持つ：

(1) $P(\emptyset) = 0$．

(2) **有限加法性**：$E_i \in \mathscr{F}$ $(i = 1, \cdots, n)$，$E_i \cap E_j = \emptyset$ $(i \neq j)$ ならば

$$P\left(\bigcup_{i=1}^{n} E_i\right) = \sum_{i=1}^{n} P(E_i).$$

(3) $E, F \in \mathscr{F}, E \subset F \Rightarrow P(F \cap E^c) = P(F) - P(E).$
(4) $E, F \in \mathscr{F}, E \subset F \Rightarrow P(E) \leqq P(F).$
(5) $P(E^c) = 1 - P(E), E \in \mathscr{F}.$ □

[証明] (1) $\Omega \cap \emptyset = \emptyset, \Omega = \Omega \cup \emptyset$ であるから,加法性より $P(\Omega) = P(\Omega) + P(\emptyset)$ となり $P(\emptyset) = 0$ が得られる.(2) $n = 3$ の場合は,$P(E_1 \cup E_2 \cup E_3) = P(E_1 \cup E_2) + P(E_3) = P(E_1) + P(E_2) + P(E_3)$ より得られる.一般の場合も同様.(3),(4),(5) $F = (F \cap E^c) \cup E$,$(F \cap E^c) \cap E = \emptyset$ より $P(F \cap E^c) + P(E) = P(F).$ よって (3) を得る.(4) は (3) より出る.(3) で $F = \Omega$ とすると (5) も得られる. ■

問題 1.18 $A, B \in \mathscr{F}$ に対し,$P(A) = 1 \Rightarrow P(A \cap B) = P(B)$ を示せ.ヒント.$B \setminus (A \cap B) \subset A^c$. □

以下,この章全体を通じて,$(\Omega, \mathscr{F}, P)$ に対し,次の条件を仮定する:

(**A**) すべての $\omega \in \Omega$ に対し $P(\{\omega\}) > 0$.

条件 (A) と定理 1.17 より,$A \in \mathscr{F}$ に対し,$P(A) > 0 \Leftrightarrow A \neq \emptyset$ である.

$(\Omega, \mathscr{F})$ 上に (A) を満たす確率測度 P を与えるには,1 個の標本点からなる事象 $\{\omega\}, \omega \in \Omega$,たちに正の確率 $P(\{\omega\}) \in (0, 1]$ を

(1.4) $\quad P(\{\omega_1\}) + P(\{\omega_2\}) + \cdots + P(\{\omega_N\}) = 1$

を満たすように割り当て,一般の事象 $E \in \mathscr{F}$ の確率は $P(E) = \sum_{\omega \in E} P(\{\omega\})$ により定めればよい.このとき,$E, F \in \mathscr{F}, E \cap F = \emptyset$ に対して

$$P(E \cup F) = \sum_{\omega \in E \cup F} P(\{\omega\}) = \sum_{\omega \in E} P(\{\omega\}) + \sum_{\omega \in F} P(\{\omega\}) = P(E) + P(F)$$

となり,加法性が成り立つ.また $P(\Omega) = 1$ も (1.4) より成り立つ.例えば $N = 3$ で $P(\{\omega_1\}) = 1/6, P(\{\omega_2\}) = 2/6, P(\{\omega_3\}) = 3/6$ のときには,$P(\{\omega_1, \omega_3\}) = P(\{\omega_1\}) + P(\{\omega_3\}) = 2/3$ などとなる.

例 1.19(サイコロ 1 回投げ) 例 1.14 のサイコロ 1 回投げのモデル化では,確率測度は $P(\{\omega_1\}) = \cdots = P(\{\omega_6\}) = 1/6$ とする.すると例えば偶数の目が出るという事象 $\{\omega_2, \omega_4, \omega_6\}$ の確率は $P(\{\omega_2, \omega_4, \omega_6\}) = 3/6 = 1/2$ となる. □

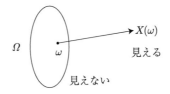

図 1.3 確率空間と確率変数のイメージ図

確率変数を定義する.

定義 1.20 有限確率空間 $(\Omega, \mathscr{F}, P)$ 上の**確率変数**(random variable) X とは, Ω から $\mathbb{R}$ への写像 $X : \Omega \to \mathbb{R}$ のことである. □

この章では, 上の定義にあるように確率変数とは $\mathbb{R}$ に値を取るものとする.

注意 1.21(確率変数の解釈) 確率変数 X のモデル化において, 標本点 ω が出現すると, 値 $X(\omega)$ が確率変数 X の実現値として現れると解釈する. なお, 値 $X(\omega)$ はサイコロの目などの実現値として観測者に見えているが, どの標本点 ω が出現して $X(\omega)$ となったかは見えていないと考える(図 1.3 参照).

注意 1.22(確率モデルの解釈) ランダムな現象の数理モデル化の装置である標本空間 Ω や標本点 ω, 確率変数 X の一つの解釈として次のようなものがある:「運命の神様が Ω から確率法則 P に従って一つの ω を選ぶ. すると, それに従って(例えばサイコロの)値 $X(\omega)$ が実現値として現れる」. この解釈では, 図 1.3 の右側が我々の世界で, 左側が運命の神様のいる所ということになる.

例 1.23(定数) 定数 $a \in \mathbb{R}$ は, 値 a を確定的に取る確率変数とみなす: $X(\omega) \equiv a$. 確定的な確率変数とはやや矛盾した言い様であるが, 例えばすべての面に 3 が書いてあるサイコロの目をモデル化すると定数 3 になる. □

例 1.24(サイコロの目のモデル) サイコロの目を表す確率変数 X のモデルとしては, 例 1.14, 1.19 において $X(\omega_k) := k, k = 1, 2, \cdots, 6,$ とすればよい. □

例 1.25(サイコロの目のモデル) サイコロの目の別のモデル化の仕方としては, 例えば次のようにしてもよい: $\Omega := \{\omega_{n,m} : n, m = 1, 2, \cdots, 6\}$ かつ

$$P(\{\omega_{n,m}\}) := \frac{1}{36}, \quad X(\omega_{n,m}) := n, \qquad n, m = 1, 2, \cdots, 6.$$

この X は「サイコロ 2 回投げの最初の目」という設定である. □

$(\Omega, \mathscr{F}, P)$ 上の二つの確率変数 X, Y に対し $X \leqq Y$ とは, すべての $\omega \in \Omega$ に対し $X(\omega) \leqq Y(\omega)$ が成り立つことである. $X = Y$ や $X < Y$ なども同様に定義される. 確率変数 X が非負であるとは, $X \geqq 0$, すなわち $X(\omega) \geqq 0, \forall \omega \in \Omega,$ を満たすことである.

定義 1.26 確率変数 X の値域を $X(\Omega)$ とする：$X(\Omega) := \{X(\omega) : \omega \in \Omega\}$. □

つまり $X(\Omega)$ は確率変数 X の取る値全体の集合である．$X : \Omega \to \mathbb{R}$ であったのを $X : \Omega \to X(\Omega)$ と見ることもできる．

注意 1.27 例えば，X がサイコロの目を表す確率変数のとき，条件(A)より $X(\Omega) = \{1,2,3,4,5,6\}$ となる．もし，条件(A)を仮定しなければ $X(\Omega) \neq \{1,2,\cdots,6\}$ かもしれない．例えば，$\Omega = \{\omega_1, \cdots, \omega_7\}$ で $P(\{\omega_k\}) = 1/6$ $(1 \leq k \leq 6)$, $P(\{\omega_7\}) = 0$, $X(\omega_k) = k$ $(1 \leq k \leq 7)$ の場合，$X = 7$ となる確率は 0 でこの X もサイコロの目のモデル化といってもよいが，$X(\Omega) = \{1,2,\cdots,7\} \neq \{1,2,\cdots,6\}$ となる．

例えば X が値 3 を取るという事象 $\{X = 3\}$ は「$X(\omega) = 3$ となる ω の中から標本点が出現する事象」として $\{X = 3\} := \{\omega \in \Omega : X(\omega) = 3\}$ と定義する．同様に $A \subset \mathbb{R}$ に対して，事象 $\{X \in A\} \in \mathscr{F}$ はそれを満たす標本点 ω の集まりとして $\{X \in A\} := \{\omega \in \Omega : X(\omega) \in A\}$ と定義する．もし $A \cap X(\Omega) = \emptyset$ ならば $\{X \in A\} = \emptyset$ となる．

期待値を定義する．

定義 1.28 確率変数 X の**期待値**(expectation) $E[X] \in \mathbb{R}$ を次で定義する：
$E[X] := X(\omega_1)P(\{\omega_1\}) + X(\omega_2)P(\{\omega_2\}) + \cdots + X(\omega_N)P(\{\omega_N\})$. 確率測度 P に関する期待値であることを明示したいときには，$E[X]$ を $E^P[X]$ と書く． □

命題 1.29 非負確率変数 X に対し $E[X] = 0$ は $X = 0$ を意味する． □

[証明] 仮定 $X \geq 0$ と (A) より，すべての $\omega \in \Omega$ に対し，$X(\omega) \geq 0$, $P(\{\omega\}) > 0$ である．よって，$E[X] = 0$ すなわち $\sum_{\omega \in \Omega} X(\omega)P(\{\omega\}) = 0$ は，$X(\omega) = 0, \omega \in \Omega$, を意味する． ■

定義 1.30 事象 $E \in \mathscr{F}$ に対し，確率変数 1_E を次で定義する：$\omega \in E$ ならば $1_E(\omega) = 1$, $\omega \notin E$ ならば $1_E(\omega) = 0$. 1_E を E の**指示関数**(indicator function)という． □

1_E は E が起きれば 1, 起きなければ 0 を取る確率変数である．

命題 1.31（期待値の性質） X と Y は有限確率空間 $(\Omega, \mathscr{F}, P)$ 上の確率変数とする．すると次の主張が成り立つ：

(1) 実数 $a \in \mathbb{R}$ に対して，$E[a] = a$.
(2) 事象 $E \in \mathscr{F}$ に対して，$E[1_E] = P(E)$.
(3) **線形性**：実数 $a, b \in \mathbb{R}$ に対して，$E[aX + bY] = aE[X] + bE[Y]$.
(4) $X \leq Y$ ならば $E[X] \leq E[Y]$.

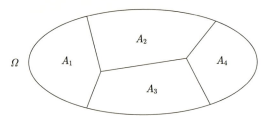

図 1.4 $X(\Omega) = \{x_1, \cdots, x_4\}$, $A_i := \{X = x_i\}$ の場合

(5) $|E[X]| \leqq E[|X|]$. □

問題 1.32 命題 1.31 を証明せよ. □

問題 1.33 $1_E(\omega) \cdot 1_F(\omega) = 1_{E \cap F}(\omega)$ を示せ. □

定義 1.34 集合 A の部分集合列 $\{D_i\}_{i=1}^m$ が A の**分割**(division)であるとは次の二つの性質を満たすことである：(1) $i \neq j$ ならば $D_i \cap D_j = \emptyset$, (2) $D_1 \cup \cdots \cup D_m = A$. □

有限集合 A に対し，$\#A$ は A の元の個数を表すとする．例：$\#\{1,4,7\} = 3$. 確率変数 X から Ω の分割が一つ自然に決まる．

命題 1.35 確率変数 X の取る異なる値を $x_1, \cdots, x_m$ とする：

$$(1.5) \qquad \#X(\Omega) = m, \quad X(\Omega) = \{x_1, \cdots, x_m\}.$$

このとき，次の主張が成り立つ：

(1) 事象列 $\{\{X = x_k\}\}_{k=1}^m$ は Ω の分割である．

(2) すべての関数 $f : X(\Omega) \to \mathbb{R}$ に対し，確率変数 $f(X)$ は次の分解を持つ：

$$f(X(\omega)) = f(x_1) 1_{\{X=x_1\}}(\omega) + \cdots + f(x_m) 1_{\{X=x_m\}}(\omega), \quad \omega \in \Omega. \qquad □$$

[証明] (1)の証明は明らかであるので省略する(図 1.4 を参照せよ)．

(2) 例えば $\omega \in \{X = x_1\}$ に対し，(2)の左辺は $f(x_1)$ であり，一方，$1_{\{X=x_1\}}(\omega)$ は 1 でそれ以外の $1_{\{X=x_k\}}(\omega)$ は 0 であるから(2)の右辺も $f(x_1)$ である．よって(2)が成り立つ． ∎

定義 1.36 数列 $\{P(X = x)\}_{x \in X(\Omega)}$ を確率変数 X の**(確率)分布**((probability) distribution)という． □

$A \subset X(\Omega)$ に対し，

$$P_X(A) := \sum_{x \in A} P(X = x) = P(X \in A)$$

とおくと，$P_X(X(\Omega)) = 1$ などより P_X は $(X(\Omega), \mathscr{H})$ 上の確率測度になる．ここで，$\mathscr{H}$ は $X(\Omega)$ の部分集合の全体である．P_X も，X の分布という．

期待値は X の分布を用いて計算することが多い．

定理 1.37（分布による期待値の計算） 確率変数 X の取る異なる値を (1.5) のように $x_1, \cdots, x_m$ とする．すると，関数 $f : X(\Omega) \to \mathbb{R}$ に対し次が成り立つ：

$$E[f(X)] = f(x_1)P(X = x_1) + \cdots + f(x_m)P(X = x_m).$$

特に $E[X] = x_1 P(X = x_1) + \cdots + x_m P(X = x_m)$ が成り立つ． □

［証明］ 命題 1.35 と命題 1.31 (3), (2) より

$$E[f(X)] = \sum_{k=1}^{m} f(x_k) E[1_{\{X = x_k\}}] = \sum_{k=1}^{m} f(x_k) P(X = x_k)$$

となり，定理が得られる． ■

例 1.38 0 または 1 を取る確率変数 X, Y について次が成り立っているとする：

$$P(X = 0, Y = 0) = 1/6, \quad P(X = 0, Y = 1) = 2/6,$$
$$P(X = 1, Y = 0) = 2/6, \quad P(X = 1, Y = 1) = 1/6.$$

このとき $P(X = 0) = P(X = 0, Y = 0) + P(X = 0, Y = 1) = 1/2$．同様にして $P(X = 1) = 1/2$．よって $E[X] = 0 \times (1/2) + 1 \times (1/2) = 1/2$ となる． □

問題 1.39 例 1.38 において，Y と $X + Y$ の分布を求めよ．また，$E[Y]$ と $E[\cos[\pi(X + Y)/2]]$ を計算せよ．

［答］ $P(Y = 0) = P(Y = 1) = 1/2$．$P(X + Y = 0) = P(X + Y = 2) = 1/6$，$P(X + Y = 1) = 2/3$．$E[Y] = 1/2$，$E[\cos\{\pi(X + Y)/2\}] = 0$． □

定義 1.40 可測空間 $(\Omega, \mathscr{F})$ 上の確率測度 Q が P と**同値**(equivalent)とは，すべての $E \in \mathscr{F}$ に対し，$P(E) > 0 \Leftrightarrow Q(E) > 0$ となることである． □

今は条件(A)を仮定しているので，可測空間 $(\Omega, \mathscr{F})$ 上の確率測度 Q が P と同値であるための必要十分条件は，Q が同じ性質(A)を満たすことである．

1.3 1期間二項モデル

本節では，一般の1期間二項モデルにおける派生証券の価格評価を考察する．

1.3.1 複製戦略

一般の1期間二項モデル $\mathscr{M}$ を定義する．s_0 は正の定数で，四つの実定数 a, b, r, p は次を満たすとする：

(1.6) $\qquad -1 < a < r < b, \qquad r \geqq 0, \qquad 0 < p < 1.$

$\Omega := \{\omega_a, \omega_b\}$, $\mathscr{F} := 2^\Omega = \{\emptyset, \{\omega_a\}, \{\omega_b\}, \Omega\}$ とし，可測空間 $(\Omega, \mathscr{F})$ 上の確率測度 P を $P(\{\omega_a\}) := 1 - p$, $P(\{\omega_b\}) = p$ により定める．原資産として株式を考え，時間 $t = 0, 1$ の株価 S_t を $S_0(\omega_a) = S_0(\omega_b) = s_0$, $S_1(\omega_a) = (1+a)S_0$, $S_1(\omega_b) = (1+b)S_0$ により定める．すると，時間 $t = 1$ の株価 S_1 は確率 p で $(1+b)S_0$ 円となるか，確率 $1-p$ で $(1+a)S_0$ 円の値を取る（図 1.5 参照）：

(1.7) $\qquad P(S_1 = (1+b)S_0) = p, \qquad P(S_1 = (1+a)S_0) = 1 - p.$

1.1 節と同じく，時間 $t = 0$ において1円を無リスク資産に投資すると，時間 $t = 1$ では $1 + r$ 円になる．無リスク利子率 r に対して(1.6)の仮定をするのは，(1.1)の場合と同じ理由による．

注意 1.41 1.1 節では，$S_0 = 1000$, $a = -1/5$, $b = 1/10$, $p = 2/5$ であった．

1期間二項モデル $\mathscr{M}$ における取引戦略を定義しよう．

定義 1.42 $\mathscr{M}$ における**取引戦略**とは，組 $(x, \xi) \in \mathbb{R}^2$ のことである． $\square$

取引戦略 (x, ξ) において，x は初期資金を，ξ は時間 $t = 0$ と $t = 1$ の間の株式保有量をそれぞれ表す．すなわち，初期資金は x 円で，時間 $t = 0$ で ξS_0 円で株式 ξ 単位を購入し $x - \xi S_0$ 円を無リスク資産で運用する．ただし，$x < 0$, $\xi < 0$ や $x - \xi S_0 < 0$ でもよい．$\xi < 0$ は株式の売りポジションを，$x - \xi S_0 < 0$ は無リスク資産の売りポジションをそれぞれ意味する．この取引戦略では，実際には無リスク資産でも運用し，その額は $x - \xi S_0$ 円であるという暗黙の了解が，この取引戦略の定義には含まれる．この取引戦略は自己の資金 x 円のみで行われるので，**資金自己調達的**(self-financing)とよばれる．

1.1 節と同様に，取引戦略 (x, ξ) の時間 t における価値 $X_t^{x,\xi}$ を，そのポート

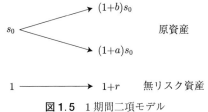

図 1.5 1 期間二項モデル

フォリオを構成する資産をすべてその時点で現金化した場合の総額として定義しよう．

定義 1.43(取引戦略の価値) 取引戦略 $(x,\xi) \in \mathbb{R}^2$ の時間 $t=0,1$ における価値 $X_t^{x,\xi}$ を次で定める：$X_0^{x,\xi} = x,\ X_1^{x,\xi} = (1+r)(x-\xi S_0) + \xi S_1$. □

定義 1.43 の 2 番目の等式の右辺の第 1 項 $(1+r)(x-\xi S_0)$ は無リスク資産の元本 $x-\xi S_0$ 円に金利が加わったものであり，第 2 項 ξS_1 は ξ 単位の株式の時間 $t=1$ での価値である．

$S_1 = (1+b)S_0, (1+a)S_0$ それぞれの場合に，$X_1^{x,\xi}$ は次のようになる：

$$(1.8)\quad X_1^{x,\xi} = \begin{cases} (1+r)(x-\xi S_0) + \xi(1+b)S_0 & S_1 = (1+b)S_0 \text{ のとき}, \\ (1+r)(x-\xi S_0) + \xi(1+a)S_0 & S_1 = (1+a)S_0 \text{ のとき}. \end{cases}$$

問題 1.44 図 1.1 の 1 期間二項モデルで，$r=1/20$ とする．取引戦略 $(x,\xi) = (4000, 3)$ に対し，$X_1^{x,\xi}$ を求めよ．

［答］ $S_1 = 1100$ のとき $X_1^{x,\xi} = 4350$, $S_1 = 800$ のとき $X_1^{x,\xi} = 3450$. □

関数 $h: \mathbb{R} \to \mathbb{R}$ に対し，満期が $t=1$ でペイオフが $h(S_1)$ 円のヨーロピアン・タイプの派生証券を考える．その意味は，この派生証券の買い手は，満期 $t=1$ において売り手から $h(S_1)$ 円を受け取る事とする（$h(S_1) < 0$ なら $-h(S_1)$ 円を売り手に支払う）．

例 1.45(プットとコール) $K \in (0,\infty)$ とする．$h(x) = (K-x)_+$ の場合が，満期が $t=1$ で行使価格が K 円のヨーロピアン・プット・オプションである．一方，$h(x) = (x-K)_+$ の場合を，満期が $t=1$ で行使価格が K 円のヨーロピアン・コール・オプション(European call option)という． □

我々は，ペイオフが $h(S_1)$ 円の派生証券の時間 $t=0$ における適正価格を求めたい．1.1 節と同様に，この問題の鍵となるのは次の定義である．

定義 1.46 取引戦略 $(x^*, \xi^*) \in \mathbb{R}^2$ が，満期 $t=1$ でペイオフ $h(S_1)$ 円の派生証券の**複製戦略**(replicating strategy)であるとは，$X_1^{x^*,\xi^*} = h(S_1)$ を満たすこと

である．このとき，x^* を**複製コスト**(replication cost)とよぶ．また，複製戦略の存在する派生証券を，**複製可能**(replicable)とよぶ． □

次の定理により，1期間二項モデル $\mathscr{M}$ では任意の派生証券が複製可能である．

定理 1.47(**複製戦略の存在と一意性**)　任意の $h: \mathbb{R} \to \mathbb{R}$ に対して，ペイオフが $h(S_1)$ 円の派生証券の複製戦略 (x^*, ξ^*) が一意に存在し，次で与えられる：

$$\xi^* = \frac{h((1+b)S_0) - h((1+a)S_0)}{(b-a)S_0},$$
$$x^* = \frac{r-a}{b-a} \cdot \frac{h((1+b)S_0)}{1+r} + \frac{b-r}{b-a} \cdot \frac{h((1+a)S_0)}{1+r}.$$
□

[証明]　(1.8)より，次が成り立つ：

(1.9)
$$\begin{cases} (1+r)(x^* - \xi^* S_0) + \xi^*(1+b)S_0 = h((1+b)S_0), \\ (1+r)(x^* - \xi^* S_0) + \xi^*(1+a)S_0 = h((1+a)S_0). \end{cases}$$

この連立1次方程式を x^* と ξ^* について解くと，欲しい結果が得られる． ■

(定理1.47の)任意の派生証券は複製可能であるという1期間二項モデル $\mathscr{M}$ の性質を，$\mathscr{M}$ は**完備**(complete)な市場モデルであると表現する．

1.1節と同様にして，派生証券の価格がその複製コスト x^* に一致していなければ裁定機会が生じることが分かる(次の問題)．一方，我々は以下の1.3.3節の定理1.68において，派生証券の価格が x^* であれば裁定機会が生じないことも見る．これらの事実を元に，我々は複製コスト x^* を派生証券の適正価格とみなす．

問題 1.48　派生証券が時間 $t=0$ において複製コスト x^* 以外で取引されるならば，裁定機会が生じることを示せ．

[答]　価格が x^* と異なっていれば，派生証券と複製戦略を組み合わせて裁定取引を行うことができる．実際，時間 $t=0$ で，二つのうち安い方を買って高い方を売り，その差額を手にする．一方，時間 $t=1$ では，複製戦略の定義よりその二つの価値は一致するので，利益と支出を相殺させることができる． □

問題 1.49　図1.1の1期間二項モデルでさらに $r=1/20$ とする．このモデルにおいて，満期が $t=1$ で権利行使価格が900円のヨーロピアン・コール・オプションの x^* と ξ^* の値を，定理1.47を用いて求めよ．

[答] $h(x) = (x - 900)_+$ より $x^* = 10000/63$, $\xi^* = 2/3$. □

例 1.50 図 1.5 と (1.6) で記述される 1 期間二項モデルにおいて，原資産の**先渡契約**(forward contract)を考える．これは時間 $t = 0$ において価格 K 円をあらかじめ定めておき，時間 $t = 1$ で原資産を K 円で売却または購入する契約である．買い手は原資産を**ロング**(long)するといい，売り手は**ショート**(short)するという．K は時間 $t = 0$ で現金の受け渡しを行わなくてすむように定める．この K を**先渡価格**(forward price)という．ここでは，先渡価格 K と，売り手がこの先渡契約をヘッジする方法を求めよう．買い手から見ると，この先渡契約では，時間 $t = 1$ において市場価格が S_1 円の原資産を K 円で手に入れることになるから，その差額の $S_1 - K$ 円をペイオフとする派生証券と解釈できる：$h(x) = x - K$．オプションの場合と異なり，このペイオフは負の値も取り得る．複製戦略を (x^*, ξ^*) とすると，定理 1.47 より $x^* = x^*(X)$ は

$$x^* = \frac{r-a}{b-a} \cdot \frac{(1+b)S_0 - K}{1+r} + \frac{b-r}{b-a} \cdot \frac{(1+a)S_0 - K}{1+r}$$

により与えられる．ここで

$$\frac{r-a}{b-a} \cdot \frac{(1+b)S_0}{1+r} + \frac{b-r}{b-a} \cdot \frac{(1+a)S_0}{1+r} = S_0, \qquad \frac{r-a}{b-a} + \frac{b-r}{b-a} = 1$$

に注意して，条件 $x^* = 0$ より K を求めると $K = (1+r)S_0$ となる．また

$$\xi^* = \frac{\{(1+b)S_0 - K\} - \{(1+a)S_0 - K\}}{(b-a)S_0} = 1$$

により ξ^* は与えられる．したがって，売りポジションの側が先渡契約をヘッジするためには，時間 $t = 0$ で無リスク資産を S_0 円分売り，原資産 1 単位を買えばよいことに気づく．そうすると，時間 $t = 1$ で原資産を相手に引き渡し，相手から受け取る $K = (1+r)S_0$ 円で無リスク資産の売りポジションを清算できる．
□

1.3.2 同値マルチンゲール測度

ファイナンスの数理で重要な役割を果たす同値マルチンゲール測度という概念を導入する．

定義 1.51 可測空間 $(\Omega, \mathscr{F})$ 上の P と同値な確率測度 Q が，1 期間二項モデル $\mathscr{M}$ の**同値マルチンゲール測度**(equivalent martingale measure)であるとは，

を満たすことである．

注意 1.52 同値マルチンゲール測度を**リスク中立測度**(risk-neutral measure)ともいう．

注意 1.53 今は $P(\{\omega_a\}) > 0, P(\{\omega_b\}) > 0$ が成り立つので，Q が P と同値であるとは，$Q(\{\omega_a\}) > 0, Q(\{\omega_b\}) > 0$ が成り立つことに他ならない．

同値マルチンゲール測度に関し，次が成り立つ．

定理 1.54 Q を同値マルチンゲール測度とすると，任意の取引戦略 $(x,\xi) \in \mathbb{R}^2$ に対し $E^Q[X_1^{x,\xi}/(1+r)] = x$ が成り立つ．

[証明] 定義 1.43 より次が成り立つ：

$$\frac{X_1^{x,\xi}(\omega)}{1+r} = x + \xi \left\{ \frac{S_1(\omega)}{1+r} - S_0 \right\}.$$

両辺の $E^Q[\cdot]$ を取り (1.10) を用いると，定理が得られる．∎

1期間二項モデル $\mathscr{M}$ では，次の定理が示すように，同値マルチンゲール測度が唯一つ存在し具体的に与えられる．

定理 1.55 $\mathscr{M}$ には同値マルチンゲール測度 Q が唯一つ存在し，次で与えられる：

$$(1.11) \qquad Q(\{\omega_a\}) = \frac{b-r}{b-a}, \qquad Q(\{\omega_b\}) = \frac{r-a}{b-a}.$$

[証明] Q は同値マルチンゲール測度であるとすると，等式 (1.10) より

$$\frac{(1+a)S_0}{1+r} Q(\{\omega_a\}) + \frac{(1+b)S_0}{1+r} Q(\{\omega_b\}) = S_0.$$

一方，Q は確率測度であるから $Q(\{\omega_a\}) + Q(\{\omega_b\}) = 1$．この二つの式を連立して $Q(\{\omega_a\}), Q(\{\omega_b\})$ について解くと，(1.11) を得る．条件 (1.6) から，$Q(\{\omega_a\}) > 0, Q(\{\omega_b\}) > 0$ が分かる．したがって，この Q は確かに定理の条件を満たす $(\Omega, \mathscr{F})$ 上の確率測度である．∎

1期間二項モデル $\mathscr{M}$ における裁定取引を定義しよう．

定義 1.56 $\mathscr{M}$ における取引戦略 $(x,\xi) \in \mathbb{R}^2$ は，次の三つの条件を満たすとき**裁定取引**であるという：(1) $x=0$, (2) $X_1^{x,\xi} \geqq 0$, (3) $P(X_1^{x,\xi} > 0) > 0$．も

し，裁定取引が存在しなければ，$\mathscr{M}$ は**無裁定**(arbitrage-free)であるという．□

今は，(3)は，$X_1^{x,\xi}(\omega_a) > 0$ or $X_1^{x,\xi}(\omega_b) > 0$ と同値であることを注意せよ．定理 1.55 の同値マルチンゲール測度の存在から，次の結論が導かれる．

定理 1.57 1期間二項モデル $\mathscr{M}$ は無裁定である．□

[証明] 定理 1.55 により同値マルチンゲール測度 Q が存在する．$(0, \xi)$ を裁定取引とすると，定理 1.54 より $0 = E^Q[X_1^{0,\xi}] > 0$ となり矛盾である．■

注意 1.58 我々が仮定している条件(1.6)がないと裁定取引は存在し得る(次の問題)．

問題 1.59 $-1 < a < b \leqq r$, $0 < p < 1$ のときに，裁定取引の存在を示せ．
ヒント．例えば $(x, \xi) = (0, -1)$ は裁定取引になる．□

次の定理は，同値マルチンゲール測度の重要性を端的に示している．

定理 1.60 (リスク中立価格評価法) $(x^*, \xi^*) \in \mathbb{R}^2$ をペイオフ $h(S_1)$ の派生証券の複製戦略とすると，複製コスト x^* は同値マルチンゲール測度 Q に関する期待値を用いて次のように表される：

$$(1.12) \qquad x^* = E^Q\left[\frac{h(S_1)}{1+r}\right]. \qquad \Box$$

[証明] 等式 $X^{x^*,\xi^*}(\omega)/(1+r) = h(S_1(\omega))/(1+r)$ の両辺の Q に関する期待値を取り定理 1.54 を用いると，定理が得られる．■

問題 1.61 定理 1.47 ではなく定理 1.60 を用いて問題 1.49 の x^* を求めよ．□

注意 1.62 定理 1.60 は(複製可能な)派生証券の一般的な価格評価法であるリスク中立価格評価法の特別な場合である．リスク中立価格評価法は一般に次のことを主張する：派生証券の価格は，ペイオフを無リスク利子で割り引いたものの同値マルチンゲール測度に関する(条件付き)期待値で与えられる．下の定理 1.167 と定理 1.210(3)を参照せよ．

注意 1.63 元の確率測度 P が現実の確率法則に対応するのに対し，同値マルチンゲール測度 Q は**理論および計算の道具**である．P 自身が，同値マルチンゲール測度になっている必要はない．

問題 1.64 $\mathscr{M}$ において，同じ満期 $t = 1$ と同じ行使価格 K を持つヨーロピアン・コール・オプションとヨーロピアン・プット・オプションを考える．C_0 と P_0 はそれぞれコールとプットの複製コストとする．このとき，**プット・コール・パリティ**(put-call parity)とよばれる関係式 $C_0 - P_0 = S_0 - (1+r)^{-1}K$ が成り立つことを示せ．

ヒント．定理 1.60 より C_0, P_0 を $E^Q[\cdot]$ で表し，問題 1.1，(1.10) を用いよ．
□

1.3.3 無裁定価格

ここでの目的は，1 期間二項モデル $\mathcal{M}$ の派生証券に対して，その複製コスト x^* が裁定機会を生じさせない唯一の価格であることを示すことである．

$h: \mathbb{R} \to \mathbb{R}$ に対し，ペイオフが $h(S_1)$ の派生証券を考える．時間 $t=0$ でその市場の価格は $u \in \mathbb{R}$ であるとする．$t=1$ におけるこの派生証券の価値は $h(S_1)$ であるから，この派生証券の時間 $t=0,1$ での価格 U_t は次で与えられる：$U_0 = u$, $U_1 = h(S_1)$. 以下，我々は元の 1 期間二項モデル $\mathcal{M}$ にこの派生証券を加えてできる**拡張された市場**(enlarged market) $\widehat{\mathcal{M}}$ を考える．すなわち，$\widehat{\mathcal{M}}$ では元の無リスク資産と危険資産および派生証券という三つの金融商品が取引される．

拡張された市場 $\widehat{\mathcal{M}}$ における取引戦略を定義する．$x, \xi, \eta \in \mathbb{R}$ とする．初期資金が x 円であるとして，時間 $t=0$ において株式を ξ 単位，派生証券を η 単位それぞれ購入し，残り $x - \xi S_0 - \eta U_0$ 円を無リスク資産で運用する．この運用法を取引戦略 (x, ξ, η) とよぶ．

前と同様に，取引戦略 (x, ξ, η) の時間 t における価値 $X_t^{x,\xi,\eta}$ を，そのポートフォリオを構成する資産をすべてその時点で現金化した場合の総額として次のように定義する．

定義 1.65（**取引戦略の価値**） $\widehat{\mathcal{M}}$ における取引戦略 $(x, \xi, \eta) \in \mathbb{R}^3$ の時間 $t = 0, 1$ における価値 $X_t^{x,\xi,\eta}$ を次で定める：

$$X_0^{x,\xi,\eta} = x, \qquad X_1^{x,\xi,\eta} = (1+r)(x - \xi S_0 - \eta U_0) + \xi S_1 + \eta U_1.$$
□

$\widehat{\mathcal{M}}$ における裁定取引も $\mathcal{M}$ の場合と同様に定義される（定義 1.56 参照）．

定義 1.66 $\widehat{\mathcal{M}}$ における取引戦略 $(x, \xi, \eta) \in \mathbb{R}^3$ は，次の三つの条件を満たすとき**裁定取引**であるという：(1) $x=0$, (2) $X_1^{x,\xi,\eta} \geqq 0$, (3) $P(X_1^{x,\xi,\eta} > 0) > 0$. もし，裁定取引が存在しなければ，$\widehat{\mathcal{M}}$ は無裁定であるという．
□

派生証券の無裁定価格を定義しよう．

定義 1.67 派生証券の価格 u は，対応する拡張された市場 $\widehat{\mathcal{M}}$ が無裁定のとき，**無裁定価格**(arbitrage-free price あるいは no-arbitrage price) とよばれる． □

次がここで示したい主張である．

定理 1.68 1 期間二項モデル $\mathcal{M}$ における派生証券の無裁定価格は一意に存

在し，複製コスト x^* に等しい． □

[証明] 派生証券の価格 u が $u > x^*$ を満たすときには，$(0, \xi^*, -1)$ が $\hat{\mathcal{M}}$ における裁定取引になる．実際，$X_1^{x^*, \xi^*} = (1+r)(x^* - \xi^* S_0) + \xi^* S_1 = h(S_1)$ より

$$X_1^{0, \xi^*, -1} = (1+r)(0 - \xi^* S_0 + u) + \xi^* S_1 - h(S_1) = (1+r)(u - x^*) > 0.$$

同様にして，$u < x^*$ のときには，$(0, -\xi^*, 1)$ が裁定取引になる（下の問題）．よって，$u \neq x^*$ ならば u は無裁定価格ではない．

次に x^* が無裁定価格であることを背理法で示す．$u = x^*$ のときに $\hat{\mathcal{M}}$ に裁定取引 $(0, \xi, \eta)$ が存在したとする．すると，P と Q の同値性より $E^Q[X_1^{0, \xi, \eta}] > 0$ が成り立つ．しかし，$X_1^{0, \xi, \eta} = (1+r)(-\xi S_0 - \eta x^*) + \xi S_1 + \eta h(S_1)$ より

$$\frac{X_1^{0, \xi, \eta}}{1+r} = \xi \left(\frac{S_1}{1+r} - S_0 \right) + \eta \left(\frac{h(S_1)}{1+r} - x^* \right)$$

となるが，この両辺の Q に関する期待値を取ると，定理 1.54 と定理 1.60 より，$E^Q[X_1^{0, \xi, \eta}] = 0$ が得られ矛盾である．よって，$u = x^*$ のとき $\hat{\mathcal{M}}$ に裁定取引は存在しないので，x^* は無裁定価格である． ■

問題 1.69 派生証券の価格 u が $u < x^*$ を満たすときには，$(0, -\xi^*, 1)$ が $\hat{\mathcal{M}}$ における裁定取引になることを示せ． □

1.4 有限確率空間上の確率論

ここでは，1.2 節で導入した有限確率空間 $(\Omega, \mathscr{F}, P)$ に関するより詳しい議論を行う．これらは 1.5 節以降で必要となる．$(\Omega, \mathscr{F}, P)$ は，1.2 節の有限確率空間とする．特に，$\Omega = \{\omega_1, \omega_2, \cdots, \omega_N\}$，$\mathscr{F} = 2^\Omega$ で，(A) を仮定する．

1.4.1 独立性

この節では，確率論で最も基本的な概念の一つである独立性について考察する．

定義 1.70 有限確率空間 $(\Omega, \mathscr{F}, P)$ 上の (**d 次元**)**確率ベクトル**(random vector)$\mathbb{Y}$ とは写像 $\mathbb{Y} : \Omega \to \mathbb{R}^d$ のことである． □

$\mathbb{Y}(\omega) \in \mathbb{R}^d$ を $\mathbb{Y}(\omega) = (Y_1(\omega), Y_2(\omega), \cdots, Y_d(\omega))$ と記すと，確率変数 $Y_1, \cdots, Y_d$

が得られるが，これらを $\mathbb{Y}$ の成分といい $\mathbb{Y} = (Y_1, \cdots, Y_d)$ と書く．逆に d 個の確率変数 $Y_1, \cdots, Y_d$ から $\mathbb{Y} = (Y_1, \cdots, Y_d)$ となる確率ベクトル $\mathbb{Y}$ が定まる．1 次元確率ベクトルは確率変数に他ならない．

確率ベクトル $\mathbb{Y}$ に対しても，その値域を $\mathbb{Y}(\Omega)$ と書く：

$$\mathbb{Y}(\Omega) := \{\mathbb{Y}(\omega) \in \mathbb{R}^d : \omega \in \Omega\}.$$

d 個の集合 $A_1, \cdots, A_d$ に対し，$A_1 \times \cdots \times A_d$ はその直積集合を表す：

$$A_1 \times \cdots \times A_d := \{(a_1, \cdots, a_d) : a_1 \in A_1, \cdots, a_d \in A_d\}.$$

命題 1.71 m 次元確率ベクトル $\mathbb{X}$ と n 次元確率ベクトル $\mathbb{Y}$ に対して，次が成り立つ：$(\mathbb{X}, \mathbb{Y})(\Omega) \subset \mathbb{X}(\Omega) \times \mathbb{Y}(\Omega)$． □

［証明］ $(x, y) \in (\mathbb{X}, \mathbb{Y})(\Omega)$ とすると，$(x, y) = (\mathbb{X}(\omega), \mathbb{Y}(\omega))$ を満たす $\omega \in \Omega$ がある．したがって $x \in \mathbb{X}(\Omega), y \in \mathbb{Y}(\Omega)$ であるので，$(x, y) \in \mathbb{X}(\Omega) \times \mathbb{Y}(\Omega)$ が成り立つ．これより，欲しい主張が得られる． ■

例 1.72 2 次元確率ベクトル $\mathbb{Y} = (Y_1, Y_2)$ の取る値が $(1,1)$, $(1,2)$, $(2,1)$, $(2,4)$ ならば，$\mathbb{Y}(\Omega) = \{(1,1), (1,2), (2,1), (2,4)\}$ であり，また $Y_1(\Omega) = \{1, 2\}, Y_2(\Omega) = \{1, 2, 4\}$ となる．特に $(Y_1, Y_2)(\Omega) \subsetneq Y_1(\Omega) \times Y_2(\Omega)$ である． □

問題 1.73 2 次元確率ベクトル $\mathbb{Y} = (Y_1, Y_2)$ の取る値が $(1,1)$, $(1,4)$, $(2,2)$ のとき，$Y_1(\Omega), Y_2(\Omega), \mathbb{Y}(\Omega)$ を求めよ．

［答］ $Y_1(\Omega) = \{1, 2\}, Y_2(\Omega) = \{1, 2, 4\}, \mathbb{Y}(\Omega) = \{(1,1), (1,4), (2,2)\}$． □

例えば，2 次元確率ベクトル $\mathbb{Y} = (Y_1, Y_2)$ に対し事象 $\{\mathbb{Y} = (2,4)\} \in \mathscr{F}$ は $\{\mathbb{Y} = (2,4)\} := \{\omega \in \Omega : \mathbb{Y}(\omega) = (2,4)\}$ と定義される．しかしそれは「$Y_1 = 2$ かつ $Y_2 = 4$」という事象であり $\{Y_1 = 2, Y_2 = 4\}$ と書くこともできる．また，$\{Y_1 = 2\} \cap \{Y_2 = 4\}$ と書くこともできる．このように，同じ事象でも幾通りもの表現があり得る．

次は命題 1.35 と定理 1.37 の拡張である．

定理 1.74 d 次元確率ベクトル $\mathbb{Y}$ の取る異なる値を $\mathbf{y}_1, \cdots, \mathbf{y}_m \in \mathbb{R}^d$ とする：

(1.13) $\quad\quad\quad \#\mathbb{Y}(\Omega) = m, \quad \mathbb{Y}(\Omega) = \{\mathbf{y}_1, \cdots, \mathbf{y}_m\}.$

$f : \mathbb{Y}(\Omega) \to \mathbb{R}$ とする．このとき，次の三つの主張が成り立つ：

(1) 事象列 $\{\{\mathbb{Y} = \mathbf{y}_k\}\}_{k=1}^m$ は Ω の分割である．

(2) $f(\mathbb{Y}(\omega)) = f(\mathbf{y}_1)1_{\{\mathbb{Y}=\mathbf{y}_1\}}(\omega) + \cdots + f(\mathbf{y}_m)1_{\{\mathbb{Y}=\mathbf{y}_m\}}(\omega)$, $\omega \in \Omega$.

(3) $E[f(\mathbb{Y})] = f(\mathbf{y}_1)P(\mathbb{Y}=\mathbf{y}_1) + \cdots + f(\mathbf{y}_m)P(\mathbb{Y}=\mathbf{y}_m)$. □

問題 1.75 定理1.74を証明せよ．ヒント．命題1.35，定理1.37と同様． □

問題 1.76 確率変数 X, Y に対し，その**共分散**(covariance) $\mathrm{Cov}(X, Y)$ を，$\mathrm{Cov}(X, Y) := E[(X - E[X])(Y - E[Y])]$ により定義する．(1) $\mathrm{Cov}(X, Y) = E[XY] - E[X]E[Y]$ を示せ．(2) 例1.38の X, Y に対し，$\mathrm{Cov}(X, Y)$ を計算せよ．ヒント．(2) $f(x, y) = xy$ に定理1.74(3)を用い，$E[XY]$ を計算せよ． □

事象の独立性を定義する．

定義 1.77(**事象の独立性**) 二つの事象 $A, B \in \mathscr{F}$ が**独立**(independent)であるとは，$P(A \cap B) = P(A)P(B)$ が成り立つことである． □

例 1.78(コイン2回投げ) $\Omega = \{\omega_{00}, \omega_{01}, \omega_{10}, \omega_{11}\}$ とし，$P(\{\omega_{ij}\}) = 1/4$, $i, j = 0, 1$ とする．これは表に0，裏に1が書かれたコインの2回投げのモデルである．$A := \{\omega_{00}, \omega_{01}\}$ は1回目に表が出る事象，$B := \{\omega_{01}, \omega_{11}\}$ は2回目に裏が出る事象をそれぞれ表すが，

$$P(A \cap B) = P(\{\omega_{01}\}) = \frac{1}{4}, \qquad P(A)P(B) = \left(\frac{1}{2}\right)^2 = \frac{1}{4}$$

より $P(A \cap B) = P(A)P(B)$ となって，A と B は確かに独立である． □

問題 1.79 二つの事象 $A, B \in \mathscr{F}$ について，次の(1)と(2)は同値であることを示せ：(1) A と B は独立．(2) 任意の $E \in \{\emptyset, A, A^c, \Omega\}$ と $F \in \{\emptyset, B, B^c, \Omega\}$ に対し，$P(E \cap F) = P(E)P(F)$．ヒント．$P(A) - P(A \cap B) = P(A \cap B^c)$． □

注意 1.80 d 個の事象 $A_1, \cdots, A_d \in \mathscr{F}$ が独立であるとは，次が成り立つこととして定義する：任意の $E_i \in \{\emptyset, A_i, A_i^c, \Omega\}$ $(i = 1, \cdots, d)$ に対し，$P(E_1 \cap \cdots \cap E_d) = P(E_1) \cdots P(E_d)$．

次に確率変数の独立性を定義する．

定義 1.81(**確率変数の独立性**) 確率変数 X と Y が独立であるとは，すべての $x \in X(\Omega)$ と $y \in Y(\Omega)$ に対して二つの事象 $\{X = x\}$ と $\{Y = y\}$ が独立，すなわち $P(X = x, Y = y) = P(X = x)P(Y = y)$ が成り立つことである． □

問題 1.82(サイコロ2回投げ) 例1.25の確率空間において二つの確率変数 X_1, X_2 を $X_1(\omega_{n,m}) = n$, $X_2(\omega_{n,m}) = m$ により定義する．このとき X_1 と X_2 は独立であることを示せ． □

命題 1.83 確率変数 X と Y が独立であることと，すべての $A \subset \mathbb{R}$, $B \subset \mathbb{R}$ に対して二つの事象 $\{X \in A\}$ と $\{Y \in B\}$ が独立であることは同値である． □

[証明] 十分性は明らかであるので，必要性のみ示す．$C := A \cap X(\Omega)$, $D := B \cap Y(\Omega)$ とおく．$P(X \in A) = P(X \in C)$, $P(Y \in B) = P(Y \in D)$, $P(X \in A, Y \in B) = P(X \in C, Y \in D)$ より $P(X \in C, Y \in D) = P(X \in C)P(Y \in D)$ を示せばよい．等式

$$\{X \in C, Y \in D\} = \bigcup_{x \in C} \bigcup_{y \in D} \{X = x, Y = y\}$$

および C と D が有限集合であることより，次が成り立つ：

$$P(X \in C, Y \in D) = \sum_{x \in C} \sum_{y \in D} P(X = x, Y = y).$$

X と Y の独立性より右辺は次に等しい：

$$\sum_{x \in C} \sum_{y \in D} P(X = x)P(Y = y)$$
$$= \left\{\sum_{x \in C} P(X = x)\right\} \left\{\sum_{y \in D} P(Y = y)\right\} = P(X \in C)P(Y \in D).$$

これで命題は証明された． ∎

問題 1.84 問題 1.82 において事象「X_1 は偶で X_2 は奇」の確率を (1) 標本点の特定，(2) 独立性を使う，の二通りの方法で求めよ． ［答］ 1/4． □

確率ベクトルの間の独立性も同様に定義される．

定義 1.85 m 次元確率ベクトル $\mathbb{X}$ と n 次元確率ベクトル $\mathbb{Y}$ が独立であるとは，すべての $\mathbf{x} \in \mathbb{X}(\Omega)$, $\mathbf{y} \in \mathbb{Y}(\Omega)$ に対して二つの事象 $\{\mathbb{X} = \mathbf{x}\}$ と $\{\mathbb{Y} = \mathbf{y}\}$ が独立，つまり $P(\mathbb{X} = \mathbf{x}, \mathbb{Y} = \mathbf{y}) = P(\mathbb{X} = \mathbf{x})P(\mathbb{Y} = \mathbf{y})$, となることである． □

命題 1.83 と同様に次が成り立つ．

命題 1.86 m 次元確率ベクトル $\mathbb{X}$ と n 次元確率ベクトル $\mathbb{Y}$ が独立であることと，すべての $A \subset \mathbb{R}^m$, $B \subset \mathbb{R}^n$ に対して $\{\mathbb{X} \in A\}$ と $\{\mathbb{Y} \in B\}$ が独立であることは同値である． □

命題 1.86 の証明は命題 1.83 の証明と同様であるので，省略する．

問題 1.87 確率変数 X と Y は独立とし，$a \in \mathbb{R}$ に対し $Z \equiv a$ とする．このとき，X と確率ベクトル (Z, Y) も独立であることを示せ． □

定義 1.88 確率ベクトル $\mathbb{X} = (X_1, \cdots, X_m)$, $\mathbb{Y} = (Y_1, \cdots, Y_n)$ に対し，$m+n$ 次元確率ベクトル $(\mathbb{X}, \mathbb{Y})$ を $(\mathbb{X}, \mathbb{Y}) := (X_1, \cdots, X_m, Y_1, \cdots, Y_n)$ により定義する．

□

命題 1.89 m 次元確率ベクトル $\mathbb{X}$ と n 次元確率ベクトル $\mathbb{Y}$ が独立ならば, $(\mathbb{X}, \mathbb{Y})(\Omega) = \mathbb{X}(\Omega) \times \mathbb{Y}(\Omega)$ が成り立つ. □

［証明］ $\subset$ は命題 1.71 の証明と同様にして分かる.一方,$\mathbf{x} \in \mathbb{X}(\Omega)$, $\mathbf{y} \in \mathbb{Y}(\Omega)$ に対し,$\{\mathbb{X} = \mathbf{x}\} \neq \emptyset$ と (A) より $P(\mathbb{X} = \mathbf{x}) > 0$ となり,同様にして $P(\mathbb{Y} = \mathbf{y}) > 0$. よって独立性より $P(\mathbb{X} = \mathbf{x},\ \mathbb{Y} = \mathbf{y}) = P(\mathbb{X} = \mathbf{x})P(\mathbb{Y} = \mathbf{y}) > 0$ となるので,$\{(\mathbb{X}, \mathbb{Y}) = (\mathbf{x}, \mathbf{y})\} \neq \emptyset$, したがって $(\mathbf{x}, \mathbf{y}) \in (\mathbb{X}, \mathbb{Y})(\Omega)$, が分かる.以上により,$\supset$ も成り立つ. ∎

独立性は,関数をかぶせても伝わる.

定理 1.90（独立性の伝播） m 次元確率ベクトル $\mathbb{X}$ と n 次元確率ベクトル $\mathbb{Y}$ が独立ならば,関数 $f : \mathbb{X}(\Omega) \to \mathbb{R}$ と $g : \mathbb{Y}(\Omega) \to \mathbb{R}$ に対して,確率変数 $f(\mathbb{X})$ と $g(\mathbb{Y})$ も独立である. □

［証明］ $a \in f(\mathbb{X}(\Omega))$, $b \in g(\mathbb{Y}(\Omega))$ に対して,$\{f(\mathbb{X}) = a\} = \{\mathbb{X} \in f^{-1}(a)\}$ および $\{g(\mathbb{Y}) = b\} = \{\mathbb{Y} \in g^{-1}(b)\}$ に注意する.ここで $f^{-1}(a) := \{\mathbf{x} \in \mathbb{X}(\Omega) : f(\mathbf{x}) = a\}$, $g^{-1}(b) := \{\mathbf{y} \in \mathbb{Y}(\Omega) : g(\mathbf{y}) = b\}$. 命題 1.86 より二つの事象 $\{\mathbb{X} \in f^{-1}(a)\}$ と $\{\mathbb{Y} \in g^{-1}(b)\}$ は独立であるから,

$$P(f(\mathbb{X}) = a,\ g(\mathbb{Y}) = b) = P(\mathbb{X} \in f^{-1}(a),\ \mathbb{Y} \in g^{-1}(b))$$
$$= P(\mathbb{X} \in f^{-1}(a))P(\mathbb{Y} \in g^{-1}(b)) = P(f(\mathbb{X}) = a)P(g(\mathbb{Y}) = b).$$

よって,$f(\mathbb{X})$ と $g(\mathbb{Y})$ は独立である. ∎

問題 1.91 確率変数 X と確率ベクトル (Y_1, Y_2) は独立とする.このとき,X^2 と $Y_1^2 + Y_2^2$ は独立であることを示せ.

［答］ 定理 1.90 で $f(x) := x^2$, $g(y_1, y_2) := y_1^2 + y_2^2$ とおけばよい. □

次は独立な確率変数の積の期待値に関する基本的な定理である.

定理 1.92 独立な確率変数 X, Y に対し $E[XY] = E[X]E[Y]$ が成り立つ. □

［証明］ $f(x, y) = xy$ に定理 1.74(3) を適用し,命題 1.89 を用いると,

$$E[XY] = \sum_{(x,y) \in (X,Y)(\Omega)} xy P(X = x, Y = y)$$
$$= \sum_{x \in X(\Omega)} \sum_{y \in Y(\Omega)} xy P(X = x) P(Y = y) = E[X]E[Y]$$

となって,定理が得られる. ∎

問題 1.93 独立な確率変数 X, Y に対し $\mathrm{Cov}(X, Y) = 0$ を示せ. □

1.4.2 条件付き期待値

本節では，有限確率空間 $(\Omega, \mathscr{F}, P)$ における条件付き期待値を定義し，その性質を調べる.

$P(A) > 0$ ($\Leftrightarrow A \neq \emptyset$) である事象 $A \in \mathscr{F}$ に対し，$P(\cdot|A) : \mathscr{F} \to [0,1]$ を

$$P(E|A) := \frac{P(E \cap A)}{P(A)}, \qquad E \in \mathscr{F}$$

により定める．すると，$P(\Omega|A) = P(\Omega \cap A)/P(A) = P(A)/P(A) = 1$ が成り立つ．また $E, F \in \mathscr{F}$, $E \cap F = \emptyset$ ならば

$$P(E \cup F|A) = \frac{P((E \cup F) \cap A)}{P(A)} = \frac{P(E \cap A)}{P(A)} + \frac{P(F \cap A)}{P(A)}$$
$$= P(E|A) + P(F|A)$$

となり，$P(\cdot|A)$ は加法性も満たす．よって $P(\cdot|A)$ も可測空間 $(\Omega, \mathscr{F})$ 上の確率測度である．また $P(A|A) = 1$ が成り立つ．

定義 1.94 $P(\cdot|A)$ を事象 A の条件の下での**条件付き確率測度**(conditional probability measure)という．また，$P(E|A)$ を事象 A の条件の下での E の**条件付き確率**(conditional probability)という． □

例 1.95 友人がサイコロを投げ，出た目は偶数であると教えてくれた．このとき，この目が 4 である確率は「偶数という条件の下で 4 の目が出る条件付き確率」であり，次のようになる：

$$P(4\text{の目} \mid \text{偶}) = \frac{P(\{4\text{の目}\} \cap \{\text{偶}\})}{P(\text{偶})} = \frac{P(4\text{の目})}{P(\text{偶})} = \frac{(1/6)}{(1/2)} = \frac{1}{3}.$$

□

問題 1.96 ある教室にいる学生で眼鏡をかけているのは，男子 50 名中 10 人，女子 40 名中 5 人である．この教室から最初に出てきた学生が男子である場合，その学生が眼鏡をかけている確率を求めよ．女子の場合はどうか．

［答］ $P(\text{眼鏡} \mid \text{男}) = 1/5$, $P(\text{眼鏡} \mid \text{女}) = 5/40 = 1/8$. □

次の命題より，事象 A と B が独立であることと，A が起こるという条件が B の起こる確率に影響を与えないこととは，同値であることが分かる.

命題 1.97 事象 $B \in \mathscr{F}$ と $P(A) > 0$ を満たす事象 $A \in \mathscr{F}$ に対し，次の (1) と (2) は同値である：(1) A と B は独立，(2) $P(B|A) = P(B)$. □

問題 1.98 命題 1.97 を証明せよ. □

以下では，確率変数 X に対しその条件付き期待値を定義するが，それには二つの段階がある．最初の段階では $E[X|A]$ の形の条件付き期待値を考える．ここで A はある事象である．次の段階では $E[X|Y]$ や $E[X|\mathbb{Y}]$ の形の条件付き期待値を考える．ここで Y は確率変数，$\mathbb{Y}$ は確率ベクトルである．後で必要になるのは，主に後者であるが，それを定義するのに前者を用いる．

定義 1.99 空でない事象 A の条件の下での確率変数 X の**条件付き期待値** $E[X|A]$ を次で定義する：

$$E[X|A] := X(\omega_1)P(\{\omega_1\}|A) + \cdots + X(\omega_N)P(\{\omega_N\}|A).$$

すなわち，$E[X|A]$ とは，条件付き確率 $P(\cdot|A)$ に関する X の期待値である． □

命題 1.100 空でない $A \in \mathscr{F}$ に対し $E[X|A]P(A) = E[X1_A]$ が成り立つ． □

[証明] $\omega \in \Omega$ に対し $P(\{\omega\} \cap A) = 1_A(\omega)P(\{\omega\})$ に注意して，

$$E[X|A]P(A) = \sum_{\omega \in \Omega} X(\omega)P(\{\omega\} \cap A) = \sum_{\omega \in \Omega} X(\omega)1_A(\omega)P(\{\omega\}) = E[X1_A].$$

■

定理 1.101（分布による条件付き期待値の計算） 確率変数 X の取り得る値を (1.5) のように $x_1, \cdots, x_m$ とする．このとき，空でない事象 $A \in \mathscr{F}$ とすべての関数 $f : X(\Omega) \to \mathbb{R}$ に対し次が成り立つ：

$$E[f(X)|A] = f(x_1)P(X=x_1|A) + \cdots + f(x_m)P(X=x_m|A).$$

特に $E[X|A] = x_1 P(X=x_1|A) + \cdots + x_m P(X=x_m|A)$ が成り立つ． □

[証明] 定理 1.37 の P として $P(\cdot|A)$ を取ればよい． ■

例 1.102 友人がサイコロを投げ，出た目 X は偶数であると教えてくれた．この場合の X の期待値は「偶の条件の下での X の条件付き期待値」であり，$P(X=k|\text{偶}) = 0$ (k は奇)，$P(X=k|\text{偶}) = 1/3$ (k は偶) より次のようになる：

$$E[X|\text{偶}] = 2P(X=2|\text{偶}) + 4P(X=4|\text{偶}) + 6P(X=6|\text{偶}) = 4. \quad \square$$

問題 1.103 例 1.102 の確率変数 X（サイコロの目）に対して，次の二つの条件付き期待値の値を求めよ：$E[X^2|X \text{ は偶}]$，$E[X^2|X \text{ は奇}]$.

［答］ 56/3, 35/3. □

確率変数 Y と $y \in Y(\Omega)$ に対し $\{Y = y\} \neq \emptyset$ であるので, $\{Y = y\}$ の下での条件付き確率と期待値 $P(\cdot|Y = y), E[\cdot|Y = y]$ を考えることができる.

条件付き期待値 $E[X|Y]$ を定義する.

定義 1.104 確率変数 X と Y に対し, Y が与えられたという条件の下での X の**条件付き期待値** $\bm{E[X|Y]}$ を $E[X|Y](\omega) := h(Y(\omega)), \omega \in \Omega$, で定義する. ここで関数 $h: Y(\Omega) \to \mathbb{R}$ は $h(y) := E[X|Y = y], y \in Y(\Omega)$, で定める. すなわち $h(y)$ は条件 $\{Y = y\}$ の下での X の条件付き期待値である. □

注意 1.105 h を使わずに書くと次のようになる:$E[X|Y](\omega) := E[X|Y = y]|_{y=Y(\omega)}$.

注意 1.106 $E[X|Y]$ は $E[X]$ とは異なり $h(Y)$ の形の**確率変数**であることを注意せよ.

例 1.107 X をサイコロの目とする. Y は, X が偶数なら 1, 奇数なら -1 を取る確率変数とする. すると, $\{Y = 1\} = \{X \text{ は偶}\}, \{Y = -1\} = \{X \text{ は奇}\}$ であるから, $h(1) = E[X|Y = 1] = 4, h(-1) = E[X|Y = -1] = 3$ に対し, 次が成り立つ:$E[X|Y](\omega) = h(Y(\omega))$. □

問題 1.108 例 1.107 において $E[X^2|Y]$ と $E[Y|X]$ を求めよ.
[答] $E[X^2|Y](\omega) = (56/3)1_{\{1\}}(Y(\omega)) + (35/3)1_{\{-1\}}(Y(\omega)), E[Y|X] = Y$. □

問題 1.109 $\Omega = \{\omega_1, \omega_2, \omega_3\}$, $P(\{\omega_1\}) = 1/5$, $P(\{\omega_k\}) = 2/5$ ($k = 2, 3$), $X(\omega_k) = k$ ($k = 1, 2, 3$), $Y(\omega_1) = Y(\omega_2) = 0, Y(\omega_3) = 1$ とする. $E[X|Y]$ を求めよ. [答] $E[X|Y](\omega) = (5/3)1_{\{0\}}(Y(\omega)) + 3 \cdot 1_{\{1\}}(Y(\omega))$. □

注意 1.110(条件付き期待値の解釈) 例 1.107 は次のように解釈できる. サイコロの目を見ていない私が, 友人に偶数か奇数かという部分的な情報だけを教えてもらうことを想定してみる. 偶か奇かというのは, X の値を知る所までは行かなくともある程度の情報であるから, それを知って求める X の期待値は, 何も情報がない場合の期待値 $E[X]$ とは異なる. ただし, ここでのポイントは, 今は情報を教えてもらうことを**想定している段階**ということである. そのため, 条件付き期待値 $E[X|Y]$ は「$Y = 1$ (X は偶) なら 4 で, $Y = -1$ (X は奇) なら 3」と表現される.

条件付き期待値の定義を一般化しておく.

定義 1.111 確率変数 X と d 次元確率ベクトル $\mathbb{Y}$ に対し, $\mathbb{Y}$ が与えられた条件の下での X の**条件付き期待値** $E[X|\mathbb{Y}]$ を $E[X|\mathbb{Y}](\omega) := h(\mathbb{Y}(\omega)), \omega \in \Omega$, で定義する. ここで関数 $h: \mathbb{Y}(\Omega) \to \mathbb{R}$ は次で定める:$h(\mathbf{y}) := E[X|\mathbb{Y} = \mathbf{y}], \mathbf{y} \in \mathbb{Y}(\Omega)$. すなわち $h(\mathbf{y})$ は条件 $\{\mathbb{Y} = \mathbf{y}\}$ の下での X の条件付き期待値である. 確

率測度 P を強調したいときには，$E[X|\mathbb{Y}]$ を $E^P[X|\mathbb{Y}]$ とも書く． □

注意 1.112 条件付き期待値 $E[X|\mathbb{Y}]$ は $h(\mathbb{Y})$ の形の確率変数である．h を使わずに書くと次のようになる：$E[X|\mathbb{Y}](\omega) := E[X|\mathbb{Y}=\mathbf{y}]|_{\mathbf{y}=\mathbb{Y}(\omega)}$．

条件付き期待値 $E[X|\mathbb{Y}]$ には，次の重要な特徴付けがある．

定理 1.113(条件付き期待値の特徴付け) 確率変数 X と d 次元確率ベクトル $\mathbb{Y}$ に対し，条件付き期待値 $E[X|\mathbb{Y}]$ は次を満たす：

$$E\left[E[X|\mathbb{Y}]1_{\{\mathbb{Y}=\mathbf{y}\}}\right] = E\left[X1_{\{\mathbb{Y}=\mathbf{y}\}}\right], \quad \mathbf{y} \in \mathbb{Y}(\Omega).$$

逆にある関数 $h: \mathbb{Y}(\Omega) \to \mathbb{R}$ に対し

(1.14) $\qquad E\left[h(\mathbb{Y})1_{\{\mathbb{Y}=\mathbf{y}\}}\right] = E\left[X1_{\{\mathbb{Y}=\mathbf{y}\}}\right], \quad \mathbf{y} \in \mathbb{Y}(\Omega)$

が成り立つならば，$h(\mathbb{Y}(\omega)) = E[X|\mathbb{Y}](\omega), \omega \in \Omega$，である． □

[証明] 後半のみ証明する(前半の証明も同様)．$\mathbf{y} \in \mathbb{Y}(\Omega), \omega \in \Omega$ とする．$h(\mathbb{Y}(\omega))1_{\{\mathbb{Y}=\mathbf{y}\}}(\omega) = h(\mathbf{y})1_{\{\mathbb{Y}=\mathbf{y}\}}(\omega)$ より，(1.14) の左辺は $h(\mathbf{y})P(\mathbb{Y}=\mathbf{y})$ に等しい．一方，命題 1.100 より (1.14) の右辺は $E[X|\mathbb{Y}=\mathbf{y}]P(\mathbb{Y}=\mathbf{y})$ に等しい．条件(A) より $P(\mathbb{Y}=\mathbf{y}) > 0$ であるから，よって (1.14) は $E[X|\mathbb{Y}=\mathbf{y}] = h(\mathbf{y})$ を意味する．よって，$h(\mathbb{Y}(\omega)) = E[X|\mathbb{Y}](\omega)$ が得られる． ∎

注意 1.114 定理 1.113 において $\mathbb{Y}(\Omega) \subset \mathbb{R}^d$ であり，「逆にある関数 $h: \mathbb{Y}(\Omega) \to \mathbb{R}$ に対し」を「逆にある関数 $h: \mathbb{R}^d \to \mathbb{R}$ に対し」としてもよい．

注意 1.115(条件付き期待値の特徴付けの用い方) ある確率変数 X と確率ベクトル $\mathbb{Y}$ に対し，条件付き期待値 $E[X|\mathbb{Y}]$ を求めたいとする．それには $E[X|\mathbb{Y}] = h(\mathbb{Y})$ となる関数 h を求めればよい．定理 1.113 によれば，もしそのような h の見当が付いたならば，実際にそれが正しい答えであることを示すには，(1.14) を確かめればよい．

注意 1.116 一般の確率空間上の条件付き期待値の定義と構成は，定理 1.113 の類似の形で測度論におけるラドン-ニコディム(Radon-Nikodym)の定理を用いて行われる．この重要なアイデアは，確率論の創始者の一人である**コルモゴロフ**(Andrei Kolmogorov) による(1933 年)．

条件付き期待値の性質のうち頻繁に用いられるものをまとめておく．条件(A) を仮定していたことを思い出そう．

定理 1.117(条件付き期待値の性質) 確率変数 X, X_1, X_2, d 次元確率ベクトル $\mathbb{Y} = (Y_1, \cdots, Y_d)$ および関数 $f: \mathbb{Y}(\Omega) \to \mathbb{R}$ に対し次の主張が成り立つ．

(1) 定数 $a \in \mathbb{R}$ に対し $E[a|\mathbb{Y}] = a$．

(2) 定数 $a \in \mathbb{R}$ に対し $E[X|a] = E[X]$.
(3) $E[f(\mathbb{Y})|\mathbb{Y}] = f(\mathbb{Y})$.
(4) $E[E[X|\mathbb{Y}]] = E[X]$.
(5) (線形性) 二つの実数 a_1, a_2 に対して $E[a_1 X_1 + a_2 X_2 | \mathbb{Y}] = a_1 E[X_1|\mathbb{Y}] + a_2 E[X_2|\mathbb{Y}]$.
(6) $E[f(\mathbb{Y})X|\mathbb{Y}] = f(\mathbb{Y})E[X|\mathbb{Y}]$.
(7) もし $X \geqq 0$ ならば $E[X|\mathbb{Y}] \geqq 0$. もっと一般に, もし $X_1 \geqq X_2$ ならば $E[X_1|\mathbb{Y}] \geqq E[X_2|\mathbb{Y}]$.
(8) $|E[X|\mathbb{Y}]| \leqq E[|X||\mathbb{Y}]$. ただし $|\cdot|$ は絶対値である.
(9) (塔性) $1 \leqq m \leqq n \leqq d$ ならば $E[E[X|\mathbb{Y}_n]|\mathbb{Y}_m] = E[X|\mathbb{Y}_m]$. ここで $\mathbb{Y}_k := (Y_1, \cdots, Y_k)$, $k = m, n$, とおいた.
(10) X と $\mathbb{Y}$ が独立ならば $E[X|\mathbb{Y}] = E[X]$.
(11) X と $\mathbb{Y}$ が独立ならば, 関数 $g: (X, \mathbb{Y})(\Omega) \to \mathbb{R}$ に対し次が成り立つ:
$E[g(X, \mathbb{Y})|\mathbb{Y}] = h(\mathbb{Y})$. ここで, $h(\mathbf{y}) := E[g(X, \mathbf{y})]$, $\mathbf{y} \in \mathbb{Y}(\Omega)$. □

[証明] $\mathbf{y} = (y_1, \cdots, y_d) \in \mathbb{Y}(\Omega)$ とする.
(1)は $E[a|\mathbb{Y} = \mathbf{y}] = a$ より従う. Y が定数 a であるならば, $\{Y = a\} = \Omega$. したがって $P(\cdot|Y = a) = P(\cdot)$ であるから $E[X|Y = a] = E[X]$ となり, (2)が従う. (3)は定理 1.113 より直ちに従う. (5)は $E[\cdot|\mathbb{Y} = \mathbf{y}]$ の線形性より出る. (7)は易しいので省略する. (8)は $-|X| \leqq X \leqq |X|$ と(7)より従う.
(4) $\{\{\mathbb{Y} = \mathbf{y}\}\}_{\mathbf{y} \in \mathbb{Y}(\Omega)}$ は, Ω の分割になっていることと, 定理 1.113 より,
$$E[E[X|\mathbb{Y}]] = \sum_{\mathbf{y} \in \mathbb{Y}(\Omega)} E\left[E[X|\mathbb{Y}]1_{\{\mathbb{Y}=\mathbf{y}\}}\right] = \sum_{\mathbf{y} \in \mathbb{Y}(\Omega)} E\left[X1_{\{\mathbb{Y}=\mathbf{y}\}}\right] = E[X].$$
(6) 定理 1.113 より,
$$E\left[f(\mathbb{Y})E[X|\mathbb{Y}]1_{\{\mathbb{Y}=\mathbf{y}\}}\right] = E\left[f(\mathbf{y})E[X|\mathbb{Y}]1_{\{\mathbb{Y}=\mathbf{y}\}}\right] = f(\mathbf{y})E\left[E[X|\mathbb{Y}]1_{\{\mathbb{Y}=\mathbf{y}\}}\right]$$
$$= f(\mathbf{y})E\left[X1_{\{\mathbb{Y}=\mathbf{y}\}}\right] = E\left[f(\mathbf{y})X1_{\{\mathbb{Y}=\mathbf{y}\}}\right] = E\left[f(\mathbb{Y})X1_{\{\mathbb{Y}=\mathbf{y}\}}\right].$$
一方, $E[X|\mathbb{Y}]$ は $g(\mathbb{Y})$ の形である. よって, 定理 1.113 より(6)は従う.
(9)については, (6)と(4)より, $\mathbf{y}' \in \mathbb{Y}_m(\Omega)$ に対し,
$$E\left[E[E[X|\mathbb{Y}_n]|\mathbb{Y}_m]1_{\{\mathbb{Y}_m=\mathbf{y}'\}}\right] = E\left[E[X|\mathbb{Y}_n]1_{\{\mathbb{Y}_m=\mathbf{y}'\}}\right]$$
$$= E\left[E\left[X1_{\{\mathbb{Y}_m=\mathbf{y}'\}}|\mathbb{Y}_n\right]\right] = E\left[X1_{\{\mathbb{Y}_m=\mathbf{y}'\}}\right]$$
が分かり, 定理 1.113 より(9)を得る.

(10) $\mathbf{y} \in \mathbb{Y}(\Omega)$ に対し,定理 1.90 と定理 1.92 より

$$E\left[X1_{\{\mathbb{Y}=\mathbf{y}\}}\right] = E\left[X1_{\{\mathbf{y}\}}(\mathbb{Y})\right] = E[X]E\left[1_{\{\mathbf{y}\}}(\mathbb{Y})\right] = E\left[E[X]1_{\{\mathbb{Y}=\mathbf{y}\}}\right].$$

よって,定理 1.113 より (10) は従う.

(11) 命題 1.89 より $(X, \mathbb{Y})(\Omega) = X(\Omega) \times \mathbb{Y}(\Omega)$. したがって,$g(X, \mathbb{Y})$ は,次のように分解できる:

$$g(X(\omega), \mathbb{Y}(\omega)) = \sum_{x \in X(\Omega)} \sum_{\mathbf{y} \in \mathbb{Y}(\Omega)} g(x, \mathbf{y}) 1_{\{X=x, \mathbb{Y}=\mathbf{y}\}}(\omega)$$

$$= \sum_{x \in X(\Omega)} \sum_{\mathbf{y} \in \mathbb{Y}(\Omega)} g(x, \mathbf{y}) 1_{\{X=x\}}(\omega) 1_{\{\mathbb{Y}=\mathbf{y}\}}(\omega).$$

$1_{\{X=x\}}(\omega) = 1_{\{x\}}(X(\omega))$ より $1_{\{X=x\}}$ と $\mathbb{Y}$ は独立であるから,(10) より,

$$E[1_{\{X=x\}} | \mathbb{Y}] = E[1_{\{X=x\}}] = P(X=x).$$

よって,$1_{\{\mathbb{Y}=\mathbf{y}\}}(\omega) = 1_{\{\mathbf{y}\}}(\mathbb{Y}(\omega))$ に注意して,

$$E[g(X, \mathbb{Y}) | \mathbb{Y}] = \sum_{\mathbf{y} \in \mathbb{Y}(\Omega)} 1_{\{\mathbb{Y}=\mathbf{y}\}} \sum_{x \in X(\Omega)} g(x, \mathbf{y}) E[1_{\{X=x\}} | \mathbb{Y}]$$

$$= \sum_{\mathbf{y} \in \mathbb{Y}(\Omega)} 1_{\{\mathbb{Y}=\mathbf{y}\}} \sum_{x \in X(\Omega)} g(x, \mathbf{y}) P(X=x)$$

$$= \sum_{\mathbf{y} \in \mathbb{Y}(\Omega)} 1_{\{\mathbb{Y}=\mathbf{y}\}} E[g(X, \mathbf{y})] = E[g(X, \mathbf{y})]_{|\mathbf{y}=\mathbb{Y}}.$$

これで (11) は証明された. ∎

注意 1.118 $\mathbb{Y}(\Omega) \subset \mathbb{R}^d$ であり,定理 1.117 において $f: \mathbb{Y}(\Omega) \to \mathbb{R}$ を $f: \mathbb{R}^d \to \mathbb{R}$ としてもよい.

注意 1.119 定理 1.117 に挙げられた性質のいくつかについてその解釈を述べる.(2) 例えば 3 の値を取ることが確定している確率変数は X について何の情報も与えないので,その下での条件付き期待値は,何も情報がない場合の期待値 $E[X]$ になる.(3) $\mathbb{Y}$ の値が与えられた条件の下では,$f(\mathbb{Y})$ は定数のようにみなせる.(6) も同様.(10) X と独立な $\mathbb{Y}$ の値に関する情報は,X の値を推定するのには全く役に立たない.

例 1.120 確率変数 X と Y は独立で,$E[X] = 0$ を満たすとする.このとき,不等式 $E[|X+Y|] \geqq E[|Y|]$ が成り立つ.実際,定理 1.117 の (4),(8) より

$$E[|X+Y|] = E[E[|X+Y||Y]] \geqq E[|E[X+Y|Y]|]$$

となるが,定理 1.117 の (5), (10), (3) と仮定 $E[X] = 0$ より

$$E[X+Y|Y] = E[X|Y] + E[Y|Y] = E[X] + Y = Y$$

であるので,合わせて欲しい不等式が得られる. □

問題 1.121 確率変数 X と Y は独立で $P(X=1) = P(X=-1) = 1/2$ とする.次を求めよ:(1) $E[XY|Y]$,(2) $E[e^{X+Y+1}|Y]$,(3) $E[(X+Y)^2|Y]$,(4) $E[(XY)_+|Y]$. [答] (1) 0,(2) $e^Y(e^2+1)/2$,(3) Y^2+1,(4) $|Y|/2$. □

1.4.3 離散時間マルチンゲール

$T \in \mathbb{N}$ に対し,時間軸 $\mathbb{T}$ と $\mathbb{T}_1$ を

(1.15) $\qquad \mathbb{T} := \{0, 1, \cdots, T\}, \qquad \mathbb{T}_1 := \{1, 2, \cdots, T\}$

により定める.$(\Omega, \mathscr{F}, P)$ 上の**確率過程**(stochastic process) $\{X_t\}_{t \in \mathbb{T}}$ とは,$(\Omega, \mathscr{F}, P)$ 上の確率変数列 $X_0, X_1, \cdots, X_T$ のことである(確率過程 $\{X_t\}_{t \in \mathbb{T}_1}$ も同様に定義される).X_t の t は時間パラメータと見る.確率過程は,刻々とランダムに推移していく株価などをモデル化するのに用いられる.例えば X_t が時間 t の株価を表すとすると,$\omega \in \Omega$ という標本点の出現により,$X_0(\omega), X_1(\omega), \cdots, X_T(\omega)$ という株価が時間とともに実現していくという設定である.

以下,$(\Omega, \mathscr{F}, P)$ 上の確率過程 $\{Y_t\}_{t \in \mathbb{T}}$ を一つ固定し,これが我々の刻々と変化する情報を記述するとする.すなわち,株価の場合のように我々は**各時間** $t \in \mathbb{T}$ に $Y_0, \cdots, Y_t$ **たちの値を知っている**という状況を想定する.

以下の議論の簡単化のために,次の定義を行う(下の注意 1.129 参照).

定義 1.122 $t \in \mathbb{T}$ とする.$(\Omega, \mathscr{F}, P)$ 上の確率変数 X が($\{Y_s\}$ の情報に関し)$\mathscr{F}_t$**-可測**($\mathscr{F}_t$-measurable)であるとは,

$$X(\omega) = g(Y_0(\omega), \cdots, Y_t(\omega)), \qquad \omega \in \Omega$$

を満たすある関数 $g : (Y_0, \cdots, Y_t)(\Omega) \to \mathbb{R}$ が存在することである. □

注意 1.123 値域 $(Y_0, \cdots, Y_t)(\Omega)$ は $\mathbb{R}^{t+1}$ の有限部分集合でその上の関数は $\mathbb{R}^{t+1}$ に拡張できるから,定義 1.122 において $g : \mathbb{R}^{t+1} \to \mathbb{R}$ としても同じ定義が得られる.

命題 1.124 $s,t \in \mathbb{T}$, $s \leq t$ とする. X が $\mathscr{F}_s$-可測ならば $\mathscr{F}_t$-可測でもある. □

[証明] $s=1$, $t=2$ とする(一般の場合も同様). X は $\mathscr{F}_1$-可測として $X = g(Y_0, Y_1)$, $g: \mathbb{R}^2 \to \mathbb{R}$ とする. $h(y_0, y_1, y_2) := g(y_0, y_1)$ により $h: \mathbb{R}^3 \to \mathbb{R}$ を定義すると, $X = h(Y_0, Y_1, Y_2)$ である. よって X は $\mathscr{F}_2$-可測でもある. ■

例 1.125 $X := Y_0 Y_1 Y_2$ とおくと, X は $\mathscr{F}_2$-可測である. 実際 $g(y_0, y_1, y_2) = y_0 y_1 y_2$ でよい. しかし, X は通常は $\mathscr{F}_1$-可測ではない. ここで「通常」と断る必要があるのは, 例えば $Y_1 = Y_2$ のような特殊な場合には, X は $\mathscr{F}_1$-可測でもあるからである. □

確率過程 $\{Y_s\}$ の情報に関する適合過程の概念を以下のように定義する.

定義 1.126 $(\Omega, \mathscr{F}, P)$ 上の確率過程 $\{X_t\}_{t \in \mathbb{T}}$ が ($\{Y_t\}$ の情報に関して)**適合** (adapted)とは, すべての $t \in \mathbb{T}$ に対し X_t が $\mathscr{F}_t$-可測であることである. □

注意 1.127(適合性の解釈) 我々は各時間 $t \in \mathbb{T}$ には $Y_0, \cdots, Y_t$ たちの値を知っているので, 適合性の定義によれば X_t の値も知っている. 確率過程 $\{X_t\}_{t \in \mathbb{T}}$ が適合しているとは, 各時間 $t \in \mathbb{T}$ に X_t の値を知っていることと解釈される.

例 1.128 $X_t := (\sum_{s=0}^{t} Y_s)/(t+1)$, $t \in \mathbb{T}$, とおくと, $\{X_t\}$ は適合過程である. 一方, $X_t := Y_T$, $t \in \mathbb{T}$, とおくと, 通常は $\{X_t\}$ は適合過程ではない. □

X を $(\Omega, \mathscr{F}, P)$ 上の確率変数とする. 簡単のため, 条件付き期待値 $E_t[X]$ を

$$(1.16) \quad E_0[X] := E[X|Y_0], \quad E_t[X] := E[X|(Y_0, Y_1, \cdots, Y_t)] \quad (t \in \mathbb{T}_1)$$

により定義する. ここで, 各等式の右辺は定義 1.111 で導入した条件付き期待値である. 例えば, $t=1$ のときには次のようになる: $E_1[X] = E[X|(Y_0, Y_1)]$. 確率測度 P を強調したいときには, $E_t[X]$ を $E_t^P[X]$ とも書く. 条件付き期待値の定義により, すべての $t \in \mathbb{T}$ に対し $E_t[X]$ は $\mathscr{F}_t$-可測である.

注意 1.129 次章で導入する $\{Y_s : 0 \leq s \leq t\}$ により生成される $\mathscr{F}$ の部分 σ-加法族 $\mathscr{F}_t := \sigma(Y_s : 0 \leq s \leq t)$ および $\mathscr{F}_t$ に関する条件付き期待値 $E[X|\mathscr{F}_t]$ という概念を用いるならば, $E_t[X] = E[X|\mathscr{F}_t]$ と書くことができる.

確率過程 $\{Y_s\}$ の情報に関するマルチンゲールの概念を以下のように定義する.

定義 1.130 $(\Omega, \mathscr{F}, P)$ 上の確率過程 $\{M_t\}_{t \in \mathbb{T}}$ が ($\{Y_t\}$ の情報に関して)**マルチンゲール**であるとは, $\{Y_t\}$ の情報に適合していてかつ次を満たすことである:

36   1 ファイナンスの離散時間モデル

$$E_s^P[M_t] = M_s, \qquad s, t \in \mathbb{T}, \quad s \leqq t.$$

確率測度 P を強調したいときには，P-マルチンゲールともいう． □

命題 1.131　適合過程 $\{M_t\}_{t\in\mathbb{T}}$ がマルチンゲールであるための必要十分条件は，次が成り立つことである：$E_{t-1}[M_t] = M_{t-1}, t \in \mathbb{T}_1$. □

[証明]　必要性は明らかであるから，十分性のみを示す．$\{M_t\}$ は適合過程で $E_{t-1}[M_t] = M_{t-1}, t \in \mathbb{T}_1$, を満たすとする．まず，$M_t$ の $\mathscr{F}_t$-可測性と定理 1.117(3) により，$E_t[M_t] = M_t$ が成り立つ．次に，$t \in \{2, \cdots, T\}$ に対し，

$$E_{t-2}[M_t] = E_{t-2}[E_{t-1}[M_t]] = E_{t-2}[M_{t-1}] = M_{t-2}.$$

ここで，最初の等式は定理 1.117(9) による．同様にして，すべての $s \in \{0, \cdots, t\}$ に対し $E_s[M_t] = M_s$ が成り立つ． ■

問題 1.132　$\{M_t\}_{t\in\mathbb{T}}$ がマルチンゲールならば，$E[M_t] = E[M_0], t \in \mathbb{T}$, が成り立つことを示せ． □

問題 1.133　確率変数 X に対し，$M_t := E_t[X], t \in \mathbb{T}$, とおく．すると，$\{M_t\}$ はマルチンゲールになることを示せ． □

定義 1.134　$(\Omega, \mathscr{F}, P)$ 上の確率過程 $\{X_t\}_{t\in\mathbb{T}_1}$ が（$\{Y_t\}$ の情報に関して）可予測 (predictable) であるとは，すべての $t \in \mathbb{T}_1$ に対し，X_t が $\mathscr{F}_{t-1}$-可測であることである． □

注意 1.135(可予測性の解釈)　確率過程 $\{X_t\}_{t\in\mathbb{T}_1}$ が可予測であるとは，各時間 $t-1$ に X_t の値がすでに決まっていることと解釈される．

以下，適合過程，可予測過程およびマルチンゲールは 確率過程 $\{Y_t\}_{t\in\mathbb{T}}$ の情報に関するものであるとする．

定理 1.136(マルチンゲール変換)　可予測過程 $\{\xi_t\}_{t\in\mathbb{T}_1}$ とマルチンゲール $\{M_t\}_{t\in\mathbb{T}}$ に対し，確率過程 $\{L_t\}_{t\in\mathbb{T}}$ を次で定義する：

$$(1.17) \qquad L_0 := 0, \qquad L_t := \sum_{s=1}^{t} \xi_s (M_s - M_{s-1}), \quad t = 1, \cdots, T.$$

すると $\{L_t\}_{t\in\mathbb{T}}$ もマルチンゲールになる． □

[証明]　適合性は明らかである．$L_{t+1} = L_t + \xi_{t+1}(M_{t+1} - M_t)$ より，

$$E_t[L_{t+1}] = E_t[L_t] + E_t[\xi_{t+1}(M_{t+1} - M_t)]$$

となる．定理 1.117(3) より $E_t[L_t] = L_t$. 一方，ξ の可予測性と定理 1.117(6) より $E_t[\xi_{t+1}(M_{t+1} - M_t)] = \xi_{t+1} E_t[M_{t+1} - M_t]$ であるが，定理 1.117(3) より

$$E_t[M_{t+1} - M_t] = E_t[M_{t+1}] - E_t[M_t] = M_t - M_t = 0$$

となる．よって命題 1.131 により $\{L_t\}$ はマルチンゲールである．■

定理 1.136 の $\{L_t\}$ を $\{M_t\}$ の $\{\xi_t\}$ による**マルチンゲール変換**(martingale transform)という．

注意 1.137 マルチンゲール変換は，次章で定義する**確率積分**の離散時間版にあたる．

1.5 2 期間二項モデル

この節では，**2 期間二項モデル**(two-period binomial model)において，派生証券の価格評価とヘッジの問題を考察する．2 期間二項モデルと $n \geqq 3$ の場合の n 期間二項モデルとの間には，この節で述べる事柄に関して大きな違いはない．そこで，簡単のため $n = 2$ の場合を考えるのである．一方，$n = 1$ と $n \geqq 2$ の間には大きな違いが一つある．それは，後者では，派生証券のペイオフを複製するためには，複製戦略における株式と無リスク資産での投資の構成を価格の変化に応じて途中の時間で変える必要があるということである．つまり，**動的**(dynamic)な取引戦略が必要とされる．その議論においては，1.4.2 節で導入した条件付き期待値が自然な道具となる．しかし，そのような違いはあるにせよ，最も重要で基本的なアイデアは，すでに 1 期間二項モデルの場合に述べられたものと同じであることが分かるであろう．

1.5.1 節〜1.5.4 節を通じて，時間軸 $\mathbb{T}$ と $\mathbb{T}_1$ は，$\mathbb{T} := \{0, 1, 2\}$, $\mathbb{T}_1 := \{1, 2\}$ (すなわち (1.15) で $T = 2$ の場合)とする．

1.5.1 2 期間二項モデルの構成法

この節では，図 1.6 のような 2 期間二項モデル $\mathscr{M}$ を導入する．$\mathscr{M}$ の危険資産としては株式を考え，株式の価格過程をモデル化するために，我々は前節で導入した有限確率空間上の確率過程という枠組みを用いる．実定数 s_0, a, b および r は次を満たすとする：

38   1 ファイナンスの離散時間モデル

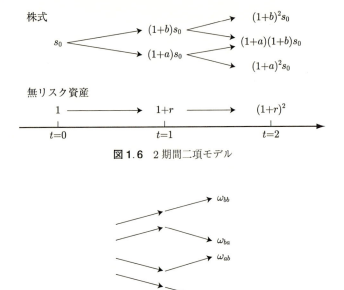

図 1.6　2 期間二項モデル

図 1.7　2 期間二項モデルの標本点のイメージ図

(1.18) $\quad\quad s_0 > 0, \quad -1 < a < r < b, \quad r \geqq 0$

ここで，s_0 は時間 $t=0$ における株価，a と b は株式の 1 期間における収益率，r は無リスク利子率にあたる．

標本空間 Ω に関しては，株価の動き方に四つの可能性があるので，$\Omega := \{\omega_{aa}, \omega_{ab}, \omega_{ba}, \omega_{bb}\}$ とおく．ここで，例えば ω_{ab} は，株価過程 $\{S_t\}_{t \in \mathbb{T}}$ の $S_1 = (1+a)S_0$, $S_2 = (1+b)S_1$ という動きに対応させるつもりである（図 1.7 参照）．これまでと同様に，$\mathscr{F} := 2^{\Omega}$ とおく．あからさまに書けば，次の通りである：

$$\mathscr{F} := \left\{ \begin{array}{l} \emptyset, \{\omega_{aa}\}, \{\omega_{ab}\}, \{\omega_{ba}\}, \{\omega_{bb}\}, \{\omega_{aa}, \omega_{ab}\}, \{\omega_{aa}, \omega_{ba}\}, \{\omega_{aa}, \omega_{bb}\}, \\ \{\omega_{ab}, \omega_{ba}\}, \{\omega_{ab}, \omega_{bb}\}, \{\omega_{ba}, \omega_{bb}\}, \\ \{\omega_{ab}, \omega_{ba}, \omega_{bb}\}, \{\omega_{aa}, \omega_{ba}, \omega_{bb}\}, \{\omega_{aa}, \omega_{ab}, \omega_{bb}\}, \{\omega_{aa}, \omega_{ab}, \omega_{ba}\}, \Omega \end{array} \right\}.$$

次に，$p_{aa} + p_{ab} + p_{ba} + p_{bb} = 1$ を満たす四つの数 $p_{aa}, p_{ab}, p_{ba}, p_{bb} \in (0, 1)$ を決め，$P(\{\omega_{ij}\}) = p_{ij}$ $(i, j \in \{a, b\})$ とおき，さらに一般の事象 $A \in \mathscr{F}$ の起こる確率 $P(A)$ は $P(A) := \sum_{\omega \in A} P(\{\omega\})$ により定める．すると P は可測空間

$(\Omega, \mathscr{F})$ 上の(A)を満たす確率測度になる.例えば事象 $\{\omega_{aa}, \omega_{ba}, \omega_{bb}\}$ の起こる確率は $P(\{\omega_{aa}, \omega_{ba}, \omega_{bb}\}) = p_{aa} + p_{ba} + p_{bb}$ となる.この確率測度 P は,「現実の確率法則」という設定である.

次に $\mathscr{M}$ の株価過程のモデル化を述べる.時間 $t=0$ の価格 S_0 は正定数 s_0 とする:$S_0(\omega) = s_0$, $\omega \in \Omega$. また,時間 $t=1$ の価格 S_1 と時間 $t=2$ の価格 S_2 は,それぞれ Ω 上の確率変数として次のように定める(図1.7参照):

$$S_1(\omega_{aa}) = S_1(\omega_{ab}) = (1+a)S_0, \quad S_1(\omega_{ba}) = S_1(\omega_{bb}) = (1+b)S_0,$$
$$S_2(\omega_{aa}) = (1+a)^2 S_0, \qquad S_2(\omega_{ab}) = (1+b)(1+a)S_0,$$
$$S_2(\omega_{ba}) = (1+a)(1+b)S_0, \qquad S_2(\omega_{bb}) = (1+b)^2 S_0.$$

このとき,例えば $\{S_2 = (1+a)(1+b)S_0\} = \{\omega_{ab}, \omega_{ba}\}$ であって,その確率 $P(S_2 = (1+a)(1+b)S_0)$ は $p_{ab} + p_{ba}$ で与えられる.こうして株式の価格過程を表す確率過程 $\{S_t\}_{t \in \mathbb{T}}$ が得られる.

$\mathscr{M}$ においては,時間 $t=0$ において1円を無リスク資産に投資すると,時間 $t \in \mathbb{T}$ では $B_t := (1+r)^t$ 円になるとする.

問題 1.138 事象 $\{S_1 = (1+a)S_0\}$ と $\{S_2 = (1+b)^2 S_0\}$ を標本点で表し,それらの確率を求めよ.

[答] $\{\omega_{aa}, \omega_{ab}\}$ (確率 $p_{aa} + p_{ab}$), $\{\omega_{bb}\}$ (確率 p_{bb}). □

2期間二項モデル $\mathscr{M}$ の情報は,株価過程 $\{S_t\}_{t \in \mathbb{T}}$ 自身によって記述されるとする.特に,確率変数 X の条件付き期待値 $E_t[X]$ を

$$E_0[X] := E[X|S_0], \quad E_t[X] := E[X|(S_0, S_1, \cdots, S_t)] \quad (t=1,2)$$

(すなわち(1.16)で $\{Y_t\} = \{S_t\}$ としたもの)により定め,適合過程,可予測過程,マルチンゲールは $\{S_t\}$ の情報に関するものであるとする.しかし,S_0 は定数であるから,実際には次のようになる:

$$E_0[X] = E[X], \quad E_t[X] := E[X|(S_1, \cdots, S_t)] \quad (t=1,2).$$

また,$\{\xi_t\}_{t \in \mathbb{T}_1}$ が可予測過程であるとは次の二つの条件が成り立つことになる:
(a) ξ_1 は定数, (b) ある $g : \mathbb{R} \to \mathbb{R}$ があって $\xi_2(\omega) = g(S_1(\omega))$, $\omega \in \Omega$. 可予測過程の全体を Ξ とおく:

$$(1.19) \qquad \Xi := \{\xi = \{\xi_t\}_{t \in \{1,2\}} : \xi \text{ は可予測過程}\}.$$

1.5.2 複製戦略

この節では，2期間二項モデル $\mathscr{M}$ における複製戦略について考察する．
まず，$\mathscr{M}$ における取引戦略を定義しよう．

定義 1.139 2期間二項モデル $\mathscr{M}$ における**取引戦略**とは，$x \in \mathbb{R}$ と可予測過程 $\xi = \{\xi_t\}_{t \in \mathbb{T}_1}$ の組 $(x, \xi) \in \mathbb{R} \times \Xi$ のことである． □

取引戦略 $(x, \xi) \in \mathbb{R} \times \Xi$ において，x はこの取引戦略の初期資金を表し，ξ_t は時間 $t-1$ と t の間の株式保有量を表す．すなわち，まず時間 $t=0$ において初期資金 x 円の状態から，株式を ξ_1 単位買う（$\xi_1 < 0$ なら $-\xi_1$ 単位売る）．そして，そのまま，時間 $t=1$ を迎える．次に時間 $t=1$ において株式の保有量を ξ_1 から ξ_2 へ変える．そして，そのまま，時間 $t=2$ を迎える（図 1.8 参照）．ξ_1 は時間 $t=0$（現在）において決めるから確定的な定数であり，ξ_2 は時間 $t=1$ での株価 S_1 円を参考にして決めるので $\xi_2 = g(S_1)$ の形である．このため，$\{\xi_t\}$ は可予測とするのである．

上では，株式の取引についてのみ述べたが，実際には株式に投資して余った分や足りない分の資金はすべて無リスク資産で調整するというのが，取引戦略 (x, ξ) の定義における暗黙の了解である．これについて述べる．

取引戦略 (x, ξ) の時間 $t=0$ における価値 $X_0^{x,\xi}$ は $X_0^{x,\xi} = x$ で与えられる．時間 $t=0$ に，初期資金 x のうちの株式で運用する分の残りの $X_0^{x,\xi} - \xi_1 S_0$ を無リスク資産で運用する．すると，1期間モデルのときと同様に時間 $t=1$ での価値 $X_1^{x,\xi}$ は，次で与えられる：$X_1^{x,\xi} = (1+r)(X_0^{x,\xi} - \xi_1 S_0) + \xi_1 S_1$.

次に，時間 $t=1$ において株式の保有量を ξ_1 から ξ_2 へ変えるが，資産の残りはすべて無リスク資産で運用するので，時間 $t=1$ での無リスク資産の金額は $X_1^{x,\xi} - \xi_2 S_1$ に変わる．そして，そのまま時間 $t=2$ を迎えると，$t=2$ における価値 $X_2^{x,\xi}$ は，次のようになる：$X_2^{x,\xi} = (1+r)(X_1^{x,\xi} - \xi_2 S_1) + \xi_2 S_2$.

以上の考察の下に，次の定義を行う．

定義 1.140 取引戦略 $(x, \xi) \in \mathbb{R} \times \Xi$ の**価値過程**(value process) $\{X_t^{x,\xi}\}_{t \in \mathbb{T}}$ を，次で定義する：

$$(1.20) \quad X_0^{x,\xi} = x, \quad X_t^{x,\xi} = (1+r)(X_{t-1}^{x,\xi} - \xi_t S_{t-1}) + \xi_t S_t, \quad t = 1, 2. \quad \square$$

$X_t^{x,\xi}$ は取引戦略 (x, ξ) に従う投資家の資産の，時間 t での価値を表している．

問題 1.141 価値過程 $\{X_t^{x,\xi}\}_{t \in \mathbb{T}}$ は適合過程であることを確かめよ． □

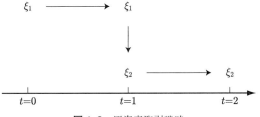

図1.8 原資産取引戦略

注意 1.142（価値過程を記述する方程式）　(1.20)は次のように書ける：

$$(1.21) \quad \begin{cases} X_0^{x,\xi} = x, \\ X_{t+1}^{x,\xi} - X_t^{x,\xi} = r(X_t^{x,\xi} - \xi_{t+1}S_t) + \xi_{t+1}(S_{t+1} - S_t), \quad t=0,1. \end{cases}$$

2番目の等式の右辺の第1項は時間 t から $t+1$ の間における無リスク資産からの収益を，第2項は株価の変化による取引戦略の価値の変化を，それぞれ表している．第3章の連続時間モデルでは，取引戦略の価値過程を，(1.21)の連続版にあたる確率微分方程式を用いて記述する．

$X_t^{x,\xi}$ と S_t を無リスク利子率で割り引いた値 $\tilde{X}_t^{x,\xi}$ と $\tilde{S}_t$ をそれぞれ次で定義する：$t = 0,1,2$ に対し，$\tilde{X}_t^{x,\xi} := (1+r)^{-t}X_t^{x,\xi}$, $\tilde{S}_t := (1+r)^{-t}S_t$. 無リスク利子率で割り引くということは，単位を円から無リスク資産何単位分という風に変えることにあたる．

次の命題は，価値過程 $\{X_t^{x,\xi}\}$ を明示的に表現する．

命題 1.143（価値過程の表現式）　取引戦略 $(x,\xi) \in \mathbb{R} \times \Xi$ の価値過程 $\{X_t^{x,\xi}\}$ は，次で与えられる：$X_0^{x,\xi} = x$,

$$X_1^{x,\xi} = (1+r)\left\{x + \xi_1(\tilde{S}_1 - \tilde{S}_0)\right\},$$
$$X_2^{x,\xi} = (1+r)^2\left\{x + \xi_1(\tilde{S}_1 - \tilde{S}_0) + \xi_2(\tilde{S}_2 - \tilde{S}_1)\right\}. \qquad \square$$

[証明]　(1.20)より $\tilde{X}_1^{x,\xi} - \tilde{X}_0^{x,\xi} = \xi_1(\tilde{S}_1 - \tilde{S}_0)$, $\tilde{X}_2^{x,\xi} - \tilde{X}_1^{x,\xi} = \xi_2(\tilde{S}_2 - \tilde{S}_1)$ が得られる．これと $X_0^{x,\xi} = x$ より，命題が得られる． ∎

問題 1.144　$r = 1/9$, $a = -1/9$, $b = 2/9$, $s_0 = 100$ 円, $x = 830$ 円, $\xi_1 = 5$, $\xi_2 = \tilde{S}_1/8$ のとき，$X_2^{x,\xi}(\omega_{ab})$ を求めよ．　［答］1000 円． $\square$

注意 1.145　定義 1.139 の取引戦略 (x,ξ) は，正確には**資金自己調達的**な取引戦略である．その意味は，この取引戦略では途中で消費や資本の投入がなく，各時点のポートフォリオの価値だけで次の段階の株式や無リスク資産の運用の元手を手当てするということである．我々は，資金自己調達的な取引戦略しか考えないので，それを簡単に取引戦略

という．命題 1.143 から分かるように，取引戦略の価値 $X_t^{x,\xi}$ は，組 (x,ξ)（と株価）から完全に決まる．したがって，無リスク資産への投資額 $X_t^{x,\xi} - \xi_{t+1} S_t$ もそうである．これは，資金自己調達的な取引戦略を考えていることによる．任意の初期資金 $x \in \mathbb{R}$ と任意の可予測過程 ξ に対し，資金自己調達的取引戦略 (x,ξ) を組むことができるのは，無リスク資産の投資や借り入れを自由に行えるとしていることによる．このように取引戦略 (x,ξ) は，実際には株式と無リスク資産の組み合わせによる運用であることを注意せよ．

次に，派生証券の複製戦略について考察する．実 2 変数の実数値関数 $h(x,y)$ に対し，満期が $t=2$ でペイオフが $h(S_1, S_2)$ 円の（ヨーロピアン・タイプの）派生証券を考える．この証券では，満期 $t=2$ において証券の売り手が買い手に $h(S_1, S_2)$ 円を支払う．

例 1.146 $h(x,y) := \left(K - \dfrac{1}{2}\{x+y\}\right)_+$ に対し $h(S_1, S_2)$ をペイオフとするオプションを**アベレージ・プライス・プット**(average price put)とよぶ．このオプションでは，期間中の株価の平均でペイオフが決まる．このように，原資産の価格のある期間中の平均でペイオフが決まるタイプのオプションを**アジア型オプション**(Asian option)という． □

我々が求めたいのは，派生証券の時間 $t=0,1$ における適正価格と，派生証券のヘッジの方法である．ペイオフ $h(S_1, S_2)$ は時間 $t=0,1$ では確定しない．これがこれらの問題の自明でない所以である．最終的には，時間 $t=1$ における派生証券の価格は「$S_1 = (1+a)S_0$ ならこう，$S_1 = (1+b)S_0$ ならこう」という風に，株価 S_1 の値を用いて表現されることになる．

1 期間二項モデルのときと同様に，次の定義を行う．

定義 1.147 取引戦略 $(x^*, \xi^*) \in \mathbb{R} \times \Xi$ が派生証券の**複製戦略**であるとは，満期 $t=2$ における価値 $X_2^{x^*, \xi^*}$ が派生証券のペイオフ $h(S_1, S_2)$ に一致することである：$X_2^{x^*, \xi^*}(\omega) = h(S_1(\omega), S_2(\omega))$．複製戦略 (x^*, ξ^*) に対し，x^* を**複製コスト**とよぶ．複製戦略が存在する派生証券は，**複製可能**であるという． □

そもそも任意の派生証券は複製可能であろうか．2 期間二項モデルの場合，1 期間二項モデルのときと同様に答えは Yes である．

定理 1.148（複製戦略の存在） 2 期間二項モデル $\mathscr{M}$ において，任意のペイオフ $h(S_1, S_2)$ の派生証券に対し，複製戦略 (x^*, ξ^*) が存在する． □

［証明］ $t=2$ の (1.20) より (x^*, ξ^*) は次を満たさなければならない：

$$(1+r)(X_1^{x^*,\xi^*} - \xi_2^* S_1) + \xi_2^* S_2 = h(S_1, S_2).$$

$S_2 = (1+a)S_1, (1+b)S_1$ それぞれの場合より

$$\begin{cases} (1+r)(X_1^{x^*,\xi^*} - \xi_2^* S_1) + \xi_2^*(1+b)S_1 = h(S_1, (1+b)S_1), \\ (1+r)(X_1^{x^*,\xi^*} - \xi_2^* S_1) + \xi_2^*(1+a)S_1 = h(S_1, (1+a)S_1) \end{cases}$$

を得る．この $X_1^{x^*,\xi^*}$ と ξ_2^* に関する連立 1 次方程式を解くと，

(1.22) $\quad \xi_2^* = \dfrac{h(S_1, (1+b)S_1) - h(S_1, (1+a)S_1)}{(b-a)S_1}, \quad X_1^{x^*,\xi^*} = g(S_1).$

ただし，

$$g(x) := \frac{r-a}{b-a} \cdot \frac{h(x,(1+b)x)}{1+r} + \frac{b-r}{b-a} \cdot \frac{h(x,(1+a)x)}{1+r}.$$

次に $t=1$ の (1.20) より (x^*, ξ^*) は $(1+r)(x^* - \xi_1^* S_0) + \xi_1^* S_1 = g(S_1)$ を満たさなければならない．$S_1 = (1+a)S_0, (1+b)S_0$ それぞれの場合より

(1.23) $\quad \begin{cases} (1+r)(x^* - \xi_1^* S_0) + \xi_1^*(1+b)S_0 = g((1+b)S_0), \\ (1+r)(x^* - \xi_1^* S_0) + \xi_1^*(1+a)S_0 = g((1+a)S_0) \end{cases}$

を得る．この x^* と ξ_1^* に関する連立 1 次方程式を解くと，次の結果を得る：

(1.24) $\quad \xi_1^* = \dfrac{g((1+b)S_0) - g((1+a)S_0)}{(b-a)S_0},$

(1.25) $\quad x^* = \dfrac{r-a}{b-a} \cdot \dfrac{g((1+b)S_0)}{1+r} + \dfrac{b-r}{b-a} \cdot \dfrac{g((1+a)S_0)}{1+r}.$

この定数 x^* と可予測過程 $\xi^* = \{\xi_t^*\}_{t \in \mathbb{T}_1}$ に対する取引戦略 (x^*, ξ^*) が $h(S_1, S_2)$ の複製戦略であることは，上の議論から明らかである． ∎

定義 1.149 （定理 1.148 で示された）任意の派生証券は複製可能であるという 2 期間二項モデル $\mathcal{M}$ の性質を，$\mathcal{M}$ の**完備性**という． □

注意 1.150 定理 1.148 の証明を見ると分かるように，2 期間二項モデル $\mathcal{M}$ において複製戦略 (x^*, ξ^*) は一意に決まる．

市場において派生証券の価格がその複製コスト x^* に等しくなければ裁定機会が生じることは，問題 1.48 の答と全く同様にして分かる(すなわち，派生証券とその複製ポートフォリオのうち高い方を売り，安い方を買う)．一方，我々は

以下の定理 1.166 において，派生証券の $t=0$ における価格が x^* であれば，裁定機会が生じないような派生証券の価格過程が存在することも見る．これらの事実を根拠に，我々は**複製コスト** x^* が派生証券の適正価格であるとみなす．

1.5.3 同値マルチンゲール測度

2期間二項モデル $\mathscr{M}$ における同値マルチンゲール測度について考察する．
1.5.2 節で定義した割引株価過程 $\{\tilde{S}_t\}_{t\in\mathbb{T}}$ を思い出そう．

定義 1.151 $(\Omega,\mathscr{F})$ 上の P と同値な確率測度 Q が $\mathscr{M}$ の**同値マルチンゲール測度**であるとは，$\{\tilde{S}_t\}_{t\in\mathbb{T}}$ が Q-マルチンゲールになることである． □

同値マルチンゲール測度を**リスク中立測度**ともいう．$\mathscr{M}$ において $P(\{\omega\}) > 0$, $\forall \omega \in \Omega$, であるので，$Q$ と P が同値 $\Leftrightarrow Q(\{\omega\}) > 0$, $\forall \omega \in \Omega$, である．

同値マルチンゲール測度の下での価値過程の性質に関し次が成り立つ．

定理 1.152 Q を同値マルチンゲール測度とすると，任意の取引戦略 $(x,\xi) \in \mathbb{R} \times \Xi$ に対し，割引価値過程 $\{\tilde{X}_t^{x,\xi}\}_{t\in\mathbb{T}}$ は Q-マルチンゲールになる． □

[証明] 命題 1.143 と定理 1.136 から直ちに導かれる． ∎

$q \in (0,1)$ を $q := (b-r)/(b-a)$ で定める．したがって，

$$(1.26) \qquad q = \frac{b-r}{b-a}, \qquad 1-q = \frac{r-a}{b-a}$$

となる．$(\Omega,\mathscr{F})$ 上の確率測度 Q を次で定める：

$$(1.27) \qquad \begin{aligned} & Q(\{\omega_{aa}\}) = q^2, \quad Q(\{\omega_{bb}\}) = (1-q)^2, \\ & Q(\{\omega_{ab}\}) = Q(\{\omega_{ba}\}) = q(1-q). \end{aligned}$$

$Q(\{\omega_{aa}\}) + Q(\{\omega_{ab}\}) + Q(\{\omega_{ba}\}) + Q(\{\omega_{bb}\}) = 1$ であるから，Q は確かに $(\Omega,\mathscr{F})$ 上の確率測度を定める．また，$Q(\{\omega\}) > 0$, $\omega \in \Omega$, であるので，Q と P は同値である．下の定理 1.155 において，我々はこの Q が $\mathscr{M}$ における唯一の同値マルチンゲール測度であることを見る．

命題 1.153 (1.26), (1.27) の Q のもとで，S_1 と S_2/S_1 は独立である． □

[証明] S_0 は定数であるから，$T_1 := S_1/S_0$ と $T_2 := S_2/S_1$ が独立であることをいえばよい．$T_1(\Omega) = T_2(\Omega) = \{1+a, 1+b\}$ である．次が分かる：

$$Q(T_1 = 1+a,\ T_2 = 1+a) = Q(\{\omega_{aa}\}) = q^2,$$

$$Q(T_1 = 1+a) = Q(\{\omega_{aa}, \omega_{ab}\}) = q^2 + q(1-q) = q,$$
$$Q(T_2 = 1+a) = Q(\{\omega_{aa}, \omega_{ba}\}) = q^2 + (1-q)q = q.$$

よって,$Q(T_1 = 1+a, T_2 = 1+a) = Q(T_1 = 1+a)Q(T_2 = 1+a)$. 他の $Q(T_1 = 1+a, T_2 = 1+b)$ なども同様. よって,T_1 と T_2 は独立である. ∎

以下,$E^Q[\cdot], E_0^Q[\cdot], E_1^Q[\cdot]$ などは,確率測度 Q に関する期待値や条件付き期待値を表す.

命題 1.154 (1.26), (1.27) の Q に対し,$E^Q[S_1/S_0] = E^Q[S_2/S_1] = 1+r$. ∎

[証明] まず
$$E^Q[S_1/S_0] = (1+a)Q(S_1/S_0 = 1+a) + (1+b)Q(S_1/S_0 = 1+b)$$
$$= (1+a)q + (1+b)(1-q) = 1+r.$$

同様にして,$E^Q[S_2/S_1] = 1+r$ も分かる. ∎

定理 1.155 (1.26), (1.27) で定義される確率測度 Q は,2期間二項モデル $\mathscr{M}$ における唯一つの同値マルチンゲール測度である. ∎

[証明] 最初に (1.26), (1.27) の Q が同値マルチンゲール測度であることを示す. 定義より $\tilde{S}_0 = S_0, \tilde{S}_1 = (1+r)^{-1}S_1$ であるから,命題 1.154 より,$E_0^Q[\tilde{S}_1] = E^Q[\tilde{S}_1] = S_0 = \tilde{S}_0$ となる. 最初の等式は S_0 が定数であることと定理 1.117(2) による. 次に,$S_2 = S_1 \cdot (S_2/S_1)$ と変形して,定理 1.117(6) を用いると,$E_1^Q[S_2] = S_1 E_1^Q[(S_2/S_1)]$ を得る. 命題 1.153 より S_1 と S_2/S_1 は独立であるから,定理 1.117(10) と命題 1.154 を用いると,$E_1^Q[(S_2/S_1)] = E^Q[(S_2/S_1)] = 1+r$ を得る. 以上の二つの等式から $E_1^Q[\tilde{S}_2] = \tilde{S}_1$ が得られる. よって,Q は同値マルチンゲール測度である.

次に同値マルチンゲール測度の一意性を示す. 関数 $h: \mathbb{R}^2 \to \mathbb{R}$ を
$$h(x,y) = 1_{\{S_0(1+a)\}}(x) 1_{\{S_0(1+a)(1+b)\}}(y)$$
で定めると,$h(S_1(\omega), S_2(\omega)) = 1_{\{\omega_{ab}\}}(\omega)$ となるので,$1_{\{\omega_{ab}\}}(\omega)$ をペイオフとする派生証券を考えることができる. 2期間二項モデルの完備性 (定理 1.148) より,この派生証券は複製可能であるので,(x^*, ξ^*) をその複製戦略とする. 今,Q' を任意の同値マルチンゲール測度とすると,定理 1.152 より

$$Q'(\{\omega_{ab}\}) = E^{Q'}[1_{\{\omega_{ab}\}}] = E^{Q'}[X_2^{x^*,\xi^*}] = (1+r)^2 x^*$$

が成り立つ.これより,Q'' を別の同値マルチンゲール測度とすると,$Q'(\{\omega_{ab}\}) = (1+r)^2 x^* = Q''(\{\omega_{ab}\})$ となって,$Q'(\{\omega_{ab}\})$ は一意に決まることが分かる.同様にして,任意の $\omega \in \Omega$ に対し $Q'(\{\omega\})$ は一意に決まる.よって,同値マルチンゲール測度は一意である. □

2期間二項モデル $\mathscr{M}$ における裁定取引を定義しよう.

定義 1.156 $\mathscr{M}$ における取引戦略 $(x,\xi) \in \mathbb{R} \times \Xi$ は,次の3条件を満たすとき**裁定取引**であるという:(1) $x = 0$, (2) $X_2^{x,\xi}(\omega) \geqq 0$, $\forall \omega \in \Omega$, (3) $P(X_2^{x,\xi} > 0) > 0$. もし,裁定取引が存在しなければ,$\mathscr{M}$ は**無裁定**であるという. □

定理 1.155 の同値マルチンゲール測度の存在から,次が導かれる.

定理 1.157 2期間二項モデル $\mathscr{M}$ は無裁定である. □

[証明] $(0,\xi)$ を裁定取引とすると,定理 1.152 より同値マルチンゲール測度 Q に関して $0 = E^Q[X_2^{0,\xi}] > 0$ となり矛盾である. ■

1.5.4 無裁定価格

この節の目的は,2期間二項モデル $\mathscr{M}$ において,裁定機会を生じさせない派生証券の価格(無裁定価格)を調べることである.

$h: \mathbb{R}^2 \to \mathbb{R}$ とする.$\mathscr{M}$ において,満期が $t = 2$ で,ペイオフが $H := h(S_1, S_2)$ の派生証券を考える.この派生証券を H あるいは $h(S_1, S_2)$ とよぶ.

定義 1.158 適合過程 $\{U_t\}_{t \in \mathbb{T}}$ で,$U_2 = H$ を満たすものを,派生証券 H の**価格過程**とよぶ.H の価格過程の全体を $\mathscr{U}(H)$ と書く. □

市場モデル $\mathscr{M}$ に価格過程 $U = \{U_t\} \in \mathscr{U}(H)$ を持つ派生証券 H を (2番目の危険資産として) 加えてできる新たな金融市場モデル $\hat{\mathscr{M}} = \hat{\mathscr{M}}_U$ を考える.$\hat{\mathscr{M}}_U$ を $\{U_t\}$ により**拡張された(金融)市場モデル**とよぶ.

定義 1.159 拡張された市場 $\hat{\mathscr{M}}$ における**取引戦略**とは,$x \in \mathbb{R}$ と二つの可予測過程 $\xi = \{\xi_t\}_{t \in \mathbb{T}_1}$, $\eta = \{\eta_t\}_{t \in \mathbb{T}_1}$ の組 $(x,\xi,\eta) \in \mathbb{R} \times \Xi \times \Xi$ のことである. □

取引戦略 (x,ξ,η) において,x は初期資金,ξ_t は時間 $t-1$ と t の間の株式保有量,η_t は時間 $t-1$ と t の間の派生証券保有量をそれぞれ表す.すなわち,まず時間 $t = 0$ において初期資金 x 円の状態から,株式を ξ_1 単位,派生証券を η_1 単位それぞれ買う.そして,そのまま,時間 $t = 1$ を迎える.次に時間 $t = 1$ に

おいて株式と派生証券の保有量を ξ_1 から ξ_2, η_1 から η_2 へとそれぞれ変える．そして，そのまま，時間 $t=2$ を迎える．この取引戦略も資金自己調達的であるというのが暗黙の了解であり，各時点で株式に投資して余った分や足りない分の資金はすべて無リスク資産で調整する．

前と同様に，取引戦略 (x,ξ,η) の時間 t における価値 $X_t^{x,\xi,\eta}$ は，そのポートフォリオを構成する資産をすべてその時点で現金化した場合の総額として次のように定義される．

定義 1.160 $\hat{\mathscr{M}}$ の取引戦略 (x,ξ,η) の**価値過程** $\{X_t^{x,\xi,\eta}\}_{t\in\mathbb{T}}$ を，次で定義する：

$$\begin{cases} X_0^{x,\xi,\eta} = x, \\ X_t^{x,\xi,\eta} = (1+r)(X_{t-1}^{x,\xi,\eta} - \xi_t S_{t-1} - \eta_t U_{t-1}) + \xi_t S_t + \eta_t U_t, \quad t=1,2. \end{cases}$$ □

定義 1.160 の意味は，定義 1.140 の場合と同様である．特に，時間 $t=1$ でポートフォリオの組み換えを行うとき，株式保有量は ξ_1 から ξ_2 へ，無リスク資産への投資金額は $(1+r)(X_0^{x,\xi,\eta} - \xi_1 S_0 - \eta_1 U_0)$ から $X_1^{x,\xi,\eta} - \xi_2 S_1 - \eta_2 U_1$ へと，それぞれ変わる．

$X_t^{x,\xi,\eta}$ と U_t を無リスク利子率で割り引いた値 $\tilde{X}_t^{x,\xi,\eta}$ と $\tilde{U}_t$ をそれぞれ次で定義する：$t\in\mathbb{T}$ に対し，$\tilde{X}_t^{x,\xi,\eta} := (1+r)^{-t} X_t^{x,\xi,\eta}$, $\tilde{U}_t := (1+r)^{-t} U_t$.

命題 1.143 と同様にして次の結果が得られる．

命題 1.161 $\hat{\mathscr{M}}$ の取引戦略 $(x,\xi,\eta)\in\mathbb{R}\times\Xi\times\Xi$ の価値過程 $\{X_t^{x,\xi,\eta}\}_{t\in\mathbb{T}}$ は，次で与えられる：$X_0^{x,\xi,\eta} = x$,

$$X_1^{x,\xi,\eta} = (1+r)\left\{x + \xi_1(\tilde{S}_1 - \tilde{S}_0) + \eta_1(\tilde{U}_1 - \tilde{U}_0)\right\},$$
$$X_2^{x,\xi,\eta} = (1+r)^2\left\{x + \sum_{s=1}^{2}\xi_s(\tilde{S}_s - \tilde{S}_{s-1}) + \sum_{s=1}^{2}\eta_s(\tilde{U}_s - \tilde{U}_{s-1})\right\}.$$ □

問題 1.162 命題 1.161 を証明せよ． ヒント．命題 1.143 の証明と同様． □

拡張された市場 $\hat{\mathscr{M}}$ における裁定取引を定義しよう．

定義 1.163 $\hat{\mathscr{M}}$ における取引戦略 $(x,\xi,\eta)\in\mathbb{R}\times\Xi\times\Xi$ は，次の三つの条件を満たすとき**裁定取引**であるという：(1) $x=0$, (2) $X_2^{x,\xi,\eta}\geqq 0$, (3) $P(X_2^{x,\xi,\eta}>0)>0$. もし，裁定取引が存在しなければ，$\hat{\mathscr{M}}$ は**無裁定**であるという． □

派生証券の無裁定価格を定義しよう．

定義 1.164 派生証券 H の価格過程 $\{U_t\}\in\mathscr{U}(H)$ が**無裁定価格過程**である

とは，$\{U_t\}$ により拡張された市場モデル $\hat{\mathscr{M}}_U$ が無裁定であることである． □

すなわち，H の無裁定価格過程とは，無リスク資産，危険資産，派生証券 H の三つの金融資産による裁定取引が可能でないような価格過程のことである．

定義 1.165 $x \in \mathbb{R}$ が(時間 $t = 0$ における) H の**無裁定価格**であるとは，$U_0 = x$ となる H の無裁定価格過程 $\{U_t\}_{t \in \mathbb{T}}$ が存在することである． □

次が 2 期間二項モデル $\mathscr{M}$ に対するこの節の主定理である．

定理 1.166 $\mathscr{M}$ において，派生証券 H の無裁定価格過程 $\{U_t\}_{t \in \mathbb{T}}$ は一意であり，H の複製戦略 (x^*, ξ^*) の価値過程 $\{X_t^{x^*, \xi^*}\}_{t \in \mathbb{T}}$ に一致する：$U_t = X_t^{x^*, \xi^*}$，$t \in \mathbb{T}$．特に，H の複製コスト x^* は H の唯一つの無裁定価格である． □

[証明] 後にある定理 1.210(2) と定理 1.148($\mathscr{M}$ の完備性)より従う． ■

次は，1.3 節の定理 1.60 に対応する重要な結果である．

定理 1.167(リスク中立価格評価法) 2 期間二項モデル $\mathscr{M}$ において，ペイオフが H の派生証券の無裁定価格過程 $\{U_t\}_{t \in \mathbb{T}}$ は次で与えられる：

$$U_t = E_t^Q\left[(1+r)^{-(2-t)}H\right], \quad t = 0, 1, 2.$$

ここで Q は $\mathscr{M}$ の同値マルチンゲール測度である． □

[証明] 複製戦略 (x^*, ξ^*) に対し，$\tilde{X}_2^{x^*, \xi^*} = H/(1+r)^2$ が成り立つ．これと定理 1.166 および定理 1.152 を用いると，

$$\tilde{U}_t = \tilde{X}_t^{x^*, \xi^*} = E_t^Q\left[\tilde{X}_2^{x^*, \xi^*}\right] = E_t^Q\left[(1+r)^{-2}H\right]$$

となって，定理が得られる． ■

注意 1.168 定理 1.167 は，下の定理 1.210(2) の特別な場合である．

問題 1.169 同じ満期 $t = 2$，同じ行使価格 K のヨーロピアン・タイプのコールとプットを考える．C_t と P_t をそれぞれコールとプットの $t \in \mathbb{T}$ における価格とする．次のプット・コール・パリティを示せ(問題 1.64 を参照)：$C_t - P_t = S_t - (1+r)^{-(2-t)}K$，$t \in \mathbb{T}$．ヒント．定理 1.167 を用いよ． □

次の定理は，関数 $h: \mathbb{R} \to \mathbb{R}$ に対し，ペイオフが $h(S_2)$ の形のヨーロピアン・タイプの派生証券の価格を具体的に与える．

定理 1.170(派生証券の価格公式) 満期が $t = 2$ でペイオフが $h(S_2)$ の派生証券の無裁定価格過程 $\{U_t\}_{t \in \mathbb{T}}$ は $U_t = v(t, S_t)$，$t = 0, 1, 2$，で与えられる．ここで，関数 $v(t, x)$ は次で定める：

$$v(t,x) = \frac{1}{(1+r)^{2-t}} \sum_{k=0}^{2-t} {}_{2-t}C_k q^k (1-q)^{2-t-k} h((1+a)^k(1+b)^{2-t-k}x). \quad \square$$

[証明] 時間 $t=2$ の場合の示すべき式 $U_2 = h(S_2)$ は自明である．時間 $t=0$ の場合，定理 1.167 より $U_0 = (1+r)^{-2}E^Q[h(S_2)]$ となるが，簡単な計算によりこの右辺は $v(0,S_0)$ に等しいことが分かる．最後に，時間 $t=1$ の場合を示そう．(定理 1.155 の証明と同じように) $S_2 = S_1 \cdot (S_2/S_1)$ という変形と，S_1 と S_2/S_1 が独立であることにより，定理 1.117 の (11) を用いると

$$E_1^Q[h(S_2)] = E_1^Q[h(S_1 \cdot (S_2/S_1))] = g(S_1)$$

であることが分かる．ここで，$g(x) := E^Q[h((S_2/S_1)x)]$．この右辺は，

$$h((1+a)x)Q(S_2/S_1 = 1+a) + h((1+b)x)Q(S_2/S_1 = 1+b)$$
$$= h((1+a)x)q + h((1+b)x)(1-q) = (1+r)v(1,x)$$

となる．よって，時間 $t=1$ の場合の欲しい結果も得られた． ∎

注意 1.171 定理 1.170 は，連続時間モデルに対する有名な **Black-Scholes**(ブラック-ショールズ)の公式の離散時間版にあたる．

問題 1.172 $r=1/9$, $a=-1/9$, $b=2/9$, $s_0 = 1000$ 円とする．満期が $t=2$ で行使価格が 1000 円のヨーロピアン・プット・オプションの時間 $t=0$ における価格を求めよ．[答] 170/9. $\square$

定理 1.170 の ξ^* は，派生証券のヘッジの方法を記述するので重要である．

定理 1.173(デルタ・ヘッジ) 満期が $t=2$ でペイオフが $h(S_2)$ 円の派生証券の複製戦略を (x^*, ξ^*) とする．また $v(t,x)$ は定理 1.170 で与えられた関数とする．すると $\xi^* = \{\xi_t^*\}_{t=1,2}$ は次で与えられる：

$$\xi_t^* = \frac{v(t,(1+b)S_{t-1}) - v(t,(1+a)S_{t-1})}{(b-a)S_{t-1}}, \quad t=1,2. \quad \square$$

[証明] (1.22), (1.24) および定理 1.170 より直ちに得られる． ∎

問題 1.174 $r=1/9$, $a=-1/9$, $b=2/9$, $s_0 = 1000$ とする．満期 $t=2$, 行使価格 1000 円のヨーロピアン・プット・オプションの複製戦略 (x^*, ξ^*) に対し，ξ_1^* を求めよ．[答] $-17/90$. $\square$

注意 1.175 定理 1.173 によれば，ξ^* はデルタ(delta, Δ)とよばれる「派生証券の価

格の原資産価格に対する変化率」で与えられる.このため,ξ^*によるヘッジをデルタ・ヘッジ(delta hedging)という.

本節の結果は,一般の**多期間二項モデル**(multi-period binomial model)に容易に拡張できる.多期間二項モデルは,**Cox-Ross-Rubinstein**(コックス-ロス-ルービンシュタイン)モデル,あるいは単に**CRR**モデル,ともよばれる([26]参照).二項モデルなどの離散時間モデルにより連続時間のモデルを近似することで,**ツリー法**(tree method)とよばれる応用範囲の広い数値計算法が得られる([61]などを参照せよ).

1.6 完備市場と非完備市場

この節では,多期間の完備および非完備市場モデルを扱う.簡単のため,危険資産の種類は一つだけとする.1.6.1節で確率空間,1.6.2節で市場モデルに関する設定をそれぞれ述べた後,1.6.3節において資産価格評価の第1および第2基本定理を紹介する.この二つの定理は,それぞれ,無裁定市場モデルおよび完備市場モデルを同値マルチンゲール測度の言葉で特徴付ける.1.6.4節では,ここでの設定における拡張された市場モデルを導入し,その準備のもと派生証券の無裁定価格を定義する.非完備市場モデルとは複製可能でない派生証券の存在する市場モデルのことであるが,この無裁定価格の定義はそのような派生証券に対しても同様に適用される.複製可能な派生証券の無裁定価格は一意であるのに対し,複製可能でない派生証券の無裁定価格の集まりは空でない開区間を成し,したがって無限集合であることが1.6.5節において示される.

1.6.1 確率モデルの設定

これまでと同じく,$\Omega=\{\omega_1,\omega_2,\cdots,\omega_N\}$,$\mathscr{F}=2^\Omega$とし,条件(A)を満たす有限確率空間$(\Omega,\mathscr{F},P)$を考える.

$T\in\mathbb{N}$に対し,時間軸$\mathbb{T}$と$\mathbb{T}_1$を(1.15)により定める.$d\in\mathbb{N}$としてd-次元確率過程$\{\mathbb{Y}_t\}_{t\in\mathbb{T}}$,$\mathbb{Y}_t=(Y_t^1,Y_t^2,\cdots,Y_t^d)$,を考える.すなわち,各$t\in\mathbb{T}$に対し,$\mathbb{Y}_t$は$d$-次元確率ベクトルである.この$d$-次元確率過程$\{\mathbb{Y}_t\}_{t\in\mathbb{T}}$が我々の情報を記述するという設定を考える(1.4.3節では$d=1$の場合を考えた).

定義1.122と同様に,次の定義を行う(下の注意1.178参照).

定義1.176 $t\in\mathbb{T}$とする.$(\Omega,\mathscr{F},P)$上の確率変数Xが$\mathscr{F}_t$-可測であると

1.6 完備市場と非完備市場　51

は，ある関数 $g:(\mathbb{Y}_0,\cdots,\mathbb{Y}_t)(\Omega)\to\mathbb{R}$ が存在して，

$$X(\omega)=g(\mathbb{Y}_0(\omega),\cdots,\mathbb{Y}_t(\omega)),\qquad \omega\in\Omega$$

と書けることである． □

上の定義において，$(\mathbb{Y}_0,\mathbb{Y}_1,\cdots,\mathbb{Y}_t)$ は $\mathbb{Y}_0,\mathbb{Y}_1,\cdots,\mathbb{Y}_t$ の成分を順に並べてできる $(t+1)d$-次元確率ベクトルである．例えば，$t=1$ のときには次のようになる：

$$(\mathbb{Y}_0,\mathbb{Y}_1)=(Y_0^1,Y_0^2,\cdots,Y_0^d,Y_1^1,Y_1^2,\cdots,Y_1^d).$$

注意 1.177 定義 1.176 において，値域 $(\mathbb{Y}_0,\cdots,\mathbb{Y}_t)(\Omega)$ は $\mathbb{R}^{(t+1)d}$ の有限部分集合でその上の関数は $\mathbb{R}^{(t+1)d}$ に拡張できるから，$g:\mathbb{R}^{(t+1)d}\to\mathbb{R}$ としても同じ定義が得られる．

情報を記述する d-次元確率過程 $\mathbb{Y}$ に対し，次の二つの条件を仮定する：

(Y1) $\mathbb{Y}_0$ は確定的(つまり d 次元定数ベクトル)である．

(Y2) $(\Omega,\mathscr{F},P)$ 上のすべての確率変数 X は $\mathscr{F}_T$-可測である．

仮定(Y2)より，特に，すべての $A\subset\Omega$ に対し 1_A は $\mathscr{F}_T$-可測である．

X を $(\Omega,\mathscr{F},P)$ 上の確率変数とする．簡単のため，条件付き期待値 $E_t[X]$ を

$$E_0[X]:=E[X|\mathbb{Y}_0],\quad E_t[X]:=E[X|(\mathbb{Y}_0,\mathbb{Y}_1,\cdots,\mathbb{Y}_t)]\quad (t=1,2,\cdots,T)$$

により定義する．ここで，各等式の右辺は定義 1.111 の条件付き期待値である．条件付き期待値の定義より，すべての $t\in\mathbb{T}$ に対し $E_t[X]$ は $\mathscr{F}_t$-可測である．また，(Y1) より $E_0[X]=E[X]$ であり，(Y2) より $E_T[X]=X$ が成り立つ．

注意 1.178 第 2 章で導入する $\{Y_s^i:0\leqq s\leqq t,\ 1\leqq i\leqq d\}$ により生成される $\mathscr{F}$ の部分 σ-加法族 $\mathscr{F}_t:=\sigma(Y_s^i:0\leqq s\leqq t,\ 1\leqq i\leqq d)$ および $\mathscr{F}_t$ に関する条件付き期待値 $E[X|\mathscr{F}_t]$ の概念を用いるならば，$E_t[X]=E[X|\mathscr{F}_t]$ と書くことができる．また，上の仮定(Y1)と(Y2)はそれぞれ $\mathscr{F}_0=\{\emptyset,\Omega\}$, $\mathscr{F}_T=\mathscr{F}$ と同じことである．

d-次元確率過程 $\{\mathbb{Y}_t\}$ の情報に関する適合過程，可予測過程，マルチンゲールの概念を，$d=1$ の場合と同様に，それぞれ以下のように定義する．

定義 1.179 $(\Omega,\mathscr{F},P)$ 上の確率過程 $\{X_t\}_{t\in\mathbb{T}}$ が($\{\mathbb{Y}_t\}$ の情報に関して)**適合**しているとは，すべての $t\in\mathbb{T}$ に対し X_t が $\mathscr{F}_t$-可測であることである． □

定義 1.180 $(\Omega,\mathscr{F},P)$ 上の確率過程 $\{X_t\}_{t\in\mathbb{T}_1}$ が($\{\mathbb{Y}_t\}$ の情報に関して)**可予測**であるとは，すべての $t\in\mathbb{T}_1$ に対し X_t が $\mathscr{F}_{t-1}$-可測であることである． □

定義 1.181 $(\Omega, \mathscr{F}, P)$ 上の確率過程 $\{M_t\}_{t \in \mathbb{T}}$ が ($\{\mathbb{Y}_t\}$ の情報に関して) マルチンゲールであるとは, $\{\mathbb{Y}_t\}$ の情報に適合していてかつ次を満たすことである：

$$E_s^P[M_t] = M_s, \qquad s, t \in \mathbb{T}, \quad s \leqq t.$$

確率測度 P を強調したいときには, P-マルチンゲールという. □

問題 1.182 適合過程 $\{M_t\}_{t \in \mathbb{T}}$ がマルチンゲールであるための必要十分条件は, 次が成り立つことであることを示せ：$E_{t-1}[M_t] = M_{t-1}, t \in \mathbb{T}_1$. □

以下, 適合過程, 可予測過程およびマルチンゲールは, d-次元確率過程 $\{\mathbb{Y}_t\}_{t \in \mathbb{T}}$ の情報に関するものであるとする.

定理 1.136 と同様に, 次の定理が成り立つ.

定理 1.183 可予測過程 $\{\xi_t\}_{t \in \mathbb{T}_1}$ とマルチンゲール $\{M_t\}_{t \in \mathbb{T}}$ に対し, 確率過程 $\{L_t\}_{t \in \mathbb{T}}$ を (1.17) により定義すると, $\{L_t\}$ もマルチンゲールになる. □

証明は定理 1.136 と同様であるので省略する. 前と同様に, 定理 1.183 の $\{L_t\}$ を $\{M_t\}$ の $\{\xi_t\}$ による**マルチンゲール変換**という.

我々は, 次の命題を後で必要とする.

命題 1.184（マルチンゲールの特徴付け） 適合過程 $\{M_t\}_{t \in \mathbb{T}}$ が P-マルチンゲールであるための必要十分条件は, 任意の可予測過程 $\{\xi_t\}_{t \in \mathbb{T}_1}$ に対して次が成り立つことである：

$$(1.28) \qquad E^P\left[\sum_{s=1}^{T} \xi_s (M_s - M_{s-1})\right] = 0. \qquad \square$$

[証明] $\{M_t\}_{t \in \mathbb{T}}$ がマルチンゲールであるならば, 定理 1.183 から可予測過程 $\{\xi_t\}_{t \in \mathbb{T}_1}$ による $\{M_t\}$ のマルチンゲール変換 $\{L_t\}$ はマルチンゲールであり, $E[L_T] = L_0 = 0$ が成り立つ. これは (1.28) に他ならない.

逆に, 適合過程 $\{M_t\}$ は任意の可予測過程 $\{\xi_t\}$ に対し (1.28) を満たすとする. このとき, $t \in \mathbb{T}_1$ と $(\mathbf{y}_0, \cdots, \mathbf{y}_{t-1}) \in (\mathbb{Y}_0, \cdots, \mathbb{Y}_{t-1})(\Omega)$ に対して

$$A = \{\mathbb{Y}_0 = \mathbf{y}_0, \cdots, \mathbb{Y}_{t-1} = \mathbf{y}_{t-1}\}, \quad \xi_t = 1_A, \quad \xi_s = 0 \quad (s \in \mathbb{T}_1, \ s \neq t)$$

とおくと, $\xi_t = 1_{\{(\mathbf{y}_0, \cdots, \mathbf{y}_{t-1})\}}(\mathbb{Y}_0, \cdots, \mathbb{Y}_{t-1})$ より $\{\xi_s\}_{s \in \mathbb{T}_1}$ は可予測になるので (1.28) が, したがって $E[1_A M_t] = E[1_A M_{t-1}]$ が得られる. 定理 1.113 により, これは $E_{t-1}[M_t] = M_{t-1}$ を意味する. よって, $\{M_t\}$ はマルチンゲールである. ∎

1.6.2 市場モデル

次の金融市場モデル $\mathcal{M}$ を考える：

- $\mathcal{M}$ の情報は，d-次元確率過程 $\mathbb{Y} = \{\mathbb{Y}_t\}_{t \in \mathbb{T}}$ により記述される．
- $\mathcal{M}$ には，一つの無リスク資産と一つの危険資産が存在する．
- 無リスク資産の価格過程 $\{B_t\}_{t \in \mathbb{T}}$ は，$B_t = (1+r)^t$, $t \in \mathbb{T}$, により与えられる．ここで r は非負の定数である．
- 危険資産の価格過程は，正値適合過程 $\{S_t\}_{t \in \mathbb{T}}$ により与えられる．

上の r を無リスク金利とよぶ．市場モデル $\mathcal{M}$ の情報が $\mathbb{Y}$ により記述されるという設定により，適合過程，可予測過程およびマルチンゲールは，$\mathbb{Y}$ の情報に関するものである．我々は各 $t \in \mathbb{T}$ に対し，Y_s^k, $0 \leqq s \leqq t$, $1 \leqq k \leqq d$, たちの値を知っている（という設定である）ので，$\{S_t\}$ の適合性より t 以前の危険資産の価格たち S_s, $0 \leqq s \leqq t$, の値も，時間 t において知っている（と解釈される）．一方，$\mathbb{Y}_0$ は確定的であるから，S_0 も確定的である．

(1.19) と同じく，可予測過程の全体を Ξ とおく：

$$\Xi := \{\xi = \{\xi_t\}_{t \in \mathbb{T}_1} : \xi \text{ は可予測過程}\}.$$

市場モデル $\mathcal{M}$ における取引戦略を定義しよう．

定義 1.185 $\mathcal{M}$ における**取引戦略**とは，$x \in \mathbb{R}$ と可予測過程 $\xi = \{\xi_t\}_{t \in \mathbb{T}_1}$ の組 $(x, \xi) \in \mathbb{R} \times \Xi$ のことである． □

定義 1.140 と同様に，取引戦略の価値過程を定義しよう．

定義 1.186 取引戦略 $(x, \xi) \in \mathbb{R} \times \Xi$ の**価値過程** $\{X_t^{x,\xi}\}_{t \in \mathbb{T}}$ を次で定義する：

(1.29) $\quad X_0^{x,\xi} = x, \qquad X_t^{x,\xi} = (1+r)(X_{t-1}^{x,\xi} - \xi_t S_{t-1}) + \xi_t S_t, \quad t \in \mathbb{T}_1.$ □

取引戦略 (x, ξ) において，x は初期資金を表し，ξ_t は時間 $t-1$ と t の間の危険資産保有量を表す．一方，$X_t^{x,\xi}$ は取引戦略 (x, ξ) に従う投資家の時間 t における資産の総額を表す．すなわち，まず時間 $t=0$ において，投資家は初期資金 x の状態から金額 $\xi_1 S_0$ で危険資産を ξ_1 単位買い（$\xi_1 < 0$ なら実際は空売り），残りの金額 $x - \xi_1 S_0$ を無リスク資産に投資する．そして，そのまま時間 $t=1$ を迎える．その後，各時間 $t = 1, \cdots, T-1$ においてそれぞれ，危険資産の保有量を ξ_t から ξ_{t+1} へ変え，無リスク資産への投資額を $(1+r)(X_{t-1}^{x,\xi} - \xi_t S_{t-1})$ から $X_t^{x,\xi} - \xi_{t+1} S_t$ へ変える．そして，そのまま，時間 $t+1$ を迎える．ここで，

ξ_{t+1} は $\mathscr{F}_t$-可測であるという設定から,その値は Y_s^i, $0 \leq s \leq t$, $1 \leq i \leq d$, たちの値に依存してよい.この取引戦略 (x,ξ) は,途中で消費や資本の投入がない資金自己調達的取引戦略である.

これまでと同様に,$t \in \mathbb{T}$ に対し,

$$\tilde{X}_t^{x,\xi} := \frac{X_t^{x,\xi}}{B_t}, \qquad \tilde{S}_t := \frac{S_t}{B_t}$$

とおき,$\{\tilde{X}_t^{x,\xi}\}$ を取引戦略 (x,ξ) の割引価値過程,$\{\tilde{S}_t\}$ を危険資産の割引価格過程とそれぞれよぶ.

命題 1.143 と同様に次が成り立つ.

命題 1.187 取引戦略 (x,ξ) の価値過程 $\{X_t^{x,\xi}\}$ は,次で与えられる:

$$X_0^{x,\xi} = x,$$
$$X_t^{x,\xi} = B_t \left\{ x + \sum_{s=1}^{t} \xi_s (\tilde{S}_s - \tilde{S}_{s-1}) \right\}, \qquad t \in \mathbb{T}_1.$$

□

問題 1.188 命題 1.187 を証明せよ. **ヒント.** 命題 1.143 の証明と同様. □

1.6.3 資産価格評価の基本定理

前節で導入した金融市場モデル $\mathscr{M}$ における裁定取引を定義しよう.

定義 1.189 $\mathscr{M}$ における取引戦略 $(x,\xi) \in \mathbb{R} \times \Xi$ は,次の三つの条件を満たすとき**裁定取引**であるという:(1) $x = 0$, (2) $X_T^{x,\xi} \geq 0$, (3) $P(X_T^{x,\xi} > 0) > 0$. もし,裁定取引が存在しなければ,$\mathscr{M}$ は**無裁定**であるという. □

問題 1.190 $\mathscr{M}$ に裁定取引が存在するために必要十分条件は,次の三つの条件を満たす $(y,\xi) \in \mathbb{R} \times \Xi$ が存在することであることを示せ:(i) $y \leq 0$, (ii) $X_T^{y,\xi} \geq 0$, (iii) $P(X_T^{y,\xi} > 0) > 0$. **ヒント.** (i)〜(iii)を満たす (y,ξ) に対し,$(0,\xi)$ は裁定取引になる. □

裁定取引の存在は市場の不合理性を意味する.我々は,無裁定な市場モデルのみを考察の対象とする.無裁定な市場モデルは,下の定理 1.193 において,次で定義する同値マルチンゲール測度の言葉で特徴付けられる.

定義 1.191 $(\Omega,\mathscr{F})$ 上の P と同値な確率測度 Q が $\mathscr{M}$ の**同値マルチンゲール測度**であるとは,危険資産の割引価格過程 $\{\tilde{S}_t\}_{t \in \mathbb{T}}$ が Q-マルチンゲールになることである.$\mathscr{M}$ の同値マルチンゲール測度の全体を $\mathscr{P}$ と書く. □

同値マルチンゲール測度をリスク中立測度ともいう.今は条件(A)を仮定して

いるので，Q が P と同値であるとは，任意の $\omega \in \Omega$ に対して $Q(\{\omega\}) > 0$ が成り立つことと同じである．

定理 1.192 $Q \in \mathscr{P}$ とすると，任意の取引戦略 $(x, \xi) \in \mathbb{R} \times \Xi$ に対し，割引価値過程 $\{\tilde{X}_t^{x,\xi}\}_{t \in \mathbb{T}}$ は Q-マルチンゲールになる． □

[証明] 命題 1.187 と定理 1.183 から直ちに導かれる． ∎

次の定理は，**資産価格評価の第 1 基本定理**(the first fundamental theorem of asset pricing)とよばれる．この定理は，市場モデルが無裁定であることと，同値マルチンゲール測度が存在することが，同値であることを主張する．

定理 1.193 市場モデル $\mathscr{M}$ が無裁定であるための必要十分条件は，$\mathscr{P} \neq \emptyset$ が成り立つことである． □

[証明] $\mathscr{P} \neq \emptyset$ を仮定し，$Q \in \mathscr{P}$ とする．このとき，もし $\mathscr{M}$ に裁定取引 (x, ξ) が存在するならば，定理 1.192 より $0 = E[\tilde{X}_T^{x,\xi}] > 0$ となり矛盾である．よって $\mathscr{M}$ は無裁定である．

逆に $\mathscr{M}$ は無裁定とする．$(\Omega, \mathscr{F}, P)$ 上の確率変数全体を L^0 とし，全単射

$$L^0 \ni X \mapsto (X(\omega_1), X(\omega_2), \cdots, X(\omega_N)) \in \mathbb{R}^N$$

により，X と $(X(\omega_1), X(\omega_2), \cdots, X(\omega_N))$ を，また L^0 と $\mathbb{R}^N$ を，それぞれ同一視する．この同一視の下，$(\cdot, \cdot)$ を $\mathbb{R}^N$ のユークリッド内積から決まる L^0 の内積とし，$|X| := \sqrt{(X, X)}$ とする：$X, Y \in L^0$ に対し，

$$(X, Y) = \sum_{k=1}^N X(\omega_k) Y(\omega_k), \qquad |X|^2 = \sum_{k=1}^N X(\omega_k)^2.$$

$V := \{\tilde{X}_T^{0,\xi} : \xi \in \Xi\}$ とし，また次のようにおく：

$$K := \left\{ X \in L^0 : X(\omega_k) \geqq 0 \ (1 \leqq k \leqq N), \ \sum_{k=1}^N X(\omega_k) = 1 \right\}.$$

このとき，もし $K \cap V \neq \emptyset$ ならば，$\tilde{X}_T^{0,\xi} \in K \cap V$ となる $\xi \in \Xi$ に対し取引戦略 $(0, \xi)$ は裁定取引になり矛盾である．よって，$K \cap V = \emptyset$ である．また，K は L^0 のコンパクト凸部分集合であり，V は L^0 の線形部分空間である．よって，下の補題 1.194 により，次の二つの条件を満たす $Z \in L^0, Z \neq 0$，が存在する：(1) $(Z, X) > 0, X \in K$，(2) $(Z, X) = 0, X \in V$．

(1)で $X(\omega_1) = 1, X(\omega_2) = \cdots = X(\omega_N) = 0$ とすると，$Z(\omega_1) > 0$ が分かる．同様にして $Z(\omega_k) > 0, 1 \leqq k \leqq N$，が分かる．そこで，$Q(\{\omega_k\}) := Z(\omega_k)/$

$\sum_{m=1}^{N} Z(\omega_m)$, $1 \leq k \leq N$, により $(\Omega, \mathscr{F})$ 上の P と同値な確率測度 Q を定めることができる．このとき，上の(2)は $E^Q[\tilde{X}_T^{0,\xi}] = 0$, $\xi \in \Xi$, を意味する．命題 1.187 より $\tilde{X}_T^{0,\xi} = \sum_{s=1}^{T} \xi_s (\tilde{S}_s - \tilde{S}_{s-1})$ であるから，命題 1.184 より適合過程 $\{\tilde{S}_t\}$ は Q-マルチンゲールになることが分かる．すなわち，$Q \in \mathscr{P}$, したがって $\mathscr{P} \neq \emptyset$ が得られる． ∎

上の定理の証明で，次の補題を用いた．

補題 1.194 K は $\mathbb{R}^N$ のコンパクト凸部分集合，V は $\mathbb{R}^N$ の線形部分空間で，$K \cap V = \emptyset$ を満たすとする．このとき，$u \in \mathbb{R}^N$, $u \neq 0$, で次の二つの条件を満たすものが存在する：

(1) $(u, x) \geq |u|^2$, $x \in K$.

(2) $(u, v) = 0$, $v \in V$.

ここで，$(\cdot, \cdot)$ は $\mathbb{R}^N$ のユークリッド内積であり，また $|u| := \sqrt{(u,u)}$ である． ∎

[証明] $C \subset \mathbb{R}^N$ を $C := K + V$ すなわち $C = \{x + v : x \in K, \ v \in V\}$ とする．すると，明らかに C は凸である．また C は $\mathbb{R}^N$ の閉部分集合でもある．実際，C の点列 $c_n = x_n + v_n$, $x_n \in K$, $v_n \in V$, が $c_n \to c \in \mathbb{R}^N$ を満たすとすると，K は有界であるから $\{x_n\}$ は有界であり，したがって $\{v_n\}$ も有界である．そこで $|v_n| \leq M$, $n = 1, 2, \cdots$, とすると，$\{c_n\}$ は $C_M := K + V_M$ の点列であることになる．ここで，$V_M := \{v \in V : |v| \leq M\}$. $K + V_M$ は $\mathbb{R}^N \times \mathbb{R}^N$ のコンパクト部分集合 $K \times V_M$ の連続写像 $\mathbb{R}^N \times \mathbb{R}^N \ni (x, y) \mapsto x + y \in \mathbb{R}^N$ による像であるから，$K + V_M$ は $\mathbb{R}^N$ のコンパクト部分集合で，特に閉である．従って，$c \in K + V_M \subset K + V$ となり，確かに C も閉である．さらに，仮定 $K \cap V = \emptyset$ から $0 \notin C$ である．

C は $\mathbb{R}^N$ の閉部分集合であるから，原点までの距離が最小になる $u \in C$ が存在する（図1.9参照）：$|u| = \inf_{c \in C} |c|$. $0 \notin C$ より $u \neq 0$ である．この u は

(1.30) $\qquad\qquad\qquad (u, c) \geq |u|^2, \quad c \in C$

を満たす．実際，ある $c \in C$ に対し $(u, c) < |u|^2$ が成り立っていたとする．$t \in \mathbb{R}$ に対し，$f(t) := |(1-t)u + tc|^2$ とおく．すると，$f'(0) = 2\{(u,c) - |u|^2\} < 0$ であり，$(1-t)u + tc \in C$, $t \in [0, 1]$, であるから，u よりも原点に近い C の点が存在することになり矛盾である．よって，(1.30)が成り立つ．

任意の $x \in K$, $v \in V$, $t \in \mathbb{R}$ に対し，(1.30)の c に $c = x + tv$ を代入すると，

1.6 完備市場と非完備市場

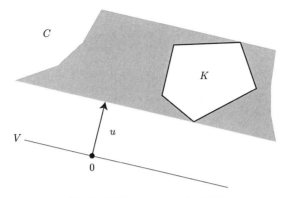

図 1.9 補題 1.194 のイメージ図

$(u,x) + t(u,v) \geqq |u|^2$ が得られる．t は任意であることから，$(u,v) = 0$．したがって $(u,x) \geqq |u|^2$ が得られる．これで証明できた．■

確率変数 H に対し，満期が T でペイオフが H の（ヨーロピアン・タイプの）派生証券を考える．1.6.1 節の仮定 (Y2) から H は $\mathscr{F}_T$-可測である（すなわち時間 T にはその値が分かる）．我々はこの派生証券を簡単に H とよぶ．

定義 1.195 取引戦略 $(x, \xi) \in \mathbb{R} \times \Xi$ が派生証券 H の**複製戦略**であるとは，$X_T^{x,\xi} = H$ が成り立つことである．複製戦略が存在する派生証券は，**複製可能**であるという． □

定義 1.196 市場モデル $\mathscr{M}$ は無裁定であるとする．もし $\mathscr{M}$ におけるすべての派生証券が複製可能であるならば，$\mathscr{M}$ は**完備**(complete) であるという．$\mathscr{M}$ が完備でなければ，$\mathscr{M}$ は**非完備**(incomplete) であるという． □

前に考察した二項モデルは完備である．上の定義より，無裁定市場モデル $\mathscr{M}$ が非完備であるとは，$\mathscr{M}$ に複製可能でない派生証券が存在することである．

$d = 2$ として $Y_t^1 = S_t$, $t \in \mathbb{T}$, は市場で取引される危険資産の価格過程，$\{Y_t^2\}$ は市場で取引されない危険資産の価格過程とすると，この市場モデルは一般には非完備になる．このような取引されない危険資産の存在する市場モデルは，非完備市場モデルの一つの典型である．例えば，現実の世界で生命保険契約は市場で取引されない．一方，$d = 1$ で $Y_t = S_t$, $t \in \mathbb{T}$, の場合，市場の情報は危険資産の価格過程 $\{S_t\}$ に関するものだけになるが，この場合でも三項モデルとよばれるモデルのような非完備になるものがある．

次の定理は，**資産価格評価の第 2 基本定理**(the second fundamental theorem of asset pricing)とよばれる．

定理 1.197 市場モデル $\mathcal{M}$ は無裁定であるとする．このとき，$\mathcal{M}$ が完備であるための必要十分条件は，$\#\mathscr{P}=1$ が成り立つことである． □

定理 1.197 の証明は 1.6.5 節において与える．この定理より，完備な市場モデルにおいては，同値マルチンゲール測度が一意に決まることが分かる(下の注意 1.213 参照)．

1.6.4 無裁定価格

この節では，金融市場モデル $\mathcal{M}$ は無裁定であると仮定する．従って，定理 1.193 より $\mathscr{P}\neq\emptyset$ が成り立つ．確率空間 $(\Omega,\mathscr{F},P)$ 上の確率変数 H に対し，満期が T でペイオフが H の(ヨーロピアン・タイプの)派生証券を考える．前と同じくこの派生証券を H とよぶ．

定義 1.198 $(\Omega,\mathscr{F},P)$ 上の適合過程 $\{U_t\}_{t\in\mathbb{T}}$ で，$U_T=H$ を満たすものを，派生証券 H の**価格過程**とよぶ．H の価格過程の全体を $\mathscr{U}(H)$ と書く． □

市場モデル $\mathcal{M}$ に価格過程 $\{U_t\}\in\mathscr{U}(H)$ を持つ派生証券 H を(2 番目の危険資産として)加えてできる新たな金融市場モデル $\hat{\mathcal{M}}=\hat{\mathcal{M}}_U$ を考える．$\hat{\mathcal{M}}_U$ を $\{U_t\}$ **により拡張された(金融)市場モデル**とよぶ．

定義 1.199 $\hat{\mathcal{M}}$ における**取引戦略**とは，$x\in\mathbb{R}$ と二つの可予測過程 $\xi=\{\xi_t\}_{t\in\mathbb{T}_1}$, $\eta=\{\eta_t\}_{t\in\mathbb{T}_1}$ の三つ組 $(x,\xi,\eta)\in\mathbb{R}\times\Xi\times\Xi$ のことである． □

定義 1.200 取引戦略 $(x,\xi,\eta)\in\mathbb{R}\times\Xi\times\Xi$ の価値過程 $\{X_t^{x,\xi,\eta}\}_{t\in\mathbb{T}}$ を

$$X_0^{x,\xi,\eta}=x,$$
$$X_t^{x,\xi,\eta}=(1+r)(X_{t-1}^{x,\xi,\eta}-\xi_t S_{t-1}-\eta_t U_{t-1})+\xi_t S_t+\eta_t U_t, \quad t\in\mathbb{T}_1$$

で定義する． □

取引戦略 (x,ξ,η) において，x は初期資金を表し，ξ_t と η_t は時間 $t-1$ と t の間の危険資産保有量と H の保有量をそれぞれ表す．一方，$X_t^{x,\xi,\eta}$ は取引戦略 (x,ξ,η) に従う投資家の時間 t における資産の総額を表す．すなわち，まず時間 $t=0$ において，投資家は初期資金 x の状態から金額 $\xi_1 S_0$ で危険資産を ξ_1 単位，派生証券を η_1 単位，それぞれ買い(マイナスなら実際は空売り)，残りの金額 $x-\xi_1 S_0-\eta_1 U_0$ を無リスク資産に投資する．そして，そのまま時間 $t=1$ を迎える．その後，各時間 $t=1,\cdots,T-1$ においてそれぞれ，危険資産の保有

量を ξ_t から ξ_{t+1} へ,派生証券の保有量を η_t から η_{t+1} へ,無リスク資産への投資額を $(1+r)(X_{t-1}^{x,\xi,\eta} - \xi_t S_{t-1} - \eta_t U_{t-1})$ から $X_t^{x,\xi,\eta} - \xi_{t+1} S_t - \eta_{t+1} U_t$ へ,それぞれ変える.そして,そのまま,時間 $t+1$ を迎える.この取引戦略 (x,ξ,η) は,途中で消費や資本の投入がない資金自己調達的取引戦略である.

$t \in \mathbb{T}$ に対し,

$$\tilde{X}_t^{x,\xi,\eta} := (1+r)^{-t} X_t^{x,\xi,\eta}, \qquad \tilde{S}_t := (1+r)^{-t} S_t, \qquad \tilde{U}_t := (1+r)^{-t} U_t$$

とおき,$\{\tilde{X}_t^{x,\xi,\eta}\}$ を取引戦略 (x,ξ,η) の割引価値過程,$\{\tilde{S}_t\}$ と $\{\tilde{U}_t\}$ をそれぞれ危険資産と派生証券の割引価格過程とよぶ.

命題 1.201 取引戦略 (x,ξ,η) の価値過程 $\{X_t^{x,\xi,\eta}\}$ は,次で与えられる:

$$X_0^{x,\xi,\eta} = x,$$
$$X_t^{x,\xi,\eta} = (1+r)^t \left\{ x + \sum_{s=1}^t \xi_s(\tilde{S}_s - \tilde{S}_{s-1}) + \sum_{s=1}^t \eta_s(\tilde{U}_s - \tilde{U}_{s-1}) \right\}, \quad t \in \mathbb{T}_1. \quad \square$$

問題 1.202 命題 1.201 を証明せよ. ヒント.命題 1.143 の証明と同様. $\square$

$\hat{\mathcal{M}}$ における裁定取引を定義しよう.

定義 1.203 $\hat{\mathcal{M}}$ における取引戦略 $(x,\xi,\eta) \in \mathbb{R} \times \Xi \times \Xi$ は,次の三つの条件を満たすとき**裁定取引**であるという:(1) $x=0$, (2) $X_T^{x,\xi,\eta} \geqq 0$, (3) $P(X_T^{x,\xi,\eta} > 0) > 0$. もし,裁定取引が存在しなければ,$\hat{\mathcal{M}}$ は**無裁定**であるという. $\square$

定義 1.204 $(\Omega, \mathscr{F})$ 上の P と同値な確率測度 Q が $\hat{\mathcal{M}} = \hat{\mathcal{M}}_U$ の**同値マルチンゲール測度**であるとは,$\hat{\mathcal{M}}$ の危険資産と派生証券の割引価格過程 $\{\tilde{S}_t\}_{t \in \mathbb{T}}$ と $\{\tilde{U}_t\}_{t \in \mathbb{T}}$ が共に Q-マルチンゲールになることである.$\hat{\mathcal{M}}$ の同値マルチンゲール測度の全体を $\hat{\mathscr{P}}_U$ あるいは単に $\hat{\mathscr{P}}$ と書く. $\square$

定理 1.205 $Q \in \hat{\mathscr{P}}$ とすると,任意の取引戦略 $(x,\xi,\eta) \in \mathbb{R} \times \Xi \times \Xi$ に対し,割引価値過程 $\{\tilde{X}_t^{x,\xi,\eta}\}_{t \in \mathbb{T}}$ は Q-マルチンゲールになる. $\square$

[証明] 命題 1.201 と定理 1.183 から直ちに導かれる. ∎

次の定理は,$\hat{\mathcal{M}}$ に対する資産価格評価の第 1 基本定理の類似物である.

定理 1.206 市場モデル $\hat{\mathcal{M}}$ が無裁定であるための必要十分条件は,$\hat{\mathscr{P}} \neq \emptyset$ が成り立つことである. $\square$

定理 1.206 の証明は,定理 1.193 の証明とほとんど同じであるので,省略する(各自で証明せよ).

派生証券 H の無裁定価格を定義する準備ができた．

定義 1.207 派生証券 H の価格過程 $\{U_t\} \in \mathscr{U}(H)$ が**無裁定価格過程**であるとは，$\{U_t\}$ により拡張された市場モデル $\hat{\mathscr{M}}_U$ が無裁定であることである．H の無裁定価格過程の全体を $\mathscr{U}^{na}(H)$ と書く． □

定義 1.208 $x \in \mathbb{R}$ が(時間 $t=0$ における) H の**無裁定価格**であるとは，$U_0 = x$ となる $\{U_t\} \in \mathscr{U}^{na}(H)$ が存在することである．H の無裁定価格の全体を $\Pi(H)$ と書く． □

$\mathscr{U}^{na}(H)$ は確率過程の集まりであるのに対し，$\Pi(H) \subset \mathbb{R}$ である．次の定理は，$\Pi(H)$ を $\mathscr{M}$ の同値マルチンゲール測度の集合 $\mathscr{P}$ を用いて特徴付ける．

$\tilde{H}$ を $\tilde{H} := H/(1+r)^T$ により定義する．

定理 1.209 次の主張が成り立つ：

(1.31)
$$\mathscr{U}^{na}(H) = \left\{ \{U_t\} \in \mathscr{U}(H) : \text{ある } Q \in \mathscr{P} \text{ に対して } \tilde{U}_t = E_t^Q[\tilde{H}], \, t \in \mathbb{T} \right\}.$$

したがって，特に，次が成り立つ：

(1.32)
$$\Pi(H) = \left\{ E^Q[\tilde{H}] : Q \in \mathscr{P} \right\}. \qquad \Box$$

[証明] $\{U_t\} \in \mathscr{U}^{na}(H)$ とすると，$\hat{\mathscr{M}}_U$ は無裁定であるから定理 1.206 より，$\hat{\mathscr{P}}_U \neq \emptyset$ である．そこで，$Q \in \hat{\mathscr{P}}_U$ とすると，定義より明らかに $Q \in \mathscr{P}$ が成り立つ．さらに，$\{\tilde{U}_t\}$ は Q-マルチンゲールであるから，$t \in \mathbb{T}$ に対し $\tilde{U}_t = E_t^Q[\tilde{U}_T] = E_t^Q[\tilde{H}]$ も成り立つ．よって，$\{U_t\}$ は (1.31) の右辺の元であるので，(1.31) の $\subset$ が成り立つ．

逆に $\{U_t\}$ は (1.31) の右辺の元であるとする．すると，$\{\tilde{S}_t\}$ と $\{\tilde{U}_t\}$ は共に Q-マルチンゲールになるので，$Q \in \hat{\mathscr{P}}_U$ が分かる．従って $\hat{\mathscr{P}}_U \neq \emptyset$ であるから，定理 1.206 より $\hat{\mathscr{M}}_U$ は無裁定となり，$\{U_t\} \in \mathscr{U}^{na}(H)$ が得られる．よって，(1.31) の $\supset$ も成り立つ．

最後に，2 番目の主張 (1.32) は (1.31) より直ちに従う． ∎

1.6.5 非完備市場における無裁定価格

この節でも，金融市場モデル $\mathscr{M}$ は無裁定であると仮定する．ただし，$\mathscr{M}$ は非完備であってもよい．したがって，$\mathscr{M}$ の同値マルチンゲール測度の集合 $\mathscr{P}$

について $\#\mathscr{P} \geqq 1$ となっている．この節では，派生証券 H が複製可能な場合とそうでない場合に分けて，無裁定価格の集合 $\Pi(H)$ の形状を考察する．$\tilde{H} := H/(1+r)^T$ であったことを思い出そう．

定理 1.210 派生証券 H は複製可能であるとする．

(1) H の任意の複製戦略 (x, ξ) と $\mathscr{P}$ の任意の元 Q に対して，

$$\tilde{X}_t^{x,\xi} = E_t^Q[\tilde{H}], \qquad t \in \mathbb{T}$$

が成り立つ．特に，価値過程 $\{X_t^{x,\xi}\}_{t \in \mathbb{T}}$ は複製戦略 (x, ξ) によらず一意に決まり，マルチンゲール $\{E_t^Q[\tilde{H}]\}_{t \in \mathbb{T}}$ も $Q \in \mathscr{P}$ によらず一意に決まる．

(2) H の無裁定価格過程の集合 $\mathscr{U}^{na}(H)$ は唯一つの元 $\{X_t^{x,\xi}\}_{t \in \mathbb{T}} = \{(1+r)^t E_t^Q[\tilde{H}]\}_{t \in \mathbb{T}}$ から成る．ここで，(x, ξ) は H の任意の複製戦略であり，Q は $\mathscr{P}$ の任意の元である．

(3) H の無裁定価格の集合 $\Pi(H)$ は唯一つの値 $x = E^Q[\tilde{H}]$ から成る 1 点集合である．ここで，(x, ξ) は H の任意の複製戦略であり，Q は $\mathscr{P}$ の任意の元である． □

[証明] (1) (x, ξ) を H の任意の複製戦略とし，Q を $\mathscr{P}$ の任意の元とする．すると，定理 1.192 より $\{\tilde{X}_t^{x,\xi}\}$ は Q-マルチンゲールであり $\tilde{X}_T^{x,\xi} = \tilde{H}$ を満たすから，$\tilde{X}_t^{x,\xi} = E_t^Q[\tilde{X}_T^{x,\xi}] = E_t^Q[\tilde{H}]$ となって，前半の主張が得られる．これと (x, ξ) および Q の任意性より，(1) の後半の主張が得られる．実際，例えば，$Q, Q' \in \mathscr{P}$ とすると，一つ選んだ複製戦略 (x, ξ) に対し，前半の主張より

$$E_t^Q[\tilde{H}] = \tilde{X}_t^{x,\xi} = E_t^{Q'}[\tilde{H}]$$

となって，$\{E_t^Q[\tilde{H}]\}_{t \in \mathbb{T}}$ の一意性が分かる．

(2) は定理 1.209 と (1) より直ちに従い，(3) は (2) より直ちに従う． ■

次のようにおく：

$$x_{\inf}(H) := \inf \Pi(H), \qquad x_{\sup}(H) := \sup \Pi(H).$$

Ω は有限集合であるから，確率変数 $\tilde{H}$ は有界である．$a \leqq \tilde{H} \leqq b$ とすると，(1.32) より $a \leqq x_{\inf}(H) \leqq x_{\sup}(H) \leqq b$ が分かる．また，定理 1.210 より，H が複製可能ならば $x_{\inf}(H) = x_{\sup}(H)$ となる．

次が複製可能でない H に対するこの節の主定理である．

定理 1.211 H は複製可能でないとする．すると，$x_{\inf}(H) < x_{\sup}(H)$ であって

$$(1.33) \qquad \Pi(H) = (x_{\inf}(H), x_{\sup}(H))$$

が成り立つ．特に，H の無裁定価格は無限に多くある． □

[証明] $Q_1, Q_2 \in \mathscr{P}$ と $u \in [0,1]$ に対し $Q_3 = (1-u)Q_1 + uQ_2$ とおく，すなわち，$Q_3(A) = (1-u)Q_1(A) + uQ_2(A)$, $A \in \mathscr{F}$．すると，命題 1.184 より，$\{\tilde{S}_t\}$ は Q_3-マルチンゲールになることが分かり，したがって $Q_3 \in \mathscr{P}$ となる．この事実と (1.32) より $\Pi(H)$ は $\mathbb{R}$ の連結部分集合であり，したがって (1 点になる場合も含めて) 区間であることが分かる．よって，定理を示すには，任意の $x \in \Pi(H)$ に対して $x_1 < x < x_2$ を満たす $x_1, x_2 \in \Pi(H)$ の存在をいえばよい．

$x \in \Pi(H)$ として $x < x_2$ を満たす $x_2 \in \Pi(H)$ の存在を示そう．(1.32) より $x = E^Q[\tilde{H}]$ を満たす $Q \in \mathscr{P}$ が存在するので，それを一つ選び固定する．このとき，さらに，

$$(1.34) \qquad E^Q_t[\tilde{H}] - E^Q_{t-1}[\tilde{H}] \notin \left\{ \xi(\tilde{S}_t - \tilde{S}_{t-1}) : \xi \text{ は } \mathscr{F}_{t-1}\text{-可測確率変数} \right\}$$

を満たす $t \in \mathbb{T}_1$ がある．実際，そうでなければ，

$$\tilde{H} = x + \sum_{s=1}^{T} \left\{ E^Q_s[\tilde{H}] - E^Q_{s-1}[\tilde{H}] \right\} = x + \sum_{s=1}^{T} \xi_s(\tilde{S}_s - \tilde{S}_{s-1}),$$

すなわち $X^{x,\xi}_T = H$ を満たす $\xi = \{\xi_s\}_{s \in \mathbb{T}_1} \in \Xi$ が存在することになり，H の複製不可能性に矛盾する．

(1.34) を満たす $t \in \mathbb{T}_1$ に対し，$D := E^Q_t[\tilde{H}] - E^Q_{t-1}[\tilde{H}]$ および

$$V := \left\{ \xi(\tilde{S}_t - \tilde{S}_{t-1}) : \xi \text{ は } \mathscr{F}_{t-1}\text{-可測確率変数} \right\}$$

とおく．一方，$\mathscr{F}_t$-可測な確率変数の全体を W とおく．W は定理 1.193 の証明中の L^0 の線形部分空間だから有限次元線形空間になり，V は W の線形部分空間であって，$D \in W$, $D \notin V$ となっている．W の内積 $(\cdot, \cdot)$ を $(X_1, X_2) := E^Q[X_1 X_2]$, $X_1, X_2 \in W$, により定義し，$(\cdot, \cdot)$ に関する V の W における直交補空間を $V^\perp$ とする．また，W の $V^\perp$ への正射影作用素を $P^\perp$ とする．このとき，正の数 c に対し $Z := cP^\perp D$ とおくと，

$$(1.35) \qquad E^Q[ZX] = c(P^\perp D, X) = 0, \qquad X \in V,$$

$$(1.36) \qquad E^Q[ZD] = c(P^\perp D, P^\perp D) > 0$$

が成り立つ．また，$Z \in W$ であるから，Z は $\mathscr{F}_t$-可測である．

$\omega \in \Omega$ に対し，

$$Q_2(\{\omega\}) := \left\{1 + Z(\omega) - E^Q_{t-1}[Z](\omega)\right\} Q(\{\omega\})$$

とおく．ここで c を $\max_{\omega \in \Omega} |Z(\omega)| \leqq 1/3$ となるように十分小さく取っておく．すると，$|E^Q_{t-1}[Z]| \leqq 1/3$ より，$Q_2(\{\omega\}) > 0$ となる．また，定理 1.117(4) より

$$\sum_{\omega \in \Omega} Q_2(\{\omega\}) = 1 + E^Q\left[Z - E^Q_{t-1}[Z]\right] = 1$$

も成り立つ．よって，Q_2 は P と同値な $(\Omega, \mathscr{F})$ 上の確率測度を定義する．

Z は $\mathscr{F}_t$-可測だから定理 1.117(4)，(6) より $E^Q[\tilde{H}Z] = E^Q[E^Q_t[\tilde{H}Z]] = E^Q[ZE^Q_t[\tilde{H}]]$ が成り立ち，また

$$E^Q[\tilde{H}E^Q_{t-1}[Z]] = E^Q[E^Q_{t-1}[\cdots]] = E^Q[E^Q_{t-1}[Z]E^Q_{t-1}[\tilde{H}]]$$
$$= E^Q[E^Q_{t-1}[ZE^Q_{t-1}[\tilde{H}]]] = E^Q[ZE^Q_{t-1}[\tilde{H}]]$$

となるので，(1.36) より

$$E^{Q_2}[\tilde{H}] = E^Q[\tilde{H}] + E^Q[\tilde{H}Z] - E^Q[\tilde{H}E^Q_{t-1}[Z]]$$
$$= x + E^Q[ZE^Q_t[\tilde{H}]] - E^Q[ZE^Q_{t-1}[\tilde{H}]] = x + E^Q[ZD] > x$$

が分かる．したがって，$Q_2 \in \mathscr{P}$ であることを示せば，$x_2 := E^{Q_2}[\tilde{H}]$ とおくことにより欲しい x_2 が得られる．

$Q_2 \in \mathscr{P}$ であること，すなわち $\{\tilde{S}_s\}$ が Q_2-マルチンゲールであることを示そう．それには，命題 1.184 より，すべての $s \in \mathbb{T}_1$ と $\mathscr{F}_{s-1}$-可測な ξ に対し，$E^{Q_2}[\xi(\tilde{S}_s - \tilde{S}_{s-1})] = 0$，すなわち $E^Q[\xi(\tilde{S}_s - \tilde{S}_{s-1})] = 0$ に注意して，

$$(1.37) \qquad E^Q\left[\{Z - E^Q_{t-1}[Z]\}\xi(\tilde{S}_s - \tilde{S}_{s-1})\right] = 0$$

を示せばよい．$C_1 := Z - E^Q_{t-1}[Z]$，$C_2 := \xi(\tilde{S}_s - \tilde{S}_{s-1})$ とおくと，C_1 は $\mathscr{F}_t$-可測，C_2 は $\mathscr{F}_s$-可測で，$E^Q_{t-1}[C_1] = E^Q_{s-1}[C_2] = 0$ を満たす．まず，$s < t$ のときは

$$E^Q[C_1 C_2] = E^Q\left[E^Q_{t-1}[\cdots]\right] = E^Q\left[C_2 E^Q_{t-1}[C_1]\right] = 0$$

となって(1.37)が成り立つ．次に，$t<s$ の場合も同様にして(1.37)が成り立つ．最後に，$s=t$ のときは，(1.35)より $E^Q[ZC_2]=0$ である．また

$$E^Q\left[E_{t-1}^Q[Z]\xi\tilde{S}_t\right] = E^Q\left[E_{t-1}^Q[\cdots]\right] = E^Q\left[E_{t-1}^Q[Z]\xi E_{t-1}^Q[\tilde{S}_t]\right]$$
$$= E^Q\left[E_{t-1}^Q[Z]\xi\tilde{S}_{t-1}\right]$$

より，$E^Q[E_{t-1}^Q[Z]C_2]=0$ となる．よって，やはり(1.37)が成り立つ．以上により，$x<x_2$ を満たす $x_2\in\Pi(H)$ の存在を示せた．

$x_1<x$ を満たす $x_1\in\Pi(H)$ の存在を示すには，$\omega\in\Omega$ に対し，

$$(1.38)\qquad Q_1(\{\omega\}):=\left\{1-Z+E_{t-1}^Q[Z]\right\}Q(\{\omega\})$$

とおいて上と同様の議論を行う．すると，$x_1:=E^{Q_1}[\tilde{H}]$ が欲しい x_1 を与えることが分かる(下の問題)． □

問題 1.212 上の証明において，(1.38)により定義される Q_1 に対し，$Q_1\in\mathscr{P}$ および $x_1:=E^{Q_1}[\tilde{H}]$ が $x_1<x$ を満たすことを示せ． **ヒント**．定理 1.211 の証明の前半と同様である． □

上記の結果をまとめよう．$\{U_t\}$ を H の無裁定価格過程とすると，ある $Q\in\mathscr{P}$ があって，$\tilde{U}_t=E_t^Q[\tilde{H}]$ と書ける．そして，次の三つの場合に分けられる：

(1) $\mathscr{M}$ が完備のとき．この場合，Q 自体が一意である．
(2) $\mathscr{M}$ は非完備だが H は複製可能のとき．この場合，Q は一意ではないが，$\tilde{U}_t=E_t^Q[\tilde{H}]$ は一意になる．
(3) $\mathscr{M}$ は非完備で H は複製可能でないとき．この場合，$\tilde{U}_t=E_t^Q[\tilde{H}]$ は一意でなくなり，特に U_0 の集合 $\Pi(H)$ は空でない有限開区間になる．

定理 1.211 は，非完備市場における派生証券の価格付けの問題点を示唆する．すなわち，非完備市場において，複製可能でない派生証券の(妥当な)価格は無裁定原理だけからは一意に決められず，区間 $(x_{\inf}(H),x_{\sup}(H))$ の中からある特定の値を選ぶにはさらに別の理由付けを必要とする．

上で得られた結果を用いると，定理 1.197(資産価格評価の第 2 基本定理)は容易に証明できる．

[定理 1.197 の証明] まず市場モデル $\mathscr{M}$ は完備であるとし，$Q,Q'\in\mathscr{P}$ とする．すると，任意の $A\in\mathscr{F}$ に対して，$H:=1_A$ は複製可能であるから，定理 1.210 より $Q(A)=E^Q[1_A]=E^{Q'}[1_A]=Q'(A)$ が成り立つ．これは $Q=Q'$，し

たがって $\#\mathscr{P} = 1$ を意味する.

次に市場モデル $\mathscr{M}$ は非完備, H は複製可能でないとする. すると, (1.32) と定理 1.211 より $\#\Pi(H) = \infty$, したがって $\#\mathscr{P} = \infty$ が分かるので, 特に $\#\mathscr{P} \neq 1$ である. ∎

注意 1.213 上の定理 1.197 の証明より, $\mathscr{M}$ が非完備ならば $\mathscr{M}$ の同値マルチンゲール測度の集合 $\mathscr{P}$ は無限集合であることが分かる.

第1章ノート▶ ファイナンスの数理を初めて学ぶ際には, 技術的に難しい連続時間のモデルの前に, ハードルの低い離散時間のモデルで基本的な考え方をつかむのが大変有効である. 実際, 多くの教科書がそうしている. その中で, 本書のように離散時間のモデルから始めて連続時間のモデルに話を展開しているものとしては, [11], [92], [133] などがある. 一方, 最後まで離散時間モデルに限定しているものには [44], [46] などがある. 本章で触れなかったアメリカン・タイプの派生証券に関することや連続時間モデルへの収束などについては, これらの文献を参照せよ. 特に, [44] は, 離散時間モデルに話を限定しているにもかかわらず, 大変高度な内容が美しく書かれている. 本章の 1.6 節も, [92] と共に [44] を参考にした. また, アメリカン・タイプの派生証券については, [133] の記述が優れている.

2 確率解析

本章では，次章以降で必要となる確率解析について解説する．2.1 節では，本章以降の議論における必須の言葉・道具である測度論と測度論的確率論の基本事項について，ほぼ証明なしで述べる．2.2 節では，連続時間確率過程の基本的事項を述べた後，ブラウン運動を導入する．また，確率解析の局所化の議論で必要となる停止時刻について解説する．2.3 節では，ブラウン運動に関する確率積分の基礎となる連続時間マルチンゲールの理論を扱う．2.4 節が本節のメインの部分で，ブラウン運動に関する確率積分とそれに基づく確率解析を解説する．最後の 2.5 節では，第 7 章で必要となる，不連続点を持つ確率過程のクラスに対する確率解析の理論を展開する．この章の 2.2 節以降で考える確率空間は，すべて完備とする (2.1.2 節参照).

2.1 測度論と確率論

2.1.1 測度と積分

この節では，測度論に関する用語や事実などを簡単にまとめる．詳細は [145] の Part A などを参照せよ．

S を空でない集合とする．S の部分集合のある集まり $\mathscr{F}$ が

(F1) $\emptyset \in \mathscr{F}$,

(F2) $A \in \mathscr{F} \Rightarrow A^c \in \mathscr{F}$,

(F3) $A_n \in \mathscr{F}\ (n=1,2,\cdots) \Rightarrow \bigcup_{n=1}^{\infty} A_n \in \mathscr{F}$,

の三つの条件を満たすとき，$\mathscr{F}$ は S 上の **σ-加法族**(σ-algebra あるいは σ-field) であるといい，組 $(S,\mathscr{F})$ を **可測空間**(measurable space) という．ここで，σ-(シグマ-)は「可算個の(countably)」を意味する．

可測空間 $(S,\mathscr{F})$ に対し，写像 $\mu: \mathscr{F} \to [0,\infty]$ が $\mu(\emptyset)=0$ および

(**σ-加法性**)　$A_n \in \mathscr{F}$ $(n=1,2,\cdots)$,
$A_n \cap A_m = \emptyset$ $(n \neq m)$
　　$\Longrightarrow$　$\mu(\bigcup_{n=1}^{\infty} A_n) = \sum_{n=1}^{\infty} \mu(A_n)$,

を満たすとき，μ は $(S, \mathscr{F})$ 上の**測度**(measure)であるといい，三つ組 $(S, \mathscr{F}, \mu)$ を**測度空間**(measure space)という．測度 μ は $\mu(S) < \infty$ を満たすとき**有限測度**(finite measure)といい，特に $\mu(S) = 1$ を満たすとき**確率測度**(probability measure)という．

$S = \emptyset^c \in \mathscr{F}$．また $A_n \in \mathscr{F}, n=1,2,\cdots$，ならば $\bigcap_{n=1}^{\infty} A_n = (\bigcup_{n=1}^{\infty} A_n^c)^c \in \mathscr{F}$．さらに，$A, B \in \mathscr{F}$ ならば，$A \cup B = A \cup B \cup \emptyset \cup \emptyset \cdots \in \mathscr{F}$ および $A \cap B = A \cap B \cap S \cap S \cap \cdots \in \mathscr{F}$ が成り立つ．

定義 2.1　集合 S の部分集合族 $\mathscr{A}$ に対し，$\sigma(\mathscr{A})$ は

$$\sigma(\mathscr{A}) := \bigcap_{\mathscr{H} \in \mathcal{C}} \mathscr{H}, \quad \mathcal{C} := \{\mathscr{H} : \mathscr{H} \text{ は } S \text{ の } \sigma\text{-加法族で } \mathscr{A} \subset \mathscr{H} \text{ を満たす}\}$$

で定義される S 上の σ-加法族を表し，$\mathscr{A}$ で**生成される σ-加法族**(σ-algebra generated by $\mathscr{A}$)，あるいは $\mathscr{A}$ を含む最小の σ-加法族，という．　□

位相空間 S のすべての開集合の集まり $\mathscr{O}(S)$ (すなわち位相)に対し，$\mathscr{B}(S) := \sigma[\mathscr{O}(S)]$ とおき，S 上の **Borel**(ボレル) **σ-加法族**とよぶ．また，$\mathscr{B}(S)$ の元を S の **Borel 集合**(Borel set)という．S の開集合や閉集合およびそれらから可算個の交わりあるいは結びを取る操作で作られる集合は，すべて Borel 集合である．特に $S = \mathbb{R}^n$ の場合の Borel σ-加法族 $\mathscr{B}(\mathbb{R}^n)$ は重要である．この本では，特に断らない限り，$\mathbb{R}^n$ (特に $n=1$ の場合の $\mathbb{R}$)を可測空間と見るときには，それは $(\mathbb{R}^n, \mathscr{B}(\mathbb{R}^n))$ のこととする．$[a,b], (a,b], (a,b)$ などの区間 J 上の σ-加法族も，特に断らない限り Borel σ-加法族 $\mathscr{B}(J)$ のこととする．

実数の区間 $[a,b], -\infty < a \leq b < \infty$，に対し，$([a,b], \mathscr{B}([a,b]))$ 上の測度 μ で，$a \leq x \leq y \leq b$ を満たすすべての x, y に対し $\mu([x,y]) = y - x$ となるものが一意に存在する．この μ を $([a,b], \mathscr{B}([a,b]))$ 上の**ルベーグ**(**Lebesgue**)**測度**という．我々はルベーグ測度 μ をしばしば Leb と記す．Leb$([a,b]) = b - a < \infty$ より $([a,b], \mathscr{B}([a,b]))$ 上のルベーグ測度 Leb は有限測度である(やはり Leb と記す)．$(\mathbb{R}, \mathscr{B}(\mathbb{R}))$ 上のルベーグ測度も同様に定義される．Leb$(\mathbb{R}) = \infty$ である．Leb(E) は Borel 集合 E の「長さ」(の総和)を表す．

定理 2.2　測度 μ は次の性質を持つ：
(1)　$A \cap B = \emptyset \Rightarrow \mu(A \cup B) = \mu(A) + \mu(B)$.

(2) $A \subset B \Rightarrow \mu(B) = \mu(A) + \mu(B \setminus A)$, $\mu(A) \leqq \mu(B)$.
(3) $\mu(\bigcup_{n=1}^{\infty} A_n) \leqq \sum_{n=1}^{\infty} \mu(A_n)$.
(4) $\mu(A_n) = 0$ $(n = 1, 2, \cdots) \Rightarrow \mu(\bigcup_{n=1}^{\infty} A_n) = 0$.
(5) $\mu(S) < \infty$ かつ $\mu(A_n) = \mu(S)$ $(n = 1, 2, \cdots) \Rightarrow \mu(\bigcap_{n=1}^{\infty} A_n) = \mu(S)$.
(6) $A_n \subset A_{n+1}$ $(n = 1, 2, \cdots) \Rightarrow \mu(A_n) \uparrow \mu(\bigcup_{n=1}^{\infty} A_n)$.
(7) $\mu(A_1) < \infty$ かつ $A_n \supset A_{n+1}$ $(n = 1, 2, \cdots) \Rightarrow \mu(A_n) \downarrow \mu(\bigcap_{n=1}^{\infty} A_n)$. □

定理 2.2 の性質 (1), (3) をそれぞれ**有限加法性**(finite additivity), **劣加法性** (subadditivity) という．また，主張 (6) と (7) を**単調収束定理**(monotone convergence theorem) という．

問題 2.3 定理 2.2 を証明せよ．ヒント．$(1) A \cup B = A \cup B \cup S \cup S \cdots$. (3) $B_1 := A_1, B_n := A_n \setminus (\bigcup_{k=1}^{n-1} A_k)$ $(n \geqq 2)$ とおくと，B_n たちは互いに交わらず，$\bigcup_{n=1}^{\infty} A_n = \bigcup_{n=1}^{\infty} B_n$. よって，$\mu(\bigcup_n A_n) = \sum_n \mu(B_n)$. (5) $B_n := A_n^c$ に (4) を適用．(6) $B_1 := A_1, B_n := A_n \cap A_{n-1}^c$ $(n \geqq 2)$ とおく．$\mu(A_n) = \sum_{k=1}^{n} \mu(B_k) \uparrow \sum_{k=1}^{\infty} \mu(B_k) = \mu(\bigcup_{n=1}^{\infty} A_n)$. (7) $A'_n := A_1 \setminus A_n$ に (6) を適用． □

可測空間 $(S, \mathscr{F})$ に対し，$\mathscr{H}$ が $\mathscr{F}$ の**部分 σ-加法族**であるとは，$\mathscr{H}$ 自身 S の σ-加法族であってかつ $\mathscr{H} \subset \mathscr{F}$ を満たすことである．$\mathscr{F}$ の二つの部分 σ-加法族 $\mathscr{H}$ と $\mathscr{G}$ に対し，$\mathscr{H} \vee \mathscr{G}$ は $\mathscr{H} \cup \mathscr{G}$ を含む $\mathscr{F}$ の最小の部分 σ-加法族を表す： $\mathscr{H} \vee \mathscr{G} := \sigma(\mathscr{H} \cup \mathscr{G})$.

二つの可測空間 $(S, \mathscr{F})$, $(U, \mathscr{B})$ と写像 $f : S \to U$ に対し，f が**可測**(measurable) であるとは，「$E \in \mathscr{B} \Rightarrow f^{-1}(E) \in \mathscr{F}$」が成り立つことであり，これを f は $(S, \mathscr{F})$ から $(U, \mathscr{B})$ への可測写像であるともいう．$(V, \mathscr{H})$ も可測空間で，$f : S \to U$ と $g : U \to V$ がそれぞれ可測ならば，合成写像 $g \circ f : S \to V$ も可測である．

可測空間 $(S, \mathscr{F})$ に対し，関数 $f : S \to \mathbb{R}$ が可測であるとは，「$E \in \mathscr{B}(\mathbb{R}) \Rightarrow f^{-1}(E) \in \mathscr{F}$」が成り立つことである．$\mathscr{F}$ を強調したい場合には，f は $\mathscr{F}$-**可測** ($\mathscr{F}$-measurable) であるという．$f : S \to \mathbb{R}$ が $\mathscr{F}$-可測であることと，「$y \in \mathbb{R} \Rightarrow \{x \in S : f(x) \leqq y\} \in \mathscr{F}$」が成り立つことは同値である．二つの $\mathscr{F}$-可測関数 $f, g : S \to \mathbb{R}$ と $a, b \in \mathbb{R}$ に対し，$af + bg$ と fg も $\mathscr{F}$-可測である．

可測関数の概念を，それが $+\infty$ や $-\infty$ の値を取り得る場合にまで拡張しておくと便利である．可測空間 $(S, \mathscr{F})$ に対し，関数 $f : S \to [-\infty, \infty]$ が可測(または $\mathscr{F}$-可測)であるとは，$[-\infty, \infty]$ 上の Borel σ-加法族 $\mathscr{B}([-\infty, \infty])$ に関しての f の可測性のことである．これは，「$y \in \mathbb{R} \Rightarrow \{x \in S : f(x) \leqq y\} \in \mathscr{F}$」が成

り立つことと同値である.以下,S 上の(実)**可測関数**とは主として $\mathbb{R}$ に値を取る可測関数のことであるが,場合によっては $[-\infty, \infty]$ に値を取る可測関数であると理解しなければならないときもある.$\mathbb{R}$ に値を取ることを強調したいときには,$\mathbb{R}$-**値**($\mathbb{R}$-valued)という.

可測空間 $(S, \mathscr{F})$ 上の可測関数列 $f_1, f_2, f_3, \cdots$ に対し,次はいずれも($[-\infty, \infty]$ に値を取る)可測関数になる:

$$\sup_n f_n, \quad \inf_n f_n, \quad \limsup_{n \to \infty} f_n, \quad \liminf_{n \to \infty} f_n.$$

また,$E := \{s \in S : \lim_{n \to \infty} f_n(s) \in \mathbb{R}\text{ が存在}\}$ とおくと,$E \in \mathscr{F}$ が成り立つ.

命題 2.4 $\mathscr{F}$ を S 上の σ-加法族とし,$f : S \to U$ とする.U の部分集合族 $\mathscr{A}$ に対し,$\mathscr{B} := \sigma(\mathscr{A})$ とおく.このとき「$A \in \mathscr{A} \Rightarrow f^{-1}(A) \in \mathscr{F}$」が成り立つならば,$f$ は $(S, \mathscr{F})$ から $(U, \mathscr{B})$ への可測写像である. □

[証明] $\mathscr{E} := \{E : E \subset U, f^{-1}(E) \in \mathscr{F}\}$ とおくと,仮定より $\mathscr{A} \subset \mathscr{E}$ であり,また $\mathscr{E}$ は σ-加法族になる(各自確かめよ).よって,$\sigma(\mathscr{A}) \subset \mathscr{E}$ が成り立つが,これは f が可測であることを意味する. ∎

前章と同じく,$A \subset S$ に対し,S 上の関数 1_A は $1_A(x) := 1 \ (x \in A), := 0 \ (x \notin A)$ により定義される A の指示関数を表す.可測関数 f が**単関数**(simple function)であるとは,ある $n \in \mathbb{N}$ と $a_1, \cdots, a_n \in \mathbb{R}$ および $E_1, \cdots, E_n \in \mathscr{F}$ があって,$f(x) = \sum_{k=1}^{n} a_k 1_{E_k}(x), \ x \in S$,と書けることである.

測度空間 $(S, \mathscr{F}, \mu)$ に対し,$x \in S$ に関する命題 $R(x)$ がほとんどいたるところ(almost everywhere)で成り立つとは,$D := \{x \in S : R(x) \text{ は偽}\} \in \mathscr{F}$ かつ $\mu(D) = 0$ が成り立つことである.almost everywhere を省略して a.e. と書き,測度 μ を強調したいときには,μ-a.e. と書く.例えば,S 上の二つの可測関数 f と g に対し,$f = g, \mu$-a.e., とは,$\mu(\{x \in S : f(x) \neq g(x)\}) = 0$ が成り立つことである.

$f : S \to [0, \infty)$ を非負単関数とすると,表示 $f(x) = \sum_{k=1}^{n} a_k 1_{E_k}(x)$ の a_k たちは $[0, \infty)$ から取ることができる.この形の f の表示に対し,

$$\int_S f(x) \mu(dx) := \sum_{k=1}^{n} a_k \mu(E_k)$$

とおき,f の μ に関する S 上の**積分**(integral)という.ただし,$0 \times \infty = 0$ とする.この積分の値は,上の f の表示の取り方によらない.さらに,一般の非負

可測関数 $f: S \to [0, \infty]$ に対して積分 $\int_S f d\mu \in [0, \infty]$ を，次により定める：

$$\int_S f d\mu = \sup\left\{\int_S h d\mu : h \in (SF)^+, \quad 0 \leqq h(x) \leqq f(x) \ (\forall x \in S)\right\}.$$

ここで，$(SF)^+$ は S 上の非負単関数の全体である．

可測関数 $f: S \to [-\infty, \infty]$ で

$$\int_S |f(x)| \mu(dx) < \infty$$

を満たすものを**可積分**(integrable)という．可積分な f に対しても，その μ に関する S 上の積分を

$$\int_S f(x) \mu(dx) := \int_S f^+(x) \mu(dx) - \int_S f^-(x) \mu(dx) \ \in \mathbb{R},$$

ただし，$f^+(x) := \max(f(x), 0), f^-(x) := -\min(f(x), 0), x \in S$，により定義する．$f(x) = f^+(x) - f^-(x), |f(x)| = f^+(x) + f^-(x)$ に注意せよ．非負または可積分な f の μ に関する積分を $I(f)$ あるいは $I^\mu(f)$ とも書く：

$$I(f) = I^\mu(f) := \int_S f(s) \mu(ds).$$

ルベーグ測度 Leb に対しては，通常次のように記す：

$$\int_{[a,b]} f(x) \mathrm{Leb}(dx) = \int_a^b f(x) dx, \qquad \int_\mathbb{R} f(x) \mathrm{Leb}(dx) = \int_{-\infty}^\infty f(x) dx.$$

命題 2.5 $[0, \infty]$ に値を取る可測関数 f, g に対し，次の主張が成り立つ：

(1) $a, b \in [0, \infty)$ に対し，$I(af + bg) = aI(f) + bI(g)$.

(2) $I(f) \geqq 0$. もっと一般に，$f \geqq g$, a.e. $\Rightarrow I(f) \geqq I(g)$.

(3) $\mu(f > 0) > 0 \Rightarrow I(f) > 0$.

(4) $I(f) = 0 \Rightarrow f = 0$, a.e.

(5) $I(f) < \infty \Rightarrow f < \infty$, a.e. □

[証明] (1), (2) の証明は省略する．(3) $A_n := \{f > 1/n\}$ に対し，$\{f > 0\} = \bigcup_n A_n$ であるから，定理 2.2(4) よりある n があって $\mu(A_n) > 0$. すると，$I(f) \geqq I(1_{A_n} f) \geqq I((1/n) 1_{A_n}) = (1/n) \mu(A_n) > 0$. (4) は (3) から従う．(5) もし，$E := \{f = \infty\}$ に対し $\mu(E) > 0$ ならば $I^\mu(f) \geqq I^\mu(1_E f) = \infty$ となるので，$\mu(E) = 0$. ■

上の命題 2.5 およびその証明において，$\{s \in S : f(s) > 0\}$ を省略して $\{f > 0\}$

と書き，また $\mu(\{f>0\})$ を省略して $\mu(f>0)$ と書いている．$\mu(f>1/n)$ なども同様である．このような略記法は，今後もしばしば用いる．

命題 2.6 可積分関数 f, g に対し，次の主張が成り立つ：
(1) $a, b \in \mathbb{R}$ に対し，$I(af+bg) = aI(f) + bI(g)$ （**線形性**）．
(2) $f \geq g$, a.e. $\Rightarrow I(f) \geq I(g)$.
(3) $|I(f)| \leq I(|f|)$. □

証明は省略する．[145] の第 5 章を参照せよ．

極限操作と積分の順序交換に関しては，次の三つの主張がよく用いられる．

定理 2.7 測度空間 $(S, \mathscr{F}, \mu)$ 上の可測関数について，次の主張が成り立つ：
(1) $0 \leq f_n \uparrow f$, a.e. $\Rightarrow I(f_n) \uparrow I(f)$ （**単調収束定理**）．
(2) $\forall n, f_n \geq 0$, a.e. $\Rightarrow I(\liminf_{n\to\infty} f_n) \leq \liminf_{n\to\infty} I(f_n)$ （**Fatou**（ファトゥ）**の補題**）．
(3) $f_n \to f$, a.e., で，$\forall n, |f_n| \leq g$, a.e., を満たす可積分関数 g が存在するとき，$I(f_n) \to I(f)$ （**優収束定理**）． □

優収束定理 (dominated convergence theorem) はルベーグ (**Lebesgue**) の収束定理ともよばれる．また，定理 2.7(3) で特に $\mu(S) < \infty$ かつ g が正の定数の場合を**有界収束定理** (bounded convergence theorem) という．

積分に関する不等式に関しては，次の二つが基本的である．

定理 2.8 f, g は測度空間 $(S, \mathscr{F}, \mu)$ 上の可測関数とする．
(1) $p \in (1, \infty)$, $(1/p) + (1/q) = 1$ とすると，$I(|fg|) \leq I(|f|^p)^{1/p} I(|g|^q)^{1/q}$.
(2) $p \in [1, \infty)$ とすると，$I(|f+g|^p)^{1/p} \leq I(|f|^p)^{1/p} + I(|g|^p)^{1/p}$. □

定理 2.8 の (1) と (2) をそれぞれ **Hölder**（ヘルダー）**の不等式**，**Minkowski**（ミンコフスキー）**の不等式**という．Hölder の不等式で $p=q=2$ の場合を **Schwarz**（シュワルツ）**の不等式**という．$p \in [1, \infty)$ とする．$(S, \mathscr{F}, \mu)$ 上の可測関数 f で $I(|f|^p) < \infty$ を満たすものの全体を $L^p(S, \mathscr{F}, \mu)$ と書く．特に $L^1(S, \mathscr{F}, \mu)$ は可積分関数のクラスと一致する．ただし，$f, g \in L^p(S, \mathscr{F}, \mu)$ に対し，$f = g$, μ-a.e., のとき $f = g$ と書き，f と g を同一視する．$f \in L^p(S, \mathscr{F}, \mu)$ のとき，f は S 上 **p 乗可積分** (p-th power integrable) であるという．$L^p(S, \mathscr{F}, \mu)$ を $L^p(S)$, $L^p(\mu)$, L^p とも書く．Minkowski の不等式より，L^p は線形空間を成す．$f \in L^p$ に対し，$\|f\|_p := I(|f|^p)^{1/p}$ とおくと，同じく Minkowski の不等式より $\|\cdot\|_p$ は L^p 上のノルムになる ([70, §22] や [63, §6.2] 等参照)．$\|f\|_p$ を f の $\boldsymbol{L^p}$-**ノルム** (L^p-norm) という．列 $f_n \in L^p$, $n = 1, 2, \cdots$, が $f \in L^p$ に $\boldsymbol{L^p}$-**収束**すると

は，$\|f_n - f\|_p \to 0$ が成り立つことであり，$f_n \to f$ in L^p と記す．これは，L^p 上の距離 $d(f,g) := \|f - g\|_p$ に関する収束に他ならない．次の定理が示すように，このノルムから決まる距離 $d(\cdot, \cdot)$ に関し L^p は完備である．

定理 2.9（**Riesz-Fischer の定理**）　$L^p (1 \leqq p < \infty)$ は完備距離空間である．□

この定理の証明(後の問題 2.90)は [70, 定理 22.1] や [63, 定理 6.8] などを参照せよ．完備なノルム空間を **Banach**(バナッハ)**空間**という．したがって，定理 2.9 は「L^p は Banach 空間である」という主張に他ならない．

次の命題が成り立つ．

命題 2.10　$p \in [1, \infty)$ とする．$f_n \to f$ in L^p のとき，次の主張が成り立つ：
(1) $\sup_n \|f_n\|_p < \infty$.
(2) $|f_n| \to |f|$ in L^p.
(3) $|f_n|^p \to |f|^p$ in L^1. □

[証明]　Minkowski の不等式より $\|f_n\|_p \leqq \|f_n - f\|_p + \|f\|_p$．(1) はこれより従う．(2) は不等式 $\||f_n| - |f|\| \leqq |f_n - f|$ より明らか．(3) $p = 1$ のときは明らか．$p > 1$ のときは，平均値の定理より $x, y \in [0, \infty)$ に対し $|x^p - y^p| \leqq p|x - y|(x+y)^{p-1}$ が成り立つので，$(1/p) + (1/q) = 1$ に対し，Hölder の不等式と Minkowski の不等式より

$$\||f_n|^p - |f|^p\|_1 \leqq p\|(|f_n| - |f|)(|f_n| + |f|)^{p-1}\|_1$$
$$\leqq p\||f_n| - |f|\|_p \cdot \||f_n| + |f|\|_p^{p/q} \leqq p\||f_n| - |f|\|_p (\|f_n\|_p + \|f\|_p)^{p/q}$$

となり，(1), (2) と合わせて (3) の主張が得られる．■

定義 2.11　二つの可測空間 $(S_i, \mathscr{F}_i)$, $i = 1, 2$, に対し，直積集合 $S_1 \times S_2$ 上の σ-加法族 $\mathscr{F}_1 \otimes \mathscr{F}_2$ を $\mathscr{F}_1 \otimes \mathscr{F}_2 := \sigma(\mathscr{A})$, ただし

$$\mathscr{A} := \{E_1 \times E_2 : E_1 \in \mathscr{F}_1,\ E_2 \in \mathscr{F}_2\}$$

で定義し $\mathscr{F}_1$ と $\mathscr{F}_2$ の**直積 σ-加法族**(product σ-algebra)という．□

命題 2.12　$\mathscr{F}, \mathscr{B}_1, \mathscr{B}_2$ をそれぞれ S, U_1, U_2 上の σ-加法族とするとき，次の主張が成り立つ：
(1) $f_i : S \to U_i$, $i = 1, 2$, は可測とする．すると，$x \mapsto f(x) := (f_1(x), f_2(x))$ で定義される写像 $f : S \to U_1 \times U_2$ は $(S, \mathscr{F})$ から $(U_1 \times U_2, \mathscr{B}_1 \otimes \mathscr{B}_2)$ への可測写像である．

(2) $f_1 : U_1 \to S$ は可測とする．すると，$(x,y) \mapsto f(x,y) := f_1(x)$ で定義される写像 $f : U_1 \times U_2 \to S$ は $(U_1 \times U_2, \mathscr{B}_1 \otimes \mathscr{B}_2)$ から $(S, \mathscr{F})$ への可測写像である．

(3) $f : U_1 \times U_2 \to S$ は $(U_1 \times U_2, \mathscr{B}_1 \otimes \mathscr{B}_2)$ から $(S, \mathscr{F})$ への可測写像とし，$y_0 \in U_2$ とする．すると，$x \mapsto g(x) := f(x,y_0)$ で定義される写像 $g : U_1 \to S$ は可測である． □

[証明] (1) $E_1 \in \mathscr{B}_1$, $E_2 \in \mathscr{B}_2$ に対し $f^{-1}(E_1 \times E_2) = f_1^{-1}(E_1) \cap f_2^{-1}(E_2) \in \mathscr{F}$. よって，直積 σ-加法族 $\mathscr{B}_1 \otimes \mathscr{B}_2$ の定義と命題 2.4 より，f は可測である．

(2) 直積 σ-加法族 $\mathscr{B}_1 \otimes \mathscr{B}_2$ の定義より，$E \in \mathscr{F}$ に対し $f^{-1}(E) = f_1^{-1}(E) \times U_2 \in \mathscr{B}_1 \otimes \mathscr{B}_2$. よって，$f$ は可測である．

(3) $h : U_1 \to U_1 \times U_2$ を $x \mapsto h(x) := (x, y_0)$ により定義する．すると，$E_1 \in \mathscr{B}_1$, $E_2 \in \mathscr{B}_2$ に対し，$y_0 \in E_2$ ならば $h^{-1}(E_1 \times E_2) = E_1$, $y_0 \notin E_2$ ならば $h^{-1}(E_1 \times E_2) = \emptyset$ であるから，いずれにしても $h^{-1}(E_1 \times E_2) \in \mathscr{B}_1$. よって，(1) と同様に命題 2.4 より h は $(U_1, \mathscr{B}_1)$ から $(U_1 \times U_2, \mathscr{B}_1 \otimes \mathscr{B}_2)$ への可測写像である．$g = f \circ h$ であるから，g は可測である． ■

測度空間 $(S, \mathscr{F}, \mu)$ が **σ-有限**であるとは，可測集合の列 $A_n \in \mathscr{F}$, $n = 1, 2, \cdots$, で $S = \bigcup_n A_n$ かつ $\mu(A_n) < \infty$ となるものが存在することである．有限測度空間や $(\mathbb{R}, \mathscr{B}(\mathbb{R}), \mathrm{Leb})$ は σ-有限である．後者については，$A_n = [-n, n]$ でよい．

二つの σ-有限な測度空間 $(S_i, \mathscr{F}_i, \mu_i)$, $i = 1, 2$, と $S_1 \times S_2$ 上の直積 σ-加法族 $\mathscr{F}_1 \otimes \mathscr{F}_2$ に対し，可測空間 $(S_1 \times S_2, \mathscr{F}_1 \otimes \mathscr{F}_2)$ 上の測度 μ で「$E_i \in \mathscr{F}_i$, $i = 1, 2 \Rightarrow \mu(E_1 \times E_2) = \mu_1(E_1)\mu_2(E_2)$」を満たすものが一意に存在する．この μ を μ_1 と μ_2 の**直積測度**(product measure)といい，$\mu_1 \otimes \mu_2$ で表す．

定理 2.13 (Fubini の定理) 二つの σ-有限な測度空間 $(S_i, \mathscr{F}_i, \mu_i)$, $i = 1, 2$, の直積測度空間 $(S_1 \times S_2, \mathscr{F}_1 \otimes \mathscr{F}_2, \mu_1 \otimes \mu_2)$ 上の可測関数 f に対し，次の主張が成り立つ：

(1) $f \geqq 0$, a.e., ならば $y \mapsto \int_{S_1} f(x,y) \mu_1(dx)$ と $x \mapsto \int_{S_2} f(x,y) \mu_2(dy)$ はそれぞれ $\mathscr{F}_2$ と $\mathscr{F}_1$ について可測であり，$+\infty$ の値を取る場合も含めて次が成り立つ：

$$\int_{S_1 \times S_2} f(z) \mu_1 \otimes \mu_2(dz) = \int_{S_2} \left\{ \int_{S_1} f(x,y) \mu_1(dx) \right\} \mu_2(dy)$$

$$= \int_{S_1} \left\{ \int_{S_2} f(x,y) \mu_2(dy) \right\} \mu_1(dx).$$

(2) $f \in L^1(\mu_1 \otimes \mu_2)$ ならば $y \mapsto \int_{S_1} f(x,y) \mu_1(dx)$ と $x \mapsto \int_{S_2} f(x,y) \mu_2(dy)$ はそれぞれ $L^1(\mu_2)$ と $L^1(\mu_1)$ の元であり, やはり(1)の結論が成り立つ. この場合, これら三つの積分は同じ $\mathbb{R}$ の値を取る. □

上の定理の(1)を **Fubini-Tonelli**(フビニ-トネリ)の**定理**ともいう. 定理の(2)で必要な f の可積分性を示すには, $|f| \geqq 0$ に注意して(1)より例えば

$$\int_{S_2} \left\{ \int_{S_1} |f(x,y)| \mu_1(dx) \right\} \mu_2(dy) < \infty$$

を確かめればよい.

2.1.2 測度論的確率論

この節では, 測度論的確率論に関する基本的な用語や事実をまとめる. 詳細は[145]の Part A などを参照せよ.

測度空間 $(\Omega, \mathscr{F}, P)$ は P が確率測度であるとき**確率空間**(probability space)といい, このとき Ω を**標本空間**(sample space), Ω の元 ω を**標本元**(sample element), $\mathscr{F}$ の元を**事象**(event)という. つまり, $(\Omega, \mathscr{F}, P)$ が確率空間であるとは, Ω はある集合, $\mathscr{F}$ は Ω の部分集合の集まりで 2.1.1 節の(F1)〜(F3)を満たすもの(σ-加法族), また $P: \mathscr{F} \to [0, \infty]$ は $P(\Omega) = 1$ かつ σ-加法性を満たすものである. ここで, $P(\Omega) = P(\Omega) + P(\emptyset) + P(\emptyset) + \cdots$, $P(\Omega) = 1$, $P(\emptyset) \geqq 0$ より $P(\emptyset) = 0$ は自動的に満たされることを注意せよ. なお, 有限加法性より, $A \in \mathscr{F}$ に対し, $P(A^c) = 1 - P(A)$ が, したがって $0 \leqq P(A) \leqq 1$ が分かる. すなわち, 実際には $P: \mathscr{F} \to [0,1]$ である. P は測度であるから, 定理 2.2 が P に対して成り立つ. 特に(5)より, $P(A_n) = 1$ $(n=1,2,\cdots) \Rightarrow P(\bigcap_{n=1}^{\infty} A_n) = 1$.

以下この章では, 常に**完備**(complete)な確率空間 $(\Omega, \mathscr{F}, P)$ を考えることにする. ここで, 確率空間 $(\Omega, \mathscr{F}, P)$ が完備であるとは「$E \in \mathscr{F}$, $P(E) = 0$, $A \subset E \Rightarrow A \in \mathscr{F}$」が成り立つことである.

確率空間 $(\Omega, \mathscr{F}, P)$ 上の可測な関数 $X: \Omega \to \mathbb{R}^n$ を $\mathbb{R}^n$-**値確率変数**(random variable)という. 特に, $n = 1$ のとき**実確率変数**あるいは単に**確率変数**という. ただし, (実)確率変数が, 可測関数 $X: \Omega \to [-\infty, \infty]$ を意味することもある.

確率空間の場合, 「ほとんどいたるところ(almost everywhere)」の代わりに「**ほとんど確実に**(almost surely)」という. almost surely を略して a.s. と書き,

確率測度 P を強調したいときには，P-a.s. と書く．$\omega \in \Omega$ に関するある命題 $R(\omega)$ が a.s. に成り立つことは，明らかに，$E := \{\omega \in \Omega : R(\omega)$ は真$\} \in \mathscr{F}$ かつ $P(E) = 1$ が成り立つことと同値である．例えば，二つの確率変数 X と Y に対し，$X = Y$, P-a.s., であるとは，X と Y が確率 1 で等しいこと，つまり $P(X = Y) = 1$ が成り立つことである．ここで，事象 $\{\omega \in \Omega : X(\omega) = Y(\omega)\}$ を簡単に $\{X = Y\}$ と書き，さらに $P(\{X = Y\})$ を簡単に $P(X = Y)$ と書いている．確率変数 X が**有界**(bounded)であるとは，ある $K \in (0, \infty)$ があって，$P(|X| \leqq K) = 1$ が成り立つことであるが，これは $|X| \leqq K$, P-a.s., と書くことができる．

$(\mathbb{R}^n, \mathscr{B}(\mathbb{R}^n))$ 上の確率測度を(n 次元の)**分布**(distribution)という．分布 μ に対し，$\mu(B) = \int_B f(x)dx$, $B \in \mathscr{B}(\mathbb{R}^n)$, を満たす非負の可測関数 f が存在するとき，f を μ の**密度**(density)という．$\mathbb{R}^n$ 上の非負の可測関数 f がある分布の密度になるための必要十分条件は，f が $\int_{\mathbb{R}^n} f(x)dx = 1$ を満たすことである．分布 μ が密度 f を持ち，可測関数 $g : \mathbb{R}^n \to \mathbb{R}$ が非負または測度 μ に関し可積分のとき，$\int_{\mathbb{R}^n} g(x)\mu(dx) = \int_{\mathbb{R}^n} g(x)f(x)dx$ が成り立つ．

$m \in \mathbb{R}$, $v \in (0, \infty)$ に対し，密度
$$f(x) = \frac{1}{\sqrt{2\pi v}} e^{-(x-m)^2/(2v)}, \qquad x \in \mathbb{R}$$
を持つ 1 次元分布を(平均 m, 分散 v の)**正規分布**(normal distribution)あるいは**ガウス分布**(Gaussian distribution)といい，$N(m, v)$ で表す．

確率空間 $(\Omega, \mathscr{F}, P)$ 上の $\mathbb{R}^n$-値確率変数 X に対し，$(\mathbb{R}^n, \mathscr{B}(\mathbb{R}^n))$ 上の確率測度(すなわち分布) P_X を次で定義し，X の分布あるいは**法則**(law)という：
$$P_X(B) := P(X^{-1}(B)), \qquad B \in \mathscr{B}(\mathbb{R}^n).$$

X の分布 P_X がある分布 μ に一致するとき，X は分布 μ に従うという．したがって，X が正規分布 $N(m, v)$ に従うとは，次が成り立つことに他ならない：
$$P(X \in B) = \int_B \frac{1}{\sqrt{2\pi v}} e^{-(x-m)^2/(2v)} dx, \qquad B \in \mathscr{B}(\mathbb{R}).$$

P_X が密度 f を持つとき，f を X の密度ともいう．

$a \in \mathbb{R}$ と $B \in \mathscr{B}(\mathbb{R})$ に対し，$\delta_a(B) := 1$ $(a \in B)$, $:= 0$ $(a \notin B)$ により定義される分布 δ_a を a に質量を持つ**デルタ分布**(delta distribution)という．デルタ分布は密度を持たない．X はデルタ分布 δ_a に従う $\Leftrightarrow X = a$, a.s., である．デルタ

分布 δ_a を平均 a, 分散 0 の正規分布 $N(a,0)$ とみなすことがある.

確率変数 X が可積分であるとは, $I^P(|X|) < \infty$ が成り立つことである. 非負または可積分の確率変数 X の**期待値**(expectation) $E[X]$ を, X の P に関する積分として次のように定義する:

$$E[X] := \int_\Omega X(\omega) P(d\omega).$$

特に,「X は可積分 $\Leftrightarrow E[|X|] < \infty$」となる. 確率測度 P を強調したいときには, $E[X]$ を $E^P[X]$ と書く. 期待値は積分であるから, 命題 2.5, 2.6, 定理 2.7, 2.8 などが期待値に対しても成り立つ.

$\mathbb{R}^n$-値確率変数 X と可測な $g : \mathbb{R}^n \to \mathbb{R}$ に対し, $g(X)$ は非負または可積分とする. このとき,

$$E[g(X)] = \int_{\mathbb{R}^n} g(x) P_X(dx)$$

が成り立つ. さらに, 次も成り立つ:

$$(2.1) \qquad X \text{ は密度 } f \text{ を持つ} \implies E[g(X)] = \int_{\mathbb{R}^n} g(x) f(x) dx.$$

$|g(X)| \geqq 0$ より, $E[|g(X)|] = \int_{\mathbb{R}^n} |g(x)| P_X(dx)$ は常に成り立つので, 密度 f を持つ X に対し, $\int_{\mathbb{R}^n} |g(x)| f(x) dx < \infty$ ならば $g(X)$ は可積分である.

確率変数 X は 2 乗可積分, すなわち $E[X^2] < \infty$ とする. すると Schwarz の不等式より $E[|X|] \leqq E[X^2]^{1/2} < \infty$ が成り立つので, X は期待値 $E[X] \in \mathbb{R}$ を持つ. このことに注意して, X の**分散**(variance) $V(X) \in [0,\infty)$ を

$$V(X) := E[(X - E[X])^2]$$

により定義する. 例えば, X が正規分布 $N(m,v)$ に従うならば, $E[X] = m$, $V(X) = v$ が, (2.1) より分かる. 一般に $V(X) = E[X^2] - E[X]^2$ が成り立つ.

定義 2.14 $X_n, n = 1, 2, \cdots,$ が X に**概収束する**(almost surely converges) とは, $X_n \to X$, a.s., となることである. $\square$

定義 2.15 $X_n, n = 1, 2, \cdots,$ が X に**確率収束する**(converges in probability) とは, $\forall \varepsilon > 0$, $\lim_{n \to \infty} P(|X_n - X| > \varepsilon) = 0$ が成り立つことであり, $X_n \to X$, in prob., と記す. $\square$

確率変数 X に対し, $\boldsymbol{X}$ **で生成される** $\mathscr{F}$ **の部分 $\boldsymbol{\sigma}$-加法族** $\sigma(X)$ とは, $\sigma(X) := \{X^{-1}(A) : A \in \mathscr{B}(\mathbb{R})\}$ で定義される $\mathscr{F}$ の部分 σ-加法族のことである. 確率

変数 X が $\mathscr{F}$ の部分 σ-加法族 $\mathscr{H}$ に対して $\mathscr{H}$-**可測**であるとは, $\sigma(X) \subset \mathscr{H}$ となることである. すべての確率変数 X は $\sigma(X)$-可測である.

もっと一般に, 確率変数の族 $\{X_\lambda\}_{\lambda \in \Lambda}$ に対し, $\{\boldsymbol{X_\lambda}\}_{\lambda \in \Lambda}$ で**生成される** $\mathscr{F}$ の部分 $\boldsymbol{\sigma}$-**加法族** $\sigma(X_\lambda : \lambda \in \Lambda)$ は,

$$\sigma(X_\lambda : \lambda \in \Lambda) := \sigma\left[\bigcup_{\lambda \in \Lambda} \sigma(X_\lambda)\right]$$

で定義される. $\#\Lambda \geqq 2$ の場合, $\bigcup_\lambda \sigma(X_\lambda)$ は σ-加法族になるとは限らないことを注意せよ. 任意の $l \in \Lambda$ に対し X_l は $\sigma(X_\lambda : \lambda \in \Lambda)$-可測である.

$\mathscr{F}$ の n 個の部分 σ-加法族 $\mathscr{H}_1, \cdots, \mathscr{H}_n$ が**独立**(independent)であるとは, すべての $H_1 \in \mathscr{H}_1, \cdots, H_n \in \mathscr{H}_n$ に対し,

$$P(H_1 \cap \cdots \cap H_n) = P(H_1) \cdots P(H_n)$$

が成り立つことである. もっと一般に, $\mathscr{F}$ の部分 σ-加法族の族 $\{\mathscr{H}_\lambda\}_{\lambda \in \Lambda}$ が独立であるとは, 任意有限個の異なる $\lambda(1), \cdots, \lambda(n) \in \Lambda$ に対し, $\mathscr{H}_{\lambda(k)}, k = 1, \cdots, n$, が独立となることである.

n 個の確率変数 $X_1, \cdots, X_n$ が独立であるとは, $\sigma(X_1), \cdots, \sigma(X_n)$ が独立であることであって, それは任意の $B_1, \cdots, B_n \in \mathscr{B}(\mathbb{R})$ に対し

$$P(X_1 \in B_1, \cdots, X_n \in B_n) = P(X_1 \in B_1) \cdots P(X_n \in B_n)$$

が成り立つことと同値になる. また, これは n-次元確率変数 $(X_1, \cdots, X_n)$ の分布が各 X_i の分布の直積測度として表されること, すなわち

$$P_{(X_1, \cdots, X_n)} = P_{X_1} \otimes \cdots \otimes P_{X_n}$$

と同値である. さらに, 確率変数列 $X_1, X_2, \cdots$ が独立であるとは, $\mathscr{F}$ の部分 σ-加法族列 $\sigma(X_1), \sigma(X_2), \cdots$ が独立なことで, それは任意の n に対し $X_1, \cdots, X_n$ が独立になることと同値になる. 確率変数 X と $\mathscr{F}$ の部分 σ-加法族 $\mathscr{H}$ が独立であるとは, $\sigma(X)$ と $\mathscr{H}$ が独立であることである.

2.1.3 条件付き期待値

条件付き期待値の概念は現代の確率論において重要な役割を果たす. 条件付き期待値とは大雑把にいうと**部分的な情報**が与えられた状況での期待値のことである. $(\Omega, \mathscr{F}, P)$ を確率空間とすると, 部分的な情報とは数学的には $\mathscr{F}$ の部分 σ-

加法族 $\mathscr{H}$ のことを意味し，$\mathscr{H}$ が与えられているとは，すべての $H \in \mathscr{H}$ に対し事象 H が起こるか否かを述べることができることと解釈される．例えばある確率変数 X に対し $\sigma(X)$ が与えられた情報とすると，すべての $B \in \mathscr{B}(\mathbb{R})$ に対し，事象 $\{X \in B\}$ が起こるか否かを述べることができることになるが，これは要するに X の値を知っていることに他ならない．この節では，条件付き期待値に関する基本的な定義と事実をまとめる．省略された定理の証明などは，[145] の第 9 章などを参照せよ．

条件付き期待値の定義は次の定理に基づく．

定理 2.16 $(\Omega, \mathscr{F}, P)$ を確率空間，X をその上の確率変数，$\mathscr{H}$ を $\mathscr{F}$ のある部分 σ-加法族とする．

(1) $E[|X|] < \infty$ を仮定する．すると次を満たす確率変数 X^* が存在する：

(a) X^* は $\mathscr{H}$-可測で $E[|X^*|] < \infty$ を満たす．

(b) すべての $A \in \mathscr{H}$ に対し $E[X 1_A] = E[X^* 1_A]$．

さらに別の確率変数 X^{**} も (a), (b) を満たすならば，$P(X^* = X^{**}) = 1$ が成り立つ．

(2) (1)で条件 $E[|X|] < \infty$ と $E[|X^*|] < \infty$ をそれぞれ $X \geqq 0$, a.s., $X^* \geqq 0$, a.s., で置き換えた主張も成立する． □

定義 2.17 上の定理の X^* を $E[X|\mathscr{H}]$ と書き，条件 $\mathscr{H}$ の下での X の**条件付き期待値**(conditional expectation)という．P を強調したいときには $E^P[X|\mathscr{H}]$ と書く． □

次の定理により，前章で定義した $E[X|Y_1, \cdots, Y_n]$ は $E[X|\sigma(Y_1, \cdots, Y_n)]$ に等しいことが分かる．

定理 2.18 $(\Omega, \mathscr{F}, P)$ を確率空間，$Z, Y_1, \cdots, Y_n$ をその上の確率変数とする．すると Z が $\sigma(Y_1, \cdots, Y_n)$-可測であるための必要十分条件は，ある Borel 関数 $f: \mathbb{R}^n \to \mathbb{R}$ で $Z = f(Y_1, \cdots, Y_n)$ を満たすものが存在することである． □

注意 2.19 $f: \mathbb{R}^n \to \mathbb{R}$ が **Borel 関数**とは，Borel σ-加法族について可測，つまりすべての $A \in \mathscr{B}(\mathbb{R})$ に対し，$f^{-1}(A) \in \mathscr{B}(\mathbb{R}^n)$ となることである．

次の定理に述べられている条件付き期待値の性質は，いずれもよく用いられる．

定理 2.20 確率空間 $(\Omega, \mathscr{F}, P)$ 上の実確率変数 X と Y で，$E[|X|] < \infty$, $E[|Y|] < \infty$ を満たすものを考える．$\mathscr{H}$ は，$\mathscr{F}$ の部分 σ-加法族とする．

(1) もし X が $\mathscr{H}$-可測ならば $E[X|\mathscr{H}] = X$, a.s.

(2) $E[E[X|\mathscr{H}]] = E[X]$.

(3) (線形性) 実数 a, b に対し，$E[aX + bY|\mathscr{H}] = aE[X|\mathscr{H}] + bE[Y|\mathscr{H}]$, a.s.

(4) Z が $\mathscr{H}$-可測で有界な確率変数ならば $E[ZX|\mathscr{H}] = ZE[X|\mathscr{H}]$, a.s.

(5) (非負性) $X \geqq Y$, a.s., ならば $E[X|\mathscr{H}] \geqq E[Y|\mathscr{H}]$, a.s. 特に，$X \geqq 0$, a.s., ならば，$E[X|\mathscr{H}] \geqq 0$, a.s.

(6) (正値性) $X > Y$, a.s., ならば $E[X|\mathscr{H}] > E[Y|\mathscr{H}]$, a.s. 特に，$X > 0$, a.s., ならば $E[X|\mathscr{H}] > 0$, a.s.

(7) $|E[X|\mathscr{H}]| \leqq E[|X||\mathscr{H}]$, a.s.

(8) (塔性) $\mathscr{G}$ が $\mathscr{H}$ の部分 σ-加法族ならば $E[E[X|\mathscr{H}]|\mathscr{G}] = E[X|\mathscr{G}]$, a.s.

(9) X と $\mathscr{H}$ が独立ならば $E[X|\mathscr{H}] = E[X]$, a.s.

(10) (**Jensen(イェンセン)の不等式**) $\phi: \mathbb{R} \to \mathbb{R}$ は凸で $E[|\phi(X)|] < \infty$ を満たすとする．すると，$\phi(E[X|\mathscr{H}]) \leqq E[\phi(X)|\mathscr{H}]$, a.s., が成り立つ． □

注意 2.21 (10)について，関数 $\phi: \mathbb{R} \to \mathbb{R}$ が凸(convex)であるとは，次が成り立つことである：$\phi(tx + (1-t)y) \leqq t\phi(x) + (1-t)\phi(y)$, $x, y \in \mathbb{R}$, $t \in [0, 1]$．グラフ $y = \phi(x)$ の形を考えるとその意味が分かる．$p \in [1, \infty)$ に対して $|x|^p$ や e^x などは凸関数である．

問題 2.22 $p \in [1, \infty)$, $X \in L^p$ に対し $|E[X|\mathscr{H}]|^p \leqq E[|X|^p|\mathscr{H}]$, a.s., を示せ．特に，$X \in L^p(\Omega) \Rightarrow E[X|\mathscr{H}] \in L^p(\Omega)$.

ヒント． 条件付き期待値に対する Jensen の不等式を $\phi(x) = |x|^p$ に適用． □

問題 2.23 $p \in [1, \infty)$ とし，X と Y は独立で，$X, Y \in L^p(\Omega)$, $E[Y] = 0$ とする．このとき，$\|X\|_p \leqq \|X + Y\|_p$ を示せ．ただし，$\|Z\|_p := E[|Z|^p]^{1/p}$ とする．

ヒント． 条件付き期待値に対する Jensen の不等式などにより，

$$E[|X+Y|^p] = E[E[|X+Y|^p|\sigma(X)]] \geqq E[|E[X+Y|\sigma(X)]|^p] = \cdots$$

が成り立つ． □

後のために，定理 2.20(4) の条件を変えた次の定理も用意しておく．

定理 2.24 $\mathscr{H}$ は $\mathscr{F}$ の部分 σ-加法族とし，X と Z は確率変数で Z は $\mathscr{H}$-可測とする．

(1) $(1/p) + (1/q) = 1$ を満たす $p, q \in (1, \infty)$ に対し，$X \in L^p(\Omega)$, $Z \in L^q(\Omega)$ とすると，$E[ZX|\mathscr{H}] = ZE[X|\mathscr{H}]$, a.s., が成り立つ．

(2) $X, Z \geqq 0$, a.s. の場合にも，$E[ZX|\mathscr{H}] = ZE[X|\mathscr{H}]$, a.s. が成り立つ． □

極限操作に関しては，次の三つの(条件付き版の)主張がよく用いられる．

定理 2.25 $\mathscr{H}$ は，$\mathscr{F}$ の部分 σ-加法族とする．確率空間 $(\Omega, \mathscr{F}, P)$ 上の確率変数たちについて，次の主張が成り立つ：

(1) (**単調収束定理**) $0 \leq X_n \uparrow X$, a.s., ならば $E[X_n|\mathscr{H}] \uparrow E[X|\mathscr{H}]$, a.s.

(2) (**Fatou の補題**) $X_n \geq 0$, a.s., ならば
$$E\left[\liminf_{n\to\infty} X_n \bigg| \mathscr{H}\right] \leq \liminf_{n\to\infty} E[X_n|\mathscr{H}], \quad \text{a.s.}$$

(3) (**優収束定理**) すべての $n = 1, 2, \cdots$ に対し $|X_n| \leq Y$, a.s., かつ $E[Y] < \infty$ であり，さらに $X_n \to X$, a.s., ならば $E[X_n|\mathscr{H}] \to E[X|\mathscr{H}]$, a.s. □

次の二つの命題も後で必要になる．

命題 2.26 $p \in [1, \infty)$ で，$\mathscr{H}$ は $\mathscr{F}$ の部分 σ-加法族であるとする．このとき，$X_n \to X$ in L^p ならば，$E[|X_n|^p|\mathscr{H}] \to E[|X|^p|\mathscr{H}]$ in L^1. □

[証明] $\|E[|X_n|^p|\mathscr{H}] - E[|X|^p|\mathscr{H}]\|_1 \leq \||X_n|^p - |X|^p\|_1$ と命題 2.10(3) より，欲しい主張が得られる． ∎

命題 2.27 $\mathscr{H}$ は $\mathscr{F}$ の部分 σ-加法族，X は $\mathscr{H}$-可測な確率変数，Y は $\mathscr{H}$ と独立な確率変数とする．また，Borel 関数 $\Phi: \mathbb{R}^2 \to \mathbb{R}$ は非負性 $\Phi(x, y) \geq 0$ または可積分性 $E[|\Phi(X, Y)|] < \infty$ を満たすとする．このとき，$\phi(x) := E[\Phi(x, Y)]$ に対し，$E[\Phi(X, Y)|\mathscr{H}] = \phi(X)$, a.s. が成り立つ． □

[証明] $\Phi(x, y) \geq 0$ の場合を示す (他の場合は下の問題とする)．$A \in \mathscr{H}$ に対して，仮定より Y と $(X, 1_A)$ は独立であるから，$P_{(X,Y,1_A)}(dxdydz) = P_Y(dy)P_{(X,1_A)}(dxdz)$ が成り立つ．よって，定理 2.13(1) より

$$E[\Phi(X, Y)1_A] = \int_{\mathbb{R}^2}\left\{\int_{\mathbb{R}} \Phi(x, y) P_Y(dy)\right\} z P_{(X,1_A)}(dxdz)$$
$$= \int_{\mathbb{R}^2} \phi(x) z P_{(X,1_A)}(dxdz) = E[\phi(X)1_A].$$

これは，$E[\Phi(X, Y)|\mathscr{H}] = \phi(X)$, a.s. を意味する． ∎

問題 2.28 $E[|\Phi(X, Y)|] < \infty$ の場合に，命題 2.27 を証明せよ． □

2.2 確率過程

この節では，完備な確率空間 $(\Omega, \mathscr{F}, P)$ 上で考察を行う．

2.2.1 基礎的な事項

以下，この節では，$T \in (0, \infty)$ とする．$\mathbb{R}$-値確率変数の族 $\{X(t)\}_{t \in [0,T]}$，を ($\mathbb{R}$-値)**確率過程**(stochastic process)あるいは単に**過程**(process)という．パラメータ t は時間を表す．t の動く範囲は，$t \in [0, \infty)$ とすることも多いが，以下では主に $t \in [0, T]$ という設定を考える．なお，正確には $X(t)$ は $X(t, \omega)$ と記すべきであるが，ω は省略することが多い．$\omega \in \Omega$ を固定し t の関数 $t \mapsto X(t)$ と見たものを ω に対する $\{X(t)\}$ の**標本路**(sample path)あるいは**道**という．確率過程 $\{X(t)\}$ が**連続(確率)過程**であるとは，すべての $\omega \in \Omega_0$ に対し，道 $t \mapsto X(t)$ が連続となることである．**右連続(確率)過程**や**左連続(確率)**も同様に定義される．

命題 2.29 右連続な確率過程 $\{X(t)\}_{t \in [0,T]}$ に対し，次の主張が成り立つ：

$$P(X(t) = 0) = 1, \ \forall t \in [0, T] \implies P(X(t) = 0, \ \forall t \in [0, T]) = 1.$$

左連続な確率過程 $\{X(t)\}_{t \in [0,T]}$ に対しても同じ主張が成り立つ． □

[証明] $Q_T := \mathbb{Q} \cap [0, T]$ とおく．Q_T は可算集合であるから，$\Rightarrow$ の左側は $P(X(t) = 0, \ \forall t \in Q_T \cup \{T\}) = 1$ を意味する．しかし $[0, T]$ 上の右連続な関数 f に対し，$f(t) = 0, \ \forall t \in Q_T \cup \{T\}$，は $f(t) = 0, \ \forall t \in [0, T]$，を意味するので，$\Rightarrow$ の右側が得られる．左連続の場合も同様である． ■

定義 2.30 $p \geqq 1$ に対し確率過程 $\{X(t)\}_{t \in [0,T]}$ が **p 乗可積分**であるとは，すべての $t \in [0, T]$ に対し $E[|X(t)|^p] < \infty$ が成り立つことである．$p = 1$ のときは，単に**可積分**ともいう．また，$\{X(t)\}$ が**有界**であるとは，ある $K \in (0, \infty)$ が存在し，$P(\text{すべての } t \in [0, T] \text{ に対し } |X(t)| \leqq K) = 1$ が成り立つことである． □

$\mathscr{F}$ の P-零集合の全体を $\mathscr{N}$ と書く：

$$\mathscr{N} := \{E \in \mathscr{F} : P(E) = 0\}.$$

確率過程は次で定義するフィルトレーションと組み合わせて考えることが多い．

定義 2.31 $\mathscr{F}$ の部分 σ-加法族の族 $\{\mathscr{F}_t\}_{t \in [0,T]}$ が**フィルトレーション**(filtration)であるとは次の条件(1)を満たすことである：

(1) $s \leqq t$ ならば $\mathscr{F}_s \subset \mathscr{F}_t$．(**単調増大性**)．

またフィルトレーション $\{\mathscr{F}_t\}$ に対する**通常の条件**(the usual conditions)とは，

次の二つの条件のことである：

(2) すべての $t \in [0, T)$ に対し, $\mathscr{F}_t = \bigcap_{u>t} \mathscr{F}_u$. (**右連続性**).

(3) $\mathscr{N} \subset \mathscr{F}_0$. (**完備性**). □

フィルトレーションは**情報系**ともいう．以下，特に断らない限り，フィルトレーションは通常の条件を満たすものとする．その典型的な例は次節でブラウン運動を元にして構成される．$\mathscr{F}_t$ は時間 t の段階で起こったか起こらなかったかを判定できる事象の全体と解釈する．この意味で $\mathscr{F}_t$ は時間 t における**情報**を表すと考える．四つ組 $(\Omega, \mathscr{F}, P, \{\mathscr{F}_t\})$ を**フィルター付き確率空間**(filtered probability space)という．これは，確率空間 $(\Omega, \mathscr{F}, P)$ にあらかじめフィルトレーション $\{\mathscr{F}_t\}$ が与えられているということであり，以下，この設定で考える．

注意 2.32 フィルトレーションに通常の条件を仮定することのメリットについては，下の命題 2.33, 2.35, 2.58, 2.68 (の証明)を見よ．

命題 2.33 二つの確率変数 X と Y は確率 1 で等しいとする．このとき，$s \in [0, T]$ に対し X が $\mathscr{F}_s$-可測ならば，Y もそうである． □

[証明] $a \in \mathbb{R}$ に対し，等式

$$\begin{aligned}\{Y \leqq a\} &= [\{Y \leqq a\} \cap \{X = Y\}] \cup [\{Y \leqq a\} \cap \{X \neq Y\}] \\ &= [\{X \leqq a\} \cap \{X = Y\}] \cup [\{Y \leqq a\} \cap \{X \neq Y\}] \\ &= [\{X \leqq a\} \setminus (\{X \leqq a\} \cap \{X \neq Y\})] \cup [\{Y \leqq a\} \cap \{X \neq Y\}]\end{aligned}$$

と定義 2.31 の条件(3)の完備性を用いると，$\{Y \leqq a\} \in \mathscr{F}_s$ が分かる．よって，欲しい主張が得られる． ■

定義 2.34 確率過程 $\{X(t)\}_{t \in [0,T]}$ が $\{\mathscr{F}_t\}$-**適合**($\{\mathscr{F}_t\}$-adapted)あるいは単に**適合**であるとは，すべての $t \in [0, T]$ に対して，$X(t)$ が $\mathscr{F}_t$-可測であることである． □

確率過程 $\{X(t)\}$ が適合であるとは，各時間 t において我々は $X(s)$, $0 \leqq s \leqq t$, の値を知っていることと解釈される．例えば $X(t)$ が時間 t における株価を表すとすると，これは自然な設定である．

命題 2.35 $\{\mathscr{F}_t\}$-適合過程列 $\{X^{(n)}(t)\}$, $n = 1, 2, \cdots$, と確率過程 $\{X(t)\}$ があって，すべての $t \in [0, T]$ に対し $X^{(n)}(t) \to X(t)$, a.s., とする．このとき，$\{X(t)\}$ も $\{\mathscr{F}_t\}$-適合である． □

[証明] $t \in [0, T]$ に対し $Y(t) := \limsup_{n \to \infty} X^{(n)}(t)$ とおく．すると $\{Y(t)\}$

は $\{\mathscr{F}_t\}$-適合であって，すべての $t \in [0,T]$ に対し $P(X(t) = Y(t)) = 1$ を満たす．よって，命題 2.33 より $\{X(t)\}$ も $\{\mathscr{F}_t\}$-適合である． ∎

定義 2.36 確率過程 $\{X(t)\}_{t \in [0,T]}$ が $\{\mathscr{F}_t\}$-**発展的可測**($\{\mathscr{F}_t\}$-progressively measurable)であるとは，すべての $t \in [0,T]$ に対して，写像 $[0,t] \times \Omega \ni (s, \omega) \mapsto X(s, \omega) \in \mathbb{R}$ が $\mathscr{B}([0,t]) \otimes \mathscr{F}_t$-可測であることである．ここで，$\mathscr{B}([0,t]) \otimes \mathscr{F}_t$ は区間 $[0,t]$ の Borel σ-加法族 $\mathscr{B}([0,t])$ と $\mathscr{F}_t$ との直積 σ-加法族である． □

発展的可測性は，各時間 t に対し $[0,t] \times \Omega$ 上で 2 変数 (s,ω) に関する望ましい可測性が満たされるということである．もし過程 $\{X(t)\}_{t \in [0,T]}$ が発展的可測ならば，命題 2.12(3) より任意の $t \in [0,T]$ に対し $X(t)$ は $\mathscr{F}_t$-可測になるので，$\{X(t)\}$ は $\{\mathscr{F}_t\}$-適合過程である．

命題 2.37 $\{\mathscr{F}_t\}$-適合過程 $\{X(t)\}_{t \in [0,T]}$ が左連続または右連続のとき，$\{X(t)\}$ は $\{\mathscr{F}_t\}$-発展的可測である．特に，連続な適合過程は発展的可測である．
□

[証明] 右連続の場合を示す．左連続の場合も同様である．したがって，すべての $\omega \in \Omega$ に対する $\{X(t)\}$ の道は右連続とする．$t \in [0,T]$, $n \in \mathbb{N}$, $(s, \omega) \in [0,t] \times \Omega$ に対し，$t_k := kt/n$, $k = 0, 1, \cdots, n$, とし，また

$$X^{(n)}(s) := X(t) 1_{[t_{n-1}, t]}(s) + \sum_{k=0}^{n-2} X(t_{k+1}) 1_{[t_k, t_{k+1})}(s)$$

とおくと，すべての $(s, \omega) \in [0,t] \times \Omega$ に対し $\lim_{n \to \infty} X^{(n)}(s) = X(s)$ が成り立つ．命題 2.12(2) より $X(t_{k+1})$ や $1_{[t_k, t_{k+1})}(s)$ は $[0,t] \times \Omega$ 上の関数として $\mathscr{B}([0,t]) \otimes \mathscr{F}_t$-可測であるから $(s, \omega) \mapsto X^{(n)}(s, \omega)$ もそうであり，したがって $(s, \omega) \mapsto X(s, \omega)$ も $\mathscr{B}([0,t]) \otimes \mathscr{F}_t$-可測である．よって確率過程 $\{X(t)\}$ は発展的可測である． ∎

$I_t(g) := \int_0^t g(s)ds$ とおく．次の命題は，適合性より強く発展的可測性を仮定する一つのメリットを示している(下の命題 2.67 なども同様である)．

命題 2.38 $\{f(t)\}_{t \in [0,T]}$ は発展的可測で $\int_0^T |f(t)| dt < \infty$, a.s., を満たすとする．すると $\{I_t(f)\}_{t \in [0,T]}$ も発展的可測である．
□

[証明] $\{I_t(f)\}$ は連続過程であるから，命題 2.37 より任意の $t \in [0,T]$ に対し $I_t(f)$ が $\mathscr{F}_t$-可測であることを示せばよい．発展的可測性と有界性より $1_{\{|f| \leq n\}} f \in L^1([0,t] \times \Omega, \mathscr{B}([0,t]) \otimes \mathscr{F}_t, \mathrm{Leb} \otimes P)$ であるから，Fubini の定理 (定理 2.13(2)) より $I_t(1_{\{|f| \leq n\}} f)$ は $\mathscr{F}_t$-可測である．一方，ルベーグの収束定

理より $n \to \infty$ のとき $I_t(1_{\{|f| \leq n\}} f) \to I_t(f)$, a.s., よって, $I_t(f)$ は $\mathscr{F}_t$-可測である. ∎

二つの事象 $A, B \in \mathscr{F}$ の**対称差** $A \triangle B$ を $A \triangle B := (A \setminus B) \cup (B \setminus A)$ で定義する. $\mathscr{F}$ の部分 σ-加法族 $\mathscr{H}$ が**自明**(trivial)であるとは, $E \in \mathscr{H}$ ならば $P(E) = 0$ または $P(E) = 1$ が成り立つことである.

命題 2.39 $\mathscr{F}$ の部分 σ-加法族 $\mathscr{H}$ に対し次の主張が成り立つ：
(1) $\mathscr{H} \vee \mathscr{N} = \{E \in \mathscr{F} : P(A \triangle E) = 0$ を満たす $A \in \mathscr{H}$ が存在する $\}$.
(2) $\mathscr{H}$ が自明ならば, $\mathscr{H} \vee \mathscr{N}$ も自明である.
(3) 確率変数 Z がある $c \in \mathbb{R}$ に対し $P(Z = c) = 1$ を満たすならば, $\sigma(Z)$ および $\sigma(Z) \vee \mathscr{N}$ は自明である.
(4) $\mathscr{H}$ が自明で確率変数 X が $\mathscr{H}$-可測ならば, $P(X = c) = 1$ を満たす $c \in \mathbb{R}$ が存在する.
(5) $\mathscr{H}$ が自明ならば, $X \in L^1(\Omega, \mathscr{F}, P)$ に対し $E[X|\mathscr{H}] = E[X]$, a.s. ∎

[証明] (1)の示すべき等式の右辺を $\mathscr{G}$ とする. $\mathscr{G} \subset \mathscr{H} \vee \mathscr{N}$ は容易に分かる(下の問題 2.40(1)). 一方, $\mathscr{G} \supset \mathscr{H} \cup \mathscr{N}$ であって $\mathscr{G}$ は $\mathscr{F}$ の部分 σ-加法族であることが分かるので(下の問題 2.40(2)), $\mathscr{G} \supset \mathscr{H} \vee \mathscr{N}$ も成り立つ. よって(1)が成り立つ. (2)は(1)より容易に分かる. (3) $\sigma(Z)$ の自明性は明らか. また, 後半は $\sigma(Z)$ の自明性と(2)より従う. (5)は(4)より容易に従う.

最後に(4)を示す. $a < b$ に対し $P(X \in [a, b))$ は 0 または 1 であるから, $\sum_{n \in \mathbb{Z}} P(X \in [n, n+1)) = 1$ より, $P(X \in [n_0, n_0 + 1)) = 1$ がある $n_0 \in \mathbb{Z}$ に対して成り立つ. 同様にして, $P(X \in [n_0, n_0 + (1/2))) = 1$ または $P(X \in [n_0 + (1/2), n_0 + 1)) = 1$ である. この議論を繰り返すと, $[a, b]$ の形の区間の減少列 $I_0 \supset I_1 \supset I_2 \supset \cdots$ で, I_n の長さは 2^{-n} であり $P(X \in I_n) = 1$ を満たすものが存在する. よって, $\bigcap_n I_n := \{c\}$ とすると, 単調収束定理より $P(X = c) = \lim_{n \to \infty} P(X \in I_n) = 1$ が分かる. ∎

問題 2.40 上の命題 2.39 の証明に関し, 次の二つの主張を証明せよ：
(1) $\mathscr{G} \subset \mathscr{H} \vee \mathscr{N}$.
(2) $\mathscr{G}$ は $\mathscr{H} \cup \mathscr{N}$ を含む $\mathscr{F}$ の部分 σ-加法族である.

ヒント. (1) $E \in \mathscr{G}$ に対し, $A \cap E^c, A^c \cap E \in \mathscr{N}$ を満たす $A \in \mathscr{H}$ がある. この A に対し, $E = [A \setminus (A \cap E^c)] \cup (A^c \cap E)$. ∎

問題 2.41 確率変数 X が自分自身 X と独立ならば, $P(X = c) = 1$ を満た

す $c \in \mathbb{R}$ が存在することを示せ．　ヒント．$\sigma(X)$ が自明であることを示せ．□

命題 2.42　$\mathscr{F}$ の二つの部分 σ-加法族 $\mathscr{H}$ と $\mathscr{G}$ が独立ならば，$\mathscr{F}$ の P-零集合の全体 $\mathscr{N}$ に対し，$\mathscr{H} \vee \mathscr{N}$ と $\mathscr{G}$ も独立である．□

［証明］$C \in \mathscr{H} \vee \mathscr{N}$, $D \in \mathscr{G}$ とする．命題 2.39(1) より，$P(A \triangle C) = 0$ を満たす $A \in \mathscr{H}$ を取れる．すると，

$$P(C \cap D) = P(A \cap D) = P(A)P(D) = P(C)P(D).$$

よって，C と D は独立である．これは，欲しい主張を意味する．■

2.2.2　ブラウン運動

ブラウン運動は，非常に重要な連続時間の確率過程である．例えば，連続時間のファイナンスの数理モデルの多くは，ブラウン運動を基にして構成される．

ブラウン運動にはいろいろな同値な定義の仕方がある．我々は次を採用する．

定義 2.43　$\mathbb{R}$-値確率過程 $\{W(t)\}_{t \in [0,T]}$ は次の条件を満たすとき（1次元の標準）**ブラウン運動**(Brownian motion) とよばれる：

(1) $P(W(0) = 0) = 1$.
(2) $\{W(t)\}$ は連続過程である．
(3) $0 \leqq s < t \leqq T$ ならば $W(t) - W(s)$ は正規分布 $N(0, t-s)$ に従う．
(4) $0 \leqq s < t \leqq T$ ならば $W(t) - W(s)$ と $\sigma(W(u) : u \in [0, s])$ は独立である．

確率測度 P を強調したいときには，P-**ブラウン運動**という．また，ブラウン運動を **Wiener**（ウィーナー）**過程**ともいう．□

注意 2.44　(1) 上の定義の $\sigma(W(u) : u \in [0, s])$ は，$\{W(u)\}_{u \in [0,s]}$ で生成される $\mathscr{F}$ の部分 σ-加法族である(2.1.2 節参照)．

(2) $t \in (0, T]$ に対し $W(t) = W(t) - W(0)$, a.s., より，$W(t)$ は $N(0, t)$ に従う．

次の定理([144])は基本的である．

定理 2.45 (Wiener)　ある確率空間 $(\Omega, \mathscr{F}, P)$ 上に，ブラウン運動 $\{W(t)\}$ が存在する．□

この定理の証明は省略する．[79]の第 2 章などを参照せよ．

定義 2.46　確率過程 $\{X(t)\}_{t \in [0,T]}$ が**ガウス過程**(Gaussian process) であるとは，任意の $n \in \mathbb{N}$, 任意の $0 \leqq t_1 < \cdots < t_n \leqq T$ および任意の $a_1, \cdots, a_n \in \mathbb{R}$ に対し，$\sum_{i=1}^{n} a_i X(t_i)$ が正規分布に従うことである．ただし，$(\mathbb{R}, \mathscr{B}(\mathbb{R}))$ 上のデ

ルタ測度 δ_m も分散 0, 平均 m の正規分布 $N(m,0)$ とみなす. □

命題 2.47 ブラウン運動 $\{W(t)\}_{t\in[0,T]}$ に対し, 次の主張が成り立つ:

(1) $n\in\mathbb{N}$, $0\leqq t_1<\cdots<t_n\leqq T$ に対し, $\{W(t_i)-W(t_{i-1})\}_{i=1}^n$ は独立である. ここで, $t_0=0$ とおいた.

(2) ブラウン運動 $\{W(t)\}_{[0,T]}$ はガウス過程である. □

[証明] (1) $i=1,\cdots,n$ に対し, $X_i:=W(t_i)-W(t_{i-1})$, $B_i\in\mathscr{B}(\mathbb{R})$ とする. $\{X_1\in B_1,\cdots,X_{n-1}\in B_{n-1}\}\in\sigma(W(u):u\in[0,t_{n-1}])$ であるから, 定義 2.43 (4) より, $P(X_1\in B_1,\cdots,X_{n-1}\in B_{n-1},X_n\in B_n)$ は

$$P(X_1\in B_1,\cdots,X_{n-1}\in B_{n-1})P(X_n\in B_n)$$

に等しい. 同様のことを繰り返すと, $P(X_1\in B_1,\cdots,X_{n-1}\in B_{n-1},X_n\in B_n)=P(X_1\in B_1)\cdots P(X_n\in B_n)$ が分かるので, (1) の主張が得られる.

(2) $0\leqq s<t\leqq T$, $a,b\in\mathbb{R}$ に対し, $aW(s)+bW(t)$ が正規分布に従うことを示す. 一般の場合も同様である. $aW(s)+bW(t)=(a+b)\{W(s)-W(0)\}+b\{W(t)-W(s)\}$ であるから, (1) と定義 2.43(3) および下の命題 2.48 より $aW(s)+bW(t)$ は正規分布 $N(0,(a+b)^2 s+b^2(t-s))$ に従う. ■

命題 2.48 確率変数 $X_1,\cdots,X_n$ は独立で, 各 X_i は正規分布 $N(m_i,v_i)$ に従うとする. すると, 和 $\sum_{i=1}^n X_i$ は正規分布 $N(\sum_{i=1}^n m_i,\sum_{i=1}^n v_i)$ に従う. □

命題 2.48 の証明は省略する ([20, 第 4 章] などを参照せよ).

ブラウン運動もフィルトレーションと一緒に考えると都合がよい. そこで次の概念を導入する.

定義 2.49 $(\Omega,\mathscr{F},P,\{\mathscr{F}_t\})$ 上の確率過程 $\{W(t)\}_{t\in[0,T]}$ は定義 2.43 の性質 (1)〜(3) および次の二つの性質を満たすとき **$\{\mathscr{F}_t\}$-ブラウン運動**とよばれる:

(5) $\{W(t)\}$ は $\{\mathscr{F}_t\}$-適合である.

(6) もし $0\leqq s<t\leqq T$ ならば $W(t)-W(s)$ と $\mathscr{F}_s$ は独立である.

確率測度 P を強調したいときには, $\{\mathscr{F}_t,P\}$-ブラウン運動という. □

問題 2.50 $\{\mathscr{F}_t\}$-ブラウン運動 $\{W(t)\}_{t\in[0,T]}$ は, 定義 2.43 の意味のブラウン運動でもあることを示せ.

ヒント. 条件 (5) より, $\sigma(W(u):0\leqq u\leqq t)\subset\mathscr{F}_t$ が成り立つ. □

定義 2.43 の意味のブラウン運動 $\{W(t)\}_{t\in[0,T]}$ が与えられた時. これから出発して通常の条件 (2.2.1 節参照) を満たすフィルトレーション $\{\mathscr{F}_t\}$ を構成し,

これに関して $\{W(t)\}$ が $\{\mathscr{F}_t\}$-ブラウン運動となるようにしたい．そのためには次のようにおけばよい：

$$(2.2) \qquad \mathscr{F}_t := \sigma\bigl(W(u) : 0 \leqq u \leqq t\bigr) \vee \mathscr{N}, \qquad t \in [0, T].$$

次の事実が成り立つ．

定理 2.51 (2.2) の $\{\mathscr{F}_t\}$ は通常の条件を満たすフィルトレーションである． □

この定理(特に $\{\mathscr{F}_t\}$ の右連続性)の完全な証明は省略する(問題 2.52 参照)．$\{\mathscr{F}_t\}$ の右連続性の証明については [79] の第 2 章の命題 7.7 を参照せよ．

問題 2.52 定理 2.51 のうち $\{\mathscr{F}_t\}$ の単調性と完備性を証明せよ． □

定義 2.53 (2.2) のフィルトレーション $\{\mathscr{F}_t\}$ をブラウン運動 $\{W(t)\}$ に関する**ブラウン・フィルトレーション**(Brownian filtration) とよぶ． □

ブラウン・フィルトレーション $\{\mathscr{F}_t\}$ に関して，$\{W(t)\}$ が $\{\mathscr{F}_t\}$-ブラウン運動になることは次の問題とする．ブラウン・フィルトレーションは 2.4.10 節のマルチンゲール表現定理において重要な役割を果たす．

問題 2.54 ブラウン・フィルトレーション $\{\mathscr{F}_t\}$ に対し $\{W(t)\}$ は定義 2.49 の条件(5)と(6)を満たすことを示せ． ヒント．(6)は命題 2.42 より． □

問題 2.55 ブラウン・フィルトレーション $\{\mathscr{F}_t\}$ に対し，確率変数 X が $\mathscr{F}_0$-可測ならば，X は確率 1 である定数に等しいことを示せ． ヒント．命題 2.39． □

2.2.3 停止時刻

この節では，フィルター付き確率空間 $(\Omega, \mathscr{F}, P, \{\mathscr{F}_t\})$ 上で考える．記号 $a \vee b := \max(a, b)$, $a \wedge b := \min(a, b)$ を用いる．

定義 2.56 $[0, \infty]$-値確率変数 τ が $\{\mathscr{F}_t\}$-**停止時刻**($\{\mathscr{F}_t\}$-stopping time) であるとは，すべての $t \in [0, T]$ に対し，$\{\tau \leqq t\} \in \mathscr{F}_t$ を満たすことである． □

上の定義によれば，$\{\mathscr{F}_t\}$-停止時刻 τ とは，値が不確実な時刻のことである．

定義 2.57 $[0, \infty]$-値確率変数 τ が $\{\mathscr{F}_t\}$-**任意時刻**($\{\mathscr{F}_t\}$-optional time) であるとは，すべての $t \in [0, T]$ に対し，$\{\tau < t\} \in \mathscr{F}_t$ を満たすことである． □

命題 2.58 (我々が仮定している) フィルトレーションの右連続性の下では，停止時刻と任意時刻は同値な概念である． □

[証明] τ を停止時刻とすると $\{\tau < t\} = \bigcup_{n \in \mathbb{N}} \{\tau \leqq t - \dfrac{1}{n}\} \in \mathscr{F}_t$ より τ は任

意時刻である．逆に τ を任意時刻とする．$\varepsilon > 0$ に対し $(1/m) < \varepsilon$ とすると，$\{\tau < t + \frac{1}{n}\}$ の単調減少性から，

$$\{\tau \leqq t\} = \bigcap_{n \in \mathbb{N}} \{\tau < t + \frac{1}{n}\} = \bigcap_{n=m}^{\infty} \{\tau < t + \frac{1}{n}\} \in \mathscr{F}_{t+\varepsilon}$$

となる．これと $\{\mathscr{F}_t\}$ の右連続より $\{\tau \leqq t\} \in \bigcap_{\varepsilon > 0} \mathscr{F}_{t+\varepsilon} = \mathscr{F}_t$ となって，τ は停止時刻であることが分かる． ∎

命題 2.59 次の二つの主張が成り立つ：
(1) $t \in [0, \infty]$ に対し $\tau(\omega) := t, \omega \in \Omega$，は停止時刻である．
(2) τ_1, τ_2 を停止時刻とすると，$\tau_1 \wedge \tau_2$ と $\tau_1 \vee \tau_2$ も停止時刻である． ∎

[証明] (1)は下の問題とする．(2) $t \in [0, T]$ に対し

$$\{\tau_1 \wedge \tau_2 \leqq t\} = \{\tau_1 \leqq t\} \cup \{\tau_2 \leqq t\} \in \mathscr{F}_t,$$
$$\{\tau_1 \vee \tau_2 \leqq t\} = \{\tau_1 \leqq t\} \cap \{\tau_2 \leqq t\} \in \mathscr{F}_t$$

より $\tau_1 \wedge \tau_2$ と $\tau_1 \vee \tau_2$ は停止時刻である． ∎

$\tau_1 \wedge \tau_2$ と $\tau_1 \vee \tau_2$ は，それぞれ τ_1 と τ_2 の早い方と遅い方の時刻を表す．

問題 2.60 命題 2.59(1) を示せ． ∎

定義 2.61 停止時刻 τ に対し $\mathscr{F}$ の部分 σ-加法族 $\mathscr{F}_\tau$ を，次で定義する：

$$\mathscr{F}_\tau := \{A \in \mathscr{F} : \text{すべての } t \in [0, T] \text{ に対して } A \cap \{\tau \leqq t\} \in \mathscr{F}_t\}. \qquad \Box$$

$\mathscr{F}_\tau$ は停止時刻 τ までの情報を表すと解釈される．

問題 2.62 $\mathscr{F}_\tau$ は確かに $\mathscr{F}$ の部分 σ-加法族になることを示せ． ∎

命題 2.63 次の三つの主張が成り立つ：
(1) $t \in [0, T]$ に対し，$\tau(\omega) = t, \omega \in \Omega$，のとき，$\mathscr{F}_\tau = \mathscr{F}_t$ となる．
(2) 停止時刻 τ に対し，τ は $\mathscr{F}_\tau$-可測である．
(3) $P(\tau_1 \leqq \tau_2) = 1$ を満たす停止時刻 τ_1, τ_2 に対し $\mathscr{F}_{\tau_1} \subset \mathscr{F}_{\tau_2}$． ∎

[証明] (1)と(2)は下の問題とする．(3)簡単のため，すべての $\omega \in \Omega$ に対し $\tau_1(\omega) \leqq \tau_2(\omega)$ と仮定して，証明する（問題 2.65 参照）．$A \in \mathscr{F}_{\tau_1}, t \in [0, T]$ とすると，$\{\tau_2 \leqq t\} \subset \{\tau_1 \leqq t\}$ となり，

$$A \cap \{\tau_2 \leqq t\} = [A \cap \{\tau_1 \leqq t\}] \cap \{\tau_2 \leqq t\} \in \mathscr{F}_t$$

が分かる．よって $A \in \mathscr{F}_{\tau_2}$．これは $\mathscr{F}_{\tau_1} \subset \mathscr{F}_{\tau_2}$ を意味する． ∎

問題 2.64 命題 2.63 の (1) と (2) を証明せよ. □

問題 2.65 命題 2.63(3) を,一般の $P(\tau_1 \leqq \tau_2) = 1$ の場合に証明せよ.

ヒント. $\Omega_0 := \{\tau_1 \leqq \tau_2\}$ とおく. $P(\Omega_0) = 1$ であり,$\{\mathscr{F}_t\}$ の完備性よりすべての $t \in [0,T]$ と $E \in \mathscr{F}$ に対し $\Omega_0^c \cap E \in \mathscr{F}_t$ であることなどを用いよ. □

命題 2.66 $\{X(t)\}_{t \in [0,T]}$ を $\{\mathscr{F}_t\}$-発展的可測過程とし,τ を $[0,T]$-値停止時刻とする.このとき,$X(\tau)$ は $\mathscr{F}_\tau$-可測である. □

[証明] 示すべきことは,任意の $t \in [0,T]$ と $B \in \mathscr{B}(\mathbb{R})$ に対して,

$$\{X(\tau) \in B\} \cap \{\tau \leqq t\} \in \mathscr{F}_t$$

である.しかし,$\{X(\tau) \in B\} \cap \{\tau \leqq t\} = \{X(\tau \wedge t) \in B\} \cap \{\tau \leqq t\}$ であるので,$X(\tau \wedge t)$ が $\mathscr{F}_t$-可測であることを示せばよい.

命題 2.63(2) より $\tau \wedge t$ は $\mathscr{F}_{\tau \wedge t}$-可測.一方,$\tau \wedge t \leqq t$ であるから,命題 2.63(3) より $\mathscr{F}_{\tau \wedge t} \subset \mathscr{F}_t$.よって $\tau \wedge t$ は $\mathscr{F}_t$-可測であるので,命題 2.12(1) より写像 $\omega \mapsto (\tau(\omega) \wedge t, \omega)$ は,可測空間 $(\Omega, \mathscr{F}_t)$ から $([0,t] \times \Omega, \mathscr{B}([0,t]) \otimes \mathscr{F}_t)$ への可測写像となる.一方,$\{X(t)\}_{t \in [0,T]}$ の発展的可測性より,写像 $(s, \omega) \mapsto X(s, \omega)$ は,$([0,t] \times \Omega, \mathscr{B}([0,t]) \otimes \mathscr{F}_t)$ から $(\mathbb{R}, \mathscr{B}(\mathbb{R}))$ への可測写像である.写像 $\omega \mapsto X(\tau(\omega) \wedge t, \omega)$ はこれら二つの写像の合成であるから,可測空間 $(\Omega, \mathscr{F}_t)$ から $(\mathbb{R}, \mathscr{B}(\mathbb{R}))$ への可測写像になる.よって,$X(\tau \wedge t)$ は $\mathscr{F}_t$-可測である. ∎

確率過程 $\{X(t)\}_{t \in [0,T]}$ と停止時刻 τ に対し,$\{X(t \wedge \tau)\}_{t \in [0,T]}$ を τ による**停止過程** (stopped process) という.

命題 2.67 $\{X(t)\}_{t \in [0,T]}$ を $\{\mathscr{F}_t\}$-発展的可測過程とし,τ を $\{\mathscr{F}_t\}$-停止時刻とする.このとき,停止過程 $\{X(t \wedge \tau)\}_{t \in [0,T]}$ も $\{\mathscr{F}_t\}$-発展的可測である. □

[証明] $t \in [0,T]$ とする.$u \in [0,t)$ ならば,

$$\{(s,\omega) \in [0,t] \times \Omega : s \wedge \tau(\omega) \leqq u\}$$
$$= \{[0,u] \times \Omega\} \cup \{(u,t] \times \{\tau \leqq u\}\} \in \mathscr{B}([0,t]) \otimes \mathscr{F}_t.$$

また,$u = t \Rightarrow \{(s,\omega) \in [0,t] \times \Omega : s \wedge \tau(\omega) \leqq t\} = [0,t] \times \Omega \in \mathscr{B}([0,t]) \otimes \mathscr{F}_t$.よって,$(s,\omega) \mapsto (s \wedge \tau(\omega), \omega)$ は $([0,t] \times \Omega, \mathscr{B}([0,t]) \otimes \mathscr{F}_t)$ から自分自身への可測写像である.この写像と $(s,\omega) \mapsto X(s,\omega)$ の合成が $(s,\omega) \mapsto X(s \wedge \tau(\omega), \omega)$ であるから,$\{X(t)\}$ の発展的可測性より欲しい主張が得られる. ∎

停止時刻の典型的な例としては,次の到達時刻が挙げられる.$U \subset \mathbb{R}$ に対し,

確率過程 $\{X(t)\}_{t\in[0,T]}$ の U への**到達時刻**(hitting time) τ_U を次により定める：

$$\tau_U := \inf\{t \in [0,T] : X(t) \in U\}.$$

ただし，右辺で $\inf \emptyset = \infty$ という約束に従う．

命題 2.68 $\{X(t)\}_{t\in[0,T]}$ を $\{\mathscr{F}_t\}$-適合の連続確率過程とし，U は $\mathbb{R}$ の開集合または閉集合とする．すると到達時刻 τ_U は $\{\mathscr{F}_t\}$-停止時刻になる． □

[証明] U が開集合の場合に証明する．閉集合の場合の証明は，[79]の 1.2 節を参照せよ．簡単のため，すべての $\omega \in \Omega$ に対し，$t \mapsto X(t,\omega)$ は連続として，定理を証明する．$t \in [0,T]$ に対し，次が成り立つ：

$$\begin{aligned}\{\tau_U \geqq t\} &= \{\text{すべての } s \in [0,t) \text{ に対し } X(s) \in U^c\} \\ &= \bigcap_{r \in [0,t) \cap \mathbb{Q}} \{X(r) \in U^c\} \in \mathscr{F}_t\end{aligned}$$

ここで，2番目の等式は，U^c が閉集合であることと $\{X(t)\}$ が連続過程であることによる．また，最後の $\in$ は σ-加法族が可算個の交わりを取る操作で閉じていることによる．こうして，すべての $t \in [0,T]$ に対し $\{\tau_U < t\} \in \mathscr{F}_t$ が成り立つので，命題 2.58 より τ_U は停止時刻である． ■

上の命題の証明と同様にして次を示せる．

命題 2.69 $\{X(t)\}_{t\in[0,T]}$ を $\{\mathscr{F}_t\}$-適合な右連続確率過程とし，U は $\mathbb{R}$ の開集合とする．すると到達時刻 τ_U は $\{\mathscr{F}_t\}$-停止時刻になる． □

問題 2.70 τ を停止時刻とするとき，$X(t,\omega) := 1_{\{t \leqq \tau\}}(\omega)$ は発展的可測であることを示せ．ヒント．命題 2.37． □

2.3 マルチンゲール

この節では，確率解析で重要な役割を果たす連続時間のマルチンゲールおよび局所マルチンゲールを扱う．$(\Omega, \mathscr{F}, P)$ を完備な確率空間とし，フィルター付き確率空間 $(\Omega, \mathscr{F}, P, \{\mathscr{F}_t\}_{t\in[0,T]})$ の上で考察を行う．

2.3.1 基本的な性質

連続時間のマルチンゲールおよび優または劣マルチンゲールは，以下のように

定義される.

定義 2.71 確率過程 $\{M(t)\}_{t\in[0,T]}$ は $\{\mathscr{F}_t\}$-適合で,すべての $t\in[0,T]$ に対し $E[|M(t)|]<\infty$ を満たすとする.

(1) $\{M(t)\}$ が $\{\mathscr{F}_t\}$**-マルチンゲール**(martingale)であるとは,次の条件を満たすことである:$0\leqq s\leqq t\leqq T$ ならば $E[M(t)|\mathscr{F}_s]=M(s)$, P-a.s.

(2) $\{M(t)\}$ が $\{\mathscr{F}_t\}$**-劣マルチンゲール**(submartingale)であるとは,次の条件を満たすことである:$0\leqq s\leqq t\leqq T$ ならば $E[M(t)|\mathscr{F}_s]\geqq M(s)$, P-a.s.

(3) $\{M(t)\}$ が $\{\mathscr{F}_t\}$**-優マルチンゲール**(supermartingale)であるとは,次の条件を満たすことである:$0\leqq s\leqq t\leqq T$ ならば $E[M(t)|\mathscr{F}_s]\leqq M(s)$, P-a.s.

確率測度 P を強調したいときには,P-マルチンゲールあるいは $\{\mathscr{F}_t, P\}$-マルチンゲールという. □

問題 2.72 (1) $\{M(t)\}_{t\in[0,T]}$ が $\{\mathscr{F}_t\}$-マルチンゲールならば,すべての $t\in[0,T]$ に対し $E[M(t)]=E[M(0)]$ が成り立つことを示せ.

(2) $\{M(t)\}$ と $\{N(t)\}$ が共に $\{\mathscr{F}_t\}$-マルチンゲールならば,$a,b\in\mathbb{R}$ に対し,$\{aM(t)+bN(t)\}$ も $\{\mathscr{F}_t\}$-マルチンゲールであることを示せ.

(3) $X\in L^1(\Omega,\mathscr{F},P)$ に対し $M(t):=E[X|\mathscr{F}_t]$, $t\in[0,T]$, とおくと,$\{M(t)\}$ は $\{\mathscr{F}_t\}$-マルチンゲールになることを示せ. □

ブラウン運動に関係するいくつかの重要なマルチンゲールを紹介する.

命題 2.73 $a\in\mathbb{R}$ とし,$\{W(t)\}_{t\in[0,T]}$ を $\{\mathscr{F}_t\}$-ブラウン運動とする.このとき,次の三つの確率過程はいずれも $\{\mathscr{F}_t\}$-マルチンゲールである:

(1) $\{W(t)\}$. (2) $\{W(t)^2-t\}$. (3) $\{\exp[aW(t)-(a^2/2)t]\}$. □

[証明] 以下の証明において,確率変数の間の等式は P-a.s. の意味である.次の事実を用いる:$0\leqq s<t$ に対し,

(2.3) $W(t)-W(s)$ は $\mathscr{F}_s$ と独立で正規分布 $N(0,t-s)$ に従う.

(1) (2.3)より $E[W(t)-W(s)|\mathscr{F}_s]=E[W(t)-W(s)]=0$ が成り立つ.一方,$W(s)$ は $\mathscr{F}_s$-可測であるから,$E[W(s)|\mathscr{F}_s]=W(s)$ である.よって $E[W(t)|\mathscr{F}_s]=W(s)$ が成り立つ.

(2) $E[W(s)^2|\mathscr{F}_s]=W(s)^2$ であるから,$E[W(t)^2-W(s)^2|\mathscr{F}_s]=t-s$ を示せばよい.$W(t)^2-W(s)^2=[W(t)-W(s)]^2+2W(s)[W(t)-W(s)]$ と変形する

ことにより，$E[W(t)^2 - W(s)^2|\mathscr{F}_s]$ は次に等しいことが分かる：

$$E\left[(W(t) - W(s))^2|\mathscr{F}_s\right] + 2E\left[W(s)(W(t) - W(s))|\mathscr{F}_s\right].$$

しかし，(2.3)より次が得られる：

$$E\left[(W(t) - W(s))^2|\mathscr{F}_s\right] = E\left[(W(t) - W(s))^2\right] = t - s,$$
$$E\left[W(s)(W(t) - W(s))|\mathscr{F}_s\right] = W(s)E\left[W(t) - W(s)|\mathscr{F}_s\right] = 0.$$

よって $E\left[W(t)^2 - W(s)^2|\mathscr{F}_s\right] = t - s$ となる．

(3) (2.3)と下の問題 2.74 より次が得られる：

$$E\left[e^{a(W(t)-W(s))}|\mathscr{F}_s\right] = E\left[e^{a(W(t)-W(s))}\right] = e^{\frac{1}{2}a^2(t-s)}.$$

しかし $e^{-aW(s)}$ は $\mathscr{F}_s$-可測であるから，左辺は $e^{-aW(s)}E[e^{aW(t)}|\mathscr{F}_s]$ に等しい．よって $E[e^{aW(t)-(a^2/2)t}|\mathscr{F}_s] = e^{aW(s)-(a^2/2)s}$ となる． ■

問題 2.74 確率変数 X は平均 $\mu \in \mathbb{R}$，分散 $v \in (0, \infty)$ の正規分布に従うとする．$a \in \mathbb{R}$ に対し，$E[\exp(aX)] = \exp[a\mu + (1/2)a^2v]$ を示せ． □

問題 2.75 $\{\mathscr{F}_t\}$-ブラウン運動 $\{W(t)\}$ に対し，$X(t) := W(t) + at$ とおく．このとき，$\{X(t)\}$ は，$a > 0$ ならば $\{\mathscr{F}_t\}$-劣マルチンゲールに，$a < 0$ ならば $\{\mathscr{F}_t\}$-優マルチンゲールに，それぞれなることを示せ． □

問題 2.76 $p \geqq 1$ に対し，マルチンゲール $\{X(t)\}_{t \in [0,T]}$ が p 乗可積分であるための必要十分条件は，$E[|X(T)|^p] < \infty$ が成り立つことであることを示せ．
ヒント．条件付き期待値に対する Jensen の不等式(定理 2.20(10))． □

次の Doob(ドゥーブ)の**任意抽出定理**(optional sampling theorem)によれば，(劣)マルチンゲールの性質は，時間 t, s を有界な停止時刻で置き換えても成り立つ．

定理 2.77(**任意抽出定理**) σ と τ は $\{\mathscr{F}_t\}$-停止時刻で，$\tau \leqq T$ を満たすとする．このとき，$\{X(t)\}_{t \in [0,T]}$ を右連続な $\{\mathscr{F}_t\}$-劣マルチンゲールとすると $E[|X(\tau)|] < \infty$ かつ

$$E[X(\tau)|\mathscr{F}_\sigma] \geqq X(\tau \wedge \sigma), \quad P\text{-a.s.}$$

が成り立つ．もし，$\{X(t)\}_{t \in [0,T]}$ が右連続な $\{\mathscr{F}_t\}$-マルチンゲールのときは，

$$E[X(\tau)|\mathscr{F}_\sigma] = X(\tau \wedge \sigma), \quad P\text{-a.s.}$$

が成り立つ． □

この定理の証明は省略する．[112]の定理 8.7 などを参照せよ．

補題 2.78 右連続 $\{\mathscr{F}_t\}$-マルチンゲール $\{X(t)\}$ と停止時刻 τ に対し，停止過程 $\{X(t \wedge \tau)\}_{t \in [0,T]}$ も右連続 $\{\mathscr{F}_t\}$-マルチンゲールになる． □

[証明] $0 \leq s \leq t \leq T$ に対し，任意抽出定理より

$$E[X(t \wedge \tau)|\mathscr{F}_s] = X(s \wedge t \wedge \tau) = X(s \wedge \tau), \quad P\text{-a.s.}$$

が成り立つので，$\{X(t \wedge \tau)\}_{t \in [0,T]}$ も右連続 $\{\mathscr{F}_t\}$-マルチンゲールになる． ∎

上の定理 2.77 と補題 2.78 では，マルチンゲールに右連続性を仮定した．この条件について調べるために次の概念を導入する．

定義 2.79(確率過程の変形) 過程 $\{Y(t)\}_{t \in [0,T]}$ が過程 $\{X(t)\}_{t \in [0,T]}$ の**変形** (modification)であるとは，すべての $t \in [0,T]$ に対し，$P(X(t) = Y(t)) = 1$ が成り立つことである． □

次の命題から分かるように，(我々が仮定している)フィルトレーションに対する通常の条件(2.3.1 節参照)の下では，マルチンゲールは右連続な変形を持つ．

命題 2.80 (我々が仮定している)フィルトレーションの通常の条件の下で，次の主張が成り立つ：

(1) $\{\mathscr{F}_t\}$-適合過程 $\{X(t)\}_{t \in [0,T]}$ の変形 $\{Y(t)\}_{t \in [0,T]}$ も $\{\mathscr{F}_t\}$-適合である．

(2) 任意の $\{\mathscr{F}_t\}$-マルチンゲール $\{M(t)\}_{t \in [0,T]}$ は，右連続な変形 $\{N(t)\}_{t \in [0,T]}$ を持つ．$\{N(t)\}$ もまた $\{\mathscr{F}_t\}$-マルチンゲールになる． □

[証明] (1)は命題 2.33 より直ちに従う．(2)で右連続な変形 $\{N(t)\}_{t \in [0,T]}$ の存在の証明は，[79]の第 1 章の定理 3.13 を見よ．それが，$\{\mathscr{F}_t\}$-マルチンゲールになることは，(1)より従う． ∎

注意 2.81 命題 2.80 により，$X \in L^1$ に対し $\{E[X|\mathscr{F}_t]\}_{t \in [0,T]}$ は右連続な $\{\mathscr{F}_t\}$-マルチンゲールであるとしてよい．

右連続なマルチンゲール $\{X(t)\}$ に対しては，次の定理が示すように **Doob** (ドゥーブ)**の不等式**とよばれる

(2.4) $$E\left[\sup_{u\in[0,t]}|X(u)|^2\right] \leqq 4E\left[|X(t)|^2\right]$$

というタイプの不等式が成り立ち，確率解析において重要な役割を果たす．

定理 2.82 (Doob の不等式) $\{X(t)\}$ を右連続な $\{\mathscr{F}_t\}$-マルチンゲールとする．

(1) $p \geqq 1$ に対し，$\{X(t)\}$ が p 乗可積分ならば，すべての $\lambda > 0$ と $t \in [0,T]$ に対し，次が成り立つ：

$$\lambda^p P\left(\sup_{u\in[0,t]}|X(u)| \geqq \lambda\right) \leqq E\left[|X(t)|^p\right].$$

(2) $p > 1$ に対し，$\{X(t)\}$ が p 乗可積分ならば，すべての $t \in [0,T]$ に対し次が成り立つ：

$$E\left[\sup_{u\in[0,t]}|X(u)|^p\right] \leqq \left(\frac{p}{p-1}\right)^p E\left[|X(t)|^p\right].$$

特に，$p = 2$ ならば (2.4) が成り立つ． □

この定理の証明は，2.3.2 節において任意抽出定理を用いて行う．

2.3.2 Doob の不等式の証明

この節では，定理 2.82 (Doob の不等式) を証明する．そのためにまず，次の補題を用意する．

補題 2.83 $\{X(t)\}_{t\in[0,T]}$ を右連続な $\{\mathscr{F}_t\}$-劣マルチンゲールとする．すると，すべての $\lambda > 0$ と $t \in [0,T]$ に対し次が成り立つ：

(2.5) $\quad \lambda P\left(X^*(t) \geqq \lambda\right) \leqq E\left[X(t)1_{\{X^*(t)\geqq\lambda\}}\right] \leqq E\left[|X(t)|\right]$

ここで $X^*(t) := \sup_{u\in[0,t]} X(u)$ とおいた． □

[証明] 停止時刻 τ を次のように定める：$\tau := t \wedge \inf\{u \in [0,t] : X(u) \geqq \lambda'\}$．ここで，$0 < \lambda' < \lambda$．任意抽出定理より次が得られる：

$$E[X(t)] = E[E[X(t)|\mathscr{F}_\tau]] \geqq E[X(\tau)]$$
$$= E[X(\tau)1_{\{X^*(t)>\lambda'\}}] + E[X(\tau)1_{\{X^*(t)\leqq\lambda'\}}].$$

ここで，$\{X^*(t) > \lambda'\}$ 上では $\{X(t)\}$ の右連続性より $X(\tau) \geqq \lambda'$．したがって，

$$E[X(\tau)1_{\{X^*(t)>\lambda'\}}] \geqq \lambda' P\left(X^*(t)>\lambda'\right).$$

一方，$\{X^*(t) \leqq \lambda'\}$ 上では $\tau = t$, したがって $X(\tau) = X(t)$ となる．よって，

$$E[X(\tau)1_{\{X^*(t)\leqq\lambda'\}}] = E[X(t)1_{\{X^*(t)\leqq\lambda'\}}].$$

さらに，$P(X^*(t) \geqq \lambda) \leqq P(X^*(t) > \lambda')$. 以上より，

$$\lambda' P(X^*(t) \geqq \lambda) \leqq E[X(t)1_{\{X^*(t)>\lambda'\}}].$$

$\lambda' \uparrow \lambda$ とすると，$1_{\{X^*(t)>\lambda'\}} \to 1_{\{X^*(t)\geqq\lambda\}}$ であるから，(2.5) の最初の不等式が得られる．2番目の不等式は自明である． ∎

注意 2.84 補題 2.83 の証明において，例えば $X(0) > \lambda'$ ならば $\tau = 0$ であり $X(\tau) > \lambda'$ である（したがって $X(\tau) = \lambda'$ とは限らない）．

[**定理 2.82 の証明**] (1) $Y(t) := |X(t)|^p$ とおくと Jensen の不等式より

$$E[Y(t)|\mathscr{F}_s] \geqq |E[X(t)|\mathscr{F}_s]|^p = |X(s)|^p = Y(s), \quad 0 \leqq s \leqq t \leqq T$$

となるので，$\{Y(t)\}$ は劣マルチンゲールである．よって，補題 2.83 より，次のように欲しい不等式が得られる：

$$\lambda^p P\left(\sup_{u\in[0,t]} |X(u)| \geqq \lambda\right)$$
$$= \lambda^p P\left(\sup_{u\in[0,t]} Y(u) \geqq \lambda^p\right) \leqq E[Y(t)] = E[|X(t)|^p].$$

(2) $Z(t) := |X(t)|$ とすると，$\{Z(t)\}$ は劣マルチンゲールになる．よって，補題 2.83 を用いて，$K \in (0, \infty)$ と $Z^*(t) := \sup_{u\in[0,t]} Z(u)$ に対し次が分かる：

$$E[(Z^*(t) \wedge K)^p] = E\left[\int_0^{Z^*(t)\wedge K} \frac{d}{dx}(x^p)dx\right] = pE\left[\int_0^K 1_{\{Z^*(t)\geqq x\}} x^{p-1} dx\right]$$
$$= p\int_0^K xP\left(Z^*(t) \geqq x\right) x^{p-2} dx \leqq p\int_0^K E\left[Z(t)1_{\{Z^*(t)\geqq x\}}\right] x^{p-2} dx$$
$$= pE\left[Z(t)\int_0^{Z^*(t)\wedge K} x^{p-2} dx\right] = \frac{p}{p-1} E\left[Z(t)\left(Z^*(t) \wedge K\right)^{p-1}\right].$$

しかし，$(1/p) + (1/q) = 1$ を満たす q に対し Hölder の不等式より

$$E\left[Z(t)\left(Z^*(t)\wedge K\right)^{p-1}\right] \leqq E\left[Z(t)^p\right]^{1/p} E\left[(Z^*(t)\wedge K)^{q(p-1)}\right]^{1/q}$$
$$= E\left[Z(t)^p\right]^{1/p} E\left[(Z^*(t)\wedge K)^p\right]^{1/q}$$

が成り立つので,合わせて次が得られる:

$$E\left[(Z^*(t)\wedge K)^p\right] \leqq \left(\frac{p}{p-1}\right)^p E\left[Z(t)^p\right].$$

最後に $K\uparrow\infty$ とすると単調収束定理により,欲しい不等式が得られる. ∎

注意 2.85 定理 2.82(1) より $P(Z^*(T)<n)\to 1$. これより $P(Z^*(T)<\infty)=1$. よって右連続なマルチンゲールの path は確率 1 で $[0,T]$ 上有界である.

2.3.3 マルチンゲールの空間

次のようにおく:

(2.6) $\mathscr{M}_2^c := \left\{ \{M(t)\}_{t\in[0,T]} : \begin{array}{l} \text{連続 2 乗可積分 } \{\mathscr{F}_t\}\text{-マルチンゲール,} \\ P(M(0)=0)=1 \end{array} \right\}.$

ただし,$P(M(t)=N(t),\ \forall t\in[0,T])=1$ となる $\{M(t)\}$ と $\{N(t)\}$ は同一視する(下の注意 2.86 参照).明らかに,$\mathscr{M}_2^c$ は実ベクトル空間になる.

注意 2.86 上で「同一視する」とは,$\mathscr{M}_2^c$ の定義は実際には (2.6) の右辺の集合 $\{\cdots\}$ を次の同値関係 $\sim$ で割った同値類の集まりとして定義するということである:

$$\{M(t)\}\sim\{N(t)\} \overset{\text{def.}}{\Longleftrightarrow} P(M(t)=N(t),\ \forall t\in[0,T])=1.$$

次のようにおく:

$$\|M\|_{\mathscr{M}} := E\left[M(T)^2\right]^{1/2}, \quad M=\{M(t)\}\in\mathscr{M}_2^c.$$

命題 2.87 $\|\cdot\|_{\mathscr{M}}$ は $\mathscr{M}_2^c$ のノルムになる. ∎

[証明] $M=\{M(t)\}\in\mathscr{M}_2^c$ に対し $\|M\|_{\mathscr{M}}=0$ とする.すると $M(T)=0$, a.s.,であるから,$M(t)=E[M(T)|\mathscr{F}_t]$, a.s., より $P(M(t)=0)=1$, $\forall t\in[0,T]$, が,したがって命題 2.29 より,$M=0$ が分かる(Doob の不等式を用いても示せる).すなわち $\|\cdot\|_{\mathscr{M}}$ は正定値性を満たす.それ以外のノルムの性質(正斉次性と三角不等式)は,L^2-ノルムの対応する性質から出る. ∎

ノルム空間 $(X, \|\cdot\|_X)$ は，ノルムから決まる距離 $d(x,y) := \|x-y\|_X$, $x, y \in X$, に関して完備な距離空間になるとき Banach(バナッハ)空間とよばれるのであった(2.2.1 節参照).

今, $[0,T]$ から $\mathbb{R}$ への連続関数の空間 $C([0,T],\mathbb{R})$ のノルム $|\cdot|_\infty$ を次で定義する：

(2.7) $$|f|_\infty := \sup_{t \in [0,T]} |f(t)|, \qquad f \in C([0,T],\mathbb{R}).$$

$|\cdot|_\infty$ に関して $C([0,T],\mathbb{R})$ および

(2.8) $$\mathscr{W} := \{w \in C([0,T],\mathbb{R}) : w(0) = 0\}$$

が Banach 空間になることはよく知られている．

次の定理は，2.4 節の確率積分の構成の際に重要な役割を果たす.

定理 2.88 $(\mathscr{M}_2^c, \|\cdot\|_{\mathscr{M}})$ は Banach 空間である. □

[証明] 以下，必要に応じて連続な確率過程 $\{X(t)\}$ を(P-零集合上で適当に修正して) Ω から(2.8)で定義される Banach 空間 $(\mathscr{W}, |\cdot|_\infty)$ への写像

$$\Omega \ni \omega \mapsto X(\omega) := X(\cdot, \omega) \in \mathscr{W}$$

とみなす．ここで，$X(\cdot,\omega)$ は関数 $t \mapsto X(t,\omega)$ のことである．

$M^{(m)} = \{M^{(m)}(t)\}$, $m = 1,2,3,\cdots$, を $\mathscr{M}_2^c$ におけるコーシー列とする：

$$\|M^{(m)} - M^{(n)}\|_{\mathscr{M}} \to 0 \qquad (n, m \to \infty).$$

すると Doob の不等式(2.4)は

$$E\left[|M^{(m)} - M^{(n)}|_\infty^2\right] \leqq 4\|M^{(m)} - M^{(n)}\|_{\mathscr{M}}^2$$

を意味するので，次が成り立つ：

(2.9) $$E\left[|M^{(m)} - M^{(n)}|_\infty^2\right] \to 0 \qquad (n, m \to \infty).$$

よって，部分列 $n_1 < n_2 < \cdots$ を次が成り立つように選ぶことができる：

$$E\left[|M^{(n_{k+1})} - M^{(n_k)}|_\infty^2\right]^{1/2} \leqq \frac{1}{2^k}, \quad k = 1,2,3,\cdots.$$

$\omega \in \Omega$ に対し，次のようにおく：

$$g_m(\omega) := \sum_{k=1}^{m} |M^{(n_{k+1})}(\omega) - M^{(n_k)}(\omega)|_\infty, \quad m = 1,2,3,\cdots,$$
$$g(\omega) := \sum_{k=1}^{\infty} |M^{(n_{k+1})}(\omega) - M^{(n_k)}(\omega)|_\infty.$$

すると Minkowski の不等式より次が成り立つ：

$$E\left[g_m^2\right]^{1/2} \leqq \sum_{k=1}^{m} E\left[|M^{(n_{k+1})} - M^{(n_k)}|_\infty^2\right]^{1/2} \leqq \sum_{k=1}^{\infty} \frac{1}{2^k} = 1.$$

よって，Fatou の補題より

$$E\left[g^2\right] = E\left[\liminf_{m\to\infty} g_m^2\right] \leqq \liminf_{m\to\infty} E\left[g_m^2\right] \leqq 1.$$

特に $P(g < \infty) = 1$ であり，$(\mathscr{W}, |\cdot|_\infty)$ における級数

$$M^{(n_1)}(t,\omega) + \sum_{k=1}^{\infty} \{M^{(n_{k+1})}(t,\omega) - M^{(n_k)}(t,\omega)\}, \quad t \in [0,T]$$

は，$|\cdot|_\infty$ に関して P-a.s. に絶対収束する．この級数の部分和は $M^{(n_k)}(t,\omega)$ であるから，$(\mathscr{W}, |\cdot|_\infty)$ の完備性より (P-測度 0 の集合上で適当に調整することで) すべての $\omega \in \Omega$ に対する経路が連続でかつ $M(0,\omega) = 0$ となる確率過程 $\{M(t)\}$ が存在して，次が成り立つ：

(2.10) $$\lim_{k\to\infty} |M^{(n_k)}(\omega) - M(\omega)|_\infty = 0, \quad P\text{-a.s.}$$

(2.9) より，任意の $\varepsilon > 0$ に対して，ある $N \in \mathbb{N}$ があって次が成り立つ：

$$E\left[|M^{(n_k)} - M^{(m)}|_\infty^2\right] \leqq \varepsilon, \quad n_k, m \geqq N.$$

これと Fatou の補題より次が成り立つ：$m \geqq N$ に対し，

(2.11) $$E\left[|M - M^{(m)}|_\infty^2\right] \leqq \liminf_{k\to\infty} E\left[|M^{(n_k)} - M^{(m)}|_\infty^2\right] \leqq \varepsilon.$$

上で構成した確率過程 $\{M(t)\}$ に対しては，まだ $M(0) = 0$ と連続過程であることしかいえていないが，$t \in [0,T]$ に対し $E[M^{(m)}(t)^2] < \infty$ であることと (2.11) より $E\left[M(t)^2\right] < \infty$, $t \in [0,T]$, が分かる．すなわち $\{M(t)\}$ は 2 乗可積分な確率過程である．さらに，(2.11) は次を意味する：

(2.12) $$\lim_{m\to\infty} E\left[|M - M^{(m)}|_\infty^2\right] = 0.$$

特に，次が成り立つ：

$$(2.13) \qquad \lim_{m\to\infty} E[|M(u) - M^{(m)}(u)|^2] = 0, \qquad u \in [0, T].$$

$\{M(t)\}$ が $\{\mathscr{F}_t\}$-マルチンゲールであることを示そう．まず，(2.10)と命題 2.35 により $\{M(t)\}$ は $\{\mathscr{F}_t\}$-適合である．次に，$0 \leqq s \leqq t \leqq T$ を満たす s, t と $A \in \mathscr{F}_s$ に対し，$\{M^{(m)}(t)\}$ のマルチンゲール性より次が成り立つ：

$$(2.14) \qquad E\left[M^{(m)}(s)1_A\right] = E\left[M^{(m)}(t)1_A\right].$$

Schwarz の不等式より

$$\left|E[M^{(m)}(s)1_A] - E[M(s)1_A]\right| \leqq E\left[|M^{(m)}(s) - M(s)|^2\right]^{1/2}$$

が成り立つので，(2.13)より(2.14)の左辺は $E[M(s)1_A]$ に収束する．同様に (2.14)の右辺は $E[M(t)1_A]$ に収束する．よって $E[M(s)1_A] = E[M(t)1_A]$ が得られるが，これは，$E[M(t)|\mathscr{F}_s] = M(s)$, P-a.s. を意味する．すなわち，$\{M(t)\}$ は $\{\mathscr{F}_t\}$-マルチンゲールである．最後に，(2.13)より

$$\|M - M^{(m)}\|_{\mathscr{M}} = E\left[|M(T) - M^{(m)}(T)|^2\right]^{1/2} \to 0 \qquad (m \to \infty)$$

が成り立つ．これで，$\mathscr{M}_2^c$ の完備性が示された． ■

注意 2.89 実際には，$\mathscr{M}_2^c$ は，内積 $(M, N)_{\mathscr{M}} := E[M(T)N(T)]$, $M, N \in \mathscr{M}_2^c$, に関して Hilbert(ヒルベルト)空間になる．

問題 2.90 $p \in [1, \infty)$ とし $(X, \mathscr{F}, \mu)$ を測度空間とする．ノルム

$$\|f\|_p := \left\{\int_X |f(x)|^p \mu(dx)\right\}^{1/p}, \qquad f \in L^p(X, \mathscr{F}, \mu)$$

に関して $L^p(X, \mathscr{F}, \mu)$ は Banach 空間になること(定理 2.9)を示せ．

ヒント． 定理 2.116 の証明の議論で $(\mathscr{W}, |\cdot|_\infty)$ を $(\mathbb{R}, |\cdot|)$ に置き換える． □

2.3.4 局所マルチンゲール

マルチンゲール性は確率過程の性質としては大変よいものであるが，逆に強すぎる条件でもある．そこでこれを弱めて，「局所化すればマルチンゲールになる」という性質を次のように導入する．

定義 2.91 確率過程 $\{X(t)\}_{t \in [0,T]}$ が**局所 $\{\mathscr{F}_t\}$-マルチンゲール**(local $\{\mathscr{F}_t\}$-martingale)であるとは，$\{\mathscr{F}_t\}$-停止時刻の列 $\{\tau_n\}_{n=1}^\infty$ で，次の条件を満たすも

のが存在することである：
- (1)（**単調増大性**）$P(\tau_1 \leqq \tau_2 \leqq \cdots) = 1$.
- (2) $P(\text{ある } n \text{ で } \tau_n \geqq T) = 1$.
- (3) すべての $n = 1, 2, \cdots$ に対し停止過程 $\{X(t \wedge \tau_n)\}_{t \in [0,T]}$ は $\{\mathscr{F}_t\}$-マルチンゲールになる.

この停止時刻列 $\{\tau_n\}$ を $\{X(t)\}$ の**局所化列**(localizing sequence)という. □

例えば，後で定義するブラウン運動に関する確率積分は，一般にはマルチンゲールになるとは限らないが局所マルチンゲールにはなる（下の定理 2.122）．

命題 2.92 $\{X(t)\}_{t \in [0,T]}$ を局所 $\{\mathscr{F}_t\}$-マルチンゲール，$\{\tau_n\}_{n=1}^{\infty}$ をその局所化列とする．すると，次が成り立つ：
- (1) 任意の $t \in [0,T]$ に対し $\lim_{n \to \infty} X(t \wedge \tau_n) = X(t)$, a.s.
- (2) $\{X(t)\}$ は $\{\mathscr{F}_t\}$-適合である.
- (3) $\{X(t)\}$ は右連続な変形を持つ. □

[証明] (1)は $\tau_n \geqq T \Rightarrow X(t \wedge \tau_n) = X(t)$ より，また(2)は(1)より，それぞれ従う．(3)を示そう．命題 2.80(2) より $\{X(t \wedge \tau_n)\}$ の右連続な変形が存在するので，それを $\{Y_n(t)\}$ と書く(a.s. でなく任意の $\omega \in \Omega$ に対し $Y_n(t, \omega)$ が右連続になるように取っておく）．$[0,T]$ の有理点および T に番号を付けて $t_1, t_2, \cdots$ とし，

$$D := \{\tau_1 \leqq \tau_2 \leqq \cdots\} \cap \{\text{ある } n \text{ で } \tau_n \geqq T\} \cap \left(\bigcap_{n,k} \{X(t_k \wedge \tau_n) = Y_n(t_k)\}\right)$$

とおくと，$P(D) = 1$ である．$\omega \in \{\tau_m \geqq T\} \cap D$ ならば任意の $n \geqq m$ と $k \in \mathbb{N}$ に対し $Y_m(t_k) = X(t_k) = Y_n(t_k)$ であるが，Y_m と Y_n の右連続性より，任意の $t \in [0,T]$ に対し $Y_m(t) = Y_n(t)$ となる．よって，$t \in [0,T]$ に対し

$$Y(t, \omega) := Y_n(t, \omega) \quad (\omega \in \{\tau_n \geqq T\} \cap D), \quad := 0 \quad (\omega \in D^c)$$

とおくことができ，この $\{Y(t)\}$ が $\{X(t)\}$ の右連続な変形になる． ■

命題 2.93 $\{X(t)\}$ は連続局所 $\{\mathscr{F}_t\}$-マルチンゲールで $P(X(0) = 0) = 1$ を満たすとする．すると $\{X(t)\}$ の局所化列 $\{\tau_n\}_{n=1}^{\infty}$ を，すべての $n = 1, 2, \cdots$ に対し停止過程 $\{X(t \wedge \tau_n)\}_{t \in [0,T]}$ が有界になるように取ることができる． □

[証明] $\{\sigma_n\}_{n=1}^{\infty}$ を $\{X(t)\}$ の一つの局所化列とし，

$$\rho_n := T \wedge \inf\{t \in [0, T] : |X(t)| > n\}, \qquad n = 1, 2, \cdots$$

に対し，$\tau_n := \sigma_n \wedge \rho_n$, $n = 1, 2, \cdots$，とおけば，命題 2.68 と命題 2.59 (2) より ρ_n は，したがって τ_n は，停止時刻になる．容易に分かるように列 $\{\tau_n\}$ は定義 2.91 (1), (2) の条件を満たす．さらに $X(t \wedge \tau_n) = X((t \wedge \rho_n) \wedge \sigma_n)$ と見て補題 2.78 を適用すると，$\{X(t \wedge \tau_n)\}$ は $\{\mathscr{F}_t\}$-マルチンゲールになることが分かる．よって列 $\{\tau_n\}$ も $\{X(t)\}$ の局所化列であり，また $P(X(0) = 0) = 1$ の仮定より

$$P(\text{すべての } t \in [0, T] \text{ に対し } |X(t \wedge \tau_n)| \leqq n) = 1, \quad n = 1, 2, \cdots$$

を満たす．よって，欲しい局所化列はこの $\{\tau_n\}$ でよい． ∎

命題 2.94 $\{\mathscr{F}_t\}$-マルチンゲールは，局所 $\{\mathscr{F}_t\}$-マルチンゲールである． □

[証明] 局所化列として，$\tau_n = T$, $n = 1, 2, \cdots$，とすればよい． ∎

命題 2.95 局所 $\{\mathscr{F}_t\}$-マルチンゲール $\{X(t)\}_{t \in [0,T]}$ が下に有界，つまり

$$P(X(t) \geqq K, \quad t \in [0, T]) = 1$$

を満たす $K \in \mathbb{R}$ があれば，$\{X(t)\}$ は $\{\mathscr{F}_t\}$-優マルチンゲールである．特に，非負の局所マルチンゲールは優マルチンゲールである． □

[証明] $X(t) - K$ を考えると $\{X(t)\}$ が非負の場合に帰着される．$\{X(t)\}$ を非負の局所 $\{\mathscr{F}_t\}$-マルチンゲールとし，$\{\tau_n\}$ をその局所化列とすると，$0 \leqq s \leqq t \leqq T$ に対し $E[X(t \wedge \tau_n)|\mathscr{F}_s] = X(s \wedge \tau_n)$, a.s., $n = 1, 2, \cdots$，が成り立つ．よって命題 2.92 (1) と Fatou の補題より

$$E[X(t)|\mathscr{F}_s] \leqq \liminf_{n \to \infty} E[X(t \wedge \tau_n)|\mathscr{F}_s] = X(s), \qquad \text{a.s.}$$

となる．また，任意の $s \in [0, T]$ に対し $X(s \wedge \tau_n) \in L^1$ であるから，特に $s = 0$ とすると $X(0) \in L^1$，したがって $t \in [0, T]$ に対し

$$E[X(t)] = E[E[X(t)|\mathscr{F}_0]] \leqq E[X(0)] < \infty$$

が分かる．よって，$\{X(t)\}$ は優マルチンゲールである． ∎

問題 2.96 局所 $\{\mathscr{F}_t\}$-マルチンゲール $\{X(t)\}_{t \in [0,T]}$ は有界，すなわちある $K \in (0, \infty)$ に対し a.s. に $|X(t)| \leqq K$, $t \in [0, T]$ が成り立つとする．すると，

$\{X(t)\}$ は $\{\mathscr{F}_t\}$-マルチンゲールになることを示せ．ヒント．命題 2.95． □

次のようにおく：

$$(2.15) \quad \mathscr{M}^{c,loc} := \left\{ \{M(t)\}_{t \in [0,T]} : \begin{array}{l} \text{連続な局所} \{\mathscr{F}_t\}\text{-マルチンゲール,} \\ P(M(0) = 0) = 1 \end{array} \right\}.$$

命題 2.97 $\mathscr{M}^{c,loc}$ は実線形空間である． □

［証明］ $\{M(t)\}, \{N(t)\} \in \mathscr{M}^{c,loc}$ とし，$\{M(t)\}$ と $\{N(t)\}$ の局所化列をそれぞれ $\{\sigma_n\}, \{\rho_n\}$ とする．$n = 1, 2, \cdots$ に対し $\tau_n := \sigma_n \wedge \rho_n$ とおく．すると $\{\tau_n\}$ は $\{M(t)\}$ と $\{N(t)\}$ の共通の局所化列になる．これより，$a, b \in \mathbb{R}$ に対し $\{aM(t) + bN(t)\} \in \mathscr{M}^{c,loc}$ が分かる． ∎

命題 2.94 より，$\mathscr{M}_2^c$ は $\mathscr{M}^{c,loc}$ の部分空間になる．

2.4 確率積分と確率解析

この節でも，完備な確率空間 $(\Omega, \mathscr{F}, P)$ 上で考察を行う．

2.4.1 確率積分の概観

$\{W(t)\}_{t \in [0,T]}$ を $\{\mathscr{F}_t\}$-ブラウン運動とする．ここで，$\{\mathscr{F}_t\}$ はブラウン・フィルトレーションである必要はない．この節では，確率積分とよばれる次の形の積分を定義したい：

$$(2.16) \qquad \int_0^t \Phi(s) dW(s), \quad t \in [0, T].$$

ここで，$\{\Phi(s)\}$ も確率過程である．例えば，$\Phi(s) = W(s)$ がその例である．(2.16) の形の確率積分は，伊藤清により 1940 年代前半に導入された（[66], [67]）．

確率積分の構成と定義の詳細な議論に入る前に，少し，ウォーミング・アップ的な観察および議論を行おう．以下，$\Phi(s, \omega)$ や $W(s, \omega)$ の ω はいつものように省略して書かないことにする．

まず，最終的にどのようなクラスの $\{\Phi(s)\}$ に対して，積分 (2.16) を定義するかという点については，答えは発展的可測な $\{\Phi(s)\}$ で次の条件を満たすものということになる：

$$(2.17) \qquad \int_0^T \Phi(s)^2 \, ds < \infty, \quad P\text{-a.s.}$$

また，より強い条件

$$(2.18) \qquad E\left[\int_0^T \Phi(s)^2 \, ds\right] < \infty$$

を満たす場合には，(2.16)の確率積分はマルチンゲールになることを見る（下の定理 2.118）．(2.17)の場合にはマルチンゲールになるとは限らないが，局所マルチンゲールにはなることを見る（下の定理 2.122）．

例えば，Fubini-Tonelli の定理（定理 2.13）より

$$(2.19) \qquad E\left[\int_0^T W(s)^2 ds\right] = \int_0^T E\left[W(s)^2\right] ds = \int_0^T s \, ds < \infty$$

であるから，次の確率積分はマルチンゲールになることになる：

$$(2.20) \qquad \int_0^t W(s) dW(s), \qquad t \in [0, T].$$

実は，伊藤の公式（下の定理 2.142）によれば，次が成り立つ：

$$(2.21) \qquad \int_0^t W(s) dW(s) = \frac{1}{2}\left(W(t)^2 - t\right)$$

（下の例 2.144 を参照せよ）．これに対し，$f(s)$ が滑らかな関数で $f(0) = 0$ を満たすとき，積分を通常のスティルチェス(Stieltjes)積分の意味とするならば，

$$(2.22) \qquad \int_0^t f(s) df(s) = \frac{1}{2} f(t)^2$$

が成り立つ．(2.21)と(2.22)の形の違いは，次の（正しい）事実を示唆する：(i) 確率積分は，通常の積分とは少し違った性質を持つ．(ii) その違いは，伊藤の公式と密接に関係する．

積分を，それを近似する適当なリーマン和の極限として定義するというのは自然な発想である．しかし確率積分の場合のリーマン和の取り方については，時間の進む方向との関連で，注意が必要である．この点を例で説明する．区間 $[0,t]$ の分割 $\Delta : 0 = t_0 < t_1 < \cdots < t_p = t$ を考える．(2.16)の確率積分を，分割の最大幅 $|\Delta| := \max_{0 \leq j \leq p-1} |t_{j+1} - t_j|$ が 0 に行くときの，次のリーマン和の適当な意味の極限として定義したい：

$$\sum_{j=0}^{p-1} \Phi(t_j^*) \{W(t_{j+1}) - W(t_j)\}$$

ここで，$t_j^* \in [t_j, t_{j+1}]$ である．通常のリーマン積分の場合には，$[t_j, t_{j+1}]$ からどの t_j^* を取るかということは自由であった．ところが，確率積分の場合には，この選択は微妙な問題となる．例として，確率積分(2.20)の近似リーマン和の候補として，次の二つを考えてみる：

$$(2.23) \qquad \sum_{j=0}^{p-1} W(t_j) \{W(t_{j+1}) - W(t_j)\},$$

$$(2.24) \qquad \sum_{j=0}^{p-1} W(t_{j+1}) \{W(t_{j+1}) - W(t_j)\}.$$

つまり，(2.23)では $t_j^* = t_j$ で，(2.24)では $t_j^* = t_{j+1}$ とする．これら二つの和の期待値をそれぞれ計算してみる．まず，

$$E\left[W(t_j)\{W(t_{j+1}) - W(t_j)\}\right] = E\left[E\left[W(t_j)\{W(t_{j+1}) - W(t_j)\}|\mathscr{F}_{t_j}\right]\right]$$
$$= E\left[W(t_j) E\left[W(t_{j+1}) - W(t_j)|\mathscr{F}_{t_j}\right]\right] = 0$$

より，(2.23)の期待値は 0 である．一方，(2.24)の期待値は次に等しい：

$$\sum_{j=0}^{p-1} E[\{W(t_{j+1}) - W(t_j)\}^2] + \sum_{j=0}^{p-1} E\left[W(t_j)\{W(t_{j+1}) - W(t_j)\}\right]$$
$$= \sum_{j=0}^{p-1} (t_{j+1} - t_j) = t.$$

したがって，$|\Delta| \to 0$ のとき，(2.23)と(2.24)は「近づかない」と考えられる．この観察は，確率積分の定義における t_j^* の選び方の微妙さを示唆する．実は，伊藤式の確率積分の定義では $t_j^* = t_j$ と取る（(2.46)を見よ）．

注意 2.98 $t_j^* = (t_j + t_{j+1})/2$ として定義される確率積分もあり，**Stratonovich**(ストラトノヴィッチ)**積分**とよばれる．これは，伊藤積分とは異なるものになる．なお，ファイナンスに出てくる確率積分は，ほとんど伊藤積分の方である．

積分を構成するのに，被積分関数が単関数とよばれる階段状の関数の場合から始めて徐々に関数のクラスを広げていくというのは，標準的な方法といえる．我々も，そのようなプロセスを踏んで確率積分を構成していく．

まず単関数の確率過程版である単純過程の概念を導入しよう．

定義 2.99 次の形の確率過程 $\{\Phi(t)\}_{t \in [0,T]}$ を**単純過程**(simple process)という：ある $n \in \mathbb{N}$ と $[0,T]$ の分割 $0 = t_0 < t_1 < \cdots < t_n = T$ に対し，

$$(2.25) \qquad \Phi(t) = \sum_{i=0}^{n-1} \phi_i \mathbf{1}_{(t_i, t_{i+1}]}(t), \qquad t \in [0,T].$$

ここで，各 $i \in \{0, 1, \cdots, n-1\}$ に対し ϕ_i は $\mathscr{F}_{t_i}$-可測な有界確率変数である． □

注意 2.100 単純過程 $\{\Phi(t)\}$ の表示 (2.25) において，$t^* \in (t_i, t_{i+1})$ に対し

$$\phi_i(\omega) 1_{(t_i, t_{i+1}]}(t) = \phi_i(\omega) 1_{(t_i, t^*]}(t) + \phi_i(\omega) 1_{(t^*, t_{i+1}]}(t)$$

という変形が可能であるので，分割 $0 = t_0 < t_1 < \cdots < t_n = T$ の任意の細分に対し，(2.25) と同様の $\{\Phi(t)\}$ の表現が可能である．

次の三つの確率過程のクラスを導入する：

(2.26) $\quad \mathscr{L}_0 := \left\{ \{\Phi(t)\}_{t \in [0,T]} : \text{単純過程} \right\},$

(2.27) $\quad \mathscr{L}_2 := \left\{ \{\Phi(t)\}_{t \in [0,T]} : \{\mathscr{F}_t\}\text{-発展的可測},\ E\left[\int_0^T \Phi(t)^2 dt\right] < \infty \right\},$

(2.28) $\quad \mathscr{L}_2^{loc} := \left\{ \{\Phi(t)\}_{t \in [0,T]} : \{\mathscr{F}_t\}\text{-発展的可測},\ \int_0^T \Phi(t)^2 dt < \infty,\ \text{a.s.} \right\}.$

ただし，同じクラスに属する $\{\Phi(t)\}$，$\{\Psi(t)\}$ に対し，$\Phi(t,\omega) = \Psi(t,\omega)$, Leb $\otimes$ P-a.e.，となるとき，$\{\Phi(t)\}$ と $\{\Psi(t)\}$ を同一視し，$\{\Phi(t)\} = \{\Psi(t)\}$ と書く．区間 $[0,T]$ を強調したいときには，$\mathscr{L}_2$ や $\mathscr{L}_2^{loc}$ をそれぞれ，$\mathscr{L}_{2,T}$，$\mathscr{L}_{2,T}^{loc}$ と書く．

注意 2.101 正確には，$\mathscr{L}_0, \mathscr{L}_2, \mathscr{L}_2^{loc}$ の元は，次の同値関係による同値類である：

$$\{\Phi(t)\} \sim \{\Psi(t)\} \stackrel{\text{def.}}{\iff} \Phi(t,\omega) = \Psi(t,\omega), \quad \text{Leb} \otimes P\text{-a.e.}$$

命題 2.102 $\mathscr{L}_0, \mathscr{L}_2, \mathscr{L}_2^{loc}$ は実線形空間を成し，$\mathscr{L}_0 \subset \mathscr{L}_2 \subset \mathscr{L}_2^{loc}$ を満たす． □

[証明] $p=2$ の場合の Minkowski の不等式より，$\mathscr{L}_2$ と $\mathscr{L}_2^{loc}$ はいずれも実線形空間をなす．$\{\Phi(t)\}, \{\Psi(t)\} \in \mathscr{L}_0$ に対し，必要ならば分割の細分を取ることにより，$\Phi(t) = \sum_i \phi_i 1_{(t_i, t_{i+1}]}(t), \Psi(t) = \sum_i \psi_i 1_{(t_i, t_{i+1}]}(t)$ と，共通の分割を用いた単純過程の表現が可能である (注意 2.100 参照)．すると，$a, b \in \mathbb{R}$ に対し，$a\Phi(t) + b\Psi(t) = \sum_i (a\phi_i + b\psi_i) 1_{(t_i, t_{i+1}]}(t)$ となるので，$\{a\Phi(t) + b\Psi(t)\} \in \mathscr{L}_0$．よって，$\mathscr{L}_0$ も実線形空間を成す．$\mathscr{L}_2 \subset \mathscr{L}_2^{loc}$ は命題 2.5(5) より従う．最後に，(2.25) の形の単純過程 $\{\Phi(t)\}$ に対し，

$$E\left[\int_0^T \Phi(t)^2 dt\right] = \sum_{i=0}^{k-1} E\left[\phi_i^2\right](t_{i+1} - t_i) < \infty$$

となるので，$\mathscr{L}_0 \subset \mathscr{L}_2$ が得られる． ■

以下では，確率積分を定義する $\{\Phi(t)\}$ のクラスを $\mathscr{L}_0, \mathscr{L}_2, \mathscr{L}_2^{loc}$ の順に拡張

していく．

問題 2.103 適合連続確率過程 $\{X(t)\}$ に対し $\{X(t)\} \in \mathscr{L}_2^{loc}$ を示せ．
ヒント．$[0,T]$ 上の連続関数は最大値を持つので，$\Phi(t)^2 \leq \max_s \Phi(s)^2$． □

問題 2.104 $\{W(t)\} \in \mathscr{L}_2$ を示せ．　ヒント．(2.19) より． □

例 2.105 $\Phi(t) = \exp\{W(t)^2/(2T)\}$，$0 \leq t \leq T$，とおく．すると $\{\Phi(t)\}$ は連続過程であるから，$\{\Phi(t)\} \in \mathscr{L}_2^{loc}$．一方，$W(t) = W(t) - W(0)$ は正規分布 $N(0,t)$ に従うので，(2.1) より

$$E\left[\Phi(t)^2\right] = \int_{-\infty}^{\infty} \frac{1}{\sqrt{2\pi t}} \exp\left\{\left(-\frac{1}{2t} + \frac{1}{T}\right) x^2\right\} dx = \infty, \qquad t \in [T/2, T].$$

これと Fubini-Tonelli の定理より $E\left[\int_0^T \Phi(t)^2 dt\right] = \int_0^T E\left[\Phi(t)^2\right] dt = \infty$ となるので，$\{\Phi(t)\} \notin \mathscr{L}_2$ である． □

2.4.2 確率積分の定義と性質

この節では，$\{W(t)\}_{t \in [0,T]}$ は $\{\mathscr{F}_t\}$-ブラウン運動とする．ここで，$\{\mathscr{F}_t\}$ はブラウン・フィルトレーションである必要はない．

命題 2.106 $0 \leq t_1 \leq t_2 \leq T$ とする．また，$\{M(t)\}_{t \in [0,T]}$ を 2 乗可積分な $\{\mathscr{F}_t\}$-マルチンゲールとし，X を 2 乗可積分で $\mathscr{F}_{t_1}$-可測な確率変数とする．このとき，確率過程 $N(t) := X\{M(t \wedge t_2) - M(t \wedge t_1)\}$，$t \in [0,T]$，は $\{\mathscr{F}_t\}$-マルチンゲールである． □

［証明］　(i) $s \leq t \leq t_1$ のとき．$N(t) = N(s) = 0$ より，次が成立する：

$$(2.29) \qquad\qquad E[N(t)|\mathscr{F}_s] = N(s).$$

(ii) $s \leq t_1 \leq t$ のとき．$N(t) = X\{M(t \wedge t_2) - M(t_1)\}$ および $t \wedge t_2 \geq t_1$ より，$E[N(t)|\mathscr{F}_{t_1}] = X\{M(t_1) - M(t_1)\} = 0$ となる．よって，$E[N(t)|\mathscr{F}_s] = 0$．一方，$N(s) = 0$．よって，$(2.29)$ が成立する．

(iii) $t_1 \leq s \leq t_2$ かつ $s \leq t$ のとき．$t \wedge t_2 \geq s$ より

$$E[N(t)|\mathscr{F}_s] = XE[M(t \wedge t_2) - M(t_1)|\mathscr{F}_s] = X\{M(s) - M(t_1)\} = N(s).$$

よって，(2.29) が成立する．

(iv) $t_2 \leq s \leq t$ のとき．$N(t) = X\{M(t_2) - M(t_1)\} = N(s)$ より (2.29) が成立する．

以上より，$\{N(t)\}_{t \in [0,T]}$ は $\{\mathscr{F}_t\}$-マルチンゲールである． ∎

命題 2.107 $0 \leq t_1 \leq t_2 \leq T$ とする．また，$\{W(t)\}_{t \in [0,T]}$ を $\{\mathscr{F}_t\}$-ブラウン運動とし，X を $\mathscr{F}_{t_1}$-可測な確率変数とする．

(1) X が2乗可積分のとき，$X\{W(t \wedge t_2) - W(t \wedge t_1)\}$, $t \in [0,T]$, は $\{\mathscr{F}_t\}$-マルチンゲールである．

(2) X が有界のとき，$X[\{W(t \wedge t_2) - W(t \wedge t_1)\}^2 - (t \wedge t_2 - t \wedge t_1)]$, $t \in [0,T]$, は $\{\mathscr{F}_t\}$-マルチンゲールである． □

[証明] (1) 命題 2.73 と命題 2.106 より，欲しい主張は直ちに得られる．

(2) $t \leq t_1$ と $t > t_1$ に場合分けすれば分かるように

$$W(t \wedge t_1)\{W(t \wedge t_2) - W(t \wedge t_1)\} = W(t_1)\{W(t \wedge t_2) - W(t \wedge t_1)\}$$

であるので，次が成り立つ：

$$\begin{aligned}
& X[\{W(t \wedge t_2) - W(t \wedge t_1)\}^2 - (t \wedge t_2 - t \wedge t_1)] \\
&= X[\{W(t \wedge t_2)^2 - t \wedge t_2\} - \{W(t \wedge t_1)^2 - t \wedge t_1\}] \\
&\quad - 2XW(t_1)\{W(t \wedge t_2) - W(t \wedge t_1)\}.
\end{aligned}$$

$\{W(t)\}$ は2乗可積分 $\{\mathscr{F}_t\}$-マルチンゲールで，$XW(t_1)$ は2乗可積分で $\mathscr{F}_{t_1}$-可測な確率変数であるから，命題 2.106 より，右辺の第2項は $\{\mathscr{F}_t\}$-マルチンゲールである．また，命題 2.73(2) より $W(t)^2 - t$ は (2乗可積分な) $\{\mathscr{F}_t\}$-マルチンゲールであるから，再び命題 2.106 より右辺の第1項も $\{\mathscr{F}_t\}$-マルチンゲールである．よって，欲しい主張が得られる． ∎

まず，単純過程に対する確率積分を定義しよう．

定義 2.108 定義 2.99 の $\{\varPhi(t)\}_{t \in [0,T]} \in \mathscr{L}_0$ に対し，確率過程 $\{I_t(\varPhi)\}_{t \in [0,T]}$ を次で定義する：

$$(2.30) \quad \begin{cases} I_0(\varPhi) := 0, \\ I_t(\varPhi) := \sum_{i=0}^{k-1} \phi_i \{W(t_{i+1}) - W(t_i)\} + \phi_k \{W(t) - W(t_k)\}, \\ \hspace{5cm} t \in (t_k, t_{k+1}]. \end{cases}$$

$I_t(\varPhi)$ を

$$(2.31) \qquad\qquad I_t(\varPhi) = \int_0^t \varPhi(s) dW(s)$$

ともかく．$\{I_t(\Phi)\}_{t\in[0,T]}$ を，ブラウン運動に関する $\{\Phi(t)\}$ の**確率積分**(stochastic integral)という． □

単純過程 $\{\Phi(t)\}$ の表現 (2.25) は一意ではないが，$\{I_t(\Phi)\}$ は $\{\Phi(t)\}$ の表現によらず $\mathcal{M}_2^c$ の元として一意に決まることが，下の命題 2.112 より分かる．

問題 2.109 $\int_0^t dW(s) \left(:= \int_0^t 1_{(0,T]}(s) dW(s) \right) = W(t)$ を示せ． □

注意 2.110 以下のもっと一般の確率積分でも同様であるが，確率過程 $\{I_t(\Phi)\}$ を確率積分ということもあれば，ある t に対する確率変数 $I_t(\Phi)$ を確率積分ということもある．

命題 2.111 定義 2.99 の $\{\Phi(t)\} \in \mathcal{L}_0$ に対し，次の二つの等式が成り立つ：

$$(2.32) \quad I_t(\Phi) = \sum_{i=0}^{n-1} \phi_i \{W(t_{i+1} \wedge t) - W(t_i \wedge t)\}, \quad t \in [0,T],$$

$$(2.33) \quad \int_0^t \Phi(s)^2 ds = \sum_{i=0}^{n-1} \phi_i^2 \{(t_{i+1} \wedge t) - (t_i \wedge t)\}, \quad t \in [0,T].$$
□

[証明] $t \in (t_k, t_{k+1}]$ とする．$\Phi(s)^2 = \sum_{i=0}^{n-1} \phi_i^2 1_{(t_i, t_{i+1}]}(s)$ より，

$$\int_0^t \Phi(s)^2 ds = \sum_{i=0}^{k-1} \phi_i^2 (t_{i+1} - t_i) + \phi_k^2 (t - t_k)$$

となる．$0 \leq i \leq k-1$ ならば，$t_{i+1} < t$ より $t \wedge t_{i+1} - t \wedge t_i = t_{i+1} - t_i$ である．また，$t \wedge t_{k+1} - t \wedge t_k = t - t_k$ となる．さらに，$k+1 \leq i$ ならば，$t \leq t_i$ より $t \wedge t_{i+1} - t \wedge t_i = 0$ である．よって，(2.33) が得られる．(2.32) の証明も同様である． ■

$\mathcal{M}_2^c$ の定義を 2.3.3 節から思い出そう．単純過程 $\Phi = \{\Phi(t)\} \in \mathcal{L}_0$ のブラウン運動に関する確率積分 $\{I_t(\Phi)\}$ は次の性質を持つ．

命題 2.112 次の主張が成り立つ：
(1) $\Phi = \{\Phi(t)\} \mapsto I(\Phi) = \{I_t(\Phi)\}$ は線形写像 $I : \mathcal{L}_0 \to \mathcal{M}_2^c$ を定める．
(2) $\{\Phi(t)\} \in \mathcal{L}_0$ に対して，確率過程 $I_t(\Phi)^2 - \int_0^t \Phi(s)^2 ds, \quad t \in [0,T]$，は $\{\mathscr{F}_t\}$-マルチンゲールである．特に，$E[I_t(\Phi)^2] = E\left[\int_0^t \Phi(u)^2 du\right]$, $t \in [0,T]$． □

[証明] (2.25) の形の $\Phi = \{\Phi(t)\} \in \mathcal{L}_0$ に対し，過程 $\{I_t(\Phi)\}$ の連続性は (2.32) より，2 乗可積分性は定義式 (2.30) より，それぞれ明らかである．一方，$\{I_t(\Phi)\}$ のマルチンゲール性は (2.32) と命題 2.107 より直ちに従う．以上より，$\{I_t(\Phi)\} \in \mathcal{M}_2^c$．

I の線形性を示す．$\{\Phi(t)\}, \{\Psi(t)\} \in \mathscr{L}_0$ に対し，必要ならば分割の細分を取ることにより，$\Phi(t) = \sum_i \phi_i 1_{(t_i, t_{i+1}]}(t)$, $\Psi(t) = \sum_i \psi_i 1_{(t_i, t_{i+1}]}(t)$ と，共通の分割による表現を仮定してよい（注意 2.100 参照）．すると，$a, b \in \mathbb{R}$ に対し $a\Phi(t) + b\Psi(t) = \sum_i (a\phi_i + b\psi_i) 1_{(t_i, t_{i+1}]}(t)$ となり，これより $I_t(a\Phi + b\Psi) = aI_t(\Phi) + bI_t(\Psi)$ が分かる．

命題 2.111 より $N(t) := I_t(\Phi)^2 - \int_0^t \Phi(s)^2 ds$ は次に等しい：

$$\sum_{i=0}^{n-1} \phi_i^2 [\{W(t \wedge t_{i+1}) - W(t \wedge t_i)\}^2 - (t \wedge t_{i+1} - t \wedge t_i)]$$
$$+ 2 \sum_{i=1}^{n-1} \phi_i Y_i(t) \{W(t \wedge t_{i+1}) - W(t \wedge t_i)\}.$$

ここで，$Y_i(t) := \sum_{j=0}^{i-1} \phi_j \{W(t \wedge t_{j+1}) - W(t \wedge t_j)\}$, $i = 1, \cdots, n-1$, とおいた．しかし，$t \leq t_i$ と $t > t_i$ に場合分けすれば分かるように，

$$Y_i(t)\{W(t \wedge t_{i+1}) - W(t \wedge t_i)\} = Y_i(t_i)\{W(t \wedge t_{i+1}) - W(t \wedge t_i)\}$$

であるので，$N(t)$ は次に等しくなる：

$$(2.34) \quad \sum_{i=0}^{n-1} \phi_i^2 [\{W(t \wedge t_{i+1}) - W(t \wedge t_i)\}^2 - (t \wedge t_{i+1} - t \wedge t_i)]$$
$$+ 2 \sum_{i=1}^{n-1} \phi_i Y_i(t_i) \{W(t \wedge t_{i+1}) - W(t \wedge t_i)\}.$$

命題 2.107(2) より (2.34) の第 1 項は $\{\mathscr{F}_t\}$-マルチンゲールである．また，$\phi_i Y_i(t_i)$ は $\mathscr{F}_{t_i}$-可測であるから，命題 2.107(1) より (2.34) の第 2 項も $\{\mathscr{F}_t\}$-マルチンゲールである．よって，$\{N(t)\}$ は $\{\mathscr{F}_t\}$-マルチンゲールである．

最後に，$\{\Phi(t)\} = \{\Psi(t)\}$ in $\mathscr{L}_0$，すなわち $\Phi(t, \omega) = \Psi(t, \omega)$, Leb $\otimes$ P-a.e. とすると，上の結果と Fubini-Tonelli の定理より，

$$\|I(\Phi) - I(\Psi)\|_{\mathscr{M}}^2 = E\left[|I_T(\Phi) - I_T(\Psi)|^2\right] = E\left[I_T(\Phi - \Psi)^2\right]$$
$$= E\left[\int_0^T |\Phi(t) - \Psi(t)|^2 dt\right] = 0$$

となるので，$\{I_t(\Phi)\} = \{I_t(\Psi)\}$ in $\mathscr{M}_2^c$ が分かる．これは，写像 $I : \mathscr{L}_0 \to \mathscr{M}_2^c$ が well-defined であることを示している． ∎

確率積分を $\mathscr{L}_0$ から $\mathscr{L}_2$ に拡張するには，有界作用素の一意拡張性に関する次

の関数解析の基本定理を用いる．

定理 2.113 $(X, \|\cdot\|_X)$ をノルム空間，$(Y, \|\cdot\|_Y)$ を Banach 空間，V を X の稠密な部分空間とする．T は V から Y への線形な写像で，すべての $x \in V$ に対し $\|Tx\|_Y = \|x\|_X$ を満たすとする．このとき，線形写像 $\tilde{T}: X \to Y$ で

(1) すべての $x \in V$ に対し $\tilde{T}x = Tx$，

(2) すべての $x \in X$ に対し，$\|\tilde{T}x\|_Y = \|x\|_X$

を満たすものが唯一つ存在する． □

問題 2.114 定理 2.113 を証明せよ．

ヒント．（存在）任意の $x \in X$ に対し，$x_n \in V, n = 1, 2, \cdots$，で $\|x - x_n\|_X \to 0$ となるものを取る．すると Y の完備性より $y \in Y$ で $\|y - Tx_n\|_Y \to 0$ を満たすものが存在する．それを $\tilde{T}x$ とおく：$\tilde{T}x = y$．これが列 $\{x_n\}$ の取り方によらないことを確かめたのち，$\tilde{T}$ が必要な性質を満たすことをいう． □

$\mathscr{L}_2$ のノルム $\|\cdot\|_{\mathscr{L}}$ を次により定義する：

$$(2.35) \qquad \|\Phi\|_{\mathscr{L}} := E\left[\int_0^T \Phi(t)^2 dt\right]^{1/2}, \qquad \Phi = \{\Phi(t)\} \in \mathscr{L}_2.$$

問題 2.115 (2.35) の $\|\cdot\|_{\mathscr{L}}$ は確かにノルムの性質を満たすことを示せ．

ヒント． $\|\cdot\|_{\mathscr{L}}$ は $[0, T] \times \Omega$ 上の直積測度 $\text{Leb} \otimes P$ に関する L^2-ノルムに他ならない． □

次の定理が必要になる．

定理 2.116 ノルム $\|\cdot\|_{\mathscr{L}}$ の定める距離に関し $\mathscr{L}_0$ は $\mathscr{L}_2$ において稠密である． □

この定理の証明は，2.4.3 節で行う．

$\{\Phi(t)\} \in \mathscr{L}_2$ に対する確率積分 $\{I_t(\Phi)\}$ を定義する準備ができた．単純過程 $\Phi = \{\Phi(t)\} \in \mathscr{L}_0$ に対しては，確率積分 $\{I_t(\Phi)\}$ は，(2.30) により定義したことを思い出そう．命題 2.112(1) より線形写像

$$I: \mathscr{L}_0 \ni \Phi = \{\Phi(t)\} \mapsto I(\Phi) = \{I_t(\Phi)\} \in \mathscr{M}_2^c$$

が定まる．定理 2.116 より，$\mathscr{L}_0$ はノルム $\|\cdot\|_{\mathscr{L}}$ に関して $\mathscr{L}_2$ の稠密な部分空間であり，定理 2.88 より $\mathscr{M}_2^c$ は Banach 空間である．また，命題 2.112(2) より $\Phi \in \mathscr{L}_0$ に対して次が成り立つ：

(2.36) $$\|I(\Phi)\|_{\mathscr{M}} = \|\Phi\|_{\mathscr{L}}.$$

したがって，定理 2.113 より，線形写像 $I: \mathscr{L}_0 \to \mathscr{M}_2^c$ は線形写像 $I: \mathscr{L}_2 \to \mathscr{M}_2^c$ であって，すべての $\Phi \in \mathscr{L}_2$ に対して (2.36) を満たすものに一意に拡張される（簡単のため拡張された写像も同じ I という記号で表す）．これにより，各 $\{\Phi(t)\} \in \mathscr{L}_2$ に対し，連続な 2 乗可積分 $\{\mathscr{F}_t\}$-マルチンゲール $\{I_t(\Phi)\} \in \mathscr{M}_2^c$ が定まる．

定義 2.117 $\{\Phi(t)\} \in \mathscr{L}_2$ に対し，$\{I_t(\Phi)\}_{t \in [0,T]} \in \mathscr{M}_2^c$ を Φ のブラウン運動に関する**確率積分**という．また，$I_t(\Phi)$ を (2.31) のようにも書く． □

次のように，$\Phi \in \mathscr{L}_2$ に対しても，命題 2.112 と同じ主張が成り立つ．

定理 2.118 次の主張が成り立つ：

(1) $\Phi = \{\Phi(t)\} \mapsto I(\Phi) = \{I_t(\Phi)\}$ は線形写像 $I: \mathscr{L}_2 \to \mathscr{M}_2^c$ を定める．

(2) $\{\Phi(t)\} \in \mathscr{L}_2$ に対して，確率過程 $I_t(\Phi)^2 - \int_0^t \Phi(s)^2 ds$, $t \in [0, T]$, は $\{\mathscr{F}_t\}$-マルチンゲールである．特に，$E[I_t(\Phi)^2] = E\left[\int_0^t \Phi(u)^2 du\right]$, $t \in [0, T]$, が成り立つ． □

[証明] (1) は定義より明らかである．(2) を示すために，$0 \leqq s \leqq t \leqq T$ とし，$\{\Phi^{(n)}(t)\}$, $n = 1, 2, 3, \cdots$, を $\mathscr{L}_2$ において $\{\Phi(t)\} \in \mathscr{L}_2$ に収束する単純過程の列とする．すると，命題 2.112(2) より，次が成り立つ：

(2.37) $$E\left[I_t(\Phi^{(n)})^2 - I_s(\Phi^{(n)})^2 \,\Big|\, \mathscr{F}_s\right] = E\left[\int_s^t \Phi^{(n)}(u)^2 du \,\Big|\, \mathscr{F}_s\right].$$

(2.36) より，

(2.38) $$E\left[|I_T(\Phi) - I_T(\Phi^{(n)})|^2\right] = E\left[|I_T(\Phi - \Phi^{(n)})|^2\right]$$
$$= E\left[\int_0^T |\Phi(u) - \Phi^{(n)}(u)|^2 du\right] \to 0.$$

これと Doob の不等式より $u \in [0, T]$ に対し $I_u(\Phi^{(n)}) \to I_u(\Phi)$ in $L^2(\Omega)$ であるので，命題 2.26 より (2.37) の左辺は $E[I_t(\Phi)^2 - I_s(\Phi)^2 | \mathscr{F}_s]$ に $L^1(\Omega)$-収束する．一方，

(2.39) $$E\left[\left|E\left[\int_s^t \Phi(u)^2 du \,\Big|\, \mathscr{F}_s\right] - E\left[\int_s^t \Phi^{(n)}(u)^2 du \,\Big|\, \mathscr{F}_s\right]\right|\right]$$
$$\leqq E\left[\int_s^t |\Phi(u)^2 - \Phi^{(n)}(u)^2| du\right]$$

であるが，$\Phi^{(n)} \to \Phi$ in $L^2([s, t] \times \Omega, \text{Leb} \otimes P)$ と命題 2.10 より，$(\Phi^{(n)})^2 \to \Phi^2$

in $L^1([s,t] \times \Omega, \mathrm{Leb} \otimes P)$ であるので，(2.39)の右辺は $n \to \infty$ のとき 0 に収束する．よって，(2.37)の右辺は $\Phi^{(n)}$ を Φ で置き換えたものに $L^1(\Omega)$-収束する．よって，$E[I_t(\Phi)^2 - I_s(\Phi)^2|\mathscr{F}_s] = E[\int_s^t \Phi(u)^2 du|\mathscr{F}_s]$ となり，(2)の主張が得られる． ∎

問題 2.119 Φ がランダムでなく $\Phi \in L^2([0,T])$ のときには，$t \in [0,T]$ を固定した $I_t(\Phi)$ は平均 0 で分散が $\int_0^t \Phi(u)^2 du$ の正規分布に従うことを示せ．

ヒント．Φ を $L^2([0,t])$ において確定的な単関数列 $\{\Phi^{(n)}\}$ で近似する．すると，各 $I_t(\Phi^{(n)})$ は平均 0 で分散が $\int_0^t \Phi^{(n)}(u)^2 du$ の正規分布に従い，また $n \to \infty$ で $E[|I_t(\Phi) - I_t(\Phi^{(n)})|^2] \to 0$ が成り立つ．これと(特性関数を用いて示される)正規確率変数の L^2-極限が再び正規分布に従うという事実を用いる． ∎

$\{\Phi(t)\} \in \mathscr{L}_2$ と $0 \leq s \leq t \leq T$ を満たす s,t に対し，次のように定める：

$$(2.40) \quad \int_s^t \Phi(u) dW(u) := \int_0^t \Phi(u) dW(u) - \int_0^s \Phi(u) dW(u).$$

命題 2.120 $0 \leq s \leq t \leq T$ とすると，$\{\Phi(t)\}, \{\Psi(t)\} \in \mathscr{L}_2$ に対し，次の主張が成り立つ：

(1) $E\left[\left(\int_s^t \Phi(u) dW(u)\right)^2 - \int_s^t \Phi(u)^2 du \,\Big|\, \mathscr{F}_s\right] = 0.$

(2) $E\left[\left(\int_s^t \Phi(u) dW(u)\right)\left(\int_s^t \Psi(u) dW(u)\right) - \int_s^t \Phi(u)\Psi(u) du \,\Big|\, \mathscr{F}_s\right] = 0.$ ∎

[証明] (1) $E[I_t(\Phi) I_s(\Phi)|\mathscr{F}_s] = I_s(\Phi) E[I_t(\Phi)|\mathscr{F}_s] = I_s(\Phi)^2$ であるので，

$$E[\{I_t(\Phi) - I_s(\Phi)\}^2|\mathscr{F}_s] = E\left[I_t(\Phi)^2 + I_s(\Phi)^2 - 2I_t(\Phi)I_s(\Phi)|\mathscr{F}_s\right]$$
$$= E[I_t(\Phi)^2 - I_s(\Phi)^2|\mathscr{F}_s] = E\left[\int_s^t \Phi(u)^2 du \,\Big|\, \mathscr{F}_s\right].$$

ここで，最後の等式には定理 2.118(2) を用いた．

(2) I の線形性より次が成り立つ：

$$\{I_t(\Phi) - I_s(\Phi)\} + \{I_t(\Psi) - I_s(\Psi)\} = I_t(\Phi + \Psi) - I_s(\Phi + \Psi).$$

この両方の 2 乗の $E[\cdot|\mathscr{F}_s]$ を取ると，左辺の方は(1)より

$$E\left[\int_s^t \Phi(u)^2 du + \int_s^t \Psi(u)^2 du + 2\left(\int_s^t \Phi(u) dW(u)\right)\left(\int_s^t \Psi(u) dW(u)\right) \,\Big|\, \mathscr{F}_s\right]$$

となり，右辺の方は(1)より

$$E\left[\int_s^t (\Phi(u)+\Psi(u))^2 du \,\Big|\, \mathscr{F}_s\right]$$
$$= E\left[\int_s^t \Phi(u)^2 du + \int_s^t \Psi(u)^2 du + 2\int_s^t \Phi(u)\Psi(u)du \,\Big|\, \mathscr{F}_s\right]$$

となる．これら2式を比較して，主張(2)が得られる． ∎

$\{\Phi(t)\} \in \mathscr{L}_2$ に対する確率積分 $\{I_t(\Phi)\}$ はマルチンゲールになるのであった（定理2.118）．これに対し，下で定義する $\{\Phi(t)\} \in \mathscr{L}_2^{loc}$ に対する確率積分 $\{I_t(\Phi)\}$ はマルチンゲールになるとは限らない．実際には，$\{\Phi(t)\} \in \mathscr{L}_2^{loc}$ に対する確率積分 $\{I_t(\Phi)\}$ は，局所マルチンゲールになる（下の定理2.122）．

$\{\Phi(t)\} \in \mathscr{L}_2^{loc}$ に対し，$\tau_n, n=1,2,\cdots,$ を次のように定める：

$$(2.41) \qquad \tau_n := T \wedge \inf\left\{t \in [0,T] : \int_0^t \Phi(u)^2 du > n\right\}.$$

ここで，右辺の $\{\cdot\}$ が空集合ならば，$\tau_n = T \wedge \infty = T$ である．すると，命題2.68と命題2.59(2)により τ_n たちは停止時刻になり，さらに $\tau_1 \leqq \tau_2 \leqq \cdots$ かつ $P(\text{ある } n \text{ で } \tau_n = T) = 1$ を満たす．$n=1,2,\cdots$ に対し，次のようにおく：

$$(2.42) \qquad \Phi^{(n)}(t) := \Phi(t) 1_{\{t \leqq \tau_n\}}.$$

$t < \tau_n$ なら $\int_0^t \Phi(u)^2 du \leqq n$ より $\int_0^T \Phi^{(n)}(u)^2 du = \int_0^{\tau_n} \Phi(u)^2 du \leqq n$ となる．一方，$\{t \leqq \tau_n\} \in \mathscr{F}_t$ で $t \mapsto 1_{\{t \leqq \tau_n\}}$ は左連続だから，過程 $\{1_{\{t \leqq \tau_n\}}\}$ は，したがって $\{\Phi^{(n)}(t)\}$ は，発展的可測である．よって $\{\Phi^{(n)}(t)\} \in \mathscr{L}_2$ となる．

補題 2.121 $\{\Phi(t)\} \in \mathscr{L}_2^{loc}$ に対し，次が成り立つ：列 $\{\Phi^{(n)}(t)\} \in \mathscr{L}_2, n=1,2,\cdots,$ を(2.41)と(2.42)で定義すると，$n \to \infty$ のとき，

$$(2.43) \qquad \int_0^T |\Phi^{(n)}(t) - \Phi(t)|^2 dt \to 0, \qquad P\text{-a.s.} \qquad \square$$

[証明] $\int_0^T |\Phi^{(n)}(t) - \Phi(t)|^2 dt = \int_{\tau_n}^T \Phi(t)^2 dt \to 0,\ P$-a.s. ∎

$\mathscr{M}^{c,loc}$ の定義を2.3.3節から思い出そう．$\mathscr{L}_2^{loc}$ の元に対する確率積分の定義は次の定理に基づく．

定理 2.122 次の二つの条件を満たす線形写像 $I : \mathscr{L}_2^{loc} \ni \Phi = \{\Phi(t)\} \mapsto I(\Phi) = \{I_t(\Phi)\} \in \mathscr{M}^{c,loc}$ が一意に存在する：

(1)（拡張性）$\{\Phi(t)\} \in \mathscr{L}_2$ に対する $\{I_t(\Phi)\}$ は，定義2.117における $\mathscr{L}_2$ の

元に対する確率積分に一致する．

(2) (**連続性**) 列 $\{\Phi_n(t)\} \in \mathscr{L}_2^{loc}$, $n = 1, 2, \cdots$, と $\{\Phi(t)\} \in \mathscr{L}_2^{loc}$ が, $n \to \infty$ のとき，

$$\int_0^T |\Phi_n(t) - \Phi(t)|^2 dt \to 0, \qquad \text{in prob.},$$

を満たすならば，$n \to \infty$ のとき，次が成り立つ：

$$\sup_{t \in [0,T]} |I_t(\Phi_n) - I_t(\Phi)| \to 0, \qquad \text{in prob.}$$

□

この定理の証明は，2.4.4 節で行う．

定義 2.123 $\{\Phi(t)\} \in \mathscr{L}_2^{loc}$ に対し，定理 2.122 の $\{I_t(\Phi)\}_{t \in [0,T]} \in \mathscr{M}^{c,loc}$ を $\{\Phi(t)\}$ のブラウン運動に関する**確率積分**という．$I_t(\Phi)$ を (2.31) のようにも書く．また，$0 \leqq s \leqq t \leqq T$ に対し (2.40) により $\int_s^t \Phi(u)dW(u)$ を定める． □

注意 2.124 (概収束)⇒(確率収束) に注意すると，補題 2.121 と定理 2.122 より，次のことが分かる：$\{\Phi(t)\} \in \mathscr{L}_2^{loc}$ に対する確率積分 $\{I_t(\Phi)\} \in \mathscr{M}^{c,loc}$ とは，(2.41) と (2.42) で定義される列 $\{\Phi^{(n)}(t)\} \in \mathscr{L}_2$, $n = 1, 2, \cdots$, に対し，定義 2.117 の意味での確率積分 $\{I_t(\Phi^{(n)})\} \in \mathscr{M}^{c,loc}$, $n = 1, 2, \cdots$, の $\sup_{t \in [0,T]} |I_t(\Phi^{(n)}) - I_t(\Phi)| \to 0$, in prob., の意味での極限である．

次の確率積分の性質は頻繁に用いられる．

定理 2.125 $t \in [0,T]$ とする．$\Phi \in \mathscr{L}_2^{loc}$ と停止時刻 τ に対し，

$$(2.44) \qquad \int_0^{\tau \wedge t} \Phi(u) dW(u) = \int_0^t 1_{\{u \leqq \tau\}} \Phi(u) dW(u), \qquad P\text{-a.s.}$$

が成り立つ． □

この定理の証明も，2.4.4 節で行う．

2.4.3 $\mathscr{L}_0$ の $\mathscr{L}_2$ における稠密性

この節では，定理 2.116 を証明する．

[**証明**] $\{\Phi(t)\}_{t \in [0,T]} \in \mathscr{L}_2$ と $m \in \mathbb{N}$ に対し，次のようにおく：

$$\Phi^{(m)}(t) := \Phi(t) 1_{[-m,m]}(\Phi(t)), \qquad t \in [0,T].$$

すると $|\Phi^{(m)}(t)| \leqq m$ が成り立つので，$\Phi^{(m)} = \{\Phi^{(m)}(t)\}$ は $\mathscr{L}_2$ に属し有界である．さらに，ルベーグの収束定理により次を満たす：

$$\|\Phi^{(m)} - \Phi\|_{\mathscr{L}}^2 = E\left[\int_0^T \Phi(t)^2 1_{[-m,m]^c}(\Phi(t))\,dt\right] \to 0 \qquad (m \to \infty).$$

したがって，Φ の代わりに $\Phi^{(m)}$ を近似すればよいから，以下，Φ は有界であると仮定する．すなわち，ある $K \in (0,\infty)$ があって $P\left(\forall t \in [0,T],\ |\Phi(t)| \leqq K\right) = 1$.

十分大きな $n \in \mathbb{N}$ に対し，次のようにおく：

$$\Phi^{(n)}(t) := \begin{cases} \dfrac{1}{(1/n)}\displaystyle\int_0^t \Phi(s)ds, & 0 \leqq t \leqq \dfrac{1}{n}, \\ \dfrac{1}{(1/n)}\displaystyle\int_{t-(1/n)}^t \Phi(s)ds, & \dfrac{1}{n} < t \leqq T. \end{cases}$$

すると，$\Phi^{(n)} = \{\Phi^{(n)}(t)\}_{t \in [0,T]}$ は $\mathscr{L}_2$ に属し有界かつ連続であり，また

$$\sup_{t \in [0,T]} |\Phi^{(n)}(t)| \leqq K, \quad P\text{-a.s.}$$

を満たす．今，

$$A := \{(t,\omega) \in [0,T] \times \Omega : n \to \infty \text{ で } \Phi^{(n)}(t,\omega) \text{ は } \Phi(t,\omega) \text{ に収束しない}\}$$

とおくと，Fubini-Tonelli の定理より

$$\int_{[0,T] \times \Omega} 1_A(t,\omega) \text{Leb} \otimes P(dtd\omega) = \int_\Omega P(d\omega) \int_{[0,T]} 1_A(t,\omega) dt = 0$$

となるので，$(\text{Leb} \otimes P)(A) = 0$ すなわち $\lim_{n \to \infty} \Phi^{(n)}(t,\omega) = \Phi(t,\omega)$, Leb $\otimes$ P-a.e., が分かる．よって有界収束定理により次が成り立つ：

$$(2.45) \quad \lim_{n \to \infty} \|\Phi^{(n)} - \Phi\|_{\mathscr{L}}^2 = \lim_{n \to \infty} E\left[\int_0^T |\Phi^{(n)}(t) - \Phi(t)|^2 dt\right] = 0.$$

したがって，Φ の代わりに $\Phi^{(n)}$ を近似すればよいから，Φ は有界かつ連続と仮定してよい．

$n \in \mathbb{N}$ に対し，単純過程 $\Psi^{(n)}$ を次のように定義する：

$$(2.46) \quad \begin{cases} t_k := kT/n, \quad k = 0, 1, \cdots, n, \\ \Psi^{(n)}(t) := \displaystyle\sum_{k=0}^{n-1} \Phi(t_k) 1_{(t_k, t_{k+1}]}(t), \qquad t \in [0,T]. \end{cases}$$

すると，過程 Φ の連続性と有界性および有界収束定理により $\|\Psi^{(n)} - \Phi\|_{\mathscr{L}} \to 0$ が成り立つ．これで，$\mathscr{L}_0$ が $\mathscr{L}_2$ において稠密であることが示された．∎

2.4.4 $\mathscr{L}_2^{loc}$ に対する確率積分の構成

この節では，$\{\Phi(t)\} \in \mathscr{L}_2^{loc}$ に対する確率積分の構成と性質に関する定理 2.122 と定理 2.125 を証明する．

まず，下の補題 2.128 の証明のために，次の命題を用意する．

命題 2.126 $s, t \in [0, T]$ とすると，$\{\Phi(t)\} \in \mathscr{L}_2$ と $A \in \mathscr{F}_s$ に対し

$$(2.47) \quad \int_0^t 1_A 1_{\{s<u\}} \Phi(u) dW(u) = 1_A \int_{s \wedge t}^t \Phi(u) dW(u), \quad P\text{-a.s.}$$

が成り立つ． □

[証明] まず，$\Phi \in \mathscr{L}_0$ のときは容易に (2.47) を示すことができる(下の問題 2.127)．一般の $\Phi \in \mathscr{L}_2$ に対しては，$\mathscr{L}_2$ において $\Phi^{(n)} \to \Phi$ となる $\mathscr{L}_0$ の列 $\{\Phi^{(n)}(t)\}, n = 1, 2, \cdots$，を取る．すると，

$$(2.48) \quad \int_0^t 1_A 1_{\{s<u\}} \Phi^{(n)}(u) dW(u) = 1_A \int_{s \wedge t}^t \Phi^{(n)}(u) dW(u), \quad P\text{-a.s.}$$

が成り立つ．命題 2.120(1) より，$n \to \infty$ のとき，

$$E\left[\left|1_A \int_{s \wedge t}^t \Phi^{(n)}(u) dW(u) - 1_A \int_{s \wedge t}^t \Phi(u) dW(u)\right|^2\right]$$
$$\leqq E\left[\int_0^T |\Phi^{(n)}(u) - \Phi(u)|^2 du\right] \to 0$$

が成り立ち，(2.48) の右辺は $L^2(\Omega)$ の意味で (2.47) の右辺に収束する．同様にして，(2.48) の左辺も $L^2(\Omega)$ の意味で (2.47) の左辺に収束する．よって，(2.47) が成り立つ． ■

問題 2.127 $\Phi \in \mathscr{L}_0$ に対して (2.47) を示せ． □

定理 2.125 の完全な証明は後回しにして，次の部分的な主張をまず示す．

補題 2.128 定理 2.125 の主張が $\Phi \in \mathscr{L}_2$ に対して成り立つ． □

[証明] $t \wedge \tau = t \wedge (\tau \wedge T)$ および $[0, T] \times \Omega$ 上で $1_{\{s \leqq \tau\}}(\omega) = 1_{\{s \leqq \tau \wedge T\}}(\omega)$ が成り立つから，τ は $[0, T]$-値としても一般性を失わない．

まず，τ が次の形の場合を考える：ある $n \in \mathbb{N}$ に対し，

$$
(2.49) \quad \begin{cases} 0 \leq t_1 < t_2 < \cdots < t_n \leq T, \quad A_i \in \mathscr{F}_{t_i}, \quad A_i \cap A_j = \phi \quad (i \neq j), \\ \bigcup_{i=1}^{n} A_i = \Omega, \quad \tau = \sum_{i=1}^{n} t_i 1_{A_i}. \end{cases}
$$

このとき,命題 2.126 より,

$$
\int_0^t 1_{\{\tau < u\}} \Phi(u) dW(u) = \int_0^t \sum_{i=1}^n 1_{A_i} 1_{\{t_i < u\}} \Phi(u) dW(u)
$$
$$
= \sum_{i=1}^n 1_{A_i} \int_{t_i \wedge t}^t \Phi(u) dW(u) = \int_{\tau \wedge t}^t \Phi(u) dW(u) = I_t(\Phi) - I_{\tau \wedge t}(\Phi)
$$

となるが,

$$
\int_0^t 1_{\{\tau < u\}} \Phi(u) dW(u) = I_t(\Phi) - \int_0^t 1_{\{u \leq \tau\}} \Phi(u) dW(u)
$$

であるので,(2.44)はこの場合成り立つ.

次に任意の $[0, T]$-値停止時刻 τ に対し,$[0, T]$-値停止時刻列 τ_n, $1, 2, \cdots$, を

$$
\begin{cases} t_k := kT/2^n \quad (0 \leq k \leq 2^n), \quad A_k := \{t_{k-1} < \tau \leq t_k\} \quad (1 \leq k \leq 2^n), \\ \tau_n := \sum_{k=1}^{2^n} t_k 1_{A_k} \end{cases}
$$

で定めると,$\tau_n \downarrow \tau$ が成り立つ.τ_n は (2.49) の形をしているので,上より τ_n に対し (2.44) が成り立つ:

$$
(2.50) \quad \int_0^{\tau_n \wedge t} \Phi(u) dW(u) = \int_0^t 1_{\{u \leq \tau_n\}} \Phi(u) dW(u), \quad P\text{-a.s.}
$$

$\{I_t(\Phi)\}$ は連続過程なので,(2.50)の左辺は $n \to \infty$ で (2.44) の左辺に P-a.s. に収束する.一方,ルベーグの収束定理より,$n \to \infty$ のとき,

$$
E\left[\left| \int_0^t 1_{\{u \leq \tau_n\}} \Phi(u) dW(u) - \int_0^t 1_{\{u \leq \tau\}} \Phi(u) dW(u) \right|^2 \right]
$$
$$
= E\left[\int_0^t 1_{\{\tau < u \leq \tau_n\}} \Phi(u)^2 du \right] \to 0
$$

となるので,(2.50)の右辺は $L^2(\Omega)$ の意味で (2.44) の右辺に収束する.よって,(2.44)が成立する. ∎

$\{\Phi(t)\} \in \mathscr{L}_2^{loc}$ に対し,停止時刻の単調増大列 τ_n, $n = 1, 2, \cdots$, を (2.41) によ

り定める．また，
$$\Omega_n := \left\{ w \in \Omega : \int_0^T \Phi(u)^2 du \leqq n \right\}, \quad n = 1, 2, \cdots,$$
とおく．すると，$\Omega_1 \subset \Omega_2 \subset \Omega_3 \subset \cdots$ かつ $P(\bigcup_n \Omega_n) = 1$ が成り立つ．さらに $\{\Phi^{(n)}(t)\} \in \mathscr{L}_2$, $n = 1, 2, \cdots$, を (2.42) により定めると，$n \leqq m$ ならば Ω_n 上で $I_t(\Phi^{(n)}) = I_t(\Phi^{(m)})$, $t \in [0, T]$, が成り立つ．実際，Ω_n 上では，$\tau_n = T$ という事実と補題 2.128 より，
$$I_t(\Phi^{(m)}) = \int_0^{t \wedge \tau_n} \Phi^{(m)}(u) dW(u) = \int_0^t 1_{\{u \leqq \tau_n\}} \Phi^{(m)}(u) dW(u) = I_t(\Phi^{(n)})$$
となる．よって，$\bigcup_n \Omega_n$ 上に確率過程 $\{\tilde{I}_t(\Phi)\}$ を次により矛盾なく定義できる：

(2.51) 各 $n = 1, 2, \cdots$ に対し，Ω_n 上では $\tilde{I}_t(\Phi) := I_t(\Phi^{(n)})$, $t \in [0, T]$.

また，P-零集合 $(\bigcup_n \Omega_n)^c$ 上では便宜上 $\tilde{I}_t(\Phi) \equiv 0$ とする．各 n に対し $\{I_t(\Phi^{(n)})\}$ は連続過程であるから，$\{\tilde{I}_t(\Phi)\}$ も連続過程になる．我々は，こうして定義される写像 $\tilde{I}$ が定理 2.122 の写像 I の性質を持つことを下で示す（定理 2.130）．

次の補題が必要となる．

補題 2.129 すべての $\{\Phi(t)\} \in \mathscr{L}_2^{loc}$ と $\varepsilon, \delta \in (0, \infty)$ に対し，(2.51) で定義される $\{\tilde{I}_t(\Phi)\}$ は

(2.52) $\quad P\left(\sup_{t \in [0,T]} |\tilde{I}_t(\Phi)| > \varepsilon \right) \leqq \dfrac{\delta}{\varepsilon^2} + P\left(\int_0^T \Phi(t)^2 dt > \delta \right)$

を満たす． □

［証明］ $n := \lfloor \delta \rfloor + 1$ とおく（$\lfloor \delta \rfloor$ は δ を超えない最大の整数）．停止時刻 τ_n を (2.41) で定め，また停止時刻 τ_δ を (2.41) の右辺で n を δ で置き換えたもので定義する．$\{\Phi^{(n)}(t)\} \in \mathscr{L}_2$ を (2.42) で定め，$\{\Phi^{(\delta)}(t)\} \in \mathscr{L}_2$ を (2.42) の右辺で n を δ で置き換えたもので定義する．次のようにおく：
$$\Omega_\delta := \left\{ w \in \Omega : \int_0^T \Phi(u)^2 du \leqq \delta \right\}.$$
$\Omega_\delta \subset \Omega_n$ であるから，$\{\tilde{I}_t\}$ の定義により，Ω_δ 上では，$\tilde{I}_t(\Phi) := I_t(\Phi^{(n)})$, $t \in [0, T]$, である．また，$\tau_\delta \leqq \tau_n$ より，$\Phi^{(\delta)}(t) = \Phi^{(n)}(t) 1_{\{t \leqq \tau_\delta\}}$, $t \in [0, T]$, が成り立つ．よって，補題 2.128 より，Ω_δ 上で，$t \in [0, T]$ に対し，

$$I_t(\Phi^{(\delta)}) = \int_0^t \Phi^{(n)}(u) 1_{\{u \leq \tau_\delta\}} dW(u) = \int_0^{t\wedge\tau_\delta} \Phi^{(n)}(u) dW(u)$$
$$= \int_0^t \Phi^{(n)}(u) dW(u) = \tilde{I}_t(\Phi)$$

が成り立つ．ここで，3番目の等式は，Ω_δ 上で $\tau_\delta = T$ による．これの余事象を考えると $\{|I(\Phi^{(\delta)}) - \tilde{I}(\Phi)|_\infty > 0\} \subset \Omega_\delta^c$ が分かるので，

$$(2.53) \quad P\left(|I(\Phi^{(\delta)}) - \tilde{I}(\Phi)|_\infty > 0\right) \leq P\left(\int_0^T \Phi(t)^2 dt > \delta\right)$$

を得る．ここで，$|\cdot|_\infty$ は (2.7) で定義される $C([0,T], \mathbb{R})$ のノルムである．一方，Doob の不等式 (定理 2.82(1)) より

$$P\left(|I(\Phi^{(\delta)})|_\infty > \varepsilon\right) \leq \frac{1}{\varepsilon^2} E\left[\int_0^T \Phi^{(\delta)}(t)^2 dt\right] \leq \frac{\delta}{\varepsilon^2}.$$

これらを用いると，

$$P\left(|\tilde{I}(\Phi)|_\infty > \varepsilon\right) \leq P\left(|I(\Phi^{(\delta)})|_\infty > \varepsilon\right) + P\left(|I(\Phi^{(\delta)}) - \tilde{I}(\Phi)|_\infty > 0\right)$$
$$\leq \frac{\delta}{\varepsilon^2} + P\left(\int_0^T \Phi(t)^2 dt > \delta\right)$$

となって，欲しい不等式が得られる． ∎

写像 $\tilde{I}$ が，定理 2.122 の写像 I の性質を持つことを示す準備ができた．

定理 2.130 上の $\{\tilde{I}_t(\Phi)\}$ は次の二つの条件を満たす線形写像 $\tilde{I}: \mathscr{L}_2^{loc} \ni \Phi = \{\Phi(t)\} \mapsto \tilde{I}(\Phi) = \{\tilde{I}_t(\Phi)\} \in \mathscr{M}^{c,loc}$ を与える：

(1) (**拡張性**) $\{\Phi(t)\} \in \mathscr{L}_2$ に対する $\{\tilde{I}_t(\Phi)\}$ は，定義 2.117 における $\mathscr{L}_2$ の元に対する確率積分に一致する．

(2) (**連続性**) 列 $\{\Phi_n(t)\} \in \mathscr{L}_2^{loc}$, $n = 1, 2, \cdots$, と $\{\Phi(t)\} \in \mathscr{L}_2^{loc}$ が $n \to \infty$ で

$$\int_0^T |\Phi_n(t) - \Phi(t)|^2 dt \to 0, \quad \text{in prob.}$$

を満たすならば，$n \to \infty$ で次が成り立つ：

$$\sup_{t \in [0,T]} |\tilde{I}_t(\Phi_n) - \tilde{I}_t(\Phi)| \to 0, \quad \text{in prob.} \qquad \square$$

[**証明**] $\{\Phi(t)\} \in \mathscr{L}_2^{loc}$ に対し，停止時刻の単調増大列 $\tau_1 \leq \tau_2 \leq \cdots$ を (2.41) で定義し，$\{\Phi^{(n)}(t)\} \in \mathscr{L}_2$ を (2.42) で定める．

Step 1. 任意の m に対し Ω_m 上 $\tilde{I}_t(\Phi) = I_t(\Phi^{(m)})$, $t \in [0,T]$, であるから，補題 2.128 より，$n \leq m$ なるすべての m に対し Ω_m 上，

$$\tilde{I}_{t \wedge \tau_n}(\Phi) = I_{t \wedge \tau_n}(\Phi^{(m)}) = \int_0^t 1_{\{u \leq \tau_n\}} \Phi^{(m)}(u) dW(u)$$
$$= \int_0^t \Phi^{(n)}(u) dW(u) = I_t(\Phi^{(n)}), \quad t \in [0,T].$$

したがって，$\bigcup_m \Omega_m$ 上，$\tilde{I}_{t \wedge \tau_n}(\Phi) = I_t(\Phi^{(n)})$, $t \in [0,T]$, となるので，$\{\tilde{I}_t(\Phi)\} \in \mathscr{M}^{c,loc}$ となることが分かる．

Step 2. もし，$\{\Phi(t)\} \in \mathscr{L}_2$ ならば，補題 2.128 より Ω_n 上では

$$\tilde{I}_t(\Phi) = I_t(\Phi^{(n)}) = \int_0^t 1_{\{u \leq \tau_n\}} \Phi(u) dW(u) = \int_0^{t \wedge \tau_n} \Phi(u) dW(u)$$
$$= \int_0^t \Phi(u) dW(u) = I_t(\Phi), \quad t \in [0,T]$$

が成り立つ．ここで，4 番目の等式は Ω_n 上 $\tau_n = T$ であることによる．よって，定理の条件 (1) が成り立つ．

Step 3. 次に，写像 $\tilde{I} : \mathscr{L}_2^{loc} \to \mathscr{M}^{c,loc}$ の線形性を示す．$a, b \in \mathbb{R}$, $\{\Phi(t)\}$, $\{\Psi(t)\} \in \mathscr{L}_2^{loc}$ とする．次のようにおく：

$$E_n := \left\{ w \in \Omega : \int_0^T \Phi(u)^2 du \leq n \text{ かつ } \int_0^T \Psi(u)^2 du \leq n \right\}, \quad n = 1, 2, \cdots.$$

すると，各 n に対しある $m = m(n) \in \mathbb{N}$ があって，

$$E_n \subset \left\{ w \in \Omega : \int_0^T |a\Phi(u) + b\Psi(u)|^2 du \leq m \right\}$$

が成り立つ．停止時刻 ρ_n と ν_n を (2.41) で Φ をそれぞれ Ψ と $a\Phi + b\Psi$ で置き換えた式により定める．すると，E_n 上では，

$$\tilde{I}_t(a\Phi + b\Psi) = \int_0^t 1_{\{u \leq \nu_m\}} \{a\Phi(u) + b\Psi(u)\} dW(u), \quad t \in [0,T],$$

かつ $\tau_n = \rho_n = \nu_m = T$ となる．よって，E_n 上では，

$$\tilde{I}_t(a\Phi + b\Psi) = \tilde{I}_{t \wedge \tau_n \wedge \rho_n}(a\Phi + b\Psi)$$
$$= \int_0^{t \wedge \tau_n \wedge \rho_n} 1_{\{u \leq \nu_m\}} \{a\Phi(u) + b\Psi(u)\} dW(u)$$
$$= \int_0^t 1_{\{u \leq \tau_n \wedge \rho_n \wedge \nu_m\}} \{a\Phi(u) + b\Psi(u)\} dW(u)$$

$$\begin{aligned}
&= \int_0^t \left\{ a1_{\{u \leq \rho_n \wedge \nu_m\}} \Phi^{(n)}(u) + b1_{\{u \leq \tau_n \wedge \nu_m\}} \Psi^{(n)}(u) \right\} dW(u) \\
&= a \int_0^t 1_{\{u \leq \rho_n \wedge \nu_m\}} \Phi^{(n)}(u) dW(u) + b \int_0^t 1_{\{u \leq \tau_n \wedge \nu_m\}} \Psi^{(n)}(u) dW(u) \\
&= a\tilde{I}_{t \wedge \rho_n \wedge \nu_m}(\Phi) + b\tilde{I}_{t \wedge \tau_n \wedge \nu_m}(\Psi) = a\tilde{I}_t(\Phi) + b\tilde{I}_t(\Psi), \qquad t \in [0,T]
\end{aligned}$$

が成り立つ．ここで，5番目の等式には $\mathscr{L}_2$ の元に対する確率積分の線形性を用いた．$P(\bigcup_n E_n) = 1$ であるから，これで $\tilde{I}$ の線形性が示された．

Step 4. 最後に条件 (2) を示す．Step 3 の線形性より $\tilde{I}_t(\Phi_n) - \tilde{I}_t(\Phi) = \tilde{I}_t(\Phi_n - \Phi)$ であるから，補題 2.129 より任意の $\varepsilon, \delta \in (0, \infty)$ に対し，

$$\begin{aligned}
&\limsup_{n \to \infty} P\left(|\tilde{I}(\Phi_n) - \tilde{I}(\Phi)|_\infty > \varepsilon\right) \\
&\leq \delta + \lim_{n \to \infty} P\left(\int_0^T |\Phi_n(t) - \Phi(t)|^2 dt > \delta\varepsilon^2\right) = \delta
\end{aligned}$$

が成り立つ．δ は任意ゆえ，これより定理の (2) が成り立つことが分かる． ∎

[定理 2.122 の証明]　補題 2.121 と条件 (1), (2) より写像 I の一意性が従う．また，写像 I の存在は定理 2.130 より従う． ∎

[定理 2.125 の証明]　証明の概略を述べる．まず，補題 2.121 と定理 2.122 の確率積分の性質 (特に連続性 (2)) を用いて，命題 2.126 の主張を $\mathscr{L}_2^{loc}$ に拡張する．次に，補題 2.128 の証明と同様の停止時刻を近似する議論を行って欲しい主張を証明する．ただし，極限を取る操作では，確率積分の連続性を用いる． ∎

問題 2.131　上の定理 2.125 の証明の議論を完全なものにせよ． □

2.4.5　伊藤過程

この節でも，$\{W(t)\}_{t \in [0,T]}$ は $\{\mathscr{F}_t\}$-ブラウン運動とする．$\{\mathscr{F}_t\}$ はブラウン・フィルトレーションである必要はない．

次のようにおく：

$$(2.54) \quad \mathscr{L}_1^{loc} := \left\{ \{\Psi(t)\}_{t \in [0,T]} : \{\mathscr{F}_t\}\text{-発展的可測}, \int_0^T |\Psi(t)| dt < \infty, \text{ a.s.} \right\}.$$

T を明示したいときには，$\mathscr{L}_{1,T}^{loc}$ と書く．

定義 2.132(伊藤過程) 確率過程 $\{X(t)\}_{t\in[0,T]}$ に対し,ある $\{\Phi(t)\} \in \mathscr{L}_2^{loc}$, $\{\Psi(t)\} \in \mathscr{L}_1^{loc}$ および $\mathscr{F}_0$-可測な確率変数 $X(0)$ があって

$$(2.55) \quad X(t) = X(0) + \int_0^t \Phi(s)dW(s) + \int_0^t \Psi(s)ds, \quad t \in [0,T]$$

と表されるとき,$\{X(t)\}$ を**伊藤過程**(Itô process)とよぶ. □

伊藤過程は連続な発展的可測過程であることを注意せよ(命題 2.38 参照).

定理 2.133 $X(0) = 0$ の場合の (2.55) の伊藤過程 $\{X(t)\}_{t\in[0,T]}$ が局所 P-マルチンゲールであるための必要十分条件は,

$$(2.56) \quad \Psi(t,\omega) = 0, \quad \text{Leb} \otimes P\text{-a.e.}$$

が成り立つことである. □

[証明] 必要性を示す(十分性は明らか).それには $\{\Psi(t)\} \in \mathscr{L}_1^{loc}$ に対し

$$Y(t) := \int_0^t \Psi(u)du, \quad t \in [0,T]$$

で定義される $\{Y(t)\}$ が局所 P-マルチンゲールと仮定して,(2.56) を示せばよい.$\{\tau_n\}$ を $\{Y(t)\}$ の局所化列とする.

$$\rho_n := T \wedge \inf\left\{t \in [0,T] : \int_0^t |\Psi(u)|du > n\right\}, \quad n=1,2,\cdots$$

とおいて,停止時刻 $\sigma_n := \tau_n \wedge \rho_n$ に対し $Y^{(n)}(t) := Y(t \wedge \sigma_n)$ とおく.すると $\{Y^{(n)}(t)\}$ は連続な P-マルチンゲールで,$|Y^{(n)}(t)| \leq n$ を満たす.

区間 $[0,T]$ の分割 $t_k = kT/m$, $k = 0,1,\cdots,m$, に対し,

$$E\left[(Y^{(n)}(t_{k+1}) - Y^{(n)}(t_k))^2\right]$$
$$= E\left[Y^{(n)}(t_{k+1})^2\right] + E\left[Y^{(n)}(t_k)^2\right] - 2E\left[Y^{(n)}(t_{k+1})Y^{(n)}(t_k)\right]$$
$$= E\left[Y^{(n)}(t_{k+1})^2\right] - E\left[Y^{(n)}(t_k)^2\right]$$

が成り立つ.これと $Y^{(n)}(0) = 0$ より次を得る:

$$\sum_{k=0}^{m-1} E\left[(Y^{(n)}(t_{k+1}) - Y^{(n)}(t_k))^2\right] = E[Y^{(n)}(T)^2] = E[Y(T \wedge \sigma_n)^2].$$

一方,$\Psi^{(n)}(s) := \Psi(s)1_{\{s \leq \sigma_n\}}$ とおくと,

$$(Y^{(n)}(t_{k+1}) - Y^{(n)}(t_k))^2 \leq \left(\max_l |Y^{(n)}(t_{l+1}) - Y^{(n)}(t_l)|\right)\int_{t_k}^{t_{k+1}} |\Psi^{(n)}(s)|ds$$

と

$$\sum_{k=0}^{m-1} \int_{t_k}^{t_{k+1}} |\Psi^{(n)}(s)| ds = \int_0^T |\Psi^{(n)}(s)| ds \leqq n$$

より，

$$\sum_{k=0}^{m-1} E\left[(Y^{(n)}(t_{k+1}) - Y^{(n)}(t_k))^2 \right] \leqq nE\left[\max_l |Y^{(n)}(t_{l+1}) - Y^{(n)}(t_l)| \right]$$

となるが，右辺は $Y^{(n)}(t)$ の一様連続性と有界収束定理により $m \to \infty$ のとき 0 に収束する．よって $E[Y(T \wedge \sigma_n)^2] = 0$ を得るが，これと Doob の不等式より $Y(t \wedge \sigma_n) = 0$, Leb $\otimes$ P-a.e. が，したがって $n \to \infty$ として $Y(t) = 0$, Leb $\otimes$ P-a.e. が，分かる．これは(2.56)を意味する(各自確かめよ)． ∎

伊藤過程の表現(2.55)は次のように一意である．

定理 2.134 $\mathscr{F}_0$-可測な確率変数 $X(0), X'(0)$ と $\{\Phi(t)\}, \{\Phi'(t)\} \in \mathscr{L}_2^{loc}$ および $\{\Psi(t)\}, \{\Psi'(t)\} \in \mathscr{L}_1^{loc}$ に対し，

$$(2.57) \quad X(0) + \int_0^t \Phi(s) dW(s) + \int_0^t \Psi(s) ds$$
$$= X'(0) + \int_0^t \Phi'(s) dW(s) + \int_0^t \Psi'(s) ds, \quad t \in [0, T], \quad P\text{-a.s.}$$

が成り立つための必要十分条件は，$X(0) = X'(0)$, a.s.，かつ

$$\Phi(t, \omega) = \Phi'(t, \omega), \qquad \Psi(t, \omega) = \Psi'(t, \omega), \qquad \text{Leb} \otimes P\text{-a.e.}$$

となることである． □

[証明] 十分性は明らかであるので，必要性のみを示す．(2.57)で $t = 0$ とすれば，$X(0) = X'(0)$, a.s.，を得る．これを(2.57)に適用し適当に移項して定理 2.133 を適用すると，$\Psi(t, \omega) = \Psi'(t, \omega)$, Leb $\otimes$ P-a.e. が得られるので，結局問題は((2.57)のそれとは異なる) $\{\Phi(t)\} \in \mathscr{L}_2^{loc}$ に対し

$$(2.58) \qquad \int_0^t \Phi(s) dW(s) = 0, \quad t \in [0, T], \quad P\text{-a.s.}$$

が成り立つとして

$$(2.59) \qquad \Phi(t, \omega) = 0, \qquad \text{Leb} \otimes P\text{-a.e.}$$

を示すことに帰着される．これは下の問題とする． ∎

問題 2.135 $(2.58) \Rightarrow (2.59)$ を示せ．ヒント．局所化と定理 2.118(2)． □

定理 2.134 により一意に決まることが分かる伊藤過程 $\{X(t)\}$ の表現 (2.55) を，$\{X(t)\}$ の**伊藤過程表現**とよぶことにする．

定義 2.136 伊藤過程表現 (2.55) を持つ $\{X(t)\}$ と

$$\int_0^T |a(u)\Phi(u)|^2 \, du < \infty, \qquad \int_0^T |a(u)\Psi(u)| \, du < \infty, \quad P\text{-a.s.}$$

を満たす $\{\mathscr{F}_t\}$-発展的可測過程 $\{a(t)\}$ に対し，

$$\int_s^t a(u)dX(u) := \int_s^t a(u)\Phi(u)dW(u) + \int_s^t a(u)\Psi(u)du, \qquad 0 \leq s \leq t \leq T$$

とおき，**伊藤過程 $\{X(t)\}$ に関する確率積分**とよぶ． □

問題 2.137 伊藤過程 $\{X(t)\}$ に対し次を示せ：

$$\int_s^t dX(u) \left(:= \int_s^t \mathbf{1}_{[0,T]}(u)dX(u)\right) = X(t) - X(s), \qquad 0 \leq s \leq t \leq T. \quad \square$$

定義 2.138 下の定理 2.141 の伊藤過程 $\{X_1(t)\}$ と $\{X_2(t)\}$ に対し，その **2 次共変分過程** (quadratic covariation process) $\{\langle X_1, X_2 \rangle(t)\}$ を

$$\langle X_1, X_2 \rangle(t) := \int_0^t \Phi_1(u)\Phi_2(u)du, \qquad t \in [0, T]$$

により定義する．また，$\langle X_1 \rangle(t) := \langle X_1, X_1 \rangle(t) = \int_0^t \Phi_1(u)^2 du$ を $\{X_1(t)\}$ の **2 次変分過程** (quadratic variation process) という． □

問題 2.139 伊藤過程 $\{X_1(t)\}, \{X_2(t)\}$ に対し次を示せ：

$$\langle X_1, X_2 \rangle(t) = \frac{1}{4} \left\{ \langle X_1 + X_2 \rangle(t) - \langle X_1 - X_2 \rangle(t) \right\}, \qquad t \in [0, T]. \quad \square$$

区間 $[0, t]$ の分割

$$(2.60) \qquad \Delta : 0 = t_0 < t_1 < \cdots < t_n = t$$

に対し，その分割の幅 $|\Delta|$ を次により定義する：

$$|\Delta| := \max_{1 \leq k \leq n} |t_k - t_{k-1}|.$$

補題 2.140 $\{\Phi(u)\}_{u \in [0,T]} \in \mathscr{L}_2$ に対し，伊藤過程 $\{X(t)\}_{t \in [0,T]}$ を $X(t) := \int_0^t \Phi(u)dW(u)$, $t \in [0, T]$, により定め，次の二つの条件を仮定する：(1) 過程 $\{X(t)\}$ は有界である，(2) 2 次変分 $\langle X \rangle(T)$ は有界である．このとき，任意の

$t \in [0, T]$ に対し,次が成り立つ:(2.60) の分割 Δ について $|\Delta| \to 0$ のとき,

$$(2.61) \quad \sum_{i=1}^{n} \{X(t_i) - X(t_{i-1})\}^2 \to \langle X \rangle(t) \quad \text{in } L^2.\qquad\square$$

[証明] 以下,c_i, $i = 1, 2, \cdots$,は分割 Δ によらない正定数を表すとする.簡単のため $\mathscr{F}_{t_i}$ を $\mathscr{F}_i$ と書き,また $i = 1, 2, \cdots, n$ に対し,次のようにおく:

$$D_i X := X(t_i) - X(t_{i-1}), \qquad D_i \langle X \rangle := \int_{t_{i-1}}^{t_i} \Phi(u)^2 du.$$

さらに,次にようにおく:

$$A(\Delta) := E\left[\sum_{i=1}^{n}(D_i X)^4\right], \qquad B(\Delta) := E\left[\sum_{i=1}^{n}(D_i \langle X \rangle)^2\right].$$

Step 1. 命題 2.120(1) より $E[(D_i X)^2 - D_i \langle X \rangle | \mathscr{F}_{i-1}] = 0$ であるから,$i < j$ に対し

$$E\left[\{(D_i X)^2 - D_i \langle X \rangle\}\{(D_j X)^2 - D_j \langle X \rangle\}\right]$$
$$= E\left[\{(D_i X)^2 - D_i \langle X \rangle\} E\left[\{(D_j X)^2 - D_j \langle X \rangle\} \big| \mathscr{F}_{j-1}\right]\right] = 0$$

となる.これと不等式 $(a+b)^2 \leqq 2(a^2 + b^2)$, $a, b \in \mathbb{R}$,により,次が成り立つ:

$$E\left[\left|\left\{\sum_{i=1}^{n}(D_i X)^2\right\} - \langle X \rangle(t)\right|^2\right] = E\left[\left|\sum_{i=1}^{n}\{(D_i X)^2 - D_i \langle X \rangle\}\right|^2\right]$$
$$= E\left[\sum_{i=1}^{n}\{(D_i X)^2 - D_i \langle X \rangle\}^2\right] \leqq 2\{A(\Delta) + B(\Delta)\}.$$

Step 2. Schwarz の不等式より,

$$A(\Delta) \leqq E\left[\max_i (D_i X)^2 \sum_{i=1}^{n}(D_i X)^2\right]$$
$$\leqq E\left[\max_i (D_i X)^4\right]^{1/2} E\left[\left|\sum_{i=1}^{n}(D_i X)^2\right|^2\right]^{1/2}.$$

ここで,$X(s)$ の s について一様連続性と過程 $\{X(s)\}$ の有界性,および有界収束定理により,$|\Delta| \to 0$ のとき $E[\max_i (D_i X)^4] \to 0$ が成り立つ.さらに我々は,$E[|\sum_{i=1}^{n}(D_i X)^2|^2] \leqq c_1$ が成り立つことを示そう.

$$C(\Delta) := \sum_{i=1}^{n-1} E\left[(D_i X)^2 \sum_{j=i+1}^{n}(D_j X)^2\right]$$

とおくと,$E[|\sum_{i=1}^{n}(D_i X)^2|^2] = A(\Delta) + 2C(\Delta)$ となる.過程 $\{X(s)\}$ の有界性

と等式 $E[(D_iX)^2] = E[D_i\langle X\rangle]$ より，

$$A(\Delta) \leq c_2 \sum_{i=1}^n E\left[(D_iX)^2\right] = c_2 \sum_{i=1}^n E\left[D_i\langle X\rangle\right] = c_2 E[\langle X\rangle(t)] \leq c_3$$

となる．一方，命題 2.120(1) と D_iX の $\mathscr{F}_i$-可測性，および過程 $\{\langle X\rangle(t)\}$ の有界性より

$$\begin{aligned}
C(\Delta) &= \sum_{i=1}^{n-1} \sum_{j=i+1}^n E\left[(D_iX)^2 E\left[(D_jX)^2 \mid \mathscr{F}_{j-1}\right]\right] \\
&= \sum_{i=1}^{n-1} \sum_{j=i+1}^n E\left[(D_iX)^2 E\left[D_j\langle X\rangle \mid \mathscr{F}_{j-1}\right]\right] \\
&= \sum_{i=1}^{n-1} E\left[(D_iX)^2 \sum_{j=i+1}^n D_j\langle X\rangle\right] \\
&= \sum_{i=1}^{n-1} E\left[(D_iX)^2 \{\langle X\rangle(t) - \langle X\rangle(t_i)\}\right] \\
&\leq c_4 \sum_{i=1}^{n-1} E\left[(D_iX)^2\right] = c_4 \sum_{i=1}^{n-1} E\left[D_i\langle X\rangle\right] = c_4 E[\langle X\rangle(t_{n-1})] \leq c_5.
\end{aligned}$$

よって，確かに，ある正定数 c_1 に対し $E[|\sum_{i=1}^n (D_iX)^2|^2] \leq c_1$ が成り立つ．以上により，$|\Delta| \to 0$ のとき，$A(\Delta) \to 0$ となることが分かる．

Step 3. $B(\Delta)$ については，

$$B(\Delta) \leq E[\max_i D_i\langle X\rangle \sum_{i=1}^n D_i\langle X\rangle] = E[\langle X\rangle(t) \max_i D_i\langle X\rangle]$$

となるので，$\langle X\rangle(s)$ の s について一様連続性と過程 $\{\langle X\rangle(s)\}$ の有界性，および有界収束定理により，$|\Delta| \to 0$ のとき $B(\Delta) \to 0$ が成り立つ．

以上を合わせると，$|\Delta| \to 0$ のとき，$E[|\{\sum_{i=1}^n (D_iX)^2\} - \langle X\rangle(t)|^2] \to 0$ となり，欲しい主張が得られる． ∎

一般の伊藤過程に対しては，次が成り立つ．

定理 2.141 伊藤過程 $\{X_1(t)\}$ と $\{X_2(t)\}$ はそれぞれ次の伊藤過程表現を持つとする：$i=1,2$ に対し，

$$(2.62) \quad X_i(t) = X_i(0) + \int_0^t \Phi_i(s)dW(s) + \int_0^t \Psi_i(s)ds, \qquad t \in [0,T].$$

このとき，すべての $t \in [0,T]$ に対し，確率収束の意味で次が成り立つ：

$$\lim_{|\Delta|\to 0}\sum_{k=1}^{n}\left(X_1(t_k)-X_1(t_{k-1})\right)\left(X_2(t_k)-X_2(t_{k-1})\right)=\int_0^t \Phi_1(s)\Phi_2(s)ds.\quad\square$$

この定理の証明は省略する．[122] の第 IV 章の第 1 節を参照せよ．

2.4.6 伊藤の公式

この節でも $\{W(t)\}_{t\in[0,T]}$ は $\{\mathscr{F}_t\}$-ブラウン運動とする．$\{\mathscr{F}_t\}$ はブラウン・フィルトレーションである必要はない．

$f\in C^{1,2}([0,T]\times\mathbb{R})$ であるとは，$f\in C([0,T]\times\mathbb{R})$（つまり $[0,T]\times\mathbb{R}$ 上の連続関数）かつ $\partial f/\partial t,\ \partial f/\partial x,\ \partial^2 f/\partial x^2$ が $(0,T)\times\mathbb{R}$ 上で存在して連続で，$[0,T]\times\mathbb{R}$ に連続な拡張を持つこととする．

次は，確率解析において最も重要な公式である．

定理 2.142（伊藤の公式） $f\in C^{1,2}([0,T]\times\mathbb{R})$ とし，$\{X(t)\}$ を伊藤過程とすると，$\{f(t,X(t))\}$ も伊藤過程であって $t\in[0,T]$ に対し次が成り立つ：

(2.63)
$$f(t,X(t))=f(0,X(0))+\int_0^t \frac{\partial f}{\partial t}(s,X(s))ds$$
$$+\int_0^t \frac{\partial f}{\partial x}(s,X(s))dX(s)+\frac{1}{2}\int_0^t \frac{\partial^2 f}{\partial x^2}(s,X(s))d\langle X\rangle(s).\quad\square$$

2.5 節において伊藤の公式は一般化される．定理 2.192 を参照せよ．

伊藤過程表現 (2.55) を持つ $\{X(t)\}$ に対し，伊藤の公式を具体的に書くと，

(2.64)
$$f(t,X(t))=f(0,X(0))+\int_0^t \frac{\partial f}{\partial t}(s,X(s))ds$$
$$+\int_0^t \frac{\partial f}{\partial x}(s,X(s))\Phi(s)dW(s)+\int_0^t \frac{\partial f}{\partial x}(s,X(s))\Psi(s)ds$$
$$+\frac{1}{2}\int_0^t \frac{\partial^2 f}{\partial x^2}(s,X(s))\Phi(s)^2 ds$$

となる．すなわち伊藤の公式は $f(t,X(t))$ の伊藤過程表現を具体的に与える．積分形で書かれた (2.64) を，しばしば，次の微分形で表す：

(2.65) $\quad df(t,X(t))=\dfrac{\partial f}{\partial t}(t,X(t))dt+\dfrac{\partial f}{\partial x}(t,X(t))\Phi(t)dW(t)$

$$+ \frac{\partial f}{\partial x}(t, X(t))\Psi(t)dt + \frac{1}{2}\frac{\partial^2 f}{\partial x^2}(t, X(t))\Phi(t)^2 dt.$$

(2.65) は，単に (2.64) を形式的に表したものであることを注意せよ．

問題 2.143 (2.64) の右辺で，確率積分の被積分関数は $\mathscr{L}_2^{loc}$ に属し，それ以外の通常の (ルベーグ) 積分の被積分関数は $\mathscr{L}_1^{loc}$ に属する (したがって共に well-defined である) ことを示せ．**ヒント**．$[0,T]$ 上の連続関数は最大値を持つ． □

例 2.144 ブラウン運動 $\{W(t)\}$ 自身も，$X(0) = 0$, $\Phi(t) = 1$, $\Psi(t) = 0$ の伊藤過程である (問題 2.109 を見よ)．$f(x) = x^2$ に対する $f(W(t))$ に伊藤の公式を適用すると，次が得られる：

$$W(t)^2 = 2\int_0^t W(s)dW(s) + \int_0^t ds = 2\int_0^t W(s)dW(s) + t, \quad t \in [0,T].$$

$\{W(t)\} \in \mathscr{L}_2$ であるから，これより $\{W(t)^2 - t\} \in \mathscr{M}_2^c$ が分かる． □

例 2.145 (2.55) の一般の伊藤過程 $\{X(t)\}$ と $f(x) = x^2$ に対する $f(X(t))$ に伊藤の公式を適用すると，次が得られる：

$$X(t)^2 = X(0)^2 + 2\int_0^t X(s)dX(s) + \langle X \rangle(t), \quad t \in [0,T].$$

特に，$X(0) \in L^2$ かつ $\Psi(t) = 0$ のとき，したがって $\{X(t)\}$ が連続局所 $\{\mathscr{F}_t\}$-マルチンゲールのときには $\{X(t)^2 - \langle X \rangle(t)\}$ もそうなる． □

伊藤過程に対しては，次の通常とはやや異なる形の積の微分の公式が成り立つ．この公式は，以下，頻繁に用いられる．

定理 2.146 (積の微分の公式) 伊藤過程表現 (2.62) を持つ $\{X_1(t)\}$, $\{X_2(t)\}$ に対し，次が成り立つ：$t \in [0,T]$ に対し

$$X_1(t)X_2(t)$$
$$= X_1(0)X_2(0) + \int_0^t X_1(u)dX_2(u) + \int_0^t X_2(u)dX_1(u) + \langle X_1, X_2\rangle(t). \quad \square$$

[証明] $\{X_1(t) + X_2(t)\}$ は伊藤過程であることに注意して，$f(x) = x^2$ に対する $f(X_1(t) + X_2(t))$ に伊藤の公式を適用すると，

$$(X_1(t) + X_2(t))^2 = (X_1(0) + X_2(0))^2$$
$$+ 2\int_0^t (X_1(u) + X_2(u))\,d(X_1(u) + X_2(u)) + \int_0^t (\Phi_1(u) + \Phi_2(u))^2\,du$$

を得る．同様にして，$X_i(t)^2 = X_i(0)^2 + 2\int_0^t X_i(u)dX_i(u) + \int_0^t \Phi_i(u)^2 du$, $i =$

1,2. これらにより $(X_1(t) + X_2(t))^2 - X_1(t)^2 - X_2(t)^2$ を計算すると欲しい等式が得られる. ∎

問題 2.147 $\{\Phi(t)\} \in \mathscr{L}_2^{loc}$ と $\mathscr{F}_0$-可測な確率変数 $X(0)$ に対し, 次を示せ：

$$X(0) \int_0^t \Phi(u) dW(u) = \int_0^t X(0) \Phi(u) dW(u), \qquad t \in [0, T].$$

ヒント. $X_1(t) := X(0)$, $X_2(t) := \int_0^t \Phi(u) dW(u)$ に定理 2.146 を適用. ∎

伊藤の公式と積の微分の公式を応用して, 次の命題を示す.

命題 2.148 s_0 は $\mathscr{F}_0$-可測確率変数で, $\{\sigma(t)\} \in \mathscr{L}_2^{loc}$, $\{\mu(t)\} \in \mathscr{L}_1^{loc}$ とすると,

$$(2.66) \quad S(t) := s_0 \exp\left\{\int_0^t \left(\mu(u) - \frac{1}{2}\sigma(u)^2\right) du + \int_0^t \sigma(u) dW(u)\right\}$$

は

$$(2.67) \quad \begin{cases} dS(t) = S(t)\{\mu(t) dt + \sigma(t) dW(t)\}, & t \in [0, T], \\ S(0) = s_0 \end{cases}$$

を満たす唯一の伊藤過程である. ∎

[証明] $f(x) = e^x$ と伊藤過程

$$X(t) := \int_0^t \left(\mu(u) - \frac{1}{2}\sigma(u)^2\right) du + \int_0^t \sigma(u) dW(u)$$

に対する $f(X(t))$ に伊藤の公式を適用すると,

$$e^{X(t)} = 1 + \int_0^t e^{X(u)} \{\mu(u) du + \sigma(u) dW(u)\}$$

が得られる. 両辺に s_0 を掛け, 問題 2.147 を用いると, (2.66) の $\{S(t)\}$ が (2.67) を満たすことが分かる.

次に一意性を示す. $\{S(t)\}$ は (2.67) を満たす伊藤過程であるとする. 上と同様に $e^{-X(t)}$ に伊藤の公式を適用すると次を得る：

$$d\left(e^{-X(t)}\right) = e^{-X(t)} \{(-\mu(t) + \sigma(t)^2) dt - \sigma(t) dW(t)\}.$$

これと (2.67) および積の微分の公式を用いると,

$$d\left(e^{-X(t)} S(t)\right) = e^{-X(t)} dS(t) + S(t) d\left(e^{-X(t)}\right) - e^{-X(t)} S(t) \sigma(t)^2 dt = 0$$

が分かる.したがって $e^{-X(t)}S(t) = e^{-X(0)}S(0) = s_0$ となり $S(t) = s_0 e^{X(t)}$ となって,$\{S(t)\}$ は (2.66) のそれと一致することが分かる. ∎

(2.67) のような方程式を**確率微分方程式**(stochastic differential equation)あるいは英名を略して **SDE** という.そして,伊藤過程 $\{S(t)\}$ を確率微分方程式 (2.67) の**解**という.本来の形では,(2.67) は

$$S(t) = s_0 + \int_0^t S(u)\{\mu(u)du + \sigma(u)dW(u)\}, \qquad t \in [0, T]$$

であり,実際にはそれは確率積分方程式であることを注意せよ.

命題 2.148 で $\mu(t) = 0, \sigma(t) = \Phi(t), S(0) = 1$ とすると,次が得られる.

命題 2.149 $\{\Phi(t)\} \in \mathscr{L}_2^{loc}$ に対し,

(2.68) $\quad Z(t) := \exp\left\{\int_0^t \Phi(u)dW(u) - \frac{1}{2}\int_0^t \Phi(u)^2 du\right\}, \qquad t \in [0, T]$

とおくと,$\{Z(t)\}$ は

(2.69) $\qquad Z(t) = 1 + \int_0^t Z(u)\Phi(u)dW(u), \qquad t \in [0, T]$

を満たす唯一の伊藤過程である.特に $\{Z(t)\}$ は正値の連続局所 $\{\mathscr{F}_t\}$-マルチンゲールであり,したがって $\{\mathscr{F}_t\}$-優マルチンゲールである. ∎

[証明] 前半は,命題 2.148 より従う.定義より $\{Z(t)\}$ は正値であり,(2.69) と定理 2.122 より $\{Z(t)\}$ が連続局所 $\{\mathscr{F}_t\}$-マルチンゲールになることも分かる.また,命題 2.95 により $\{Z(t)\}$ は優マルチンゲールでもある. ∎

(2.68) あるいは (2.69) の形の過程 $\{Z(t)\}$ を**指数優マルチンゲール**(exponential supermartingale)という.また,これがマルチンゲールになるとき,**指数マルチンゲール**(exponential martingale)という.指数優マルチンゲールがいつマルチンゲールになるかという問題は,後で述べる Girsanov (ギルサノフ) の定理と密接に関係して重要である.

まず,簡単に指数マルチンゲールになることが分かる例を挙げる.

例 2.150 (2.68) において $\Phi(t)$ がランダムでない $L^2([0,T])$ に属する関数のときには,問題 2.119 の結果を用いて $\{Z(t)\Phi(t)\} \in \mathscr{L}_2$ を示すことができるので (各自確かめよ),$\{Z(t)\}$ はマルチンゲールになる.特に,$\Phi(t) = a \in \mathbb{R}$ なら

$$Z(t) = \exp\left\{aW(t) - \frac{a^2}{2}t\right\}, \qquad t \in [0, T]$$

となって，命題 2.73(3) のマルチンゲールと同じものになる． □

指数優マルチンゲールがマルチンゲールになるための便利な十分条件として，次の二つがある：

- (**Novikov の条件**)　$E\left[\exp\left\{\dfrac{1}{2}\int_0^T \Phi(u)^2 du\right\}\right] < \infty.$

- (**風巻の条件**)　$E\left[\exp\left\{\dfrac{1}{2}\int_0^T \Phi(u)dW(u)\right\}\right] < \infty.$

定理 2.151　$\{\Phi(t)\} \in \mathscr{L}_2^{loc}$ に対し，(2.68) で定義される $\{Z(t)\}$ が Novikov の条件または風巻の条件を満たすとする．すると，$\{Z(t)\}$ は $\{\mathscr{F}_t\}$-マルチンゲールになる． □

この定理の証明は省略する．[79] の 3.5 節や [81] などを参照せよ．

定理 2.142 の伊藤の公式は，$\{X(t)\}$ が正値で $f \in C^{1,2}([0,T] \times (0,\infty))$ としても成り立つ．

定理 2.152　$f \in C^{1,2}([0,T] \times (0,\infty))$ とし，$\{X(t)\}$ を伊藤過程で

$$(2.70) \qquad P(\text{すべての } t \in [0,T] \text{ に対し } X(t) > 0) = 1.$$

を満たすものとすると，$\{f(t,X(t))\}_{t \in [0,T]}$ も伊藤過程であって $t \in [0,T]$ に対し (2.63) が成り立つ． □

この定理の証明は 2.4.7 節で行う．

最後に，第 3 章のために次の命題を証明しておく．

命題 2.153　$\{\sigma(t)\}, \{\mu(t)\}, \{r(t)\}$ は有界な $\{\mathscr{F}_t\}$-発展的可測過程とする．$\{S(t)\}$ を (2.66) で定め，また次のようにおく：

$$(2.71) \qquad B(t) := \exp\left\{\int_0^t r(u)du\right\}, \qquad \tilde{S}(t) := S(t)/B(t), \qquad t \in [0,T].$$

さらに，$x \in \mathbb{R}, \xi := \{\xi(t)\} \in \mathscr{L}_2^{loc}$ とする．このとき，伊藤過程

$$(2.72) \qquad X^{x,\xi}(t) := B(t)\left\{x + \int_0^t \xi(u)d\tilde{S}(u)\right\}, \qquad t \in [0,T].$$

は，確率微分方程式

$$(2.73) \qquad \begin{cases} dX^{x,\xi}(t) = r(t)\left\{X^{x,\xi}(t) - \xi(t)S(t)\right\}dt + \xi(t)dS(t), \quad t \in [0,T], \\ X^{x,\xi}(0) = x \end{cases}$$

の唯一の解である． □

2.4 確率積分と確率解析   133

[証明]　$\{X^{x,\xi}(t)\}$ を (2.73) の解とし,

(2.74) $\qquad \tilde{X}^{x,\xi}(t) := X^{x,\xi}(t)/B(t), \qquad t \in [0,T]$

とおく.すると,積の微分の公式より,

$$d\tilde{S}(t) = B(t)^{-1}\{dS(t) - r(t)S(t)dt\},$$
$$d\tilde{X}^{x,\xi}(t) = B(t)^{-1}\left\{dX^{x,\xi}(t) - r(t)X^{x,\xi}(t)dt\right\}$$

が成り立つ.したがって,(2.73) から $d\tilde{X}^{x,\xi}(t) = \xi(t)d\tilde{S}(t)$ が得られ,これと $\tilde{X}^{x,\xi}(0) = x$ より (2.72) が結論される. ∎

注意 2.154 命題 2.153 において,$\{\sigma(t)\}$, $\{\mu(t)\}$, $\{r(t)\}$ の有界性と $\{S(t)\}$ および $\{X^{x,\xi}(t)\}$ の連続性により,(2.73) の右辺の定式化のために必要な P-a.s. に

$$\int_0^T |r(t)X^{x,\xi}(t)|dt < \infty, \quad \int_0^T |r(t)\xi(t)S(t)|dt < \infty,$$
$$\int_0^T |\xi(t)S(t)\sigma(t)|^2 dt < \infty, \quad \int_0^T |\xi(t)S(t)\mu(t)|dt < \infty$$

が成り立つという条件が,任意の $\xi := \{\xi(t)\} \in \mathscr{L}_2^{loc}$ に対し確認される.$\{\sigma(t)\}$, $\{\mu(t)\}$, $\{r(t)\}$ の有界性を仮定しない場合には,これらが成り立つように $\{\xi(t)\}$ のクラスを制限すれば,同様の主張が成り立つ.

2.4.7　定理 2.152 の証明

この節でも,$\{W(t)\}_{t \in [0,T]}$ は $\{\mathscr{F}_t\}$-ブラウン運動とする.$\{\mathscr{F}_t\}$ はブラウン・フィルトレーションである必要はない.この節では,定理 2.152 (伊藤の公式の一つ)を通常の伊藤の公式 (定理 2.142) に帰着させて証明する.やや技術的な議論であるので,最初に読むときは飛ばしてもよい.

まず $f(x) = \log x$ の場合を考える.

補題 2.155　伊藤過程表現 (2.55) を持つ $\{X(t)\}$ が (2.70) を満たすと仮定する.このとき,$\{\log(X(t))\}$ は伊藤過程表現

(2.75) $\log(X(t)) = \log(X(0)) + \int_0^t \dfrac{\Phi(u)}{X(u)} dW(u)$
$\qquad\qquad + \int_0^t \left\{\dfrac{\Psi(u)}{X(u)} - \dfrac{1}{2}\dfrac{\Phi(u)^2}{X(u)^2}\right\} du, \quad t \in [0,T]$

を持つ.また,伊藤過程 $\{Y(t)\}$ を

(2.76) $\quad \tilde{Y}(t) := \log(X(t)), \qquad Y(t) := \tilde{Y}(t) + \frac{1}{2}\langle \tilde{Y}\rangle(t), \qquad t \in [0, T]$

で定義すると,$X(t) = \exp\{Y(t) - (1/2)\langle Y\rangle(t)\}$ となって $\{X(t)\}$ は指数型確率微分方程式

(2.77) $\qquad\qquad dX(t) = X(t)dY(t), \qquad t \in [0, T]$

の唯一の解になる. □

[証明] (2.75)については,両辺の連続性より,固定した $t \in [0, T]$ に対し示せばよい.($\log x$ 自身は $\mathbb{R}$ 上の滑らかな関数に拡張することはできないが)$\varepsilon > 0$ に対し,$[0, \infty)$ 上で $f_\varepsilon(x) = \log(\varepsilon + x)$ を満たす $\mathbb{R}$ 上の関数 $f_\varepsilon \in C^2(\mathbb{R})$ を取ることができる.$f_\varepsilon(X(t))$ に伊藤の公式(定理 2.142)を適用すると,次の等式を得る:

(2.78) $\quad \log(\varepsilon + X(t)) = \log(\varepsilon + X(0)) + \int_0^t \frac{\Phi(u)}{\varepsilon + X(u)} dW(u)$
$\qquad\qquad + \int_0^t \left\{ \frac{\Psi(u)}{\varepsilon + X(u)} - \frac{1}{2} \frac{\Phi(u)^2}{(\varepsilon + X(u))^2} \right\} du.$

ここで,仮定(2.70)より,f_ε の $(0, \infty)$ 上での形しか結果に影響しないことを用いた.$\{X(t)\}$ は正値連続過程であるから,

$$\int_0^T \frac{\Phi(u)^2}{X(u)^2} du \leq \left(\min_{u \in [0, T]} X(u) \right)^{-2} \int_0^T \Phi(u)^2 du < \infty, \qquad P\text{-a.s.}$$

が成り立ち,したがってルベーグの収束定理により,$\varepsilon \to 0+$ のとき

$$\int_0^T \left| \frac{\Phi(u)}{\varepsilon + X(u)} - \frac{\Phi(u)}{X(u)} \right|^2 du \to 0, \qquad P\text{-a.s.}$$

となるので,定理 2.122(2)より次が成り立つ:$\varepsilon \to 0+$ のとき,

$$\int_0^t \frac{\Phi(u)}{\varepsilon + X(u)} dW(u) \to \int_0^t \frac{\Phi(u)}{X(u)} dW(u), \qquad \text{in prob.}$$

同様の議論を用いて,結局(2.78)で $\varepsilon \to 0+$ とすると(2.75)が得られる.

伊藤過程 $\{\tilde{Y}(t)\}$ と $\{Y(t)\}$ を(2.76)で定めると,$\langle \tilde{Y}\rangle(t) = \langle Y\rangle(t)$ であるから,$X(t) = \exp\{Y(t) - (1/2)\langle Y\rangle(t)\}$ と書ける.したがって,$f(x) = e^x$ に対する $f(Y(t) - (1/2)\langle Y\rangle(t))$ に伊藤の公式を適用すると,$\{X(t)\}$ が(2.77)を満たすことが分かる.一意性の証明は,命題 2.148 と同様である(問題 2.156).■

問題 2.156 上の証明で省略した (2.77) の解の一意性を証明せよ. □

[定理 2.152 の証明] 関数 $g \in C^{1,2}([0,T] \times \mathbb{R})$ を
$$g(t,z) := f(t, e^z), \qquad (t,z) \in [0,T] \times \mathbb{R}$$
により定める. 補題 2.155 により伊藤過程 $\{Y(t)\}$ を用いて
$$X(t) = \exp\left\{Y(t) - \frac{1}{2}\langle Y\rangle(t)\right\}, \qquad t \in [0,T]$$
と表す. (2.77) と等式
$$\frac{\partial g}{\partial t}(t,z) = \frac{\partial f}{\partial t}(t, e^z), \qquad \frac{\partial g}{\partial z}(t,z) = \frac{\partial f}{\partial x}(t, e^z)e^z,$$
$$\frac{\partial^2 g}{\partial z^2}(t,z) = \frac{\partial f}{\partial x}(t, e^z)e^z + \frac{\partial^2 f}{\partial x^2}(t, e^z)e^{2z}$$
を用いて, $g(t, Z(t))$, ただし $Z(t) := Y(t) - (1/2)\langle Y\rangle(t)$, に伊藤の公式 (定理 2.142) を適用すると
$$df(t, X(t)) = dg(t, Z(t))$$
$$= \frac{\partial g}{\partial t}(t, Z(t))dt + \frac{\partial g}{\partial z}(t, Z(t))dZ(t) + \frac{1}{2}\frac{\partial^2 g}{\partial z^2}(t, Z(t))d\langle Z\rangle(t)$$
$$= \frac{\partial f}{\partial t}(t, X(t))dt + \frac{\partial f}{\partial x}(t, X(t))dX(t) + \frac{1}{2}\frac{\partial^2 f}{\partial x^2}(t, X(t))d\langle X\rangle(t)$$
が分かり, (2.63) が得られる. ここで, $\langle Z\rangle(t) = \langle Y\rangle(t)$ および
$$d\langle X\rangle(t) = \Phi(t)^2 dt = X(t)^2 d\langle Y\rangle(t) = X(t)^2 d\langle Z\rangle(t)$$
となることを用いた. ■

2.4.8 Girsanov の定理

Girsanov (ギルサノフ) の定理とは, 確率測度をうまく取り替えると, ブラウン運動ではなかったものがブラウン運動になるという形の主張である. この Girsanov の定理の感じをつかむために, まず確率変数に対する簡単な類似物を見てみよう. $t \in (0, \infty)$ とする. 確率測度 P のもとで実確率変数 X は平均 0, 分散 t の正規分布 $N(0,t)$ に従うとする. $\lambda \in \mathbb{R}$ とし, $X^{(\lambda)} := X + \lambda t$ とおくと, P のもとでは, $X^{(\lambda)}$ の分布は $N(\lambda t, t)$ であり, 特に平均は λt である. 我々は,

P とは異なる別の確率測度 Q を取って Q の下では $X^{(\lambda)}$ は平均 0, 分散 t の正規分布 $N(0,t)$ に従うようにしたい. そのために, $(\Omega, \mathscr{F})$ 上の測度 Q を

$$Q(A) := E^P\left[1_A e^{-\lambda X - (1/2)\lambda^2 t}\right], \qquad A \in \mathscr{F}$$

で定義する. ここで, $E^P[\cdot]$ は, P に関する期待値を表す. すると(下の計算から) $Q(\Omega) = 1$ であることが分かる. すなわち, Q も確率測度になる. Q のもとでの $X^{(\lambda)}$ の分布を調べるために, $E \in \mathscr{B}(\mathbb{R})$ を任意に取る. すると,

$$Q(X^{(\lambda)} \in E) = E^Q[1_E(X + \lambda t)] = E^P[1_E(X + \lambda t) e^{-\lambda X - (1/2)\lambda^2 t}]$$
$$= \int_{-\infty}^{\infty} 1_E(x + \lambda t) e^{-\lambda x - (1/2)\lambda^2 t} \frac{1}{\sqrt{2\pi t}} e^{-x^2/(2t)} dx$$
$$= \int_{-\infty}^{\infty} 1_E(x + \lambda t) \frac{1}{\sqrt{2\pi t}} e^{-(x+\lambda t)^2/(2t)} dx = \int_{-\infty}^{\infty} 1_E(x) \frac{1}{\sqrt{2\pi t}} e^{-x^2/(2t)} dx$$

が分かる. これは Q のもとで $X^{(\lambda)}$ が正規分布 $N(0,t)$ に従うことを意味する.

上の確率変数に対する結果を確率過程に拡張したものが, Girsanov の定理であるが, それを述べる前に, 確率測度の間の絶対連続性と同値性に関する基本事項を述べる. 省略された定理の証明などの詳細は, [145] などを参照せよ.

定義 2.157(絶対連続性と同値性) P と Q は, 可測空間 $(\Omega, \mathscr{F})$ 上の二つの確率測度とする.

(1) Q が P に関して**絶対連続**(absolutely continuous)であるとは, $A \in \mathscr{F}$ に対し, $P(A) = 0 \Rightarrow Q(A) = 0$ が成り立つことである.

(2) P と Q が**同値**(equivalent)であるとは, それぞれが相手に対し絶対連続であること, すなわち $A \in \mathscr{F}$ に対し, $P(A) = 0 \Leftrightarrow Q(A) = 0$ が成り立つことである. □

定義 2.158(密度) 可測空間 $(\Omega, \mathscr{F})$ 上の二つの確率測度 P と Q に対し, $(\Omega, \mathscr{F})$ 上の非負可測関数 f が存在して

$$(2.79) \qquad Q(A) = E^P[f 1_A], \qquad A \in \mathscr{F}$$

が成り立つとき, f を Q の P に関する**密度**(density)といい,

$$\frac{dQ}{dP} = f$$

と記す. ここで, $E^P[\cdot]$ は P に関する期待値を表す. □

注意 2.159 密度 dQ/dP は P-a.s. に一意に決まる.

絶対連続性に関しては，次の Radon-Nikodym (ラドン-ニコディム) の定理が基本的である．

定理 2.160 (Radon-Nikodym の定理) 可測空間 $(\Omega, \mathscr{F})$ 上の二つの確率測度 P と Q に対し，Q が P に関して絶対連続であるための必要十分条件は，密度 dQ/dP が存在することである． □

命題 2.161 P と Q は可測空間 $(\Omega, \mathscr{F})$ 上の二つの確率測度で，Q は P に関して絶対連続であるとする．$(\Omega, \mathscr{F})$ 上の可測関数 X は，$E^Q[|X|] < \infty$ または $Q(X \geqq 0) = 1$ を満たすとする．すると，

$$E^Q[X] = E^P\left[\frac{dQ}{dP} X\right]$$

が成り立つ． □

命題 2.162 可測空間 $(\Omega, \mathscr{F})$ 上の二つの確率測度 P と Q が同値であるための必要十分条件は，密度 dQ/dP が存在して $P(dQ/dP > 0) = 1$ が成り立つことである．このとき，$dP/dQ = 1/(dQ/dP)$ が成り立つ． □

以下，この節の最後まで，フィルター付き確率空間 $(\Omega, \mathscr{F}, P, \{\mathscr{F}_t\})$ 上で考える．$\{W(t)\}_{t \in [0,T]}$ を $\{\mathscr{F}_t\}$-ブラウン運動とする．ここで，$\{\mathscr{F}_t\}$ はブラウン・フィルトレーションである必要はない．

$\{\lambda(t)\} \in \mathscr{L}_2^{loc}$ に対し，

$$(2.80) \quad Z(t) := \exp\left\{-\int_0^t \lambda(u) dW(u) - \frac{1}{2}\int_0^t \lambda(u)^2 du\right\}, \quad t \in [0, T]$$

で定義される指数優マルチンゲールが $\{\mathscr{F}_t, P\}$-マルチンゲールであるとする．すると $E^P[Z(T)] = E^P[Z(0)] = 1$ であるから，命題 2.162 により $(\Omega, \mathscr{F})$ 上の P と同値な新しい確率測度 Q を $dQ/dP = Z(T)$，つまり，

$$(2.81) \quad Q(A) := E^P[1_A Z(T)], \quad A \in \mathscr{F}$$

により定義できる．

定理 2.163 (Girsanov の定理) $\lambda := \{\lambda(t)\} \in \mathscr{L}_2^{loc}$ に対し (2.80) で定義される指数優マルチンゲール $\{Z(t)\}$ が $\{\mathscr{F}_t, P\}$-マルチンゲールであると仮定する．すると

$$(2.82) \quad W^{(\lambda)}(t) := W(t) + \int_0^t \lambda(u) du, \quad t \in [0, T]$$

で定義される過程 $\{W^{(\lambda)}(t)\}$ は，$(\Omega, \mathscr{F}, Q)$ 上の $\{\mathscr{F}_t\}$-ブラウン運動である． □

Girsanov の定理の証明は，[79] の 3.5 節などを参照せよ．Girsanov の定理を適用するには，$\{Z(t)\}$ のマルチンゲール性が必要であるが，それには，先に述べた Novikov の条件などが役に立つ．

注意 2.164 Girsanov の定理は，Cameron-Martin-丸山-Girsanov (カメロン-マルチン-丸山-ギルサノフ) の定理などともよばれる．また，Girsanov の定理で $\{\lambda(t)\}$ がランダムでないときには，Cameron-Martin の定理ともよばれる．

2.4.9 Bayes の公式

この節では，一般のフィルター付き確率空間 $(\Omega, \mathscr{F}, P, \{\mathscr{F}_t\})$ 上で考える．
Q を P と同値な $(\Omega, \mathscr{F})$ 上の確率測度とし，$\{\mathscr{F}_t, P\}$-マルチンゲール $\{Z(t)\}$ を

$$(2.83) \qquad Z(t) := E\left[\left.\frac{dQ}{dP}\right|\mathscr{F}_t\right], \qquad t \in [0, T]$$

で定める．次の **Bayes** (ベイズ) の公式は，Q に関する条件付き期待値 $E^Q[\cdot]$ を P に関する条件付き期待値 $E[\cdot]$ で表す公式で，いろいろな局面で用いられる．

定理 2.165 (**Bayes の公式**) $0 \leqq s \leqq t \leqq T$ とし，確率変数 X は $\mathscr{F}_t$-可測で $E^Q[|X|] < \infty$ を満たすとする．すると，

$$E^Q[X|\mathscr{F}_s] = \frac{E[XZ(t)|\mathscr{F}_s]}{Z(s)}, \qquad P\text{-a.s.} \quad \text{かつ} \quad Q\text{-a.s.}$$

が成り立つ． □

[証明] $Z := dQ/dP$ とおき，$A \in \mathscr{F}_s$ とする．すると

$$E^Q[X 1_A] = E[ZX 1_A] = E[Z(t)X 1_A] = E\left[E[Z(t)X|\mathscr{F}_s] 1_A\right].$$

一方，

$$E^Q\left[\frac{E[XZ(t)|\mathscr{F}_s]}{Z(s)} 1_A\right] = E\left[Z \frac{E[XZ(t)|\mathscr{F}_s]}{Z(s)} 1_A\right]$$
$$= E\left[Z(s) \frac{E[XZ(t)|\mathscr{F}_s]}{Z(s)} 1_A\right] = E\left[E[Z(t)X|\mathscr{F}_s] 1_A\right].$$

よって

$$E^Q[X 1_A] = E^Q\left[\frac{E[XZ(t)|\mathscr{F}_s]}{Z(s)} 1_A\right]$$

であるから，条件付き期待値の定義より，欲しい等式が Q-a.s. の意味で成り立

つ．しかし，P と Q は同値であるから，P-a.s. の意味でも成り立つ． ∎

上の Bayes の公式より，次の命題が従う．

命題 2.166 過程 $\{M(t)\}_{t\in[0,T]}$ は $\{\mathscr{F}_t\}$-適合過程であるとする．このとき，$\{M(t)\}$ が $\{\mathscr{F}_t, Q\}$-マルチンゲールであるための必要十分条件は，過程 $\{M(t)Z(t)\}_{t\in[0,T]}$ が $\{\mathscr{F}_t, P\}$-マルチンゲールであることである． ∎

[証明] Bayes の公式により，$0 \leqq s \leqq t \leqq T$ に対し，

$$E^Q[M(t)|\mathscr{F}_s] = \frac{E[M(t)Z(t)|\mathscr{F}_s]}{Z(s)}, \quad P\text{-a.s. かつ } Q\text{-a.s.}$$

が成り立つ．欲しい主張はこれより得られる． ∎

2.4.10 マルチンゲール表現定理

この節では，種々のマルチンゲール表現定理を紹介する．ここで**マルチンゲール表現定理**(martingale representation theorem)とは，確率積分を用いた表示式によりブラウン・フィルトレーションに関するマルチンゲールを表現する定理である．この節の結果は，次章のファイナンスの連続時間モデルにおいて重要な役割を果たす．

この節では，$\{\mathscr{F}_t\}$ はブラウン運動 $\{W(t)\}_{t\in[0,T]}$ に関するブラウン・フィルトレーションであるとする．この仮定は本質的である．また，この節では，ある条件を満たす発展的可測過程 $\{X(t)\}_{t\in[0,T]}$ が一意に存在するとは，その条件を満たす $\{X(t)\}$ と $\{X'(t)\}$ に対し $X(t,\omega) = X'(t,\omega)$ が Leb $\otimes$ P-a.e. の意味で成り立つこととする．

定理 2.167 X は $\mathscr{F}_T$-可測な確率変数で $E[X^2] < \infty$ を満たすとする．すると，$(x, \{\varPhi(t)\}) \in \mathbb{R} \times \mathscr{L}_2$ で

$$(2.84) \qquad X = x + \int_0^T \varPhi(t)dW(t), \qquad \text{a.s.}$$

を満たすものが一意に存在する．また x は $x = E[X]$ で与えられる． ∎

定理 2.167 の証明は省略する．[79]の第 3 章の問題 4.17 などを見よ．

定理 2.167 より，まず次の形の**マルチンゲール表現定理**が従う．

定理 2.168 2 乗可積分 $\{\mathscr{F}_t, P\}$-マルチンゲール $\{M(t)\}$ に対し，

$$(2.85) \qquad P\left(M(t) = M(0) + \int_0^t \varPhi(s)dW(s)\right) = 1, \qquad t \in [0,T]$$

を満たす $\{\Phi(t)\} \in \mathscr{L}_2$ が一意に存在する. □

[証明] 上の定理 2.167 より, $M(T) = M(0) + \int_0^T \Phi(t)dW(t)$, a.s. を満たす $\{\Phi(t)\} \in \mathscr{L}_2$ が存在する. $\mathscr{L}_2$ の元に対する確率積分はマルチンゲールになるから (定義 2.117 参照), 両辺の条件付き期待値を取れば (2.85) を得る. 一意性は定理 2.167 あるいは定理 2.134 より従う. ■

次のマルチンゲール表現定理は, 定理 2.168 における 2 乗可積分性の条件をはずし $\mathscr{L}_2$ を $\mathscr{L}_2^{loc}$ で置き換えた形をしている.

定理 2.169 $\{\mathscr{F}_t, P\}$-マルチンゲール $\{M(t)\}_{t \in [0,T]}$ に対し, $\{\Phi(t)\} \in \mathscr{L}_2^{loc}$ で (2.85) を満たすものが一意に存在する. 特に, この $\{\Phi(t)\}$ に対し確率積分 $\left\{\int_0^t \Phi(s)dW(s)\right\}_{t \in [0,T]}$ は $\{\mathscr{F}_t, P\}$-マルチンゲールになる. □

[証明] 命題 2.80 より $\{M(t)\}$ は右連続な変形を持つ. その変形は実は連続であるので ([79], 第 3 章, 問題 4.16), 始めから $\{M(t)\}_{t \in [0,T]}$ は連続であるとする. $n = 1, 2, \cdots$ に対し, $\tau_n := T \wedge \inf\{t \in [0,T] : |M(t)| > n\}$ とおく. 命題 2.69 と命題 2.59 により τ_n たちは停止時刻になり, さらに $\tau_1 \leq \tau_2 \leq \cdots$ かつ注意 2.85 より $P(\text{ある } n \text{ で } \tau_n = T) = 1$ を満たす. 次のようにおく:

$$\Omega_n := \{\omega \in \Omega : \tau_n(\omega) = T\} = \{\omega \in \Omega : \tau_n(\omega) \geq T\}, \quad n = 1, 2, \cdots.$$

すると, $\Omega_1 \subset \Omega_2 \subset \Omega_3 \subset \cdots$ および $P\left(\bigcup_{n=1}^\infty \Omega_n\right) = 1$ が成り立つ.

補題 2.78 より $\{M(t \wedge \tau_n)\}_{t \in [0,T]}$ はマルチンゲールになるので, 定理 2.168 より $\{\Phi^{(n)}(t)\} \in \mathscr{L}_2$ で, すべての $t \in [0,T]$ に対し,

$$M(t \wedge \tau_n) = M(0) + \int_0^t \Phi^{(n)}(s)dW(s), \quad P\text{-a.s.}$$

を満たすものが存在する. $m \leq n$ とすると, 補題 2.128 よりすべての $t \in [0,T]$ に対し P-a.s. に

$$\int_0^t \Phi^{(m)}(u)dW(u) = M(t \wedge \tau_m) - M(0) = M((t \wedge \tau_m) \wedge \tau_n) - M(0)$$
$$= \int_0^{t \wedge \tau_m} \Phi^{(n)}(u)dW(u) = \int_0^t 1_{\{u \leq \tau_m\}} \Phi^{(n)}(u)dW(u)$$

が成り立つ. これと定理 2.134 により

$$\Phi^{(m)}(t) = 1_{\{t \leq \tau_m\}} \Phi^{(n)}(t), \quad \text{Leb} \otimes P\text{-a.e.}$$

を得る.そこで,
$$D := \bigcap_{m \leq n} \left\{ (t,\omega) \in [0,T] \times \Omega : \Phi^{(m)}(t,\omega) = 1_{\{t \leq \tau_m\}}(\omega) \Phi^{(n)}(t,\omega) \right\}$$
とおき,$P(\bigcup_{n=1}^{\infty} \Omega_n) = 1$ に注意して $\{\Phi(t)\} \in \mathscr{L}_2^{loc}$ を

各 $n = 1, 2, \cdots$ に対し Ω_n 上では $\Phi(t) := 1_D \Phi^{(n)}(t), t \in [0,T]$

で定義すると,$1_{\{t \leq \tau_n\}} \Phi(t) = \Phi^{(n)}(t)$, Leb $\otimes$ P-a.e., となる.よって,定理 2.125 を用いて,$t \in [0,T]$ に対し
$$\int_0^{t \wedge \tau_n} \Phi(u) dW(u) = \int_0^t \Phi^{(n)}(u) dW(u) = M(t \wedge \tau_n) - M(0), \quad P\text{-a.s.}$$
が成り立つ.ここで $n \to \infty$ とすると (2.85) を得る.最後に,一意性は伊藤過程の表現の一意性(定理 2.134)より従う. ∎

定理 2.169 より,ブラウン・フィルトレーションに関するマルチンゲールについては,命題 2.80 よりも強い次の主張が成り立つ.

系 2.170 任意の $\{\mathscr{F}_t, P\}$-マルチンゲールは連続な変形を持つ. ∎

[証明] 定理 2.169 の証明を見よ. ∎

定理 2.169 の一つの応用として,ブラウン・フィルトレーションの正値マルチンゲールに対する表現定理を示す.まず,次の命題を用意する.

命題 2.171 $\{N(t)\}_{t \in [0,T]}$ は $P(N(T) > 0) = 1$ を満たす連続 $\{\mathscr{F}_t, P\}$-マルチンゲールとする.すると

(2.86) $\quad P(\text{すべての } t \in [0,T] \text{ に対し } N(t) > 0) = 1$

が成り立つ. ∎

[証明] $\tau := T \wedge \inf\{t \in [0,T] : N(t) \leq 0\}$ とおく.すると,命題 2.68 と 2.59 により,τ は停止時刻になる.一般に $\tau \leq T$ であるが,$\tau < T$ ならば $N(\tau) = 0$ が成り立つ.よって,任意抽出定理(定理 2.77)より
$$E[N(T)] = E[N(\tau)] = E[1_{\{\tau=T\}} N(\tau)] + E[1_{\{\tau<T\}} N(\tau)] = E[1_{\{\tau=T\}} N(T)].$$
これより $E[1_{\{\tau<T\}} N(T)] = 0$ を得るが,仮定より $N(T) > 0$, a.s. であるので,結局 $P(\tau < T) = 0$ を得る.これは (2.86) を意味する. ∎

次がブラウン・フィルトレーションの正値マルチンゲールに対する表現定理である.

定理 2.172 $M(T) > 0$, a.s. を満たす $\{\mathscr{F}_t, P\}$-マルチンゲール $\{M(t)\}_{t \in [0,T]}$ に対し, $\{\Psi(t)\}_{t \in [0,T]} \in \mathscr{L}_2^{loc}$ で次を満たすものが一意に存在する:

$$(2.87) \quad P\left(M(t) = M(0)e^{\int_0^t \Psi(s)dW(s) - \frac{1}{2}\int_0^t \Psi(s)^2 ds}\right) = 1, \quad t \in [0,T].$$

特に, この $\{\Psi(t)\}$ に対し $\{e^{\int_0^t \Psi(s)dW(s) - \frac{1}{2}\int_0^t \Psi(s)^2 ds}\}$ は $\{\mathscr{F}_t, P\}$-マルチンゲールになる. □

[証明] $\{M(t)\}$ の連続性は仮定していないから, 命題 2.171 を直接 $\{M(t)\}$ に適用することはできない. しかし, 定理 2.169 より $\{\Phi(t)\}_{t \in [0,T]} \in \mathscr{L}_2^{loc}$ であって, すべての $t \in [0,T]$ に対し $P(M(t) = N(t)) = 1$ を満たすものが存在する. ここで, $\{N(t)\}_{t \in [0,T]}$ は

$$N(t) := M(0) + \int_0^t \Phi(s)dW(s), \quad t \in [0,T]$$

で定義される連続 $\{\mathscr{F}_t\}$-マルチンゲールである. $P(N(T) > 0) = 1$ であるから, 命題 2.171 より (2.86) が成り立つ. よって, 補題 2.155 より

$$\log(N(t)) = \log(N(0)) + \int_0^t \Psi(s)dW(s) - \frac{1}{2}\int_0^t \Psi(s)^2 ds, \quad t \in [0,T]$$

が, したがって (2.87) が, $\Psi(t) := \Phi(t)/N(t)$ に対して成り立つ. 最後に, 一意性は定理 2.134 より従う. ∎

定理 2.172 より, ブラウン・フィルトレーションの下で次の定理が得られる.

定理 2.173 Q を P と同値な $(\Omega, \mathscr{F})$ 上の確率測度とし, $\{\mathscr{F}_t, P\}$-マルチンゲール $\{Z(t)\}_{t \in [0,T]}$ を (2.83) で定める. すると, $\{\lambda(t)\}_{t \in [0,T]} \in \mathscr{L}_2^{loc}$ であって

$$(2.88) \quad P\left(Z(t) = e^{-\int_0^t \lambda(s)dW(s) - \frac{1}{2}\int_0^t \lambda(s)^2 ds}\right) = 1, \quad t \in [0,T]$$

を満たすものが一意に存在する. また, この $\{\lambda(t)\}$ を用いて

$$W^*(t) := W(t) + \int_0^t \lambda(s)ds, \quad t \in [0,T]$$

により定義される過程 $\{W^*(t)\}_{t \in [0,T]}$ は Q の下でブラウン運動になる. □

[証明] $P(dQ/dP > 0) = 1$ より, $P(Z(T) > 0) = 1$. また, $Z(0) = Q(\Omega) = 1$. よって, 定理 2.172 を $\{Z(t)\}$ に適用し $\lambda(t) := -\Psi(t)$ とすれば, (2.88) が

2.4 確率積分と確率解析 143

成り立つ．一意性は定理 2.134 による．さらに $\{Z(t)\}$ は，したがって $\{e^{-\int_0^t \lambda(s)dW(s) - \frac{1}{2}\int_0^t \lambda(s)^2 ds}\}$ は，$\{\mathscr{F}_t, P\}$-マルチンゲールであるから，Girsanov の定理(定理 2.163)より $dQ_0/dP = Z(T)$ で定義される $(\Omega, \mathscr{F})$ 上の確率測度 Q_0 の下で，$\{W^*(t)\}$ はブラウン運動になる．しかし，$A \in \mathscr{F}_T$ ならば

$$Q_0(A) = E^P[1_A Z(T)] = E^P\left[1_A \frac{dQ}{dP}\right] = E^Q[1_A] = Q(A)$$

より $\mathscr{F}_T$ 上 $Q = Q_0$ なので，$\{W^*(t)\}$ は Q の下でもブラウン運動である． ∎

次の定理は，$\{\mathscr{F}_t, Q\}$-マルチンゲールを $\{W^*(t)\}$ による確率積分で表すタイプのマルチンゲール表現定理である．

定理 2.174 Q と $\{W^*(t)\}_{t \in [0,T]}$ は，定理 2.173 の通りとする．$\{\mathscr{F}_t, Q\}$-マルチンゲール $\{M(t)\}_{t \in [0,T]}$ に対し，$\{\Phi(t)\} \in \mathscr{L}_2^{loc}$ で次を満たすものが一意に存在する：

$$(2.89) \quad Q\left(M(t) = M(0) + \int_0^t \Phi(s)dW^*(s)\right) = 1, \quad t \in [0,T].$$

特に，この $\{\Phi(t)\}$ に対し $\left\{\int_0^t \Phi(s)dW^*(s)\right\}_{t \in [0,T]}$ は $\{\mathscr{F}_t, Q\}$-マルチンゲールになる． □

[証明] $\{Z(t)\}$ を定理 2.173 の通りとする．命題 2.166 より，$\{M(t)Z(t)\}$ は $\{\mathscr{F}_t, P\}$-マルチンゲールである．系 2.170 により，$\{Z(t)\}$ と $\{M(t)Z(t)\}$，したがって $\{M(t)\}$，として連続な変形を取っておく．定理 2.169 により，ある $\{\Psi(t)\} \in \mathscr{L}_2^{loc}$ で，a.s. に

$$M(t)Z(t) = M(0) + \int_0^t \Psi(s)dW(s), \quad t \in [0,T]$$

を，したがって a.s. に

$$M(t) = \frac{1}{Z(t)}\left\{M(0) + \int_0^t \Psi(s)dW^*(s) - \int_0^t \Psi(s)\lambda(s)ds\right\}, \quad t \in [0,T]$$

を，満たすものが存在する．$1/Z(t) = e^{\int_0^t \lambda(s)dW^*(s) - \frac{1}{2}\int_0^t \lambda^2(s)ds}$ であるので，積の微分の公式(定理 2.146)より次が得られる：

$$dM(t) = \{1/Z(t)\}\{\Psi(t)dW^*(t) - \Psi(t)\lambda(t)dt\} + M(t)\lambda(t)dW^*(t)$$
$$\quad + \Psi(t)\{1/Z(t)\}\lambda(t)dt$$
$$= \{(\Psi(t)/Z(t)) + M(t)\lambda(t)\}dW^*(t).$$

よって(2.89)が $\Phi(t) := (\Psi(t)/Z(t)) + M(t)\lambda(t)$ で成り立つ．最後に，一意性は定理 2.134 より従う． ∎

定理 2.174 より，次の系 2.170 の拡張が得られる．

系 2.175 Q を P と同値な $(\Omega, \mathscr{F})$ 上の確率測度とすると，任意の $\{\mathscr{F}_t, Q\}$-マルチンゲールは連続な変形を持つ． ∎

注意 2.176 定理 2.169 を Q や $\{W^*(t)\}$ たちに直接適用することで，定理 2.174 を証明することはできない．なぜならば，$\{\lambda(t)\}$ がランダムであるため，$\{W^*(t)\}$ に関するブラウン・フィルトレーションが $\{W(t)\}$ に関するブラウン・フィルトレーションである $\{\mathscr{F}_t\}$ と一致するとは限らないからである．そのため，我々は $\{\mathscr{F}_t, Q\}$-マルチンゲールに関する問題を $\{\mathscr{F}_t, P\}$-マルチンゲールに関する問題に帰着させ，それに定理 2.169 を適用するという方針を取った．

2.4.11 確率微分方程式

2.4.6 節に出てきた確率微分方程式の解は，すべて明示的に表現できた．しかし，次章では，明示的に表現できない解を持つ確率微分方程式も現れる．そこで，この節では確率微分方程式の解の存在と一意性に関する一般的な結果を述べる．$(\Omega, \mathscr{F}, P, \{\mathscr{F}_t\})$ をフィルター付きの完備な確率空間，$\{W(t)\}_{t \in [0,T]}$ を $\{\mathscr{F}_t\}$-ブラウン運動とする．$\{\mathscr{F}_t\}$ はブラウン・フィルトレーションである必要はない．

次の確率微分方程式を考える：

$$(2.90) \quad dX(t) = \mu(t, X(t))dt + \sigma(t, X(t))dW(t), \quad t \in [0, T], \quad X(0) = x.$$

ここで，$x \in \mathbb{R}$ で，$\sigma, \mu : [0, T] \times \mathbb{R} \to \mathbb{R}$ は共に可測とする．μ を (2.90) のドリフト (drift) という．この節では，(2.90) の解に関する一般的な結果を述べる．

定義 2.177 連続な $\{\mathscr{F}_t\}$-適合過程 $\{X(t)\}_{t \in [0,T]}$ が確率微分方程式 (2.90) の解であるとは，$\{\sigma(t, X(t))\} \in \mathscr{L}_2^{loc}$, $\{\mu(t, X(t))\} \in \mathscr{L}_1^{loc}$ であって，a.s. に

$$X(t) = x + \int_0^t \mu(s, X(s))ds + \int_0^t \sigma(s, X(s))dW(s), \quad t \in [0, T]$$

を満たすことである．また，(2.90) の任意の二解 $\{X(t)\}, \{X'(t)\}$ に対し a.s. に

$$X(t) = X'(t), \quad t \in [0, T]$$

が成り立つとき，(2.90) の解は**一意**であるという． ∎

注意 2.178 定義より，確率微分方程式(2.90)の解 $\{X(t)\}$ は伊藤過程である．

注意 2.179 定義 2.177 の意味の解を**強解**(strong solution)ともいう．

常微分方程式の解の存在に関する標準的な結果と似た形の次の定理が成り立つ．

定理 2.180 確率微分方程式(2.90)の係数 μ と σ に対し，ある $K \in (0, \infty)$ が存在して，すべての $(t, x, y) \in [0, T] \times \mathbb{R} \times \mathbb{R}$ に対し次が成り立つとする：

(1) $|\mu(t, x) - \mu(t, y)| + |\sigma(t, x) - \sigma(t, y)| \leqq K|x - y|$．

(2) $|\mu(t, 0)| + |\sigma(t, 0)| \leqq K$．

すると(2.90)には解 $\{X(t)\}$ が一意に存在し，$E[\sup_{t \in [0,T]} |X(t)|^2] < \infty$ を満たす． □

証明は[92]の定理 3.5.3 などを参照せよ．定理 2.180 の条件(1)を μ と σ に対する **Lipschitz**(リプシッツ)**条件**という．この定理の条件を満たす例としては，上の(2.67)や，次章の 3.3.3 節の Vasicek モデルを記述する SDE(3.61)がある．ただし，これらの場合には，解を明示的に求めることができる．

次の定理は，係数 σ が Lipschitz 条件を満たさない場合に適用でき，次章の 3.3.4 節の CIR モデルにおいて用いられる．

定理 2.181(山田-渡辺の定理) μ はある $K \in (0, \infty)$ に対する Lipschitz 条件

$$|\mu(t, x) - \mu(t, y)| \leqq K|x - y|, \quad (t, x, y) \in [0, T] \times \mathbb{R} \times \mathbb{R}$$

を満たし，σ に対してはある狭義単調増加な $\rho: [0, \infty) \to [0, \infty)$ で $\rho(0) = 0$ となるものがあって次の二つの条件を満たすとする：

(2.91) 任意の $\varepsilon > 0$ に対して $\displaystyle\int_0^\varepsilon \frac{dx}{\rho(x)^2} = \infty$,

(2.92) $|\sigma(t, x) - \sigma(t, y)| \leqq \rho(|x - y|), \quad (t, x, y) \in [0, T] \times \mathbb{R} \times \mathbb{R}$．

このとき，確率微分方程式(2.90)には解 $\{X(t)\}$ が一意に存在する． □

この定理は[147]による．証明は[64]の第 IV 章の Theorem 3.2 や[79]の第 5 章の命題 2.13 などを参照せよ．

例 2.182 $p \in [1/2, 1], \sigma \in (0, \infty), \alpha, \beta, x \in \mathbb{R}$ として，確率微分方程式

(2.93) $dX(t) = (\alpha + \beta X(t))dt + \sigma|X(t)|^p dW(t), \quad t \in [0, T], \quad X(0) = x$

を考える．これは(2.90)で $\mu(t, x) = \alpha + \beta x, \sigma(t, x) = \sigma|x|^p$ の場合にあたる．ま

ず，$\mu(t,x)$ は明らかに Lipschitz 条件を満たす．次に，$\rho(x) := \sigma x^p$, $x \geq 0$, に対し $\sigma(t,x)$ が (2.92) を満たすことを示そう．$\rho'' \leq 0$ より ρ' は $(0, \infty)$ で非増加であるから，$0 \leq y \leq x$ に対し

$$\sigma x^p - \sigma y^p = \int_0^{x-y} \rho'(z+y)dz \leq \int_0^{x-y} \rho'(z)dz = \rho(x-y)$$

となり，(2.92) がこの場合に得られる．一般の $x, y \in \mathbb{R}$ の場合も容易に従う．以上により，定理 2.181 の条件が満たされることが分かったので，(2.93) には解が一意に存在する． □

注意 2.183 我々は SDE (2.90) においてブラウン運動 $\{W(t)\}$ の次元 d と解 $\{X(t)\}$ の次元 N は共に 1 としている．しかし，定理 2.180 の類似が一般次元 $d, N \geq 1$ でも同様に成り立つ．これに対し，定理 2.181 は本質的に 1 次元 $d = N = 1$ の結果である．

2.5 より一般の確率解析

本節では，伊藤過程より広いクラスの確率過程に対する確率解析を整備する．なお，この節の内容は第 7 章で用いられるものであるので，初読の際は読み飛ばしても差し支えない．

$(\Omega, \mathscr{F}, P)$ を完備確率空間とし，フィルトレーション $\{\mathscr{F}_t\}_{t \in [0, \infty)}$ は前節までと同様に通常の条件 (2.2.1 節参照) を満たすとする．

まず，可予測という概念を導入しよう．

定義 2.184 **可予測 σ-集合族** (predictable σ-field) とは，すべての左連続適合過程により生成される $\mathbb{R}_+ \times \Omega$ 上の σ-集合族 $\mathscr{P}$ のことをいう．また，確率過程が ($\mathbb{R}_+ \times \Omega$ 上の写像として) $\mathscr{P}$-可測のとき，**可予測**であるという． □

命題 2.185 可予測 σ-集合族を $\mathscr{P}$ とするとき，以下が成り立つ：

$$\mathscr{P} = \sigma(\{0\} \times A, (s,t] \times B : A \in \mathscr{F}_0, s < t, B \in \mathscr{F}_s).$$

□

［証明］ 右辺の σ-集合族を $\mathscr{P}'$ とおこう．$A \in \mathscr{F}_s$, $s < t$ とするとき，$X(u, \omega) := 1_{(s,t] \times A}(u, \omega)$ は左連続適合過程である．したがって $\mathscr{P}' \subset \mathscr{P}$．逆に，$X$ を左連続適合過程として，

$$X_n(t, \omega) := X(0, \omega) 1_{\{0\}}(t) + \sum_{k=1}^{\infty} X(k/2^n, \omega) 1_{(k/2^n, (k+1)/2^n]}(t)$$

を考えると，X_n は $\mathscr{P}'$-可測であり，X に各点収束するから，X も $\mathscr{P}'$-可測で

ある．よって $\mathscr{P} \subset \mathscr{P}'$．

注意 2.186 可予測過程のクラスは発展的可測過程のクラスに含まれる．実際，$s<t$，$A \in \mathscr{F}_s$ として $X = 1_{(s,t] \times A}$ を考えるとき，$u \leqq s$ ならば $[0,u] \times \Omega$ 上で $X = 0$．よって $X|_{[0,u] \times \Omega}$ は $\mathscr{B}(0,u] \otimes \mathscr{F}_u$-可測である．$u > s$ ならば $[0,u] \times \Omega$ 上で $X = 1_{(s, t \wedge u] \times A}$ であり，$(s, t \wedge u] \times A \in \mathscr{B}(0,u] \otimes \mathscr{F}_u$ であるから $X|_{[0,u] \times \Omega}$ は $\mathscr{B}[0,u] \otimes \mathscr{F}_u$-可測となる．$X = 1_{\{0\} \times A}$, $A \in \mathscr{F}_0$ の場合も同様である．

さて，$\mathscr{V}$ を次の条件を満たす適合過程 $A = \{A(t)\}_{t \in [0,\infty)}$ 全体とする：
(1) A は右連続かつ左極限を持ち，$A(0) = 0$．
(2) 任意の $T > 0$ に対して，$t \mapsto A(t)$ は確率 1 で $[0,T]$ 上有界変分．

また，$\{W(t)\}_{t \in [0,\infty)}$ を 1 次元標準 $\{\mathscr{F}_t\}$-ブラウン運動とし，任意の $T > 0$ に対して $\int_0^T |\phi(s)|^2 ds < \infty$, a.s. を満たす可予測過程 $\{\phi(t)\}$ に対するブラウン運動に関する確率積分 $\{I_t(\phi)\}_{t \in [0,\infty)}$ の全体を $\mathscr{L}$ とおこう．さらに，ある $M \in \mathscr{L}$, $A \in \mathscr{V}$ について

$$(2.94) \qquad X(t) = X(0) + M(t) + A(t), \quad t \in [0,\infty)$$

と表される適合過程 $X = \{X(t)\}_{t \in [0,\infty)}$ 全体を $\mathscr{S}$ とおく．

$X \in \mathscr{S}$ に対して表現 (2.94) は一意的に定まる．実際，$M_i \in \mathscr{L}$, $A_i \in \mathscr{V}$, $i = 1, 2$, について $X = X(0) + M_i + A_i$, $i = 1, 2$, と表されたとすると，$M_1 - M_2 = A_2 - A_1$．よって $Z := M_1 - M_2$ は連続で，$[0,t]$ 上有界変分だから，

$$\sum_{i=1}^n (Z(t_i) - Z(t_{i-1}))^2 \leqq \sup_i |Z(t_i) - Z(t_{i-1})| \sum_i |Z(t_i) - Z(t_{i-1})|$$
$$\leqq \sup_i |Z(t_i) - Z(t_{i-1})| V_Z(t) \to 0, \quad |\Delta| \to 0.$$

ここで，分割 $\Delta : 0 = t_0 < t_1 < \cdots < t_n = t$ に対し，$|\Delta| := \max_i |t_i - t_{i-1}|$ であり，$V_Z(t)$ は $Z(t)$ の $[0,t]$ 上の変分を表す．一方，定理 2.141 より確率収束の意味で

$$\lim_{|\Delta| \to 0} \sum_{i=1}^n (Z(t_i) - Z(t_{i-1}))^2 = \langle Z \rangle(t)$$

であるから，$Z(t) = 0$, a.s. $t \in [0,\infty)$．これより $M_1 = M_2$, $A_1 = A_2$ を得る．

$X \in \mathscr{S}$ が表現 (2.94) を持つとする．任意の $T > 0$ に対し，

$$\int_0^T |H(s)|^2 d\langle M, M\rangle(s) + \int_{0+}^T |H(t)||dA(t)| < \infty, \text{ a.s.}$$

を満たす可予測過程 $\{H(t)\}$ に対し，$\{X(t)\}$ に関する積分を

$$\int_0^t H(s)dX(s) := \int_0^t H(s)dM(s) + \int_{0+}^t H(s)dA(s), \quad t \in [0, \infty)$$

と定義する．ただし，$\int_{0+}^t K(s)dC(s)$ は集合 $(0,t]$ 上の $\{C(s)\}$ による $\{K(s)\}$ の Lebesgue-Stieltjes 積分を表し，$|A|(t)$ は $\{A(s)\}$ の $(0,t]$ における全変動を表す．

命題 2.187 $X \in \mathscr{S}$ とし，適合過程 H を左連続で右極限を持つとする．以下のような列 $\sigma = \{\sigma_n\}$ を考える：

(1) 各 $\sigma_n = \{T_k^n\}_{k=0}^{k_n}$ は停止時刻の列で，$0 = T_0^n \leqq T_1^n \leqq \cdots \leqq T_{k_n}^n < \infty$.
(2) $\lim_{n\to\infty} \sup_k T_k^n = \infty$, a.s.
(3) $\lim_{n\to\infty} \sup_k |T_{k+1}^n - T_k^n| = 0$, a.s.

この σ に対して，

$$H^n(t) := H(0)1_{\{0\}}(t) + \sum_{k=0}^{k_n-1} H_{T_k^n} 1_{(T_k^n, T_{k+1}^n]}(t), \quad t \in [0, \infty)$$

とおくとき，$t > 0$ に対して

$$\lim_{n\to\infty} P\left(\sup_{0\leqq s\leqq t} \left|\int_0^s (H^n(u) - H(u))dX(u)\right| > \varepsilon\right) = 0, \quad \varepsilon > 0. \qquad \square$$

[証明] X の表現が $X(t) = X(0) + \int_0^t \phi(s)dW(s) + A(s)$ によって与えられているとする．補題 2.129 より，任意の $\varepsilon, \delta > 0$ に対して

$$P\left(\sup_{0\leqq s\leqq t}\left|\int_0^s (H^n(u) - H(u))dX(u)\right| \geqq 2\varepsilon\right)$$

$$\leqq P\left(\sup_{0\leqq s\leqq t}\left|\int_0^s (H^n(u) - H(u))\phi(u)dW(u)\right| \geqq \varepsilon\right)$$

$$+ P\left(\sup_{0\leqq s\leqq t}\left|\int_0^s (H^n(u) - H(u))dA(u)\right| \geqq \varepsilon\right)$$

$$\leqq \frac{\delta}{\varepsilon^2} + P\left(\int_0^t (H^n(u) - H(u))^2 \phi(u)^2 du > \delta\right)$$

$$+ P\left(\int_0^t |H^n(u) - H(u)||dA(u)| \geqq \varepsilon\right).$$

H^n は左連続で H に各点収束し, $|H^n(t)| \leq \sup_{0 \leq s \leq t} |H(s)|$ を満たすから, 上の不等式において, $n \to \infty$ のとき, 右辺の二つの確率は 0 に収束する. ∎

$X \in \mathscr{S}$ の **2 次変分**(quadratic variation)過程 $[X, X] = \{[X, X](t)\}_{t \in [0, \infty)}$, および二つの過程 $X, Y \in \mathscr{S}$ の **2 次共変分**(quadratic covariation)過程 $[X, Y] = \{[X, Y](t)\}_{t \in [0, \infty)}$ を以下で定義する:

$$[X, X](t) = X(t)^2 - X(0)^2 - 2\int_0^t X(s-)dX(s),$$
$$[X, Y](t) = X(t)Y(t) - X(0)Y(0) - \int_0^t X(s-)dY(s) - \int_0^t Y(s-)dX(s).$$

ただし, 左極限を持つ確率過程 $\{Z(t)\}$ に対して, $Z(t-) = \lim_{s \nearrow t} Z(s)$ である.

定義から容易に確かめられるように,

(2.95) $\qquad [X, Y] = \dfrac{1}{2}([X+Y, X+Y] - [X, X] - [Y, Y]).$

また, $M, N \in \mathscr{L}$ に対して, $[M, N] = \langle M, N \rangle$ である.

次は 2 次変分に関する基本的な結果である. 以後, 左極限を持つ確率過程 $\{Z(t)\}$ に対し, $\Delta Z(t) = Z(t) - Z(t-)$ と記す.

定理 2.188 $X, Y \in \mathscr{S}$ とする. このとき, 以下が成り立つ:

(1) $\sigma = \{\sigma_n\}$ を命題 2.187 の (1)〜(3) を満たす列とすると, すべての $t \in [0, \infty)$ に対して, $n \to \infty$ のとき

$$\sup_{0 \leq s \leq t} \left| \sum_k (X^{T_{k+1}^n}(s) - X^{T_k^n}(s))(Y^{T_{k+1}^n}(s) - Y^{T_k^n}(s)) - [X, Y](s) \right|$$

は 0 に確率収束する. ただし $Z^\tau(s) = Z(s \wedge \tau)$.

(2) $[X, Y] \in \mathscr{V}$ である. 特に, $[X, X]$ は単調増加過程である.

(3) $\Delta[X, Y](t) = \Delta X(t)\Delta Y(t)$, $t \in [0, \infty)$, a.s. ∎

[証明] (1) $x_1, x_2, y_1, y_2 \in \mathbb{R}$ に対して $(x_1 - x_2)(y_1 - y_2) = x_1 y_1 - x_2 y_2 - y_2(x_1 - x_2) - x_2(y_1 - y_2)$ であるから,

$$\sum_{k \geq 0} (X^{T_{k+1}^n}(t) - X^{T_k^n}(t))(Y^{T_{k+1}^n}(t) - Y^{T_k^n}(t))$$

$$= X^{T_{k_n}^n}(t)Y^{T_{k_n}^n}(t) - X(0)Y(0) - \sum_{k \geqq 0} Y^{T_k^n}(t)(X^{T_{k+1}^n}(t) - X^{T_k^n}(t))$$

$$- \sum_{k \geqq 0} X^{T_k^n}(t)(Y^{T_{k+1}^n}(t) - Y^{T_k^n}(t))$$

を得る．右辺の第1項は $n \to \infty$ のとき $X(t)Y(t)$ に概収束し，第3項は命題2.187より一様に $\int_0^t Y(s-)dX(s)$ に確率収束する．第4項についても同様である．ゆえに(1)の主張が成り立つ．

(2) $[X,Y]$ の定義より $[X,Y]$ が右連続で左極限を持ち，$[X,Y](0) = 0$ である．$t > s$ のとき，十分大きな n に対して $\sum_{k \geqq 0}(X^{T_{k+1}^n}(t) - X^{T_k^n}(t))^2$ はより多くの項を持つから，(1)より $[X,X](s) \leqq [X,X](t)$, a.s., である．したがって，$\mathbb{Q}_+$ を非負の有理数全体とし，$s,t \in \mathbb{Q}_+$, $s < t$ に対して $A_{s,t} = \{[X,X](s) > [X,X](t)\}$ とおくと，$P(A_{s,t}) = 0$ である．よって $A := \bigcup_{s,t \in \mathbb{Q}_+, s<t} A_{s,t}$ も零集合である．今 $s,t \in [0,\infty)$, $s < t$ として，$\{s_n\}, \{t_n\} \subset \mathbb{Q}_+$ を $s_n \downarrow s, t_n \downarrow t$ を満たすように取ると，A^c 上で，任意の n に対して $[X,X](s_n) \leqq [X,X](t_n)$ である．ゆえに，$[X,X](t)$ の右連続性より，A^c 上で $[X,X](s) \leqq [X,X](t)$ を得る．すなわち，$[X,X]$ は単調増加過程である．このことと(2.95)より $[X,Y] \in \mathscr{V}$ が従う．

(3) $Y \in \mathscr{V}$ のとき，

$$\Delta \int_0^t X(s-)dY(s) = \int_{\{t\}} X(s-)dY(s) = X(t-)\Delta Y(t)$$

であるから，$[X,Y]$ の定義より

$$\Delta[X,Y](t) = \Delta(X(t)Y(t)) - X(t-)\Delta Y(t) - Y(t-)\Delta X(t) = \Delta X(t)\Delta Y(t).$$

よって(3)が従う． ∎

命題 2.189 (1) $A, B \in \mathscr{V}$ のとき，

$$[A,B](t) = \sum_{0 < s \leqq t} \Delta A(s) \Delta B(s), \quad t > 0.$$

(2) $M \in \mathscr{L}, A \in \mathscr{V}$ に対して，$[M,A] = 0$. □

[証明] (1)は定理2.188より従う．

(2) $\sigma = \{\sigma_n\}$ を命題2.187の(1)～(3)を満たす列とすると，

$$\left| \sum_{k \geq 0} (M^{T_{k+1}^n}(t) - M^{T_k^n}(t))(A^{T_{k+1}^n}(t) - A^{T_k^n}(t)) \right|$$
$$\leq \sup_{k \geq 0} |M^{T_{k+1}^n}(t) - M^{T_k^n}(t)| \sum_{k \geq 0} |A^{T_{k+1}^n}(t) - A^{T_k^n}(t)|$$
$$\leq \sup_{k \geq 0} |M^{T_{k+1}^n}(t) - M^{T_k^n}(t)| V_A(t)$$

が成り立つ．ここで，$V_A(t)$ は A の $[0,t]$ 上の変分である．右辺は $n \to \infty$ で 0 に収束するから，定理 2.188(1) より $[M,A](t) = 0$ を得る． ∎

$X, Y \in \mathscr{S}$ がそれぞれ表現

$$X(t) = X(0) + M(t) + A(t), \ t \in [0, \infty), \ M \in \mathscr{L}, \ A \in \mathscr{V},$$
$$Y(t) = Y(0) + N(t) + B(t), \ t \in [0, \infty), \ N \in \mathscr{L}, \ B \in \mathscr{V}$$

を持つとき，

$$[X, Y]^c(t) := [M, N](t) = \langle M, N \rangle(t), \quad t \in [0, \infty)$$

と定義する．

定理 2.190 $X, Y \in \mathscr{S}$ のとき，

$$[X, Y](t) = [X, Y]^c(t) + \sum_{0 < s \leq t} \Delta X(s) \Delta Y(s), \quad t \in (0, \infty). \quad \square$$

[証明] $X = X(0) + M + A, \ Y = Y(0) + N + B \ (M, N \in \mathscr{L}, A, B \in \mathscr{V})$ と表されているとすると，$[X, Y]^c$ の定義および命題 2.189 より

$[X, Y](t)$
$= [M + A, N + B](t) = [M, N](t) + [M, B](t) + [A, N](t) + [A, B](t)$
$= [M, N](t) + \sum_{0 < s \leq t} \Delta A(s) \Delta B(s) = [X, Y]^c(t) + \sum_{0 < s \leq t} \Delta X(s) \Delta Y(s).$

よって定理が従う． ∎

確率過程 H は，停止時刻の増加列 $\{\tau_n\}_{n \geq 1}$ が存在して，$\lim_{n \to \infty} \tau_n = +\infty$, a.s., かつ，任意の $n \geq 1$ に対して $\{H(t \wedge \tau_n) 1_{\{\tau_n > 0\}}\}_{t \in [0, \infty)}$ が有界であるとき，**局所有界**(locally bounded)であるという．H が左連続で右極限を持つとき，局所有界である．

命題 2.191 $X, Y \in \mathscr{S}$, $H = \{H(t)\}_{t \in [0, \infty)}$ を局所有界な可予測過程とするとき,

$$\left[X, \int_0^\cdot H(s) dY(s)\right](t) = \int_0^t H(s) d[X, Y](s), \quad t \in [0, \infty). \qquad \square$$

[証明] H が有界の場合に示せば十分である. $X = X(0) + M + A$, $Y = Y(0) + N + B$ ($M, N \in \mathscr{L}, A, B \in \mathscr{V}$) と表されているとする. H の $Z \in \mathscr{S}$ に関する積分を $H \cdot Z$ と書くことにすると, $[X, H \cdot Y]^c = \langle M, H \cdot N \rangle = H \cdot \langle M, N \rangle$ である. また, $\Delta(H \cdot Y) = \Delta(H \cdot B) = H \Delta B$ より $\Delta X \Delta(H \cdot Y) = H \Delta A \Delta B = H \Delta [A, B]$. よって,

$$[X, H \cdot Y] = H \cdot [M, N] + H \cdot [A, B] = H \cdot [X, Y]. \qquad \blacksquare$$

次に, $\mathscr{S}$ のクラスに対する伊藤の公式を述べよう.

定理 2.192 $X_i \in \mathscr{S}$, $i = 1, \cdots, d$, $f \in C^2(\mathbb{R}^d)$ とする. $X = (X_1, \cdots, X_d)$ とおくとき, $f(X) \in \mathscr{S}$ であり, 次が成り立つ：$t \in [0, \infty)$ に対して,

(2.96)

$$f(X(t)) - f(X(0))$$
$$= \sum_{i=1}^d \int_0^t \frac{\partial f}{\partial x^i}(X(s-)) dX_i(s) + \frac{1}{2} \sum_{i,j=1}^d \int_0^t \frac{\partial^2 f}{\partial x^i \partial x^j}(X(s)) d[X_i, X_j]^c(s)$$
$$+ \sum_{0 < s \leqq t} \left[f(X(s)) - f(X(s-)) - \sum_{i=1}^d \frac{\partial f}{\partial x^i}(X(s-)) \Delta X_i(s) \right]. \qquad \square$$

[証明] $d = 1$ の場合のみ示す. 一般の場合も同様の議論により示される.

Step 1. まず, f が多項式の場合に (2.96) が成り立つことを次数に関する帰納法で示そう. f が1次関数のときは明らかである. また, $f(x) = x^2$ の場合は2次変分の定義そのものであるから, f が2次関数の場合も (2.96) は成り立つ. 今, $g(x)$ に対して $g(X) \in \mathscr{S}$ および (2.96) が成り立つと仮定する. $f(x) := xg(x)$ に対して, 2次共変分の定義より

$$f(X(t))$$
$$= X(0)g(X(0)) + \int_0^t X(s-) dg(X(s)) + \int_0^t g(X(s-)) dX(s) + [X, g(X)](t)$$
$$= f(X(0)) + \int_0^t f'(X(s-)) dX(s) + \frac{1}{2} \int_0^t X(s-) g''(X(s-)) d[X, X]^c(s)$$

$$+ \sum_{0<s\leq t} X(s-)\hat{g}(X(s), X(s-)) + [X, g(X)](t)$$

ただし，$\mathbb{R}$ 上の関数 h に対して $\hat{h}(x,y)$ を

$$\hat{h}(x,y) = h(x) - h(y) - h'(y)(x-y)$$

により定義する．

今，$g(X) \in \mathscr{S}$ であり，g に対する (2.96) の右辺の第 1, 2 項も $\mathscr{S}$ に属すから，第 3 項もそうである．さらに，この第 3 項は区分的に定数であるから $\mathscr{V}$ に属していなければならない．よって，$Y \mapsto [X, Y]$ の線形性と定理 2.190 より

$$[X, g(X)](t)$$
$$= \int_0^t g'(X(s-))d[X,X]^c(s) + \sum_{0<s\leq t} \Delta X(s)\Delta g(X(s)).$$

これと $f''(x) = 2g'(s) + xg''(x)$, $\hat{f}(x,y) = (x-y)(g(x) - g(y)) + y\hat{g}(x,y)$ より $f(x) = xg(x)$ に対して (2.96) を得る．

Step 2. 一般の f の場合を考えよう．$\tau_n := \inf\{t \in [0, \infty) : |X(t)| > n\}$ とおく．各 $n = 1, 2, \cdots$, に対して，ある多項式の列 $\{g_{nm}\}_{m=1}^\infty$ が存在して，その 0, 1, 2 階微分が f の 0, 1, 2 階微分にそれぞれ $\{x : |x| \leq n\}$ 上一様収束する (補題 2.193 参照)．このとき，正定数 K_n が存在して，$|x|, |y| \leq n$ を満たす任意の x, y に対して，

$$|\hat{f}(x,y)| \leq K_n|x-y|^2, \quad |\hat{g}_{nm}(x,y)| \leq K_n|x-y|^2$$

が成り立つ．また，$\sum_{s \leq t}|\Delta X(s)|^2 \leq [X,X](t) < \infty$ であるから，$t < \tau_n$ に対して，

(2.97) $$\sum_{s\leq t} |\hat{f}(X(s), X(s-)| < \infty.$$

よって $|x|, |y| \leq n$ のとき $\lim_{m \to \infty} \hat{g}_{nm}(x,y) = \hat{f}(x,y)$ であることとルベーグの収束定理より，$t < \tau_n$ に対して

$$\lim_{m \to \infty} \sum_{s \leq t} \hat{g}_{nm}(X(s), X(s-)) = \sum_{s \leq t} \hat{f}(X(s), X(s-)).$$

同様に，$\{t < \tau_n\}$ 上で，$g_{nm}(X(t))$, $\int_0^t g''_{nm}(X(s-))d[X,X]^c(s)$ は，それぞれ

$f(X(t))$, $\int_0^t f''(X(s-))d[X,X]^c(s)$ に $m \to \infty$ のとき収束する．また，命題 2.187 の証明と同じ議論により，

$$\sup_{0 \leqq s \leqq t} \left| \int_0^s (g'_{nm}(X(u-)) - f'(X(u-)))1_{[0,\tau_n]}(u)dX(u) \right|$$

は，$m \to \infty$ のとき，0 に確率収束する．ゆえに，$t < \tau_n$ に対して $f(X(t))$ は (2.96) を満たす．今，$\lim_n \tau_n = \infty$ だったから，結局 $t \in [0, \infty)$ に対して (2.96) を得る．また，(2.97) より確率過程 $\sum_{s \leqq \cdot} \hat{f}(X(s), X(s-))$ は $\mathscr{V}$ に属す．(2.96) の右辺の他の項は明らかに $\mathscr{S}$ の確率過程である．よって $f(X) \in \mathscr{S}$ となる． ∎

補題 2.193 f を $\mathbb{R}$ の閉区間 $[a,b]$ 上の C^2-級関数とする．このとき，ある多項式関数の列 $\{g_n(x)\}$ が存在して，

$$\lim_{n \to \infty} \sum_{i=0}^2 \sup_{x \in [a,b]} |f^{(i)}(x) - g_n^{(i)}(x)| = 0, \quad i = 0, 1, 2.$$

ただし，$f^{(i)}(x), g_n^{(i)}(x)$ はそれぞれ $f(x), g_n(x)$ の i 階微分を表す． □

[証明] 関数 f は $(a-1, b+1)$ 上で C^2-級でかつ

$$f^{(i)}(x) = 0, \quad x \in (-\infty, a-1] \cup [b+1, \infty)$$

を満たす $\mathbb{R}$ 上の連続関数に拡張される．ここで，

$$f_r(x) := \int_{-\infty}^\infty K(r, x-y)f(y)dy, \quad f_{r,n}(x) := \int_{-\infty}^\infty K_n(r, x-y)f(y)dy, \quad x \in \mathbb{R}$$

と定義する．ただし，$r > 0, x \in \mathbb{R}$ に対して

$$K(r,x) = \frac{1}{\sqrt{\pi r}} e^{-x^2/r} = \frac{1}{\sqrt{\pi r}} \sum_{j=0}^\infty \frac{(-1)^j}{j!} \cdot \frac{x^{2j}}{r^j},$$

$$K_n(r,x) = \frac{1}{\sqrt{\pi r}} \sum_{j=0}^n \frac{(-1)^j}{j!} \cdot \frac{x^{2j}}{r^j}.$$

このとき，$f_{r,n}(x)$ は多項式であり，$i = 1, 2$ に対して

$$f_{r,n}^{(i)}(x) = \int_{a-1}^{b+1} \frac{\partial}{\partial x} K_n(r, x-y) f^{(i-1)}(y)dy$$

$$= \int_{a-1}^{b+1} -\frac{\partial}{\partial y} K_n(r, x-y) f^{(i-1)}(y)dy$$

$$= \int_{a-1}^{b+1} K_n(r, x-y) f^{(i)}(y) dy = \int_{-\infty}^{\infty} K_n(r, x-y) f^{(i)}(y) dy$$

が成り立つ．これより，[70]の定理 24.5 (p. 176) の証明と同様にして，任意の $n = 1, 2, \cdots$ に対して以下の (1), (2) が成立する：

(1) 適当な $r_n > 0$ を取れば，$\sum_{i=0}^{2} \sup_{x \in [a,b]} |f^{(i)}(x) - f_{r_n}^{(i)}(x)| \leqq 2^{-n}$.
(2) 適当な $N = N_n$ を取れば，$\sum_{i=0}^{2} \sup_{x \in [a,b]} |f_{r_n}^{(i)}(x) - f_{r_n, N_n}^{(i)}(x)| \leqq 2^{-n}$.

したがって，$g_n(x) := f_{r_n, N_n}(x)$ が補題の主張を成立させる近似多項式となる． ∎

伊藤の公式の応用として，次の方程式を考える：

(2.98) $$Z(t) = 1 + \int_0^t Z(s-) dX(s).$$

定理 2.194 $X \in \mathscr{S}$ とする．このとき，方程式 (2.98) を満たす $Z \in \mathscr{S}$ が一意に存在して，

(2.99)
$$Z(t) = \exp\left(X(t) - X(0) - \frac{1}{2}[X,X]^c(t)\right) \prod_{0 < s \leqq t} (1 + \Delta X(s)) e^{-\Delta X(s)}$$

により与えられる． □

[証明] まず (2.99) により与えられる Z が (2.98) を満たすことを見よう．定理 2.188(3) より各 $t \in [0, \infty)$ に対して $\sum_{s \leqq t} |\Delta X(s)|^2 < \infty$, a.s., である．よって，区間 $[0, t]$ において $|\Delta X(s)| > 1/2$ を満たす s は有限個しか存在しない．また，ある正定数 c が存在し，$x \in [-1/2, 1/2]$ に対して，$|e^{-x}(1+x) - 1| \leqq c|x|^2$ であるから，無限積

$$V(t) = \prod_{0 < s \leqq t} (1 + \Delta X(s)) e^{-\Delta X(s)}$$

は a.s. に絶対収束する．さらに，$V - V(0) \in \mathscr{V}$ である．$Y(t) := X(t) - X(0) - (1/2)[X,X]^c(t)$, $f(v, y) = v e^y$ とおくと $Z(t) = f(V(t), Y(t))$ である．この表現に関して定理 2.192 を適用すると，Z が (2.98) を満たすことが分かる (詳細は読者の演習問題とする)．

逆に，$Z \in \mathscr{S}$ を (2.98) の解とする．$R(t) = Z(t) e^{-Y(t)}$ とおき，$f(z, y) = z e^{-y}$ に対して伊藤の公式を適用すると，

を得る．ただし，$A(t) = \sum_{s \leq t}[e^{-\Delta X(s)}(1 + \Delta X(s)) - 1]$ とおいた．各 t に対して $\sum_{s \leq t}|\Delta X(s)|^2 < \infty$, a.s., であることと，ある $c > 0$ があって，$|x| \leq 1/2$ に対し $|e^{-x}(1+x) - 1| \leq c|x|^2$ より，$A \in \mathscr{V}$ である．先に示したように，$Z(t) = V(t)e^{Y(t)}$ は (2.98) の解である．よって $R = V$ は (2.100) を満たす．ゆえに Z を (2.98) の別の解とし $\tilde{R} = R - V$ とおくと，

$$(2.101) \qquad \tilde{R}(t) = \int_0^t \tilde{R}(s-)dA(s).$$

$\tau = \inf\{t > 0 : \tilde{R}(t) \neq 0\}$ とおくと，(2.101) から $\{\tau < \infty\}$ 上で $\tilde{R}(\tau) = 0$ となる．さらに，ある $\rho \geq \tau$ が存在して $\{\tau < \infty\} \subset \{\rho > \tau\}$ かつ $\int_{(\tau, \rho]}|dA(s)| \leq 1/2$ が成り立つ．$t > \tau$ に対して，(2.101) より

$$\tilde{R}(t) = \tilde{R}(\tau) + \int_{(\tau, t]} \tilde{R}(s-)dA(s) = \int_{(\tau, t]} \tilde{R}(s-)dA(s).$$

したがって ρ の定義より $\sup_{t \leq \rho}|\tilde{R}(t)| \leq (1/2)\sup_{t \leq \rho}|\tilde{R}(t)|$ が成り立つ．よって $\sup_{t \leq \rho}|\tilde{R}(t)| = 0$ である．これはすなわち $\tau = +\infty$ を意味するので (2.98) の一意性が従う． ∎

第2章ノート▶測度論と測度論的確率論については，本章の最初の節で簡単にまとめているが，詳しくは必要に応じて [47], [88], [145] などを参照せよ．本章の第一の目的は，次章以降の議論の基礎となるブラウン運動に関する確率解析についての解説である．確率解析は伊藤清によって創始され（[66], [67], [68], [69]），その後多くの研究者により発展させられてきた．本書の方針としては，本書で必要となる基本的な事項に焦点を絞って丁寧な解説を行うように努めた．一方，多次元過程に関する事柄やブラウン運動の経路に関する豊富な結果など，本章で述べることができなかったことは数多い．ファイナンスへ活発に応用されている Malliavin 解析についても紹介することができなかった．これらの事項については，[48], [64], [79], [110], [114] などを参照せよ．本章の最後の節では，伊藤過程のクラスを拡張し，ブラウン運動に関する確率積分と不連続点を持ち得る有限変分過程の和で表される確率過程のクラスに対する確率解析を整備した．この部分は本書の特色の一つであり，第7章で応用される．不連続点を持つ確率過程の理論のさらなる解説については [24], [64], [73], [118] などを参照せよ．

$(2.100) \qquad R(t) = 1 + \int_0^t R(s-)dA(s)$

157

3 ファイナンスの連続時間モデル

本章では,ファイナンスの連続時間モデルを扱う.最初の 3.1 節では Black-Scholes-Merton モデルを,その後の 3.2〜3.5 節では金利モデルを,それぞれ考察する.この章では,フィルトレーション $\{\mathscr{F}_t\}_{t\in[0,T]}$ は常に完備な確率空間 $(\Omega,\mathscr{F},P)$ 上のブラウン運動 $\{W(t)\}_{t\in[0,T]}$ に関するブラウン・フィルトレーションであるとする(定義 2.53 参照).

3.1 Black-Scholes-Merton モデル

この 3.1 節では,最も基本的な連続時間金融市場モデルである Black-Scholes-Merton(ブラック-ショールズ-マートン)モデル([17, 101])を扱う.このモデルの原資産としては株式を想定する.このモデルは,第 1 章の離散時間の二項モデルと同様に完備であり(下の定理 3.12 参照),派生証券の無裁定価格はその複製コストにより与えられる.我々は,特に,このモデルに基づきオプション価格評価に関する有名な Black-Scholes の公式(下の定理 3.23)を導く.

3.1.1 モデルの定義

最初に述べたように,$\{\mathscr{F}_t\}_{t\in[0,T]}$ は確率空間 $(\Omega,\mathscr{F},P)$ 上のブラウン運動 $\{W(t)\}_{t\in[0,T]}$ に関するブラウン・フィルトレーションであるとする.

定義 3.1 $\sigma\in(0,\infty)$,$S(0)\in(0,\infty)$,$\mu\in\mathbb{R}$,$r\in[0,\infty)$ とする.**Black-Scholes-Merton モデル**,略して **BSM モデル**(あるいは **Black-Scholes モデル**,略して **BS モデル**)とは,次の無リスク資産と株式からなる金融市場モデルのことである:

(1) 無リスク資産の時間 $t\in[0,T]$ での価格 $B(t)$ は次で与えられる:
$$B(t) = e^{rt}, \qquad t\in[0,T].$$

(2) 時間 $t \in [0,T]$ における株価 $S(t)$ は次で与えられる：

$$(3.1) \quad S(t) = S(0)\exp\left\{\left(\mu - \frac{1}{2}\sigma^2\right)t + \sigma W(t)\right\}, \quad t \in [0,T].$$

σ を株価の**ボラティリティ**(volatility)，μ を株価の**期待収益率**(expected return)，r を**無リスク利子率**(risk-free interest rate)とそれぞれいう． □

命題 2.148 から分かるように，株価過程 $\{S(t)\}$ は確率微分方程式

$$(3.2) \quad dS(t) = S(t)\{\mu dt + \sigma dW(t)\}, \quad t \in [0,T]$$

により記述される．また，無リスク資産価格 $\{B(t)\}$ は常微分方程式

$$(3.3) \quad dB(t) = rB(t)dt, \quad t \in [0,T]$$

に従う．

注意 3.2

(1) (3.2)を形式的に $dS(t)/S(t) = \mu dt + \sigma dW(t)$ と表すと，その各項は，微小時間区間 $[t, t+dt]$ の間の量として次のような解釈を持つ：

$$dS(t)/S(t) \text{ (収益率)}, \quad \mu dt \text{ (期待収益率)},$$
$$\sigma dW(t) \text{ (収益率のランダムな要素)}.$$

(2) (3.1)の形を指して，BSM モデルの株価過程 $\{S(t)\}$ は**幾何ブラウン運動**(geometric Brownian motion)に従うといういい方をする．

(3) 確率変数 X が正規分布に従うとき，e^X の分布を**対数正規分布**(log-normal distribution)という．BSM モデルの株価 $S(t)$ は対数正規分布に従う．

(3.1)より，割引株価過程 $\tilde{S}(t) := S(t)/B(t)$ は

$$(3.4) \quad \tilde{S}(t) = S(0)\exp\left\{\sigma W^*(t) - \frac{1}{2}\sigma^2 t\right\}, \quad t \in [0,T]$$

と表すことができる．ただし，

$$(3.5) \quad \lambda := \frac{\mu - r}{\sigma},$$
$$(3.6) \quad W^*(t) := W(t) + \lambda t, \quad t \in [0,T].$$

とおいた．また，$\{\tilde{S}(t)\}$ は次の確率微分方程式に従う：

$$(3.7) \quad d\tilde{S}(t) = \sigma \tilde{S}(t) dW^*(t), \quad t \in [0,T].$$

問題 3.3 $\{S(t)\}$ は確率微分方程式

$$dS(t) = S(t)\{rdt + \sigma dW^*(t)\}, \quad t \in [0, T]$$

に従うことを証明せよ. □

次の指数マルチンゲール $\{Z(t)\}$ を考える(例 2.150 を参照):

$$(3.8) \quad Z(t) := \exp\left\{-\lambda W(t) - \frac{1}{2}\lambda^2 t\right\}, \quad t \in [0, T].$$

$(\Omega, \mathscr{F})$ 上の P と同値な確率測度 Q を第 2 章の(2.81)により定める. すると, Girsanov の定理(定理 2.163)により, $\{W^*(t)\}$ は Q の下で $\{\mathscr{F}_t\}$-ブラウン運動である. したがって, $\{\tilde{S}(t)\}$ は $\{\mathscr{F}_t, Q\}$-マルチンゲールである.

定義 3.4 Q を BSM モデルの**同値マルチンゲール測度**あるいは**リスク中立測度**という. □

P と Q は同値であるから, P-a.s. と Q-a.s. は同値であることを注意せよ.

同値マルチンゲール測度 Q を定義する際に現れた(3.5)の λ を**リスクの市場価格**(market price of risk)あるいは**リスク・プレミアム**(risk premium)という. 現実の市場では, リスクを取った上での投資の期待収益率 μ は, 無リスク利子率 r より大きいと考えられる. リスク・プレミアム λ とは, この期待収益率の r からの超過 $\mu - r$ を σ で表されるリスク 1 単位分に換算したものと解釈できる. 3.2.1 節も参照せよ.

3.1.2 完備性とリスク中立価格評価法

引き続き, 3.1.1 節の BSM モデルを考察する.

$x \in \mathbb{R}$ とする. 初期資金 x を持つ投資家を考える($x < 0$ なら $-x$ の負債を持つ). この投資家は $\xi = \{\xi(t)\} \in \mathscr{L}_2^{loc}$ で表される時間とともに変化する株式の保有単位に従って株式を取引するとする. さらに, この投資家は, 各時点でポートフォリオの価値から株式に投資して余った分や足りない分の資金はすべて無リスク資産で調整するとする(資金自己調達的). この取引戦略 (x, ξ) に従ったときの時間 $t \in [0, T]$ におけるポートフォリオの価値 $X^{x,\xi}(t)$ は次の確率微分方程式により記述されると考える:

$$(3.9) \quad \begin{cases} dX^{x,\xi}(t) = r\left\{X^{x,\xi}(t) - \xi(t)S(t)\right\}dt + \xi(t)dS(t), & t \in [0, T], \\ X^{x,\xi}(0) = x. \end{cases}$$

ここで, (3.9)の最初の等式の各項は, 微小時間区間 $[t, t+dt]$ の間の量として

次のような解釈を持つ：

$$\begin{cases} dX^{x,\xi}(t) & : \text{ポートフォリオの価値の変化}, \\ r\left\{X^{x,\xi}(t) - \xi(t)S(t)\right\}dt & : \text{無リスク資産の利息}, \\ \xi(t)dS(t) & : \text{株式の資産価値の変化}. \end{cases}$$

命題 2.153 により，(3.9) の解 $\{X^{x,\xi}(t)\}$ は次で与えられる：

$$(3.10) \quad X^{x,\xi}(t) = B(t)\left\{x + \int_0^t \xi(u)d\tilde{S}(u)\right\}, \quad t \in [0,T].$$

ここで，

$$\tilde{S}(t) := S(t)/B(t), \quad t \in [0,T]$$

は割引株価である．

定義をまとめる．

定義 3.5 初期資金 $x \in \mathbb{R}$ と株式取引戦略 $\xi = \{\xi(t)\}$ の組 $(x,\xi) \in \mathbb{R} \times \mathscr{L}_2^{loc}$ を**資金自己調達的取引戦略**(self-financing trading strategy)という．また，(3.10) で定まる確率過程 $\{X^{x,\xi}(t)\}$ を (x,ξ) の**価値過程**(value process)という．

□

注意 3.6 取引戦略 (x,ξ) が資金自己調達的とは，途中で消費や資本の投入がないということである．資金自己調達的という用語は self-financing の訳であるが，その他に**資金自己充足的**，などの訳語も用いられている．また，価値過程 $\{X^{x,\xi}(t)\}$ を**富過程**(wealth process)ともいう．

$(x,\xi) \in \mathbb{R} \times \mathscr{L}_2^{loc}$ に対し，割引価値過程 $\{\tilde{X}^{x,\xi}(t)\}$ を

$$\tilde{X}^{x,\xi}(t) := X^{x,\xi}(t)/B(t), \quad t \in [0,T]$$

で定めると，(3.10) と (3.7) より次が成り立つ：

$$(3.11)$$
$$\tilde{X}^{x,\xi}(t) = x + \int_0^t \xi(u)d\tilde{S}(u) = x + \int_0^t \xi(u)\sigma\tilde{S}(u)dW^*(u), \quad t \in [0,T].$$

$\{\tilde{S}(t)\}$ の連続性より $\{\xi(t)\sigma\tilde{S}(t)\} \in \mathscr{L}_2^{loc}$ であるから，$\{\tilde{X}^{x,\xi}(t)\}$ は $\{\mathscr{F}_t, Q\}$-局所マルチンゲールであるが (定義 2.123 参照)，$\{\mathscr{F}_t, Q\}$-マルチンゲールになるとは限らない．我々は $\{\tilde{X}^{x,\xi}(t)\}$ がマルチンゲールになる ξ のクラスとして，次

を考える．

定義 3.7 許容取引戦略(admissible trading strategy)のクラス $\mathscr{A}^Q$ を

$$(3.12) \quad \mathscr{A}^Q := \left\{ \xi \in \mathscr{L}_2^{loc} : \{\tilde{X}^{0,\xi}(t)\}_{t\in[0,T]} \text{ は } \{\mathscr{F}_t, Q\}\text{-マルチンゲール} \right\}$$

により定める． □

$\tilde{X}^{x,\xi}(t) = x + \tilde{X}^{0,\xi}(t)$ より，任意の $(x, \xi) \in \mathbb{R} \times \mathscr{A}^Q$ に対し $\{\tilde{X}^{x,\xi}(t)\}$ は $\{\mathscr{F}_t, Q\}$-マルチンゲールになることを注意せよ．

次の定理は，$\mathscr{A}^Q$ の妥当性の一つの根拠を与える．この定理は，金融市場モデルとして BSM モデルが**無裁定**(第 1 章を参照)であることの一つの表現と見ることができる．

定理 3.8 $X^{0,\xi}(T) \geqq 0$ a.s. かつ $P(X^{0,\xi}(T) > 0) > 0$ を満たす $\xi \in \mathscr{A}^Q$ は存在しない． □

[証明] $\xi \in \mathscr{A}^Q$ に対し，$\{\tilde{X}^{0,\xi}(t)\}$ は $\{\mathscr{F}_t, Q\}$-マルチンゲールであるから，$E^Q[\tilde{X}^{0,\xi}(T)] = \tilde{X}^{0,\xi}(0) = 0$．したがって $X^{0,\xi}(T) \geqq 0$, a.s. ならば $X^{0,\xi}(T) = 0$, a.s. となる．これと P と Q の同値性より定理は従う． ∎

注意 3.9 定理 3.8 は，$\mathscr{A}^Q$ を $\mathscr{L}_2^{loc}$ で置き換えると成立しない．実際，[33]の結果を用いると，例えば $\tilde{X}^{0,\xi}(T) = 1$, a.s. を満たす $\xi \in \mathscr{L}_2^{loc}$ の存在が分かる．この ξ に対し $\{X^{0,\xi}(t)\}_{t\in[0,T]}$ は下に有界でないことを注意せよ．実際，下に有界とすると，局所マルチンゲール $\{\tilde{X}^{0,\xi}(t)\}$ は Q-優マルチンゲールになり(命題 2.95 参照)，$1 = E^Q[\tilde{X}^{0,\xi}(T)] \leqq E^Q[\tilde{X}^{0,\xi}(0)] = 0$ となって矛盾である．現実の世界では $X^{0,\xi}(t)$ がある値を下回ると破綻とみなされるので，現実世界でもこの ξ は許容されないであろう．

許容取引戦略のクラスの選び方には任意性がある．$\mathscr{A}^Q$ とは異なる許容取引戦略のクラスの例については，次の問題を参照せよ．

問題 3.10 許容取引戦略のクラスとして，上の $\mathscr{A}^Q$ とは異なる

$$\mathscr{A}_+ := \left\{ \xi \in \mathscr{L}_2^{loc} : \{X^{0,\xi}(t)\}_{t\in[0,T]} \text{ は下に有界} \right\}$$

を考える．この $\mathscr{A}_+$ に対し定理 3.8 と同様の主張を証明せよ．

ヒント．$\xi \in \mathscr{A}_+$ に対し，命題 2.95 の証明と同様にして $E^Q[\tilde{X}^{0,\xi}(T)] \leqq 0$ を示せ． □

満期 T におけるペイオフが $\mathscr{F}_T$-可測な実数値確率変数 H で表される派生証券と H を，しばしば同一視する．H に対し，$\tilde{H}$ を次により定義する：

$$\text{(3.13)} \qquad \tilde{H} := \frac{H}{B(T)}.$$

$\mathscr{A}^Q$ を用いて，離散時間の場合と同様に派生証券の複製戦略を定義しよう．

定義 3.11 $\mathscr{F}_T$-可測な確率変数 H に対し，$(x,\xi) \in \mathbb{R} \times \mathscr{A}^Q$ がその**複製戦略**であるとは，$X^{x,\xi}(T) = H$, a.s. が成り立つことである．複製戦略が存在するとき，H は**複製可能**であるという． □

次の定理は，BSM モデルが金融市場モデルとして**完備**（第1章を参照）であることの一つの表現と見ることができる．

定理 3.12 $\mathscr{F}_T$-可測で $E^Q[|H|] < \infty$ を満たす H に対し，複製戦略 $(x,\xi) \in \mathbb{R} \times \mathscr{A}^Q$ が一意に存在する．さらに，

$$\text{(3.14)} \qquad \text{任意の } t \in [0,T] \text{ に対し，} \tilde{X}^{x,\xi}(t) = E^Q[\tilde{H}|\mathscr{F}_t], \text{ a.s.}$$

が成り立つ．特に $x = E^Q[\tilde{H}]$ である． □

[証明] BSM モデルにおいてリスク・プレミアム $\lambda = (\mu - r)/\sigma$ は定数であるから，すべての $u \in [0,T]$ に対し，$\sigma(W(u)) = \sigma(W^*(u))$ が成り立つ．よって，

$$\sigma(W(u) : u \in [0,t]) \vee \mathscr{N} = \sigma(W^*(u) : u \in [0,t]) \vee \mathscr{N}, \qquad t \in [0,T]$$

となって，Q の下でのブラウン運動 $\{W^*(t)\}$ に関するブラウン・フィルトレーションと $\{\mathscr{F}_t\}$ は一致する．したがって，$\{\mathscr{F}_t, Q\}$-マルチンゲール $\{E^Q[\tilde{H}|\mathscr{F}_t]\}$ に定理 2.169 を適用することができ，

(3.15)

$$\text{任意の } t \in [0,T] \text{ に対し，} E^Q[\tilde{H}|\mathscr{F}_t] = E^Q[\tilde{H}] + \int_0^t \Phi(u)dW^*(t), \text{ a.s.}$$

を満たす $\{\Phi(t)\} \in \mathscr{L}_2^{loc}$ の存在が分かる．

$x := E^Q[\tilde{H}]$, $\xi(t) := \Phi(t)/\{\sigma\tilde{S}(t)\}$ とおく．すると，$\xi \in \mathscr{L}_2^{loc}$ であり，また

$$E^Q[\tilde{H}] + \int_0^t \Phi(u)dW^*(t) = x + \int_0^t \xi(u)\sigma\tilde{S}(u)dW^*(u) = \tilde{X}^{x,\xi}(t)$$

より (3.15) は (3.14) を意味するので，$\{\tilde{X}^{x,\xi}(t)\}$ は $\{\mathscr{F}_t, Q\}$-マルチンゲールであり，よって，$\xi \in \mathscr{A}^Q$ が分かる．さらに，H は $\mathscr{F}_T$-可測であるから，

$$X^{x,\xi}(T) = E[H|\mathscr{F}_T] = H, \text{ a.s.}$$

よって，この (x,ξ) は H の複製戦略である．

もし H の二つの複製戦略 $(x,\xi),(y,\eta)\in\mathbb{R}\times\mathscr{A}^Q$ があったとすると，連続性より a.s. に

$$x+\int_0^t \xi(u)\sigma\tilde{S}(u)dW^*(u) = y+\int_0^t \eta(u)\sigma\tilde{S}(u)dW^*(u), \quad t\in[0,T]$$

が成り立つ．したがって，定理 2.134 より $x=y$ かつ $\mathscr{L}_2^{loc}$ の元として $\{\xi(t)\sigma\tilde{S}(t)\} = \{\eta(t)\sigma\tilde{S}(t)\}$ が，したがって $\xi=\eta$ が，成り立つ． ∎

次のようにおく：

$$\mathscr{L}_2^Q := \left\{\{\varPhi(t)\}_{t\in[0,T]} : \{\mathscr{F}_t\}\text{-発展的可測}, \quad E^Q\left[\int_0^T \varPhi(t)^2 dt\right] < \infty\right\},$$

$$\mathscr{A}_2^Q := \left\{\{\xi(t)\} \in \mathscr{L}_2^{loc} : \{S(t)\xi(t)\} \in \mathscr{L}_2^Q\right\}.$$

命題 3.13 $\mathscr{A}_2^Q \subset \mathscr{A}^Q$. ∎

[証明] $\xi\in\mathscr{A}_2^Q$ とする．$1/B(t)\leqq 1$ より $\{\xi(t)\sigma\tilde{S}(t)\}\in\mathscr{L}_2^Q$ となる．よって，(3.11) より $\{\tilde{X}^{0,\xi}(t)\}$ は連続 2 乗可積分 $\{\mathscr{F}_t,Q\}$-マルチンゲールであるので，特に $\xi\in\mathscr{A}^Q$. ∎

定理 3.14 $\mathscr{F}_T$-可測で $E^Q[H^2]<\infty$ を満たす H に対しては，定理 3.12 の複製戦略 $(E^Q[\tilde{H}],\xi)$ は $\xi\in\mathscr{A}_2^Q$ を満たす． ∎

問題 3.15 定理 3.14 を証明せよ． ヒント．定理 2.168 を用いよ． ∎

定理 3.12 の派生証券 H は，無リスク資産と株式よりなる複製戦略 (x,ξ) により複製可能である．第 1 章の離散時間モデルの場合と同様に，この派生証券の適正価格である（無裁定）価格過程を，複製戦略の価値過程 $\{X^{x,\xi}(t)\}$ により定義しよう．

定義 3.16 H は $\mathscr{F}_T$-可測で $E^Q[|H|]<\infty$ を満たす確率変数とする．このとき，H を満期 T におけるペイオフとする派生証券の価格過程 $\{p_H(t)\}$ を

(3.16) $\qquad p_H(t) := X^{x,\xi}(t), \quad t\in[0,T]$

で定める．ここで，$(x,\xi)\in\mathbb{R}\times\mathscr{A}^Q$ はこの派生証券の複製戦略である． ∎

$p_H(0)=x$ に注意せよ．この派生証券 H の売り手が時間 $t=0$ で買い手から x を受け取るならば，複製戦略 (x,ξ) に従うことにより時間 T で買い手に支払うべき $X^{x,\xi}(T)=H$ をちょうど手にすることができる．言い換えるならば，この

派生証券の売りポジションを完全にヘッジできる．

問題 3.17 派生証券 H が時間 $t=0$ において複製コスト x 以外で取引されるならば，裁定機会が生じることを示せ．ヒント．問題 1.48 の答えと同様． □

割引価格過程 $\{\tilde{p}_H(t)\}$ を

$$\tilde{p}_H(t) := p_H(t)/B(t), \qquad t \in [0,T]$$

で定める．すると，定理 3.12 より次が成り立つ：

定理 3.18（リスク中立価格評価法） $\mathscr{F}_T$-可測で $E^Q[|H|] < \infty$ を満たす H を満期 T におけるペイオフとする派生証券に対し，$(x,\xi) \in \mathbb{R} \times \mathscr{A}^Q$ をその複製戦略とする．すると，

$$(3.17) \qquad \tilde{p}_H(t) = x + \int_0^t \xi(u) d\tilde{S}(u), \qquad t \in [0,T]$$

が成り立ち，$\{\tilde{p}_H(t)\}$ は連続 $\{\mathscr{F}_t, Q\}$-マルチンゲールであり，

$$(3.18) \qquad \text{任意の } t \in [0,T] \text{ に対し，} p_H(t) = E^Q[e^{-r(T-t)} H | \mathscr{F}_t], \text{ a.s.}$$

が成り立つ． □

3.1.3 Black-Scholes の公式

引き続き，BSM モデルを考察する．この節では，満期 T におけるペイオフが $H = f(S(T))$ の形の派生証券について詳しく調べる．$C^{1,2}([0,T) \times (0,\infty))$ を，2.4.6 節の $C^{1,2}([0,T] \times \mathbb{R})$ と同様に定義する．

定理 3.19 $f:(0,\infty) \to \mathbb{R}$ は連続で，ある $L, p \in (0,\infty)$ があって

$$(3.19) \qquad |f(x)| \leqq L(1+x^p), \qquad x \in (0,\infty)$$

を満たすと仮定する．$(t,x) \in [0,T] \times (0,\infty)$ に対し

$$(3.20) \quad F(t,x) := e^{-r(T-t)} \int_{-\infty}^{\infty} f\left(xe^{(r-\frac{1}{2}\sigma^2)(T-t)+\sigma y\sqrt{T-t}}\right) \frac{1}{\sqrt{2\pi}} e^{-y^2/2} dy$$

とおく．すると，$F \in C([0,T] \times (0,\infty)) \cap C^{1,2}([0,T) \times (0,\infty))$ であり，F は偏微分方程式

$$(3.21)\quad \begin{cases} \dfrac{\partial F}{\partial t}(t,x) + \dfrac{1}{2}\sigma^2 x^2 \dfrac{\partial^2 F}{\partial x^2}(t,x) + rx\dfrac{\partial F}{\partial x}(t,x) - rF(t,x) = 0, \\ \hspace{5cm} (t,x) \in [0,T] \times (0,\infty), \\ F(T,x) = f(x), \qquad x \in (0,\infty) \end{cases}$$

の解である.さらに,$H := f(S(T))$ を満期 T におけるペイオフとする派生証券に対し,その価格過程 $\{p_H(t)\}$ と複製戦略 $(x,\xi) \in \mathbb{R} \times \mathscr{A}^Q$ は,それぞれ次で与えられる:

$$(3.22)\quad p_H(t) = F(t, S(t)), \quad t \in [0,T],$$

$$(3.23)\quad \xi(t) = \dfrac{\partial F}{\partial x}(t, S(t)), \quad t \in [0,T], \qquad x = F(0, S(0)). \qquad \square$$

[証明] (3.4) と (3.19) より $E^Q[|H|] < \infty$ が成り立つので,定理 3.12 より H に対し複製戦略 $(x,\xi) \in \mathbb{R} \times \mathscr{A}^Q$ が存在し,定理 3.18 より (3.17) と

$$(3.24)\quad Q\left(p_H(t) = e^{-r(T-t)} E^Q\left[f(S(T))|\mathscr{F}_t\right]\right) = 1, \quad t \in [0,T]$$

が成り立つ.$t \in [0,T)$ として,次の変形を考える:

$$S(T) = S(t) e^{(r-\frac{1}{2}\sigma^2)(T-t)} e^{\sigma(W^*(T)-W^*(t))}$$

同値マルチンゲール測度 Q のもとで $\mathscr{F}_t$ と $W^*(T) - W^*(t)$ は独立であるから,命題 2.27 より

$$E^Q[f(S(T))|\mathscr{F}_t] = E^Q\left[f\left(S(t) e^{(r-\frac{1}{2}\sigma^2)(T-t)} e^{\sigma(W^*(T)-W^*(t))}\right)|\mathscr{F}_t\right]$$
$$= g(S(t)),$$

ただし,

$$g(x) := E^Q\left[f\left(x e^{(r-\frac{1}{2}\sigma^2)(T-t)} e^{\sigma(W^*(T)-W^*(t))}\right)\right], \qquad x > 0$$

であることが分かる.$W^*(T) - W^*(t)$ は正規分布 $N(0, T-t)$ に従うから,

$$Y := (W^*(T) - W^*(t))/\sqrt{T-t}$$

とおくと,Y は標準正規分布に従う.よって,

$$g(x) = E^Q\left[f\left(x e^{(r-\frac{1}{2}\sigma^2)(T-t)} e^{\sigma Y \sqrt{T-t}}\right)\right]$$

$$= \int_{-\infty}^{\infty} f\left(xe^{(r-\frac{1}{2}\sigma^2)(T-t)+\sigma y\sqrt{T-t}}\right) \frac{e^{-y^2/2}}{\sqrt{2\pi}} dy$$

となる.したがって, (3.24)および $F(T, S(T)) = f(S(T)) = p_H(T)$ と合わせて (3.22)が得られる.

主張

(3.25) $\qquad F \in C([0,T] \times (0,\infty)) \cap C^{1,2}([0,T) \times (0,\infty))$

の証明は下の問題とする.

$(t, y) \in [0, T] \times (0, \infty)$ に対し $G(t, y) := e^{-rt} F(t, e^{rt} y)$ とおく.すると(3.22)と(3.17)より, $t \in [0, T]$ に対し

$$G(t, \tilde{S}(t)) = e^{-rt} F(t, e^{rt} \tilde{S}(t)) = \tilde{p}_H(t) = x + \int_0^t \xi(u) \sigma \tilde{S}(u) dW^*(u).$$

一方, $G(t, y) \in C^{1,2}([0, T) \times (0, \infty))$ であるので,伊藤の公式(定理2.152)を $G(t, \tilde{S}(t))$ に適用すると,

$$\frac{\partial G}{\partial y}(t, y) = \frac{\partial F}{\partial x}(t, e^{rt} y), \qquad \frac{\partial^2 G}{\partial y^2}(t, y) = \frac{\partial^2 F}{\partial x^2}(t, e^{rt} y) e^{rt},$$

$$\frac{\partial G}{\partial t}(t, y) = e^{-rt} \left\{ \frac{\partial F}{\partial t}(t, e^{rt} y) + re^{rt} y \frac{\partial F}{\partial x}(t, e^{rt} y) - rF(t, e^{rt} y) \right\}$$

を用いて, $t \in [0, T)$ に対し $G(t, \tilde{S}(t))$ は次に等しいことが分かる:

$$G(0, S(0)) + \int_0^t e^{-ru} K(u, S(u)) du + \int_0^t \frac{\partial F}{\partial x}(u, S(u)) \sigma \tilde{S}(u) dW^*(u).$$

ここで,

$$K(t, x) := \frac{\partial F}{\partial t}(t, x) + \frac{1}{2} \sigma^2 x^2 \frac{\partial^2 F}{\partial x^2}(t, x) + rx \frac{\partial F}{\partial x}(t, x) - rF(t, x)$$

とおいた.よって,定理2.134より, $x = G(0, S(0)) = F(0, S(0))$ および

$$\xi(t) = \frac{\partial F}{\partial x}(t, S(t)), \quad K(t, S(t)) = 0, \quad \text{Leb} \otimes Q\text{-a.e. on } [0, T] \times \Omega$$

を得る.特に,最初と2番目の等式より(3.23)が得られる.一方,最後の等式とFubini-Tonelliの定理より

$$0 = \int_{[0,T] \times \Omega} K^2(t, S(t, \omega)) \text{Leb} \otimes Q(dtd\omega) = \int_0^T E^Q[K^2(t, S(t))] dt$$

であり,また,再びFubini-Tonelliの定理より $\int_0^T E^Q[K^2(t, S(t))] dt$ は次に等

しい：
$$\iint_{[0,T]\times\mathbb{R}} K^2\left(t, S(0)e^{rt+\sigma x-\frac{1}{2}\sigma^2 t}\right) \frac{1}{\sqrt{2\pi t}} e^{-x^2/(2t)} dt dx.$$
しかし K は $[0,T)\times(0,\infty)$ 上の連続関数なので，そこで $K(t,x)=0$ となることが導かれる．これは，(3.21) を意味する． ∎

問題 3.20 定理 3.19 の $F(t,x)$ に対し，(3.25) を示せ．

ヒント． $F\in C^{1,2}([0,T)\times(0,\infty))$ を示すには，変数変換により
$$F(t,x) = \frac{e^{-r(T-t)}}{\sqrt{2\pi(T-t)}} \int_{-\infty}^{\infty} f(e^{\sigma z}) e^{-\frac{1}{2(T-t)\sigma^2}\{\log x + (r-\frac{\sigma^2}{2})(T-t) - \sigma z\}^2} dz$$
の形に書き，(3.19) を用いて（面倒な評価により）微分と積分の交換が保証されることを確かめる． ∎

派生証券の価格を与える関数 $F(t,x)$ の満たす偏微分方程式 (3.21) を **Black-Scholes 方程式**（あるいは BS 方程式）という．

注意 3.21 派生証券の価格が $F(t,S(t))$ で表されるとき，各パラメータに関する F の偏微分（感応度）には，それぞれ次のようにギリシャ文字の名前が付いている：
$$\Delta = \frac{\partial F}{\partial x} \quad (\text{デルタ}), \quad \mathcal{V} = \frac{\partial F}{\partial \sigma} \quad (\text{ベガ}), \quad \Theta = \frac{\partial F}{\partial t} \quad (\text{セータ}),$$
$$\rho = \frac{\partial F}{\partial r} \quad (\text{ロー}), \quad \Gamma = \frac{\partial^2 F}{\partial x^2} \quad (\text{ガンマ}).$$
また，これらをまとめて **the Greeks**（ギリシャ指標）という．これらの指標と株価 S および無リスク利子率 r を用いると BS 方程式は，次のように書くことができる：
$$\Theta + \frac{1}{2}\sigma^2 S^2 \Gamma + rS\Delta - rF = 0.$$

注意 3.22 (3.23) によれば，派生証券の複製戦略の株式取引過程は，Δ（デルタ）で与えられる．よって，この取引戦略を**デルタ・ヘッジ**（delta hedging）という．

定理 3.19 で，$f(x) = (K-x)_+, (x-K)_+$ の場合にそれぞれ具体的に計算を実行すると，次の Black-Scholes の公式が得られる．

定理 3.23（Black-Scholes の公式） $K\in(0,\infty)$ とする．満期が T で行使価格が K のヨーロピアン・プット・オプションとヨーロピアン・コール・オプションの時間 $t\in[0,T]$ における価格は，それぞれ $P(t,S(t))$ と $C(t,S(t))$ で与えられる．ただし，$P(t,x)$ と $C(t,x)$ は，それぞれ次で定義される関数である：$x\in(0,\infty), t\in[0,T)$ に対し，

$$\text{(3.26)} \quad P(t,x) := Ke^{-r(T-t)}N(-d_2) - xN(-d_1), \quad P(T,x) := (K-x)_+,$$

$$\text{(3.27)} \quad C(t,x) := xN(d_1) - Ke^{-r(T-t)}N(d_2), \quad C(T,x) := (x-K)_+.$$

ここで,

$$\text{(3.28)} \quad N(x) := \int_{-\infty}^{x} \frac{1}{\sqrt{2\pi}} e^{-y^2/2} dy \quad (\text{標準正規分布の分布関数}),$$

$$\text{(3.29)} \quad d_1 := \frac{\log(x/K) + \{r + (\sigma^2/2)\}(T-t)}{\sigma\sqrt{T-t}},$$

$$\text{(3.30)} \quad d_2 := \frac{\log(x/K) + \{r - (\sigma^2/2)\}(T-t)}{\sigma\sqrt{T-t}}$$

である. さらに, プットとコールのデルタはそれぞれ,

(3.31)
$$\frac{\partial P}{\partial x}(t,x) = -N(-d_1), \quad \frac{\partial C}{\partial x}(t,x) = N(d_1), \quad (t,x) \in [0,T) \times (0,\infty)$$

で与えられる. □

[証明] コールの場合のみを証明する. 定理 3.19 を $f(x) = (x-K)_+$ に適用すると

$$\text{(3.32)} \quad C(t,x) = e^{-r(T-t)} \int_{-\infty}^{\infty} \left(xe^{(r-\frac{1}{2}\sigma^2)(T-t)+\sigma y\sqrt{T-t}} - K \right)_+ \frac{e^{-y^2/2}}{\sqrt{2\pi}} dy$$

が得られる. 右辺の積分では, $(\cdot)_+$ の中が正になるような y, すなわち,

$$\text{(3.33)} \quad xe^{(r-\frac{1}{2}\sigma^2)(T-t)+\sigma y\sqrt{T-t}} > K$$

となるような y だけが積分に寄与する. (3.33) の両辺の log を取ると,

$$\log x + \left(r - \frac{1}{2}\sigma^2 \right)(T-t) + \sigma y\sqrt{T-t} > \log K$$

すなわち

$$y > -\frac{\log(x/K) + \{r - (\sigma^2/2)\}(T-t)}{\sigma\sqrt{T-t}} = -d_2$$

がそのような y の範囲であることが分かる. そのような y に対しては (3.32) の右辺の $(\cdot)_+$ はただの $(\cdot)$ であるから, $C(t,x)$ は次に等しい:

$$e^{-r(T-t)} \int_{-d_2}^{\infty} \left(xe^{(r-\frac{1}{2}\sigma^2)(T-t)+\sigma y\sqrt{T-t}} - K \right) \frac{e^{-y^2/2}}{\sqrt{2\pi}} dy$$

$$= x\frac{1}{\sqrt{2\pi}}\int_{-\infty}^{d_2} e^{-\frac{1}{2}u^2-\sigma u\sqrt{T-t}-\frac{1}{2}\sigma^2(T-t)}du - Ke^{-r(T-t)}\frac{1}{\sqrt{2\pi}}\int_{-\infty}^{d_2} e^{-u^2/2}du$$

$$= x\frac{1}{\sqrt{2\pi}}\int_{-\infty}^{d_2} e^{-\frac{1}{2}(u+\sigma\sqrt{T-t})^2}du - Ke^{-r(T-t)}N(d_2).$$

ここで 2 番目の等式には $u = -y$ という変数変換を用いた.最後の積分に $v = u + \sigma\sqrt{T-t}$ という変数変換を用いると,積分範囲に関して, $u < d_2$ より $v < d_2 + \sigma\sqrt{T-t} = d_1$ であるから,よって, $C(t,x)$ は次に等しい:

$$x\frac{1}{\sqrt{2\pi}}\int_{-\infty}^{d_1} e^{-\frac{1}{2}v^2}dv - Ke^{-r(T-t)}N(d_2) = xN(d_1) - Ke^{-r(T-t)}N(d_2).$$

これで (3.27) が得られた.デルタの計算は下の問題とする. ■

注意 3.24 Black-Scholes の公式は株価の期待収益率 μ を含まないという著しい性質を持つ.期待収益率 μ を株価のデータから推定することは一般に困難であることが知られているので,これは実務上大変都合がよい. Black-Scholes の公式で必要となるパラメータは,権利行使価格 K,無リスク利子率 r,満期までの時間 $T - t$,現在の株価 $S(t)$,ボラティリティ σ であるが,このうち σ だけは自明には求まらず,なんらかの手段で決める必要がある.期待収益率 μ と異なり,ボラティリティ σ の推定値を過去の株価のデータから求めることは実際に行われており,**ヒストリカル・ボラティリティ**(historical volatility)とよばれる.しかしながら,派生証券の価格付けで用いられる σ の値は,市場で現在取引されている(同じような満期の)他の派生証券の価格に Black-Scholes の公式をあてはめて,逆に σ の値を逆算するという方法で求められている.これを**インプライド・ボラティリティ**(implied volatility)という.ヒストリカル・ボラティリティはあくまで過去の株価のボラティリティであるのに対し,インプライド・ボラティリティは現在の市場が見込んでいるこれからの株価のボラティリティであるというのが,インプライド・ボラティリティを用いる利点の一つである.

問題 3.25 定理 3.23 の (3.26) を証明せよ. □

定理 3.26(**プット・コール・パリティ**) 同じ満期 T,同じ行使価格 K のヨーロピアン・プット・オプションの価格 $P(t, S(t))$ とヨーロピアン・コール・オプションの価格 $C(t, S(t))$ の間には,プット・コール・パリティとよばれる次の関係式が成り立つ: $C(t, S(t)) - P(t, S(t)) = S(t) - Ke^{-r(T-t)}$. □

[証明] 次が成り立つ:

$$C(t, S(t)) - P(t, S(t)) = e^{-r(T-t)}E^Q\left[(S(T) - K)_+ - (K - S(T))_+ | \mathscr{F}_t\right].$$

これと $(x)_+ - (-x)_+ = x$ より,次を得る:

$$C(t, S(t)) - P(t, S(t)) = e^{-r(T-t)} E^Q [S(T) - K | \mathscr{F}_t]$$
$$= e^{rt} E^Q [\tilde{S}(T) | \mathscr{F}_t] - K e^{-r(T-t)}$$
$$= e^{rt} \tilde{S}(t) - K e^{-r(T-t)} = S(t) - K e^{-r(T-t)}.$$

ここで 3 番目の等式には $\{\tilde{S}(t)\}$ が Q-マルチンゲールであることを用いた. ∎

問題 3.27 プット・コール・パリティとコールに対する Black-Scholes の公式を用いて，プットに対する Black-Scholes の公式を導け． □

問題 3.28 $C(t,x)$ を (3.27) の通りとする．また，$\theta := T - t$,

$$\phi(x) := \frac{1}{\sqrt{2\pi}} e^{-x^2/2} \quad (標準正規分布の密度関数)$$

とおく．次を示せ：$(t, x) \in [0, T) \times (0, \infty)$ に対し，

$$\frac{\partial C}{\partial x} = N(d_1) > 0, \qquad \frac{\partial^2 C}{\partial x^2} = \frac{\phi(d_1)}{x \sigma \sqrt{\theta}} > 0,$$
$$\frac{\partial C}{\partial t} = -\frac{x\sigma}{2\sqrt{\theta}} \phi(d_1) - Kre^{-r\theta} N(d_2) < 0, \qquad \frac{\partial C}{\partial \sigma} = x\sqrt{\theta} \phi(d_1) > 0,$$
$$\frac{\partial C}{\partial r} = \theta K e^{-r\theta} N(d_2) > 0.$$

また，$C(t,x)$ が Black-Scholes 方程式を満たすことを直接確かめよ．さらに，$P(t,x)$ に対して同様の結果を導け． □

問題 3.29 次を示せ：

$$\lim_{t \uparrow T} \frac{\partial C}{\partial x}(t,x) = 0 \ \ (0 < x < K), \quad = 1/2 \ \ (x = K), \quad = 1 \ \ (x > K).$$

これより，$C \notin C^{1,2}([0,T] \times (0, \infty))$ が分かる． □

問題 3.30 適当な計算ソフトなどを用いて，xy-平面上に t を固定したときのグラフ $y = C(t,x)$ と $y = P(t,x)$ を描け (参考のために，図 3.1 にそのような例を与える)．また，t, r, σ の各パラメータを変化させたときのグラフの変化の様子を観察せよ． □

3.2 期間構造モデルの枠組み

以下の 3.2〜3.5 節では，連続時間の金利モデルに対する価格評価法の基礎を紹介する．3.2 節では，一般的な金利モデルの枠組みで議論する．この一般的な

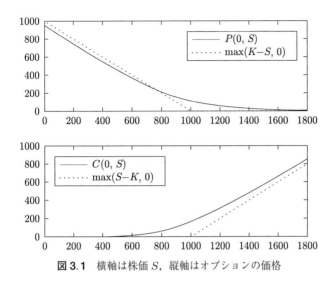

図 3.1 横軸は株価 S, 縦軸はオプションの価格

金利モデルと現実の世界を結びつけるためには，金利モデルの情報を集約する特定の状態変数を選び，そのパラメトリックなモデル化を通じて金利モデル自体をパラメトリックなものにする必要がある．この状態変数の選び方には任意性があり，その選び方により金利モデルはいくつかのカテゴリーに分かれる．それらのうち，3.3 節では短期金利を，3.4 節では瞬間フォワード・レートを，そして 3.5 節ではフォワード LIBOR を，それぞれ状態変数とするモデルを取り上げる．

3.2.1 期間構造モデルの概観

満期 T の**割引債**(discount bond)とは，満期日 T において**額面**(face value)とよばれる定められた金額が償還される利子の支払いのない債券のことである．これに対し，満期日における額面の支払いの他に，**クーポン**(coupon)とよばれる満期日までの定期的な利子の支払いが付いている債券を**利付債**(coupon bond)という．割引債はクーポンが付いていないので，**ゼロ・クーポン債**(zero-coupon bond)ともよばれる．割引債の方が利付債より構造が単純であり理論の展開上都合がよいので，以下では我々は割引債を考察する．簡単のため，我々は満期 T の割引債を **T-債券**(T-bond)とよぶことにする．

以下この章の最後まで，割引債の額面は 1 であるとする．すなわち，満期 $T \in$

$[0,T^*]$ の割引債を保有すると，満期時 T に 1 単位の金額が支払われる．ここで，T^* は考える投資全体の最終時を表す．$0 \leq t \leq T \leq T^*$ に対し，満期 T の割引債の時間 t における価格を $P(t,T)$ と記す．特に $P(T,T)=1$ が成り立つ．

債券市場のモデルが 3.1 節で考察した株式市場のモデル（BSM モデル）と大きく異なる点は，債券市場では各時間 t に複数の異なる満期 $T \in [t,T^*]$ の債券が同時に存在するという点である．式

$$P(t,T) = \exp\{-Y(t,T)(T-t)\}$$

で定義される $Y(t,T)$ は，期間 $[t,T]$ における割引債の最終平均利回りを表しイールド (yield) とよばれる．これは満期 T に依存する．したがって，時間 t には市場において関数 $[t,T^*] \ni T \mapsto Y(t,T)$ のグラフが観測されるがこれをイールド・カーブ (yield curve) という．このような金利の満期に対する依存性を**金利の期間構造** (term structure of interest rate) という．金利や割引債のモデル化においては，この期間構造をいかに記述するかという点が中心的な課題となる．そのため，これらのモデルを**期間構造モデル** (term-structure model) という．

期間構造のモデル化においては，満期の異なる割引債たちおよび後で述べるマネー・マーケット・アカウントの間で裁定機会が生じないことが要請される．これに関しては明快な処方箋があり，それは，同値マルチンゲール測度の存在である．すなわち，同値マルチンゲール測度が存在するようにモデル化を行えば，自動的に無裁定になる（定理 1.193 および下の定理 3.38 を参照）．この処方箋に基づく極端なアプローチとしては，始めから同値マルチンゲール測度の存在を仮定してしまうというものが考えられる（3.2.2 節の設定 (A1)〜(A3) がそれにあたる）．実際，以下では，我々はもっぱらこのアプローチに従う．ただし，後で考察する HJM 枠組みという瞬間フォワード・レートによるアプローチでは，同値マルチンゲール測度の候補 Q が実際に同値マルチンゲール測度になる（したがって市場が無裁定になる）ための条件を見出すという方針を取る．

市場で取引される金融資産 A の価格過程 $\{p_A(t)\}_{t \in [0,T]}$ が確率微分方程式

$$(3.34) \quad dp_A(t) = p_A(t)\{\mu_A(t)dt + \sigma_A(t)dW(t)\}, \quad t \in [0,T]$$

に従うとする．ここで $\{W(t)\}$ は実測度 P についての P-ブラウン運動である．この (3.34) に対し，もし発展的可測過程 $\{\lambda(t)\}_{t \in [0,T]}$ があって，a.s. に

$$\mu_A(t) - r(t) = \sigma_A(t)\lambda(t), \qquad t \in [0,T]$$

を満たすならば，$\{\lambda(t)\}$ をリスクの**市場価格**あるいは**リスク・プレミアム**という (3.1.1 節を参照せよ)．もし $\sigma_A(t) \neq 0$ ならば，$\lambda(t) = \{\mu_A(t) - r(t)\}/\sigma_A(t)$ と書くことができる．ここでポイントは $\{\lambda(t)\}$ が A によらないということである．我々は，同値マルチンゲール測度 Q とリスクの市場価格 $\{\lambda(t)\}$ との密接な関係を見ることになる (下の定理 3.34 参照)．

(3.34) の形の確率微分方程式を見やすいように形式的に変形して，

$$(3.35) \qquad \frac{dp_A(t)}{p_A(t)} = \mu_A(t)dt + \sigma_A(t)dW(t), \qquad t \in [0,T]$$

と書くことが多い．しかし，あくまで (3.35) は (3.34) のことであることを注意せよ．なお，次節以降でも，我々は簡単のため，このように唯一つのブラウン運動だけで駆動されるモデルに話を限定することにする．このようなモデルを**シングル・ファクターモデル** (single-factor model) という．

3.2.2 一般的な設定

この節でも，$(\Omega, \mathscr{F}, P)$ は完備な確率空間，$\{W(t)\}_{t \in [0,T^*]}$ はその上のブラウン運動で，$\{\mathscr{F}_t\}_{t \in [0,T^*]}$ は $\{W(t)\}$ に関するブラウン・フィルトレーションとする．$\mathscr{L}_{2,T}, \mathscr{L}_{2,T}^{loc}, \mathscr{L}_{1,T}^{loc}$ の定義を 2.4.1 節と 2.4.5 節から思い出そう (これらは $\mathscr{L}_2, \mathscr{L}_2^{loc}, \mathscr{L}_1^{loc}$ の T を明記した表記である)．

次の設定 (A1)〜(A3) を考える：

(A1) Q は P と同値な $(\Omega, \mathscr{F})$ 上の確率測度である．

(A2) **短期金利** (short rate) を表す確率過程 $\{r(t)\}_{t \in [0,T^*]}$ は $\{r(t)\} \in \mathscr{L}_{1,T^*}^{loc}$．かつ次の条件を満たす：

$$E^Q\left[\frac{1}{B(T)}\right] < \infty, \qquad T \in [0,T^*].$$

(A3) 任意の $T \in [0,T^*]$ に対し，T-債券の価格過程 $\{P(t,T)\}_{t \in [0,T]}$ は連続過程で次を満たす：

$$P(t,T) = B(t)E^Q\left[\left.\frac{1}{B(T)}\right|\mathscr{F}_t\right], \qquad t \in [0,T].$$

ここで，$\{B(t)\}$ は次で定義する：

$$(3.36) \qquad B(t) := \exp\left(\int_0^t r(u)du\right), \qquad t \in [0, T^*].$$

$\{B(t)\}$ は**マネー・マーケット・アカウント**(money-market account)**価格過程**とよばれる．マネー・マーケットとは，短期金融市場のことである．この $B(t)$ は，時間 0 で 1 単位の金額を短期金融市場に投資し，短期金利 $r(u)$ での瞬間的な運用を連続的に繰り返すことにより時間 t で得られる金額を表す．短期金利を**瞬間スポット・レート**(instantaneous spot rate)あるいは単に**スポット・レート**ともいう．

注意 3.31 (A2), (A3)に関し，次を注意せよ：
(1) (A2)に関し，金利であるから本来 $r(t)$ は非負であるべきであるが，後で出てくるガウス型金利モデルの場合などを考慮して，ここでは非負性を仮定していない．
(2) (A1)と系 2.175 より，$\{\mathscr{F}_t, Q\}$-マルチンゲール $\{E^Q[1/B(T)|\mathscr{F}_t]\}$ は連続な変形を持つので，(A3)は条件というよりも，Q と $\{r(t)\}$ による $P(t,T)$ の定義と見ることができる．

任意の満期 $T \in [0, T^*]$ に対し，次のようにおく：

$$\tilde{P}(t,T) := P(t,T)/B(t), \qquad t \in [0,T].$$

定理 3.32 (A1)～(A3)を仮定すると，次の主張が成り立つ：
(1) 任意の $T \in [0, T^*]$ に対し $P(T,T) = 1$, a.s.
(2) 任意の $T \in [0, T^*]$ に対し $\{\tilde{P}(t,T)\}_{t \in [0,T]}$ は $\{\mathscr{F}_t, Q\}$-マルチンゲールである．
(3) $0 \leqq t \leqq T \leqq T^*$ に対し，

$$P(t,T) = E^Q\left[e^{-\int_t^T r(s)ds}\middle|\mathscr{F}_t\right], \quad \text{a.s.} \qquad \square$$

[**証明**] (1)と(2)は自明である．定理 2.24 より

$$B(t)E^Q\left[\frac{1}{B(T)}\middle|\mathscr{F}_t\right] = E^Q\left[\frac{B(t)}{B(T)}\middle|\mathscr{F}_t\right], \quad \text{a.s.}$$

が成り立つので，(3)も成り立つ． ∎

確率測度 Q をこの市場モデルの**同値マルチンゲール測度**あるいは**リスク中立測度**という．

注意 3.33 正確には，Q はマネー・マーケット・アカウント $\{B(t)\}$ をニューメレー

ルとする同値マルチンゲール測度というべきである．ニューメレールについては，3.2.3 節を参照せよ．

以下，この節の最後まで(A1)～(A3)を仮定する．我々の目的は，$\{P(t,T)\}_{t\in[0,T]}$ の満たす確率微分方程式を導き，同値マルチンゲール測度 Q とリスクの市場価格の間の関係を示すことである．

$\{\mathscr{F}_t, P\}$-マルチンゲール $\{Z(t)\}_{t\in[0,T^*]}$ を
$$Z(t) := E\left[\left.\frac{dQ}{dP}\right|\mathscr{F}_t\right], \quad t\in[0,T^*]$$
により定める．ただし，$\{Z(t)\}$ は連続な変形を取っておく（系 2.170 を参照）．定理 2.173 より $\{\lambda(t)\}_{t\in[0,T^*]} \in \mathscr{L}_{2,T^*}^{loc}$ で a.s. に

$$(3.37) \quad Z(t) = \exp\left\{-\int_0^t \lambda(u)dW(u) - \frac{1}{2}\int_0^t \lambda(u)^2 du\right\}, \quad t\in[0,T^*]$$

を満たすものが一意に存在する．一方，$\{\tilde{P}(t,T)\}_{t\in[0,T]}$ は連続で正値の $\{\mathscr{F}_t, Q\}$-マルチンゲールであるから，命題 2.166 と 定理 2.172 より a.s. にすべての $t\in[0,T]$ で

$$(3.38) \quad \tilde{P}(t,T)Z(t) = P(0,T)\exp\left\{\int_0^t b(u,T)dW(u) - \frac{1}{2}\int_0^t b(u,T)^2 du\right\}$$

を満たす $\{b(t,T)\}_{t\in[0,T]} \in \mathscr{L}_{2,T}^{loc}$ が一意に存在する．そこで，$\{\sigma_P(t,T)\}_{t\in[0,T]} \in \mathscr{L}_{2,T}^{loc}$ を次により定義する：

$$(3.39) \quad \sigma_P(t,T) := \lambda(t) + b(t,T), \quad t\in[0,T].$$

Schwartz の不等式より

$$\int_0^T |\sigma_P(t,T)\lambda(t)|dt \leq \left\{\int_0^T \lambda(t)^2 dt\right\}^{1/2}\left\{\int_0^T \sigma_P(t,T)^2 dt\right\}^{1/2} < \infty, \quad \text{a.s.}$$

であるので，$\{\sigma_P(t,T)\lambda(t)\}_{t\in[0,T]} \in \mathscr{L}_{1,T}^{loc}$ となることを注意せよ．

次の定理が成り立つ．

定理 3.34 すべての満期 $T\in[0,T^*]$ に対し，$\{P(t,T)\}_{t\in[0,T]}$ は次の確率微分方程式の解である：

(3.40)
$$\frac{dP(t,T)}{P(t,T)} = \{r(t) + \sigma_P(t,T)\lambda(t)\}dt + \sigma_P(t,T)dW(t), \qquad t \in [0,T].$$

[証明] (3.37)と(3.38)より

$$P(t,T) = P(0,T)\exp\left\{\int_0^t \lambda(u)dW(u) + \int_0^t \left(r(u) + \frac{1}{2}\lambda(u)^2\right)du\right\}$$
$$\times \exp\left\{\int_0^t b(u,T)dW(u) - \frac{1}{2}\int_0^t b(u,T)^2 du\right\}$$
$$= P(0,T)\exp\left\{\int_0^t \left(r(u) + \sigma_P(u,T)\lambda(u)\right)du\right\}$$
$$\times \exp\left\{\int_0^t \sigma_P(u,T)dW(u) - \frac{1}{2}\int_0^t \sigma_P(u,T)^2 du\right\}$$

となる. よって命題 2.148 より, 定理が従う. ∎

定理 3.34 より, $\{\lambda(t)\}$ は割引債から決まるリスクの市場価格であり, 特にこれは満期 T によらないことが分かる.

定理 2.173 より

(3.41) $\qquad W^*(t) := W(t) + \int_0^t \lambda(s)ds, \qquad t \in [0, T^*]$

で定義される過程 $\{W^*(t)\}_{t \in [0,T^*]}$ は $\{\mathscr{F}_t, Q\}$-ブラウン運動になる.

系 3.35 各満期 $T \in [0, T^*]$ に対し, 過程 $\{\tilde{P}(t,T)\}_{t \in [0,T]}$ は確率微分方程式

(3.42) $\qquad \dfrac{d\tilde{P}(t,T)}{\tilde{P}(t,T)} = \sigma_P(t,T)dW^*(t), \qquad t \in [0,T]$

により記述され, $t \in [0,T]$ に対し,

(3.43) $\qquad \tilde{P}(t,T) = P(0,T)\exp\left\{\int_0^t \sigma_P(u,T)dW^*(u) - \frac{1}{2}\int_0^t \sigma_P(u,T)^2 du\right\}$

が成り立つ. ∎

問題 3.36 系 3.35 を証明せよ. ∎

注意 3.37 割引債のボラティリティ $\sigma_P(t,T)$ を具体的に求めるには, 例えば $\{r(t)\}$ の Q-ダイナミクスを具体的に設定する必要がある (下の系 3.58 を参照せよ).

3.2.3 完備性

引き続き, 3.2.2節と同じ設定(A1)〜(A3)の下で考える. また, 3.2.2節と同じ記号を用いる.
$\mathbb{T} = (T_1, \cdots, T_n)$ は

$$0 < T_1 < \cdots < T_n \leqq T^*$$

を満たす n 個の満期の組とする. $T \in (0, T^*]$ として, 期間 $[0, T]$ の間にマネー・マーケット・アカウントおよび T_i-債券 ($i = 1, \cdots, n$) という n 種の割引債で投資を行うとする. 簡単のため, 次のようにおく: $i = 1, \cdots, n$ に対し,

$$(3.44) \quad p_i(t) := P(t, T_i), \quad \sigma_i(t) := \sigma_P(t, T_i), \quad t \in [0, T_i].$$

ここで, $\sigma_p(t, T)$ は (3.39) で定義される $\{P(t, T)\}_{t \in [0, T]}$ のボラティリティである (定理 3.34 参照).

割引債の取引戦略 $\xi = (\xi_1, \cdots, \xi_n)$, $\xi_i = \{\xi_i(t)\}_{t \in [0, T]}$ において, 各 $\xi_i(t)$ は時間 $t \in [0, T]$ における T_i-債券の保有単位数を表す. ξ の満たすべき条件として次の(i), (ii)を考える:

(i) $i = 1, \cdots, n$ に対し $\{\xi_i(t)\}_{t \in [0, T]}$ は発展的可測過程で $\{\xi_i(t)\sigma_i(t)\}_{t \in [0, T]} \in \mathscr{L}^{loc}_{2, T}$ を満たす.

(ii) $T_i < T$ ならば $t \in (T_i, T]$ に対し $\xi_i(t) = 0$.

満期 T_i の割引債は T_i より後には存在しないので, (ii)を課すことになる.

$x \in \mathbb{R}$ とする. 初期資金 x を持つ投資家を考える ($x < 0$ なら $-x$ の負債を持つ). この投資家は(i), (ii)を満たす $\xi = (\xi_1, \cdots, \xi_n)$ に従って T_i-債券たちを取引するとする. さらに, この投資家は, 各時点でポートフォリオの価値から割引債に投資して余った分や足りない分の資金はすべてマネー・マーケット・アカウントで調整するとする (資金自己調達的). この取引戦略 (x, ξ) に従ったときの時間 $t \in [0, T]$ におけるポートフォリオの価値 $X^{x, \xi}(t)$ は次の確率微分方程式により記述されると考える:

$$(3.45) \quad \begin{cases} d\tilde{X}^{x, \xi}(t) = \sum_{i=1}^{n} \xi_i(t) d\tilde{p}_i(t), & t \in [0, T], \\ X^{x, \xi}(0) = x. \end{cases}$$

ここで,
$$\tilde{X}^{x,\xi}(t) = X^{x,\xi}(t)/B(t), \qquad \tilde{p}_i(t) = p_i(t)/B(t) = \tilde{P}(t, T_i)$$
とおいた. (3.42) と (3.41) より
$$\xi_i(t)d\tilde{p}_i(t) = \xi_i(t)\sigma_i(t)\tilde{p}_i(t)\lambda(t)dt + \xi_i(t)\sigma_i(t)\tilde{p}_i(t)dW(t)$$
であるが,
$$\int_0^T |\xi_i(t)\sigma_i(t)\tilde{p}_i(t)\lambda(t)|dt$$
$$\leq \left\{\max_{0\leq t\leq T} \tilde{p}_i(t)\right\} \left\{\int_0^T |\xi_i(t)\sigma_i(t)|^2 dt\right\}^{1/2} \left\{\int_0^T \lambda(t)^2 dt\right\}^{1/2} < \infty, \text{ a.s.}$$
などより (3.45) は well-defined であることを注意せよ. (3.42) より次が成り立つ:$t \in [0, T]$ に対し,

(3.46)
$$\tilde{X}^{x,\xi}(t) = x + \sum_{i=1}^n \int_0^t \xi_i(u)d\tilde{p}_i(u) = x + \sum_{i=1}^n \int_0^t \xi_i(u)\sigma_i(u)\tilde{p}_i(u)dW^*(u).$$

我々は,上の (i), (ii) に加え条件
  (iii) $\{\tilde{X}^{x,\xi}(t)\}_{t \in [0,T]}$ は $\{\mathscr{F}_t, Q\}$-マルチンゲールである
を考え,次のように許容取引戦略のクラスを定義する:

(3.47) $\mathscr{A}_{\mathbb{T},T}^Q := \{\xi = (\xi_i, \cdots, \xi_n) : \xi \text{ は } (i), (ii), (iii) \text{ を満たす}\}.$

定理 3.8 と同様に次の定理が成り立つ.この定理は,(A1)〜(A3) の設定で市場モデルが**無裁定**(第 1 章を参照)であることを示している.

定理 3.38 $X^{0,\xi}(T) \geqq 0$, a.s. かつ $P(X^{0,\xi}(T) > 0) > 0$ を満たす $\xi \in \mathscr{A}_{\mathbb{T},T}^Q$ は存在しない. □

証明は定理 3.8 のそれと全く同じであるので省略する.

定義 3.39 $T \in [0, T^*]$ に対し,**T-派生証券** H とは,満期が T でペイオフが $\mathscr{F}_T$-可測な実確率変数 H で与えられる派生証券のことである. □

定義 3.40 $T \in [0, T^*]$ に対し,$E^Q[|H|/B(T)] < \infty$ を満たす T-派生証券 H が**複製可能**であるとは,ある $\mathbb{T}$ に対し $X^{x,\xi}(T) = H$, a.s. を満たす $(x, \xi) \in \mathbb{R} \times \mathscr{A}_{\mathbb{T},T}^Q$ が存在することである.この (x, ξ) を H の**複製戦略**という. □

離散時間モデルや BSM モデルの場合と同様に，複製可能な派生証券の適正価格である(無裁定)価格過程とはその複製戦略の価値過程のこととする．

定義 3.41 $T \in (0, T^*]$ に対し，$E^Q[|H|/B(T)] < \infty$ を満たす T-派生証券 H は複製可能であるとする．このとき，H の時間 $t \in [0, T]$ における価格 $p_H(t)$ を，$p_H(t) := X^{x,\xi}(t)$ により定める．ここで，(x, ξ) は，ある $\mathbb{T}$ に対して $(x, \xi) \in \mathbb{R} \times \mathscr{A}^Q_{\mathbb{T},T}$ となる H の複製戦略である． □

定理 3.42(リスク中立価格評価法)　$T \in (0, T^*]$ とし，$E^Q[|H|/B(T)] < \infty$ を満たす T-派生証券 H は複製可能であるとする．すると，

(3.48) 　任意の $t \in [0, T]$ に対し，$p_H(t) = B(t) E^Q\left[\left.\dfrac{H}{B(T)}\right|\mathscr{F}_t\right]$, a.s.

が成り立つ．特に，$\{p_H(t)\}$ は複製戦略 (x, ξ) によらず決まる． □

[証明]　H の複製戦略 (x, ξ) に対し，$\{X^{x,\xi}(t)/B(t)\}$ は Q-マルチンゲールになることから，定理は従う． ∎

満期の組 $\mathbb{T} = (T_1, \cdots, T_n)$ で $n = 1$ の $\mathbb{T} = (T_1)$ の場合，すなわち割引債については T_1-債券のみを取引するときには，$\mathscr{A}^Q_{\mathbb{T},T}$ を $\mathscr{A}^Q_{T_1,T}$ と書くことにする．特に $T \leqq T_1$ の場合には，次が成り立つ：

$$\mathscr{A}^Q_{T_1,T} := \left\{ \{\xi(t)\}_{t \in [0,T]} : 発展的可測, \int_0^T |\xi(t) \sigma_P(t, T_1)|^2 dt < \infty,\ \text{a.s.},\ \text{(iii)} \right\}.$$

次の定理は，(A1)～(A3) の設定で市場モデルが完備になるための条件を与える．

定理 3.43　$0 < T \leqq T_1 \leqq T^*$ とし

(**C**)　　　　a.s. に，$\sigma_P(t, T_1) \neq 0$ Leb-a.e. on $[0, T]$

を仮定する．H は $\mathscr{F}_T$-可測で $\tilde{H} := H/B(T)$ に対し $E^Q[|\tilde{H}|] < \infty$ を満たすとする．このとき H の複製戦略 $(x, \xi) \in \mathbb{R} \times \mathscr{A}^Q_{T_1,T}$ が一意に存在し，

(3.49)　　任意の $t \in [0, T]$ に対し，$\tilde{X}^{x,\xi}(t) = E^Q[\tilde{H}|\mathscr{F}_t]$, a.s.

が成り立つ．特に $x = E^Q[\tilde{H}]$ となる． □

[証明]　Q-マルチンゲール $\{E^Q[\tilde{H}|\mathscr{F}_t]\}_{t \in [0,T]}$ に定理 2.174 を適用すると

(3.50)

任意の $t \in [0,T]$ に対し，$E^Q[\tilde{H}|\mathscr{F}_t] = E^Q[\tilde{H}] + \int_0^t \Phi(u)dW^*(t)$, a.s.

を満たす $\{\Phi(t)\} \in \mathscr{L}_2^{loc}$ の存在が分かる．発展的可測過程 $\{\sigma_0(t)\}_{t\in[0,T]}$ を

$$\sigma_0(t) := 1_{\mathbb{R}\setminus\{0\}}(\sigma_P(t,T_1))\sigma_P(t,T_1) + 1_{\{0\}}(\sigma_P(t,T_1)), \qquad t \in [0,T]$$

で定義すると，任意の $t \in [0,T]$ に対し $\sigma_0(t) \neq 0$ であり，また条件(C)より a.s. に $\sigma_P(t,T_1) = \sigma_0(t)$, Leb-a.e. on $[0,T]$ が成り立つ．そこで，$x := E^Q[\tilde{H}]$ および

$$\xi(t) := \frac{\Phi(t)}{\sigma_0(t)\tilde{P}(t,T_1)}, \qquad t \in [0,T]$$

とおく．すると，$\{\xi(t)\sigma_P(t,T_1)\} \in \mathscr{L}_{2,T}^{loc}$ である．また a.s. に

$$E^Q[\tilde{H}] + \int_0^t \Phi(u)dW^*(t) = x + \int_0^t \xi(u)\sigma_P(u,T_1)\tilde{P}(u,T_1)dW^*(u) = \tilde{X}^{x,\xi}(t)$$

より (3.50) は (3.49) を意味するので，$\{\tilde{X}^{x,\xi}(t)\}$ は $\{\mathscr{F}_t, Q\}$-マルチンゲールである．よって，$\xi \in \mathscr{A}_{T_1,T}^Q$ が分かる．さらに，H は $\mathscr{F}_T$-可測であるから，

$$X^{x,\xi}(T) = E[H|\mathscr{F}_T] = H \quad \text{a.s.}$$

よって，この (x,ξ) は H の複製戦略である．最後に一意性は，定理 2.134 により成り立つ． ∎

注意 3.44 上では，有限個の満期の割引債を取引する場合に話を限定している．もちろん，現実の市場でもそうなっている．一方，理論上考えられる無限に多くの満期の割引債を取引する設定については，[14], [15] を参照せよ．

3.2.4 ニューメレールの変更

この節では，ニューメレールの変更というテクニックを扱う ([50] 参照)．本節でも，3.2.2 節と同じ設定 (A1)〜(A3) の下で考える．

これまでは，資産価格を割り引くのにマネー・マーケット・アカウント $B(t)$ を用いた．これは，時間 t における資産の価値を，$B(t)$ に対する相対価格により表現するということである．このことを，我々はニューメレール (numéraire) としてマネー・マーケット・アカウント $\{B(t)\}$ を用いるという．ニューメレー

ルは，**基準財**ともよばれる．ここで注意すべきは，ニューメレールはマネー・マーケット・アカウントでなくてもよいということである．計算上，都合がよければ，別の確率過程 $\{N(t)\}$ をニューメレールとして用いることもあり得る．実際，下で見るように，債券市場における価格評価においては，特別な満期 T の割引債をニューメレールとして用いると都合がよい．

まず，ニューメレールをマネー・マーケット・アカウント $\{B(t)\}$ から別の過程 $\{N(t)\}_{t\in[0,T]}$ に変更するとき，同値マルチンゲール測度 Q にあたるものがどのように変更されるかを見よう．$\{N(t)\}$ に対し，次を仮定する：

（i）$\{N(t)\}$ は伊藤過程である．
（ii）$P(\text{すべての } t\in[0,T] \text{ に対し } N(t)>0)=1$．
（iii）$\{N(t)/B(t)\}_{t\in[0,T]}$ は $\{\mathscr{F}_t,Q\}$-マルチンゲールである．

過程 $\{Z_N(t)\}_{t\in[0,T]}$ を次により定める：

$$(3.51) \qquad Z_N(t) := \frac{N(t)}{N(0)B(t)}, \qquad t\in[0,T].$$

すると，$\{Z_N(t)\}$ は正の Q-マルチンゲールで，$E^Q[Z_N(T)]=1$ を満たす．よって，次の定義を行うことができる．

定義 3.45 $(\Omega,\mathscr{F})$ 上の Q と同値な確率測度 Q_N を

$$\frac{dQ_N}{dQ} = Z_N(T)$$

により定義する． □

次の命題により，測度 Q_N と $\{N(t)\}$ の関係は，Q と $\{B(t)\}$ のそれと同じであることが分かる．

命題 3.46 $\{S(t)/B(t)\}_{t\in[0,T]}$ が Q-マルチンゲールになる過程 $\{S(t)\}_{t\in[0,T]}$ に対し，$\{S(t)/N(t)\}_{t\in[0,T]}$ は Q_N-マルチンゲールになる． □

[証明] $0\leq s\leq t\leq T$ に対し，Bayes の公式より，

$$E^{Q_N}[S(t)/N(t)|\mathscr{F}_s] = \frac{E^Q[Z_N(t)S(t)/N(t)|\mathscr{F}_s]}{Z_N(s)}$$
$$= B(s)\frac{E^Q[S(t)/B(t)|\mathscr{F}_s]}{N(s)} = \frac{S(s)}{N(s)}.$$

よって，欲しい主張が得られた． ■

定理 3.47 $T\in[0,T^*]$ に対し，T-派生証券 H は複製可能であるとする．す

ると，$t \in [0,T]$ における H の価格 $p_H(t)$ は $p_H(t) = N(t)E^{Q_N}[H/N(T)|\mathscr{F}_t]$ により与えられる． □

[証明] $\{p_H(t)/B(t)\}$ は Q-マルチンゲールになるので，命題 3.46 より $\{p_H(t)/N(t)\}$ は Q_N-マルチンゲールになる．よって定理が得られる． ■

以下，上のニューメレール $\{N(t)\}$ として，T-債券の価格 $\{P(t,T)\}_{t \in [0,T]}$ を取る．この選択のメリットは $P(T,T) = 1$ となることである．(3.51)を念頭に

$$Z_T(t) := \frac{P(t,T)}{P(0,T)B(t)}, \quad t \in [0,T]$$

とおく．これは，(3.51)の $\{N(t)\}$ として，$\{P(t,T)\}$ を取ることにあたる．$Z_T(T) = 1/\{P(0,T)B(T)\}$ に注意せよ．

定義 3.48(フォワード測度) $(\Omega, \mathscr{F})$ 上の Q と同値な確率測度 Q_T を

$$\frac{dQ_T}{dQ} = \frac{1}{P(0,T)B(T)}$$

で定義し，**T-フォワード測度**(T-forward measure)あるいは**フォワード中立測度**(forward-neutral measure)とよぶ．Q_T に関する期待値を $E^T[\cdot]$ と書く． □

すなわち，T-フォワード測度 とは，リスク中立測度と同値な測度であって，ニューメレールをマネー・マーケット・アカウントから T-債券に変更することにより得られるものである．フォワード測度の名前は，その下で先渡価格(forward price)がマルチンゲールになることによる(注意 3.50 参照)．

命題 3.49 $\{S(t)/B(t)\}_{t \in [0,T]}$ が Q-マルチンゲールになる過程 $\{S(t)\}$ に対し，$\{S(t)/P(t,T)\}_{t \in [0,T]}$ は Q_T-マルチンゲールになる．特に，$0 \leqq T \leqq T_1 \leqq T^*$ に対し，$\{P(t,T_1)/P(t,T)\}_{t \in [0,T]}$ は Q_T-マルチンゲールになる． □

[証明] 命題 3.46 より直ちに従う． ■

注意 3.50 $T \in [t, T^*]$ とする．ある原資産の T における価格は $\mathscr{F}_T$-可測な $S(T)$ であるとする．また，$S(T)$ は複製可能であるとして，その t における価格を $S(t)$ と書く：$S(t) = E^Q[S(T)B(t)/B(T)|\mathscr{F}_t]$．将来の時点 T においてあらかじめ定められた**先渡価格** $F_S(t)$ でこの原資産を売買する先渡契約を時点 t で結ぶとする．ただし，この $F_S(t)$ は，時点 t でこの契約の価値が 0 であるように決める．すると無裁定の考え方から，$F_S(t) = S(t)/P(t,T)$ となり，$S(t)/P(t,T)$ はこの原資産の t における先渡価格に等しいことが分かる．実際，時間 t での二つのポートフォリオを比較する：(1) 1 単位の原資産，(2) 1 単位の買い(ロング)の先渡契約および $F_S(t)$ 単位の T-債券．(1)の時間 T での価値は $S(T)$ である．一方，(2)の T での価値も，$S(T) - F_S(t) + F_S(t) = S(T)$ である．よっ

て，(1) と (2) の T での価値は等しいから，無裁定条件より t での価値も等しくなければならず，よって $S(t) = F_S(t)P(t,T)$ すなわち $F_S(t) = S(t)/P(t,T)$ が得られる．命題 3.49 より，T-フォワード測度はこの先渡価格過程 $\{F_S(t)\}_{t\in[0,T]}$ をマルチンゲールにする測度である．

定理 3.47 と $P(T,T) = 1$ より次の定理が得られる．

定理 3.51 $T \in [0,T^*]$ に対し，T-派生証券 H は複製可能であるとする．すると，$t \in [0,T]$ における H の価格 $p_H(t)$ は $p_H(t) = P(t,T)E^T[H|\mathscr{F}_t]$ により与えられる． □

定義 3.52 定理 3.51 のフォワード中立測度 Q_T に関する期待値による価格評価法を**フォワード中立価格評価法**(foward-neutral pricing) という． □

リスク中立価格評価法では Q の下での H と $B(T)$ の同時分布を必要とするが，フォワード中立価格評価法では Q_T の下での H の分布だけでよい．この有利性は金利が確率的な場合に特に威力を発揮する (3.5 節参照)．

定理 3.51 をヨーロピアン・コール・オプションの価格計算に適用してみよう．

定理 3.53 $\{N(t)/B(t)\}_{t\in[0,T]}$ が Q-マルチンゲールになる正値過程 $\{N(t)\}$ に対し，満期が T，権利行使価格が $K \in (0,\infty)$ のヨーロピアン・コール・オプション $(N(T) - K)_+$ は複製可能であるとする．するとこのオプションの時間 $t = 0$ における価格 $C(0)$ は

$$C(0) = N(0)Q_N(A) - KP(0,T)Q_T(A)$$

により与えられる．ここで，確率測度 Q_N は定義 3.45 により，また事象 A は $A := \{N(T) \geqq K\}$ により，それぞれ定義される． □

[証明] 定理 3.51 により，

$$C(0)/P(0,T) = E^T[(N(T) - K)_+] = E^T[(N(T) - K)1_A]$$
$$= E^T[N(T)1_A] - KQ_T(A).$$

ここで，Q_T と Q_N の定義により，

$$P(0,T)E^T[N(T)1_A] = P(0,T)E^Q[Z_T(T)N(T)1_A] = N(0)E^Q[Z_N(T)1_A]$$
$$= N(0)Q_N(A)$$

となって，欲しい主張が得られる． ∎

問題 3.54(債券オプション) $T \in [0, T^*]$ とし,$u = T, T^*$ に対し,ボラティリティ過程 $\{\sigma_P(t, u)\}_{t \in [0, u]}$ は確定的であると仮定する.T^*-債券の上に書かれた満期 T のヨーロピアン・コール・オプション $(P(T, T^*) - K)_+$ は複製可能であるとして,それの時間 0 における価格 $C(0)$ を求めたい([74]参照).簡単のため,次のようにおく:$t \in [0, T]$ に対し,

$$p(t) := \frac{P(t, T^*)}{P(t, T)}, \qquad q(t) := \frac{1}{p(t)} = \frac{P(t, T)}{P(t, T^*)},$$

$$\sigma(t) := \sigma_P(t, T), \qquad \sigma^*(t) := \sigma_P(t, T^*).$$

(1) $A := \{P(T, T^*) \geqq K\} = \{p(T) \geqq K\} = \{q(T) \leqq 1/K\}$ に対し,次を示せ:

$$C(0) = P(0, T^*) Q'(A) - P(0, T) K Q_T(A).$$

ここで,確率測度 Q' は次により定める:

$$\frac{dQ'}{dQ} = Z_{T^*}(T) = \frac{P(T, T^*)}{P(0, T^*) B(T)}.$$

(2) $\{p(t)\}$ と $\{q(t)\}$ はそれぞれ,次の確率微分方程式に従うことを示せ:

$$\frac{dp(t)}{p(t)} = \{\sigma^*(t) - \sigma(t)\}\{dW^*(t) - \sigma(t)dt\}, \qquad 0 \leqq t \leqq T,$$

$$\frac{dq(t)}{q(t)} = \{\sigma(t) - \sigma^*(t)\}\{dW^*(t) - \sigma^*(t)dt\}, \qquad 0 \leqq t \leqq T.$$

(3) 次で定義される $\{W_T(t)\}$ と $\{W_{T^*}(t)\}$ はそれぞれ Q_T と Q' の下でブラウン運動になることを示せ:$t \in [0, T]$ に対し,

$$W_T(t) := W^*(t) - \int_0^t \sigma(u) du, \qquad W_{T^*}(t) := W^*(t) - \int_0^t \sigma^*(u) du.$$

(4) $f(t) := \sigma^*(t) - \sigma(t)$ とおく.次を示せ:

$$p(T) = \frac{P(0, T^*)}{P(0, T)} \exp\left\{\int_0^T f(u) dW_T(u) - \frac{1}{2} \int_0^T f(u)^2 du\right\}.$$

これより,$Q_T(A) = N(d_-)$ を示せ,同様にして,$Q'(A) = N(d_+)$ も示せ.ここで,$N(x)$ は標準正規分布の分布関数であり,$d_\pm$ は次に定義する:

$$d_- := \frac{1}{\sqrt{\Sigma^2(T)}} \left[\log\left(\frac{P(0,T^*)}{KP(0,T)}\right) - \frac{1}{2}\Sigma^2(T) \right],$$

$$\Sigma^2(T) := \int_0^T f(u)^2 du, \quad d_+ := d_- + \sqrt{\Sigma^2(T)}.$$

ヒント. (2) 伊藤の公式と積の微分の公式 (2.4.6 節参照) を用いる. (3) は (3.43) と Girsanov の定理を用いる. (4) 前半は命題 2.148 より従う. 後半は問題 2.119 の結果を用いて, 定理 3.23 の証明と同様にして証明できる. □

3.3 短期金利モデル

本節では, 種々の**短期金利モデル**(short-rate mode) を考察する. これらは, 短期金利 $r(t)$ の Q-ダイナミクスを確率微分方程式などにより具体的に特定することで与えられる. 3.2.2 節と同じ設定で考える. すなわち, $(\Omega, \mathscr{F}, P)$ は完備な確率空間, $\{W(t)\}_{t\in[0,T^*]}$ はその上のブラウン運動で, $\{\mathscr{F}_t\}_{t\in[0,T^*]}$ は $\{W(t)\}$ に関するブラウン・フィルトレーションとする. さらに (A1)〜(A3) の設定を仮定する. 特に, Q は同値マルチンゲール測度で, $\{W^*(t)\}_{t\in[0,T]}$ は Q の下でブラウン運動である.

3.3.1 期間構造方程式

この節では, 短期金利 $\{r(t)\}_{t\in[0,T^*]}$ は確率微分方程式

$$(3.52) \quad dr(t) = \mu(t,r(t))dt + \sigma(t,r(t))dW^*(t), \quad t\in[0,T^*], \quad r(0)\in[0,\infty)$$

の解であるとする (2.4.11 節を参照せよ). ここで, $\sigma, \mu : [0,T^*]\times\mathbb{R}\to\mathbb{R}$ は確定的な連続関数とする.

T-派生証券 H の価格 $p_H(t)$ は, (3.48) の等式の右辺を計算することにより求められる. この節では $H = f(r(T))$ の形の場合を考える. 特に $f \equiv 1$ なら H は T-債券である. (3.52) のように係数 μ, σ が確定的な関数の確率微分方程式 (マルコフ型とよばれる) の場合には, 次の定理が示すように $p_H(t)$ は $p_H(t) = F(t, r(t))$ の形, すなわち t と $r(t)$ の関数であることが期待される.

簡単のため, 次の様に書く: $F_t := (\partial F)/(\partial t)$, $F_x := (\partial F)/(\partial x)$, $F_{xx} := (\partial^2 F)/(\partial x^2)$.

定理 3.55 $T \in [0, T^*]$ とする. 連続な $f : \mathbb{R} \to \mathbb{R}$ に対し, T-派生証券

$f(r(T))$ は複製可能であるとする．また，偏微分方程式

$$(\text{TSE}_f) \quad \begin{cases} F_t(t,x) + \dfrac{1}{2}\sigma^2(t,x)F_{xx}(t,x) + \mu(t,x)F_x(t,x) - xF(t,x) = 0, \\ \qquad\qquad\qquad\qquad\qquad\qquad\qquad\qquad (t,x) \in [0,T]\times\mathbb{R}, \\ F(T,x) = f(x), \qquad x \in \mathbb{R} \end{cases}$$

は解 $F \in C([0,T]\times\mathbb{R}) \cap C^{1,2}([0,T)\times\mathbb{R})$ を持つとする．さらに，

$$(3.53) \qquad \int_0^T E^Q\left[\left|e^{-\int_0^t r(u)du}\sigma(t,r(t))F_x(t,r(t))\right|^2\right]dt < \infty$$

を仮定する．すると，T-派生証券 $f(r(T))$ の価格 $p_f(t,T)$ は，

$$(3.54) \qquad p_f(t,T) = F(t,r(t)), \qquad t \in [0,T]$$

で与えられ，$\tilde{p}_f(t,T) := e^{-\int_0^t r(u)du}p_f(t,T)$ は次を満たす：

$$(3.55) \quad d\tilde{p}_f(t,T) = e^{-\int_0^t r(u)du}\sigma(t,r(t))F_x(t,r(t))dW^*(t), \qquad t \in [0,T]. \quad \square$$

［証明］ 伊藤の公式より，

$$dF(t,r(t)) = \left\{F_t + \frac{\sigma^2}{2}F_{xx} + \mu F_x\right\}(t,r(t))dt + \sigma(t,r(t))F_x(t,r(t))dW^*(t)$$

が成り立つ．積の微分の公式(定理 2.146)と (TSE_f) より

$$\begin{aligned} d\left\{e^{-\int_0^t r(u)du}F(t,r(t))\right\} &= e^{-\int_0^t r(u)du}dF(t,r(t)) - e^{-\int_0^t r(u)du}r(t)F(t,r(t))dt \\ &= e^{-\int_0^t r(u)du}\sigma(t,r(t))F_x(t,r(t))dW^*(t) \end{aligned}$$

が得られる．これと仮定(3.53)より $\{e^{-\int_0^t r(u)du}F(t,r(t))\}$ は 2 乗可積分 Q-マルチンゲールであることが分かるので，$F(T,x) = f(x)$ と合わせて次を得る：

$$e^{-\int_0^t r(u)du}F(t,r(t)) = E^Q\left[e^{-\int_0^T r(u)du}f(r(T))\middle|\mathscr{F}_t\right].$$

よって，定理 3.42 より $F(t,r(t)) = B(t)E^Q[f(r(T))/B(T)|\mathscr{F}_t] = p_f(t,T)$． ∎

定義 3.56 偏微分方程式 (TSE_f) を T-派生証券 $f(r(T))$ に対する**期間構造方程式**(term-structure equation)という． □

注意 3.57 数学的には，定理 3.55 の内容は **Feynman-Kac**(ファインマン-カッツ)

の定理とよばれる．

系 3.58 $F(t,x)$ が $f \equiv 1$ の場合の (TSE_1) の解であるとすると，割引債価格 $P(t,T)$ とそのボラティリティ $\sigma_P(t,T)$ は，それぞれ，

$$P(t,T) = F(t,r(t)), \qquad \sigma_P(t,T) = \sigma(t,r(t))\frac{F_x(t,r(t))}{F(t,r(t))}$$

により与えられる． □

[証明] 後半は $P(t,T) = F(t,r(t)) > 0$ に注意して，(3.55)の右辺を

$$\sigma(t,r(t))\frac{F_x(t,r(t))}{F(t,r(t))}\tilde{P}(t,T)dW^*(t)$$

と変形すればよい． ∎

注意 3.59 系 3.58 の (TSE_1) の解 $F(t,x)$ を用いて割引債価格が $P(t,T) = F(t,r(t))$ と表せたとしよう．このとき $T_0 \in [0,T]$ に対し $H = h(P(T_0,T))$ の形の T_0-派生証券は，$H = h(F(T_0,r(T_0)))$ と書ける．よって，$g(x) := h(F(T_0,x))$ に対する (TSE_g) の解 $G(t,x)$ を用いて，H の $t \in [0,T_0]$ における価格 $p_H(t)$ は，$p_H(t) = G(t,r(t))$ により求まる．例えば，$h(x) = (x-K)_+$ とすれば，H は満期 T_0 の債券コール・オプション $(P(T_0,T) - K)_+$ である．しかし，以上に述べた計算法が効率的であるためには，$G(t,x)$ は数値的に求めるにしても，$F(t,x)$ は解析的に解けることが望ましい．割引債価格のこのような解析的な形が求まるモデルとして，次節の**アフィン期間構造モデル**がある．

問題 3.60 定理 3.55 において $f > 0$ とするとき，T-派生証券 $f(r(T))$ の価格過程 $F(t,r(t))$ から決まる 3.2.1 節の意味でのリスクの市場価格は，3.2.2 節の $\{\lambda(t)\}$ に等しいことを示せ．　ヒント．伊藤の公式と (TSE_f) より，

$$\frac{dF(t,r(t))}{F(t,r(t))} = r(t)dt + \sigma(t,r(t))\frac{F_x(t,r(t))}{F(t,r(t))}dW^*(t)$$

と書ける．これと $dW^*(t) = dW(t) + \lambda(t)dt$ を用いる． □

3.3.2 アフィン期間構造モデル

本節では，アフィン期間構造モデルを考察する ([34], [35] 参照)．アフィン期間構造モデルとは，以下に述べるように割引債のイールド $Y(t,T)$ が $r(t)$ のアフィン関数であるものである．$\mathbb{R}^2$ の三角閉領域 Δ_{T^*} を次により定める：

(3.56) $\qquad \Delta_{T^*} := \{(t,u) : 0 \leqq t \leqq u \leqq T^*\}.$

定義 3.61 確定的な可測関数 $A,C : \Delta_{T^*} \to \mathbb{R}$ により，割引債価格が

$$(3.57) \quad P(t,T) = \exp\{-A(t,T) - C(t,T)r(t)\}, \quad (t,T) \in \Delta_{T^*}$$

と表されるモデルを**アフィン期間構造モデル**(affine term-structure model)という. □

アフィン期間構造モデルになるための十分条件を,短期金利 $\{r(t)\}_{t\in[0,T^*]}$ に対する確率微分方程式(3.52)の係数 μ と σ の言葉により述べることができる. これについて説明する. $F(t,x) = \exp\{-A(t,T) - C(t,T)x\}$ を割引債に対する期間構造方程式(TSE_1)の解とする. $F(T,x) = 1$ より $A(T,T) = C(T,T) = 0$ とする. 今,天下り的に,

$$(3.58) \quad \mu(t,x) = a(t) - b(t)x, \quad \sigma(t,x)^2 = c(t) + d(t)x$$

の形を仮定する. ここで, $a, b, c, d : [0,T^*] \to \mathbb{R}$ は確定的な関数である. これと $F(t,x) = \exp\{-A(t,T) - C(t,T)x\}$ を割引債の期間構造方程式(TSE_1)に代入し整理した $\alpha + \beta x = 0$ の形の式において $\alpha = \beta = 0$ とすると,結局次の方程式を得る(詳しくは問題とする):

$$(3.59) \quad \frac{dC}{dt}(t,T) - \frac{d(t)}{2}C(t,T)^2 - b(t)C(t,T) + 1 = 0, \quad C(T,T) = 0,$$

$$(3.60) \quad \frac{dA}{dt}(t,T) + a(t)C(t,T) - \frac{c(t)}{2}C(t,T)^2 = 0, \quad A(T,T) = 0.$$

(3.59)は **Riccati**(リッカチ)**方程式**とよばれるタイプの方程式である. (3.59)から出発して(3.59)の解 C が求まれば(3.60)より A を求める. (3.58)を仮定して, この A と C に対し $F(t,x) := \exp\{-A(t,T) - C(t,T)x\}$ とおくと, これは $f \equiv 1$ の場合の期間構造方程式(TSE_1)を満たす. さらに付帯条件(3.53)をチェックできれば, 系3.58により, $\exp\{-A(t,T) - C(t,T)r(t)\} = F(t,r(t)) = P(t,T)$ となり, このモデルはアフィン期間構造モデルであることが分かる.

例 3.62 次は(3.58)を満たすアフィン期間構造モデルの代表的な例である:
- $dr(t) = \{a - br(t)\}dt + \sigma dW^*(t)$ (Vasicek モデル).
- $dr(t) = \{a(t) - b(t)r(t)\}dt + \sigma(t)dW^*(t)$ (Hull-White モデル).
- $dr(t) = \{a - br(t)\}dt + \sigma\sqrt{r(t)}dW^*(t)$ (CIR モデル).

Vasicek モデルと CIR モデルについては次節以降で,詳しく述べる. □

問題 3.63 上で計算を省略した(3.59)と(3.60)の導出を,省略なく行え. □

3.3.3 Vasicek モデル

この節では，短期金利モデルの Vasicek モデル([138])を考察する．

定義 3.64 $a, b, \sigma \in (0, \infty)$ とする．短期金利 $\{r(t)\}_{t \in [0, T^*]}$ が確率微分方程式

$$(3.61) \quad dr(t) = \{a - br(t)\}dt + \sigma dW^*(t), \quad t \in [0, T^*], \quad r(0) \in [0, \infty)$$

により記述される期間構造モデルを **Vasicek**(バシチェック)モデルという． □

金利には，**平均回帰性**(mean reversion)とよばれる長期的にある一定のレベルに戻ろうとする傾向があることが知られている．(3.61)の右辺の第1項の $a - br(t)$ は，$r(t) > a/b$ ならば負で，$r(t) < a/b$ ならば正になるので，$r(t)$ をレベル a/b に戻らせようとする平均回帰性の効果を持つ．

命題 3.65 (3.61)の解 $\{r(t)\}_{t \in [0, T^*]}$ は

$$r(t) = e^{-bt} r(0) + \frac{a}{b}(1 - e^{-bt}) + \sigma \int_0^t e^{-b(t-u)} dW^*(u), \quad t \in [0, T^*]$$

と明示的に表現される． □

[証明] $\{r(t)\}$ が (3.61) の解であるとすると，積の微分の公式より，

$$d(e^{bt} r(t)) = e^{bt} dr(t) + r(t) b e^{bt} dt = a e^{bt} dt + \sigma e^{bt} dW^*(t)$$

となり，この積分形より欲しい結果が得られる． ■

命題 3.65 より Vasicek モデルの $r(t)$ は(下の Hull-White モデルの場合もそうであるが)正規分布に従い，正の確率で負の値を取る．もし，その確率が十分小さく無視できる場合には，解析的計算の容易さという正規性の有利さは大きな意味を持つ．一方，低金利の場合のモデル化のように $r(t)$ が負の値を取る確率が無視できなくなると，モデルとしての適切さが問題になってくる．

問題 3.66 $r(t)$ の平均と分散は

$$E[r(t)] = e^{-bt} r(0) + \frac{a}{b}(1 - e^{-bt}), \quad V[r(t)] = \frac{\sigma^2}{2b}(1 - e^{-2bt})$$

により与えられることを示せ．これより，$t \to \infty$ で $r(t)$ は平均 a/b，分散 $\sigma^2/(2b)$ の正規分布に法則収束することを示せ． ヒント．X_n が $N(m_n, v_n)$ に従い $m_n \to m$, $v_n \to v$ ならば，X_n は $N(m, v)$ に従う X に法則収束する． □

問題 3.67 $\{r(t)\}_{t \in [0, T^*]}$ はガウス過程であることを示せ．

ヒント． $[0,T]^2$ 上の確定的な可測関数 f で $\int_0^t f(t,u)^2 du < \infty,\ t \in [0,T]$,
を満たすものに対して，$X(t) := \int_0^t f(t,u)dW(u)$ はガウス過程になる． □

Vasicek モデルにおける割引債の価格を求める．$\{r(t)\}$ がガウス過程であるので，定理 3.32(3) の式の右辺を直接計算することも可能であるが，ここでは Vasicek モデルがアフィン期間構造モデルであることを用いる．

定理 3.68 $T \in [0,T^*]$ とする．Vasicek モデルにおける満期 T の割引債の時間 $t \in [0,T]$ における価格 $P(t,T)$ は，

$$(3.62) \quad \begin{cases} P(t,T) = \exp\{-A(t,T) - C(t,T)r(t)\}, & 0 \leq t \leq T, \\ C(t,T) = \dfrac{1 - e^{-b(T-t)}}{b}, \\ A(t,T) = \dfrac{(T-t-C(t,T))[ab - (\sigma^2/2)]}{b^2} + \dfrac{\sigma^2}{4b}C(t,T)^2 \end{cases}$$

で与えられる． □

[証明] $P(t,T) = \exp[-A(t,T) - C(t,T)r(t)]$ に対し，(3.59) と (3.60) は

$$(3.63) \quad \frac{dC(t,T)}{dt} - bC(t,T) + 1 = 0 \quad (0 \leq t \leq T), \quad C(T,T) = 0,$$

$$(3.64) \quad \frac{dA(t,T)}{dt} = \frac{\sigma^2}{2}C(t,T)^2 - aC(t,T) \quad (0 \leq t \leq T), \quad A(T,T) = 0$$

となる．線形常微分方程式 (3.63) の解が $C(t,T) = [1 - \exp\{-b(T-t)\}]/b$ であることは容易に分かる．また，この $C(t,T)$ に対し，(3.64) より

$$(3.65) \quad A(t,T) = a\int_t^T C(u,T)du - \frac{\sigma^2}{2}\int_t^T C(u,T)^2 du$$

となり，これを計算すると，(3.62) の $A(t,T)$ が得られる（下の問題 3.69）．最後に，$\{r(t)\}$ がガウス過程であることより，$F(t,x) := \exp(-A(t,T) - C(t,T)x)$ に対し，(3.53) も容易に確かめられる（下の問題 3.70）． ∎

問題 3.69 $C(t,T) = \{1 - e^{-b(T-t)}\}/b$ に対し (3.65) を計算せよ． □

問題 3.70 Vasicek モデル $\{r(t)\}$ および対応する $F(t,x) := \exp(-A(t,T) - C(t,T)x)$ に対し (3.53) を確かめよ． **ヒント．** 期待値に対する Schwarz の不等式や，正規分布 $N(m,v)$ に従う X に対する $E[\exp(-X)] = \exp[-m + (1/2)v]$ を用いるとよい．$\int_0^t r(u)du$ や $r(t)$ は正規分布に従うことに注意せよ． □

問題 3.71 Vasicek モデルに対し，$\sigma_P(t,T) = \sigma\{e^{-b(T-t)} - 1\}/b$ を示せ．ヒ

ント．系 3.58 を用いよ． □

定理 3.68 より，Vasicek モデルのイールド $Y(0,T) = -\{\log P(0,T)\}/T$ が求まる．この $T \mapsto Y(0,T)$ グラフ，すなわちイールド・カーブの形状については，$r(0)$ が小さい，大きい，その中間，の場合にそれぞれ対応して，次の三つのタイプしか現れないことが知られている：(1) 単調増加(順イールドという)，(2) 単調減少(逆イールドという)，(3) 最初増加して次に減少(ハンプ型イールドという)．従って，現在観測されるイールド・カーブにフィットさせるように Vasicek モデルのパラメータを選ぼうとしても，その形状が(1)～(3)のいずれかでなければうまくいかない．

短期金利モデルの一つである **Hull-White**(ハル-ホワイト)モデル([62])では，Vasicek モデルの上記の欠点は解消される．Hull-White モデルは，Vasicek モデルを時間非斉次に拡張したモデルで，確率微分方程式

$$dr(t) = \{a(t) - b(t)r(t)\}dt + \sigma(t)dW^*(t), \quad t \in [0,T^*], \quad r(0) \in [0,\infty)$$

により記述される．ここで，a, b, σ は確定的な可測関数である(b と σ は正の定数に取ることが多い)．Hull-White モデルでは，多様なイールド・カーブを実現できることが知られている．Hull-White モデルに関し，広範囲に利用されている三項格子による数値計算法などについては，Hull 自身による[61]を参照せよ．

問題 3.72 Hull-White モデルについて，a, b, σ が確定的な有界可測関数のときに

$$r(t) = e^{-\int_0^t b(u)du} r(0) + \int_0^t e^{-\int_u^t b(v)dv} a(u)du + \int_0^t e^{-\int_u^t b(v)dv} \sigma(u)dW^*(u)$$

を示せ．また，このとき $\{r(t)\}$ はガウス過程であることを示せ． □

3.3.4 CIR モデル

この節では，短期金利モデルの CIR モデル([25])を考察する．まず，SDE

(3.66)
$$dr(t) = (a - br(t))dt + \sigma|r(t)|^{1/2}dW^*(t), \quad t \in [0,T^*], \quad r(0) \in [0,\infty)$$

を考える．ここで，$a, b, \sigma \in (0,\infty)$ とする．(3.66)には解 $\{r(t)\}_{t \in [0,T^*]}$ が一意に存在する(例 2.182 を見よ)．この解 $\{r(t)\}$ は次の重要な性質を持つ．

補題 3.73 確率微分方程式(3.66)の解 $\{r(t)\}_{t \in [0,T^*]}$ は非負である．すなわ

ち, a.s. に $r(t) \geqq 0$, $t \in [0, T^*]$ が成り立つ. □

この補題の証明は, 次の 3.3.5 節において局所時間を用いて行う.

補題 3.73 より (3.66) の解 $\{r(t)\}$ は非負であり, (3.66) を

$$(3.67) \quad dr(t) = (a - br(t))dt + \sigma\sqrt{r(t)}dW^*(t), \quad t \in [0, T^*], \quad r(0) \in [0, \infty)$$

と書き直すことができる. 以上をまとめて, 次の結果を得る.

定理 3.74 $a, b, \sigma \in (0, \infty)$ に対し, 確率微分方程式 (3.67) は一意の非負解 $\{r(t)\}_{t \in [0, T^*]}$ を持つ. □

定義 3.75 定理 3.74 の $\{r(t)\}$ から決まる期間構造モデルを **Cox-Ingersoll-Ross** (コックス-インガーソル-ロス) モデル, 略して **CIR** モデルという. □

CIR モデルは Vasicek モデルと同じく, (1) 平均回帰性を持つ, (2) $r(t)$ の分布が分かる (非心 χ^2 分布), という長所を持つ. しかし, Vasicek モデルの正規分布に比べると CIR モデルの分布はそれほど簡単ではない. CIR モデルの最大の長所は, Vasicek モデルと異なり金利として望ましい非負性を持つことである.

CIR モデルの平均 $E^Q[r(t)]$ を求めておこう.

命題 3.76 (3.67) の解 $\{r(t)\}_{t \in [0, T^*]}$ に対し,

$$E^Q[r(t)] = e^{-bt}r(0) + \frac{a}{b}(1 - e^{-bt}), \quad t \in [0, T^*]$$

が成り立つ. □

[証明] 次節の (3.74) より

$$(3.68) \quad r(t) = e^{-bt}r(0) + \frac{a}{b}(1 - e^{-bt}) + \sigma \int_0^t e^{-b(t-u)}\sqrt{r(u)}dW^*(u)$$

が得られる. 右辺の確率積分の局所化列 $\{\tau_n\}$ を取ると, 次節の補題 3.73 の証明と同様にして, 次を得る:

$$E^Q[r(t \wedge \tau_n)] = r(0)E^Q[e^{-b(t \wedge \tau_n)}] + \frac{a}{b}E^Q[1 - e^{-b(t \wedge \tau_n)}].$$

これと Fatou の補題および単調収束定理により

$$E^Q[r(t)] \leqq e^{-bt}r(0) + \frac{a}{b}(1 - e^{-bt})$$

が得られる. これと $\{r(t)\}$ の非負性より (3.68) の右辺の確率積分の平均は 0 で

あることが分かるので，欲しい主張が得られる． ∎

CIRモデルはアフィン・モデルであることを利用して，割引債の価格を求める．

定理 3.77 $T \in [0, T^*]$ とする．$\gamma := \sqrt{b^2 + 2\sigma^2}$ おく．CIRモデルにおける T-債券の時間 $t \in [0, T]$ における価格 $P(t, T)$ は，

(3.69)
$$\begin{cases} P(t, T) = D(t, T) \exp\{-C(t, T) r(t)\}, & 0 \leq t \leq T, \\ D(t, T) = \left\{ \dfrac{2\gamma e^{(\gamma + b)(T - t)/2}}{(\gamma + b) e^{\gamma(T - t)} + \gamma - b} \right\}^{2a/\sigma^2}, \\ C(t, T) = \dfrac{2(e^{\gamma(T - t)} - 1)}{(\gamma + b) e^{\gamma(T - t)} + \gamma - b} \end{cases}$$

で与えられる． ∎

[証明] $P(t, T) = \exp[-A_0(T - t) - C_0(T - t) r(t)]$ と仮定すると，(3.59)と(3.60)は

(3.70) $\quad \dfrac{dC_0(t)}{dt} = -\dfrac{\sigma^2}{2} C_0(t)^2 - b C_0(t) + 1 \quad (0 \leq t \leq T), \quad C_0(0) = 0,$

(3.71) $\quad \dfrac{dA_0(t)}{dt} = a C_0(t) \quad (0 \leq t \leq T), \quad A_0(0) = 0$

となる．まず，Riccati 方程式(3.70)を解くために，天下り的ながら正定数 δ に対し $f(t) = (e^t - \delta)/(e^t + \delta)$ という関数を考える．すると，f は Riccati 方程式

(3.72) $\quad \dfrac{df(t)}{dt} = -\dfrac{1}{2} f(t)^2 + \dfrac{1}{2}$

を満たす．この f と定数 γ, c, d に対し $f(t) = c C_0(t/\gamma) + d$ と書ける解 C_0 を探してみる．(3.72)は

(3.73) $\quad \dfrac{c}{\gamma} \cdot \dfrac{dC_0(t)}{dt} = -\dfrac{1}{2} \{c C_0(t) + d\}^2 + \dfrac{1}{2}$

したがって

$$\dfrac{dC_0(t)}{dt} = -\dfrac{\gamma c}{2} C_0(t)^2 - \gamma d C_0(t) + \dfrac{\gamma}{2c}(1 - d^2).$$

これを(3.70)と比較すると，

194   3 ファイナンスの連続時間モデル

$$\gamma c = \sigma^2, \quad \gamma d = b, \quad \frac{\gamma}{2c}(1-d^2) = 1.$$

これの $\gamma > 0$ の解を求めると，

$$\gamma = \sqrt{b^2 + 2\sigma^2}, \quad c = \sigma^2/\gamma, \quad d = b/\gamma$$

となる．また，$d = f(0) = (1-\delta)/(1+\delta)$ より $\delta = (1-d)/(1+d) = (\gamma - b)/(\gamma + b)$．よって，

$$C_0(t) = \frac{f(\gamma t) - d}{c} = \frac{2(e^{\gamma t} - 1)}{(\gamma + b)e^{\gamma t} + \gamma - b}.$$

次に A_0 を求める．$\phi(t) := 2\log(e^t + \delta) - t$ に対し $\phi'(t) = f(t)$ と (3.71) より

$$A_0(t) = a \int_0^t \frac{\phi'(\gamma u) - d}{c} du = \frac{a}{\sigma^2}[\phi(\gamma t) - \phi(0)] - \frac{ab}{\sigma^2} t.$$

これより $\exp(-A_0(T-t))$ を計算すると，(3.69) の $D(t,T)$ に導かれる．

最後に，$F(t,x;T) := D(t,T)\exp[-C(t,T)x]$ に対し，

$$\int_0^T E^Q\left[|F_x(t,r(t);T)|^2 r(t)\right] dt < \infty$$

が命題 3.76 より成り立つので，$r(t) \geqq 0$ と合わせて (3.53) が分かる．∎

3.3.5 局所時間と補題 3.73 の証明

この節では局所時間の概念を用いて，補題 3.73 の証明を行う．技術的にやや難しい議論を行うので，最初に読むときは飛ばしてもよい．

$(\Omega, \mathscr{F}, P, \{\mathscr{F}_t\})$ をフィルター付きの完備な確率空間，$\{W(t)\}_{t \in [0,T]}$ を $\{\mathscr{F}_t\}$-ブラウン運動とする．記号 $(x)_+ := x \vee 0$ を思い出そう．符号関数 sgn を，$x > 0$ に対しては $\mathrm{sgn}(x) := 1$，$x \leqq 0$ に対しては $\mathrm{sgn}(x) := -1$ と定義する．

定理 3.78（局所時間） $\{X(t)\}_{t \in [0,T]}$ を伊藤過程とする．すると各 $x \in \mathbb{R}$ に対し，連続で非負な非減少過程 $\{L^x(t)\}_{t \in [0,T]}$ が存在し次を満たす：

(1) すべての $t \in [0,T]$ に対し写像 $x \mapsto L^x(t)$ は a.s. に右連続．
(2) (田中の公式) すべての $x \in \mathbb{R}$ と $t \in [0,T]$ に対し，

$$|X(t) - x| = |X(0) - x| + \int_0^t \mathrm{sgn}(X(s) - x) dX(s) + L^x(t), \quad \text{a.s.,}$$

$$(X(t) - x)_+ = (X(0) - x)_+ + \int_0^t 1_{\{X(s)>x\}} dX(s) + \frac{1}{2} L^x(t), \quad \text{a.s.}$$

(3) (滞在時間公式) すべての非負可測関数 $k : \mathbb{R} \to [0, \infty)$ に対し

$$\int_0^t k(X(s)) d\langle X\rangle(s) = \int_{-\infty}^{\infty} k(x) L^x(t) dx, \quad \text{a.s.} \qquad \square$$

定理 3.78 の証明は省略する．[122] の第 VI 章の 1 節を参照せよ．

定義 3.79 定理 3.78 の過程 $\{L^x(t)\}_{t \in [0,T]}$ を，伊藤過程 $\{X(t)\}$ の x における局所時間 (local time) という． $\qquad \square$

[**補題 3.73 の証明**] 過程 $\{R(t)\}_{t \in [0,T^*]}$ を $R(t) := e^{bt} r(t)$, $t \in [0, T^*]$, により定める．我々は $\{R(t)\}$ の非負性を示せばよい．積の微分の公式より

$$(3.74) \quad dR(t) = a e^{bt} dt + \sigma e^{bt/2} |R(t)|^{1/2} dW^*(t), \qquad t \in [0, T^*]$$

が分かる．$\{L^x(t)\}$ を $\{-R(t)\}$ の x における局所時間とする．

Step 1. $t \in [0, T^*]$ に対し $Q(L^0(t) = 0) = 1$ を示す．$k(x) := x^{-1} 1_{\{x>0\}}$ に対する定理 3.78 の滞在時間公式により任意の $t \in [0, T^*]$ に対し，

$$(3.75) \quad \int_0^t \frac{1}{(-R(s))} 1_{\{-R(s)>0\}} d\langle -R\rangle(s) = \int_0^{\infty} \frac{L^x(t)}{x} dx, \quad \text{a.s.}$$

が成り立つ．(3.74) より，(3.75) の左辺 $\leq \sigma^2 \int_0^t e^{bs} ds < \infty$, a.s. 一方，$x \mapsto L^x(t)$ の右連続性より，$x \to 0+$ で a.s. に $L^x(t) \to L^0(t)$ となるから，もし $Q(L^0(t) > 0) > 0$ とすると，(3.75) の右辺は正の確率で ∞ になり矛盾である．よって，$Q(L^0(t) = 0) = 1$ が分かる．

Step 2. $-R(0) \leq 0$ であるから Step 1 の結果と (3.74) および $\{-R(t)\}$ に対する定理 3.78 の田中の公式で $x = 0$ の場合より，$t \in [0, T^*]$ に対し次が a.s. に成り立つ：

$$(-R(t))_+ = -a \int_0^t e^{bs} 1_{\{-R(s)>0\}} ds - \sigma \int_0^t e^{bs/2} |R(s)|^{1/2} 1_{\{-R(s)>0\}} dW^*(s).$$

右辺の確率積分に対する局所化列 $\{\tau_n\}$ を取ると，

$$U(s) := e^{bs/2} |R(s)|^{1/2} 1_{\{-R(s)>0\}}$$

に対し

$$E^Q \left[\int_0^{t \wedge \tau_n} U(s) dW^*(s) \right] = E^Q \left[\int_0^t 1_{\{s \leq t \wedge \tau_n\}} U(s) dW^*(s) \right] = 0$$

より $E^Q[(-R(t\wedge\tau_n))_+]\leqq 0$ よって $=0$ が分かる．これと Fatou の補題より
$$E^Q[(-R(t))_+]\leqq \liminf_{n\to\infty} E^Q[(-R(t\wedge\tau_n))_+]=0$$
となるので，$E^Q[(-R(t))_+]=0$ すなわち $Q(R(t)\geqq 0)=1$ が得られる．これと $\{R(t)\}$ の連続性を合わせて，欲しい結果が得られる．■

問題 3.80 上と同様にして，$a,b,\sigma\in(0,\infty)$, $p\in[1/2,1)$ に対し，SDE
$$dr(t)=(a-br(t))dt+\sigma|r(t)|^p dW^*(t),\quad t\in[0,T^*],\quad r(0)\in[0,\infty)$$
の解 $\{r(t)\}_{t\in[0,T^*]}$ は非負であることを示せ． □

3.4 Heath-Jarrow-Morton 枠組み

本節では，Heath-Jarrow-Morton(ヒース-ジャロウ-モートン)[58]による期間構造モデルの枠組みを取り上げる．これは，上で用いた短期金利に基づく枠組みとは異なり，**瞬間フォワード・レート**(instantaneous forward rate)を状態変数とする．

3.4.1 瞬間フォワード・レート

前節の短期金利モデルは，時間 t における金利の期間構造(すなわち満期 T に対する依存性)を，短期金利 $r(t)$ という唯一つの状態変数でモデル化しようとするものである．しかし，これには $t=0$ で期間構造にフィットさせるのが難しいという難点がある．これに対して，**Heath-Jarrow-Morton 枠組み**(Heath-Jarrow-Morton framework)，略して **HJM 枠組み**，では時間 t における期間構造を説明するために，**瞬間フォワード・レート曲線** $\{f(t,T)\}_{T\in[t,T^*]}$ という状態変数を採用する．

割引債価格 $P(t,T)$ に対し，**瞬間フォワード・レート** $\boldsymbol{f(t,T)}$ は

$$(3.76)\quad P(t,T)=\exp\left\{-\int_t^T f(t,u)du\right\},\quad T\in[0,T^*],\quad t\in[0,T]$$

を満たすものとして定義される．もし $P(t,T)$ が T について微分可能ならば，

$$(3.77)\quad f(t,T)=-\lim_{\delta\downarrow 0}\frac{\log P(t,T+\delta)-\log P(t,T)}{\delta}=-\frac{\partial}{\partial T}\log P(t,T)$$

となる．瞬間フォワード・レートは，他のフォワード・レートと混同される恐れがない場合には，簡単にフォワード・レートともよばれる．

(3.77) により，$f(t,T)$ は，時間 t で行う将来の時間 $T \in [t, T^*]$ でのフォワード投資の瞬間利回りであることが分かる．このことを説明するために，$\delta > 0$ として，時間 t で

- T-債券の 1 単位分の売りポジション，
- $T+\delta$-債券の $P(t,T)/P(t,T+\delta)$ 単位分の買いポジション

の両方を取ることを考える．すると，各時点の利得は，それぞれ t で 0，T で -1，$T+\delta$ で $P(t,T)/P(t,T+\delta)$ となる．これは，t の時点で見ると，T での1円の投資が $T+\delta$ では $P(t,T)/P(t,T+\delta)$ 円になると解釈できる．この t から見て未来の期間 $[T, T+\delta]$ の間の運用の，連続利回りの意味での平均利回りは，$\{\log P(t,T) - \log P(t,T+\delta)\}/\delta$ となる．これの $\delta \downarrow 0$ での極限が瞬間フォワード・レート $f(t,T)$ である．特に $t = T$ の場合にこの意味を考えると，$f(t,t)$ は瞬間スポット・レート (あるいは短期金利) $r(t)$ に等しいということになる：

$$(3.78) \qquad r(t) = f(t,t), \qquad t \in [0, T^*].$$

$f(t,T)$ や $r(t)$ の値は t で確定する ($\mathscr{F}_t$-可測である) ことを注意せよ．HJM 枠組みは，上の関係式 (3.76)〜(3.78) が成り立つように定式化される．

HJM 枠組みは，任意の $T \in [0, T^*]$ に対し，フォワード・レート $\{f(t,T)\}_{t \in [0,T]}$ の時間発展を次の形の実測度 P の下の確率微分方程式で記述する：

$$(3.79) \qquad df(t,T) = \alpha(t,T) dt + \sigma(t,T) dW(t), \qquad t \in [0, T].$$

ここで，$\{W(t)\}_{t \in [0, T^*]}$ は P-ブラウン運動であり，ドリフト $\{\alpha(t,T)\}_{t \in [0,T]}$ とボラティリティ $\{\sigma(t,T)\}_{t \in [0,T]}$ は，適当な条件を満たす確率過程である (次節参照)．また，d は t に関する微分を表す．

3.4.2 HJM 枠組みの定式化

完備な確率空間 $(\Omega, \mathscr{F}, P)$，その上のブラウン運動 $\{W(t)\}_{t \in [0, T^*]}$ およびそのブラウン・フィルトレーション $\{\mathscr{F}_t\}_{t \in [0, T^*]}$ を考える．

$\Delta_{T^*} = \{(t,u) : 0 \leqq t \leqq u \leqq T^*\}$ を (3.56) から思い出そう．(3.79) の $f(0,T)$，$\alpha(t,T)$，$\sigma(t,T)$ に対する以下の条件を考える．

(H1)　$\{f(0,T)\}_{T\in[0,T^*]}$ は確定的な可測関数で $\int_0^{T^*} |f(0,t)|dt < \infty$ を満たす.

(H2)　a.s. に $\Delta_{T^*} \ni (t,u) \mapsto \alpha(t,u) \in \mathbb{R}$ は連続で,すべての $T \in [0,T^*]$ に対し過程 $\{\alpha(t,T)\}_{t\in[0,T]}$ は $\{\mathscr{F}_t\}$-適合(したがって発展的可測)である.

(H3)　a.s. に $\Delta_{T^*} \ni (t,u) \mapsto \sigma(t,u) \in \mathbb{R}$ は連続で,すべての $T \in [0,T^*]$ に対し過程 $\{\sigma(t,T)\}_{t\in[0,T]}$ は $\{\mathscr{F}_t\}$-適合(したがって発展的可測)である.

(H1)〜(H3)の条件の下,すべての $T \in [0,T^*]$ に対し,フォワード・レート過程 $\{f(t,T)\}_{t\in[0,T]}$ は次の方程式に従って時間発展するとする:

(3.80)
$$f(t,T) = f(0,T) + \int_0^t \alpha(u,T)du + \int_0^t \sigma(u,T)dW(u), \quad t \in [0,T].$$

(3.80)は(3.79)の積分形である.任意の $T \in (0,T^*]$ に対し,$\{f(t,T)\}_{t\in[0,T]}$ は伊藤過程であることを注意せよ.一方,$\{r(t)\}_{t\in[0,T^*]}$ は $r(t) = f(t,t)$ すなわち

(3.81)　$r(t) = f(0,t) + \int_0^t \alpha(u,t)du + \int_0^t \sigma(u,t)dW(u), \quad t \in [0,T^*]$

で定義する.(3.81)の右辺の確率積分 $\int_0^t \sigma(u,t)dW(u)$ については, [42, Corollary 6.3]により,この確率積分の変形 $\{\pi(t)\}$ を $\mathscr{L}_{2,T}^{loc}$ から取ることができる.すると,$\{r(t)\} \in \mathscr{L}_{1,T}^{loc}$ となり,前と同じようにマネー・マーケット・アカウント $\{B(t)\}_{t\in[0,T^*]}$ を(3.36)により定義できる.同様に[42, Theorem 6.2]を用いて $P(t,T)$ を(3.76)で定義し,$\tilde{P}(t,T) := P(t,T)/B(t)$ とおく.最後に,$(t,T) \in \Delta_{T^*}$ に対し,次の様におく:

$$A(t,T) := \int_t^T \alpha(t,u)du, \quad \Sigma(t,T) := \int_t^T \sigma(t,u)du.$$

定理 3.81　すべての $T \in [0,T^*]$ に対し,割引債の価格過程 $\{P(t,T)\}_{t\in[0,T]}$ は

(3.82)
$$\frac{d\tilde{P}(t,T)}{\tilde{P}(t,T)} = \left\{-A(t,T) + \frac{1}{2}\Sigma(t,T)^2\right\}dt - \Sigma(t,T)dW(t), \quad t \in [0,T]$$

により記述される.　　　　　　　　　　　　　　　　　　　　　　　　□

[証明]　通常のFubiniの定理および確率積分に対するFubiniの定理([42], Theorem 6.2参照)より

$$\int_0^t r(u)du = \int_0^t \left\{ f(0,u) + \int_0^u \alpha(s,u)ds + \int_0^u \sigma(s,u)dW(s) \right\} du$$
$$= \int_0^t f(0,u)du + \int_0^t \left\{ \int_s^t \alpha(s,u)du \right\} ds + \int_0^t \left\{ \int_s^t \sigma(s,u)du \right\} dW(s)$$

となる．再び，(3.80)と通常の積分と確率積分に対するFubiniの定理を用いると，

$$\int_t^T f(t,u)du = \int_t^T \left\{ f(0,u) + \int_0^t \alpha(s,u)ds + \int_0^t \sigma(s,u)dW(s) \right\} du$$
$$= \int_t^T f(0,u)du + \int_0^t \left\{ \int_t^T \alpha(s,u)du \right\} ds + \int_0^t \left\{ \int_t^T \sigma(s,u)du \right\} dW(s)$$
$$= \int_0^T f(0,u)du + \int_0^t \left\{ \int_s^T \alpha(s,u)du \right\} ds + \int_0^t \left\{ \int_s^T \sigma(s,u)du \right\} dW(s)$$
$$- \int_0^t f(0,u)du - \int_0^t \left\{ \int_s^t \alpha(s,u)du \right\} ds - \int_0^t \left\{ \int_s^t \sigma(s,u)du \right\} dW(s)$$

となる．よって，$P(t,T)$ は

(3.83) $\quad P(0,T)\exp\left\{ \int_0^t r(u)du - \int_0^t A(s,T)ds - \int_0^t \Sigma(s,T)dW(s) \right\}$

に等しい．これより(3.82)が得られる． ∎

3.4.3 HJM枠組みでの無裁定条件

Q を $(\Omega, \mathscr{F})$ 上の P と同値な確率測度とする．この節では，Q が同値マルチンゲール測度になる（したがって市場が無裁定になる）ための条件を考察する．

定理2.173より $\{\lambda(t)\}_{t\in[0,T^*]} \in \mathscr{L}_{2,T^*}^{loc}$ で任意の $t \in [0,T^*]$ に対し

$$E\left[\left. \frac{dQ}{dP} \right| \mathscr{F}_t \right] = \exp\left\{ -\int_0^t \lambda(u)dW(u) - \frac{1}{2}\int_0^t \lambda(u)^2 du \right\}, \text{ a.s.}$$

を満たすものが一意に存在する．過程 $\{W^*(t)\}_{t\in[0,T^*]}$ を

$$W^*(t) := W(t) + \int_0^t \lambda(s)ds, \qquad t \in [0,T^*]$$

により定義すると，定理2.173より $\{W^*(t)\}$ は $\{\mathscr{F}_t, Q\}$-ブラウン運動になる．そして(3.82)より

200   3 ファイナンスの連続時間モデル

$$(3.84) \quad \frac{d\tilde{P}(t,T)}{\tilde{P}(t,T)} = \left\{-A(t,T) + \frac{1}{2}\Sigma(t,T)^2 + \Sigma(t,T)\lambda(t)\right\}dt$$
$$- \Sigma(t,T)dW^*(t), \quad t \in [0,T]$$

が分かる．(3.84) のドリフトが消えるための次の条件を考える：

(**HJM**) 　 任意の $T \in (0, T^*]$ に対し，
$$A(\omega, t, T) = \frac{1}{2}\Sigma(\omega, t, T)^2 + \Sigma(\omega, t, T)\lambda(\omega, t), \quad P \otimes \text{Leb-a.e.}$$

この (HJM) を **Heath-Jarrow-Morton** ドリフト条件という．

定理 3.82 (HJM) および Novikov 条件

$$(3.85) \quad \text{任意の } T \in (0, T^*] \text{ に対し，} \quad E^Q[e^{\frac{1}{2}\int_0^T \Sigma(t,T)^2 dt}] < \infty$$

を仮定すると，Q は同値マルチンゲール測度になる． 　□

[証明] (3.84) と (HJM) より

$$\frac{d\tilde{P}(t,T)}{\tilde{P}(t,T)} = -\Sigma(t,T)dW^*(t), \quad [0,T]$$

となり，これを解くと

$$\tilde{P}(t,T) = P(0,T)\exp\left\{-\int_0^t \Sigma(u,T)dW^*(u) - \frac{1}{2}\int_0^t \Sigma(u,T)^2 du\right\}, \quad t \in [0,T]$$

となるので，(3.85) と Novikov の定理 (定理 2.151) より $\{\tilde{P}(t,T)\}$ は Q-マルチンゲールになる．よって Q は同値マルチンゲール測度である． 　■

注意 3.83 $\lambda(t)$ はリスクの市場価格と解釈される．

次の定理が示すように，HJM ドリフト条件 (HJM) の下で，$f(t,T)$, $\tilde{P}(t,T)$ および $r(t)$ の Q-ダイナミクスはすべて σ のみで決まる．

定理 3.84 (HJM) を仮定すると，$f(t,T)$ と $\tilde{P}(t,T)$ は，それぞれ次で記述される：

$$(3.86) \quad df(t,T) = \sigma(t,T)\Sigma(t,T)dt + \sigma(t,T)dW^*(t), \quad t \in [0,T],$$

$$(3.87) \quad \frac{d\tilde{P}(t,T)}{\tilde{P}(t,T)} = -\Sigma(t,T)dW^*(t), \quad t \in [0,T].$$

また，短期金利 $r(t) = f(t,t)$ は

(3.88)
$$r(t) = f(0,t) + \int_0^t \sigma(u,t)\Sigma(u,t)du + \int_0^t \sigma(u,t)dW^*(u), \quad t \in [0,T^*]$$

と表される．　□

[証明]　(HJM)の等式の両辺を T で微分すると，任意の $T \in (0,T^*]$ に対し，

$$\alpha(\omega,t,T) = \sigma(\omega,t,T)\Sigma(\omega,t,T) + \sigma(\omega,t,T)\lambda(\omega,t), \quad P \otimes \text{Leb-a.e.}$$

となるので，これを(3.79)に代入すると(3.86)を得る．(3.88)はこれより従う．(3.87)はすでに見た．　∎

派生証券の価格評価などでは，通常，実測度 P ではなく同値マルチンゲール測度 Q の下での挙動だけが問題となる．その場合，HJM枠組みでモデルを立てるには，(3.79)から始めるのではなく，定理3.84を念頭に σ のみを与えて直接(3.86)からスタートすればよいことになる．このように瞬間フォワード・レートのボラティリティ σ のみでモデルが決まるところが，HJM枠組みの大きな長所である．

問題 3.85　3.3.3節のVasicekモデルに対し，$\sigma(t,T) = \sigma e^{-b(T-t)}$ および(3.86)〜(3.88)を定理3.68を用いて直接確かめよ．　□

3.5　フォワードLIBORモデル

本節では，フォワード**LIBOR**モデル(forward LIBOR model)を考察する．これは，フォワードLIBORを状態変数とする金利モデルである．LIBOR(ライボーと読む)は，London Inter-Bank Offered Rateの略である．フォワードLIBORモデルは[18]において導入され，**Brace-Gatarek-Musiela** モデル，略して**BGM**モデル，ともよばれる．

$t \in [0,T]$ とする．未来の期間 $[T, T+\delta]$ の間の運用に関し，t の時点で行うフォワード投資により，T での1円が $T+\delta$ では $P(t,T)/P(t,T+\delta)$ 円になることを3.4.1節で見た．3.4.1節では，これに対応する連続複利を考えたが，ここでは次の**単利** $L(t,T)$ を考える：

$$(3.89) \qquad 1 + \delta L(t,T) = \frac{P(t,T)}{P(t,T+\delta)},$$

あるいは同じことであるが,

$$(3.90) \qquad L(t,T) = \frac{P(t,T) - P(t,T+\delta)}{\delta P(t,T+\delta)}.$$

$L(t,T)$ は t で確定する (つまり $\mathscr{F}_t$-可測な) $[T, T+\delta]$ の間の単利での金利である. $L(t,T)$ をフォワード **LIBOR** といい, $L(T,T)$ をスポット **LIBOR** あるいは単に **LIBOR** という.

以下, 再び 3.2.2 節と同じ設定 (A1)~(A3) の下で考える. δ は正の定数で, $T + \delta \leqq T^*$ とする. $u = T, T+\delta$ に対し, (3.40) および (3.42) に現れるボラティリティ過程 $\{\sigma_P(t,u)\}_{t \in [0,u]}$ を考える. ここで, 確定的な関数 $\gamma(\cdot, T) \in L^2([0,T])$ で

$$\{\sigma_P(t,T) - \sigma_P(t, T+\delta)\}\{1 + \delta L(t,T)\} = \gamma(t,T)\delta L(t,T), \quad t \in [0,T]$$

を満たすものが存在すると仮定する (そのようなモデルの存在は [18] による). $Q_{T+\delta}$ を定義 3.48 の $(T+\delta)$-フォワード測度とし,

$$W_{T+\delta}(t) := W^*(t) - \int_0^t \sigma_P(u, T+\delta) du, \quad t \in [0,T]$$

とおく. すると, 問題 3.54 と同様にして $\{W_{T+\delta}(t)\}_{t \in [0,T]}$ は $Q_{T+\delta}$-ブラウン運動となり, $\{L(t,T)\}_{t \in [0,T]}$ は, 次の確率微分方程式により記述されることが分かる:

$$(3.91) \qquad dL(t,T) = \gamma(t,T) L(t,T) dW_{T+\delta}(t), \quad t \in [0,T].$$

ここで, d は t についての微分である. (3.91) を解くと, 次を得る:

$$(3.92) \quad L(t,T) = L(0,T) \exp\left\{ \int_0^t \gamma(u,T) dW_{T+\delta}(u) - \frac{1}{2} \int_0^t \gamma^2(u,T) du \right\}.$$

仮定より $\{\gamma(t,T)\}$ は確定的であるから, (3.92) より $Q_{T+\delta}$ の下で $L(t,T)$ は対数正規分布に従う.

定理 3.86 (Black の公式) $K \in (0, \infty)$ とする. 満期が $T+\delta$ でペイオフが $\delta(L(T,T) - K)_+$ の派生証券の時間 0 での価格 $C(0)$ は次で与えられる:

$$C(0) = \delta P(0, T+\delta) \{L(0,T) N(d_+) - K N(d_-)\}.$$

ここで，$N(x)$ は標準正規分布の分布関数であり，$d_\pm$ は次で定義する：
$$d_\pm := \frac{1}{\sqrt{\Sigma^2(T)}}\left[\log\left(\frac{L(0,T)}{K}\right) \pm \frac{1}{2}\Sigma^2(T)\right], \quad \Sigma^2(T) := \int_0^T \gamma^2(u,T)du.$$

[証明] ニューメレール $\{P(t, T+\delta)\}_{t \in [0,T+\delta]}$ に定理 3.47 を適用すると，$C(0) = \delta P(0, T+\delta) E^{T+\delta}[(L(T,T) - K)_+]$．(3.92) と $\int_0^t \gamma(u,T) dW_{T+\delta}(u)$ が $Q_{T+\delta}$ の下で正規分布 $N(0, \Sigma^2(T))$ に従うことを用いて右辺の期待値を計算すると，欲しい主張が得られる（定理 3.23 の証明や問題 3.54 を参照せよ）．∎

定理 3.86 に出てくる満期が $T+\delta$ でペイオフが $\delta(L(T,T) - K)_+$ の派生証券を**キャプレット**(caplet) という．これは，変動金利 $\delta L(T,T)$ が固定金利 δK を上回る場合にその差を支払うという契約である．キャプレットを組み合わせてできる**金利キャップ**(interest rate cap) は，最も基本的な金利派生証券である．

他の金利モデル比べるとき，次の 2 点はフォワード LIBOR モデルの大きな長所として挙げることができる：(1) 長年，実務で用いられてきたが理論的根拠を欠いていた Black の公式([16])のキャプレット価格評価への適用を説明できるようになった．(2) 短期金利や瞬間フォワード・レートと違い，LIBOR は市場で取引される金利であり，値を直接市場で観測できる．

(2) のように，市場で直接取引される金利を状態変数とする金利モデルを，**市場モデル**(market model) という．フォワード LIBOR モデルは，代表的な市場モデルである．その他の市場モデルについては[75]を見よ([11]，[21]，[77]，[109]なども参照せよ)．

第 3 章ノート▶本章で触れられなかった BSM モデルよりも一般の連続時間市場モデル，経路依存型オプションやアメリカン・オプションの価格評価，さらに最適投資問題などについては，[80]，[92]，[102]，[133]，[134]などを参照せよ．また，Malliavin 解析のファイナンスへの応用については例えば[90]を，連続時間の場合の資産価格評価の基本定理については[31]，[32]，[56]，[57]を，それぞれ参照せよ．金利モデルのより詳しい扱いは，[11]，[21]，[42]，[77]，[82]，[92]，[109]などが参照できる．本章の記述でもこれらの文献を参考にした．派生証券全般に関する実際の取引や数値計算法などの金融工学的解説については，[61]が定評のある標準的テキストである．

4 保険と確率過程

集合的リスクモデル(第9章参照)において,一般に,事故発生頻度は点過程により,クレーム総額は複合過程により記述される.この章ではこれらの確率過程に焦点を当て,集合的リスク理論を詳細に述べる.

なお,以下では,考える確率変数および確率過程はすべて確率空間 $(\Omega, \mathscr{F}, P)$ の上で定義されているものとする.

4.1 保険請求の確率分布・確率過程

次の二つの要素によって記述される,保険契約のポートフォリオの数学的モデルを考えよう:

- 保険請求の発生する時刻を表す確率変数列 $\{T_n\}_{n=0}^{\infty}$. これを**クレーム時刻**(claim times)とよぶ. $\{T_n\}$ は $0 = T_0 \leq T_1 \leq T_2 \leq \cdots \leq +\infty$ を満たすとする.
- 各 $n \in \mathbb{N}$ に対し,時刻 T_n に発生する**クレーム額**(claim amount)を表す確率変数 X_n.

$\{T_n\}_{n=0}^{\infty}$, $\{(T_n, X_n)\}_{n=1}^{\infty}$ はそれぞれ**点過程**(point process), **マーク付き点過程**(marked point process)とよばれるものの一つの例となる(4.4節参照).

通常,$\{X_n\}_{n=1}^{\infty}$ は正値の独立同分布列と仮定され,さらに,$\{X_n\}$ と $\{T_n\}$ の独立性も仮定される. $\{X_n\}$ の同分布性は保険ポートフォリオが均質な確率構造を持っていることを意味する.

注意 4.1 $\{X_n\}$ と $\{T_n\}$ が独立であることは数学的には便利だが,しばしば不適切な仮定となり得ることに留意する必要がある.例えば,冬の間はアイスバーンなどにより比較的多数の自動車事故が発生するが,自動車の速度も抑えられるため,たいていの請求額は小口となる.他方,夏の間は事故件数は少ないが,速度の出し過ぎによる規模の大きい事故が発生する.

$\{T_n\}$ に対して定義される確率過程

(4.1) $\qquad N(t) = \#\{n \geqq 1 : T_n \leqq t\} = \sum_{n=1}^{\infty} 1_{\{T_n \leqq t\}}, \quad t \in [0, \infty)$

を**クレーム件数過程**(claim number process)という．ただし，$\#A$ は集合 A の要素数を表す．$N(t)$ は時点 t までに発生した保険請求数を表す．$\{N(t)\}_{t \in [0,\infty)}$ は 0 から出発し $\mathbb{N} \cup \{0\} \cup \{+\infty\}$ に値を取る右連続非減少過程である．t を固定して考えるとき，請求数 $N = N(t)$ の分布は例えば $\mathbb{N} \cup \{0\}$ に値を取る以下のような確率変数によって記述される．

例 4.2 (1) パラメータ $\lambda \in (0, \infty)$ のポアソン分布：N は $\mathbb{N} \cup \{0\}$-値確率変数で，$P(N = k) = e^{-\lambda} \lambda^k / k!$, $k \in \mathbb{N} \cup \{0\}$.

(2) サイズ n，パラメータ $p \in (0, 1)$ の二項分布：N は $\{0, 1, \cdots, n\}$-値確率変数で，$P(N = k) = n!/(k!(n-k)!) p^k (1-p)^{n-k}$, $k = 0, 1, \cdots, n$.

(3) パラメータ $p \in (0, 1)$ の幾何分布：N は $\mathbb{N} \cup \{0\}$-値確率変数で，$P(N = k) = (1-p)^k p$, $k \in \mathbb{N} \cup \{0\}$.

(4) パラメータ $\alpha \in (0, \infty)$, $p \in (0, 1)$ の負の二項分布：N は $\mathbb{N} \cup \{0\}$-値確率変数で，$P(N = k) = \Gamma(\alpha + k)/(\Gamma(\alpha) \Gamma(k+1))(1-p)^\alpha p^k$, $k \in \mathbb{N} \cup \{0\}$. ここで，$\Gamma$ は

$$\Gamma(\alpha) = \int_0^\infty u^{\alpha-1} e^{-u} du, \quad \alpha \in (0, \infty)$$

によって定義されるガンマ関数である． □

クレーム額 X_n の分布は一般に正値確率変数によって記述される．X_n が確率密度関数 $f(x)$ を持つとして，例えば以下のような分布が用いられる．

例 4.3 (1) パラメータ $\lambda \in (0, \infty)$ の指数分布：

$$f(x) = \lambda e^{-\lambda x}, \quad x \in (0, \infty).$$

(2) 形状パラメータ $\alpha \in (0, \infty)$ と尺度パラメータ $\beta \in (0, \infty)$ のガンマ分布：

$$f(x) = \beta^\alpha x^{\alpha-1} e^{-\beta x} / \Gamma(\alpha), \quad x \in (0, \infty).$$

(3) パラメータ $a \in \mathbb{R}$, $b \in (0, \infty)$ の対数正規分布：

$$f(x) = (xb\sqrt{2\pi})^{-1} \exp(-(\log x - a)^2/(2b^2)), \quad x \in (0, \infty).$$

Y が正規分布に従うとき，e^Y の分布は対数正規である．

(4) 形状パラメータ $r \in (0, \infty)$, 尺度パラメータ $c \in (0, \infty)$ のワイブル分布：

$$f(x) = rcx^{r-1}\exp(-cx^r), \quad x \in (0, \infty).$$

(5) 形状パラメータ $\alpha \in (0, \infty)$, 尺度パラメータ $c \in (0, \infty)$ のパレート分布：

$$f(x) = (\alpha/c)(c/(x+c))^{\alpha+1}, \quad x \in (0, \infty). \qquad \Box$$

クレーム件数過程は更新過程のクラスの中で考えるのが一般的である．

定義 4.4 $\{W_n\}_{n=1}^{\infty}$ を正値独立同分布列とする．このとき，確率変数列

(4.2) $$T_0 = 0, \quad T_n = W_1 + \cdots + W_n, \quad n \in \mathbb{N}$$

を**更新列**(renewal sequence)といい，(4.1)で定義される確率過程 $\{N(t)\}_{t \in [0, \infty)}$ を対応する**更新過程**(renewal process)という． $\qquad \Box$

上の定義において，W_n はクレーム請求の行われる時間間隔を表している．$(n-1)$ 回目のクレーム請求があった後，次の請求までの時間間隔 W_n が確定すればクレーム請求時刻は T_{n-1} から T_n に改められるのである．

更新過程の代表的な例はポアソン過程である．

定義 4.5 確率過程 $\{N(t)\}_{t \in [0, \infty)}$ は以下の(1)〜(5)を満たすとき，**強度**(intensity) λ の**一様ポアソン過程**(homogenous Poisson process)という．あるいは単に強度 λ のポアソン過程とよぶ．

(1) $N(0) = 0$, a.s.
(2) $t \mapsto N(t)$ は右連続で左極限を持つ．
(3) 独立増分性：任意の $n \in \mathbb{N}$, $0 = t_0 < t_1 < \cdots < t_n$ に対して，$\{N(t_i) - N(t_{i-1})\}$, $i = 1, \cdots, n$, が独立である．
(4) 定常増分性：任意の $n \in \mathbb{N}$, $0 = t_0 < t_1 < \cdots < t_n$, $h \geq 0$ に対して，$(N(t_1) + h) - N(t_0 + h), \cdots, N(t_n + h) - N(t_{n-1} + h))$ の分布は h に依存しない．
(5) 各 $t \in [0, \infty)$ に対して $N(t)$ はパラメータ λt のポアソン分布に従う． $\qquad \Box$

注意 4.6 $\{X(t)\}_{t \in [0, \infty)}$ が独立増分性を持つとする．このとき，任意の $h > 0$ に対して $X(t+h) - X(t)$ の分布が $t \geq 0$ に依存しないならば $\{X(t)\}_{t \in [0, \infty)}$ は定常増分性を満たす．

$\{N(t)\}$ を強度 λ のポアソン過程とするとき，上の定義より $E[N(t)] = \lambda t$ である．したがって λ は単位時間あたりの期待クレーム件数と解釈できる．また，

Taylor の定理より，$1 - e^{-h} = h + o(h)$ $(h \to 0)$ であるから，

$$P(N(t+h) - N(t) = 1) = e^{-\lambda h}\lambda h = \lambda h + o(h) \quad (h \to 0)$$

が成り立つ．すなわち，微小な区間幅 h の間で $N(t)$ がジャンプする確率はおおよそ h に比例し，その比例定数が λ というわけである．また，独立増分性と定常増分性を用いることで $\{N(t)\}$ の有限次元分布を容易に計算することができる．実際，$t_1 < t_2 < \cdots < t_n$ に対して，

$$\begin{aligned}&(N(t_1), N(t_2), \cdots, N(t_n))\\&= \left(N(t_1), N(t_2) - N(t_1) + N(t_1), \cdots, N(t_1) + \sum_{i=1}^{n}(N(t_i) - N(t_{i-1}))\right)\end{aligned}$$

と見れば

$$\begin{aligned}&P(N(t_1) = k_1, N(t_2) = k_1 + k_2, \cdots, N(t_n) = k_1 + \cdots + k_n)\\&= P(N(t_1) = k_1, N(t_2) - N(t_1) = k_2, \cdots, N(t_n) - N(t_{n-1}) = k_n)\\&= e^{-\lambda t_1}\frac{(\lambda t_1)^{k_1}}{k_1!} e^{-\lambda(t_2 - t_1)}\frac{(\lambda(t_2 - t_1))^{k_2}}{k_2!} \cdots e^{-\lambda(t_n - t_{n-1})}\frac{(\lambda(t_n - t_{n-1}))^{k_n}}{k_n!}\\&= e^{-\lambda t_n}\frac{(\lambda t_1)^{k_1}}{k_1!} \frac{(\lambda(t_2 - t_1))^{k_2}}{k_2!} \cdots \frac{(\lambda(t_n - t_{n-1}))^{k_n}}{k_n!}.\end{aligned}$$

定理 4.7 $\{W_n\}_{n=1}^{\infty}$ がパラメータ λ の指数分布を共通の分布とする独立同分布列であるとき，(4.1) で定義される更新過程 $\{N(t)\}_{t \in [0,\infty)}$ は強度 λ のポアソン過程となる． □

[証明] $\{W_n\}$ に対する仮定と帰納法により

$$(4.3) \qquad P(T_n \leqq x) = 1 - e^{-\lambda x}\sum_{k=0}^{n-1}\frac{(\lambda x)^k}{k!}, \quad x \in [0, \infty)$$

を確かめることができる．よって，各 $n \in \mathbb{N} \cup \{0\}$ に対して $\{N(t) = n\} = \{T_n \leqq t < T_{n+1}\}$ であることより

$$(4.4) \qquad P(N(t) = n) = P(T_n \leqq t) - P(T_{n+1} \leqq t) = e^{-\lambda t}\frac{(\lambda t)^n}{n!}$$

となる．また，(4.3) より

$$P(T_n \leqq t, t + s < T_n + W_{n+1}) = \int_0^t \int_{t+s-x}^{\infty} \lambda^2 e^{-\lambda(x+y)}\frac{(\lambda x)^{n-1}}{(n-1)!}dydx$$

$$= e^{-\lambda(t+s)} \frac{(\lambda t)^n}{n!}$$

であり，$P(N(t) = n, T_{n+1} > t + s) = P(T_n \leqq t, t + s < T_n + W_{n+1})$ であるので，

(4.5) $\qquad P(T_{n+1} > t + s \mid N(t) = n) = e^{-\lambda s}$

を得る． ■

定義 4.8 $\{W_n\}_{n=1}^{\infty}$ が正値独立同分布列であるとき，(4.2)で定義される更新列 $\{T_n\}_{n=1}^{\infty}$ とこれと独立な正値独立同分布列 $\{X_n\}_{n=1}^{\infty}$ の組 $\{(T_n, X_n)\}_{n=1}^{\infty}$ を**更新モデル**あるいは **Sparre-Andersen モデル**とよぶ．特に，W_1 が指数分布に従うとき，すなわち(4.1)で定義される $\{N(t)\}_{t \in [0,\infty)}$ がポアソン過程であるとき，$\{(T_n, X_n)\}_{n=1}^{\infty}$ を **Cramér-Lundberg モデル**とよぶ． □

集合的リスク理論の主な問題の一つは，更新モデル $\{(T_n, X_n)\}_{n=1}^{\infty}$ (あるいはより一般のモデル)に対して，**クレーム総額過程**(total claim amount process)

(4.6) $\qquad S(t) = \sum_{n=1}^{N(t)} X_n, \quad t \in [0, \infty)$

の分布を計算することである．ただし $\sum_{n=1}^{0} = 0$ とする．次節ではこの点について議論する．$\{S(t)\}_{t \in [0,\infty)}$ は，$\{N(t)\}$ がポアソン過程のときには**複合ポアソン過程**(compound Poisson process)とよばれる．

$\{S(t)\}$ の分布を把握することは，再保険取引を行うかどうかの意思決定において重要である(第9章参照)．$S(t)$ が大きな値となるのは，例えば，石油コンビナートの損害保険や原子力発電所における損害賠償責任保険などの場合である．このような保険においては X_n の実現値は非常に大きな値になり得る．また，地震や台風，大火などの場合には請求数 $N(t)$ が短期間に集中し $S(t)$ を大きくする可能性がある．再保険契約においては，一般に，損害発生時に被保険者の負担となる金額 h (これを控除免責金額，deductible などいう)を取り決める．よって $S(t) - h$ が再保険によってカバーされる額となる．

例 4.9 (1) 再保険対象額全体の $100p\%$ をカバーする契約を**比例再保険** (proportional reinsurance)という．ここで $p \in (0,1)$．すなわち，再保険者は $pS(t)$ を支払うことになる．

(2) 再保険者が約定したレベル K の超過損害額を支払う契約を**ストップ・**

ロス再保険(stop-loss reinsurance)という. すなわち, 支払額は $(S(t) - K)_+$ である. □

4.2 クレーム総額の分布

この節ではクレーム総額の分布の性質についてみていこう. 以下, 特に断らない限り $\{(T_n, X_n)\}_{n=1}^\infty$ は更新モデルとし, $S(t)$ は $\{(T_n, X_n)\}_{n=1}^\infty$ に対して(4.6)で定義されるクレーム総額過程とする.

4.2.1 複合分布の計算

一般に, $\mathbb{R}$ 上の関数 F が右連続かつ非減少で, $F(-\infty) = \lim_{x \to -\infty} F(x) = 0$ および $F(+\infty) = \lim_{x \to \infty} F(x) = 1$ を満たすとき, これを**分布関数**(distribution function)という. 確率変数 X に対して $P(X \leqq x)$, $x \in \mathbb{R}$, は上の性質を満たしており, X の分布関数とよぶ. これ以後, 本章の終わりまで, X の分布関数を F_X と書くことにする.

また, 独立同分布列 $\{X_n\}_{n=1}^\infty$ とこれと独立な $\mathbb{N} \cup \{0\}$-値確率変数 N に対して

$$S = \sum_{n=1}^N X_n$$

と表されるとき, S を**複合確率変数**(compound random variable)という. 以下では t を固定して $N := N(t)$ とおき, 複合確率変数 $S := S(t)$ の分布関数の計算について考えよう.

S の期待値, 分散はそれぞれ

$$E[S] = E[X_1]E[N], \quad V[S] = E[N]V[X_1] + E[X_1]^2 V[N]$$

により与えられる(第9章も見よ). また S の特性関数 $\phi_S(u)$ は

$$\phi_S(u) = E[e^{N \log \phi_{X_1}(u)}], \quad u \in \mathbb{R}$$

によって与えられる. ここで, N は $\mathbb{N} \cup \{0\}$-値であるから上式の右辺は $\log$ の分枝の取り方によらず決まる.

例 4.10 N がパラメータ λ のポアソン分布に従うときは,

$$E[e^{hN}] = \sum_{k=0}^{\infty} e^{hk} e^{-\lambda} \frac{\lambda^k}{k!} = e^{-\lambda(1-e^h)}, \quad h \in \mathbb{C}$$

となる．したがって，

$$\phi_S(u) = e^{-\lambda(1-\phi_{X_1}(u))}.$$ □

例 4.11 N がパラメータ $p \in (0,1)$ の幾何分布に従い，X_1 がパラメータ λ の指数分布に従うとする．このとき，初等的な計算により，

$$\phi_{X_1}(u) = \lambda/(\lambda - \sqrt{-1} \cdot u)$$

である．また，$\mathrm{Re}(h) < -\log(1-p)$ に対して，

$$E[e^{hN}] = \sum_{n=0}^{\infty} e^{hn} \cdot p(1-p)^n = \frac{p}{1-(1-p)e^h}$$

と計算されるから，

$$\phi_S(u) = p + (1-p) \frac{\lambda p}{\lambda p - \sqrt{-1} \cdot u}, \quad u \in \mathbb{R}$$

を得る．よって，Y をパラメータ λp の指数分布に従う確率変数とし，$A \in \mathscr{F}$ は $P(A) = p$ を満たし Y と独立とするとき，S の特性関数は $Z := Y 1_{A^c}$ の特性関数によって与えられる．ゆえに分布の一意性より，S の分布関数は Z の分布関数である．すなわち

$$F_S(x) = p + (1-p)(1 - e^{-\lambda p x}) = 1 - (1-p)e^{-\lambda p x}, \quad x \in [0, \infty).$$ □

一般に，確率変数 X, Y が独立のとき，

$$F_{X+Y}(x) = \int_{-\infty}^{\infty} F_X(x-y) dF_Y(y) = (F_X * F_Y)(x), \quad x \in \mathbb{R}$$

と表される．ただし，分布関数 F, G に対して

$$F * G(x) = \int_{-\infty}^{\infty} F(x-y) dG(y), \quad x \in \mathbb{R}.$$

これは分布関数 F と G の**畳み込み**(convolution)とよばれ，再び分布関数になる．今，

$$S_0 = 0, \quad S_n = X_1 + \cdots + X_n, \quad n \in \mathbb{N}$$

とおくとき，

$$F_S(x) = E[P(S \leqq x \mid N)] = \sum_{n=0}^{\infty} P(S_n \leqq x) P(N = n)$$

となる．したがって，分布関数 F に対して，

$$F^{*0}(x) = \begin{cases} 1 & (x \geqq 0), \\ 0 & (x < 0), \end{cases}$$

$$F^{*n}(x) = F * F^{*(n-1)}(x), \quad n \in \mathbb{N}, \ x \in \mathbb{R}$$

と定義すると，

$$F_S(x) = \sum_{n=0}^{\infty} P(N=n) F_{S_n}(x) = \sum_{n=0}^{\infty} P(N=n) F_{X_1}^{*n}(x)$$

と表すことができる．一般に，確率変数 Z の分布関数が，$\sum_{n=0}^{\infty} p_n = 1$ を満たす $p : \mathbb{N} \cup \{0\} \to [0,1]$ と分布関数 G について

$$F_Z(x) = \sum_{n=0}^{\infty} p_n G^{*n}(x), \quad x \in \mathbb{R}$$

と表されるとき，Z は**複合分布**(compound distribution)を持つという．特に，$\{p_n\}$ がポアソン分布のとき，Z は**複合ポアソン分布**(compound Poisson distribution)を持つという．したがって，Cramér-Lundberg モデルのクレーム総額過程の t における値 $S(t)$ は，パラメータ λt のポアソン分布による複合ポアソン分布を持つ．

例4.12 N と X_1 の分布がそれぞれパラメータ λ のポアソン分布とパラメータ δ の指数分布である場合を考えよう．このとき，

$$F_S(x) = \sum_{n=0}^{\infty} e^{-\lambda} \frac{\lambda^n}{n!} F_{X_1}^{*n}(x), \quad x \in [0, \infty)$$

と書ける．ここで，$F_{X_1}^{*n}$ は

$$F_{X_1}^{*n}(x) = \frac{\delta^n}{(n-1)!} \int_0^x e^{-\delta y} y^{n-1} dy, \quad x \in [0, \infty), \ n \in \mathbb{N}$$

により与えられる(読者はこれを確かめよ)．したがって，$F_S(0) = e^{-\lambda}$ であり，また F_S は $(0, \infty)$ で微分可能であって，S のそこでの密度関数 $F_S'(x)$，$x \in (0, \infty)$，は

$$F_S'(x) = e^{-(\lambda + x\delta)} \sum_{n=1}^{\infty} \frac{1}{n!(n-1)!} \frac{1}{x} (x\lambda\delta)^n = e^{-(\lambda + x\delta)} \sqrt{\lambda\delta/x} I_1(2\sqrt{\lambda x \delta})$$

と書ける．ただし $I_\nu(z)$ は以下で定義される修正 Bessel 関数である：

$$I_\nu(z) = \sum_{n=0}^{\infty} \frac{(z/2)^{2n+\nu}}{n!\Gamma(\nu+n+1)}, \quad z, \nu \in \mathbb{R}.$$ □

次に，X_1 が $\mathbb{N} \cup \{0\}$ に値を取る場合に限定して話を進める．$x_n = P(X_1 = n)$ とおくとき，上と同様に，$n \geqq 1$ のとき，

$$P(S = n) = \sum_{k=1}^{\infty} P(N=k) P(X_1 + \cdots + X_k = n) = \sum_{k=1}^{\infty} P(N=k) x_n^{*k}$$

である．ここで，x_n^{*k} は

$$x_n^{*k} = \sum_{j=0}^{n} x_j x_{n-j}^{*(k-1)}, \quad x_n^{*1} = x_n$$

により計算される．したがって，$P(S=n)$ の算出には $O(n^3)$ だけの計算量が必要ということになる．そこで，より計算効率のよい方法を考えよう．まず，

$$p_n = P(S=n), \quad q_n = P(N=n), \quad n \in \mathbb{N} \cup \{0\}$$

とおくと，

$$p_n = \begin{cases} \sum_{k=0}^{\infty} P(X_1=0)^k q_k & (n=0), \\ \sum_{k=1}^{\infty} P(S_k=n) q_k & (n \geqq 1) \end{cases}$$

と表される．今，

$$E[X_1 \mid S_k = n] = \sum_{j=0}^{n} j \frac{P(X_1=j, \, S_k=n)}{P(S_k=n)} = \sum_{j=0}^{n} j \frac{P(X_1=j, \, S_k - X_1 = n-j)}{P(S_k=n)}$$

より

$$P(S_k = n) = \frac{1}{E[X_1 \mid S_k = n]} \sum_{j=0}^{n} j P(X_1 = j) P(S_{k-1} = n-j)$$

であることが分かる．他方，$X_1, \cdots, X_k$ は独立同分布であるから $E[X_1 1_{\{S_k=n\}}] = \cdots = E[X_k 1_{\{S_k=n\}}]$ となるので

$$kE[X_1 \mid S_k = n] = \sum_{j=1}^{k} E[X_j \mid S_k = n] = E[S_k \mid S_k = n] = n.$$

よって，

$$P(S_k = n) = \frac{k}{n} \sum_{j=0}^{n} j P(X_1 = j) P(S_{k-1} = n-j)$$

となる．$E[a+bX_1/n \,|\, S_k=n] = a+b/k$ であるから，上の議論は一般化することができ，任意の $a,b \in \mathbb{R}$ に対して

$$P(S_k = n) = \frac{1}{a+b/k} \sum_{j=0}^{n} \left(a + \frac{bj}{n}\right) P(X_1 = j) P(S_{k-1} = n-j)$$

が得られる．ゆえに，もし $\{q_n\}$ が漸化式

(4.7) $$q_n = \left(a + \frac{b}{n}\right) q_{n-1}$$

を満たすなら，

$$\begin{aligned}
p_n &= \sum_{j=0}^{n} \left(a + \frac{bj}{n}\right) P(X_1 = j) \sum_{k=1}^{\infty} \frac{1}{a+b/k} P(S_{k-1} = n-j) q_k \\
&= \sum_{j=0}^{n} \left(a + \frac{bj}{n}\right) P(X_1 = j) \sum_{k=1}^{\infty} P(S_{k-1} = n-j) q_{k-1} \\
&= \sum_{j=0}^{n} \left(a + \frac{bj}{n}\right) P(X_1 = j) p_{n-j} \\
&= a P(X_1 = 0) p_n + \sum_{j=1}^{n} \left(a + \frac{bj}{n}\right) P(X_1 = j) p_{n-j}
\end{aligned}$$

となり，これより $\{p_n\}$ の満たす漸化式

$$p_n = \frac{1}{1 - a P(X_1 = 0)} \sum_{j=1}^{n} \left(a + \frac{bj}{n}\right) P(X_1 = j) p_{n-j}$$

が導かれる．これは **Panjer の漸化式** とよばれており，この方法なら p_n は $O(n^2)$ で計算できる．N に関する仮定(4.7)を満たす例としては次のようなものがある：

 (a) パラメータ $\lambda \in (0, \infty)$ のポアソン分布：$a = 0$, $b = \lambda$．
 (b) サイズ m, パラメータ p の二項分布：$a = -p/(1-p) < 0$, $b = -a(m+1)$．
 (c) パラメータ (p, v) の負の二項分布：$a = 1 - p \in (0,1)$, $b = (1-p)(v-1)$．

以上のことを定理としてまとめておこう．

定理 4.13 (Panjer の漸化式) X_1 は $\mathbb{N} \cup \{0\}$ に値を取るとし，q_n, $n \in \mathbb{N} \cup \{0\}$, は適当な $a, b \in \mathbb{R}$ に対して漸化式

$$q_n = \left(a + \frac{b}{n}\right) q_{n-1}, \quad n \in \mathbb{N}$$

に従うと仮定する．このとき，p_n, $n \in \mathbb{N} \cup \{0\}$, は次の漸化式を満たす：

$$p_0 = \begin{cases} q_0 & (P(X_1 = 0) = 0), \\ E[P(X_1 = 0)^N] & (P(X_1 = 0) \neq 0), \end{cases}$$

$$p_n = \frac{1}{1 - aP(X_1 = 0)} \sum_{j=1}^{n} \left(a + \frac{bj}{n} \right) P(X_1 = j) p_{n-j}, \quad n \in \mathbb{N}. \qquad \square$$

4.2.2 漸近的性質

一般に，独立同分布列 $\{Y_n\}_{n=1}^{\infty}$ が $E[|Y_1|] < \infty$ を満たすとき，

$$\frac{1}{n} \sum_{k=1}^{n} Y_k \to E[Y_1], \quad n \to \infty, \text{ a.s.}$$

が成り立ち(大数の強法則)，さらに $E[Y_1^2] < \infty$ ならば，$n \to \infty$ のとき

$$\frac{1}{\sqrt{nV(Y_1)}} \sum_{k=1}^{n} (Y_k - E[Y_1])$$

は標準正規分布に法則収束する(中心極限定理)．これは特に，十分大きな n を考えることにより $\sum_{k=1}^{n} Y_k$ の分布の近似計算が得られることを意味している．

この節でも同様に，$t \to \infty$ の極限操作により $S(t)$ の分布を近似することを考えよう．

定理 4.14 $E[W_1] < \infty$ ならば，

$$\lim_{t \to \infty} \frac{N(t)}{t} = \frac{1}{E[W_1]}, \quad \text{a.s.} \qquad \square$$

[証明] 更新過程の性質より

$$\{N(t) = n\} = \{T_n \leqq t < T_{n+1}\}, \quad n \in \mathbb{N} \cup \{0\}$$

であったから，

(4.8) $$\frac{T_{N(t)}}{N(t)} \leq \frac{t}{N(t)} \leq \frac{T_{N(t)+1}}{N(t)+1} \cdot \frac{N(t)+1}{N(t)}.$$

$\{W_n\}$ に対する大数の法則より，$n^{-1}T_n \to E[W_1]$, a.s.，である．特に，$t \to \infty$ のとき，$N(t) \to \infty$, a.s.，よって，

$$P(T_{N(t)}/N(t) \to E[W_1]) \geqq P(\{N(t) \to \infty\} \cap \{T_n/n \to E[W_1]\}) = 1.$$

ゆえに $T_{N(t)}/N(t) \to E[W_1]$．これと (4.8) より定理は従う． ∎

定理 4.15(大数の強法則) W_1 と X_1 の期待値が有限のとき,
$$\lim_{t \to \infty} \frac{S(t)}{t} = \frac{E[X_1]}{E[W_1]}, \quad \text{a.s.}$$ □

[証明] $S(t)/t = \{S(t)/N(t)\} \cdot \{N(t)/t\}$ と書けることから,

$P(S(t)/t \to E[X_1]/E[W_1])$
$\geqq P(\{N(t)/t \to 1/E[W_1]\} \cap \{S_n/n \to E[X_1]\} \cap \{N(t) \to \infty\})$

を得る. 定理 4.14 より $P(N(t)/t \to 1/E[W_1]) = 1$ である. さらに, $\{X_n\}$ に対する大数の法則より, $n^{-1}S_n \to E[X_1]$, a.s. である. このことと $N(t) \to \infty$ であることより定理の主張が成り立つ. ■

X_1 の k 次モーメントを以下のように p_k とおく:
$$p_k := E[X_1^k], \quad k \in \mathbb{N}.$$

$X_1 > 0$ より ∞ の場合を含めて p_k の値は確定する. $p_2 < \infty$ のとき $\sigma^2 = V(X_1)$ とおくと, 4.2.1 節で求めたように, $E[S(t)] = p_1 E[N(t)]$, $V(S(t)) = \sigma^2 E[N(t)] + p_1^2 V(N(t))$ であるので,
$$\hat{S}(t) := \frac{S(t) - E[S(t)]}{\sqrt{V(S(t))}} = \frac{S(t) - p_1 E[N(t)]}{\sqrt{\sigma^2 E[N(t)] + p_1^2 V(N(t))}}, \quad t \in [0, \infty)$$

と書ける.

定理 4.16(中心極限定理) $\{N(t)\}_{t \in [0,\infty)}$ は強度 λ のポアソン過程で $p_2 < \infty$ が成り立つとすると, $t \to \infty$ のとき $\hat{S}(t)$ は標準正規分布に従う確率変数に法則収束する. □

[証明] $i = \sqrt{-1}$ を虚数単位として $\phi(u) = E[e^{iuX_1}]$, $u \in \mathbb{R}$, とおくと,

(4.9) $\quad E\left[e^{iu\hat{S}(t)}\right] = \exp\left[\lambda t \left(\phi\left(\frac{u}{\sqrt{\lambda t p_2}}\right) - 1 - \frac{ip_1 u}{\sqrt{\lambda t p_2}}\right)\right], \quad u \in \mathbb{R}$

と表される. ここで Taylor の定理より
$$\phi(u) = 1 + ip_1 u - \frac{1}{2}p_2 u^2 + o(u^2) \quad (u \to 0),$$

であるから, 特に,
$$\phi\left(\frac{u}{\sqrt{\lambda t p_2}}\right) = 1 + \frac{ip_1 u}{\sqrt{\lambda t p_2}} - \frac{u^2}{2\lambda t} + o\left(\frac{1}{t}\right) \quad (t \to \infty).$$

ゆえに, $u \in \mathbb{R}$ に対して,
$$E\left[e^{iu\hat{S}(t)}\right] = \exp\left(-\frac{u^2}{2} + o(1)\right) \quad (t \to \infty).$$
これは定理の主張を意味する. ∎

$\hat{S}(t)$ が標準正規分布に分布収束する速さについては, 次の **Berry-Esseen** の**不等式**によって評価することができる. 以下では標準正規分布の分布関数を Φ とおく.

定理 4.17 $\{N(t)\}_{t \in [0, \infty)}$ は強度 λ のポアソン過程とし, $E[|X_1|^3] < \infty$ を仮定する. このとき, 任意の $t \in (0, \infty)$ に対して
$$\sup_{x \in \mathbb{R}} \left| P\left(\hat{S}(t) \leqq x\right) - \Phi(x) \right| \leqq \frac{3E[|X_1|^3]}{\sqrt{\lambda t}p_2^3}.$$
□

定理 4.17 の証明には次の補題を必要とする.

補題 4.18 $(\mathbb{R}, \mathscr{B}(\mathbb{R}))$ 上の確率測度 μ は $\int_{-\infty}^{\infty} |x| d\mu(x) < \infty$ を満たすとする. また, $G : \mathbb{R} \to \mathbb{R}$ を連続的微分可能関数で
$$\lim_{x \to \infty} G(x) = 1, \quad \lim_{x \to -\infty} G(x) = 0, \quad \int_{-\infty}^{\infty} |G'(x)| dx < \infty, \quad \sup_{x \in \mathbb{R}} |G'(x)| < \infty$$
を満たすものとする. さらに, G' のフーリエ変換 χ は連続的微分可能で $\chi(0) = 1$ であると仮定する. このとき, μ の分布関数を F, 特性関数を φ とすれば, 任意の $T \in (0, \infty)$ に対して
$$\sup_{x \in \mathbb{R}} |F(x) - G(x)| \leqq \frac{1}{\pi} \int_{-T}^{T} \left| \frac{\varphi(u) - \chi(u)}{u} \right| du + \frac{24}{\pi T} \sup_{x \in \mathbb{R}} |G'(x)|.$$
□

[証明] [41] の XVI 章を参照のこと. ∎

[定理 4.17 の証明] $i = \sqrt{-1}$ を虚数単位として $\phi(u) = E[e^{iuX_1}]$, $u \in \mathbb{R}$, とおく. さらに, $z = z(u) = u/\sqrt{p_2 \lambda t}$ とおくと, (4.9) より
$$\hat{\phi}_t(u) := E\left[e^{iu\hat{S}(t)}\right] = \exp\left[\lambda t(\phi(z) - 1 - ip_1 z)\right], \quad u \in \mathbb{R}.$$
$\hat{S}(t)$ の分布関数 $\hat{F}_t$ と Φ に対して補題 4.18 を適用すると, $\sup_{x \in \mathbb{R}} \Phi'(x) = 1/\sqrt{2\pi}$ であるから, $x \in \mathbb{R}$ と $T \in (0, \infty)$ に対して
$$(4.10) \quad |\hat{F}_t(x) - \Phi(x)| \leqq \frac{1}{\pi} \int_{-T}^{T} |\hat{\phi}_t(u) - e^{-u^2/2}| |u|^{-1} du + \frac{24}{\pi T} \frac{1}{\sqrt{2\pi}}.$$

$y \in \mathbb{R}$ に対して $|e^{iy} - 1 - iy + (1/2)y^2| \leqq (1/6)|y|^3$ であることを用いれば

$$|\lambda t(\phi(z) - 1 - ip_1 z) + (1/2)u^2| = \lambda t \left| E\left[e^{izX_1} - 1 - izX_1 + (1/2)z^2 X_1^2\right]\right|$$
$$\leqq \frac{p_3}{6p_2^{3/2}\sqrt{\lambda t}}|u|^3 = \frac{|u|^3}{3T}$$

を得る. ここで $T = 2(p_2^{3/2}/p_3)\sqrt{\lambda t}$ とおいた. このことと不等式 $|e^y - 1| \leqq |y|e^{|y|}, y \in \mathbb{C}$, から

$$|\hat{\phi}_t(u) - e^{-u^2/2}||u|^{-1} = e^{-u^2/2}|\exp(\lambda t(\phi(z) - 1 - ip_1 z) + (1/2)u^2) - 1||u|^{-1}$$
$$\leqq e^{-u^2/2}\frac{u^2}{3T}e^{u^2/3} = \frac{u^2}{3T}e^{-u^2/6}$$

が $u \in [-T, T]$ に対して成り立つ. ゆえに, (4.10) より任意の $x \in \mathbb{R}$ について

$$|\hat{F}_t(x) - \Phi(x)| \leqq \frac{1}{3\pi T}\int_{-\infty}^{\infty} u^2 e^{-u^2/6} du + \frac{24}{\pi T\sqrt{2\pi}}$$
$$= \frac{1}{\pi T}\left\{\sqrt{6\pi} + \frac{24}{\sqrt{2\pi}}\right\} = \frac{1}{2\pi}\left\{\sqrt{6\pi} + \frac{24}{\sqrt{2\pi}}\right\}\frac{p_3}{p_2^{3/2}\sqrt{\lambda t}}.$$

$(1/2\pi)(\sqrt{6\pi} + 24/\sqrt{2\pi}) \approx 2.21 < 3$ に注意すれば定理の主張が得られる. ■

注意 4.19 証明を読めば分かるように, 定理 4.17 は単に $S = S(t)$ が複合ポアソン分布を持つ場合にも成り立つ.

x が大きな値のときは, $P(S(t) > x)$ と $1 - \Phi(x)$ はどちらも小さい値になるため, 上で見たような絶対誤差の評価よりも相対誤差の評価がより重要である.

以下では W_1 はパラメータ λ の指数分布に従うと仮定する. すなわち $\{S(t)\}$ は複合ポアソン過程とする. 確定的な関数 $x : [0, \infty) \to [0, \infty)$ は

$$\lim_{t \to \infty} x(t) = \infty, \quad \lim_{t \to \infty} \frac{x(t)}{\sqrt{t}} = 0$$

を満たすとする. また, ある $h_0 \in (0, \infty)$ が存在して,

$$m(h) := E[e^{hX_1}] < \infty, \quad h \in [0, h_0)$$

を満たすと仮定する. m' は $[0, h_0)$ 上狭義単調増加で連続であり, $m'(0) = p_1$ を満たすので, 適当な t_0 に対して,

$$p_1 + \sqrt{\frac{p_2}{\lambda t}} x(t) \in m'([0, h_0)), \quad t \in [t_0, \infty).$$

ゆえに

$$h(t) := (m')^{-1} \left(p_1 + \sqrt{\frac{p_2}{\lambda t}} x(t) \right), \quad t \in [t_0, \infty)$$

は矛盾なく定義できる. また, $t \in [t_0, \infty)$ に対して,

$$u(t) = h(t)\sqrt{\lambda t m''(h(t))}, \quad C(t) = \exp\left[\lambda t \left[m(h(t)) - 1 - h(t) m'(h(t))\right]\right]$$

とおく.

定理 4.20(大偏差原理) 以下が成り立つ：

$$\frac{P(\hat{S}(t) > x(t))}{C(t) e^{(1/2) u(t)^2} (1 - \Phi(u(t)))} = 1 + O\left(\frac{x(t)}{\sqrt{t}}\right) \quad (t \to \infty). \qquad \Box$$

証明のための準備をしよう. $S(t)$ に関するパラメータ h の Esscher 変換(第6章も見よ)を Q_t^h とおく. すなわち, $h \in [0, h_0)$ に対して

$$Q_t^h(A) = \frac{1}{M_t(h)} E[1_A e^{hS(t)}], \quad A \in \mathscr{F}.$$

ここで $M_t(h) := E[e^{hS(t)}]$. Q_t^h の下で $S(t)$ は複合ポアソン分布を持つ. 実際, 分布関数 G^h を

$$G^h(x) := \frac{1}{m(h)} \int_0^x e^{hy} dF_{X_1}(y), \quad x \in \mathbb{R}$$

と定義すれば

$$Q_t^h(S(t) \leqq x) = e^{-\lambda t m(h)} \sum_{n=0}^{\infty} (G^h)^{*n}(x) \frac{(\lambda t m(h))^n}{n!}$$

が成り立つ. よって, $Q_t^{h(t)}$ について, $\tilde{N}$ をパラメータ $\lambda t m(h(t))$ のポアソン分布に従う確率変数とし, これと独立で $G^{h(t)}$ を共通の分布に持つ独立同分布列を $\{\tilde{X}_i\}$ とすると,

$$E_t^{h(t)}[S(t)] = E_t^{h(t)}[\tilde{X}_1] E_t^{h(t)}[\tilde{N}] = \lambda t m'(h(t)) = \lambda t p_1 + \sqrt{\lambda t p_2} x(t),$$

$$V_t^{h(t)}[S(t)] = V_t^{h(t)}[\tilde{X}_1] E_t^{h(t)}[\tilde{N}] + E_t^{h(t)}[X_1]^2 V_t^{h(t)}[\tilde{N}]$$

$$= \lambda t m''(h(t)) = (u(t) h(t)^{-1})^2$$

である. ただし, $E_t^{h(t)}$, $V_t^{h(t)}$ はそれぞれ $Q_t^{h(t)}$ の下での期待値と分散を表す. ゆえに, $\tilde{S}(t)$ を $Q_t^{h(t)}$ の下での正規化とすると,

$$\tilde{S}(t) = \frac{S(t) - (\lambda t p_1 + \sqrt{\lambda t p_2} x(t))}{u(t) h(t)^{-1}}$$

である．

以下では標準正規分布の密度関数を $\varphi(x)$ とおくことにする．また，$f(x) \sim g(x)$ $(x \to \infty)$ は $\lim_{x \to \infty} (f(x)/g(x)) = 1$ を意味していたことを思い出そう．

補題 4.21 $x \to \infty$ のとき，次が成り立つ：

$$1 - \Phi(x) \sim \frac{\varphi(x)}{x}.$$

[証明] $x \in (0, \infty)$ に対して，

$$\frac{\varphi(x)}{x} = \int_x^\infty \varphi(y) \left(1 + \frac{1}{y^2}\right) dy$$

である．実際，左辺を微分すると右辺の被積分関数が現れる．よって，

$$1 - \Phi(x) = \int_x^\infty \varphi(y) dy < \frac{\varphi(x)}{x}, \quad x \in (0, \infty).$$

他方，上と同様に，

$$\varphi(x) \left(\frac{1}{x} - \frac{1}{x^3}\right) = \int_x^\infty \varphi(y) \left(1 - \frac{3}{y^4}\right) dy$$

が得られるので，

$$\varphi(x) \left(\frac{1}{x} - \frac{1}{x^3}\right) < 1 - \Phi(x), \quad x \in (0, \infty).$$

これより補題が従う． ∎

補題 4.22 $t \to \infty$ のとき，以下が成り立つ：

(i) $h(t) \sim \dfrac{x(t)}{\sqrt{\lambda t p_2}}$, (ii) $u(t) \sim x(t)$, (iii) $u(t) - x(t) = O\left(\dfrac{x(t)^3}{t}\right)$.

[証明] $m'(0) = p_1$ より，原点の近傍で $m'(h) = p_1 + hf(h)$ と表される．ただし，関数 f は原点で連続で $f(0) = p_2$ を満たす．他方 $h(t)$ の定義より $\lim_{t \to \infty} h(t) = 0$ であるから，十分大きな t で $m'(h(t)) = p_1 + h(t) f(h(t))$ が成り立つ．よって，

$$(4.11) \quad h(t) = \frac{m'(h(t)) - p_1}{f(h(t))} = \frac{x(t)\sqrt{p_2}}{\sqrt{\lambda t} f(h(t))} \sim \frac{x(t)}{\sqrt{\lambda t p_2}} \quad (t \to \infty).$$

次に，$u(t)$ の定義および (4.11) と $m''(0) = p_2$ より

$$u(t) \sim \frac{x(t)}{\sqrt{p_2}}\sqrt{m''(h(t))} \sim x(t).$$

よって (ii) が従う．

3番目の主張を示すために，

$$g(h) := h\sqrt{m''(h)} - \frac{1}{\sqrt{p_2}}(m'(h) - p_1), \quad h \in [0, h_0)$$

を考える．初等的な計算により $g(0) = g'(0) = g''(0) = 0$ を確かめることができる．これより，g は 0 の近傍で $g(h) = h^3 \tilde{g}(h)$ と表される．ただし，$\tilde{g}$ は 0 で連続な関数である．したがって，(4.11) を用いると

$$u(t) - x(t) = h(t)\sqrt{\lambda t m''(h(t))} - \frac{\sqrt{\lambda t}}{\sqrt{p_2}}(m'(h(t)) - p_1)$$
$$= \sqrt{\lambda t}g(h(t)) = \sqrt{\lambda t}h(t)^3 \tilde{g}(h(t)) \sim \frac{x(t)^3}{\lambda t} p_2^{-3/2} \tilde{g}(h(t))$$

を得る．ゆえに (iii) が従う．■

補題 4.23　$x(t) = O(t^{1/4})$ $(t \to \infty)$ ならば，

(i) $x(t)^2 - u(t)^2 = O(1)$，　(ii) $\dfrac{1 - \Phi(u(t))}{1 - \Phi(x(t))} = 1 + O\left(\dfrac{x(t)^4}{t}\right)$　$(t \to \infty)$.

□

[証明]　(i) は補題 4.22 を用いることで得られる．(ii) について，$x, u \in [0, \infty)$ に対して

$$|\Phi(x) - \Phi(u)| \leq \max_{u \wedge x \leq y \leq u \vee x} \varphi(y)|x - u| \leq \varphi(x)|x - u|e^{\frac{1}{2}|x^2 - u^2|}$$

であるから，

$$\left|\frac{1 - \Phi(u(t))}{1 - \Phi(x(t))} - 1\right| = \frac{|\Phi(x(t)) - \Phi(u(t))|}{1 - \Phi(x(t))} \leq \varphi(x(t))\frac{|x(t) - u(t)|}{1 - \Phi(x(t))}e^{\frac{1}{2}|x(t)^2 - u(t)^2|}.$$

補題 4.21 より $\varphi(x(t))/(1 - \Phi(x(t))) = O(x(t))$．補題 4.22 より $|x(t) - u(t)| = O(x(t)^3/t)$ であり，(i) より指数に関する項は $t \to \infty$ としても有界である．ゆえに (ii) が従う．■

[定理 4.20 の証明]　定義に従って変形を行っていくと

$$P(\hat{S}(t) > x(t)) = P(S(t) > \lambda t p_1 + \sqrt{\lambda t p_2}x(t)) = P(\tilde{S}(t) > 0)$$

$$= E_t^{h(t)} \left[\frac{dP}{dQ_t^{h(t)}} 1_{\{\tilde{S}(t)>0\}} \right]$$
$$= M_t(h(t)) \exp\left(-h(t)(\lambda t p_1 + \sqrt{\lambda t p_2} x(t))\right) E_t^{h(t)} \left[e^{-u(t)\tilde{S}(t)} 1_{\{\tilde{S}(t)>0\}} \right]$$
$$= C(t) E_t^{h(t)} \left[e^{-u(t)\tilde{S}(t)} 1_{\{\tilde{S}(t)>0\}} \right].$$

部分積分の公式と
$$\int_0^\infty e^{-uy} \varphi(y) dy = e^{\frac{u^2}{2}} (1 - \Phi(u))$$
より,
$$\left| E_t^{h(t)} \left[e^{-u\tilde{S}(t)} 1_{\{\tilde{S}(t)>0\}} \right] - e^{\frac{u^2}{2}} (1 - \Phi(u)) \right|$$
$$= \left| \int_0^\infty \left\{ Q_t^{h(t)}(\tilde{S}(t) \leqq y) - Q_t^{h(t)}(\tilde{S}(t) \leqq 0) - \Phi(y) + \Phi(0) \right\} u e^{-uy} dy \right|$$
$$\leqq 2 \sup_{x \in \mathbb{R}} \left| Q_t^{h(t)}(\tilde{S}(t) \leqq x) - \Phi(x) \right|.$$

ゆえに,
$$\left| \frac{P(\hat{S}(t) > x(t))}{C(t) e^{\frac{u(t)^2}{2}} (1 - \Phi(u(t)))} - 1 \right| \leqq \frac{2 \sup_{x \in \mathbb{R}} \left| Q_t^{h(t)}(\tilde{S}(t) \leqq x) - \Phi(x) \right|}{e^{\frac{u(t)^2}{2}} (1 - \Phi(u(t)))}.$$

ここで, 上で述べたように $Q_t^{h(t)}$ の下で $S(t)$ は複合ポアソン分布に従うから, 定理 4.17 と注意 4.19 より,
$$\sup_{x \in \mathbb{R}} \left| Q_t^{h(t)}(\tilde{S}(t) \leqq x) - \Phi(x) \right| \leqq 3 \rho(t) \left(\frac{m''(h(t))}{m(h(t))} \right)^{-3/2} (\lambda t m(h(t)))^{-1/2}$$
である. ただし,
$$\rho(t) = \int_0^\infty |y|^3 dG^{h(t)}(y) = m(h(t))^{-1} \int_0^\infty |y|^3 e^{h(t)y} dF_{X_1}(y).$$
したがって,
$$A(t) = \left(m''(h(t)) \right)^{-3/2} \int_0^\infty |y|^3 e^{h(t)y} dF_{X_1}(y), \quad t \in [t_0, \infty)$$
とおけば
$$\sup_{x \in \mathbb{R}} |Q_t^{h(t)}(\tilde{S}(t) \leqq x) - \Phi(x)| \leqq \frac{3A(t)}{\sqrt{\lambda t}}, \quad t \in [t_0, \infty)$$

と書ける．ここで補題 4.21 と補題 4.22 を適用すると，

$$\left| \frac{P(\hat{S}(t) > x)}{C(t)e^{(1/2)u(t)^2}(1-\Phi(u(t)))} - 1 \right| \leq \frac{6}{e^{(1/2)u(t)^2}(1-\Phi(u(t)))} \frac{A(t)}{\sqrt{\lambda t}}$$

$$\sim 6\sqrt{2\pi} \frac{u(t)}{\sqrt{\lambda t}} A(t) \sim 6\sqrt{2\pi} \frac{x(t)}{\sqrt{\lambda t}} A(t).$$

このことと

$$\lim_{t \to \infty} A(t) = p_2^{-3/2} \int_0^\infty |y|^3 dF_{X_1}(y) < \infty$$

より定理 4.20 が従う． ∎

定理 4.24 $x(t) = O(t^{1/6})$ $(t \to \infty)$ のとき，

$$\frac{P(\hat{S}(t) > x(t))}{1 - \Phi(x(t))} = 1 + O\left(\frac{x(t)^3}{\sqrt{t}}\right) \quad (t \to \infty). \qquad \square$$

[証明] 関数

$$f(t) = \frac{1-\Phi(u(t))}{1-\Phi(x(t))} - 1, \quad g(t) = C(t)e^{\frac{u(t)^2}{2}} - 1, \quad t \in [t_0, \infty)$$

を考える．補題 4.23 より $f(t) = O(x(t)^4/t)$ である．

また，$h \in [0, h_0)$ に対して $F(h) = m(h) - 1 - hm'(h) + (1/2)h^2 m''(h)$ とおくと，$F(0) = 0$, $F'(h) = (1/2)h^2 m'''(h)$ であるから L'Hospital の定理より

$$\lim_{h \to 0} \frac{F(h)}{h^3} = \lim_{h \to 0} \frac{m'''(h)}{6} = \frac{p_3}{6}.$$

よって補題 4.22 (i) より

$$\lambda t F(h(t)) \sim \lambda t h(t)^3 \frac{p_3}{6} \sim \frac{x(t)^3}{\sqrt{\lambda t}} p_2^{-3/2} \frac{p_3}{6}.$$

関数 e^x は，0 で連続で $G(0) = 1$ を満たす適当な G により，$e^x = 1 + xG(x)$ と書けるので，

$$C(t)e^{\frac{u(t)^2}{2}} = \exp(\lambda t F(h(t)))$$

$$= 1 + \lambda t F(h(t)) G(\lambda t F(h(t))).$$

ここで $x(t) = O(t^{1/6})$ という仮定より，$tF(h(t)) = O(x(t)^3/\sqrt{t})$, $G(\lambda t F(h(t))) = O(1)$. ゆえに $g(t) = O(x(t)^3/\sqrt{t})$．

さらに，$x(t)/\sqrt{t} \to 0$ より $f(t) = O(x(t)^3/\sqrt{t})$ となるので，$f(t)g(t) = $

$O(x(t)^3/\sqrt{t})$ である．以上の議論と定理 4.20 より，

$$\frac{P(\hat{S}(t) > x(t))}{1 - \Phi(x(t))} = \frac{P(\hat{S}(t) > x(t))}{C(t)e^{(1/2)u(t)^2}(1 - \Phi(u(t)))} \cdot \frac{C(t)e^{(1/2)u(t)^2}(1 - \Phi(u(t)))}{1 - \Phi(x(t))}$$
$$= \frac{P(\hat{S}(t) > x(t))}{C(t)e^{(1/2)u(t)^2}(1 - \Phi(u(t)))}(1 + f(t) + g(t) + f(t)g(t))$$
$$= 1 + O(x(t)^3/\sqrt{t}).$$

∎

4.3 破産確率

4.3.1 破産確率問題

保険会社の初期資本を $u \in (0, \infty)$，時点 t での収入保険料の累計額，クレーム総額をそれぞれ $p(t)$, $S(t)$ とすると，保険会社のキャッシュ・フローは

$$R(t) = u + p(t) - S(t), \quad t \in [0, \infty)$$

と表される．この $\{R(t)\}_{t \in [0,\infty)}$ を**リスク過程**(risk process)あるいは**剰余過程**(surplus process)とよぶ．この節では，クレーム総額過程 $\{S(t)\}_{t \in [0,\infty)}$ は更新モデル $\{(T_n, X_n)\}_{n=1}^{\infty}$ によって(4.6)により定義されると仮定する．さらに，簡単のため，$p(t)$ は適当な $c \in (0, \infty)$ について

$$p(t) = ct, \quad t \in [0, \infty)$$

と表されると仮定する．c は単位時間あたりの保険料収入を表す．

一般に，事象 { ある $t \in (0, \infty)$ に対して $R(t) < 0$} を**破産**(ruin)とよび，

$$\tau_u := \inf\{t \in (0, \infty) : R(t) < 0\}$$

を**破産時刻**(ruin time)とよぶ．ただし $\inf \emptyset = \infty$．さらに，

$$\psi(u) := P(\tau_u < \infty)$$

を**破産確率**(ruin probability)という．

$S(t)$ は $[T_n, T_{n+1})$ 上定数であり，$c > 0$ であるから，初めて $R(t) < 0$ となるのは $t = T_n$, $n \in \mathbb{N}$，に対してである．よって，

$$\{\tau_u < \infty\} = \left\{\inf_{n \geq 1} R(T_n) < 0\right\}$$

が成り立つ．したがって，$n \in \mathbb{N}$ に対して

$$Y_n := Z_1 + \cdots + Z_n, \quad Z_i := X_i - cW_i, \ i = 1, \cdots, n$$

とおけば，$R(T_n) = u - Y_n$ より

$$\psi(u) = P\left(\sup_{n \geq 1} Y_n > u\right)$$

と表される．

定義 4.25 更新モデルが**純利益条件**(net profit condition)を満たすとは，次が成り立つことをいう：$E[W_1], E[X_1] < \infty$ であって

(4.12) $$E[Z_1] = E[X_1] - cE[W_1] < 0.$$ □

$E[R(T_n) - R(T_{n-1})] = E[cW_n - X_n]$ であるから，純利益条件はリスク過程の期待増分が正であることを意味する．

注意 4.26 $E[W_1]$ と $E[X_1]$ が共に有限値で $E[Z_1] > 0$ である場合は，大数の法則より $Y_n/n \to E[Z_1]$ であるから $\lim_{n \to \infty} Y_n = +\infty$．よって任意の $u \in (0, \infty)$ に対して $\psi(u) = 1$ である．すなわち，確率 1 で破産が起こる．$E[Z_1] = 0$ のときにも，$\limsup_{n \to \infty} Y_n = +\infty$ が成り立つので(例えば[124], Theorem 6.3.1 参照)，やはり $\psi(u) = 1$ となる．

注意 4.27 純利益条件(4.12)は保険料算出原理の決定と関係している．実際，簡単のために，Cramér-Lundberg モデルを仮定すると，

$$E[S(t)] = E[N(t)]E[X_1] = \lambda t E[X_1] = \frac{E[X_1]}{E[W_1]}t$$

である．したがって，$c = E[X_1]/E[W_1]$ のときは，上式は $p(t)$ が純保険料原理で決定されていることを意味する．この場合，$E[Z_1] = 0$ であるから，注意 4.26 で述べたように破産は確率 1 で起こってしまう．これは第 8 章で述べられている安全割増の必要性を補強する事実である．もし期待値原理を採用したとすると，ある正定数 a に対して

$$p(t) = (1+a)E[S(t)] = (1+a)\frac{E[X_1]}{E[W_1]}t$$

であるから，$c = (1+a)E[X_1]/E[W_1]$．よって純利益条件が満たされる．

4.3.2 裾の軽い分布に対する評価

X_1 について次の条件を考えよう:ある $h_0 \in (0, \infty)$ が存在して

(4.13) $$E[e^{hX_1}] < \infty, \quad h \in [0, h_0).$$

これが成り立つとき,Chebyshev の不等式より,適当な $c, \gamma \in (0, \infty)$ について,

$$P(X_1 > x) \leqq ce^{-\gamma x}, \quad x \in (0, \infty).$$

となる.よって X_1 の分布の裾の減少は指数的である.一般に確率変数 $X = X_1$ が (4.13) を満たすとき,X は(右側の)**裾の軽い分布**(light-tailed distribution)を持つという.

問題 4.28 指数分布,ガンマ分布,形状パラメータ $r \in [1, \infty)$ のワイブル分布が裾の軽い分布であることを確かめよ. □

定義 4.29 方程式

(4.14) $$E[e^{r(X_1 - cW_1)}] = 1$$

の正の一意解 r が $(0, h_0)$ に存在するとき,r を **Lundberg 係数**という. □

問題 4.30 純利益条件 (4.12) が成立し,かつ,ある $h_0 \in (0, \infty)$ に対して $E[e^{hZ_1}] < \infty$, $h \in (-h_0, h_0)$, が満たされているとする.このとき,方程式 (4.14) の正の解が存在するならば一意となることを示せ.

ヒント:関数 $h \mapsto E[e^{hZ_1}]$ の増減表を考えよ. □

例 4.31 W_1 がパラメータ λ の指数分布に従い(すなわち Cramér-Lundberg モデルの場合),X_1 がパラメータ γ の指数分布に従う場合は,単純な計算により,Lundberg 係数 r は $r = \gamma - (\lambda/c)$ で与えられることが分かる. □

次の定理における破産確率の評価は **Lundberg の不等式**とよばれており,保険数理の主要な結果の一つである.

定理 4.32 純利益条件 (4.12) が成り立ち,Lundberg 係数 r が存在するとする.このとき,

$$\psi(u) \leqq e^{-ru}, \quad u \in (0, \infty). \qquad □$$

この不等式は,初期資本 u あるいは Lundberg 係数 r が大きいとき,破産確率は小さくなることを意味している.したがって,クレーム額が裾の軽い分布を

持ち，十分大きな初期資本がある場合には破産の危険はほぼないといえる.

[定理 **4.32** の証明] $\psi_n(u) := P(\max_{1 \leq k \leq n} Y_k > u)$ とおく．このとき，集合 $\{\max_{1 \leq k \leq n} Y_k > u\}$ は n に関して単調増加であり，

$$\bigcup_{n \geq 1} \left\{ \max_{1 \leq k \leq n} Y_k > u \right\} = \left\{ \sup_{n \geq 1} Y_n > u \right\}$$

が成り立つから，$\lim_{n \to \infty} \psi_n(u) = \psi(u)$ である．ゆえに，各 $n \in \mathbb{N}$ に対して

$$\psi_n(u) \leq e^{-ru} \tag{4.15}$$

を示せばよい．これを帰納法で証明しよう．はじめに，Chebyshev の不等式と Lundberg 係数の定義より，

$$\psi_1(u) \leq e^{-ru} E[e^{rZ_1}] = e^{-ru}.$$

したがって $n=1$ の場合には成り立つ．次に，ある $n \in \mathbb{N}$ に対して (4.15) が成り立つと仮定する．このとき，

$$\psi_{n+1}(u) = P\left(\max_{1 \leq k \leq n+1} Y_k > u\right)$$
$$= P(Z_1 > u) + P\left(\max_{2 \leq k \leq n+1} (Z_1 + (Y_k - Z_1)) > u, \ Z_1 \leq u\right)$$
$$= \int_{(u,\infty)} dF_{Z_1}(x) + \int_{(-\infty,u]} P\left(\max_{1 \leq k \leq n} Y_k > u - x\right) dF_{Z_1}(x).$$

最後の等式の右辺の第 1 項については，

$$\int_{(u,\infty)} e^{r(x-u)} dF_{Z_1}(x)$$

と評価でき，第 2 項については帰納法の仮定より

$$\int_{(-\infty,u]} \psi_n(u-x) dF_{Z_1}(x) \leq \int_{(-\infty,u]} e^{r(x-u)} dF_{Z_1}(x)$$

と評価できる．したがって，

$$\psi_{n+1}(u) \leq e^{-ru} E[e^{rZ_1}] = e^{-ru}.$$

よって $n+1$ に対しても (4.15) が成り立つ．

228　4　保険と確率過程

Cramér-Lundberg モデルの場合はより精緻な評価が可能となる．

定理 4.33　$\{(T_n, X_n)\}_{n=1}^\infty$ は Cramér-Lundberg モデルで純利益条件 (4.12) を満たすとする．X_1 は裾の軽い分布を持ち，さらに密度関数を持つとし，Lundberg 係数 r の存在を仮定する．このとき，正定数 C が存在して，

$$\lim_{u\to\infty} e^{ru}\psi(u) = C.$$ □

定理 4.33 の証明のための準備をしよう．まずはじめに，

$$\varphi(u) = 1 - \psi(u), \quad \rho = c(E[W_1]/E[X_1]) - 1 > 0$$

とおく．

補題 4.34　$\{(T_n, X_n)\}_{n=1}^\infty$ は Cramér-Lundberg モデルで純利益条件を満たすとする．さらに，X_1 が密度関数を持つと仮定する．このとき，$\varphi(u)$ は次の積分方程式を満たす：

(4.16) $$\varphi(u) = \varphi(0) + \frac{1}{(1+\rho)E[X_1]}\int_0^u P(X_1 > y)\varphi(u-y)dy.$$ □

[証明]　定義より

$$\varphi(u) = P\left(\sup_{n\geq 1} Y_n \leq u\right) = P(Y_n \leq u,\, n \geq 1).$$

Z_1 だけ取り出して，$\{Y_n - Z_1\}_{n\geq 2}$ が Z_1 と独立であることを使うと，

$$\varphi(u) = P(Z_1 \leq u, Y_n - Z_1 \leq u - Z_1,\, n \geq 2)$$
$$= E\left[1_{\{Z_1 \leq u\}} P(Y_n - Z_1 \leq u - Z_1,\, n \geq 2 \mid Z_1)\right]$$
$$= E\left[1_{\{Z_1 \leq u\}} P(Y_n - Z_1 \leq u - (x - cw),\, n \geq 2)|_{x=X_1, w=W_1}\right].$$

λ を W_1 の従う指数分布のパラメータとすると，

(4.17) $$P(Y_n \leq z,\, n \geq 1) = P(Y_n - Z_1 \leq z,\, n \geq 2)$$

より（下の問題 4.35 参照），

$$\varphi(u) = \int_0^\infty \int_0^{u+cs} P(Y_n - Z_1 \leq u - (x - cs),\, n \geq 2) dF_{X_1}(x) dF_{W_1}(s)$$

$$= \int_0^\infty \int_0^{u+cs} \varphi(u-x+cs)dF_{X_1}(x)\lambda e^{-\lambda s}ds$$

を得る. $s' = u+cs$ として変数変換すれば,

$$\varphi(u) = \lambda c^{-1} e^{u\lambda c^{-1}} \int_u^\infty e^{-\lambda c^{-1}s'} \int_0^{s'} \varphi(s'-x)dF_{X_1}(x)ds'$$

と書ける. 右辺は有界な関数の積分であるので, 左辺, すなわち φ は連続である. このことと X_1 が確率密度を持つことより右辺の被積分関数は連続である. よって, 結局 φ は微分可能で,

$$\varphi'(u) = \lambda c^{-1}\varphi(u) - \lambda c^{-1}\int_0^u \varphi(u-x)dF_{X_1}(x)$$

となる. 両辺積分して, さらに部分積分を実行すると, $F_{X_1}(0) = 0$ より

$$\varphi(t) - \varphi(0) - \lambda c^{-1}\int_0^t \varphi(u)du$$
$$= -\lambda c^{-1}\int_0^t \left[\varphi(0)F_{X_1}(u) + \int_0^u \varphi'(u-x)F_{X_1}(x)dx\right]du.$$

積分順序を交換することで,

$$\varphi(t) - \varphi(0) = \lambda c^{-1}\int_0^t \varphi(u)du - \lambda c^{-1}\int_0^t F_{X_1}(x)\varphi(t-x)dx$$
$$= \lambda c^{-1}\int_0^t \varphi(t-u)du - \lambda c^{-1}\int_0^t F_{X_1}(x)\varphi(t-x)dx$$
$$= \lambda c^{-1}\int_0^t (1-F_{X_1}(x))\varphi(t-x)dx.$$

ρ の定義より $c\lambda^{-1} = (1+\rho)E[X_1]$ であるから補題の主張が従う. ∎

問題 4.35 (4.17)を示せ.

ヒント: $A_m := \{S_n \leqq z, n = 1, \cdots, m\}$ とおくと, $\{A_m\}$ は単調減少列で $P(S_n \leqq z, n \geqq 1) = P(\bigcap_{m\geq 1} A_m)$ と書ける. このことと $P(A_m) = P(S_n - Z_1 \leqq z, n = 2, \cdots, m+1)$ を用いよ. □

注意 4.36 $E[X] < \infty$ を満たす非負の確率変数 X に対して

$$\hat{F}_X(y) = \frac{1}{E[X]}\int_0^y P(X>z)dz, \quad y \in (0,\infty)$$

とおく. 一般に $E[X] = \int_0^\infty P(X>y)dy$ であるから, $y \to \infty$ のとき, $\hat{F}_X(y) \uparrow 1$ である. よって $\hat{F}_X(y)$ は分布関数である. この記号を用いると(4.16)は

(4.18) $$\varphi = \varphi(0) + \frac{1}{1+\rho}\varphi * \hat{F}_{X_1}$$

と書ける.

問題 4.37 X が指数分布に従うならば $\hat{F}_X = F_X$ が成り立つことを示せ. □

注意 4.38 φ は $\lim_{u\to\infty}\varphi(u) = 1$ を満たす. 実際, 純利益条件と大数の法則より $Y_n \to -\infty$, a.s. であり, これにより $\sup_{n\geq 1} Y_n < \infty$, a.s. が従うからである. 一方, 単調収束定理と (4.16) より

$$\lim_{u\to\infty}\varphi(u) = \varphi(0) + \frac{1}{1+\rho}\lim_{u\to\infty}\int_0^\infty 1_{\{y\leq u\}}\varphi(u-y)d\hat{F}_{X_1}(y)$$
$$= \varphi(0) + \frac{1}{1+\rho}\int_0^\infty 1 d\hat{F}_{X_1}(y) = \varphi(0) + \frac{1}{1+\rho}.$$

よって, $\varphi(0) = \rho(1+\rho)^{-1}$ が分かる.

問題 4.39 補題 4.34 と同じ仮定の下で, 次の等式を示せ.

$$\int_0^\infty [e^{rx} - (1+\rho)]P(X_1 > x)dx = 0.$$ □

[定理 4.33 の証明] 補題 4.34 と注意 4.36, 4.38 より,

(4.19) $$\varphi(u) = \frac{\rho}{1+\rho} + \frac{1}{1+\rho}\int_0^u \varphi(u-y)d\hat{F}_{X_1}(y).$$

$q = 1/(1+\rho)$ とおき, φ を ψ で置き換えると,

(4.20) $$\psi(u) = q(1 - \hat{F}_{X_1}(u)) + q\int_0^u \psi(u-y)d\hat{F}_{X_1}(y).$$

今,

$$F^{(r)}(x) = q\int_0^x e^{ry}d\hat{F}_{X_1}(y) = \frac{q}{E[X_1]}\int_0^x e^{ry}\overline{F}_{X_1}(y)dy, \quad x \in [0,\infty)$$

と定義すると, これは分布関数である. ただし, 分布関数 F に対して $\overline{F}(x) = 1 - F(x)$, $x \in \mathbb{R}$. 実際, $F^{(r)}$ は単調非減少で, 問題 4.39 より

$$\frac{q}{E[X_1]}\int_0^\infty e^{ry}\overline{F}_{X_1}(y)dy = 1$$

が成り立つからである. (4.20) の両辺に e^{ru} を掛けると, 積分方程式

$$e^{ru}\psi(u) = qe^{ru}\overline{F}_{X_1}(u) + \int_0^u e^{r(u-x)}\psi(u-x)qe^{rx}d\hat{F}_{X_1}(x)$$
$$= qe^{ru}\overline{F}_{X_1}(u) + \int_0^u e^{r(u-x)}\psi(u-x)dF^{(r)}(x).$$

を得る．付録の定理 A.3 より，
$$e^{ru}\psi(u) = q\int_0^u e^{r(u-y)}\overline{\hat{F}}_{X_1}(u-y)dm^{(r)}(y).$$
$m^{(r)}$ は $F^{(r)}$ に付随する更新関数である：$m^{(r)}(t) = \sum_{n=0}^{\infty}(F^{(r)})^{*n}(t)$．さらに，
$$qe^{ru}\overline{\hat{F}}_{X_1}(u) = \int_u^{\infty} e^{rx}d(q\hat{F}_{X_1}(x)) - \int_u^{\infty} rq\overline{\hat{F}}_{X_1}(x)e^{rx}dx$$
と書けることから，これは非増加関数の差であることが分かる．したがって，関数 $qe^{ru}\overline{\hat{F}}_{X_1}(u)$ は直接的リーマン積分可能である（注意 A.2 参照）．ゆえに再び定理 A.3 より，
$$\lim_{u\to\infty} e^{ru}\psi(u) = \frac{q\int_0^{\infty} e^{ry}(1-\hat{F}_{X_1}(y))dy}{\int_0^{\infty} xdF^{(r)}(x)}.$$
∎

定理 A.3 より φ を明示的に表すことができる．

命題 4.40 $\{(T_n, X_n)\}_{n=1}^{\infty}$ を Cramér-Lundberg モデルとし，$E[X_1] < \infty$ と純利益条件(4.12)を仮定する．さらに，X_1 の分布は密度関数を持つとする．このとき，関数
$$\varphi(u) = \frac{\rho}{1+\rho}\sum_{n=0}^{\infty}\frac{1}{(1+\rho)^n}\hat{F}_{X_1}^{*n}(u), \quad u\in(0,\infty)$$
は積分方程式(4.19)の $(0,\infty)$ 上の局所有界な関数のクラスにおける一意解である． □

例 4.41 命題 4.40 において X_1 がパラメータ γ の指数分布に従う場合を考えよう．このとき，$\hat{F}_{X_1}$ もパラメータ γ の指数分布であり，$\hat{F}_{X_1}^{*n}$ は
$$\hat{F}_{X_1}^{*n}(x) = 1 - e^{-\gamma x}\sum_{k=0}^{n-1}\frac{(\gamma x)^k}{k!}, \quad x\in[0,\infty)$$
により与えられる．このことと命題 4.40 より
$$\psi(u) = \frac{1}{1+\rho}\exp\left\{-\gamma\frac{\rho}{1+\rho}u\right\}, \quad u\in(0,\infty).$$
□

4.3.3 裾の重い分布に対する評価

これまではクレーム額 X_1 が裾の軽い分布を持つ場合を扱ってきたが，裾の重い分布に対する破産確率の評価も求めたい．そのための準備として，まずはじめに裾の重い分布の基本的性質を述べよう．

$\mathcal{G}$ を $G(x) = 0, x \in (-\infty, 0]$, を満たす分布関数 G の全体とする．一般に，$F \in \mathcal{G}$ が

$$\int_0^\infty e^{\delta x} dF(x) = \infty, \quad \delta \in (0, \infty)$$

を満たすとき，F は**裾の重い分布**(heavy-tailed distribution)であるという．この条件は，

(4.21) $$\int_0^\infty e^{\delta x} \overline{F}(x) dx = \infty, \quad \delta \in (0, \infty)$$

と同値である．

例 4.42 対数正規分布，パレート分布，形状パラメータ $r \in (0,1)$ のワイブル分布は裾の重い分布である． □

問題 4.43 以下が成り立つならば $F \in \mathcal{G}$ は裾の重い分布であることを示せ．

$$\lim_{x \to \infty} e^{\delta x} \overline{F}(x) = \infty, \quad \delta \in (0, \infty).$$ □

補題 4.44 $\lim_{x \to \infty} (1/x) \log \overline{F}(x) = 0$ ならば F は裾の重い分布である． □

[証明] 仮定より，任意の $\varepsilon > 0$ に対して $x' > 0$ が存在して，$-\log \overline{F}(x) \leqq \varepsilon x, x \geqq x'$. よって $\overline{F}(x) \geqq e^{-\varepsilon x}, x \geqq x'$. これより (4.21) が従う． ∎

裾の重い分布の中で扱いやすいのは劣指数的分布のクラスである．

定義 4.45 $F \in \mathcal{G}$ が**劣指数的**(subexponential)であるとは，

(4.22) $$\lim_{x \to \infty} \frac{\overline{F^{*2}}(x)}{\overline{F}(x)} = 2$$

を満たすときにいう．劣指数的な分布関数全体を $\mathcal{S}$ とおく． □

一般に，分布関数 F に対して

(4.23) $$\frac{\overline{F^{*2}}(x)}{\overline{F}(x)} = 1 + \int_0^x \frac{\overline{F}(x-y)}{\overline{F}(x)} dF(y), \quad x \in [0, \infty)$$

と書ける．これより，

(4.24) $$\liminf_{x \to \infty} \frac{\overline{F^{*2}}(x)}{\overline{F}(x)} \geqq 2$$

が成り立つ．よって，(4.22) における極限値 2 は取り得る値の最小値となっている．

補題 4.46 $F \in \mathcal{S}$ のとき, $x' \in (0, \infty)$ に対して,

$$\lim_{x \to \infty} \frac{\overline{F}(x - x')}{\overline{F}(x)} = 1, \quad \lim_{x \to \infty} \int_0^x \frac{\overline{F}(x - y)}{\overline{F}(x)} dF(y) = 1.$$

[証明] $x' \in (0, \infty)$ を任意に取って固定する. $x \in (x', \infty)$ に対して, (4.23) より,

$$\frac{\overline{F^{*2}}(x)}{\overline{F}(x)} = 1 + \int_0^{x'} \frac{\overline{F}(x-y)}{\overline{F}(x)} dF(y) + \int_{x'}^{x} \frac{\overline{F}(x-y)}{\overline{F}(x)} dF(y)$$

$$\geqq 1 + F(x') + \frac{\overline{F}(x - x')}{\overline{F}(x)} (F(x) - F(x'))$$

を得る. これを変形すると, $F(x) > F(x')$ を満たす十分大きな x に対して,

$$1 \leqq \frac{\overline{F}(x - x')}{\overline{F}(x)} \leqq \left(\frac{\overline{F^{*2}}(x)}{\overline{F}(x)} - 1 - F(x') \right) (F(x) - F(x'))^{-1}.$$

$\mathcal{S}$ の定義より, 右辺は $x \to \infty$ のとき 1 に収束する. ゆえに補題の最初の主張が従う. 二つ目の等式は(4.23)より明らかである. ∎

定理 4.47 $F \in \mathcal{S}$ ならば F は裾の重い分布である.

[証明] 補題 4.46 の一つ目の等式で対数を取ると, $y \in [0, \infty)$ に対して

$$\lim_{x \to \infty} (M(x) - M(x - y)) = 0$$

である. ただし $M(x) = -\log \overline{F}(x)$. よって, 任意の $\varepsilon > 0$ に対して $x_0 > 0$ が存在して, $M(x) - M(x - 1) < \varepsilon$, $x \in [x_0, \infty)$. したがって $x_0 - 1 \leqq x - n < x_0$ となるように $n \in \mathbb{N}$ を取ると

$$M(x) \leqq M(x - 1) + \varepsilon \leqq M(x - 2) + 2\varepsilon \leqq \cdots \leqq M(x - n) + n\varepsilon.$$

ゆえに

$$M(x) \leqq \sup_{x_0 - 1 \leqq x' \leqq x_0} M(x') + (x + 1 - x_0)\varepsilon, \quad x \in [x_0, \infty).$$

これより $\limsup_{x \to \infty} M(x)/x \leqq \varepsilon$. これと補題 4.44 より定理の主張が従う. ∎

劣指数的分布のクラスは, パレート分布や裾がパレート型の分布を含んでいる. 以下ではこのことを示そう.

一般に, ある $a \in \mathbb{R}$ に対し

$$\lim_{x\to\infty} \frac{L(cx)}{L(x)} = 1, \quad c \in (0, \infty)$$

を満たす可測関数 $L : [a, \infty) \to \mathbb{R}$ を**緩変動関数**(slowly varying function)とよぶ．例えば，0 でない定数関数，$\log x$, $(\log x)^p$, $\log\log x$ は緩変動関数である．分布関数 F (あるいはそれを分布とする確率変数)は，適当な緩変動関数 L と $\alpha \in [0, \infty)$ によって

$$\overline{F}(x) = L(x)x^{-\alpha}, \quad x \in (0, \infty)$$

と表されるとき，指数 α の**正則変動**(regularly varying)であるという．

補題 4.48 確率変数 X_1, X_2 は独立で，共に指数 α の正則変動であるとする．すなわち，ある緩変動関数 L_1, L_2 に対して

$$P(X_i > x) = L_i(x)x^{-\alpha}, \quad x \in (0, \infty), \ i = 1, 2$$

が成り立っているとする．このとき，$X_1 + X_2$ も指数 α で正則変動する．実際，$x \to \infty$ のとき，

$$P(X_1 + X_2 > x) = x^{-\alpha}\{L_1(x) + L_2(x)\}(1 + o(1)). \qquad \Box$$

[証明] $X_1 + X_2$ の分布関数を $G(x)$ と書く．$\{X_1 + X_2 > x\} \supset \{X_1 > x\} \cup \{X_2 > x\}$ より

$$\overline{G}(x) \geqq \overline{F}_1(x) + \overline{F}_2(x) - \overline{F}_1(x)\overline{F}_2(x).$$

さらに，$x \to \infty$ のとき

$$\frac{\overline{F}_1(x)}{\overline{F}_1(x) + \overline{F}_2(x)} \cdot \overline{F}_2(x) \to 0$$

であるから，

$$\liminf_{x\to\infty} \frac{\overline{G}(x)}{\overline{F}_1(x) + \overline{F}_2(x)} \geqq 1.$$

一方，$\delta \in (0, 1/2)$ に対して，

$$\{X_1 + X_2 > x\} \subset \{X_1 > (1-\delta)x\} \cup \{X_2 > (1-\delta)x\} \cup \{X_1 > \delta x, X_2 > \delta x\}$$

であるから，X_1 と X_2 の独立性より，

$$\overline{G}(x) \leqq \overline{F}_1((1-\delta)x) + \overline{F}_2((1-\delta)x) + \overline{F}_1(\delta x)\overline{F}_2(\delta x).$$

今,

$$\frac{\overline{F}_1(\delta x)\overline{F}_2(\delta x)}{\overline{F}_1(x) + \overline{F}_2(x)} \leqq \frac{\overline{F}_1(\delta x)}{\overline{F}_1(x)} \cdot \overline{F}_2(\delta x) \to 0$$

であり,

$$\lim_{x \to \infty} \frac{\overline{F}_1((1-\delta)x) + \overline{F}_2((1-\delta)x)}{\overline{F}_1(x) + \overline{F}_2(x)} = \lim_{x \to \infty} \frac{L_1((1-\delta)x) + L_2((1-\delta)x)}{(L_1(x) + L_2(x))(1-\delta)^\alpha}$$

$$= \lim_{x \to \infty} \frac{L_1((1-\delta)x)L_2((1-\delta)x)}{(L_1(x)L_2(x))(1-\delta)^\alpha} = (1-\delta)^{-\alpha}$$

であるから,

$$1 \leqq \liminf_{x \to \infty} \frac{\overline{G}(x)}{\overline{F}_1(x) + \overline{F}_2(x)} \leqq \limsup_{x \to \infty} \frac{\overline{G}(x)}{\overline{F}_1(x) + \overline{F}_2(x)} \leqq (1-\delta)^{-\alpha}$$

を得る. $\delta \to 0$ とすることで補題が従う. ∎

n についての帰納法を用いることで次を得る:

系 4.49 確率変数 $X_1, \cdots, X_n$ は独立同分布で, 指数 α で正則変動すると仮定する. このとき, $S_n = X_1 + \cdots + X_n$ は指数 α の正則変動で,

$$P(S_n > x) \sim nP(X_1 > x) \quad (x \to \infty).$$

補題 4.48 より直ちに次の結果が得られる:

定理 4.50 F が正則変動ならば $F \in \mathcal{S}$ である.

また, $F \in \mathcal{S}$ の十分条件の一つとして次の結果が知られている:

命題 4.51 $F \in \mathcal{G}$ が密度 f を持つとする. さらに, 関数 $q(x) = f(x)/\overline{F}(x)$ が $\lim_{x \to \infty} q(x) = 0$ を満たすと仮定する. このとき,

(4.25) $$\int_0^\infty e^{xq(x)}\overline{F}(x)dx < \infty$$

ならば $F \in \mathcal{S}$ である.

[証明] 4.5 節を参照. ∎

例 4.52 (1) 尺度パラメータ $c \in (0, \infty)$, 形状パラメータ $r \in (0, 1)$ のワイブル分布に対しては $\overline{F}(x) = e^{-cx^r}$, $q(x) = crx^{r-1}$ であるから命題 4.51 の仮定は満たされる.

(2) パラメータ $a=0$, $b=1$ の対数正規分布の場合,
$$F(x) = \Phi(\log x), \quad q(x) = \frac{\varphi(\log x)}{x(1-\Phi(\log x))}$$
である. ただし, Φ は標準正規分布の分布関数で, φ はその密度関数である. 補題 4.21 より, $x \to \infty$ のとき $e^{xq(x)}\overline{F}(x) \sim x(1-\Phi(\log x)) \sim x\varphi(\log x)/\log x$ であり, $\int_1^\infty x^{1-(\log x)/2}dx < \infty$ であるから命題 4.51 の仮定は満たされる. □

$F \in \mathcal{G}$ に対して, その期待値を $m = m_F$ と書く. すなわち,
$$m = \int_0^\infty x dF(x) \in [0, \infty].$$

さらに,
$$\hat{F}(x) = m_F^{-1} \int_0^x \overline{F}(y)dy, \quad x \in [0, \infty)$$

とおく. ただし, $m_F = \infty$ のとき, $m_F^{-1} = 0$ とみなす. $\hat{F} \in \mathcal{G}$ となることに注意しておく.

定理 4.53 $\{(T_n, X_n)\}_{n=1}^\infty$ は Cramér-Lundberg モデルで純利益条件 (4.12) を満たすとする. このとき, $\hat{F}_{X_1} \in \mathcal{S}$ ならば,
$$\psi(u) \sim \rho^{-1}\overline{\hat{F}}_{X_1}(u) \quad (u \to \infty).$$

ここで $\rho = c(E[W_1]/E[X_1]) - 1$. □

[証明] $(1+\rho)^{-1} < 1$ より, $(1+\rho)^{-1}(1+\varepsilon) < 1$ を満たす $\varepsilon > 0$ が存在する.

$F \in \mathcal{S}$ とするとき, $\mathcal{S}$ の定義と帰納法により
$$\lim_{x \to \infty} \frac{\overline{F^{*n}}(x)}{\overline{F}(x)} = n, \quad n \in \mathbb{N}$$

を示すことができる. よって, $\alpha_n = \sup_{x \geq 0}(\overline{F^{*n}}(x)/\overline{F}(x)) < \infty$ である. また, $\overline{F^{*(n+1)}}(x) = \overline{F}(x) + F * \overline{F^{*n}}(x)$ が成り立つ. ゆえに, $a \in (0, \infty)$ に対して

α_{n+1}
$$\leq 1 + \sup_{0 \leq x \leq a} \int_0^x \frac{\overline{F^{*n}}(x-y)}{\overline{F}(x)}dF(y) + \sup_{x \geq a} \int_0^x \frac{\overline{F^{*n}}(x-y)}{\overline{F}(x-y)} \frac{\overline{F}(x-y)}{\overline{F}(x)}dF(y)$$

$$\leqq 1 + c_a + \alpha_n \sup_{x \geqq a} \frac{\overline{F^{*2}}(x) - \overline{F}(x)}{\overline{F}(x)}.$$

ここで $c_a = 1/\overline{F}(a)$. この評価と $F \in \mathcal{S}$ より，上の ε に対して $\alpha_{n+1} \leqq 1 + c_a + \alpha_n(1+\varepsilon)$ となる $a \in (0, \infty)$ を取ることができる．したがって，

$$\begin{aligned}\alpha_n &\leqq (1+c_a) + (1+c_a + \alpha_{n-2}(1+\varepsilon))(1+\varepsilon) \leqq \cdots \\ &\leqq (1+c_a)(1 + (1+\varepsilon) + \cdots + (1+\varepsilon)^{n-2}) + (1+\varepsilon)^{n-1} \\ &\leqq (1+c_a)\varepsilon^{-1}(1+\varepsilon)^n\end{aligned}$$

を得る．よって，F として $\hat{F}_{X_1}$ を取れば，

$$(1+\rho)^{-n}\frac{\overline{\hat{F}_{X_1}^{*n}}(u)}{\overline{\hat{F}_{X_1}}(u)} \leqq (1+\rho)^{-n}(1+c_a)\varepsilon^{-1}(1+\varepsilon)^n, \quad u > 0.$$

したがって，命題 4.40 とルベーグの収束定理より，$u \to \infty$ のとき，

$$\frac{\psi(u)}{\overline{\hat{F}_{X_1}}(u)} = \frac{\rho}{1+\rho}\sum_{n=0}^{\infty}(1+\rho)^{-n}\frac{\overline{\hat{F}_{X_1}^{*n}}(u)}{\overline{\hat{F}_{X_1}}(u)} \to \frac{\rho}{1+\rho}\sum_{n=0}^{\infty}(1+\rho)^{-n}n = \rho^{-1}.$$

定理 4.53 の $\hat{F}_{X_1} \in \mathcal{S}$ という条件については以下の事実が知られている．証明について興味のある読者は 4.5 節を参照してほしい．

定理 4.54 $F \in \mathcal{G}$ は $m_F < \infty$ かつ

$$(4.26) \qquad \lim_{x \to \infty}\int_0^x \frac{\overline{F}(x-y)}{\overline{F}(x)}\overline{F}(y)dy = 2m_F$$

を満たすとする．このとき，$F \in \mathcal{S}$ かつ $\hat{F} \in \mathcal{S}$ である． □

$F \in \mathcal{G}$ に対して，$\varGamma_F(x) = -\log \overline{F}(x)$, $x \in [0, \infty)$，とおく．これは F のハザード関数(hazard function)とよばれる．また，$\varGamma_F$ がほとんどいたるところ微分可能なとき，$\mu_F(x) = d\varGamma_F(x)/dx$, $x \in [0, \infty)$，を F のハザード・レート関数(hazard rate function)という．

系 4.55 $F \in \mathcal{G}$ は $m_F < \infty$ を満たし，ハザード・レート関数 μ_F を持つとする．このとき，$\limsup_{x \to \infty} x\mu_F(x) < \infty$ ならば $F \in \mathcal{S}$ かつ $\hat{F} \in \mathcal{S}$. □

定理 4.56 $F \in \mathcal{G}$ について，μ_F が存在し，これは十分大きな点の先から単

調減少で 0 に収束するとする．さらに

$$\int_0^\infty \exp(x\mu_F(x))\overline{F}(x)dx < \infty$$

が成り立つとき，F は条件 (4.26) を満たす． □

$F \in \mathcal{G}$ が正則変動するとき，$\hat{F}$ が劣指数的となるかどうかについては次の定理によって答えることができる．なお証明については [41] を参照のこと．

定理 4.57 $L_1(x)$ が緩変動関数で，ある $x_0 > 0$ が存在して $[x_0, \infty)$ において局所有界であるとき，任意の $\alpha \in (1, \infty)$ に対して

$$\int_x^\infty y^{-\alpha} L_1(y) dy \sim \frac{1}{\alpha-1} x^{1-\alpha} L_1(x)$$

が成り立つ． □

注意 4.58 $L_1(y)/y$ が可積分のときには $\int_x^\infty y^{-1} L_1(y) dy$ は L_1 とは漸近挙動の異なる緩変動関数になる．

$F \in \mathcal{G}$ が指数 $\alpha > 1$ で正則変動するとき，この定理より $\hat{F}$ は指数 $\alpha - 1$ の正則変動である．したがって定理 4.50 より $F, \hat{F} \in \mathcal{S}$ を得る．

4.4 点過程とマルチンゲール

これまで議論してきたクレーム件数過程や更新モデルは，点過程の特別な場合とみなせる．この節では点過程に対するマルチンゲール理論について述べる．なお，以下では確率空間 $(\Omega, \mathscr{F}, P)$ は完備とし，通常の条件を満たすフィルトレーション $\{\mathscr{F}_t\}_{t \in [0, \infty)}$ を考える．

4.4.1 基本的性質

定義 4.59 確率変数列 $\{T_n\}_{n=0}^\infty$ が $T_0 = 0$ および

$$T_n(\omega) < T_{n+1}(\omega), \quad \omega \in \{T_n < \infty\}, \ n \in \mathbb{N} \cup \{0\}$$

を満たすとき，**点過程** (point process) であるという．また，点過程 $\{T_n\}$ が $\lim_{n \to \infty} T_n = +\infty$ を満たすとき，**非爆発** (non-explosive) であるという． □

点過程 $\{T_n\}$ に対して定義される

(4.27) $$N(t) = \sum_{n=1}^\infty 1_{\{T_n \leq t\}}, \quad t \geq 0$$

を**計数過程**(counting process)という. $\{T_n\}$ と $\{N(t)\}$ は同じ情報を持っていることから, $\{N(t)\}_{t\in[0,\infty)}$ のことも点過程とよぶ. 非爆発性は $N(t) < \infty$, $t \geqq 0$, と同値である.

点過程の典型的な例はポアソン過程である.

定義 4.60 $\{N(t)\}_{t\in[0,\infty)}$ が強度 $\lambda \in (0,\infty)$ の $\{\mathscr{F}_t\}$-ポアソン過程であるとは, 次の条件が満たされるときにいう:

(1) $N_0 = 0$, a.s.

(2) $\{N(t)\}$ は右連続で有限な左極限を持つ適合整数値過程である.

(3) $0 \leqq s \leqq t$ に対して $N(t) - N(s)$ は $\mathscr{F}_s$ と独立で, 平均 $\lambda(t-s)$ のポアソン分布を持つ. □

注意 4.61 $\{N(t)\}$ を定義 4.5 の意味でのポアソン過程とする. このとき, $\{N(t)\}$ から生成されるフィルトレーション $\{\mathscr{F}_t^N\}_{t\in[0,\infty)}$ に関して, $\{N(t)\}$ は定義 4.60 の意味でポアソン過程となる. また, P-零集合全体を $\mathscr{N}$ で表すとき, 第 2 章と同様に, $\{\mathscr{F}_t^N \vee \mathscr{N}\}$ は通常の条件を満たす. この点については例えば[79]の注意 2.7.10 を見よ.

注意 4.62 定義 4.60 の条件(3)は,

$$(4.28) \quad E[e^{\sqrt{-1}u(N(t)-N(s))}|\mathscr{F}_s] = \exp\left\{(e^{\sqrt{-1}u}-1)\lambda(t-s)\right\}, \quad 0 \leqq s \leqq t, \ u \in \mathbb{R}$$

と同値である.

強度 λ の $\{\mathscr{F}\}$-ポアソン過程 $\{N(t)\}$ に対して,

$$E[N(t) - N(s)|\mathscr{F}_s] = \lambda(t-s), \quad 0 \leqq s \leqq t$$

であるから,

$$(4.29) \quad M(t) := N(t) - \lambda t, \quad t \geqq 0$$

は $\{\mathscr{F}_s\}$-マルチンゲールである. したがって, 一般の点過程に対しても強度を定義し, (4.29)に対応するようなマルチンゲールを考えるのが自然であろう.

定理 4.63 $\{N(t)\}$ を適合点過程とする. $\{N(t)\}$ が強度 λ の $\{\mathscr{F}_t\}$-ポアソン過程であるための必要十分条件は, 任意の非負可予測過程 $\{C(t)\}$ に対して,

$$(4.30) \quad E\left[\int_{0+}^{\infty} C(s)dN(s)\right] = E\left[\int_0^{\infty} C(s)\lambda ds\right]$$

が成り立つことである. □

注意 4.64 可予測過程は定義 2.184 で導入されている.

注意 4.65 $\int_{0+}^{t} C(s)dN(s)$ は集合 $(0,t]$ 上の $\{N(s)\}$ による $\{C(s)\}$ の Lebesgue-Stieltjes 積分を表し，$\int_{0+}^{t} C(s)dN(s) = \sum_{n \geq 1} C(T_n) 1_{(T_n \leq t)}$ により与えられる．また，$t = \infty$ の場合は $\int_{0+}^{\infty} C(s)dN(s) = \sum_{n \geq 1} C(T_n) 1_{(T_n < \infty)}$ である．

[定理 4.63 の証明] $\mathscr{H}$ を

$$E\left[\int_{0+}^{t} C(s)dN(s)\right] = E\left[\int_{0}^{t} C(s)\lambda ds\right], \quad t \geq 0$$

を満たす有界可測過程 $\{C(t)\}$ の全体とする．$\mathscr{H}$ はベクトル空間であり，(4.29) より $1_{(s,t] \times A}$, $0 \leq s \leq t$, $A \in \mathscr{F}_s$, の形の定義関数全体を含んでいる．したがって，命題 2.185 と単調族定理(例えば[145]の 3.14 節参照)より，$\mathscr{H}$ は有界可予測過程全体を含む．よって (4.30) を得る．

逆に，(4.30) が成り立つと仮定する．$i = \sqrt{-1}$ とし，$u \in \mathbb{R}$ を固定する．実部と虚部に分けて伊藤の公式(定理 2.192)を適用することにより，

$$Y_u(t) := \frac{e^{iuN(t)}}{\exp\{(e^{iu}-1)\lambda t\}} = 1 + \int_{0+}^{t} (e^{iu}-1) Y_u(s-)(dN(s) - \lambda ds).$$

よって (4.30) より (4.28) を得る． ∎

定義 4.66 $\{N(t)\}$ を適合点過程とする．$\{\lambda(t)\}$ を非負発展的可測過程で

$$\int_{0}^{t} \lambda(s)ds < \infty, \text{ a.s.}, \quad t \geq 0$$

を満たすとする．任意の非負可予測過程 $\{C(t)\}$ に対して

(4.31) $$E\left[\int_{0+}^{\infty} C(s)dN(s)\right] = E\left[\int_{0}^{\infty} C(s)\lambda(s)ds\right]$$

が成り立つとき，$\{\lambda(t)\}$ を $\{N(t)\}$ の**強度過程**(intensity process)という． ∎

定理 4.67 適合点過程 $\{N(t)\}$ は強度過程 $\{\lambda(t)\}$ を持つとする．$\{\lambda(t)\}$ が $E\int_{0}^{t} \lambda(s)ds < \infty$, $t \geq 0$, を満たすとき，

$$M(t) := N(t) - \int_{0}^{t} \lambda(s)ds, \quad t \geq 0$$

はマルチンゲールである． ∎

[証明] $0 \leq s \leq t$, $A \in \mathscr{F}_s$ として $C(u, \omega) = 1_{(s,t] \times A}(u, \omega)$ とおくと，これは可予測過程だから (4.31) より

$$E[(N(t)-N(s))1_A] = E\left[\int_{0+}^{\infty} C(u)dN(u)\right] = E\left[\int_0^{\infty} C(u)\lambda(u)du\right]$$
$$= E\left[1_A \int_s^t \lambda(u)du\right].$$

これより $M(t)$ のマルチンゲール性が従う. ∎

定理 4.68 適合点過程 $\{N(t)\}$ は強度過程 $\{\lambda(t)\}$ を持つとする. $\{H(t)\}$ が可予測で $E\int_0^t |H(t)|\lambda(s)ds < \infty,\ t \geqq 0$, を満たすとき,
$$X(t) := \int_{0+}^t H(s)dM(s), \quad t \geqq 0$$
はマルチンゲールである. □

問題 4.69 定理 4.68 を証明せよ. □

注意 4.70 適合点過程 $\{N(t)\}$ は強度過程 $\{\lambda(t)\}$ を持つとするとき, $\{N(t)\}$ の可予測な強度過程 $\{\tilde{\lambda}(t)\}$ が存在する. 実際, $\tilde{\lambda}(t)$ を $(\Omega \times [0,\infty), \mathscr{P}(\mathscr{F}_t))$ 上の, $P(d\omega)dt$ に関する $P(d\omega)\lambda(t,\omega)dt$ のラドン-ニコディム微分とすればよい. ここで $\mathscr{P}(\mathscr{F}_t)$ は $\{\mathscr{F}_t\}$ に関する可予測 σ-集合族である.

さらに $\{\tilde{\lambda}(t)\}$ は次の意味で一意に定まる: 他の可予測な強度過程 $\{\tilde{\lambda}'(t)\}$ に対して
$$\tilde{\lambda}(t,\omega) = \tilde{\lambda}'(t,\omega), \quad P(d\omega)dN(t,\omega)\text{-a.e.}$$

証明については[19]を見よ.

ポアソン過程や更新過程の他, 点過程の重要な例として
$$N(t) = 1_{\{\tau \leqq t\}}, \quad t \geqq 0$$
がある. ここで τ は正値確率変数で $P(\tau > t) > 0,\ t \geqq 0$, を満たすとする. これは点過程 $T_0 := 0,\ T_1 := \tau,\ T_n := \infty\ (n \geqq 2)$ に付随する計数過程である.

$\mathscr{F}_t^0 = \sigma(N(s) : 0 \leqq s \leqq t) \vee \mathscr{N}$ ($\mathscr{N}$ は P-零集合全体) により $\{\mathscr{F}_t^0\}_{t \in [0,\infty)}$ を定義すると, これは通常の条件を満たす(読者はこれを確かめよ). τ は密度関数 f を持つとし, Γ, μ をそれぞれ τ のハザード関数, ハザード・レート関数
$$\Gamma(t) = -\log(1 - F_\tau(t)), \quad \mu(t) = f(t)(1 - F_\tau(t))^{-1}, \quad t \geqq 0$$
とする(4.3節参照).

補題 4.71 有界ボレル可測関数 $h : \mathbb{R}_+ \to \mathbb{R},\ t \geqq 0$ に対して

$$E[h(\tau)|\mathscr{F}_t^0] = 1_{\{\tau \leq t\}} h(\tau) + 1_{\{\tau > t\}} e^{\int_0^t \mu(s)ds} E[1_{\{\tau > t\}} h(\tau)].$$
□

[証明] $\{\mathscr{F}_t^0\}$ は $\sigma(\tau) \cap \{\tau \leq t\}$, $t \geq 0$, と零集合により生成されるから, $E[1_{\{\tau \leq t\}} h(\tau)|\mathscr{F}_t^0] = 1_{\{\tau \leq t\}} h(\tau)$. したがって, 任意の $A \in \mathscr{F}_t^0$ に対して

$$(4.32) \qquad E\left[1_A E[1_{\{\tau > t\}} h(\tau)|\mathscr{F}_t^0]\right] = E[1_A x 1_{\{\tau > t\}}]$$

を示せばよい. ただし $x = E[1_{\{\tau > t\}} h(\tau)]/P(\tau > t)$. そのためには, $A = \{\tau \leq s\}$, $s \in [0, t]$, あるいは $A = \{\tau > t\}$ を考えれば十分である. 前者の場合には (4.32) は両辺 0 で成り立つ. 後者の場合は

$$E\left[1_A E[1_A h(\tau)|\mathscr{F}_t^0]\right] = E[1_A h(\tau)] = xP(A) = E[1_A x]$$

より (4.32) が従う. ■

命題 4.72 確率過程

$$M(t) := N(t) - \int_0^{t \wedge \tau} \mu(u)du = N(t) - \int_0^t \mu(u) 1_{\{\tau \geq u\}} du, \quad t \geq 0$$

は $\{\mathscr{F}_t^0\}$-マルチンゲールとなる. □

[証明] 補題 4.71 より $E[1 - N(s)|\mathscr{F}_t^0] = (1 - N(t))(1 - F_\tau(s))/(1 - F_\tau(t))$ が $t \leq s$ に対して成り立つ. これを書き換えると

$$E[N(s) - N(t)|\mathscr{F}_t^0] = 1_{\{\tau > t\}} \frac{F_\tau(s) - F_\tau(t)}{1 - F_\tau(t)}$$

となる. 他方, $A = \{\tau > t\}$,

$$Y := \int_t^s \mu(u) 1_{\{\tau \geq u\}} du = \int_{t \wedge \tau}^{s \wedge \tau} \frac{f(u)}{1 - F_\tau(u)} du = \log \frac{1 - F_\tau(t \wedge \tau)}{1 - F_\tau(s \wedge \tau)}$$

とおくと, 補題 4.71 と Fubini の定理より,

$$E[Y|\mathscr{F}_t^0] = E[1_A Y|\mathscr{F}_t^0] = 1_A \frac{E[Y]}{P(A)} = 1_A \frac{E\left[\int_t^s \mu(u) 1_{\{\tau \geq u\}} du\right]}{1 - F_\tau(t)}$$

$$= 1_A \frac{\int_t^s \mu(u)(1 - F_\tau(u))du}{1 - F_\tau(t)} = 1_A \frac{F_\tau(s) - F_\tau(t)}{1 - F_\tau(t)} = E[N(s) - N(t)|\mathscr{F}_t^0].$$

これは $\{M(t)\}$ のマルチンゲール性を意味する. ■

命題 4.73 確率過程

$$\lambda(t) := \mu(t)(1 - N(t-)), \quad t \geqq 0$$

は $\{N(t)\}$ の $\{\mathscr{F}_t^0\}$-強度過程である. □

[証明] 命題 4.72 を考慮して,定理 4.63 の証明と同様の議論を行うことにより示せる. ∎

例 4.74(Thiele の微分方程式) 死亡時に 1 支払われる生命保険を考えよう.契約者は存命中プレミアム β を払い続けるとする.$\delta > 0$ を利率,τ を契約者の余命を表す確率変数として,割引保険金と見込みの累計プレミアム収入の差の t 時点における条件付き期待値

$$V(t) = E\left[e^{-\delta\tau} - \beta \int_0^\tau e^{-\delta x} dx \,\bigg|\, \mathscr{F}_t^0\right]$$

を考える.補題 4.71 より,

$$V(t) = \left(e^{-\delta\tau} - \beta \int_0^\tau e^{-\delta x} dx\right) 1_{\{\tau \leqq t\}} + \left(e^{-\delta t} v(t) - \beta \int_0^t e^{-\delta x} dx\right) 1_{\{\tau > t\}}$$

と書ける.ただし,

$$v(t) = E\left[e^{-\delta(\tau-t)} - \beta \int_0^{\tau-t} e^{-\delta x} dx \,\bigg|\, \tau > t\right].$$

τ の分布の密度関数を f,$\mu(t)$ をハザード・レート関数とすると,

$$v(t) = e^{\int_0^t \mu(s)ds} \int_t^\infty \left(e^{-\delta(u-t)} - \beta \int_0^{u-t} e^{-\delta x} dx\right) f(u) du.$$

初等的な計算により,

$$e^{\int_0^t \mu(s)ds} \int_t^\infty \left(\int_0^{u-t} e^{-\delta x} dx\right) f(u) du$$
$$= \frac{1}{\delta}\left(1 - e^{\int_0^t \mu(s)ds + \delta t} \int_t^\infty e^{-\delta u} f(u) du\right)$$

であるので,

$$v(t) = e^{\int_0^t \mu(s)ds + \delta t}\left(1 + \frac{\beta}{\delta}\right) \int_t^\infty e^{-\delta u} f(u) du - \frac{\beta}{\delta}.$$

結局,$\mu(t) = f(t) e^{\int_0^t \mu(s)ds}$ に注意すれば

$$v'(t) = (\mu(t) + \delta) v(t) - \mu(t) + \beta$$

を得る. これは **Thiele の微分方程式**とよばれている. □

次に, 更新モデルの一般化としてマーク付き点過程を考えよう.

定義 4.75 $(K, \mathscr{K})$ を測度空間とする. このとき,
- 点過程 $\{T_n\}_{n=1}^{\infty}$ (あるいは (4.27) で定義される $\{N(t)\}$)
- K-値確率変数列 $\{X_n\}_{n=1}^{\infty}$

から成る 2 重列 $\{(T_n, X_n)\}_{n=1}^{\infty}$ のことを**マーク付き点過程** (marked point process) とよぶ. $\{X_n\}$ が値を取る測度空間 $(K, \mathscr{K})$ を**マーク空間**という. □

例 4.76 (1) 点過程:$\{T_n\}_{n=1}^{\infty}$ を点過程, K を 1 点からなる集合とすれば, K-マーク付き点過程は通常の点過程と同一視される.

(2) 更新モデル:更新モデル $\{(T_n, X_n)\}_{n=1}^{\infty}$ は $(K, \mathscr{K}) = ((0, \infty), \mathscr{B}(0, \infty))$ をマーク空間とするマーク付き点過程である. □

各 $A \in \mathscr{K}$ に対して, 計数過程

$$N_A(t) = \sum_{n \geq 1} 1_{\{X_n \in A\}} 1_{\{T_n \leq t\}}, \quad t \geq 0$$

を考える. 特に, $N_K(t) = N(t)$ である. さらに, 以下で定義される**計数測度** (counting measure) $\mu(dt \times dz)$ を考える:

$$\mu(\omega, (0, t] \times A) = N_A(\omega, t), \quad t \geq 0, \ A \in \mathscr{K}.$$

これは, $(\Omega, \mathscr{F})$ から $((0, \infty) \times K, \mathscr{B}(0, \infty) \otimes \mathscr{K})$ への推移測度である. すなわち, $\mu(\omega, dt \times dz), \omega \in \Omega$, は $((0, \infty) \times K, \mathscr{B}(0, \infty) \otimes \mathscr{K})$ 上の測度の族であり, 各 $A \in \mathscr{B}(0, \infty) \otimes \mathscr{K}$ に対して $\omega \mapsto \mu(\omega, A)$ は $\mathscr{F}$-可測である. また, $\omega \in \Omega$ に対して, $\lim_{n \to \infty} T_n(\omega) = \infty$ であることと測度 $\mu(\omega, dt \times dz)$ が σ-有限であることは同値である. $\mu(dt \times dz)$ のこともマーク付き点過程とよぶ. この枠組みで用いる典型的なフィルトレーションは, $\mathscr{F}_t^{\mu} := \sigma(N_A(s) : s \in [0, t], A \in \mathscr{K}) \vee \mathscr{N}$ ($\mathscr{N}$ は P-零集合全体) で定義される $\{\mathscr{F}_t^{\mu}\}_{t \in [0, \infty)}$ である.

$\{\mathscr{F}_t\}_{t \in [0, \infty)}$ を(この節のはじめに宣言していたように)通常の条件を満たすフィルトレーションとし, $\mathscr{F}_t \supset \mathscr{F}_t^{\mu}$, $t \geq 0$, を満たすとする. 可予測 σ-集合族の拡張として, $\tilde{\mathscr{P}} = \mathscr{P} \otimes \mathscr{K}$ を考える. $\tilde{\mathscr{P}}$ は

(4.33) $$H(\omega, t, z) = C(\omega, t) 1_A(z),$$

C は $\mathscr{P}$-可測, $A \in \mathscr{K}$ の形の関数で生成される. 通常の点過程の場合と同様にして, $\tilde{\mathscr{P}}$-可測関数 $H : \Omega \times (0, \infty) \times K \to \mathbb{R}$ の積分は, $t \in [0, \infty]$ に対して

$$\int_{0+}^{t}\int_{K} H(\omega,s,x)\mu(\omega, ds\times dx) = \sum_{n=1}^{\infty} H(\omega, T_n(\omega), X_n(\omega))1_{\{T_n(\omega)\leqq t\}}$$

によって与えられる.

定義 4.77 各 $A\in\mathcal{K}$ に対して, $\{N_A(t)\}_{t\in[0,\infty)}$ は $\{\mathscr{F}_t\}$ に関して可予測な強度過程 $\{\lambda(t,A)\}_{t\in[0,\infty)}$ を持つとする. さらに $\lambda(\omega,t,dz)$ は $(\Omega\times[0,\infty), \mathscr{F}\otimes\mathscr{B}(0,\infty))$ から $(K,\mathscr{K})$ への推移測度であるとする. このとき, マーク付き点過程 $\mu(dt\times dz)$ は $\{\mathscr{F}_t\}$-**強度核**(intensity kernel) $\lambda(t,dz)$ を持つという. □

例 4.78 $K=(0,\infty)$, $\{N(t)\}$ を強度 λ のポアソン過程とし, 複合ポアソン過程 $S(t)=\sum_{n=1}^{N(t)} X_n = \int_{0+}^{t}\int_{(0,\infty)} x\mu(ds\times dx)$, $t\in[0,\infty)$, の場合を考える. このとき, 任意の $A\in\mathscr{K}$ に対して $\{N_A(t)\}$ も複合ポアソン過程であり, $u\in[0,t)$ に対して $N_A(t)-N_A(u)$ が $\mathscr{F}_u^\mu$ と独立である. よって,

$$E[1_B(N_A(t)-N_A(u))] = \lambda(t-u)P(X_1\in A)P(B), \quad B\in\mathscr{F}_u^\mu.$$

これより $\lambda(t,dx)=\lambda P(X_1\in dx)$ が強度核であることが分かる. □

定理 4.79 $\mu(dt\times dz)$ は $\{\mathscr{F}_t\}$-強度核 $\lambda(t,dz)$ を持つとする. このとき, 任意の非負 $\tilde{\mathscr{P}}$-可測関数 H に対して

$$(4.34)\quad E\left[\int_{0+}^{\infty}\int_{K} H(s,z)\mu(ds\times dz)\right] = E\left[\int_{0+}^{\infty}\int_{K} H(s,z)\lambda(s,dz)ds\right]. \quad \square$$

[証明] 強度核の定義より, (4.34)は H が(4.33)の形の場合には成り立つ. 一般の場合は単調族定理を使えばよい. ∎

定理 4.80 $\mu(dt\times dz)$ は $\{\mathscr{F}_t\}$-強度核 $\lambda(t,dz)$ を持つとし, H を非負 $\tilde{\mathscr{P}}$-可測関数で

$$E\left[\int_{0}^{t}\int_{K} |H(s,z)|\lambda(s,dz)ds\right]<\infty, \quad t\geqq 0$$

を満たすとする. このとき, $\tilde{\mu}(ds\times dz)=\mu(ds\times dz)-\lambda(s,dz)ds$ と定義すれば,

$$\int_{0+}^{t}\int_{K} H(s,z)\tilde{\mu}(ds\times dz), \quad t\geqq 0$$

は $\{\mathscr{F}_t\}$-マルチンゲールとなる. □

[証明] 定理 4.68 の証明と同様. ∎

4.4.2 測度変換

ここでは $\mu(dt \times dz)$ の強度核 $\lambda(t, dz)$ が存在し,

$$\lambda(t, dx) = \lambda(t)\Phi(t, dx)$$

の形で表されるとする. ここで, $\{\lambda(t)\}$ は非負 $\{\mathscr{F}_t\}$-可予測過程であり, $\Phi(\omega, t, dx)$ は $(\Omega \times [0, \infty),\ \mathscr{F} \otimes \mathscr{B}[0, \infty))$ から $(K, \mathscr{K})$ への推移確率測度である.

また,

$$\int_0^t \kappa(s)\lambda(s)ds < \infty, \quad \int_K h(t, x)\Phi(t, dx) = 1, \quad \text{a.s.}, \ t \geqq 0$$

を満たす非負 $\{\mathscr{F}_t\}$-可予測過程 $\{\kappa(t)\}$ と非負 $\tilde{\mathscr{P}}$-可測関数 h に対して,

$$Z(t) = \prod_{n \geqq 1} \kappa(T_n)h(T_n, X_n)1_{(T_n \leqq t)}$$
$$\times \exp\left\{\int_0^t \int_K (1 - \kappa(s)h(s, x))\lambda(s)\Phi(s, dx)ds\right\}, \quad t \geqq 0$$

を考える. ここで, $T_1 > t$ のときは $\prod = 1$ と解釈する.

定理 4.81 $\{Z(t)\}$ は非負優マルチンゲールである. さらに, $T \in (0, \infty)$ について $E[Z(T)] = 1$ のとき, $\{Z(t)\}_{t \in [0, T]}$ はマルチンゲールである. またこのとき, 確率測度 Q を $dQ/dP = Z(T)$ によって定義すると, Q の下での $\mu(ds \times dz)$ の強度核は $\kappa(t)\lambda(t)h(t, x)\Phi(t, dx)$ によって与えられる. □

[証明] 定理 2.194 より

$$Z(t) = 1 + \int_0^t \int_K (\kappa(s)h(s, x) - 1)Z(s-)\tilde{\mu}(ds \times dx).$$

よって, 停止時刻として

$$\tau_n = \inf\left\{t \geqq 0 : Z(t-) + \int_0^t \kappa(s)\lambda(s)ds \geqq n\right\}, \quad n \in \mathbb{N}$$

を考えれば, 定理 4.80 より $\{Z(t \wedge \tau_n)\}$ はマルチンゲールである. このことと $\tau_n \uparrow \infty$ より $\{Z(t)\}$ は局所マルチンゲールであることが分かり, さらに非負性より優マルチンゲールである. もし $E[Z(T)] = 1$ なら下の問題 4.82 より $\{Z(t)\}_{t \in [0, T]}$ はマルチンゲールとなる. 定理の残りの主張を証明するためには, 非負有界 $\tilde{\mathscr{P}}$-可測関数 H に対して

(4.35)
$$E^Q\left[\int_{0+}^T\int_K H(s,x)\mu(ds\times dx)\right] = E^Q\left[\int_0^T\int_K H(s,x)\kappa(s)\lambda(s)h(s,x)\Phi(s,dx)\right]$$

を示せばよい．Q の定義と下の補題 4.83 より，(4.35) の左辺は

$$E\left[Z(T)\int_{0+}^T\int_K H(s,x)\mu(ds\times dx)\right] = E\left[\int_{0+}^T\int_K Z(s)H(s,x)\mu(ds\times dx)\right]$$

に等しい．これはさらに，$\{T_n<\infty\}$ 上で $Z(T_n)=Z(T_n-)\kappa(T_n)h(T_n,X_n)$ であることと定理 4.79 より

$$E\left[\int_{0+}^T\int_K Z(s-)H(s,x)\kappa(s)h(s,x)\mu(ds\times dx)\right]$$
$$= E\left[\int_0^T\int_K Z(s)H(s,x)\kappa(s)h(s,x)\lambda(s)\Phi(s,dx)ds\right]$$

によって与えられる．ここで再び補題 4.83 と Q の定義を考慮すれば (4.35) が得られる． ∎

問題 4.82 $\{X(t)\}_{t\in[0,T]}$ が優マルチンゲールで $E[X(0)]=E[X(T)]$ を満たすとする．このとき，$\{X(t)\}$ はマルチンゲールとなることを示せ． □

補題 4.83 $\{A(t)\}$ を $A(0)=0$, a.s. を満たす適合増加過程，$\{M(t)\}$ を非負の右連続一様可積分マルチンゲールとするとき，

(4.36) $$E\left[\int_{0+}^T M(s)dA(s)\right] = E[M(T)A(T)], \quad T\in(0,\infty).$$ □

[証明] [79] の補題 1.4.7 より (4.36) は $\{M(t)\}$ が有界な場合には成り立つ．よって，一様可積分マルチンゲールを有界マルチンゲールにより近似する議論（これは例えば [79] の問題 1.3.20 を用いて為される）により補題は示される．∎

例 4.84（破産確率問題再考） 例 4.78 と同じ設定を考え，$U(t)=u+ct-S(t)$, $t\geqq 0$，を 4.3 節における剰余過程とする．$r\in(0,\infty)$ を固定し，$\kappa(s)=E[e^{rX_1}]$, $h(s,x)=e^{rx}/E[e^{rX_1}]$ の場合を考えると，定理 4.81 より

$$Z(t)=\exp\left(rS(t)-tg(r)\right), \quad t\geqq 0$$

は優マルチンゲールである．ただし，$g(r)=\lambda(E[e^{rX_1}]-1)$．さらに，$E[Z(t)]=1$ であるので，任意の $T\in(0,\infty)$ に対して $\{Z(t)\}_{t\in[0,T]}$ はマルチンゲールで

ある．したがって，
$$L_{u,r}(t) := e^{-ru}Z(t) = \exp[-rU(t) - t(g(r) - rc)], \quad t \in [0, T]$$
もマルチンゲールである．よって破産時刻 τ_u に関して任意抽出定理(例えば[79, 定理 1.3.22]参照)を適用すると，
$$\begin{aligned}e^{-ru} = L_{u,r}(0) &= E[L_{u,r}(t \wedge \tau_u)] \\ &= E[L_{u,r}(\tau_u)|\tau_u \leqq t]P(\tau_u \leqq t) + E[L_{u,r}(t)|\tau_u > t]P(\tau_u > t) \\ &\geqq E[L_{u,r}(\tau_u)|\tau_u \leqq t]P(\tau_u \leqq t).\end{aligned}$$
$\{\tau_u < \infty\}$ 上で $U(\tau_u) \leqq 0$ であるから，
$$\begin{aligned}P(\tau_u \leqq t) &\leqq \frac{e^{-ru}}{E[L_{u,r}(\tau_u)|\tau_u \leqq t]} \leqq \frac{e^{-ru}}{E[e^{-\tau_u(g(r)-cr)}|\tau_u \leqq t]} \\ &\leqq e^{-ru} \sup_{0 \leqq s \leqq t} e^{s(g(r)-cr)}.\end{aligned}$$
$t \to \infty$ とすれば，任意の r に対して
$$\psi(u) \leqq e^{-ru} \sup_{s \geqq 0} e^{s(g(r)-cr)}.$$
r として Lundberg 係数 R を考えると，$R = \sup\{r : g(r) \leqq cr\}$ であるから Lundberg 不等式
$$\psi(u) \leqq e^{-Ru}$$
を得る． □

例 4.85(再保険市場におけるリスク中立価格付け) Cramér-Lundberg モデル $\{(T_n, X_n)\}_{n=1}^{\infty}$ を考え，$\{S(t)\}_{t \in [0, \infty)}$ を対応するクレーム総額過程とする．保険リスク $\{S(t)\}$ に関する効率的な再保険市場を考えよう．$T=1$ を満期として，時点 t において，保険会社は $S(1) - S(t)$ をプレミアム $p(t)$ で売ることができると仮定する．このとき保険リスクの正味の価値は
$$X(t) = S(t) - p(t), \quad t \in [0, 1]$$
となる．この市場における「危険資産」を $\{X(t)\}$ とみなすことにしよう．第 3 章の類推により，もし $\{X(t)\}$ をマルチンゲールにする確率測度 Q が存在すれば市場モデルは無裁定となり，Q の下での確率変数の期待値が対応する条件付

請求権のリスク中立価格であると考えることができる．

ボレル可測関数 $\beta:(0,\infty)\to(0,\infty)$ が $E[e^{\beta(X_1)}]<\infty$ を満たすとして，

$$Z_\beta(t)=\exp\left\{\sum_{k=1}^{N(t)}\beta(X_k)-\lambda t E[e^{\beta(X_1)}-1]\right\},\quad t\geqq 0$$

を考える．$\kappa(s)=E[e^{\beta(X_1)}]$, $h(s,x)=e^{\beta(x)}/E[e^{\beta(X_1)}]$ に対して定理 4.81 を適用すれば $\{Z_\beta(t)\}_{t\geqq 0}$ が $\{\mathscr{F}_t^p\}$-マルチンゲールであることが分かる．

次に，$\mathscr{F}_t^\mu$ 上の確率測度 P_β を

$$P_\beta(A)=E[1_A Z_\beta(t)],\quad A\in\mathscr{F}_t^\mu,\ t\geqq 0$$

により定義する．すると，$(\{\mathscr{F}_u^\mu\}_{u\in[0,t]},P_\beta)$ に関して，マーク付き点過程 $\{(T_n,X_n)\}_{n=1}^\infty$ の強度核は $\lambda e^{\beta(x)}F_{X_1}(dx)$ により与えられる．特に，定理 4.80 より $S(u)-\lambda u E[X_1 e^{\beta(X_1)}]$, $u\in[0,t]$, は $(\{\mathscr{F}_u^\mu\}_{u\in[0,t]},P_\beta)$-マルチンゲールである．したがって，$\{\mathscr{F}_t^S\}_{t\in[0,\infty)}$ を $\{S(t)\}$ で生成されるフィルトレーションとすると，$\mathscr{F}_u^S\subset\mathscr{F}_u^\mu$ より $S(u)-\lambda u E[X_1 e^{\beta(X_1)}]$, $u\in[0,t]$, は $(\{\mathscr{F}_u^S\}_{u\in[0,t]},P_\beta)$-マルチンゲールでもある．

P_β は $\bigcup_{t\in[0,\infty)}\mathscr{F}_t^S$ 上では有限加法的測度である．しかし，確率空間 $(\Omega,\mathscr{F},P)$ に対する適当な仮定の下で，P_β を $\bigvee_{t\in[0,\infty)}\mathscr{F}_t^S$ へ一意的に拡張する σ-加法的測度 Q_β が存在し，Q_β の下でも $\{S(t)\}$ が複合ポアソン過程となることが知られている（詳細については [30] を見よ）．特に，Q_β の下で $\{N(t)\}$ と $\{X_n\}$ は独立で，$\{N(t)\}$ は強度 $\lambda E[e^{\beta(X_1)}]$ のポアソン過程となる．これより，

$$E^{Q_\beta}[S(t)]=\lambda E[e^{\beta(X_1)}]tE^{Q_\beta}[X_1]$$

である．一方，Q_β は $\mathscr{F}_t^S$ 上 P_β と一致するから $E^{Q_\beta}[S(t)]=\lambda t E[X_1 e^{\beta(X_1)}]$ である．ゆえに

$$E^{Q_\beta}[X_1]=\frac{E[X_1 e^{\beta(X_1)}]}{E[e^{\beta(X_1)}]}.$$

例えば，$\beta(x)=\alpha$ の場合，$E^{Q_\beta}[X_1]=E[X_1]$ となり，リスク中立価格 $E^{Q_\beta}[X_1]$ は期待値原理に一致する．$b\in(0,\infty)$, $a=1-bE[X_1]\in(0,\infty)$ として $\beta(x)=\log(a+bx)$ の場合では，$E^{Q_\beta}[X_1]=E[X_1]+bV(X_1)$ となり分散原理が得られる．また，$\beta(x)=\alpha x-\log E[e^{\alpha X_1}]$ の場合は，$E^{Q_\beta}[X_1]=E[X_1 e^{\alpha X_1}]/E[e^{\alpha X_1}]$ となり，リスク中立価格は Esscher 原理に等しい（これらの保険料算出原理につ

いての詳細は第6章にある). したがって, このリスク中立価格付法は古典的な保険料算出原理と整合的である. □

4.5　4.3.3節の補遺

ここでは4.3.3節で述べた裾の重い分布に関する結果を証明する. なおこの節は初読の際は飛ばしてもよい.

補題 4.86 $F, G \in \mathcal{G}$ に対して, ある $c \in (0, \infty)$ が存在して

$$(4.37) \qquad \lim_{x \to \infty} \frac{\overline{G}(x)}{\overline{F}(x)} = c$$

を満たすと仮定する. このとき, $F \in \mathcal{S}$ と $G \in \mathcal{S}$ は同値である. □

[証明] $F \in \mathcal{S}$ と仮定し, (4.37)を満たす $G \in \mathcal{G}$ を考える. (4.23)~(4.24) より

$$(4.38) \qquad \limsup_{x \to \infty} \int_0^x \frac{\overline{G}(x-y)}{\overline{G}(x)} dG(y) \leqq 1$$

を示せばよい. 補題の仮定より, 任意の $\varepsilon > 0$ に対して, $c - \varepsilon \leqq \overline{G}(x)/\overline{F}(x) \leqq c + \varepsilon$, $x \in [x_0, \infty)$, を満たすように $x_0 \geqq 0$ を取れる. 十分大きい x に対して

$$\int_{x-x_0}^{x} \frac{\overline{G}(x-y)}{\overline{G}(x)} dG(y) \leqq \frac{G(x) - G(x-x_0)}{\overline{G}(x)} = \frac{\overline{G}(x-x_0)}{\overline{G}(x)} - 1$$
$$= \frac{\overline{F}(x)}{\overline{G}(x)} \cdot \frac{\overline{G}(x-x_0)}{\overline{F}(x-x_0)} \cdot \frac{\overline{F}(x-x_0)}{\overline{F}(x)} - 1$$

であるから, 補題4.46と(4.37)より

$$(4.39) \qquad \lim_{x \to \infty} \int_{x-x_0}^{x} \frac{\overline{G}(x-y)}{\overline{G}(x)} dG(y) = 0.$$

他方, 補題の仮定から

$$\int_0^{x-x_0} \frac{\overline{G}(x-y)}{\overline{G}(x)} dG(y) \leqq \frac{c+\varepsilon}{c-\varepsilon} \int_0^{x-x_0} \frac{\overline{F}(x-y)}{\overline{F}(x)} dG(y)$$

であり,

$$\int_0^{x-x_0} \overline{F}(x-y) dG(y) \leqq G(x) - \int_0^x G(x-y) dF(y)$$
$$= \overline{F}(x) - \overline{G}(x) + \int_0^x \overline{G}(x-y) dF(y)$$

$$\leq \overline{F}(x)(1-(c-\varepsilon)) + \int_0^x \overline{G}(x-y)dF(y)$$

である.さらに,

$$\int_0^x \overline{G}(x-y)dF(y) = \int_0^{x-x_0} \overline{G}(x-y)dF(y) + \int_{x-x_0}^x \overline{G}(x-y)dF(y)$$

$$\leq (c+\varepsilon)\int_0^{x-x_0} \overline{F}(x-y)dF(y) + F(x) - F(x-x_0)$$

$$= (c+\varepsilon)\int_0^{x-x_0} \overline{F}(x-y)dF(y) + \overline{F}(x-x_0) - \overline{F}(x)$$

と評価できるから,再び補題 4.46 を用いて,$x \to \infty$ のとき,

$$\int_0^{x-x_0} \frac{\overline{G}(x-y)}{\overline{G}(x)} dG(y)$$

$$\leq \frac{c+\varepsilon}{c-\varepsilon}\left\{1-(c-\varepsilon)+(c+\varepsilon)\int_0^x \frac{\overline{F}(x-y)}{\overline{F}(x)}dF(y) + \frac{\overline{F}(x-x_0)}{\overline{F}(x)} - 1\right\}$$

$$\to \frac{c+\varepsilon}{c-\varepsilon}(1+2\varepsilon)$$

を得る.$\varepsilon > 0$ は任意だったから,(4.39) と併せて (4.38) が従う. ∎

さて,有限の期待値 m_F を持ち条件 (4.26) を満たす $F \in \mathcal{G}$ の全体を $\mathcal{S}_*$ と書く.さらに,任意の $y \in \mathbb{R}$ に対して

$$\lim_{x\to\infty} \frac{\overline{F}(x-y)}{\overline{F}(x)} = 1$$

を満たす $F \in \mathcal{G}$ 全体を $\mathcal{S}^*$ と書くことにする.補題 4.46 より $\mathcal{S} \subset \mathcal{S}^*$ である.また,

$$\int_0^x \frac{\overline{F}(x-y)}{\overline{F}(x)}\overline{F}(y)dy = \int_0^{x/2} + \int_{x/2}^x = 2\int_0^{x/2} \frac{\overline{F}(x-y)}{\overline{F}(x)}\overline{F}(y)dy$$

であるから,(4.26) は以下と同値である:

$$\lim_{x\to\infty}\int_0^{x/2} \frac{\overline{F}(x-y)}{\overline{F}(x)}\overline{F}(y)dy = m_F.$$

補題 4.87 $F,G \in \mathcal{S}^*$ に対して,ある $c_0, c_1 \in (0,\infty)$ が存在して

(4.40) $$c_0 \leq \frac{\overline{G}(x)}{\overline{F}(x)} \leq c_1, \quad x \in [0,\infty)$$

を満たすと仮定する.このとき,$F \in \mathcal{S}_*$ と $G \in \mathcal{S}_*$ は同値である. ∎

[証明] $F \in \mathcal{S}_*$ とする. (4.40)より, G の期待値は有限であり, 固定された $v > 0$ と $x > 2v$ に対して,

$$\int_0^{x/2} \frac{\overline{G}(x-y)}{\overline{G}(x)} \overline{G}(y) dy = \int_0^v \frac{\overline{G}(x-y)}{\overline{G}(x)} \overline{G}(y) dy + \int_v^{x/2} \frac{\overline{G}(x-y)}{\overline{G}(x)} \overline{G}(y) dy.$$

$G \in \mathcal{S}^*$ であるから, $v \geqq y \geqq 0$ に対して

$$1 \leqq \frac{\overline{G}(x-y)}{\overline{G}(x)} \leqq \frac{\overline{G}(x-v)}{\overline{G}(x)} \to 1, \quad x \to \infty.$$

よって $\sup_{x \geqq 0} \overline{G}(x-v)/\overline{G}(x) < \infty$. したがって, ルベーグの収束定理を適用して

$$\lim_{x \to \infty} \int_0^v \frac{\overline{G}(x-y)}{\overline{G}(x)} \overline{G}(y) dy = \int_0^v \overline{G}(y) dy$$

を得る. 他方, (4.40)より

$$\int_v^{x/2} \frac{\overline{G}(x-y)}{\overline{G}(x)} \overline{G}(y) dy \leqq \frac{c_1^2}{c_0} \int_v^{x/2} \frac{\overline{F}(x-y)}{\overline{F}(x)} \overline{F}(y) dy$$

であり, $F \in \mathcal{S}_*$ とルベーグの収束定理より

$$\begin{aligned}
&\limsup_{x \to \infty} \int_v^{x/2} \frac{\overline{F}(x-y)}{\overline{F}(x)} \overline{F}(y) dy \\
&= \limsup_{x \to \infty} \left(\int_0^{x/2} \frac{\overline{F}(x-y)}{\overline{F}(x)} \overline{F}(y) dy - \int_0^v \frac{\overline{F}(x-y)}{\overline{F}(x)} \overline{F}(y) dy \right) \\
&= m_F - \int_0^v \overline{F}(y) dy
\end{aligned}$$

となる. ゆえに,

$$\lim_{v \to \infty} \limsup_{x \to \infty} \int_v^{x/2} \frac{\overline{G}(x-y)}{\overline{G}(x)} \overline{G}(y) dy = 0. \qquad \blacksquare$$

補題 4.88 $F \in \mathcal{S}^*$ に対して以下の性質を持つ $G \in \mathcal{S}^*$ が存在する：

(1) G は (4.37) を満たす.
(2) ハザード関数 Γ_G は連続で, ほとんどいたるところ微分可能.
(3) ハザード・レート関数 μ_G は $\lim_{x \to \infty} \mu_G(x) = 0$ を満たす. □

[証明] 関数 $\Gamma(x)$ を $n \in \mathbb{N}$ に対して $\Gamma(n) = \Gamma_F(n)$ を満たす区分的線形関数として (すなわち $[n, n+1]$ において線形補間する), $G \in \mathcal{G}$ を $\overline{G}(x) = e^{-\Gamma(x)}$ によって定義する. このとき, $\Gamma_G = \Gamma$ であり, これは $\mathbb{N}$ の点以外で微分可能であ

る. またハザード・レート関数 μ_G は, $x \in (n, n+1)$ に対して $\mu_G(x) = \Gamma_G(n+1) - \Gamma_G(n)$ を満たす. $x = n$ に対しては $\mu_G(x) = 0$ とおく. $F \in \mathcal{S}^*$ より

$$\lim_{n\to\infty}(\Gamma_F(n+1) - \Gamma_F(n)) = \lim_{n\to\infty}\log\frac{\overline{F}(n)}{\overline{F}(n+1)} = 0$$

であるから, $\lim_{x\to\infty}\mu_G(x) = 0$ が従う. さらに, $\lfloor x \rfloor$ を x を超えない最大の整数とするとき,

$$|\Gamma_F(x) - \Gamma_G(x)| \leqq \Gamma_F(\lfloor x \rfloor + 1) - \Gamma_F(\lfloor x \rfloor) \to 0, \quad x \to \infty$$

となる. これより

$$\lim_{x\to\infty}\frac{\overline{F}(x)}{\overline{G}(x)} = \lim_{x\to\infty}\exp(-\Gamma_F(x) + \Gamma_G(x)) = 1. \qquad\blacksquare$$

定理 4.89 $F \in \mathcal{S}_*$ ならば, $F \in \mathcal{S}$ かつ $\hat{F} \in \mathcal{S}$. □

[証明] まず $F \in \mathcal{S}^*$ を示そう. 固定された $v \in (0,\infty)$ と $x \in (2v,\infty)$ に対して,

$$\int_0^v \frac{\overline{F}(x-y)}{\overline{F}(x)}\overline{F}(y)dy \geqq \int_0^v \overline{F}(y)dy,$$

$$\int_v^{x/2} \frac{\overline{F}(x-y)}{\overline{F}(x)}\overline{F}(y)dy \geqq \frac{\overline{F}(x-v)}{\overline{F}(x)}\int_v^{x/2}\overline{F}(y)dy$$

であるから,

$$\int_0^{x/2}\frac{\overline{F}(x-y)}{\overline{F}(x)}\overline{F}(y)dy = \int_0^v \frac{\overline{F}(x-y)}{\overline{F}(x)}\overline{F}(y)dy + \int_v^{x/2}\frac{\overline{F}(x-y)}{\overline{F}(x)}\overline{F}(y)dy$$

$$\geqq m_F\left\{\hat{F}(v) + \frac{\overline{F}(x-v)}{\overline{F}(x)}(\hat{F}(x/2) - \hat{F}(v))\right\}.$$

よって,

$$1 \leqq \frac{\overline{F}(x-v)}{\overline{F}(x)} \leqq \left\{m_F^{-1}\int_0^{x/2}\frac{\overline{F}(x-y)}{\overline{F}(x)}\overline{F}(y)dy - \hat{F}(v)\right\}(\hat{F}(x/2) - \hat{F}(v))^{-1}.$$

$F \in \mathcal{S}_*$ なので右辺は $x \to \infty$ のとき 1 に収束する. したがって $F \in \mathcal{S}^*$ である. 補題 4.86〜4.88 を考慮すれば, 一般性を失うことなく F は密度関数 f を持ち, そのハザード・レート関数 μ_F は $\lim_{x\to\infty}\mu_F(x) = \lim_{x\to\infty}f(x)/\overline{F}(x) = 0$ を満たすと仮定できる. よって, ある $x_0 \in [0,\infty)$ が存在して, $x \geqq x_0$ に対して $\mu_F(x) \leqq 1$ が成り立つ. すなわち,

$$(4.41) \qquad f(x) \leqq \overline{F}(x), \quad x \geqq x_0.$$

固定された $v \in (0, \infty)$ と $x \in (2v, \infty)$ に対して

$$\int_0^x \frac{\overline{F}(x-y)}{\overline{F}(x)} \overline{F}(y) dy = 2 \int_0^v \frac{\overline{F}(x-y)}{\overline{F}(x)} \overline{F}(y) dy + \int_v^{x-v} \frac{\overline{F}(x-y)}{\overline{F}(x)} \overline{F}(y) dy$$

であることに注意すると，補題 4.87 の証明と同様にして

$$\lim_{v \to \infty} \limsup_{x \to \infty} \int_v^{x-v} \frac{\overline{F}(x-y)}{\overline{F}(x)} \overline{F}(y) dy = 0$$

を示すことができる．これと (4.41) より

$$\lim_{v \to \infty} \limsup_{x \to \infty} \int_v^{x-v} \frac{\overline{F}(x-y)}{\overline{F}(x)} f(y) dy = 0.$$

部分積分を用いれば，$x \in (2v, \infty)$ に対して

$$\frac{\overline{F^{*2}}(x)}{\overline{F}(x)} = 1 + \int_0^x \frac{\overline{F}(x-y)}{\overline{F}(x)} dF(y)$$

$$= 1 + 2 \int_0^v \frac{\overline{F}(x-y)}{\overline{F}(x)} dF(y) + \frac{\overline{F}(x-v)\overline{F}(v) - \overline{F}(x)}{\overline{F}(x)}$$

$$+ \int_v^{x-v} \frac{\overline{F}(x-y)}{\overline{F}(x)} f(y) dy$$

であるから $\limsup_{x\to\infty} \overline{F^{*2}}(x)/\overline{F}(x) \leqq 2$ を得る．よって $F \in \mathcal{S}$.

次に $\hat{F} \in \mathcal{S}$ を示す．容易に確かめられるように

$$\overline{\hat{F}^{*2}}(x) = m_F^{-2} \int_x^\infty \int_0^t \overline{F}(t-y) \overline{F}(y) dy dt.$$

一方 $F \in \mathcal{S}_*$ より，任意の $\varepsilon > 0$ に対して $x_0 \in [0, \infty)$ が存在して

$$2m_F(1-\varepsilon)\overline{F}(t) \leqq \int_0^t \overline{F}(t-y)\overline{F}(y) dy \leqq 2m_F(1+\varepsilon)\overline{F}(t), \quad t > x_0.$$

この不等式を辺々 (x, ∞) で積分して $\overline{\hat{F}}(x)$ で割ると，$2(1-\varepsilon) \leqq \overline{\hat{F}^{*2}}(x)/\overline{\hat{F}}(x) \leqq 2(1+\varepsilon)$, $x \in (x_0, \infty)$, を得る．$\varepsilon > 0$ は任意だったから $\hat{F} \in \mathcal{S}$ が従う． ■

系 4.90 $F \in \mathcal{G}$ について，ハザード・レート関数 μ_F が存在して $m_F < \infty$ を満たすとする．もし $\limsup_{x\to\infty} x\mu_F(x) < \infty$ ならば，$F \in \mathcal{S}$ かつ $\hat{F} \in \mathcal{S}$. □

[証明] 明らかに $\lim_{x\to\infty} \mu_F(x) = 0$ であるから，$\lim_{x\to\infty}(\Gamma_F(x) - \Gamma_F(x-y)) = 0$, $y \in \mathbb{R}$, が成り立つ．よって $F \in \mathcal{S}^*$. また

$$\int_0^x \frac{\overline{F}(x-y)}{\overline{F}(x)}\overline{F}(y)dy = 2\int_0^{x/2}\frac{\overline{F}(x-y)}{\overline{F}(x)}\overline{F}(y)dy$$
$$\leqq 2\int_0^v \frac{\overline{F}(x-y)}{\overline{F}(x)}\overline{F}(y)dy + 2\frac{\overline{F}(x/2)}{\overline{F}(x)}\int_v^\infty \overline{F}(y)dy$$

であるから,

(4.42)
$$\limsup_{x\to\infty}\frac{\overline{F}(x/2)}{\overline{F}(x)} < \infty$$

を示せば, $F \in \mathcal{S}^*$ より

$$\lim_{x\to\infty}\int_0^x \frac{\overline{F}(x-y)}{\overline{F}(x)}\overline{F}(y)dy \leqq 2m_F$$

が従うので $F \in \mathcal{S}_*$ となる. よって定理 4.89 より $F \in \mathcal{S}$ かつ $\hat{F} \in \mathcal{S}$ である. (4.42) を示すために, $x\mu_F(x) \leqq c$, $x \geqq x_0$, を満たす c, x_0 を取る. このとき,

$$\limsup_{x\to\infty}(\varGamma_F(x) - \varGamma_F(x/2)) = \limsup_{x\to\infty}\int_{x/2}^x \mu_F(y)dy$$
$$\leqq c\limsup_{x\to\infty}\int_{x/2}^x \frac{dy}{y} = c\log 2 < \infty. \qquad\blacksquare$$

定理 4.91 分布関数 $F \in \mathcal{G}$ に対してハザード・レート関数 μ_F が存在して, μ_F は十分大きな点から先で減少して 0 に収束すると仮定する. このとき, もし $\int_0^\infty \exp(x\mu_F(x))\overline{F}(x)dx < \infty$ なら $F \in \mathcal{S}_*$ である. $\square$

[証明] まず, $\exp(x\mu_F(x)) \geqq 1$ であるから仮定より $m_F < \infty$ である. μ_F が, ある $v \geqq 0$ に対して $[v, \infty)$ 上減少であるとして,

$$\mu(x) = \begin{cases} \mu_F(v), & x \in [0, v) \text{ のとき}, \\ \mu_F(x), & x \in [v, \infty) \text{ のとき}, \end{cases}$$

とおく. また分布関数 G を $\overline{G}(x) = \exp(-\int_0^x \mu(t)dt)$ で定義する. このとき, ある $c_-, c_+ \in (0, \infty)$ が存在して $c_- \leqq \overline{F}(x)/\overline{G}(x) \leqq c_+$, $x \in [0, \infty)$, となる. さらに, ハザード・レート関数が 0 に収束する分布関数は $\mathcal{S}^*$ に属するので, 補題 4.87 より $F \in \mathcal{S}_*$ と $G \in \mathcal{S}_*$ は同値である. その上, 関数 $\exp(x\mu_F(x))\overline{F}(x)$ が可積分であることと $\exp(x\mu_F(x))\overline{G}(x)$ が可積分であることは同値であるから, 一般性を失うことなく $\mu_F(x)$ は $[0, \infty)$ 上減少すると仮定できる. 各 $x \in [0, \infty)$ に対して

$$\int_0^x \frac{\overline{F}(x-y)}{\overline{F}(x)} \overline{F}(y) dy = 2 \int_0^{x/2} \exp(\Gamma_F(x) - \Gamma_F(x-y) - \Gamma_F(y)) dy$$

であるから,

$$(4.43) \quad \lim_{x \to \infty} \int_0^{x/2} \exp(\Gamma_F(x) - \Gamma_F(x-y) - \Gamma_F(y)) dy = m_F$$

を示せばよい. $y \in [0, x/2]$ に対し, μ_F の単調性より

$$1 \leqq \exp(y\mu_F(x)) \leqq \exp(\Gamma_F(x) - \Gamma_F(x-y)) \leqq \exp(y\mu_F(x/2))$$

であるから

$$\int_0^{x/2} \overline{F}(y) dy \leqq \int_0^{x/2} \exp(\Gamma_F(x) - \Gamma_F(x-y) - \Gamma_F(y)) dy$$

$$\leqq \int_0^{x/2} \exp(y\mu_F(x/2) - \Gamma_F(y)) dy$$

を得る. この評価において, 下界は $x \to \infty$ のとき m_F に収束する. また, $y \in [0, x/2]$ に対して $\exp(y\mu_F(x/2) - \Gamma_F(y)) \leqq \exp(y\mu_F(y) - \Gamma_F(y))$ であり, $\mu_F(x/2) \to 0$ であるから, ルベーグの収束定理より上界も m_F に収束する. よって(4.43)が従う. ∎

第4章ノート▶集合的危険理論のアイデアはスウェーデンのアクチュアリー Filip Lundberg の学位論文[96]に基づいており, Harald Cramér により数学的に厳密に発展させられた. Cramér の仕事については例えば[27, 28]にまとめられている.

この章の記述に関しては, 全般的に[104], [124], [40]を参考にした. 統計的分析については取り上げなかったが, 実際の保険データからの $N(t)$ や X_n の推定に関しては, 例えば[60]や[120], [104], [124]で述べられている. 通常の独立同分布の確率変数の和の極限定理については[116]に詳しい. 本書で述べた複合ポアソン過程に対する極限定理は[139]を基にしている.

複合分布の計算について, 本書では解析的なアプローチを取り上げたが, もちろん数値計算によるアプローチも可能である. しかし, $p = P(S(t) > y)$ が十分小さいとき, 原始的な(crude)モンテカルロ法では, 精度の良い推定値を得るためには非常に多くのサンプルが必要になることが知られている. この点については[104]の3.3.5節を参照のこと. 発生頻度が稀な事象のシミュレーションについては[6]で扱われている.

正則変動関数の理論については[12]を, より一般の破産確率問題については[55], [136], [124]やそこで引用されている文献を参照してほしい.

4.4節は主に[19]を参考にした．[10]は単ジャンプ過程のマルチンゲール理論とその信用リスク問題への応用を扱っている．例 4.85 の再保険契約のリスク中立価格付けについては[30]，[135]で論じられている．再保険市場において裁定機会が存在しないという仮定は，いわゆる一物一価の法則が働くことを意味するが，一般には保険会社の資本規模に応じて安全割増の値も変わると考えられるので，この仮定は現実的とはいいがたい．このような，再保険市場において無裁定原理を適用することに対する批判は例えば[2]に見ることができる．

第Ⅱ部

5 不確実性下の効用理論

5.1 聖ペテルスブルグの逆説

　金融・保険商品価格付けの基盤となるのはリスク評価・計測の理論である．リスク(risk)とは，本章では，当事者にとって経済的に問題となる不確実性のことをいい，**不確実性**(uncertainty)とは，将来何が起こるか分からない事象を指す．一般には，リスクはある可測空間上の可測関数によって記述される．

　リスクの定量的評価の方法として，まず思い浮かぶのはその平均値を用いることであろう．しかし，この方法はしばしば機能しない．例として，表が出るまで続けるコイントスを考えよう．このゲームでは，n 回目に表が出た場合に 2^{n-1} 円受け取るとする．このとき利得の平均値は

$$1 \cdot \frac{1}{2} + 2 \cdot \frac{1}{2^2} + 2^2 \cdot \frac{1}{2^3} + \cdots = \frac{1}{2} + \frac{1}{2} + \frac{1}{2} + \cdots = \infty$$

となるが，この賭けに参加する対価が無限大であると考える人はまずいない．この例は Nicolas Bernoulli によって 1713 年に提示され，今日では**聖ペテルスブルグの逆説**(St. Petersburg's paradox)とよばれている．

　この逆説を生んだ要因は，コイントスによる利得(すなわち富)とその価値を同一視していることにある．多くの人は $2^{50} = 1,125,899,906,842,624$ 円の価値を $2^{49} = 562,949,953,421,312$ 円の価値の 2 倍とは評価せず，ほとんど同等とみなすであろう．この例示に従うのならば，上述の評価値計算において，少なくとも 50 回目以降はそれ以前と異なる方法で評価する必要がある．すなわち，リスクの評価値は，評価者のリスクに対する**選好**(preference)によって異なってくるのである．

　このような，リスクの評価は富そのものではなくその**効用**(utility)によってなされるべきだという考えは，Gabriel Cramer によって 1728 年に，また Daniel Bernoulli によって 1738 年にそれぞれ独立に提唱された([8]参照)．Cramer は，

富と効用の関係を記述するため,富の効用はその平方根で決定されるという仮定を導入した.すなわち,富 x における効用は $u(x) = \sqrt{x}$ で定義される関数 $u(x)$ によって測られるとしたのである.この仮定によると,上述のコイントスの「期待値」は

$$\sqrt{1} \cdot \frac{1}{2} + \sqrt{2} \cdot \frac{1}{4} + \sqrt{4} \cdot \frac{1}{8} + \cdots = \frac{1}{2 - \sqrt{2}}$$

となる.効用の値に対して富はその2乗で与えられるから,この賭けの価格は $(2 - \sqrt{2})^{-2} \approx 2.91$ となる.

一方,Daniel Bernoulli は,富 x における効用 $y = u(x)$ の微小増分 Δy は富の微小増分 Δx に比例し x に反比例すると考えた.すなわち,c を正定数として

$$\Delta y = \frac{c}{x} \cdot \Delta x.$$

これより,$u(x)$ は

$$u(x) = c \log(x/x_0)$$

で与えられる.ただし $x_0 > 0$ はある基準点である.この効用に関する賭けの価格は,上と同様の議論により2円で与えられることが分かる.

このように,リスクの評価は,リスクの確率的な量のみならず,評価者の効用に大きく依存する.本章では,効用を用いたリスク評価の基礎的理論について解説する.

5.2 期待効用理論

前節では,Gabriel Cramer と Daniel Bernoulli による効用関数を用いたリスクの評価法を紹介したが,そのような効用を取り扱うための厳密な定式化や存在条件については,von Neumann と Morgenstern の研究まで待たなければならなかった([140]参照).この理論は,リスク評価のみならず意思決定理論の基礎をなすものである.

5.2.1 期待効用表現

5.1節のコイントスの例を再び考える.もし価格(参加料)が5円だとすると,このゲームに参加するかどうかは,二つの確率変数

$$X = \sum_{n=1}^{\infty} (2^{n-1} - 5) 1_{A_n}, \quad Z \equiv 0$$

の比較によって決められる．ここで A_n は n 回目に初めて表が出る事象を表す．厳密にいえば，この意思決定には A_n の確率についての情報，つまり確率分布も考慮される．よって，X と Z の確率分布を比較して，X の確率分布の方が好ましければゲームに参加し，そうでなければ何もしないという意思決定がなされる．すなわち，確率分布間の比較が問題になるのである．

上記の問題を厳密に議論するため，$(K, \mathcal{K})$ をある可測空間，$\mathcal{M}$ を $\mathcal{M}(K, \mathcal{K})$ の部分集合とする．ここで $\mathcal{M}(A, \mathcal{A})$ は可測空間 $(A, \mathcal{A})$ 上の確率測度全体を表す．以後特に必要がない限り，$\mathcal{M}(A) = \mathcal{M}(A, \mathcal{A})$ と書くことにする．

以下では $\mathcal{M}$ 上の**二項関係**(binary relation) $\succ$ について考えよう．$\succ$ は $\mathcal{M} \times \mathcal{M}$ の部分集合 R であって，二つの確率分布 $\mu, \nu \in \mathcal{M}$ に対し，$(\mu, \nu) \in R$ のとき，これを $\mu \succ \nu$ と表し，μ は ν より好ましいと解釈する．

定義 5.1 $\mathcal{M}$ 上の二項関係 $\succ$ が以下の二つの性質を持つとき，これを $\mathcal{M}$ 上の**選好関係**(preference relation)という：

(1) $\mu, \nu \in \mathcal{M}$ に対し，$\mu \succ \nu$ ならば $\nu \not\succ \mu$．

(2) $\mu, \nu, \lambda \in \mathcal{M}$ に対し，$\mu \not\succ \nu$ かつ $\nu \not\succ \lambda$ ならば $\mu \not\succ \lambda$．

条件(1)を**非対称性**(asymmetry)といい，条件(2)を**負推移性**(negative transitivity)という． □

注意 5.2 負推移性は次の性質と同値である：$\mu \succ \nu$ かつ $\lambda \in \mathcal{M}$ ならば，$\mu \succ \lambda$, $\lambda \succ \nu$ のどちらか一方または両方が成り立つ．これは否定命題を考えることで示せる．

注意 5.3 選好関係は任意の集合 $\mathcal{X}$ 上で定義することができる．すなわち，$\mathcal{X}$ 上の二項関係が非対称性と負推移性を持つとき，これを $\mathcal{X}$ 上の選好関係という．

非対称性は選好関係としては自明の要請であろう．では負推移性はどうだろうか？ 例えば，ある A, B, C 社の収益率が表 5.1 の状態であるとする．このとき，収益率のみに着目するのならば，明らかに B 社より A 社が好ましいが，A 社と C 社を，あるいは C 社と B 社を比較してどちらが好ましいかを他の基準なしに主張できるだろうか．選好関係として負推移性を要請することは，このような合理的な判断が難しい状況に対しても投資案の比較可能性を仮定することを意味している．

$\succ$ が選好関係であるとき，対応する $\mathcal{M}$ 上の**弱選好関係**(weak preference relation) $\succeq$ が

表 5.1

経済状態	A 社の収益率	B 社の収益率	C 社の収益率	確率
ω_1	5%	4%	10%	0.5
ω_2	0%	-1%	-5%	0.5

$$\mu \succeq \nu \iff \nu \not\succ \mu$$

によって定義される.さらに,$\succ$ に対応する**無差別関係**(indifference relation) $\sim$ が

$$\mu \sim \nu \iff \mu \succeq \nu \text{ かつ } \nu \succeq \mu$$

によって定義される.

注意 5.4 $\succ$ に関する非対称性と負推移性は,$\succeq$ の次の二つの性質とそれぞれ同値である:
(1) 任意の $\mu, \nu \in \mathcal{M}$ に対して,$\nu \succeq \mu$,$\mu \succeq \nu$ のどちらか一方または両方が成り立つ.
(2) $\mu \succeq \nu$ かつ $\nu \succeq \lambda$ ならば $\mu \succeq \lambda$.
条件(1)を**完備性**(completeness)といい,条件(2)を**推移性**(transitivity)という.

逆に,完備性と推移性を持つ任意の二項関係 $\succeq$ から

$$\nu \succ \mu \iff \mu \not\succeq \nu$$

によって選好関係 $\succ$ を定義できる.また,無差別関係 $\sim$ は同値関係である.すなわち,$\sim$ は反射性,対称性,推移性を持つ.

$\mu \in \mathcal{M}$ とする.ある有限部分集合 $A \subset K$ について $\mu(A) = 1$ のとき,すなわち,ある $x_1, \cdots, x_n \in A$ と $s_1 + \cdots + s_n = 1$ を満たす $s_1, \cdots, s_n \in [0,1]$ について

$$\mu = \sum_{i=1}^{n} s_i \delta_{x_i}$$

と表されるとき,μ を**単純確率測度**とよぶ.ただし,δ_x は $\delta_x(\{x\}) = 1$ を満たす測度である.

定理 5.5 $\mathcal{M}_s$ を K 上の単純確率測度全体とする.このとき,ある $u: E \to \mathbb{R}$ が存在して,$\mu, \nu \in \mathcal{M} := \mathcal{M}_s$ について

(5.1) $$\mu \succ \nu \iff \int u(x) \mu(dx) > \int u(x) \nu(dx)$$

が成り立つための必要十分条件は,$\succ$ が以下の性質を持つことである:

(1) $\succ$ は選好関係である．

(2) すべての $\mu, \nu \in \mathcal{M}$ に対して，

$$\mu \succ \nu \implies s\mu + (1-s)\lambda \succ s\nu + (1-s)\lambda, \quad \lambda \in \mathcal{M}, \ s \in (0,1].$$

(3) $\mu \succ \lambda \succ \nu$ なる $\mu, \lambda, \nu \in \mathcal{M}$ に対して，ある $s, t \in (0,1)$ が存在して

$$s\mu + (1-s)\nu \succ \lambda \succ t\mu + (1-t)\nu.$$

さらに，u は正のアフィン変換を除いて一意である．すなわち，(5.1) を満たす別の $\tilde{u}$ に対して，ある $a > 0, b \in \mathbb{R}$ が存在して $\tilde{u} = au + b$ が成り立つ． □

一般に，$\mathcal{M}$ 上の二項関係 $\succ$ について，(5.1) を満たす $U(\mu) = \int u(x)\mu(dx)$ を $\succ$ の **期待効用表現** という．

K が有限集合のとき，K 上の確率測度はすべて単純であるから，次の系が成り立つ：

系 5.6 K を有限集合とする．このとき，$\mathcal{M} = \mathcal{M}(K)$ 上の二項関係 $\succ$ の期待効用表現 $U(\mu) = \int u(x)\mu(dx)$ が存在するための必要十分条件は，$\succ$ が定理 5.5 の条件 (1)〜(3) を満たすことである．さらに，u は正のアフィン変換を除いて一意である． □

定理 5.5 を証明する前に，定理の条件について考えてみよう．定理 5.5 の条件 (2) は **独立性の公理** (independence axiom) とよばれている．確率測度 $s\mu + (1-s)\lambda$ を 2 段階で決定される複合クジと考えてみよう．すなわち，最初にクジ μ または λ がそれぞれ確率 $s, 1-s$ で選ばれ，次の段階でクジ引きが行われるとみなす．このとき，$\mu \succ \nu$ ならば $s\mu + (1-s)\lambda \succ s\nu + (1-s)\lambda$ が成り立つと考えるのが合理的であろう．

また，独立性公理は複雑な確率分布の比較のための規範的基準を与える．例えば，ある人が，次の二つのクジ

$$\mu = 0.02\delta_0 + 0.45\delta_{80} + 0.53\delta_{100}, \quad \nu = 0.1\delta_{50} + 0.45\delta_{80} + 0.45\delta_{100}$$

の比較に関しては明確な選好を未だ持っていないが，$\mu_0 = 0.2\delta_0 + 0.8\delta_{100}$ と $\nu_0 = \delta_{50}$ については，$\mu_0 \succ \nu_0$ であると仮定しよう．このとき，$\eta = 0.5\delta_{80} + 0.5\delta_{100}$ とおくと，

$$\mu = 0.1\mu_0 + 0.9\eta, \quad \nu = 0.1\nu_0 + 0.9\eta$$

であるから，独立性より $\mu \succ \nu$ が従う．

一方，独立性公理の妥当性について記述的な立場から疑問を投げかける例として，**Allais** の逆説が知られている([3]参照)．次の四つのクジ

$$\mu_1 = 0.1\delta_{2500000} + 0.89\delta_{500000} + 0.01\delta_0, \quad \nu_1 = \delta_{500000},$$
$$\mu_2 = 0.11\delta_{500000} + 0.89\delta_0, \quad \nu_2 = 0.1\delta_{2500000} + 0.9\delta_0.$$

の比較において，多くの人は $\nu_1 \succ \mu_1, \nu_2 \succ \mu_2$ と判断するかもしれない．しかしその選択は独立性公理に反するのである．実際，$\eta_1 = (10/11)\delta_{2500000} + (1/11)\delta_0, \eta_2 = \delta_0$ とおくと，

$$\mu_1 = 0.11\eta_1 + 0.89\nu_1, \quad \nu_1 = 0.11\nu_1 + 0.89\nu_1,$$
$$\mu_2 = 0.11\nu_1 + 0.89\eta_2, \quad \nu_2 = 0.11\eta_1 + 0.89\eta_2.$$

であるから，独立性より，$\nu_1 \succ \mu_1$ ならば $\nu_1 \succ \eta_1$ である(仮に $\eta_1 \succeq \nu_1$ とすると下の補題 5.7(3) より矛盾が起こる)．しかし，同様の議論によって，$\nu_2 \succ \mu_2$ ならば $\eta_1 \succ \nu_1$ となってしまう．

定理 5.5 の条件 (3) は**アルキメデス性の公理**(Archimedean axiom)あるいは**連続性の公理**(continuity axiom)とよばれている．この条件の下では，$\mu \succ \lambda \succ \nu$ の場合に，λ より好ましい μ と ν の自明でない混合が存在することになる．例えば，μ, λ をそれぞれ 10 万円，1000 円が確実に得られるクジ，ν を確実に死んでしまうクジとみなすとき，$1-s$ は十分小さいかもしれないが，$s\mu + (1-s)\nu \succ \lambda$ が成り立つことを許しているのである．この選択を是とする人は多くはないかもしれない．これは，1000 円か 10 万円を得るのと引き換えに，死んでしまうわずかの可能性を受け入れることを意味するからである．とはいえ，仮に 10 万円が受け取れる場所がある程度離れた(例えば 100 km)所にあるとして，多くの人は，確実に死んでしまう事故に遭遇する可能性があるにもかかわらず，自動車に乗って受取所に向かうことに抵抗をさほど感じないであろう．

さて，定理 5.5 の証明のための準備として，以下の補題を用意する．

補題 5.7 $\succ$ を独立性とアルキメデス性を持つ $\mathcal{M}$ 上の選好関係とする．このとき以下の主張が成り立つ：

(1) $\mu \succ \nu$ のとき，$s \mapsto s\mu + (1-s)\nu$ は $\succ$ に関して狭義単調増加である．すなわち，$0 \leq s < t \leq 1$ に対して $t\mu + (1-t)\nu \succ s\mu + (1-s)\nu$．

(2) $\mu \succ \nu$ かつ $\mu \succeq \lambda \succeq \nu$ ならば，ある $s^* \in [0,1]$ が一意的に存在して $\lambda \sim$

$s^*\mu + (1-s^*)\nu$.

(3) $\mu \sim \nu$ ならば,すべての $s \in [0,1]$, $\lambda \in \mathcal{M}$ に対して $s\mu + (1-s)\lambda \sim s\nu + (1-s)\lambda$. □

[証明] (1) $\lambda = t\mu + (1-t)\nu$, $r = s/t \in [0,1)$ とおくとき,$r\lambda = s\mu + r\nu - s\nu$ より $(1-r)\nu + r\lambda = s\mu + (1-s)\nu$. 今,独立性より $\lambda \succ t\nu + (1-t)\nu = \nu$ である.$\lambda = (1-r)\lambda + r\lambda$ と書けるので,再び独立性より $\lambda \succ s\mu + (1-s)\nu$ が得られる.

(2) s^* の一意性は(1)より従う.存在を示そう.$\mu \sim \lambda$ または $\lambda \sim \nu$ ならば $s^* = 1$ または $s^* = 0$ とすればよいので,以下では $\mu \succ \lambda \succ \nu$ の場合を考える.

$$s^* := \sup\{s \in [0,1] : \lambda \succeq s\mu + (1-s)\nu\}$$

と定義する.$s = 0$ は右辺の集合に属するので s^* は意味を持つ.もし $\lambda \succ s^*\mu + (1-s^*)\nu$ ならば,アルキメデス性より,ある $t \in (0,1)$ が存在して

$$\lambda \succ t[s^*\mu + (1-s^*)\nu] + (1-t)\mu = r\mu + (1-\gamma)\nu$$

が成り立つ.ただし $r = 1 - t(1-s^*)$. しかし $r > s^*$ なので,s^* の定義より $r\mu + (1-r)\nu \succ \lambda$ となり矛盾が生じる.よって $s^*\mu + (1-s^*)\nu \succeq \lambda$.

もし $s^*\mu + (1-s^*)\nu \succ \lambda$ ならば,アルキメデス性より,ある $t \in (0,1)$ が存在して

(5.2) $\quad t[s^*\mu + (1-s^*)\nu] + (1-t)\nu = ts^*\mu + (1-ts^*)\nu \succ \lambda$.

一方 sup の定義より,$\lambda \succ r\mu + (1-r)\nu$ を満たす $r \in (ts^*, s^*]$ が存在する.しかし $ts^* < r$ であることと(1)より $\lambda \succ r\mu + (1-r)\nu \succ ts^*\mu + (1-ts^*)\nu$ となり,これは(5.2)に矛盾する.よって $\lambda \succeq s^*\mu + (1-s^*)\nu$. したがって $\lambda \sim s^*\mu + (1-s^*)\nu$.

(3) $\rho \not\sim \mu \sim \nu$ なる ρ の存在を仮定しよう.存在しなければ補題の主張は直ちに従う.ある $s \in [0,1]$ に対して $s\mu + (1-s)\lambda \succ s\nu + (1-s)\lambda$ を仮定する.もし $\rho \succ \nu$ ならば,独立性より,$t \in (0,1)$ に対して $t\rho + (1-t)\nu \succ t\nu + (1-t)\nu = \nu \sim \mu$. ゆえに,再び独立性より,任意の $t \in (0,1)$ に対して $s[t\rho + (1-t)\nu] + (1-s)\lambda \succ s\mu + (1-s)\lambda$. しかし(2)の結果から,ある $r \in (0,1)$ が一意的に存在して,各 $t \in (0,1)$ について

$$s\mu + (1-s)\lambda \sim r\left(s[t\rho + (1-t)\nu] + (1-s)\lambda\right) + (1-r)[s\nu + (1-s)\lambda]$$
$$= s[tr\rho + (1-tr)\nu] + (1-s)\lambda \succ s\mu + (1-s)\lambda.$$

これは矛盾である．$\nu \succ \rho$ の場合も同様に矛盾が生じる．したがって，すべての $s \in [0,1]$ について $s\nu + (1-s)\lambda \succeq s\mu + (1-s)\lambda$.

上の議論と同じ方法により $s\nu + (1-s)\lambda \succ s\mu + (1-s)\lambda$ となる可能性も排除される． ∎

[**定理 5.5 の証明**]　はじめに，(5.1) を満たす u が存在するとき $\succ$ が定理の条件 (1)〜(3) を満たすことは容易に確かめられる．

逆に，$\succ$ が条件 (1)〜(3) を満たすとし，$\lambda \succ \rho$ を満たす $\lambda, \rho \in \mathcal{M}$ を取って固定する．もしこのような λ, ρ が存在しない場合は，u として定数関数を考えることにより定理は従う．

$$\mathcal{M}(\lambda, \rho) := \{\mu \in \mathcal{M} : \lambda \succeq \mu \succeq \rho\}$$

とおく．$\mu, \nu \in \mathcal{M}(\lambda, \rho)$, $s \in [0,1]$ に対して，$\lambda \succ \nu$ または $\lambda \succ \mu$ の場合は独立性を，$\lambda \sim \nu$ または $\lambda \sim \mu$ の場合は補題 5.7(3) を適用することにより，$\lambda \succeq s\lambda + (1-s)\nu \succeq s\mu + (1-s)\nu$ が成り立つ．同様にして $s\mu + (1-s)\nu \succeq \rho$ を得る．したがって $\mathcal{M}(\lambda, \rho)$ は凸集合である．

今，補題 5.7(2) より，各 $\mu \in \mathcal{M}(\lambda, \rho)$ に対して $\mu \sim s\lambda + (1-s)\rho$ を満たす $s \in [0,1]$ が一意的に定まる．ゆえに $U(\mu) := s$ により $\mathcal{M}(\lambda, \rho)$ 上の汎関数 U を定義する．この U について，$U(\mu) > U(\nu)$ と $\mu \succ \nu$ が同値であることを示そう．実際，$U(\mu) > U(\nu)$ とすると，補題 5.7(1) より $\mu \sim U(\mu)\lambda + (1-U(\mu))\rho \succ U(\nu)\lambda + (1-U(\nu))\rho \sim \nu$. よって $\mu \succ \nu$ であり，このときに限り $U(\mu) > U(\nu)$ が成り立つ．

次に，$\mu, \nu \in \mathcal{M}(\lambda, \rho)$, $s \in [0,1]$ に対して $U(s\mu + (1-s)\nu) = sU(\mu) + (1-s)U(\nu)$ が成り立つことを示そう．補題 5.7(3) を 2 回適用することにより，

$$s\mu + (1-s)\nu$$
$$\sim s\left(U(\mu)\lambda + (1-U(\mu))\rho\right) + (1-s)\left(U(\nu)\lambda + (1-U(\nu))\rho\right)$$
$$= (sU(\mu) + (1-s)U(\nu))\lambda + (1 - sU(\mu) - (1-s)U(\nu))\rho.$$

したがって，U の定義と補題 5.7(2) より

(5.3) $$U(s\mu + (1-s)\nu) = sU(\mu) + (1-s)U(\nu).$$

次に U が $\mathcal{M}$ 全体に拡張できることを示そう．$\tilde{\lambda}, \tilde{\rho} \in \mathcal{M}$ を $\mathcal{M}(\tilde{\lambda}, \tilde{\rho}) \supset \mathcal{M}(\lambda, \rho)$ を満たすように取ったとき，上の議論により，$\mathcal{M}(\tilde{\lambda}, \tilde{\rho})$ 上で $\tilde{U}(\mu) > \tilde{U}(\nu) \Leftrightarrow \mu \succ \nu$ かつ $\tilde{U}(s\mu + (1-s)\nu) = s\tilde{U}(\mu) + (1-s)\tilde{U}(\nu), s \in [0,1]$ を満たすような汎関数 $\tilde{U}$ が存在する．今，

$$\hat{U}(\mu) := \frac{\tilde{U}(\mu) - \tilde{U}(\rho)}{\tilde{U}(\lambda) - \tilde{U}(\rho)}, \quad \mu \in \mathcal{M}(\lambda, \rho)$$

とおくと，$\hat{U}$ は $\tilde{U}$ の正のアフィン変換であり，$\hat{U}(\rho) = 0 = U(\rho)$，$\hat{U}(\lambda) = 1 = U(\lambda)$．これと，$U$ の定義と (5.3) により，$\mu \in \mathcal{M}(\lambda, \rho)$ に対して，

$$\hat{U}(\mu) = \hat{U}(U(\mu)\lambda + (1 - U(\mu))\rho) = U(\mu)\hat{U}(\lambda) + (1 - U(\mu))\hat{U}(\rho) = U(\mu).$$

したがって，$\hat{U}$ は U の一意的な拡張になっている．任意の $\mathcal{M}$ の測度はある $\mathcal{M}(\tilde{\lambda}, \tilde{\rho})$ に含まれるので，U を $\mathcal{M}$ 全体に拡張することができる．またこの拡張が正のアフィン変換に関して一意であることも容易に分かる．

最後に，$u: K \to \mathbb{R}$ を $u(x) = U(\delta_x)$ により定義しよう．すると，任意の $\mu = \sum_{i=1}^n s_i \delta_{x_i} \in \mathcal{M}$ について，(5.3) より，

$$U(\mu) = \sum_{i=1}^n s_i u(x_i) = \int u(x) \mu(dx)$$

だから，u が求める期待効用表現である．u の正のアフィン変換に関する一意性は U のそれより直ちに従う． ■

注意 5.8 $\mathcal{M}_s$ 上で考えたのは，証明中に現れた汎関数 U を期待効用の形に表すためであり，上の証明を読めば分かるように，我々はより一般な次の命題を示したことになる：$\mathcal{M}(K)$ の凸部分集合 $\mathcal{M}$ 上の二項関係 $\succ$ が選好関係であり，かつ独立性とアルキメデス性を持つための必要十分条件は，$\mu, \nu \in \mathcal{M}, s \in [0,1]$ に対して，

(5.4) $$\mu \succ \nu \iff U(\mu) > U(\nu),$$
(5.5) $$U(s\mu + (1-s)\nu) = sU(\mu) + (1-s)U(\nu)$$

を満たす U が存在することである．さらに，U は正のアフィン変換を除いて一意的に定まる．この U は $\succ$ の **数値表現** とよばれる．

問題 5.9 Z を二つ以上の要素を持つ高々可算集合，$\succ$ を Z 上の選好関係と

する. このとき, 以下が成り立つことを証明せよ.

(1) $x \in Z$ に対して, $\overline{\mathcal{Z}}(x) = \{z \in Z : z \succ x\}$, $\underline{\mathcal{Z}}(x) = \{z \in Z : x \succ z\}$ とおくとき, $x \succ y$ が満たされるための必要十分条件は, $\overline{\mathcal{Z}}(x) \subset \overline{\mathcal{Z}}(y)$, $\underline{\mathcal{Z}}(y) \subset \underline{\mathcal{Z}}(x)$ が成り立ち, かつこの二つのうち少なくともどちらか一方は真の包含関係であることである.

(2) $r : Z \to (0, 1)$ を $\sum_{z \in Z} r(z) = 1$ を満たす関数とし, $u(x) = \sum_{z \in \underline{\mathcal{Z}}(x)} r(z) - \sum_{z \in \overline{\mathcal{Z}}(x)} r(z)$ で定義される Z 上の関数 u を考える. このとき,
$$x \succ y \iff u(x) > u(y).$$
□

問題 5.10 $K = \{1, 2, \cdots\}$ を考える. 各 $\mu \in \mathcal{M}(K)$ に対して
$$U(\mu) = \limsup_{k \to \infty} k^2 \mu(k)$$
と定義し, $\mathcal{M} = \{\mu \in \mathcal{M}(K) : U(\mu) < \infty\}$ とする. $\mathcal{M}$ 上の選好関係 $\succ$ を $\mu \succ \nu \iff U(\mu) > U(\nu)$ で定義するとき, $\succ$ はアルキメデス性と独立性を満たすが期待効用表現を持たないことを証明せよ. □

追加的な条件の下で, $\mathcal{M}(K)$ 全体での期待効用表現を得ることができる.

定理 5.11 $\mathcal{M} = \mathcal{M}(K)$ 上の二項関係 $\succ$ は定理 5.5 の条件 (1)〜(3) を満たすとする. さらに, 次の二つの条件

(1) 各 $x \in K$ に対して, $\{x\}, \{y \in K : \delta_y \succ \delta_x\}, \{y \in K : \delta_x \succ \delta_y\} \in \mathcal{K}$.

(2) 各 $\mu \in \mathcal{M}$, $A \in \mathcal{K}$, $y \in K$ について, $\mu(A) = 1$ のとき,
$$\delta_x \succeq \delta_y \ (\forall x \in A) \implies \mu \succeq \delta_y,$$
$$\delta_y \succeq \delta_x \ (\forall x \in A) \implies \delta_y \succeq \mu$$

が成り立つとき, $\mathcal{M}$ 上で (5.1) を満たす有界可測関数 $u : K \to \mathbb{R}$ が存在して, 正のアフィン変換を除いて一意的に定まる. □

以下の証明は, 初めて読むときには飛ばしてしまってもよい.

[証明] 注意 5.8 より (5.4)〜(5.5) を満たす $\mathcal{M}$ 上の汎関数 U が存在するので, これを用いて $u(x) := U(\delta_x)$, $x \in K$ と定義する. まずはじめに u が有界可測関数であることを示そう. 任意の $a \in \mathbb{R}$ に対して, $c := \inf\{b \in u(K) : b \geqq a\}$ とおくと, $A := \{x \in K : u(x) \geqq a\} = \{x \in K : u(x) \geqq c\}$ である. もし $c = u(y)$ を満たす y が存在するならば, (5.4) と定理の条件 (1) より $A = \{x : \delta_y \succ \delta_x\}^c \in \mathcal{K}$. そのような y が存在しない場合は, c に収束する (減少) 列を $\{b_n\} \subset u(K)$ と

すると,$A = \{x \in K : u(x) > c\} = \bigcup_{n=1}^{\infty} \{x \in K : u(x) > b_n\}$ であり,再び(5.4)と定理の条件(1)より右辺は $\mathcal{K}$ に属する.よって u は可測である.また,仮に u が上に有界でないとすると,$\{x_i\}_{i=1}^{\infty} \subset K$ が存在して,$u(x_i) \geqq 2^i$, $i = 1, 2, \cdots$. また,(5.5)より

$$U\left(\sum_{i=1}^{\infty} 2^{-i} \delta_{x_i}\right)$$
$$= (1 - 2^{-n}) U\left(\sum_{i=1}^{n} (1 - 2^{-n})^{-1} 2^{-i} \delta_{x_i}\right) + 2^{-n} U\left(\sum_{i=1}^{\infty} 2^{-i} \delta_{x_{n+i}}\right)$$
$$= \sum_{i=1}^{n} 2^{-i} u(x_i) + 2^{-n} U\left(\sum_{i=1}^{\infty} 2^{-i} \delta_{x_{n+i}}\right).$$

$\lim_{i \to \infty} u(x_i) = \infty$ だから,ある $m \in \mathbb{N}$ と $y \in K$ に対して $\delta_{x_i} \succ \delta_y$ ($i \geqq m$) が成り立つ.よって条件(2)より,任意の $n \geqq m$ に対して $\sum_{i=1}^{\infty} 2^{-i} \delta_{x_{n+i}} \succeq \delta_y$. したがって,

$$U\left(\sum_{i=1}^{\infty} 2^{-i} \delta_{x_i}\right) \geqq n + 2^{-n} u(y), \quad n \geqq m + 1.$$

しかし右辺はいくらでも大きくできるので,左辺が有限値であることに矛盾する.u が下に非有界と仮定しても同様の議論により矛盾が生じる.

次に,$\mu \in \mathcal{M}$, $A \in \mathcal{K}$ に対して,

(5.6) $\qquad \mu(A) = 1 \implies \inf_{x \in A} u(x) \leqq U(\mu) \leqq \sup_{x \in A} u(x)$

が成り立つことを証明する.$\mu(A) = 1$ とし,$c = \inf\{u(x) : x \in A\}$, $d = \sup\{u(x) : x \in A\}$ とおく.仮に $\{u(x) : x \in A\} = \{c, d\}$ ならば,(5.6)は(5.4)と条件(2)より直ちに従う.したがって以後は $c < u(w) < d$ を満たす $w \in A$ の存在を仮定し,これを固定する.

$$A_w = \{x \in A : \delta_w \succ \delta_x\}, \quad \mathcal{M}_w = \{\nu \in \mathcal{M} : \nu(A_w) = 1\},$$
$$A^w = \{x \in A : \delta_x \succeq \delta_w\}, \quad \mathcal{M}^w = \{\nu \in \mathcal{M} : \nu(A^w) = 1\}$$

とおくと,$A_w \neq \emptyset$, $A^w \neq \emptyset$, $A = A_w \cup A^w$ である.条件(1)より $\{x \in K : \delta_w \succ \delta_x\} \in \mathcal{K}$ だから,$A_w = A \cap \{x \in K : \delta_w \succ \delta_x\} \in \mathcal{K}$. 同様に $A^w \in \mathcal{K}$. 今 $\mu(A) = 1$ より

$$\mu(B) = \mu(A^w)\mu_{A^w}(B) + \mu(A_w)\mu_{A_w}(B), \quad B \in \mathcal{K}$$

と表せる．ただし，$\nu \in \mathcal{M}, C \in \mathcal{K}$ に対して ν_C は C による条件付き確率測度である．すなわち，$\nu(C) > 0$ のとき，$\nu_C(B) = \nu(B \cap C)/\nu(C), B \in \mathcal{K}$. よって，(5.5) より $\mathcal{M}^w \cup \mathcal{M}_w$ に属する確率測度に対して (5.6) を示せば十分である．

$\nu \in \mathcal{M}^w$ ならば $c \leqq U(\nu) \leqq d$ であることを示そう．まず，$x \in A^w$ ならば $\delta_x \succeq \delta_w$ だから条件 (2) より $\nu \succeq \delta_w$. よって $u(w) > c$ から

(5.7) $\qquad\qquad c \leqq U(\nu), \quad \nu \in \mathcal{M}^w.$

また，U は $\mathcal{M}^w$ 上で上に有界である．すなわち，ある正数 d' が存在して

(5.8) $\qquad\qquad c \leqq U(\nu) \leqq d', \quad \nu \in \mathcal{M}^w.$

実際，非有界であるとすると，上での議論と同様に，適当な $\nu_i \in \mathcal{M}^w, i \in \mathbb{N}$, について，$U(\nu_i) \geqq 2^i$ である．このことと，各 n に対して $\sum_{i=1}^{\infty} 2^{-i} \nu_{n+i} \in \mathcal{M}^w$ であること，および (5.7) より，任意の $n \in \mathbb{N}$ に対して

$$U\left(\sum_{i=1}^{\infty} 2^{-i}\nu_i\right) = \sum_{i=1}^{n} 2^{-i}U(\nu_i) + 2^{-n}U\left(\sum_{i=1}^{\infty} 2^{-i}v_{n+i}\right) \geqq n + 2^{-n}c.$$

これは左辺が有限値であることに矛盾する．

もし $u(x) = d$ を満たす $x \in A^w$ が存在すれば，任意の $\nu \in \mathcal{M}^w$ に対して $U(\nu) \leqq d$ が成り立つことは条件 (2) と (5.4) より直ちに分かる．よって各 $x \in A^w$ に対して $u(x) < d$ とする．$n \in \mathbb{N}$ に対して

$$A(n) = \{x \in A^w : u(x) < d - 1/n\}, \quad B(n) = \{x \in A^w : d - 1/n \leqq u(x)\}$$

とおくと，$A(n) \cup B(n) = A^w$ である．ある n について $\nu(A(n)) = 1$ のとき，$d - 1/n \leqq u(y) < d$ を満たす $y \in A$ を取れば $\delta_y \succeq \delta_x, x \in A(n)$ であるから条件 (2) と (5.4) より $U(\nu) < d$. 任意の n に対して $\nu(A(n)) < 1$ の場合は，(5.8) と $\nu_{A(n)}(A(n)) = 1$ を使って，

$$U(\nu) = \nu(A(n))U(\nu_{A(n)}) + \nu(B(n))U(\nu_{B(n)}) < \nu(A(n))d + (1 - \nu(A(n)))d'$$

と評価すれば，$\lim_{n \to \infty} \nu(A(n)) = \nu(A^w) = 1$ より $U(\nu) \leqq d$ が従う．以上により $\nu \in \mathcal{M}^w$ ならば $c \leqq U(\nu) \leqq d$ であることが示された．類似の議論により，$\nu \in \mathcal{M}_w$ ならば $c \leqq U(\nu) \leqq d$ が成り立つことも示される．

次に, $a = \inf\{u(x) : x \in K\}$, $b = \sup\{u(x) : x \in K\}$ とおき, $n \in \mathbb{N}$ に対して
$$A_{1,n} = \{x \in E : a \leqq u(x) \leqq a + (b-a)/n\},$$
$$A_{i,n} = \{x \in E : a + (i-1)(b-a)/n < u(x) \leqq a + i(b-a)/n\}, \quad i = 2, \cdots, n,$$
とおくと, u が可測だから $A_{i,n} \in \mathcal{K}$ である. このとき, 任意の $\mu \in \mathcal{M}$ は
$$\mu = \sum_{i \in I_n} \mu(A_{i,n}) \mu_{A_{i,n}}$$
と表せる. ここで, $I_n = \{i \in \{1, \cdots, n\} : \mu(A_{i,n}) > 0\}$ であり, $\mu_{A_{i,n}}$ は $\mu_{A_{i,n}}(B) = \mu(B \cap A_{i,n})/\mu(A_{i,n})$ により定義される条件付き確率測度である. したがって (5.5) より $U(\mu) = \sum_{i \in I_n} \mu(A_{i,n}) U(\mu_{A_{i,n}})$ であり, $A_{i,n}$ の定義と (5.6) より,
$$\sum_{i \in I_n} [a + (i-1)(b-a)/n] \mu(A_{i,n}) \leqq U(\mu) \leqq \sum_{i \in I_n} [a + i(b-a)/n] \mu(A_{i,n}).$$
この不等式において, 右辺と左辺の差は $(b-a)/n$ であるから, $n \to \infty$ として $U(\mu) = \int u(x) \mu(dx)$ を得る. ∎

定理の条件 (2) は **確実性原理** (sure-thing principle) とよばれる. これよりも弱い条件の下では期待効用表現は必ずしも存在するとは限らない. 例を挙げよう.

例 5.12 $K = [0, 1]$, $\mathcal{K}$ は $[0, 1]$ 上のボレル集合体とする. $u(x) = 1 \ (x \geqq 1/2)$, $= -1 \ (x < 1/2)$, $x \in [0, 1]$, とおき,
$$U(\mu) = \int u(x) \mu_s(dx), \quad \mu \in \mathcal{M}(K)$$
と定義する. ここで μ_s は μ のルベーグ測度に関する特異部分である. 今 $\mathcal{M}(K)$ 上の二項関係 $\succ$ を $\mu \succ \nu \Leftrightarrow U(\mu) > U(\nu)$ により定義すると, これが (5.5) を満たすことは容易に分かるので, 定理 5.5 の条件 (1)~(3) が成り立つことも確かめられる. また, $\delta_x \succ \delta_y \Leftrightarrow u(x) > u(y) \Leftrightarrow x \geqq 1/2, y < 1/2$ であるから, 定理 5.11 の条件 (1) も満たされ, かつ条件 (2) よりも弱い次の条件:各 $\mu \in \mathcal{M}$, $A \in \mathcal{K}$, $y \in K$ について, $\mu(A) = 1$ のとき,
$$\delta_x \succ \delta_y \ (\forall x \in A) \implies \mu \succeq \delta_y,$$
$$\delta_y \succ \delta_x \ (\forall x \in A) \implies \delta_y \succeq \mu$$
が成り立つ.

しかし, λ を $[1/2, 1]$ 上の一様分布とするとき, もちろん, $0 = U(\lambda) \neq$

$\int u(x)\lambda(dx) = 1$ である． □

確実性原理の代わりに，位相的条件を課すことでも $\mathcal{M}(K)$ 上の期待効用表現は得られる．今，$K = (K, \rho)$ はある可分距離空間とし，$\mathcal{K}$ は K 上のボレル集合体としよう．$A \in \mathcal{K}$ について $B_\varepsilon(A) = \{x \in K : \inf_{y \in A} \rho(x, y) < \varepsilon\}$ とおくとき，$\mathcal{M}(K)$ は **Prohorov** の距離

$$d(\mu, \nu) = \inf\{\varepsilon > 0 : \mu(A) \leqq \nu(B_\varepsilon(A)) + \varepsilon, \nu(A) \leqq \mu(B_\varepsilon(A)) + \varepsilon, A \in \mathcal{K}\}$$

により完備距離空間になり，$\lim_{n\to\infty} d(\mu_n, \nu) = 0$ は，任意の有界連続関数 f に対して

$$\lim_{n\to\infty} \int f(x)\mu_n(dx) = \int f(x)\mu(dx)$$

が成り立つことと同値である（[98] の 8.2 節などを参照）．この意味での収束を**弱収束**という．

定理 5.13 $\succ$ を $\mathcal{M} = \mathcal{M}(K)$ 上の二項関係で定理 5.5 の条件 (1), (2) を満たすとし，さらに，各 $\mu \in \mathcal{M}$ に対して二つの集合 $\{\nu \in \mathcal{M} : \nu \succ \mu\}$ と $\{\nu \in \mathcal{M} : \mu \succ \nu\}$ が共に $\mathcal{M}$ の開集合であることを仮定する．このとき，$\succ$ の期待効用表現 $U(\mu) = \int u(x)\mu(dx)$ が存在する．ただし，$u : K \to \mathbb{R}$ はある有界連続関数であり，U と u は正のアフィン変換を除いて一意に定まる． □

上の定理の連続性に関する条件は，定理 5.5 のアルキメデス性よりも強い条件である．

命題 5.14 $\succ$ を $\mathcal{M} = \mathcal{M}(K)$ 上の二項関係で定理 5.13 の仮定を満たすとする．このとき，$\succ$ はアルキメデス性を満たす． □

問題 5.15 命題 5.14 を証明せよ． □

定理 5.13 の証明のため，次の補題を用意する．

補題 5.16 $\succ$ を $\mathcal{M} = \mathcal{M}(K)$ 上の二項関係で定理 5.13 の仮定を満たすとする．このとき，$\mu \succ \nu$ なる任意の $\mu, \nu \in \mathcal{M}$ に対して，ある $\lambda \in \mathcal{M}_s$ が存在して $\mu \succ \lambda \succ \nu$． □

[証明] $\mathcal{M}_s$ が $\mathcal{M}$ の稠密部分集合であることを示せばよい．実際，$\mathcal{M}_0 := \{\lambda \in \mathcal{M} : \mu \succ \lambda \succ \nu\} = \{\lambda \in \mathcal{M} : \mu \succ \lambda\} \cap \{\lambda \in \mathcal{M} : \lambda \succ \nu\}$ とおくと，これは空でない開集合である．仮に $\mathcal{M}_0 \cap \mathcal{M}_s = \emptyset$ ならば $\mathcal{M}_0$ は $\mathcal{M}_s$ の外部に含まれることになり，$\mathcal{M}_s$ の稠密性に矛盾する．

次に，$\mathcal{M}'_s$ を K の可算部分集合を台とする確率測度全体とする．$\mu \in \mathcal{M}'_s$ の

台を $\{x_1, x_2, \cdots\}$ とし，各 n に対して，$\{x_1, x_2, \cdots, x_n\}$ を台とし $\mu_n(\{x_i\}) = a_n \mu(\{x_i\})$ を満たす確率測度を μ_n とする．ただし $a_n = 1/(\sum_{i=1}^n \mu(\{x_i\}))$．このとき，$\mu_n \in \mathcal{M}_s$ であり，$n \to \infty$ のとき，

$$\left| \int g(x)\mu(dx) - \int g(x)\mu_n(dx) \right| \leqq \sup_{x \in E} |g(x)| \left\{ \frac{1-a_n}{a_n} + \sum_{j=n+1}^{\infty} \mu(\{x_j\}) \right\} \to 0$$

が任意の有界連続関数 $g: K \to \mathbb{R}$ に対して成立する．したがって，$\mathcal{M}_s$ の代わりに $\mathcal{M}'_s$ が $\mathcal{M}$ の稠密部分集合であることを示せばよい．

さて，$\mu \in \mathcal{M}$ を固定する．K は可分だから，各 $n \in \mathbb{N}$ に対して，

$$K = \bigcup_{k=1}^{\infty} A_{nk}, \ A_{ni} \cap A_{nj} = \emptyset, \ \delta(A_{nj}) \leqq \frac{1}{n}, \ i \neq j, \ i,j \in \mathbb{N}$$

を満たす $\{A_{nj}\}_{j=1}^{\infty} \subset \mathcal{K}$ が取れる．ただし $\delta(A)$ は $A \in \mathcal{K}$ の直径を表す．次に，各 $j \in \mathbb{N}$ に対して $x_{nj} \in A_{nj}$ を任意に取り，

$$\mu_n(\{x_{nj}\}) := \mu(A_{nj})$$

とおくと $\mu_n \in \mathcal{M}'_s, \ n \in \mathbb{N}$，である．このとき，任意の K 上の有界連続関数 g に対して

$$\left| \int_K g(x)\mu(dx) - \int_K g(x)\mu_n(dx) \right| = \left| \sum_{j=1}^{\infty} \int_{A_{nj}} (g(x) - g(x_{nj}))\mu(dx) \right|$$

$$\leqq \sum_{j=1}^{\infty} \int_{A_{nj}} |g(x) - g(x_{nj})|\mu(dx)$$

$$\leqq \sup_{j \geqq 1} \left(\sup_{x \in A_{nj}} g(x) - \inf_{x \in A_{nj}} g(x) \right) \to 0, \quad n \to \infty.$$

ここで，最後の極限は g の A_{n_j} 上での一様連続性と j について一様に $\delta(A_{nj}) \to 0, n \to \infty$，であることから従う．ゆえに $\lim_{n \to \infty} \mu_n = \mu$ が弱収束の意味で成立する． ∎

[定理 5.13 の証明] $\mathcal{M}_s$ を K 上の単純確率測度全体とすると，命題 5.14 と定理 5.5 より，ある $u: K \to \mathbb{R}$ が存在して，$U(\mu) := \int u(x)\mu(dx)$ が $\mathcal{M}_s$ 上の期待効用表現となる．この関数 u が有界であることを示そう．仮に $\sup_{x \in \mathbb{R}} u(x) = \sup_{x \in \mathbb{R}} U(\delta_x) = \infty$ であるとすると，ある $x_1, x_2, \cdots \in K$ が存在して $u(x_n) > n$ かつ $\delta_{x_1} \prec \delta_{x_2} \prec \cdots$．このとき，$(1-a)\delta_{x_1} + a\delta_{x_n} \to \delta_{x_1}, \ a \to 0$．今，定理の仮定より $O := \{\lambda : \delta_{x_2} \succ \lambda\}$ は開集合であり，$\delta_{x_1} \in O$ だから，十分小さな任意

の $a > 0$ に対して $(1-a)\delta_{x_1} + a\delta_{x_n} \in O$. すなわち $\delta_{x_2} \succ (1-a)\delta_{x_1} + a\delta_{x_n}$. しかし, $a > 1/\sqrt{n}$ を満たすように n を十分大きく取れば, $U((1-a)\delta_{x_1} + a\delta_{x_n})$ $> (1-a)u(x_1) + \sqrt{n}$ が成り立ち, 右辺はいくらでも大きくできるので矛盾が生じる. 下に有界であることも同様にして示される.

次に, 関数 u が連続でないとしよう. すると, ある $x \in K$ と x に収束する列 $(x_n) \subset K$ が存在して, $\lim_{n\to\infty} u(x_n) \neq u(x)$. 今, $\{u(x_n)\}$ は有界な列なので, ある部分列 $\{n_j\}$ とある $a(\neq u(x))$ が存在して $u(x_{n_j}) \to a, j \to \infty$. もし, $\varepsilon := u(x) - a > 0$ ならば, ある i が存在して $|u(x_{n_j}) - a| < \varepsilon/3, j \geq i$, であり, $\mu = (1/2)(\delta_x + \delta_{x_{n_i}})$ とおくと $j \geq i$ に対して

$$U(\delta_x) = a + \varepsilon > a + \frac{2\varepsilon}{3} > \frac{1}{2}(u(x) + u(x_{n_i})) = U(\mu) > a + \frac{\varepsilon}{3} > U(\delta_{x_{n_j}}).$$

よって $\delta_x \succ \mu \succ \delta_{x_{n_j}}$ となるが, $\delta_{x_{n_j}} \to \delta_x$ なのでこれは矛盾である. $u(x) < a$ の場合も同様の議論で矛盾が生じる.

最後に

$$U(\mu) := \int u(x)\mu(dx), \quad \mu \in \mathcal{M}$$

が $\mathcal{M}$ 上の数値表現であることを示そう. $\mu \succ \nu$ とすると, 補題 5.16 より, $\mu \succ \mu_0 \succ \nu_0 \succ \nu$ を満たす $\mu_0, \nu_0 \in \mathcal{M}_s$ が存在する. 今 $(\mu_n), (\nu_n) \subset \mathcal{M}_s$ で $\mu_n \to \mu$, $\nu_n \to \nu$ なる列を取ると, 十分大きな n に対して $\mu_n \succ \mu_0 \succ \nu_0 \succ \nu_n$ だから, 定理 5.5 より,

$$U(\mu_n) > U(\mu_0) > U(\nu_0) > U(\nu_n).$$

u が有界連続関数なので U は $\mathcal{M}$ の距離に関して連続である. よって $U(\mu_n) \to U(\mu), U(\nu_n) \to U(\nu)$ だから

$$U(\mu) \geq U(\mu_0) > U(\nu_0) \geq U(\nu).$$

逆に, $\mu, \nu \in \mathcal{M}$ について $U(\mu) > U(\nu)$ とする. $\mathcal{M}_1 := \{\lambda \in \mathcal{M} : U(\lambda) > U(\nu)\}$ と $\mathcal{M}_2 := \{\lambda \in \mathcal{M} : U(\mu) > U(\lambda)\}$ は共に空でない開集合だから, $\mathcal{M}_1 \cap \mathcal{M}_s \neq \emptyset$, $\mathcal{M}_2 \cap \mathcal{M}_s \neq \emptyset$ が成り立つ. したがって

$$U(\mu) > U(\mu_0) > U(\nu_0) > U(\nu)$$

を満たす $\mu_0, \nu_0 \in \mathcal{M}_s$ が存在する. 今 $(\mu_n), (\nu_n) \subset \mathcal{M}_s$ で $\mu_n \to \mu$, $\nu_n \to \nu$,

$U(\mu_n) > U(\mu_0), U(\nu_n) < U(\nu_0)$ を満たすものが取れる．よって定理 5.5 より

$$\mu_n \succ \mu_0 \succ \nu_0 \succ \nu_n.$$

仮に $\mu_0 \succ \mu$ ならば $U(\mu) = \lim_{n\to\infty} U(\mu_n) \geqq U(\mu_0) > U(\mu)$ となるので $\mu_0 \not\succ \mu$. 同様にして $\nu \not\succ \nu_0$. ゆえに負の推移性より $\mu \succ \nu$. ∎

上の定理 5.13 に現れた関数 u は有界であったが，次節でみるように非有界の場合も扱いたいので，定理 5.13 を修正することを考えよう．定理 5.13 において，仮に u が下に有界でないとすると，$\int u(x)\mu_0(dx) = -\infty$ となる μ_0 が存在する．実際，各 $n = 1, 2, \cdots$ に対して $u(x_n) \leqq -2^n$ なる x_n を取り，μ_0 として $\mu_0(\{x_n\}) = 2^{-n}$ を満たすものを考えればよい．期待効用表現として $-\infty$ の値を取ることを許してしまうと，$\infty > \int u(x)\mu_1(dx) > \int u(x)\mu_2(dx) > -\infty$ を満たす μ_1, μ_2 と任意の $a \in (0,1)$ に対して $\int u(x)\mu_2(dx) > \int u(x)(a\mu_0 + (1-a)\mu_1(dx)) = -\infty$ であるから，$\mu_2 \succ a\mu_0 + (1-a)\mu_1$ となる．しかしこれはアルキメデス性に整合しないので，定理 5.13 の類似を得ることは難しくなる．したがって，非有界の場合も含むようにするための方法の一つは，μ_0 のような確率測度を排除することである．このために，K 上の確率測度で台が有界なもの全体 $\mathcal{M}_b(K)$ を考える．すなわち，

$$\mathcal{M}_b(K) = \{\mu \in \mathcal{M}(K) : \text{ある有界閉集合 } A \text{ に対して } \mu(A) = 1\}.$$

このとき以下を得る：

系 5.17 $\mathcal{M}_b(K)$ 上の選好関係 $\succ$ が独立性を満たし，さらに，任意の有界閉集合 A に対して，二つの集合 $\{\nu \in \mathcal{M}(A) : \nu \succ \mu\}$ と $\{\nu \in \mathcal{M}(A) : \mu \succ \nu\}$ が各 $\mu \in \mathcal{M}(A)$ について共に $\mathcal{M}(A)$ の開集合であることを仮定する．このとき，ある連続関数 $u : K \to \mathbb{R}$ が存在して

$$U(\mu) = \int u(x)\mu(dx)$$

が $\succ$ の期待効用表現となる． ∎

[証明] 任意の $x_0 \in K$ を取って固定し，$B_r(x_0)$ を中心 x_0 半径 r の閉球とする．このとき，$\succ$ を $\mathcal{M}(B_r(x_0))$ 上の二項関係とみなして定理 5.13 を適用することにより，期待効用表現 $U_r(\mu) = \int u_r(x)\mu(dx)$ を得る．ただし $u_r : B_r(x_0) \to \mathbb{R}$ は連続関数である．一意性より，必要なら正のアフィン変換を施すことで，

u_r を K 上の連続関数 u として一意的に拡張することができ，この u が $\mathcal{M}_b(K)$ 上の期待効用表現を与える． ∎

次に，一般の設定に戻って，K がある集合 K_0 の直積で与えられる場合，つまり $K = K_0^n$ の場合を考えよう．これは多次元確率変数として複数の資産を問題にする場合や，（離散）確率過程として資産の時間的推移を問題にする状況に対応している．

$\mathcal{K}$ は K_0 上の σ-集合体 $\mathcal{K}_0$ の直積 σ-集合体で与えられるとする．すなわち，$\mathcal{K} = \sigma[A_1 \times \cdots \times A_n : A_i \in \mathcal{K}_0, i = 1, \cdots, n]$．$\mu \in \mathcal{M}(K)$ と $i = 1, \cdots, n$ に対して，$\mu_i \in \mathcal{M}(K_0)$ を

$$\mu_i(A) = \mu(K_0^{i-1} \times A \times K_0^{n-i}), \quad A \in \mathcal{K}_0$$

によって定義し，$\mu_i^c \in \mathcal{M}(K_0^{n-1}, \mathcal{K}_0^{n-1})$ を

$$\mu_i^c(B_1 \times \cdots \times B_{n-1}) = \mu(B_1 \times \cdots \times B_{i-1} \times K_0 \times B_{i+1} \times \cdots \times B_{n-1}),$$
$$B_j \in \mathcal{K}_0, \ j = 1, \cdots, n-1$$

により定義する．ただし，$K_0^0 \times A = A$, $A \times K_0^0 = A$, $B_0 \times K_0 = K_0$, $K_0 \times B_0 = K_0$ と解釈する．また，$\nu \in \mathcal{M}(K_0)$ に対し ν^n を

$$\nu^n(B_1 \times \cdots \times B_n) = \nu(B_1) \times \cdots \times \nu(B_n), \quad B_j \in \mathcal{K}_0, \ j = 1, \cdots, n$$

を満たす $(K, \mathcal{K})$ 上の確率測度とする．このとき，$(\nu^n)_i = \nu$ である．

定理 5.18 $\mathcal{M}$ は $\mathcal{M}(K)$ の凸部分集合で $\mathcal{M}_s(K)$ を含むとし，$\mathcal{M}$ 上の二項関係 $\succ$ が期待効用表現を持つとする．さらに，次の二つの条件が成り立つことを仮定する：

(1) $\mu, \nu \in \mathcal{M}_s(K)$ に対して，$\mu_i = \nu_i, i = 1, \cdots, n$ ならば $\mu \sim \nu$．
(2) $\mu, \nu \in \mathcal{M}_s(K)$ に対して，ある i について $\mu_i = \lambda, \nu_i = \rho, \mu_i^c = \nu_i^c$ のとき，$\mu \succ \nu$ と $\lambda^n \succ \rho^n$ は同値である．

このとき，正定数 $\gamma_i, i = 1, \cdots, n$, と正のアフィン変換に関して一意的に定まる K_0 上の関数 u_0 が存在して，任意の $\mu, \nu \in \mathcal{M}(K)$ に対して

$$(5.9) \quad \mu \succ \nu \iff \sum_{i=1}^n \gamma_i \int_{K_0} u_0(x) \mu_i(dx) > \sum_{i=1}^n \gamma_i \int_{K_0} u_0(x) \nu_i(dx). \quad \square$$

定理 5.18 の条件(1)は，二つの確率測度はその周辺測度が一致するとき $\succ$ に

関して等価になるということを意味している．一般には，$\mu_i = \nu_i$ であっても $\mu \neq \nu$ となる場合がある．例えば $n=2$ として，

$$\mu = 0.5\delta_{(5,5)} + 0.5\delta_{(10,10)}, \quad \nu = 0.5\delta_{(5,10)} + 0.5\delta_{(10,5)}$$

で与えられる単純測度 μ, ν については，$(\mu_1, \mu_2) = (\nu_1, \nu_2)$ だが $\mu \neq \nu$ である．μ が 2 年にわたる二つのキャッシュ・フロー (5 円, 5 円), (10 円, 10 円) がそれぞれ 50% で得られる機会を記述していると考えると，ν は (5 円, 10 円), (10 円, 5 円) がそれぞれ 50% で得られるクジとみなせる．μ よりも ν を好ましく感じる人の方が多いかもしれないが，条件 (1) は $\mu \sim \nu$ を要請しているのである．定理 5.18 の条件 (2) は，周辺測度を成分として比較できることを意味している．

[**定理 5.18 の証明**] はじめに，$u: K \to \mathbb{R}$ を期待効用表現に現れる関数とする．$x^0 = (x_1^0, \cdots, x_n^0)$ を任意に取って固定し，$\alpha_1, \cdots, \alpha_n$ を $\sum_{i=1}^{n} \alpha_i = u(x^0)$ を満たす実数とする．K_0 上の関数 u_i を

(5.10) $\quad u_i(x_i) = u(x_1^0, \cdots, x_{i-1}^0, x_i, x_{i+1}^0, \cdots, x_n^0) - \sum_{j \neq i} \alpha_j, \quad x_i \in K_0$

と定義する．このとき，$u_i(x_i^0) = \alpha_i$ であることに注意しよう．次に確率測度 μ, ν として

$$\mu = \frac{1}{2}\delta_{(x_1, \cdots, x_i, x_{i+1}^0, \cdots, x_n^0)} + \frac{1}{2}\delta_{(x_1^0, \cdots, x_i^0, x_{i+1}, x_{i+2}^0, \cdots, x_n^0)},$$
$$\nu = \frac{1}{2}\delta_{(x_1, \cdots, x_{i+1}, x_{i+2}^0, \cdots, x_n^0)} + \frac{1}{2}\delta_{(x_1^0, \cdots, x_n^0)}$$

を考えると，容易に確かめられるように $\mu_j = \nu_j$ だから，定理の仮定より $\mu \sim \nu$ である．これより，

$$u(x_1, \cdots, x_i, x_{i+1}^0, \cdots, x_n^0) + u(x_1^0, \cdots, x_i^0, x_{i+1}, x_{i+2}^0, \cdots, x_n^0)$$
$$= u(x_1, \cdots, x_{i+1}, x_{i+2}^0, \cdots, x_n^0) + u(x_1^0, \cdots, x_n^0), \quad i = 1, \cdots, n-1$$

である．$i=1$ から $n-1$ まで辺々足し合わせて，

$$(n-1)u(x_1^0, \cdots, x_n^0)$$
$$= \sum_{i=1}^{n-1} u(x_1, \cdots, x_i, x_{i+1}^0, \cdots, x_n^0) - \sum_{i=1}^{n-1} u(x_1, \cdots, x_{i+1}, x_{i+2}^0, \cdots, x_n^0)$$
$$+ \sum_{i=1}^{n-1} u(x_1^0, \cdots, x_i^0, x_{i+1}, x_{i+2}^0, \cdots, x_n^0)$$

$$= \sum_{i=1}^{n} u(x_1^0, \cdots, x_{i-1}^0, x_i, x_{i+1}^0, \cdots, x_n^0) - u(x_1, \cdots, x_n).$$

これと(5.10)を比較することにより,

$$u(x_1, \cdots, x_n) = \sum_{i=1}^{n} u_i(x_i), \quad (x_1, \cdots, x_n) \in K$$

を得る.

次に, $\mathcal{M}_s(K_0)$ 上の二項関係 $\succ_0$ を $\lambda \succ_0 \rho \Leftrightarrow \lambda^n \succ \rho^n$ により定義すると,定理の条件(2)より,各 $i=1,\cdots,n$ に対して,$\lambda \succ_0 \rho \Leftrightarrow \int u_i(x)\lambda(dx) > \int u_i(x)\rho(dx)$, $\lambda, \rho \in \mathcal{M}_s(K_0)$ が成り立つ.よって,定理5.5より,$a_j > 0$, $b_j \in \mathbb{R}$, $j=2,\cdots,n$ が存在して,$u_j = a_j u_1 + b_j$. したがって,$u_0 = u_1$, $\gamma_1 = 1$, $\gamma_j = a_j$, $j=2,\cdots,n$ とおくことで(5.9)を得る. ∎

5.2.2 効用関数とリスク回避係数

ここでは,K は $\mathbb{R}$ の開区間とし,$\mathcal{X}$ を確率空間 $(\Omega, \mathscr{F}, P)$ 上の K-値確率変数全体のある部分集合とする.確率変数 X に対して,確率測度 P の下での分布を μ_X と書くことにして,$\mathcal{M} = \{\mu_X : X \in \mathcal{X}\}$ とおく.例えば,$\mathcal{X}$ はギャンブルや投資などの金融活動に関する,ある固定された時点における富の集合であり,$\mathcal{M}$ はその富の確率分布全体である.

今,$\mathcal{X}$ は有限個の値を取る確率変数全体を含むとする,すなわち,$\mathcal{M}$ は単純確率測度全体を含むとする.さらに,

$$E[|X|] = \int |x|\mu_X(dx) < +\infty, \quad X \in \mathcal{X}$$

を仮定する.

定理 5.19 $\mathcal{M}$ 上の二項関係 $\succ$ が期待効用表現

$$U(\mu) = \int u(x)\mu(dx)$$

を持つとする.このとき,

(1) $\succ$ が**単調性**:$x, y \in K$ について

$$x > y \implies \delta_x \succ \delta_y$$

を満たすことと u が狭義単調増加であることは同値である.

(2) $\succ$ がリスク回避性：$\mu_X \neq \delta_{m_X}$ なる $\mu_X \in \mathcal{M}$ に対して，

$$\delta_{m_X} \succ \mu_X$$

を満たすことと u が狭義凹関数であることは同値である．ここで，$m_X = E[X]$ とおいた． □

[証明] $u(x) = U(\delta_x)$ であるから，明らかに，u の狭義単調増加性と $\succ$ の単調性は同値である．次に，$\succ$ がリスク回避性を満たすとすると，$x \neq y$ なる $x, y \in K$ と $s \in (0, 1)$ に対して，

$$\delta_{sx+(1-s)y} \succ s\delta_x + (1-s)\delta_y$$

である．これを期待効用表現で見ると，

$$u(sx + (1-s)y) > su(x) + (1-s)u(y).$$

これより u は狭義凹関数である．逆の主張は Jensen の不等式より従う． ■

以後，期待効用表現 $U(\mu) = \int u(x)\mu(dx)$ を持ち，単調性とリスク回避性を持つ $\mathcal{M}$ 上の二項関係 $\succ$ を固定しよう．したがってこのとき，期待効用表現に現れる関数 u は狭義単調増加，狭義凹関数である．

定義 5.20 K 上の $\mathbb{R}$-値狭義単調増加，狭義凹連続関数を K 上の**効用関数**(utility function)とよぶ． □

$X \in \mathcal{X}$ に対して，定理 5.19(2) より $u(E[X]) \geqq E[u(X)]$ である．右辺に等しい効用を与える定数 c を，すなわち

$$u(c) = E[u(X)]$$

を満たす $c = c(X)$ を X の u に関する**確実性等価**(certainty equivalent)とよぶ．このとき，u の単調性より $c(X) \leqq E[X]$ となることに注意する．

問題 5.21 5.1 節の聖ペテルスブルグの逆説において，効用関数が $u(x) = \sqrt{x}, x \in (0, \infty)$ のとき，確実性等価 c は $c = (2 - \sqrt{2})^{-2}$ で与えられることを確かめよ．同様に，$u(x) = \log x, x \in (0, \infty)$ のときは $c = 2$ となることを示せ． □

意思決定者の局所的なリスク回避度を測ることを考えよう．X の分散 $V[X]$ は十分小さいとして，$m = E[X]$ のまわりで u を形式的に展開すると，

282 5 不確実性下の効用理論

$$u(c(X)) \approx u(m) + u'(m)(c(X) - m).$$

他方,

$$\begin{aligned} u(c(X)) &= \int u(x)\mu(dx) \\ &= \int \left[u(m) + u'(m)(x-m) + \frac{1}{2}u''(m)(x-m)^2 + r(x) \right] \mu(dx) \\ &\approx u(m) + \frac{1}{2}u''(m)V[X]. \end{aligned}$$

ここで $r(x)$ はテイラー展開の残余項である.これより,

$$c(X) \approx E[X] + \frac{u''(m)}{2u'(m)}V[X].$$

したがって,

(5.11) $$\alpha(x) := -\frac{u''(x)}{u'(x)}$$

は,平均値まわりの局所的なリスク回避度を測る指標とみなすことができる.

定義 5.22 u を K 上の 2 回連続的微分可能な効用関数とする.(5.11)で定義される $\alpha(x)$ を u の x における **Arrow-Pratt の絶対リスク回避係数**という. □

命題 5.23 $u, \tilde{u}$ を K 上の 2 回連続的微分可能な効用関数とし,$\alpha, \tilde{\alpha}$ を対応する Arrow-Pratt の絶対リスク回避係数,$c, \tilde{c}$ を対応する確実性等価とする.このとき,次の三つの条件は同値である:
(1) すべての $x \in K$ に対して $\alpha(x) \geqq \tilde{\alpha}(x)$.
(2) ある狭義単調増加凹関数 F に対して $u = F \circ \tilde{u}$.
(3) 任意の $X \in \mathcal{X}$ に対して $c(X) \leqq \tilde{c}(X)$. □

[証明] 関数 $\tilde{u}$ の逆関数 $v(x) = \tilde{u}^{-1}(x)$ が存在するので,これを用いて $F(t) = u(v(t))$ とおく.F が 2 回連続的微分可能で $u = F \circ \tilde{u}$ を満たすことは明らかである.今,(1)が成り立つとする.簡単な計算により

$$v'(x) = \frac{1}{\tilde{u}'(v(x))}, \quad v''(x) = \frac{\tilde{\alpha}(v(x))}{\tilde{u}'(v(x))^2}$$

だから,

$$F'(x) = \frac{u'(v(x))}{\tilde{u}'(v(x))} > 0, \quad F''(x) = \frac{u'(v(x))}{\tilde{u}'(v(x))^2} [\tilde{\alpha}(v(x)) - \alpha(v(x))] \leqq 0.$$

ゆえに(2)を得る.

次に(2)を仮定する. Jensenの不等式より,

$$u(c(X)) = E[u(X)] = E[F(\tilde{u}(X))]$$
$$\leqq F(E[\tilde{u}(X)]) = F(\tilde{u}(\tilde{c}(X))) = u(\tilde{c}(X)).$$

よって, $c(X) \leqq \tilde{c}(X)$.

最後に, (1)が成り立たないと仮定すると, ある開区間 $O \subset K$ が存在し, $x \in O$ に対して $\alpha(x) < \tilde{\alpha}(x)$. ゆえに, F は開区間 $\tilde{u}(O)$ 上で狭義凸関数である. 今 $X \in \mathcal{X}$ として, O に値を取り, 定数でないものを考えると, Jensenの不等式より,

$$u(c(X)) = E[u(X)] = E[F(\tilde{u}(X))]$$
$$> F(E[\tilde{u}(X)]) = F(\tilde{u}(\tilde{c}(X))) = u(\tilde{c}(X)).$$

ゆえに $c(X) > \tilde{c}(X)$ となり, 対偶により(3)⇒(1)が従う. ∎

次に, 意思決定者のリスク回避度が富のレベルによりどのように変化するか調べよう. ここでは簡単のため $K = \mathbb{R}$ とし, 任意の $x \in K$, $X \in \mathcal{X}$ に対して $x + X \in \mathcal{X}$ を満たすとする.

$x' > x$ を満たす $x, x' \in K$ と $X \in \mathcal{X}$, $z \in K$ に対して,

(5.12)　　$E[u(x+X)] > u(x+z) \implies E[u(x'+X)] > u(x'+z)$

が成り立つとき, 選好関係 $\succ$ は**減少的な絶対リスク回避性**(decreasingly absolute risk averse)を持つという. これは, 効用関数 u を持つ意思決定者が, 富のレベル x において, 確定的な富 z よりも確率変数 X を好むのならば, それ以上富のレベルを上げてもリスク回避的にはならないことを意味している. ここで減少的とは, リスク回避性の富のレベルに関する変動のことを指している. また, (5.12)において, 逆の含意が成り立つとき, 選好関係 $\succ$ は**増加的な絶対リスク回避性**(increasingly absolute risk averse)を持つという.

定理 5.24 $K = \mathbb{R}$ とし, 任意の $x \in K$, $X \in \mathcal{X}$ に対して $x + X \in \mathcal{X}$ を満たすとする. $\mathcal{M}$ 上の選好関係 $\succ$ が減少(増加)的な絶対リスク回避性を持つための必要十分条件は, 対応するArrow-Prattの絶対リスク回避係数 $\alpha(x)$ が x の非増加(非減少)関数であることである. ∎

[証明] 各 $x \in K$ に対して $u_x(y) = u(x+y)$, $y \in K$, で効用関数 u_x を定義し，これに関する確実性等価を c_x とする．$x, x' \in K$ が $x' > x$ を満たすとすると，減少的な絶対リスク回避性は $c_x(X) > z \Rightarrow c_{x'}(X) > z$ と同値であり，この条件は $c_x(X) \leqq c_{x'}(X)$ と同値である．ゆえに命題 5.23 を使えば α の非増加性と減少的絶対リスク回避性が同値であることも容易に示せる．増加的リスク回避性についても全く同様に示すことができる． ∎

例 5.25 選好関係が減少的かつ増加的な絶対リスク回避性を持つとき，上の定理より Arrow-Pratt の絶対リスク回避係数 $\alpha(x)$ はある正定数 α により $\alpha(x) \equiv \alpha$ で与えられ，さらに，効用関数 u は適当な $a \in (0, \infty), b \in \mathbb{R}$ により

$$u(x) = -ae^{-\alpha x} + b, \quad x \in K$$

と表される．このようなクラスの効用関数のことを**絶対リスク回避度一定**(CARA: Constant Absolute Risk Aversion)の効用関数，あるいは**指数効用関数**(exponential utility function)という． ∎

富をその値そのものではなく，初期富に関する比率で相対的に評価する場合には，相対的リスク回避性の概念を適用するのがより適切であろう．ここでは $K = (0, \infty)$ とし，任意の $x \in K$, $X \in \mathcal{X}$ に対して $xX \in \mathcal{X}$ を満たすと仮定する．選好関係 $\succ$ は次の性質を満たすとき，**減少的な相対リスク回避性**(decreasingly relative risk averse)を持つという：$w' > w$ に対して

(5.13) $\quad E[u(wX)] > u(wz) \implies E[u(w'X)] > u(w'z)$.

また，(5.13)において，逆の含意が成り立つとき，選好関係 $\succ$ は**増加的な相対リスク回避性**(increasingly relative risk averse)を持つという．

定理 5.26 $K = (0, \infty)$ とし，任意の $x \in K$, $X \in \mathcal{X}$ に対して $xX \in \mathcal{X}$ を満たすと仮定する．このとき，選好関係 $\succ$ が減少(増加)的な相対リスク回避性を持つための必要十分条件は，関数 $x \mapsto x\alpha(x)$ が非増加(非減少)関数であることである． ∎

問題 5.27 定理 5.26 を証明せよ． ∎

例 5.28 絶対リスク回避性の場合と同様に，選好関係が減少的かつ増加的な相対リスク回避性を持つとき，定理 5.26 より $x\alpha(x)$ はある $\gamma \in (-\infty, 1)$ により $x\alpha(x) \equiv 1 - \gamma$ で与えられ，さらに，効用関数 u は適当な $a \in (0, \infty), b \in \mathbb{R}$ によ

り，各点 $x \in K$ に対して

$$u(x) = \begin{cases} a(\log x) + b, & \gamma = 0 \text{ のとき}, \\ ax^\gamma + b, & \gamma \neq 0 \text{ のとき} \end{cases}$$

と表される．このようなクラスの効用関数のことを**相対リスク回避度一定**(CRRA: Constant Relative Risk Aversion)の効用関数，あるいは**べき型効用関数**(power utility function)という．また，α が双曲型：$\alpha(x) = (1-\gamma)/x$ であることから，HARA 効用関数(Hyperbolic Absolute Risk Aversion)ともよばれる． □

さて，これまで我々は，選好関係を公理系によって特徴付け，それによって導かれる期待効用表現について考えてきた．これらの公理系は，一つの規範とみなすことで，意思決定におけるガイドラインとして機能し得る．いわばトップダウン型のアプローチである．しかし，このアプローチにはさまざまな問題点が指摘されている．一つは前節で挙げた Allais の逆説である．この節の残りでは，その他に報告されている「不具合」を取り上げよう．

はじめの例として，あなたはある損害(火災など)に対して保険の購入を考えていると仮定する．さらされているリスクと支払うことになる保険料を検討した結果，保険を購入するかどうか明快に決定できるほどの選好は見つけられなかったとしよう．しばらくの後，あなたは保険会社が**確率的保険**(probabilistic insurance)という新しい保険契約の提案を行っていることを知った．この契約においては，契約者が支払う保険料は通常の半額でよい．しかしもし保険対象の損害が発生した場合には二つの可能性があり，一つは契約者は残りの保険料を支払い損害額全額を保険会社に補てんしてもらうことができる．もう一つは契約者は最初に払った保険料を払い戻して自己負担で損害額全額を支払う．どちらになるかは 50% の確率で決まるとする．例えば，損額発生日が奇数の日なら前者，偶数の日なら後者という具合である．

このような保険の購入についてのあるアンケート調査の結果では，80%(95 人に調査)の人は購入しないと回答した．これが示唆するのは，多くの人は保険料を半額にするよりも大きな損失が発生する確率をゼロにする方を好むということである．しかしこの結果は効用関数の凹性と整合しないのである．あなたの現在持っている資産は $w \in [0, \infty)$ で，確率 $p \in (0,1)$ で $x \in (0, \infty)$ の損害が発生するとし，あなたにとっての適正な(通常の)保険料 y は確実性等価の等式

(5.14) $$pu(w-x) + (1-p)u(w) = u(w-y)$$

により決定されると仮定する．このとき，確率的保険を購入する人の期待効用は

$$\frac{1}{2}pu(w-x) + \frac{1}{2}pu(w-y) + (1-p)u\left(w - \frac{y}{2}\right)$$

で与えられるが，これは，(5.14) と u の凹性より，

$$\begin{aligned}
&= \frac{1}{2}(1+p)u(w-y) - \frac{1}{2}(1-p)u(w) + (1-p)u\left(w - \frac{y}{2}\right) \\
&> \frac{1}{2}(1+p)u(w-y) - \frac{1}{2}(1-p)u(w) + \frac{1}{2}(1-p)u(w-y) + \frac{1}{2}(1-p)u(w) \\
&= u(w-y)
\end{aligned}$$

と評価される．この不等式は，通常の保険よりも確率的保険を購入した方が効用が大きいことを表している．

次の例として，現在時点 $t=0$ で価格 $S_0 = s \in (0,\infty)$，将来のある時点 $t=1$ で価格 S_1 の金融商品 S を考えよう．効用関数 $u : \mathbb{R} \to \mathbb{R}$ と初期富 $w \in [0,\infty)$ を持つ投資家が，S を購入するかしないかの選択に立たされているとする．このとき，$X = S_1 - s$ とおくと，

(5.15) $$E[u(w+X)] < u(w)$$

ならば，S を購入しないという決定がなされることになる．

例えば，u が指数効用関数ならば，容易に分かるように，

$$E[u(w+X)] < u(w) \iff E[u(X)] < u(0)$$

であるから，S を購入するかどうかの判断は w に依存しない．

この性質は，数学的解析を容易にするという意味では長所だが，意志決定の問題においては不合理な結果をもたらす．

例 5.29 u を指数効用関数 $u(x) = 1 - e^{-\alpha x}$ とするとき，$s \in ((1/\alpha)\log 2, \infty)$ ならば，$\mu_X = (1/2)(\delta_{-s} + \delta_\infty)$ に対して，(5.15) がすべての初期富 $w \in [0,\infty)$ に対して成り立つ．ゆえに，w がどれだけ大きくても S の購入は見送られるということになる． □

さらに，次の結果が知られている：

命題 5.30 S_1 は下に有界で $s < E[S_1]$ を満たすと仮定する．すべての初期富

に対して S の購入が棄却されるのならば，すなわち (5.15) がすべての $w \in [0, \infty)$ に対して成り立つならば，効用関数 u は上に有界である．またこのとき，ある $s \in (0, \infty)$ が存在して，X の分布が

$$\mu_X = \frac{1}{2}(\delta_{-s} + \delta_\infty)$$

で与えられる場合にも (5.15) がすべての初期富 $w \in [0, \infty)$ に対して成り立つ．□

[証明] X が下から有界と仮定していたので，$\mu_X([a, \infty)) = 1$ が適当な $a \in (-\infty, 0)$ に対して成り立つ．また，十分大きい $b \in (0, \infty)$ を取って $\tilde{\mu}_X(B) := \mu_X(B \cap [a, b]) + \delta_b(B) \cdot \mu_X((b, \infty))$ が

$$\int x \tilde{\mu}_X(dx) > 0$$

を満たすようにできる．u が増加関数なので

$$\int u(w + x) \tilde{\mu}_X(dx) \leqq \int u(w + x) \mu_X(dx) < u(w)$$

が各 $w \in [0, \infty)$ に対して成り立つ．すなわち，$\tilde{\mu}_X$ もすべての初期富に対して棄却される．よって

$$\int_{[0,b]} [u(w + x) - u(w)] \tilde{\mu}_X(dx) < \int_{[a,0)} [u(w) - u(w + x)] \tilde{\mu}_X(dx).$$

今，簡単のため u が微分可能であると仮定しよう．このとき，上の不等式より

$$u'(w + b) \int_{[0,b]} x \tilde{\mu}_X(dx) < u'(w + a) \int_{[a,0]} (-x) \tilde{\mu}_X(dx).$$

よって，任意の $w \in [0, \infty)$ に対して

$$\frac{u'(w + b)}{u'(w - |a|)} < \frac{\int_{[a,0]} (-x) \tilde{\mu}_X(dx)}{\int_{[0,b]} x \tilde{\mu}_X(dx)} =: \gamma < 1$$

だから，$x \in \mathbb{R}$ に対して

$$u'(x + n(|a| + b)) < \gamma^n u'(x), \quad n \in \mathbb{N}.$$

したがって，$u(\infty) := \lim_{x \to \infty} u(x) < \infty$.

特に，n を $\gamma^n \leqq 1/2$ を満たすように取り，$s := n(|a| + b)$ とおくと，

$$u(\infty) - u(w) = \sum_{k=0}^{\infty} \int_{w+ks}^{w+(k+1)s} u'(y) dy = \sum_{k=0}^{\infty} \int_{w-s}^{w} u'(z + (k+1)s) dz$$

$$< \sum_{k=0}^{\infty} \gamma^{(k+1)n} \int_{w-s}^{w} u'(z) dz = \frac{\gamma^n}{1-\gamma^n}(u(w) - u(w-s))$$
$$\leqq u(w) - u(w-s).$$

ゆえに，すべての $w \in [0, \infty)$ に対して $(1/2)(u(\infty) + u(w-s)) < u(w)$. ∎

問題 5.31 命題 5.30 において，u が微分可能でない場合の証明を与えよ．(ヒント：一般に，$f : \mathbb{R} \to \mathbb{R}$ が凸関数のとき，f の右，左微分 $D^{\pm}f(x) := \lim_{h \to 0\pm}[f(x+h) - f(x)]/h$ が存在して $f(x) = f(0) + \int_0^x D^{\pm}f(y)dy$, $x \in \mathbb{R}$, を満たす([79]の問題 6.19〜21 を参照)．この事実を用いよ．) □

5.3 期待効用理論の一般化

$\mathcal{X}$ を $(\Omega, \mathscr{F})$ 上の有界可測関数全体とする．$\mathcal{X}$ は，前節と同様に，投資などの金融活動の実現値の集合とみなせる．しかしここでは前節と異なり，確率測度 P はあらかじめ与えられてはいないとする．これはすなわち，**客観的確率**(objective probability)が付与されていないということである．客観的確率とは，偶然性を支配する(物理的な)確率法則のことであり，例えばコインの表裏が出る確率やサイコロを振ったときに出る目の分布などのことである．もし今問題にしているサイコロが，「完全な」サイコロ(各目の出る確率が 1/6)であったとしても，その完全性を検証する方法は一つではなく，検証結果も人により異なってくるであろう．ある人はサイコロを何度も振って出目の頻度を計算するかもしれないし，別の人はサイコロをスキャンして内部の密度が一様かどうか調べるかもしれない．そして，結果推定した確率分布は「真の」確率分布とはもちろん異なり得る．

客観的確率だけではなく，このような推定により得られる確率分布なども織り込まれた期待効用理論について議論するのが本節の目的である．そのために，**主観的確率**(subjective probability)の概念を用いよう．これは，ここでは，可測関数の期待値を計算するときに評価者が利用する測度のことをいう．ゆえに，この意味では主観的確率は客観的確率を特別な場合として含んでいる．

我々が考えるのは，期待効用表現が次のような形で表される場合である：

$$(5.16) \qquad U(X) = E^Q[u(X)], \quad X \in \mathcal{X}.$$

ここで Q は選好関係から導かれる(有限加法的)測度である. $\mathcal{X}$ 上の選好関係 $\succ$ が(5.16)の形の数値的表現を持つとき,これを **Savage の期待効用表現**という.

我々は,(5.16)を次のように一般化した表現についても考える:

$$(5.17) \qquad U(X) = \inf_{Q \in \mathcal{Q}} E^Q[u(X)], \quad X \in \mathcal{X}.$$

ここで $\mathcal{Q}$ は選好関係から導かれる(有限加法的)測度の集合である.

これらの表現を得るためには,効用を測る可測関数を確率測度に値を取るように拡張するのが便利である.

$$\mathcal{M}_b(\mathbb{R}) = \{\mu \in \mathcal{M}(\mathbb{R}) : \text{ある } K \geqq 0 \text{ に対して } \mu([-K, K]) = 1\}$$

とおき,$\tilde{\mathcal{X}}$ を $(\Omega, \mathscr{F})$ 上の $\mathcal{M}_b(\mathbb{R})$-値写像全体とする.すなわち,$\tilde{X} \in \tilde{\mathcal{X}}$ のとき,任意の $\omega \in \Omega$ に対して $\tilde{X}(\omega, \cdot)$ は台が有界な $\mathbb{R}$ 上の確率測度である.このとき,写像 $\mathcal{X} \ni X \mapsto \delta_X \in \tilde{\mathcal{X}}$ により $\mathcal{X}$ を $\tilde{\mathcal{X}}$ に埋め込むことができる.我々は,まず $\tilde{\mathcal{X}}$ 上で議論を展開し,$\tilde{\mathcal{X}}$ 上の選好関係の次のような数値表現

$$\tilde{U}(\tilde{X}) = E^Q[\tilde{u}(\tilde{X})], \quad \text{あるいは} \quad \tilde{U}(\tilde{X}) = \inf_{Q \in \mathcal{Q}} E^Q[\tilde{u}(\tilde{X})]$$

を求める.ここで $\tilde{u}(\mu) = \int u(x)\mu(dx),\ \mu \in \mathcal{M}_b(\mathbb{R})$.この結果の系として上の表現(5.16),(5.17)を得るという方針で進めよう.

例 5.32 簡単な思考実験として,赤と黒のボールが計 100 個入った二つの「つぼ」について考えよう.一つ目のつぼにおける赤の比率 p は既知であるとする.ここでは例えば $p = 0.49$ としよう.しかし二つ目のつぼにおける赤の比率 $\tilde{p}$ は未知と仮定する.二つのつぼのうちどちらかを選び,その中から赤を引いたら 1 万円,黒を引いたら 0 円もらえるというクジがあるとする.この状況において,多くの人は一つ目のつぼを選ぶであろう.つまり,赤 $\leftrightarrow 0$,黒 $\leftrightarrow 1$ と対応させて $\Omega = \{0, 1\}$ とし,

$$\tilde{X}_0(\omega) = p\delta_{10000} + (1-p)\delta_0, \quad \tilde{Z}_0(\omega) = \delta_{10000} 1_{\{0\}}(\omega) + \delta_0 1_{\{1\}}(\omega)$$

とおくとき,$\tilde{X}_0 \succ \tilde{Z}_0$ であろう.おそらくこの選択は,黒を引いたら 1 万円,赤なら 0 円のクジの場合にも変わらない.つまり,

$$\tilde{X}_1(\omega) = (1-p)\delta_{10000} + p\delta_0, \quad \tilde{Z}_1(\omega) = \delta_{10000}1_{\{1\}}(\omega) + \delta_0 1_{\{0\}}(\omega)$$

とおけば $\tilde{X}_1 \succ \tilde{Z}_1$ であろう．ところが，赤の比率についての任意の主観的確率 $\tilde{p}$ に対して，前者の選択では $\tilde{p} > p$ を意味し，後者の選択は $1-p > 1-\tilde{p}$ を導くので矛盾が生じる．すなわち，Savage の期待効用表現 (5.16) におけるような主観的確率が存在し得ないことになる．これは **Ellsberg の逆説**とよばれている ([38] 参照)．

ここで，$0 \leqq a < b \leqq 1$ なる a, b を取り，

$$\mathcal{Q} = \{q\delta_1 + (1-q)\delta_0 : a \leqq q \leqq b\}$$

で与えられる主観的確率測度の集合 $\mathcal{Q}$ を考えよう．このとき，任意の増加関数 u に対して定義される

$$\tilde{U}(\tilde{X}) := \inf_{Q \in \mathcal{Q}} E^Q[\tilde{u}(\tilde{X})]$$

は，容易に確かめられるように

$$\tilde{U}(\tilde{X}_i) > \tilde{U}(\tilde{Z}_i), \quad i = 0, 1$$

を満たす．これは上記の選好に整合する． □

$\mathcal{M}_f$ を $Q(\Omega) = 1$ を満たす有限加法的測度 $Q : \mathscr{F} \to [0,1]$ の全体とする．ただし，$\mathscr{F}$ 上の集合関数 R が有限加法的とは，$A \cap B = \emptyset$ を満たす $A, B \in \mathscr{F}$ に対して $R(A \cup B) = R(A) + R(B)$ が成り立つときにいう．$Q \in \mathcal{M}_f$ による $X \in \mathcal{X}$ の積分を σ-加法的測度の場合と同様に $E^Q[X]$ と書く (付録 B 参照)．

定理 5.33 $\tilde{\mathcal{X}}$ の選好関係 $\succ$ が次の四つの条件を満たすとする：

(1) 単調性：$\tilde{Y}, \tilde{X} \in \tilde{\mathcal{X}}$ に対して

$$\tilde{Y}(\omega) \succeq \tilde{X}(\omega), \quad \omega \in \Omega \implies \tilde{Y} \succeq \tilde{X}.$$

(2) 不確実性回避性：$\tilde{X} \sim \tilde{Y}$ を満たす $\tilde{X}, \tilde{Y} \in \tilde{\mathcal{X}}$ に対して，

$$s\tilde{X} + (1-s)\tilde{Y} \succeq \tilde{X}, \quad s \in [0,1].$$

(3) 独立性：$\tilde{X}, \tilde{Y}, \tilde{Z} \in \tilde{\mathcal{X}}, s \in (0,1]$ に対して，

$$\tilde{X} \succ \tilde{Y} \iff s\tilde{X} + (1-s)\tilde{Z} \succ s\tilde{Y} + (1-s)\tilde{Z}.$$

(4) 連続性：$\tilde{Z} \succ \tilde{Y} \succ \tilde{X}$ を満たす $\tilde{X}, \tilde{Y}, \tilde{Z}$ に対し $s, t \in (0, 1)$ が存在して

$$s\tilde{Z} + (1-s)\tilde{X} \succ \tilde{Y} \succ t\tilde{Z} + (1-t)\tilde{X}.$$

このとき，ある狭義増加連続関数 $u : \mathbb{R} \to \mathbb{R}$ と $Q_0 \in \mathcal{M}_f$ が存在して，$\tilde{X}, \tilde{Y} \in \tilde{\mathcal{X}}$ に対して

$$\tilde{X} \succeq \tilde{Y} \iff E^{Q_0}\left[\int u(x)\tilde{X}(\cdot, dx)\right] > E^{Q_0}\left[\int u(x)\tilde{X}(\cdot, dx)\right].$$

さらに，u は正のアフィン変換に関して一意的に定まる．　□

定理 5.34 $\tilde{\mathcal{X}}$ の選好関係 $\succ$ が定理 5.33 の条件 (1), (2), (4) を満たすとし，さらに

(3′) 弱い独立性：$\tilde{X}, \tilde{Y} \in \tilde{\mathcal{X}}, \tilde{Z} \equiv \mu \in \mathcal{M}_b(\mathbb{R}), s \in (0, 1]$ に対して，

$$\tilde{X} \succ \tilde{Y} \iff s\tilde{X} + (1-s)\tilde{Z} \succ s\tilde{Y} + (1-s)\tilde{Z}$$

が満たされているとする．このとき，ある狭義増加連続関数 $u : \mathbb{R} \to \mathbb{R}$ と $\mathcal{M}_f$ の凸部分集合 $\mathcal{Q}$ が存在して，$\tilde{X}, \tilde{Y} \in \tilde{\mathcal{X}}$ に対して

$$\tilde{X} \succ \tilde{Y} \iff \min_{Q \in \mathcal{Q}} E^Q\left[\int u(x)\tilde{X}(\cdot, dx)\right] > \min_{Q \in \mathcal{Q}} E^Q\left[\int u(x)\tilde{X}(\cdot, dx)\right].$$

さらに，u は正のアフィン変換に関して一意的に定まる．　□

系 5.35 $\succ$ を $\tilde{\mathcal{X}}$ 上の選好関係とし，$\mathcal{X}$ 上の選好関係 $\succ_0$ を

$$X \succ_0 Y \iff \delta_X \succ \delta_Y$$

により定義する．このとき，以下の主張が成立する：

(i) $\succ$ が定理 5.33 の仮定を満たすとき，

$$X \succ_0 Y \iff E^{Q_0}[u(X)] > E^{Q_0}[u(Y)].$$

(ii) $\succ$ が定理 5.34 の仮定を満たすとき，

$$X \succ_0 Y \iff \min_{Q \in \mathcal{Q}} E^Q[u(X)] > \min_{Q \in \mathcal{Q}} E^Q[u(Y)].$$

ただし $Q_0, \mathcal{Q}, u$ は定理 5.33, 5.34 に現れたものとする．　□

定理 5.33, 5.34 の証明の準備をしよう．

定理 5.34 の弱い独立性（条件 (3′)）は，$\mathcal{M}_b(\mathbb{R})$ に制限して考えると，5.2.1 節で取り上げた独立性と同じである．したがって，$\succ$ は $\mathcal{M}_b(\mathbb{R})$ 上の選好関係とし

て系5.17の仮定を満たす．よって，ある連続関数 $u:\mathbb{R}\to\mathbb{R}$ が存在して，

$$(5.18) \qquad \tilde{u}(\mu) := \int u(x)\mu(dx), \quad \mu \in \mathcal{M}_b(\mathbb{R})$$

が $\succ$ の $\mathcal{M}_b(\mathbb{R})$ 上における期待効用表現を与える．簡単のため $u(0)=0$, $u(1)=1$ を仮定する．これはもちろん一般性を失わない．

補題 5.36 定理 5.34 の仮定の下で，以下の二つの条件を満たす $\tilde{U}:\tilde{\mathcal{X}}\to\mathbb{R}$ が一意的に存在する：
(1) $\tilde{X}\succ\tilde{Y} \iff \tilde{U}(\tilde{X}) > \tilde{U}(\tilde{Y})$, $\tilde{X},\tilde{Y}\in\tilde{\mathcal{X}}$.
(2) $\tilde{U}(\delta_X) = \tilde{u}(\mu_X)$, $X\in\mathcal{X}$. □

[証明] $\tilde{X}\in\tilde{\mathcal{X}}$ に対して $\tilde{X}(\omega,[-K,K])=1$, $\forall\omega\in\Omega$, を満たす $K>0$ を取る．このとき，任意の $\omega\in\Omega$ に対して $\tilde{u}(\delta_{-K})\leqq \tilde{u}(\tilde{X}(\omega))\leqq \tilde{u}(\delta_K)$．よって定理 5.33 の (1) の条件より $\delta_{-K}\preceq \tilde{X}\preceq \delta_K$．

次に，

$$s := \sup\{r\in[0,1] : \tilde{X}\succeq (1-r)\delta_{-K}+r\delta_K\}$$

とおく．仮に $\tilde{X}\succ (1-s)\delta_{-K}+s\delta_K$ ならば，連続性の条件より，ある $t\in(0,1)$ が存在して

$$\tilde{X}\succ t[(1-s)\delta_{-K}+s\delta_K]+(1-t)\delta_K = (1-r)\delta_{-K}+r\delta_K.$$

ただし $r=ts+(1-t)$．しかし明らかに $r>s$ であり，これは s の定義に矛盾する．逆に，$(1-s)\delta_{-K}+s\delta_K \succ \tilde{X}$ ならば，上と同様の議論により，

$$ts\delta_K+(1-ts)\delta_{-K}\succ \tilde{X}$$

を満たす $t\in(0,1)$ が存在する．s の定義より，ある $t\in(ts,s)$ が存在して

$$\tilde{X}\succeq (1-r)\delta_{-K}+r\delta_K \succ ts\delta_K+(1-ts)\delta_{-K}.$$

しかしこれは矛盾である．したがって，

$$(5.19) \qquad \tilde{X}\sim (1-s)\delta_{-K}+s\delta_K.$$

期待効用表現から，$t>s$ ならば $(1-t)\delta_{-K}+t\delta_K \succ (1-s)\delta_{-K}+s\delta_K$．よって，(5.19) が成立する s は一意である．この s を用いて，

$$\tilde{U}(\tilde{X}) := \tilde{u}((1-s)\delta_{-K} + s\delta_K) = (1-s)\tilde{u}(\delta_{-K}) + s\tilde{u}(\delta_K)$$

と定義すれば $\tilde{U}$ が補題の条件 (1), (2) を満たす． ∎

補題 5.37 定理 5.34 の仮定の下で，以下の条件を満たす汎関数 $J : \mathcal{X} \to \mathbb{R}$ が一意に存在する：

(1) $X \in \mathcal{X}$ に対して，$\tilde{U}(\delta_X) = J(u(X))$．
(2) 任意の $\omega \in \Omega$ に対して $Y(\omega) \geqq X(\omega)$ ならば $J(Y) \geqq J(X)$．
(3) $s \in [0,1], X, Y \in \mathcal{X}$ に対して $J(sX + (1-s)Y) \geqq sJ(X) + (1-s)J(Y)$．
(4) $t \in [0, \infty)$ に対して，$J(tX) = tJ(X)$．
(5) $c \in \mathbb{R}$ に対して，$J(X + c) = J(X) + c$．
(6) $X, Y \in \mathcal{X}$ に対して，$|J(X) - J(Y)| \leqq \|X - Y\|$．

ここで $X \in \mathcal{X}$ に対して $\|X\| = \sup_{\omega \in \Omega} |X(\omega)|$．さらに，定理 5.33 の条件 (3) が成り立つとき，J は

(7) $X, Y \in \mathcal{X}$ に対して，$J(X + Y) = J(X) + J(Y)$

を満たす． ∎

[証明] $\mathcal{X}_u = \{u(X) : X \in \mathcal{X}\}$ とおくと，u が単調増加だから，$J(Y) = \tilde{U}(\delta_{u^{-1}(Y)})$ により J を $\mathcal{X}_u$ 上で矛盾なく定義できる．

性質 (2) は u の単調性より従う．性質 (4) については，$t \in (0,1]$ に対して $J(tX) = tJ(X), X \in \mathcal{X}_u$, を示せばよい．実際 $t \geqq 1$ の場合はその逆数を考えればよい．$X_0 = u^{-1}(X), \tilde{Z} = t\delta_{X_0} + (1-t)\delta_0$ とおき，$c(\mu)$ を $\mu \in \mathcal{M}_b(\mathbb{R})$ に対する確実性等価とすると，$\tilde{Z} \sim \delta_Z$ である．ただし $Z(\omega) = c(t\delta_{X_0(\omega)} + (1-t)\delta_0)$．しかし $u(0) = 0$ より $Z(\omega) = u^{-1}(tu(X_0(\omega)) + (1-t)u(0)) = u^{-1}(tu(X_0(\omega)))$ だから，$u(Z) = tu(X_0) = tX$．よって

$$J(tX) = \tilde{U}(\delta_Z) = \tilde{U}(\tilde{Z}).$$

(5.19) と同様に，$\nu \sim \delta_{X_0}$ を満たす $\nu \in \mathcal{M}_b(\mathbb{R})$ が存在するから，弱い独立性より $\tilde{Z} = t\delta_{X_0} + (1-t)\delta_0 \sim t\nu + (1-t)\delta_0$．ゆえに

$$\tilde{U}(\tilde{Z}) = \tilde{u}(t\nu + (1-t)\delta_0) = t\tilde{u}(\nu) = t\tilde{U}(\delta_{X_0}) = tJ(X).$$

$X \notin \mathcal{X}_u$ に対しては，$t^* = \inf\{t \geqq 0 : tX \in \mathcal{X}_u\}$ とおくと u の連続性より $t^*X \in \mathcal{X}_u$ であるから，$J(X) := (1/t^*)J(t^*X)$ によって，$J(X)$ を定義できる．すな

わち J を $\mathcal{X}$ 全体に一意的に拡張することができる．この拡張が性質(2)と(4)を持つことは容易に分かる．

次に，$J: \mathcal{X} \to \mathbb{R}$ が性質(5)を持つことを示そう．はじめに，$u(x) > 0$ なる x により，

$$J(1) = \frac{J(u(x))}{u(x)} = \frac{\tilde{u}(\delta_x)}{u(x)} = 1.$$

さて $X \in \mathcal{X}, z \in \mathbb{R}$ を取る．一般性を失うことなく $2X \in \mathcal{X}_u, 2z \in u(\mathbb{R})$ とできる．このとき，$X_0 \in \mathcal{X}, z_0, x_0 \in \mathbb{R}$ が存在して $2z = u(z_0), 2J(X) = u(x_0)$. 今，$\tilde{Z} = (\delta_{X_0} + \delta_{z_0})/2, Z(\omega) = c((\delta_{X_0(\omega)} + \delta_{z_0})/2)$ とおくと，$\tilde{Z} \sim \delta_Z$ であり，$Z(\omega) = u^{-1}((u(X_0(\omega)) + u(z_0))/2) = u^{-1}(X(\omega) + z)$ であるから，

$$J(X + z) = \tilde{U}(\delta_Z) = \tilde{U}(\tilde{Z}).$$

他方，$\delta_{X_0} \sim \delta_{x_0}$ と弱い独立性より $\tilde{Z} \sim (\delta_{x_0} + \delta_{z_0})/2$ であり，これより $\tilde{U}(\tilde{Z}) = (u(x_0) + u(z_0))/2 = J(X) + z$.

次に，$J((X+Y)/2) \geqq (J(X) + J(Y))/2, X, Y \in \mathcal{X}_u$, を示そう．このことと性質(4)により $\mathcal{X}$ 全体の凹性が従う．$X_0 = u^{-1}(X), Y_0 = u^{-1}(Y)$ とおくとき，もし $J(X) = J(Y)$ ならば，$\delta_{X_0} \sim \delta_{Y_0}$ と不確実性回避性より

$$(5.20) \qquad \frac{1}{2}(\delta_{X_0} + \delta_{Y_0}) \succeq \delta_{X_0}.$$

よって $\tilde{U}((\delta_{X_0} + \delta_{Y_0})/2) = J((X+Y)/2) \geqq J(X) = (J(X) + J(Y))/2$. もし $J(X) > J(Y)$ ならば，

$$J\left(\frac{X+Y}{2}\right) + \frac{1}{2}(J(X) - J(Y)) = J\left(\frac{X + Y + J(X) - J(Y)}{2}\right)$$
$$\geqq \frac{1}{2}(J(X) + J(Y + J(X) - J(Y)))$$
$$= \frac{1}{2}(J(X) + J(Y)) + \frac{1}{2}(J(X) - J(Y)).$$

ここで，最初と最後の等号は性質(5)により，不等号は $J(X) = J(Y + J(X) - J(Y))$ により従う．また，$\succeq$ が定理5.33の条件(3)を満たすとき，(5.20)は

$$\frac{1}{2}(\delta_{X_0} + \delta_{Y_0}) \sim \delta_{X_0}$$

となることが補題5.7の(3)と同様にして示せる．これより $J((X+Y)/2) = (J(X) + J(Y))/2$ が従う．

最後に性質(6)を示す．$X, Y \in \mathcal{X}$ ならば $X \leqq Y + \|X - Y\|$ だから，性質(2)と(5)より $J(X) \leqq J(Y) + \|X - Y\|$．$X$ と Y の役割を入れ替えることで $|J(X) - J(Y)| \leqq \|X - Y\|$ を得る． ∎

補題 5.38 $J : \mathcal{X} \to \mathbb{R}$ が補題 5.37 の性質(2)〜(5)を満たすならば，ある $\mathcal{Q} \subset \mathcal{M}_f$ が存在して，

$$J(X) = \inf_{\mathbb{Q} \in \mathcal{Q}} E^{\mathbb{Q}}[X], \quad X \in \mathcal{X}$$

が成り立つ．さらに，$\mathcal{Q}$ は凸でかつ上式の下限に達する $\mathcal{Q}$ の有限加法的測度が存在するように取れる．すなわち，

$$J(X) = \min_{\mathbb{Q} \in \mathcal{Q}} E^{\mathbb{Q}}[X], \quad X \in \mathcal{X}.$$

さらに，補題 5.37 の性質(7)が満たされるとき，$Q_0 \in \mathcal{M}_f(\Omega, \mathscr{F})$ が存在し，

$$J(X) = E^{Q_0}[X], \quad X \in \mathcal{X}. \qquad \square$$

[証明] 証明の方針は，任意の $X \in \mathcal{X}$ に対して $J(X) = E^{Q_X}[X]$ かつ $J(Y) \leqq E^{Q_X}[Y]$ $(Y \in \mathcal{X})$ を満足する有限加法的測度 Q_X を構成することである．実際これができれば，$\mathcal{Q}_0 = \{Q_X : X \in \mathcal{X}\}$ とおくと

(5.21) $$J(Y) = \min_{\mathbb{Q} \in \mathcal{Q}_0} E^{\mathbb{Q}}[Y], \quad Y \in \mathcal{X}$$

が成り立つ．また，

$$\mathcal{Q} = \{s Q_{X_1} + (1-s) Q_{X_2} : s \in [0,1], \ X_1, X_2 \in \mathcal{X}\}$$

とおくと ($\mathcal{Q}$ を $\mathcal{Q}_0$ の凸包とよび，$\mathcal{Q} = \mathrm{conv}\, \mathcal{Q}_0$ と書く)，容易に分かるように，(5.21) において $\mathcal{Q}_0$ を $\mathcal{Q}$ に置き換えることができる．すなわち，

$$J(Y) = \min_{\mathbb{Q} \in \mathcal{Q}} E^{\mathbb{Q}}[Y], \quad Y \in \mathcal{X}.$$

したがって補題の前半の主張が従う．

$\mathbb{Q}_X$ を構成するため，

$$\mathcal{A}_1 := \{Y \in \mathcal{X} : J(Y) > 1\},$$
$$\mathcal{A}_2 := \mathrm{conv}\left(\{Y \in \mathcal{X} : Y \leqq 1\} \cup \{Y \in \mathcal{X} : Y \leqq X/J(X)\}\right)$$

とおく．任意の $Y \in \mathcal{A}_2$ は $Y = sY_1 + (1-s)Y_2$ の形で表される．ただし，$s \in [0,1], Y_1 \leqq 1, Y_2 \leqq X/J(X)$．よって

$$J(Y) \leqq J(s + (1-s)(X/J(X))) = s + (1-s)J(X/J(X)) \leqq 1.$$

ゆえに $\mathcal{A}_1 \cap \mathcal{A}_2 = \emptyset$．今，$\mathcal{A}_2$ は $\mathcal{X}$ の単位球を含んでいるので，したがって特に空でない内部を持っている．ゆえに分離定理(例えば[45, 定理 8.16]や[125, Chapter 3]などを参照せよ)により，$\mathcal{X}$ 上のゼロでない連続線形汎関数 ℓ が存在して

$$c := \sup_{Y \in \mathcal{A}_2} \ell(Y) \leqq \inf_{Z \in \mathcal{A}_1} \ell(Z).$$

$\mathcal{A}_2$ は単位球を含んでいるので，$c \in (0, \infty)$ である．よって ℓ に関する一般性を失うことなく $c = 1$ とできる．これにより特に，$\ell(1) \leqq 1$ である．他方，$b > 1$ なる定数 b はすべて $\mathcal{A}_1$ に含まれるので $\ell(1) = \lim_{b \downarrow 1} \ell(b) \geqq c = 1$．よって $\ell(1) = 1$．

また，$A \in \mathscr{F}$ に対して $I_{A^c} \in \mathcal{A}_2$ だから，

$$\ell(I_A) = \ell(1) - \ell(I_{A^c}) \geqq 1 - 1 = 0.$$

したがって，付録 B の定理 B.3 により，ある $Q_X \in \mathcal{M}_f(\Omega, \mathscr{F})$ が存在して $\ell(Y) = E^{Q_X}[Y], Y \in \mathcal{X}$．

$J(X) = E^{Q_X}[X]$ と $E^{Q_X}[Y] \geqq J(Y), Y \in \mathcal{X}$ を示そう．補題 5.37 の性質 (5) により $J(Y) > 0$ を満たす Y のみ考えれば十分である．

$$Y_n := \frac{Y}{J(Y)} + \frac{1}{n}, \quad n \in \mathbb{N}$$

とおくと，強収束の意味で $Y_n \to Y$ だから $E^{Q_X}[Y]/J(Y) = \lim_{n \to \infty} E^{Q_X}[Y_n] \geqq 1$．一方，$X/J(X) \in \mathcal{A}_2$ より，$E^{Q_X}[X]/J(X) = \ell(X/J(X)) \leqq c = 1$．

最後に，J が補題 5.37 の性質 (7) を満たすとすると，$J(0) = 0$ と $J(1) = 1$ より

$$Q_0(A) := J(1_A), \quad A \in \mathscr{F}$$

は $(\Omega, \mathscr{F})$ 上の有限加法的測度になる．したがって，非負単関数 X に対して

(5.22) $$J(X) = E^{Q_0}[X].$$

また，補題 5.37 の (5) より (5.22) はすべての単関数 X について成立する．さらに，補題 5.37 の (6) と単関数のクラスが $\mathcal{X}$ で稠密であること，および有限加法的測度に関する積分の定義より (5.22) が一般の $X \in \mathcal{X}$ に対しても成立する． ∎

[**定理 5.33 と定理 5.34 の証明**] 　 (5.18) の u に関する $\mu \in \mathcal{M}_b(\mathbb{R})$ の確実性等価を $c(\mu)$ で表す．各 $\tilde{X} \in \tilde{\mathcal{X}}$ に対して $X(\omega) := c(\tilde{X}(\omega))$ と定義すれば $\tilde{X} \sim \delta_X$ である．よって，補題 5.36 より

$$\tilde{X} \succ \tilde{Y} \iff \delta_X \succ \delta_Y \iff \tilde{U}(\delta_X) > \tilde{U}(\delta_Y).$$

これと補題 5.37, 5.38 より定理 5.33, 5.34 の主張が従う． ∎

第 5 章ノート ▶ 本章では，[140] にはじまり [59] によって発展させられた，選好関係の数値表現の理論の基礎的な部分について記述した．より詳細については [44], [43], [89], [128] などを参照してほしい．5.2.1 節の最後に述べた $K = K_0^n$ の場合は，特に時間に関する選好の理論と関連がある．これについては例えば [86] や [89] で扱われている．5.2.2 節のリスク回避係数については [117]，確率的保険や期待効用理論の問題点については [97] や [78] に詳しい．命題 5.30 は [119] による．本書では [44] による見通しのよい証明を採用した．5.3 節では，[128], [4], [53], [54], [129], [130] などによって研究されてきた期待効用理論の一般化を扱った．

6 リスク尺度と保険料算出原理

本章では,ファイナンスの世界のリスク尺度と,保険数理の世界の保険料算出原理を,統一的な視点から取り扱う.特に,(1) バリュー・アット・リスク,(2) 条件付きバリュー・アット・リスク(期待ショートフォールともよばれる),(3) Wang の保険料原理,およびそれらの間の関連について詳しく解説する.

6.1 リスク尺度の背景

本章では,リスクを X などの確率変数で表す.ただし,リスク X は将来の利益(profit)ではなく**損失**(loss)を表すものとして定式化する($X < 0$ なら $-X$ 円の利益を表す).例えば,現在の資産の総額が 1 億円のとき,次の時点での資産の総額が 9 千万に減少した場合には,$X = 1000$ 万円,逆に資産が 1 億 2 千万円に増加したときには,$X = -2000$ 万円とする.このようにリスクを損失として定式化する利点の一つは,議論において $+, -$ の符号が簡単になることである.また,保険料算出原理との対応で都合がよいという利点もある.実際,保険会社にとって保険のリスクは保険金として支払う将来の損失を表す.

リスク X の大きさをある数値 $\rho(X)$ で要約して表すことができれば,現在の状況を感覚的に把握するのに大いに役立つであろう.この対応 $X \mapsto \rho(X)$ の規則が**リスク尺度**(risk measure)である.リスク尺度の中で最も代表的なものは,おそらく **Value at Risk**(バリュー・アット・リスク)であろう.これは(より正確な定義は後で述べるが)信頼水準とよばれる(例えば 0.95 などの) 1 に近い確率の範囲での最大損失額のことである.Value at Risk は **VaR** と略記される.

金融機関の経営陣にとって,その機関の運用資産の全体が(例えば一日などの)一定期間後にどの程度の損失を被る可能性があるのかを把握しておくことは,リスク管理上の観点から望ましいであろう.米国大手銀行 JP モルガン(現 JP モルガン・チェース)は,当初まさにそのような目的のために VaR を採用

し，VaR を使用したリスク管理システムの **RiskMetrics** を開発した．1994 年に JP モルガンは RiskMetrics の内容を一般公開する戦略を取り，VaR は RiskMetrics と共に業界に急速に広まっていった．さらに，銀行の自己資本比率に関する世界的な規制として影響力の大きい **BIS 規制**が，1996 年の合意で VaR を取り入れた．ここで BIS とは，Bank for International Settlements(国際決済銀行)の略である．こうして，VaR は業界の標準として世界中の金融機関および企業，ファンドなどにより広く用いられるに至った．

VaR の広まりと共に，その評価法の改良に関するもの，あるいはリスク尺度としてのそれの妥当性に関するものなど，VaR に関するさまざまな研究が膨大な数の文献において行われている．また，VaR 以外のさまざまなリスク尺度の研究・提案もなされている．その中には，後で考察する CVaR のように実際に実務でよく使用されているものもある．

VaR などのリスク尺度は，通常はリスク管理に用いられ，そこでの目的は，特定の金融資産のポジションのリスクよりも，それらからなるポートフォリオ全体のリスクの管理である．例えば，金融機関の運用資産全体での将来の損失額というリスクなどがそれにあたる．しかしながら，保険契約の保険料を決めるための保険料算出原理もリスク尺度と類似している点が多い．その類似性は集団でリスクを分散し合うという保険の原理と密接に関係していると考えられる．本章ではリスク尺度と保険料算出原理を統一的な視点で扱う．

リスク尺度といっても実際にはさまざまなものがある．それは，考え方や立場の違いにより，その定義や要求される性質が異なってくるからである．例えば，リスクに対し要求される必要資本量あるいは価格をリスク尺度と見るというのは，リスク尺度の主流の考え方の一つである．実際，その代表的な例が VaR であり，例えば BIS 規制では銀行の市場リスクなどに対する必要資本量を VaR の言葉で設定している．一方，あるターゲットからのずれの大きさをそのリスク X の大きさ(リスク尺度)と見るという考え方もある．その代表的なものが X の分散 $V(X)$ あるいは標準偏差 $\sigma(X)$ で，1950 年代の Markowitz に始まるポートフォリオ理論などを通じて，実質的には金融において最もよく用いられるリスク尺度であるといえよう．しかし，このような出発点の考え方に違いはあっても，結局の所，それらは互いに密接な関係にあることが多い．例えば，リスク X の VaR の評価は，分散 $V(X)$ の評価に帰着されることが多い．

6.2 リスク尺度の性質

この節では，Artzner 等 [5] や Delbaen [29] らの公理論的なアプローチにならい，リスク尺度として望ましいと思われるいくつかの性質について考察する．簡単のため金利 $r=0$ の設定の場合を考える．

$L^0 := L^0(\Omega, \mathscr{F}, P)$ は確率空間 $(\Omega, \mathscr{F}, P)$ 上の実数値確率変数の全体とする．以下，$\mathcal{X}$ は $\mathbb{R}$ を含む L^0 の凸錐であるとする．すなわち，(1) $\mathbb{R} \subset \mathcal{X}$, (2) $X_1, X_2 \in \mathcal{X} \Rightarrow X_1 + X_2 \in \mathcal{X}$, (3) $\lambda \in (0, \infty)$, $X \in \mathcal{X} \Rightarrow \lambda X \in \mathcal{X}$, が成り立つ．

定義 6.1　写像 $\rho: \mathcal{X} \to \mathbb{R}$ をリスク尺度という． □

注意 6.2　定義域 $\mathcal{X}$ も，リスク尺度の ρ の定義の重要な一部である．実際，$\mathcal{X}$ を変えることで，ρ の性質が変わってくることがある（例 6.63，定理 6.67 参照）．

例 6.3　(a) $\mathcal{X} = L^p$, $p = 0$ あるいは $p \in [1, \infty]$. この場合，$\mathcal{X}$ は，L^0 の部分空間である．
(b) $\mathcal{X} = \{X \in L^0 : $ 任意の $\alpha > 0$ に対し $E[e^{\alpha X}] < \infty\}$.
(c) $\mathcal{X} = \{X \in L^0 : X$ は上に有界 $\}$. □

問題 6.4　上の (b) と (c) の $\mathcal{X}$ は，$\mathbb{R}$ を含む L^0 の凸錐であることを示せ． □

実際問題として，写像 $\rho: \mathcal{X} \to \mathbb{R}$ がリスク尺度とよばれるに値するには，ρ はいくつかの良い性質も持っている必要がある．そのような性質の中で代表的なものを，以下で挙げていくことにする．以下，$X, Y \in \mathcal{X}$ とする．

性質 1 (正規化)．$\rho(0) = 0$.

リスク尺度に対しては，正規化 (normalization) の性質は話を簡単にするための非本質的な性質と考えてよい．

性質 2 (並進不変性)．すべての $k \in \mathbb{R}$ に対し，$\rho(X+k) = \rho(X) + k$.

並進不変性 (translation invariance) を，cash invariance ともいう．損失が k 円増えれば ρ の値も k 増えるということは，ρ のスケールが金額と同じ (円) であることを意味する (ただし，これは金利 $r=0$ の場合の話で，$r > 0$ の場合には，割引価値と考えるべき)．性質 1 も仮定すると，並進不変性は $\rho(X - \rho(X)) = 0 = \rho(0)$ を意味するが，これは $\rho(X)$ 円資本を注入すれば，リスクがない場合と同じ状態になるということで，まさに $\rho(X)$ 円が X に対する必要資本量であると解釈できる．もし $\rho(X) < 0$ ならば $-\rho(X)$ 円だけ資本を引き出すことさえ可能である．なぜならば，そうしても，$\rho(X + (-\rho(X))) = 0$ より，資本注入の

必要がないからである.結局,$\rho(Y) \leqq 0$ という Y のクラスが資本の注入を必要としない**許容可能**(admissible)なリスクのクラスであると解釈できる.

性質 3(単調性). $X \leqq Y \Rightarrow \rho(X) \leqq \rho(Y)$.

より大きな損失を出すポジションは,よりリスキーでありより多くの資本を必要とするという自然な要請が,この単調性(monotonicity)である.

性質 4(正斉次性). すべての $\lambda \in (0, \infty)$ に対し $\rho(\lambda X) = \lambda \rho(X)$.

正斉次性は,理論的にも計算上も,あると大変便利な性質であり,また λ がそれほど大きくないときには,現実的にもある程度妥当であるとみなされる.しかし,λ が非常に大きいときには,リスク尺度としては適当でないという批判がある.その根拠は,大きな λ に対して λX はリスク分散とは反対の大規模なリスク集中を意味し,これに対しては是非避けるべきということで非線形的に大きなリスク尺度を与えるのが妥当というものである.

性質 5(劣加法性). $\rho(X+Y) \leqq \rho(X) + \rho(Y)$.

劣加法を持つリスク尺度 ρ は,リスク管理にとって都合がよい.例えば,ある金融機関の各部署 $i = 1, 2, \cdots, n$ のポジションを X_i とするとき,各 i において $\rho(X_i)$ を上から決められた値で抑えておけば,全体のポジション $X_1 + \cdots + X_n$ のリスク尺度 の上限も

$$\rho(X_1 + X_2 + \cdots + X_n) \leqq \rho(X_1) + \rho(X_2) + \cdots + \rho(X_n)$$

により自動的に抑えられるからである.逆に劣加法性が成り立たないと,すべての i について $\rho(X_i) \leqq 0$ と許容可能であるにもかかわらず,全体としては $\rho(X_1 + X_2 + \cdots + X_n) > 0$ と許容可能でなくなるというような不都合なことが起こりうる.実際,これが VaR に対する批判の一つの根拠になっている(下の例 6.63 を見よ).

一方,劣加法性は

(6.1) $$\rho(nX) \leqq \rho(X) + \rho(X) + \cdots + \rho(X) = n\rho(X)$$

を意味し,これより上の正斉次性に対するのと同じ批判があてはまる.

定義 6.5 性質 1(正規化),性質 2(並進不変性),性質 3(単調性),性質 4(正斉次性),性質 5(劣加法性)を満たすリスク尺度 $\rho: \mathcal{X} \to \mathbb{R}$ を**コヒーレント・リスク尺度**(coherent risk measure)という. □

例 6.6 $\mathcal{X} := L^1$ とし $\rho(X) := E[X]$ とすると ρ はコヒーレント・リスク尺度

になる．また，$\mathcal{X} := L^\infty$ とし $\rho(X) := \operatorname{ess\,sup} X$ としても ρ はコヒーレント・リスク尺度になる． □

$p \in [1, \infty]$ に対しその**共役指数** q を $(1/p) + (1/q) = 1$ により定義する．ただし，$p = 1$ のときは $q = \infty$，$p = \infty$ のときは $q = 1$ とする．L^q のノルム $\|\cdot\|_q$ は次で定義されるのであった：$Z \in L^q$ に対し，

$$\|Z\|_q := E[|Z|^q]^{1/q} \quad (1 \leqq q < \infty), \qquad \|Z\|_\infty := \operatorname{ess\,sup} |Z|.$$

ここで，実確率変数 X に対し，$m \in (-\infty, \infty]$ で $P(X \leqq m) = 1$ かつすべての $\varepsilon > 0$ に対し $P(X > m - \varepsilon) > 0$ を満たすものが存在する．この m を X の**本質的上限**(essential supremum)といい，$\operatorname{ess\,sup} X$ と記す．

コヒーレント・リスク尺度の(評価法などは別にして)構成だけならば，次の補題により容易に行える．

補題 6.7 $p \in [1, \infty]$ とし q をその共役指数とする．L^0 の部分集合 $\mathcal{Z}$ は次の二つの条件を満たすとする：

(a) $Z \in \mathcal{Z} \Rightarrow Z \geqq 0$ かつ $E[Z] = 1$．
(b) $M := \sup\{\|Z\|_q : Z \in \mathcal{Z}\} < \infty$．

このとき，

(6.2) $$\rho(X) = \sup\{E[XZ] : Z \in \mathcal{Z}\}, \qquad X \in L^p$$

とおくと，ρ は L^p 上のコヒーレント・リスク尺度になり，次を満たす：

(6.3) $$|\rho(X)| \leqq M\|X\|_p.$$
□

[証明] 仮定(b)より $M < \infty$ である．これと Hölder の不等式より，任意の $X \in L^p$ に対し，$E[|XZ|] \leqq \|Z\|_q \|X\|_p \leqq M\|X\|_p < \infty$ が成り立つ．よって，(6.2)は写像 $\rho : L^p \to \mathbb{R}$ を定義する．また $|E[XZ]| \leqq E[|XZ|]$ より，(6.3)も分かる．ρ が性質 1〜5 (コヒーレント性)を満たすことは，問題とする． ■

問題 6.8 (6.2)の ρ が性質 1〜5 (コヒーレント性)を満たすことを示し，補題 6.7 の証明を完成させよ． □

注意 6.9 補題 6.7 において，条件(a)より $Z \in \mathcal{Z}$ に対し可測空間 $(\Omega, \mathscr{F})$ 上の確率測度 Q を次により定義できる：

$$Q(A) := E[Z 1_A] = \int_A Z(\omega) P(d\omega), \qquad A \in \mathscr{F}.$$

このとき，Q は P に対して絶対連続で，Z は Q の P に対する Radon-Nikodým (ラドン-ニコディム) 密度関数 dQ/dP に他ならない：$Z = dQ/dP$. そして $E[XZ] = E^Q[X]$ が成り立つ. ただし，$E^Q[\cdot]$ は Q に関する期待値を表す. これらのことより，(6.2) の ρ は次のように書くこともできる：

$$(6.4) \qquad \rho(X) = \sup\left\{E^Q[X] : Q \in \mathcal{M}_1(P), \frac{dQ}{dP} \in \mathcal{Z}\right\}, \qquad X \in L^p.$$

ここで，$\mathcal{M}_1(P)$ は，P に対して絶対連続な $(\Omega, \mathscr{F})$ 上の確率測度の全体を表す.

コヒーレント・リスク尺度 $\rho : L^p \to \mathbb{R}$ に対する条件 (6.3) は，次の補題が示すように連続性と同値である.

補題 6.10 $p \in [1, \infty]$ とする. すると，コヒーレント・リスク尺度 $\rho : L^p \to \mathbb{R}$ に対し，次の四つの条件は同値である：

(a) ρ はノルム $\|\cdot\|_p$ で定まる L^p の位相について連続である.

(b) ある $C \in (0, \infty)$ があって，$|\rho(X) - \rho(Y)| \leqq C\|X - Y\|_p$ がすべての $X, Y \in L^p$ に対して成り立つ.

(c) ある $C \in (0, \infty)$ があって，$\rho(X) \leqq C\|X\|_p$ がすべての $X \in L^p$ に対して成り立つ.

(d) ある $C \in (0, \infty)$ があって，$|\rho(X)| \leqq C\|X\|_p$ がすべての $X \in L^p$ に対して成り立つ. □

[証明] (b)⇒(a) と (d)⇒(c) は明らかである. $\rho(0) = 0$ であるので，(a)⇒(d) の証明は，関数解析における連続線形作用素の有界性のそれと同様にできる. 最後に (c) が成り立つとせよ. すると次が成り立つ：

$$\rho(X) - \rho(Y) \leqq \rho(X - Y) \leqq C\|X - Y\|_p.$$

同様に $\rho(Y) - \rho(X) \leqq C\|X - Y\|_p$ も成り立つ. よって (b) が成り立つ. ■

注意 6.11 実は，補題 6.7 の逆も成り立つ. すなわち，L^p 上の連続なコヒーレント・リスク尺度 ρ は必ず (6.2) の形に書ける ([29], [65], [44] を見よ). ただし，$p = \infty$ の場合には，連続性は Fatou 性という別の連続性で置き換える必要がある.

上に述べたように正斉次性に関しては現実のリスク尺度の性質としては問題があるという批判があり，$\lambda > 1$ に対し，$\rho(\lambda X) > \lambda \rho(X)$ という性質を持つリスク尺度も許容するようなコヒーレント・リスク尺度とは別の公理系を考えたいという欲求が出てくる. その場合，(6.1) より劣加法性も同時にゆるめる必要があ

る．そこで，(性質4)+(性質5)を緩和した次の性質を考える．

性質6(凸性)． すべての $\lambda \in [0,1]$ に対し，
$$\rho(\lambda X + (1-\lambda)Y) \leqq \lambda \rho(X) + (1-\lambda)\rho(Y).$$

命題 6.12 $X \in \mathcal{X}$ とする．次の主張が成り立つ．
(a) 性質4(正斉次性)の下で，性質5(劣加法性)と性質6(凸性)は同値である．
(b) 性質1(正規化)と性質6(凸性)が成り立てば，すべての $\lambda \in [1,\infty)$ に対し，$\lambda \rho(X) \leqq \rho(\lambda X)$ が成り立つ． □

[証明] (a) 正斉次性と劣加法性より凸性が出てくることは明らかである．逆に正斉次性と凸性を仮定すると，
$$\rho(X+Y) \leqq \frac{1}{2}\rho(2X) + \frac{1}{2}\rho(2Y) = \frac{1}{2}2\rho(X) + \frac{1}{2}2\rho(Y) = \rho(X) + \rho(Y)$$
となって，劣加法性が従う．

(b) $\lambda \in [1,\infty)$ に対し，$c := 1/\lambda$, $X' := \lambda X$ とすると，正規化と凸性より
$$\rho(X) = \rho(cX' + (1-c)0) \leqq c\rho(X') + (1-c)\rho(0) = \frac{1}{\lambda}\rho(\lambda X)$$
となり，$\lambda \rho(X) \leqq \rho(\lambda X)$ が分かる． ■

定義 6.13 性質1(正規化)，性質2(並進不変性)，性質3(単調性)，性質6(凸性)を満たすリスク尺度 $\rho: \mathcal{X} \to \mathbb{R}$ を**凸リスク尺度**(convex risk measure)という． □

例 6.14 $\beta \in (0,\infty)$ とする．$\mathcal{X}$ を例6.3(b)のように取り，**指数型リスク尺度** $\rho: \mathcal{X} \to \mathbb{R}$ を次で定める：
$$\rho(X) := \frac{1}{\beta}\log E[e^{\beta X}], \quad X \in \mathcal{X}.$$
この ρ が性質1～3を満たすことは，容易に分かる．ρ の凸性を示すために，効用関数 $u(x) := 1 - e^{-\beta x}$ を考える．すると，$\rho(X)$ は，次のように X の(売り手から見た)効用無差別価格であることが分かる：
$$E[u(\rho(X) - X)] = E[u(0)] = 0.$$
$\lambda \in [0,1]$ とし，$Z := \lambda X + (1-\lambda)Y$ とおく．すると，次が成り立つ：

$$E[u(\rho(Z) - Z)] = 0 = E[\lambda u(\rho(X) - X) + (1-\lambda)u(\rho(Y) - Y)]$$
$$\leqq E[u(\lambda \rho(X) + (1-\lambda)\rho(Y) - Z)].$$

ここで, 最後の不等式では, $u(x)$ の凹性を用いた. これと, u の単調増大性より,

$$\rho(\lambda X + (1-\lambda)Y) \leqq \lambda \rho(X) + (1-\lambda)\rho(Y)$$

となって, ρ の凸性が分かる. よって, ρ は凸リスク尺度である.

今, $X_1, X_2, \cdots, X_n$ が独立のとき $E[e^{\beta(X_1 + \cdots + X_n)}] = E[e^{\beta X_1}] \cdots E[e^{\beta X_n}]$ であるから

(6.5) $\qquad \rho(X_1 + X_2 + \cdots + X_n) = \rho(X_1) + \rho(X_2) + \cdots + \rho(X_n)$

が成り立つことが分かる. さらに $X_1, X_2, \cdots, X_n$ が独立同分布のときには,

(6.6) $\qquad \rho(X) = \dfrac{1}{\beta} \log \left[\int_{-\infty}^{\infty} e^{\beta x} P_X(dx) \right]$

より, $\rho(X_1) = \cdots = \rho(X_n)$ であるので, $\rho(X_1 + \cdots + X_n)$ は

$$\rho(X_1 + \cdots + X_n) = n\rho(X_1)$$

と n についての 1 次関数であることが分かる.

一方, X が正規分布 $N(\mu, \sigma^2), \mu \in \mathbb{R}, \sigma > 0,$ に従うとする. $Z := (X - \mu)/\sigma$ とおくと, Z は標準正規分布に従い,

$$E[e^{\beta X}] = E[e^{\beta\mu + \beta\sigma Z}] = e^{\beta\mu} \int_{-\infty}^{\infty} e^{\beta\sigma z} \frac{1}{\sqrt{2\pi}} e^{-(1/2)z^2} dz = e^{\beta\mu + (1/2)\beta^2\sigma^2}$$

となる. これより, $\rho(X) = \mu + (1/2)\beta\sigma^2$, したがって,

$$\rho(\lambda X) = \lambda\mu + \frac{1}{2}\beta\sigma^2\lambda^2, \qquad \lambda \in \mathbb{R}$$

となり, $\rho(\lambda X)$ は λ についての 2 次関数であることが分かる. □

性質 7(法則不変性). X と Y の分布が等しければ, $\rho(X) = \rho(Y)$.

X と Y の分布 (あるいは法則) が等しいことと, すべての $x \in \mathbb{R}$ で $F_X(x) = F_Y(x)$ が成り立つということは同値である. したがって, ρ が分布関数 F の言葉のみで書けているときには, 法則不変性が成り立つ. また, もちろん ρ が X の分布 P_X のみで書けているときにも, 法則不変性が成り立つ. 例えば, 期待値

$$\rho(X) := E[X] = \int_{-\infty}^{\infty} x P_X(dx)$$

は法則不変性を持つ．また，例 6.14 の指数型リスク尺度 ρ も法則不変性を持つ．

法則不変性があるとリスク尺度の評価は $\mathbb{R}$ 上の話に帰着されるので，その意味で便利な性質である．X が保険商品のリスク(保険金)のときには，その保険料は，分布 P_X のみで計算されることが多く，その場合，その保険料はリスク尺度として法則不変性を持つことになる．これに対し，派生証券や債券などの金融資産の価格は X の分布 P_X だけでは決まらないことが多く，その場合リスク尺度として法則不変性は満たさないことになる．

定義 6.15 二つの確率変数 $X, Y \in L^0$ が**共単調**(comonotonic)であるとは，ある確率変数 $Z \in L^0$ と二つの単調増加関数 $f, g : \mathbb{R} \to \mathbb{R}$ があって次が成り立つことである：$\omega \in \Omega$ に対し，

$$X(\omega) = f(Z(\omega)), \qquad Y(\omega) = g(Z(\omega)). \qquad \square$$

注意 6.16 確率変数の共単調性は，P を別の確率測度に変えても保たれる．

共単調な確率変数 X, Y で表される二つのリスクは，独立の場合とは対照的に常に同じようなふるまいをするので，その和 $X + Y$ にリスク分散の効果はないことになる．

性質 8(共単調性)．X と Y が共単調ならば，$\rho(X + Y) = \rho(X) + \rho(Y)$．

X と Y が共単調のとき，この二つは同じような動きをし $X + Y$ にリスク分散の効果は働かないから，$\rho(X + Y) < \rho(X) + \rho(Y)$ であってはおかしい．その意味で，少なくとも劣加法性が成り立つ場合，リスク尺度 ρ の共単調性(comonotonicity)は自然な性質といえる．

命題 6.17 リスク尺度 ρ が共単調であれば，性質 1 (正規化)を満たす．さらに，すべての正の有理数 λ と $X \in \mathcal{X}$ に対し，$\rho(\lambda X) = \lambda \rho(X)$ を満たす． $\square$

[証明] $X = 0$ と $Y = 0$ は共単調であるから，$\rho(0) = \rho(0) + \rho(0)$ が成り立ち，これより $\rho(0) = 0$ (正規化)が得られる．今，$\lambda = r/p$ とする．ここで，r, p は正の整数である．まず X と X は共単調であるから，$\rho(2X) = \rho(X) + \rho(X) = 2\rho(X)$ が分かる．同様にして，$\rho((r/p)X) = r\rho((1/p)X)$ が分かる．また，これは，$\rho((1/p)X) = (1/p)\rho(X)$ も意味するから，結局，

$$\rho(\lambda X) = \rho((r/p)X) = (r/p)\rho(X) = \lambda\rho(X)$$

が得られる. ∎

注意 6.18 命題 6.17 より, ρ が共単調でさらに適当な連続性を持てば, 正斉次性も満たすことが分かる.

問題 6.19 例 6.14 の ρ は共単調ではないことを示せ. □

6.3 分位関数

この節では, 次節以降で VaR や CVaR などのリスク尺度を扱うための準備として, 分位関数(quantile function)という概念について考察する.

確率空間 $(\Omega, \mathscr{F}, P)$ 上で話を進める. $p \in [1, \infty]$ に対し, $L^p := L^p(\Omega, \mathscr{F}, P)$ とおく. また, $L^0 := L^0(\Omega, \mathscr{F}, P)$ は, P-a.s. に有限な値を取る $(\Omega, \mathscr{F}, P)$ 上の確率変数の全体を表すとする. 確率変数に対するすべての不等式や等式は, P-a.s. の意味で成り立つものと理解する.

確率変数 X の分布関数 $F(x) := P(X \leqq x)$ に対する次の等式を思い出そう: $x \in \mathbb{R}$ に対し.

$$F(x-) := \lim_{u \to x-0} F(u) = P(X < x).$$

定義 6.20 確率変数 $X \in L^0$ の分布関数を F とする. $s \in (0,1)$ に対し次を満たす任意の数 $q \in \mathbb{R}$ を, F の(あるいは X の) **s 分位**(s-quantile)という:

(6.7) $$F(q-) \leqq s \leqq F(q).$$ □

分位は, 元々統計学における概念であり, 信頼区間を求める際などに現れる.

例 6.21 $P(X = -2) = P(X = 1) = 1/2$ のときには, s 分位の集合 Q_s は次で与えられる:

$$Q_s = \begin{cases} \{-2\}, & 0 < s < 1/2, \\ [-2, 1], & s = 1/2, \\ \{1\}, & 1/2 < s < 1. \end{cases}$$

実際,X の分布関数 F に対し,次が成り立つ:

$$F(x-) = \begin{cases} 0, & x \leq -2, \\ 1/2, & -2 < x \leq 1, \\ 1, & 1 < x, \end{cases} \qquad F(x) = \begin{cases} 0, & x < -2, \\ 1/2, & -2 \leq x < 1, \\ 1, & 1 \leq x. \end{cases}$$

(1) $0 < s < 1/2$ のときは,$F(x-) \leq s$ より $x \leq -2$ と $s \leq F(x)$ より $-2 \leq x$ が,それぞれ出るので,合わせて $Q_s = \{-2\}$ が結論される.

(2) $s = 1/2$ のときには,$F(x-) \leq 1/2$ より $x \leq 1$ と $1/2 \leq F(x)$ より $-2 \leq x$ が,それぞれ出るので,合わせて $Q_s = [-2, 1]$ が分かる.

(3) $1/2 < s < 1$ のときには,$F(x-) \leq s$ より $x \leq 1$ と $s \leq F(x)$ より $1 \leq x$ が,それぞれ出るので,合わせて $Q_s = \{1\}$ が結論される. □

問題 6.22 (1) $F(q-) = s$ ならば q は s 分位であることを示せ.
(2) $F(q) = s$ ならば q は s 分位であることを示せ.
(3) 分布関数 F が区間 $[a, b]$ 上で一定値 $s \in (0, 1)$ を取るならば,区間 $[a, b]$ の点はすべて s 分位であることを示せ. □

定義 6.23 確率変数 $X \in L^0$ の分布関数を F とする.関数 $q: (0, 1) \to \mathbb{R}$ が次を満たすとき,F の(あるいは X の)**分位関数**(quantile function)という:

(6.8) $\qquad F(q(s)-) \leq s \leq F(q(s)), \qquad s \in (0, 1).$

すなわち q が F の分位関数であるとは,すべての $s \in (0, 1)$ に対し,$q(s)$ が F の s 分位になっていることである. □

補題 6.24 $s \in (0, 1)$ に対し分布関数 F が $x = q(s)$ で連続ならば $F(q(s)-) = F(q(s)) = s$ が成り立つ. □

[証明] 仮定より $F(q(s)-) = F(q(s))$ であるから,分位関数の定義より直ちに補題が得られる. ■

補題 6.25 $-\infty \leq a < b \leq \infty$ とする.分布関数 F に対し,次を仮定する:
(1) F は $\mathbb{R}$ 上で連続.
(2) $F: (a, b) \to (0, 1)$ は 1 対 1 かつ上への写像.

このとき,F の分位関数 q は一意で $q(s) = F^{-1}(s)$, $0 < s < 1$, で与えられる.ここで,F^{-1} は F を (a, b) 上に制限したものの逆関数である. □

[証明] q を F の分位関数とすると，補題 6.24 より $s \in (0,1)$ に対し，$F(q(s)) = s$ が成り立つ．$F((a,b)) = (0,1)$ より，$x \leqq a$ に対しては $F(x) = 0$ で，$b \leqq x$ に対しては $F(x) = 1$ であるから，$q(s) \in (a,b)$ である．よって，逆関数 $F^{-1} : (0,1) \to (a,b)$ を $F(q(s)) = s$ の両辺に作用させて，$q(s) = F^{-1}(s)$ を得る． ∎

命題 6.26 $\sigma \in (0,\infty)$, $\mu \in \mathbb{R}$ とする．確率変数 X が正規分布 $N(\mu, \sigma^2)$ に従うとき，X の分位関数 q は $q(s) = \mu + \sigma \Phi^{-1}(s)$, $0 < s < 1$，で与えられる．ここで，$\Phi(x)$ は標準正規分布 $N(0,1)$ の分布関数である：

$$(6.9) \qquad \Phi(x) = \int_{-\infty}^{x} \frac{1}{\sqrt{2\pi}} e^{-y^2/2} dy, \qquad x \in \mathbb{R}.$$

[証明] $Z := (X - \mu)/\sigma$ とおくと，Z は標準正規分布に従うから，

$$F_X(x) = P(Z \leqq (x - \mu)/\sigma) = \Phi((x - \mu)/\sigma), \qquad x \in \mathbb{R}.$$

よって，補題 6.25 より $q(s) = F_X^{-1}(s) = \mu + \sigma \Phi^{-1}(s)$ が得られる． ∎

注意 6.27 F の分位関数 q を F の**一般化された逆関数**とよぶことがある．F が狭義単調でないときには，通常の意味の逆関数 F^{-1} は存在しないことに注意せよ．問題 6.22 (3) から分かるように，これに対応して，F が狭義単調でないときには，F の分位関数は一意には決まらない．

命題 6.28 すべての分位関数 q は単調増加関数である． ∎

[証明] $0 < s < s' < 1$ とする．すると，任意の $\varepsilon > 0$ に対し

$$F(q(s) - \varepsilon) \leqq s < s' \leqq F(q(s'))$$

が成り立つが，これは，$q(s) - \varepsilon < q(s')$ を意味する．ここで，$\varepsilon \to 0+$ とすると，$q(s) \leqq q(s')$ が得られる．よって q は単調増加関数である． ∎

補題 6.29 分布関数 F の分位関数 q と $s_1, s_2 \in (0,1)$ に対し，次の主張が成り立つ：

(a) $q(s_1) < q(s_2)$ ならば $F(q(s_1)) \leqq s_2$．
(b) $s_1 \leqq s_2 < F(q(s_1))$ ならば $q(s_1) = q(s_2)$． ∎

[証明] (a) F の単調増加性と分位関数の定義より

$$F(q(s_1)) \leq \lim_{\varepsilon \downarrow 0} F(q(s_2) - \varepsilon) = F(q(s_2)-) \leq s_2$$

となり，欲しい主張が得られる．

(b) $s_1 \leq s_2$ と q の単調増大性より $q(s_1) \leq q(s_2)$ が成り立つ．もし $q(s_1) < q(s_2)$ ならば，(a) より $F(q(s_1)) \leq s_2$ となって仮定に反する．よって $q(s_1) = q(s_2)$ が成り立つ． □

定義 6.30 確率変数 $X \in L^0$ の分布関数 F に対し，二つの関数 $q^-, q^+ : (0,1) \to \mathbb{R}$ を，それぞれ次により定める：$s \in (0,1)$ に対し，

(6.10) $\qquad q^-(s) := \sup\{x \in \mathbb{R} : F(x) < s\}$,
(6.11) $\qquad q^+(s) := \inf\{x \in \mathbb{R} : s < F(x)\}$.

q^- を X の (あるいは F の) **下方分位関数** (lower quantile function) といい，q^+ を X の (あるいは F の) **上方分位関数** (upper quantile function) という． □

注意 6.31 q^- が分布関数 F の，あるいは確率変数 X の，下方分位関数であることを強調したいときには，それぞれ q_F^-, q_X^- などと記す．上方分位関数に対する記号 q_F^+, q_X^+ についても同様である．

命題 6.32 次の主張が成り立つ：
(a) q^- と q^+ は共に単調増加関数である．
(b) すべての $s \in (0,1)$ に対し $q^-(s) \leq q^+(s)$. □

[証明] (a) 集合 $\{x \in \mathbb{R} : F(x) < s\}$ は s について包含関係の意味で単調増大であるからその上限の $q^-(s)$ は s について単調増大である．一方，集合 $\{x \in \mathbb{R} : s < F(x)\}$ は s について単調減少であるからその下限の $q^-(s)$ は s について単調増大である．

(b) $F(x) < s$ ならば $s < F(y)$ なる任意の y について $x < y$ であるから，そのような y について下限を取って，$x \leq q^+(s)$ を得る．ついで，x について上限を取って，$q^-(s) \leq q^+(s)$ を得る． □

命題 6.33 次の主張が成り立つ：
(a) q^- は左連続な F の分位関数である．
(b) q^+ は右連続な F の分位関数である．
(c) $s \in (0,1)$ に対し $q^-(s) = \inf\{x \in \mathbb{R} : s \leq F(x)\}$.

(d) $s \in (0,1)$ に対し $q^+(s) = \sup\{x \in \mathbb{R} : F(x) \leqq s\}$. □

[証明] (a) $q^-(s)$ の定義より,任意の $\varepsilon > 0$ に対し,$F(x_0) < s$ と $q^-(s) - \varepsilon \leqq x_0$ を同時に満たす x_0 が取れる.$\delta > 0$ を $F(x_0) < s - \delta$ が成り立つように取る.すると,$x_0 \leqq q^-(s-\delta)$ であり,したがって $q^-(s) - \varepsilon \leqq x_0 \leqq q^-(s-\delta)$ が成り立つ.q^- は単調増加であるから,これは次を意味する:

$$q^-(s) - \varepsilon \leqq q^-(t) \leqq q^-(s), \quad s - \delta < t < s.$$

よって,q^- は左連続である.次に,

$$x_n := q^-(s) - (1/n), \quad x'_n = q^-(s) + (1/n), \quad n = 1, 2, 3, \cdots$$

とおく.すると $q^-(s)$ の定義より $F(x_n) < s \leqq F(x'_n)$, $n = 1, 2, \cdots$,が成り立つ.ここで $n \to \infty$ とすると,$F(q^-(s)-) \leqq s \leqq F(q^-(s))$ が得られ,よって q^- は F の分位関数であることが分かる.

(b) は (a) と同様にして示せる.

(c) $r^-(s) = \inf\{x \in \mathbb{R} : s \leqq F(x)\}$ とおいて,$q^-(s) = r^-(s)$ を示せばよい.もし $F(x) < s \leqq F(x')$ ならば,$x < x'$ であるから,$q^-(s) \leqq r^-(s)$ が分かる.一方,$q^-(s) < x$ ならば,$s \leqq F(x)$ であり,したがって $r^-(s) \leqq x$ が成り立つが,これは $r^-(s) \leqq q^-(s)$ を意味する.合わせて,$q^-(s) = r^-(s)$ が得られる.

(d) は (c) と同様にして示せる. □

問題 6.34 命題 6.33 の (b) と (d) を証明せよ. □

次の補題は,$q^-(s)$ を求める際に便利である.

補題 6.35 信頼水準 $s \in (0,1)$ を固定する.このとき,分布関数 F の下方分位関数 q^- に対し,$v = q^-(s)$ であるための必要十分条件は,次の二つの条件が共に成り立つことである:

(a) すべての $x < v$ に対し $F(x) < s$.

(b) $s \leqq F(v)$. □

[証明] $v = q^-(s)$ を仮定する.すると,(6.10) より (a) が成り立つ.また,命題 6.33(a) より (b) も成り立つ.逆に,(a) と (b) を仮定する.すると,(a) は

$$(-\infty, v) \subset \{x \in \mathbb{R} : F(x) < s\}$$

を意味する.両辺の上限を取ることで,$v \leqq q^-(s)$ が分かる.一方,命題 6.33

(c) より (b) は $q^-(s) \leqq v$ を意味する．合わせて $v = q^-(s)$ が得られる． ∎

例 6.36 $a < b$ に対し $P(X=a) = P(X=b) = 1/2$ とする．
(1) $0 < s \leqq 1/2$ とする．すると，すべての $x < a$ に対し $F(x) = 0 < s$ であり，また $s \leqq 1/2 = F(a)$ であるから，$q^-(s) = a$ となる．
(2) $1/2 < s < 1$ とする．すると，すべての $x < b$ に対し $F(x) \leqq 1/2 < s$ であり，また $s < 1 = F(b)$ であるから，$q^-(s) = b$ となる． ∎

補題 6.35 と同様に次の補題が成り立つ．

補題 6.37 信頼水準 $s \in (0,1)$ を固定する．このとき，分布関数 F の上方分位関数 q^+ に対し，$v = q^+(s)$ であるための必要十分条件は，次の二つの条件が共に成り立つことである：
(a) $F(v-) \leqq s$．
(b) すべての $x > v$ に対し $s < F(x)$． ∎

[証明] $v = q^+(s)$ を仮定する．すると，(6.11) より (b) が成り立つ．また，命題 6.33 (b) より (a) も成り立つ．逆に，(a) と (b) を仮定する．すると，(b) は

$$(v, \infty) \subset \{x \in \mathbb{R} : s < F(x)\}$$

を意味する．両辺の集合の下限を取ることで，$q^+(s) \leqq v$ が分かる．一方，(a) は任意の $\varepsilon > 0$ に対し $F(v - \varepsilon) \leqq s$ が，したがって命題 6.33 (d) より $q^+(s) \geqq v - \varepsilon$ が，成り立つことを意味する．$\varepsilon \downarrow 0$ として $q^+(s) \geqq v$ が分かる．よって，合わせて $v = q^+(s)$ が得られる． ∎

例 6.38 $a < b$ に対し $P(X=a) = P(X=b) = 1/2$ とする．
(1) $0 < s < 1/2$ とする．すると，$F(a-) = 0 < s$ であり，またすべての $a < x$ に対し $s < 1/2 \leqq F(x)$ であるから，$q^+(s) = a$ となる．
(2) $1/2 \leqq s < 1$ とする．すると，$F(b-) = 1/2 \leqq s$ であり，またすべての $b < x$ に対し $s < 1 = F(x)$ であるから，$q^+(s) = b$ となる． ∎

命題 6.39 q^-, q^+ をそれぞれ分布関数 F の下方および上方分位関数とする．すると，関数 $q : (0,1) \to \mathbb{R}$ に対し次の二つの性質は同値である：
(a) q は F の一つの分位関数である．
(b) すべての $s \in (0,1)$ に対し，$q(s) \in [q^-(s), q^+(s)]$． ∎

[証明] (a)⇒(b)．(a) より $s \leqq F(q(s))$．したがって命題 6.33 (c) より $q^-(s) \leqq q(s)$ が得られる．一方，$\varepsilon > 0$ に対し，(a) は $F(q(s) - \varepsilon) \leqq s$ を意味するの

で，命題 6.33(d) より $q(s) - \varepsilon \leqq q^+(s)$ が成り立つ．ここで $\varepsilon \to 0+$ として $q(s) \leqq q^+(s)$ を得る．よって，(b) が成り立つ．

(b)⇒(a)．まず，(b) より $F(q^-(s)) \leqq F(q(s))$ であるが，$q^-(s)$ は分位関数であるから $s \leqq F(q^-(s))$ も成り立ち，合わせて $s \leqq F(q(s))$ が得られる．次に，(b) より $F(q(s)-) \leqq F(q^+(s)-)$ であるが，一方 $q^+(s)$ は分位関数であるから，$F(q^+(s)-) \leqq s$ も成り立つ．合わせて $F(q(s)-) \leqq s$ が得られる．よって，(a) が成り立つ． ∎

命題 6.40 分布関数 F の任意の二つの分位関数 $q(s)$ と $q'(s)$ は，高々可算個の $s \in (0,1)$ を除いて一致する． □

[証明] 任意の分位関数 q に対し $q^-(s) = q(s-)$ がすべての $s \in (0,1)$ で成り立つことを示せばよい．実際，単調増加関数 q の不連続点は高々可算個であることから $q(s) = q(s-)$ が可算個の点 $s \in (0,1)$ を除いて成り立つので，これは $q^-(s) = q(s)$ がやはり可算個の点 $s \in (0,1)$ を除いて成り立つことを意味する．

任意に $s \in (0,1)$ を取る．すると，命題 6.39 よりすべての $r \in (0,s)$ に対し $q^-(r) \leqq q(r)$ が成り立つ．q^- は左連続であるから $r \to s-$ として，$q^-(s) \leqq q(s-)$ が得られる．一方，任意の十分小さな $\varepsilon > 0$ に対し，

$$F(q(s-\varepsilon) - \varepsilon) \leqq s - \varepsilon < s$$

が，したがって $q(s-\varepsilon) - \varepsilon \leqq q^-(s)$ が，成り立つ．ここで $\varepsilon \to 0+$ とすると，$q(s-) \leqq q^-(s)$ が得られる．合わせて，$q^-(s) = q(s-)$ が導かれる． ∎

確率変数 Z の分布関数を F_Z と記す：$F_Z(x) := P(Z \leqq x)$．

命題 6.41 確率変数 $X \in L^0$ と単調増加関数 $f: \mathbb{R} \to \mathbb{R}$ に対し，次の主張が成り立つ．

(a) q が X の分位関数ならば，$f(q)$ は $f(X)$ の分位関数である．
(b) f が左連続ならば，すべての $s \in (0,1)$ に対して $f(q_X^-(s)) = q_{f(X)}^-(s)$．
(c) f が右連続ならば，すべての $s \in (0,1)$ に対して $f(q_X^+(s)) = q_{f(X)}^+(s)$． □

[証明] (a) もし $X(\omega) \leqq x$ ならば $f(X(\omega)) \leqq f(x)$ であるから，不等式 $F_X(x) \leqq F_{f(X)}(f(x))$ が成り立つ．また，$f(X(\omega)) < f(x)$ ならば $X(\omega) < x$ であるから，$F_{f(X)}(f(x)-) \leqq F_X(x-)$ も成り立つ．よって，すべての $s \in (0,1)$ に対し，

$$F_{f(X)}(f(q(s))-) \leqq F_X(q(s)-) \leqq s \leqq F_X(q(s)) \leqq F_{f(X)}(f(q(s)))$$

となるので,$f(q)$ は $f(X)$ の分位関数である.

(b) について.(a) と命題 6.40 より,$f(q_X^-(s)) = q_{f(X)}^-(s)$ が可算個の $s \in (0,1)$ を除いて成り立つが,しかし,$f(q_X^-(s))$ と $q_{f(X)}^-(s)$ は左連続であるから,実はすべての $s \in (0,1)$ に対して成り立つ.

(c) は (b) と同様に証明できる. ∎

問題 6.42 上の定理の (c) を証明せよ. □

補題 6.43 確率変数 $X,Y \in L^0$ と $s \in (0,1)$ に対し,次の主張が成り立つ:
(a) $X \leqq Y$ ならば $q_X^-(s) \leqq q_Y^-(s)$.
(b) すべての $a \in [0,\infty)$ と $b \in \mathbb{R}$ に対して $q_{aX+b}^-(s) = aq_X^-(s) + b$.
(c) X と Y の分布が等しければ $q_X^-(s) = q_Y^-(s)$. □

[証明] (a) $x \in \mathbb{R}$ に対し $Y(\omega) \leqq x$ ならば $X(\omega) \leqq x$ であるから,

$$F_Y(x) = P\left(Y \leqq x\right) \leqq P\left(X \leqq x\right) = F_X(x)$$

が成り立つ.これより $F_X(x) < s$ ならば $F_Y(x) < s$ であるので,

$$\{x \in \mathbb{R} : F_X(x) < s\} \subset \{x \in \mathbb{R} : F_Y(x) < s\}$$

が成り立ち,両辺の集合の上限を取って $q_X^-(s) \leqq q_Y^-(s)$ を得る.
(b) $f(x) = ax + b$ とおいて命題 6.41 (b) を適用すればよい.
(c) 分位関数は分布関数から決まるので,(c) は明らかである. ∎

補題 6.43 と同様にして,次の補題が成立する.

補題 6.44 確率変数 $X,Y \in L^0$ と $s \in (0,1)$ に対し,次の主張が成り立つ:
(a) $X \leqq Y$ ならば $q_X^+(s) \leqq q_Y^+(s)$.
(b) すべての $a \in [0,\infty)$ と $b \in \mathbb{R}$ に対して $q_{aX+b}^+(s) = aq_X^+(s) + b$.
(c) X と Y の分布が等しければ $q_X^+(s) = q_Y^+(s)$. □

問題 6.45 補題 6.44 を証明せよ. □

確率変数 X と Y が共単調であることの定義を,前節から思い出そう.

補題 6.46 確率変数 $X,Y \in L^0$ が共単調ならば,すべての $s \in (0,1)$ に対して次が成り立つ:

$$q^-_{X+Y}(s) = q^-_X(s) + q^-_Y(s), \qquad q^+_{X+Y}(s) = q^+_X(s) + q^+_Y(s).\qquad □$$

[証明] 1番目の等式を示す．定義 6.15 にあるように $X = f(Z)$, $Y = g(Z)$ とし，$h(z) := f(z) + g(z)$ とおく．すると，命題 6.40 と 6.41(a) より可算個の $s \in (0,1)$ を除いて次が成り立つ：

$$q^-_{X+Y}(s) = q^-_{h(Z)}(s) = h\left(q^-_Z(s)\right) = f\left(q^-_Z(s)\right) + g\left(q^-_Z(s)\right) = q^-_X(s) + q^-_Y(s).$$

しかしながら，q^-_{X+Y}, q^-_X, q^-_Y はいずれも左連続であるから，すべての $s \in (0,1)$ に対し，$q^-_{X+Y}(s) = q^-_X(s) + q^-_Y(s)$ が成り立つ．2番目の等式の証明も同様である． ■

問題 6.47 補題 6.46 の 2 番目の等式を証明せよ． □

問題 6.48 $q^-_{X+Y}(s) = q^-_X(s) + q^-_Y(s)$ が成り立たない X, Y の例を挙げよ． □

補題 6.49 q を分布関数 F の分位関数とする．すると次の主張が成り立つ：

(a) すべての $x \in \mathbb{R}$ に対し，

$$\{s \in (0,1) : q(s) \leqq x\} = (0, F(x)) \quad \text{or} \quad (0, F(x)].$$

ただし，$(0,0) = (0,0] = \emptyset$ とする．

(b) $\mathscr{B}((0,1))$ を開区間 $(0,1)$ の Borel σ-加法族とし，μ を $(0,1)$ 上のルベーグ測度として q を確率空間 $((0,1), \mathscr{B}((0,1)), \mu)$ 上の確率変数と見ると，q の分布関数は F に等しい． □

[証明] (a) $s \in (0,1)$ と $x \in \mathbb{R}$ に対し，次の二つの主張が成り立つ：

$$s < F(x) \implies x \geqq q^+(s) \geqq q(s),$$
$$q(s) \leqq x \implies F(x) \geqq F(q(s)) \geqq s.$$

よって

$$(0, F(x)) \subset \{s \in (0,1) : q(s) \leqq x\} \subset (0, F(x)]$$

が分かり，(a) が得られる．

(b) (a) より $\mu(\{s \in (0,1) : q(s) \leqq x\}) = F(x)$ となり (b) が導かれる． ■

6.4 Value at Risk

前節までと同じように我々がリスクとよぶ確率変数 X は，これからの一定期間後の(ポートフォリオなどの)損失額を表すものと考える($X < 0$ なら $-X$ 円の利益ということになる)．ただし，簡単のため金利 $r = 0$ とする．VaR の基本的な発想は，X の最大値"のようなもの"を取ろうということである．しかし，本当の最大値(より正確には本質的上限 $\mathrm{ess\,sup}\, X$)を取ってしまうと，例えば正規分布に従うような非有界の X に対してはその値は無限大になってしまうというように，リスク尺度としては不都合な点が多い．そこで，統計学でよく用いる手法を採用して，X の取り得る大きな値のうち小さな確率 $1 - \alpha$ でしか取らないものは例外的ということで無視し，残った値の範囲で X の最大値を取ろうということである．

前節までと同じく，$L^0 := L^0(\Omega, \mathscr{F}, P)$ とする．下方分位関数 q_X^- の定義(6.10)とそれに対する命題 6.33(c)を思い出そう．

定義 6.50 $\alpha \in (0, 1)$ を固定する．分布関数 F_X を持つリスク $X \in L^0$ に対し，その**信頼水準** α の **Value at Risk**(バリュー・アット・リスク，**VaR** と略記)を次で定義する：

(6.12)
$$\mathrm{VaR}_\alpha(X) := q_X^-(\alpha)$$
$$= \sup\{x \in \mathbb{R} : F_X(x) < \alpha\} = \inf\{x \in \mathbb{R} : \alpha \leqq F_X(x)\}. \quad \square$$

$\mathrm{VaR}_\alpha(X)$ のイメージは，図 6.1 を参照せよ．例えば，$\mathrm{VaR}_{0.99}(X) = 1000$ 万円であるとは，等式

$$\mathrm{VaR}_{0.99}(X) = \sup\{x \in \mathbb{R} : P(X \leqq x) < 0.99\}$$

より「X が取る値の上限は 1000 万円である．ただし，確率 0.01 で例外的に取る X の大きな値は無視した」ということを(おおよそ)いっている．

注意 6.51 実際に VaR の評価を行う際には，(i)信頼水準 α，(ii)資産価値の変化を見る期間の幅，の二つのパラメータが必要である．信頼水準 α に関しては，$\alpha = 0.95$ あるいは $\alpha = 0.99$ とすることが多い．一方，対象期間に関しては，資産価値の変化などの市場リスクの場合には 1 日か 10 日，信用リスクの場合には 1 年，などとすることが多い．

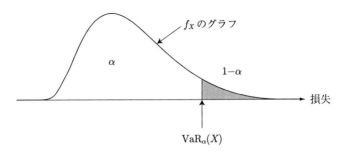

図 6.1 X が確率密度関数 f_X を持つ場合の $\mathrm{VaR}_\alpha(X)$

X の分布関数 F が連続で(本質的に)狭義単調のときには，$\mathrm{VaR}_\alpha(X)$ は次の命題により求められる．

補題 6.52 $\alpha \in (0,1)$, $-\infty \leqq a < b \leqq \infty$ とする．$X \in L^0$ の分布関数 F に対し，補題 6.25 の(1)と(2)を仮定する．このとき，$\mathrm{VaR}_\alpha(X) = F^{-1}(\alpha)$ が成り立つ．ここで，F^{-1} は F を (a,b) 上に制限したものの逆関数である． □

[証明] 補題 6.25 より直ちに従う． ■

例 6.53 $-\infty < a < b < \infty$ とし，X は (a,b) に一様に分布するとする．すると，X の分布関数は $\mathbb{R}$ 上で連続で，$a < x < b$ では $F(x) = (x-a)/(b-a)$ で与えられる．$F^{-1}(s) = a + (b-a)s$ であるので，補題 6.52 より，$\mathrm{VaR}_\alpha(X) = a + (b-a)\alpha$ が分かる． □

例 6.54 $S_0 > 0$, $\sigma > 0$, $m \in \mathbb{R}$ とし，ある株式の現在の株価が S_0 円，1期間後の株価が $S_0 \exp(\sigma Z + m)$ 円とモデル化されるものとする．ここで，Z は標準正規分布に従う確率変数である．損失額 $X = S_0 - S_0 \exp(\sigma Z + m)$ を考える．X の分布関数 F は，$x < S_0$ に対し，

$$F(x) = P\left(-Z \leqq \frac{m}{\sigma} - \frac{1}{\sigma}\log\left(1 - \frac{x}{S_0}\right)\right) = \Phi\left(\frac{m}{\sigma} - \frac{1}{\sigma}\log\left(1 - \frac{x}{S_0}\right)\right)$$

で与えられ，よって

$$\mathrm{VaR}_\alpha(X) = F^{-1}(\alpha) = S_0 - S_0 \exp(m - \sigma \Phi^{-1}(\alpha))$$

が得られる． □

問題 6.55 $P(X = \mathrm{VaR}_\alpha(X)) = 0$ ならば $P(X \leqq \mathrm{VaR}_\alpha(X)) = \alpha$ であることを示せ． □

VaR は正規分布を仮定して適用することが多い．その場合，次の補題が成り立つ．

補題 6.56 $\sigma \in (0, \infty)$, $\mu \in \mathbb{R}$ とし，Φ を標準正規分布 $N(0,1)$ の分布関数とする ((6.9) を見よ)．このとき，X が正規分布 $N(\mu, \sigma^2)$ に従うならば，与えられた信頼水準 $\alpha \in (0,1)$ に対し，X の VaR は次で与えられる：

(6.13) $$\mathrm{VaR}_\alpha(X) = \mu + \sigma \Phi^{-1}(\alpha)$$

[証明] 命題 6.26 より直ちに従う．

問題 6.57 確率変数 X_i, $i = 1, 2, \cdots, n$, は独立同分布で正規分布 $N(0, \sigma^2)$ に従うとする．このとき，$\mathrm{VaR}_\alpha(X_1 + X_2 + \cdots + X_n) = \sqrt{n}\,\mathrm{VaR}_\alpha(X_1)$ を示せ．

一般の場合には，次の補題が $\mathrm{VaR}_\alpha(X)$ を求めるのに役に立つ．

補題 6.58 $\alpha \in (0,1)$ とする．このとき，$X \in L^0$ に対し，$v = \mathrm{VaR}_\alpha(X)$ であるための必要十分条件は，次の二つの条件が共に成り立つことである：
  (a) すべての $x < v$ に対し $P(X \leqq x) < \alpha$．
  (b) $\alpha \leqq P(X \leqq v)$．

[証明] 補題 6.35 より直ちに従う．

例 6.59 確率変数 X は $P(X = k) = 1/100$, $k = 1, 2, \cdots, 99$, を満たすとする．また，ある $n > 99$ に対し $P(X = n) = 1/100$ であるとする．このとき，信頼水準 $\alpha = 0.99$ を考えると，すべての $x < 99$ に対し $P(X \leqq x) < 0.99$ であり，また $P(X \leqq 99) = 0.99$ である．よって，補題 6.58 より $\mathrm{VaR}_{0.99}(X) = 99$ となる．

問題 6.60 例 6.59 の X に対し $\mathrm{VaR}_{0.95}(X)$ を求めよ．

注意 6.61 例 6.59 については，$\mathrm{VaR}_\alpha(X)$ は n によらないことを注意せよ．この場合，例えば，
$$E[X] = \frac{1}{100}[(1 + 2 + \cdots + 99) + n] \to \infty, \quad n \to \infty$$
であり，したがって n が極端に大きい場合には，例え確率は小さくとも，本来，事象 $\{X = n\}$ を無視するのは危険なはずである．しかし，VaR はその点をリスク (尺度) として反映していないことになる．

L^0 上のリスク尺度として，VaR は次の性質を持つ．

定理 6.62 信頼水準 $\alpha \in (0,1)$ を固定する．L^0 上のリスク尺度として VaR_α は性質 1 (正規化)，性質 2 (並進不変性)，性質 3 (単調性)，性質 4 (正斉次性)，性

質7(法則不変性)，性質8(共単調性)を持つ．

[証明] 性質1, 2, 4は補題6.43(b)より従い，性質3は補題6.43(a)より従う．性質7は補題6.43(c)より従い，性質8は補題6.46より従う． ∎

次の例が示すように，L^0 上の VaR は性質5(劣加法性)を持たない．したがって命題6.12より性質6(凸性)も満たさない．

例6.63 確率空間 $(\Omega, \mathscr{F}, P)$ として，$\Omega = [0,1)$, $\mathscr{F} = \mathscr{B}([0,1))$, $P =$ ルベーグ測度を考える．$a > 0$ として，確率変数 X_k, $k = 1, 2, \cdots, 100$, を次のように定める：$k = 1, 2, \cdots, 100$ に対し，

$$X_k(\omega) := \begin{cases} 990 + a, & \dfrac{k-1}{100} \leq \omega < \dfrac{k}{100}, \\ -10, & \text{それ以外}. \end{cases}$$

すると，すべての k に対し，

$$P(X_k = -10) = 0.99, \qquad P(X_k = 990 + a) = 0.01$$

より，補題6.58を用いて $\mathrm{VaR}_{0.99}(X_k) = -10 < 0$ が分かる．一方，$P(X_1 + \cdots + X_{100} = a) = 1$ より，$\mathrm{VaR}_{0.99}(X_1 + \cdots + X_{100}) = a > 0$ も分かる．よって，

$$\mathrm{VaR}_{0.99}(X_1 + \cdots + X_{100}) > 0 > \mathrm{VaR}_{0.99}(X_1) + \cdots + \mathrm{VaR}_{0.99}(X_{100})$$

となって，$\mathrm{VaR}_{0.99}$ は劣加法性を満たさないことが分かる．この例では，各 X_k は $\mathrm{VaR}_{0.99}(X_k) < 0$ という意味で許容可能であるにもかかわらず，集積リスク $X_1 + \cdots + X_{100}$ は確率1で a という値を取る．ここで，a はいくらでも大きく取っておくことができることを注意せよ． ∎

$\sigma(X)$ は確率変数 X の標準偏差とする：$\sigma(X) := V[X]^{1/2}$. リスクをガウス系に制限すると，VaR はコヒーレント・リスク尺度になる．このことを見るために，次の概念を導入する．

定義6.64 $L^2 := L^2(\Omega, \mathscr{F}, P)$ の部分空間 $\mathcal{X}$ が**ガウス型**であるとは，任意の $X \in \mathcal{X}$ が正規分布 $N(\mu, \sigma^2)$, $\mu := E[X]$, $\sigma := \sigma(X)$, に従うことである． ∎

注意6.65 上の定義で，定数 a も，平均 a で分散 0 という退化した正規分布 $N(a, 0)$ に従うとみなす．

例6.66 確率ベクトル $(X_1, X_2, \cdots, X_n)$ が n 次元正規分布に従うとき，$\mathcal{X}$ を $X_1, X_2, \cdots, X_n$ の1次結合の全体とする：

$$\mathcal{X} := \left\{ \sum_{k=1}^{n} c_k X_k : n \in \mathbb{N},\ c_k \in \mathbb{R}\ (k=1,2,\cdots,n) \right\}.$$

すると，$\mathcal{X}$ は L^2 のガウス型部分空間になる． □

$\mathcal{X}$ がガウス型部分空間ならば，任意の $X \in \mathcal{X}$ は正規分布に従うから，その VaR は，補題 6.56 より次で与えられる：

(6.14) $$\mathrm{VaR}_\alpha(X) = E[X] + \Phi^{-1}(\alpha)\sigma(X).$$

確率変数 X と Y の相関係数 c は次で定義される：

$$c = \frac{\mathrm{Cov}(X,Y)}{\sqrt{V(X)V(Y)}}.$$

定理 6.67 信頼水準 $\alpha \in [1/2, 1)$ を固定する．また，$\mathcal{X}$ を L^2 のガウス型部分空間とする．すると VaR_α は，$\mathcal{X}$ 上のコヒーレント・リスク尺度になる． □

[証明] 定理 6.62 より，性質 5 (劣加法性) だけを示せばよい．(6.14) より，$X_i \in \mathcal{X}$, $i = 1, 2$, に対し $\mu_i := E[X_i]$, $\sigma_i := \sigma(X_i)$ とおく．また X_1 と X_2 の相関係数を c とおく．すると，$c \leqq 1$ であるから，次が成り立つ：

$$\sigma(X_1 + X_2) = \sqrt{\sigma_1^2 + \sigma_2^2 + 2c\sigma_1\sigma_2} \leqq \sqrt{\sigma_1^2 + \sigma_2^2 + 2\sigma_1\sigma_2} = \sigma_1 + \sigma_2.$$

これと，仮定 $\alpha \in [1/2, 1)$ より $\Phi^{-1}(\alpha) \geqq 0$ であること，および (6.14) を用いて，次が分かる：

$$\mathrm{VaR}_\alpha(X_1 + X_2) = \mu_1 + \mu_2 + \sigma(X_1 + X_2)\Phi^{-1}(\alpha)$$
$$\leqq \mu_1 + \mu_2 + (\sigma_1 + \sigma_2)\Phi^{-1}(\alpha) = \mathrm{VaR}_\alpha(X_1) + \mathrm{VaR}_\alpha(X_2).$$

これは求める劣加法性である． ∎

問題 6.68 確率ベクトル (X_1, X_2) は 2 次元正規分布に従うとし，X_i, $i = 1, 2$, の平均を μ_i, 標準偏差を σ_i, また X_1 と X_2 の相関係数を c とする．

(1) $\mathrm{VaR}_\alpha(X_1 + X_2) = \mu_1 + \mu_2 + \Phi^{-1}(\alpha)[\sigma_1^2 + \sigma_2^2 + 2c\sigma_1\sigma_2]^{1/2}$ を示せ．

(2) $c = 1$ (完全相関) のとき，$\mathrm{VaR}_\alpha(X_1 + X_2) = \mathrm{VaR}_\alpha(X_1) + \mathrm{VaR}_\alpha(X_2)$ が成り立つことを示せ． □

6.5 Neyman-Pearson の補題

この節では，次節において必要となる Neyman-Pearson (ネイマン-ピアソン) の補題を示す．

次のように $\mathcal{R} \subset L^0$ を定める：

$$\mathcal{R} := \{\psi \in L^0 : 0 \leqq \psi \leqq 1\}.$$

また，$\alpha \in (0,1)$ に対し $\mathcal{R}(1-\alpha) \subset \mathcal{R}$ を次のように定める：

$$\mathcal{R}(1-\alpha) := \{\psi \in \mathcal{R} : E[\psi] \leqq 1-\alpha\}.$$

次は，**Neyman-Pearson の補題**の一つの形である．

補題 6.69 $X \in L^1$ と $c \in [0,\infty)$ に対し，$\psi^0 \in \mathcal{R}$ は次を満たすとする：

(6.15) $$\psi^0(\omega) = \begin{cases} 1, & \omega \in \{c < X\}, \\ 0, & \omega \in \{X < c\}. \end{cases}$$

また，$\psi \in \mathcal{R}$ は $E[\psi] \leqq E[\psi^0]$ を満たすとする．すると，次が成り立つ：

$$E[X\psi] \leqq E[X\psi^0]. \qquad \square$$

[証明] $F := \psi^0 - \psi$ とおく．すると，条件 (6.15) より $(X-c)F \geqq 0$ が成り立つ．また，ψ に対する仮定より $E[F] \geqq 0$ も成り立つ．これらと $c \geqq 0$ を用いて

$$E[X\psi^0] - E[X\psi] = E[XF] \geqq cE[F] \geqq 0$$

を得る．これで，欲しい主張が示された． ∎

$X \in L^0$ と $\alpha \in (0,1)$ に対し $\psi_{(X,\alpha)} \in L^0$ を次のように定める：

(6.16) $$\psi_{(X,\alpha)} = 1_{\{c<X\}} + \gamma 1_{\{X=c\}}.$$

ただし，定数 $c = c_{(X,\alpha)}$ と $\gamma = \gamma_{(X,\alpha)}$ はそれぞれ次で定義する：

(6.17) $\quad c := q_X^-(\alpha),$

$$(6.18) \quad \gamma := \begin{cases} \dfrac{1-\alpha-P(X>c)}{P(X=c)}, & P(X=c)>0 \text{ の場合}, \\ 0, & P(X=c)=0 \text{ の場合}. \end{cases}$$

容易に分かるように，確率変数 X と Y の分布が等しければ，

$$c_{(X,\alpha)} = c_{(Y,\alpha)}, \quad \gamma_{(X,\alpha)} = \gamma_{(Y,\alpha)}$$

が成り立つ．

命題 6.70 $X \in L^0$ と $\alpha \in (0,1)$ に対し，$0 \leqq \psi_{(X,\alpha)} \leqq 1$ と $E[\psi_{(X,\alpha)}] = 1-\alpha$ が成り立つ．特に，$\psi_{(X,\alpha)} \in \mathcal{R}(1-\alpha)$ が成り立つ． □

[証明] $c := c_{(X,\alpha)}$, $\gamma := \gamma_{(X,\alpha)}$ とする．$0 \leqq \psi_{(X,\alpha)} \leqq 1$ を示すためには，$0 \leqq \gamma \leqq 1$ を示せばよい．命題 6.33(a) より q_X^- は分位関数であるから，$\alpha \leqq P(X \leqq c)$ と $P(X < c) \leqq \alpha$ が成り立つ．最初の不等式は

$$P(c < X) = 1 - P(X \leqq c) \leqq 1 - \alpha$$

を意味し，これより $0 \leqq \gamma$ が得られる．一方，2番目の不等式は

$$P(X = c) + P(c < X) = 1 - P(X < c) \geqq 1 - \alpha$$

を意味し，これより $\gamma \leqq 1$ も得られる．よって，$0 \leqq \gamma \leqq 1$ が成り立つ．

もし，$P(X=c)=0$ ならば，$P(X<c) = P(X \leqq c) = \alpha$ であるから，

$$E[\psi_{(X,\alpha)}] = P(c < X) = 1 - P(X \leqq c) = 1 - \alpha$$

となる．一方，$P(X=c)>0$ の場合にも

$$E[\psi_{(X,\alpha)}] = P(c<X) + 1 - \alpha - P(c<X) = 1 - \alpha$$

となる．よって，いずれにせよ $E[\psi_{(X,\alpha)}] = 1-\alpha$ が成り立つ．これで，命題が証明された． ■

我々が必要とするのは，次の形の Neyman-Pearson の補題である．

定理 6.71 $\alpha \in (0,1)$ とする．また $X \in L^1$ に対し $X \geqq 0$ を仮定する．すると，$\sup\{E[X\psi] : \psi \in \mathcal{R}(1-\alpha)\}$ は $\psi_{(X,\alpha)}$ により達成される：

(6.19) $\quad \sup\{E[X\psi] : \psi \in \mathcal{R}(1-\alpha)\} = E\left[X\psi_{(X,\alpha)}\right].$ □

[証明] $c := c_{(X,\alpha)}$ に対し，$\psi_{(X,\alpha)}$ は条件 (6.15) を満たす．一方，命題 6.70 より，$\psi \in \mathcal{R}(1-\alpha)$ に対し $E[\psi] \leqq 1-\alpha = E\left[\psi_{(X,\alpha)}\right]$ が分かる．よって，補題 6.69 より，$\psi \in \mathcal{R}(1-\alpha)$ に対し $E[X\psi] \leqq E[X\psi_{(X,\alpha)}]$ が成り立つ．しかし，命題 6.70 より $\psi_{(X,\alpha)} \in \mathcal{R}(1-\alpha)$ であるので，これは欲しい主張を意味する． ■

注意 6.72 定理 6.71 の「感じ」を説明する．$c := q_X^-(\alpha)$ に対して $P(X=c) > 0$ の場合のみを考える．我々は，式 (6.19) の左辺の上限を取る $\psi \in \mathcal{R}(1-\alpha)$ を見つけたい．そのような ψ は，できるだけ大きくあるべきだから，$E[\psi] = 1-\alpha$ を満たすであろう．また，$0 \leqq \psi \leqq 1$ も満たす必要がある．$E[X\psi]$ の値をできるだけ大きくするためには，X が大きい値を取るところで，ψ の値を最大の $\psi = 1$ とした方がよさそうである．そこで，$\psi = 1_{\{X>a\}}$ の形の ψ で，$E[\psi] = P(X>a)$ が $1-\alpha$ に一致するものを見つけようとすると，$P(X>c) \leqq 1-\alpha$ だが $a<c$ となると $P(X>a) > 1-\alpha$ となってしまい，$P(X>c) < 1-\alpha$ のときはうまくいかない．そこで，方針を修正して Ω を

$$\Omega = \{X<c\} \cup \{X=c\} \cup \{X>c\}$$

と分割し，$\{X<c\}$ 上では $\psi = 0$，$\{X>c\}$ 上では $\psi = 1$，そして $\{X=c\}$ 上では $\psi = \gamma$ となるように，ψ を取ることを考える．ただし，γ は

$$E[\psi] = \gamma P(X=c) + P(X>c)$$

が $1-\alpha$ と等しくなるように決める．すると，実際うまくいくというのが，定理 6.71 の主張である．

6.6 CVaR

6.4 節で見たように，VaR はリスク尺度としては (i) 劣加法性を持たない，(ii) 起こる確率は小さいが額が莫大になる損失を捕捉できない，などの欠点を持つ．この節では，VaR のこれらの欠点を補うリスク尺度として，**条件付きバリュー・アット・リスク**(CVaR) を取り上げる．

CVaR の定義として，本書では以下のものを採用する．

定義 6.73 $\alpha \in [0,1)$ とし $p \in [1,\infty]$ とする．L^p 上のリスク尺度 CVaR_α を次により定義する：

(6.20)　　$\mathrm{CVaR}_\alpha(X) := \sup\{E[XZ] : Z \in \mathcal{Z}(1-\alpha)\}, \qquad X \in L^p.$

ただし，$\mathcal{Z}(1-\alpha) \subset L^\infty$ は次で定義する：

(6.21)　　$\mathcal{Z}(1-\alpha) := \{Z \in L^\infty : E[Z] = 1, \ 0 \leqq Z \leqq 1/(1-\alpha)\}.$

CVaR_α を信頼水準 α の条件付きバリュー・アット・リスク(the conditional value at risk, CVaR と略記)という． □

条件付きバリュー・アット・リスク CVaR は，平均バリュー・アット・リスク(the Average Value at Risk, AVaR と略記)，期待ショートフォール(the expected shortfall, ES と略記), **Tail VaR** などともよばれる．特に，$\alpha = 0$ の場合を考えると $\mathcal{Z}(1) = \{1\}$ よりこの場合の CVaR は期待値に他ならないことが分かる：

$$\mathrm{CVaR}_0(X) = E[X], \qquad X \in L^1.$$

注意 6.74　式(6.4)と同様に，CVaR の定義(6.20)を次のように書くこともできる：
$$\mathrm{CVaR}_\alpha(X) = \sup\left\{E^Q[X] : Q \in \mathscr{M}_1(P),\ 0 \leqq \frac{dQ}{dP} \leqq \frac{1}{1-\alpha}\right\}, \qquad X \in L^p.$$

CVaR はリスク尺度として，いろいろ良い性質を持つ．まず，次が成り立つ．

定理 6.75　$\alpha \in [0,1)$ とし $p \in [1,\infty]$ とする．すると，CVaR_α は L^p 上のコヒーレント・リスク尺度である． □

[証明]　補題 6.7 より直ちに従う． ∎

注意 6.76　$0 < \alpha < 1$ とし $p \in [1,\infty]$ とする．**最悪の条件付き期待値**(the worst conditional expectation)とよばれる L^p 上のリスク尺度 WCE_α が，次により定義される：

$$\mathrm{WCE}_\alpha(X) := \sup\{E[X|A] : A \in \mathscr{F},\ P(A) > 1 - \alpha\}, \qquad X \in L^p.$$

条件付き期待値 $E[X|A]$ の定義より

$$E[X|A] = E\left[\frac{1_A}{P(A)} X\right]$$

であり，これと補題 6.7 より WCE_α もまた L^p 上のコヒーレント・リスク尺度であることが分かる．実際，WCE_α は[5]において L^∞ 上のコヒーレント・リスク尺度の例として導入された．実は，もし確率空間 $(\Omega, \mathscr{F}, P)$ が atomless ならば，L^p 上で CVaR_α と WCE_α は一致することが知られている([29, Example 4.2], [44, Corollary 4.49]を見よ)．ここで，確率空間 $(\Omega, \mathscr{F}, P)$ が atomless であるとは，原子(atom)とよばれる事象

$A \in \mathscr{F}$ を持たないことである．また，事象 $A \in \mathscr{F}$ が原子であるとは，正測度 $P(A) > 0$ を持ちかつ

$$B \in \mathscr{F} \text{ かつ } B \subset A \implies P(B) = 0 \text{ あるいは } P(B) = P(A)$$

を満たすことである．確率空間 $(\Omega, \mathscr{F}, P)$ が atomless であることと，その上に連続な分布関数を持つ確率変数が存在することとは同値であることが知られている．例えば，$(\Omega, \mathscr{F}, P)$ 上に正規分布あるいは一様分布に従う確率変数が存在すれば，$(\Omega, \mathscr{F}, P)$ は atomless である．

Neyman-Pearson の補題を用いて CVaR に対するいくつかの基本的な表現を証明するために，$X \in L^0$ と $\alpha \in (0,1)$ に対し定まる $\psi_{(X,\alpha)} \in \mathcal{R}(1-\alpha)$ の定義を (6.16)〜(6.18) から思い出そう．

定理 6.77 $\alpha \in (0,1)$ とする．すると次が成り立つ：

(6.22) $$\mathrm{CVaR}_\alpha(X) = \frac{1}{1-\alpha} E\left[X\psi_{(X,\alpha)}\right], \qquad X \in L^1. \qquad \square$$

[証明] $R_\alpha : L^1 \to \mathbb{R}$ を次のように定める：$X \in L^1$ に対し，

(6.23) $$R_\alpha(X) := (1-\alpha)\mathrm{CVaR}_\alpha(X) = \sup\{E[X\psi] : \psi \in \Psi(1-\alpha)\}.$$

ただし，

$$\Psi(1-\alpha) := (1-\alpha)\mathcal{Z}(1-\alpha) = \{\psi \in L^\infty : 0 \leqq \psi \leqq 1,\ E[\psi] = 1-\alpha\}$$

とおいた．

ステップ 1. $m \leqq X$ を満たす $m \in \mathbb{R}$ があると仮定する．$X^* := X - m$ とおく．すると $\psi \in \Psi(1-\alpha)$ に対し，$E[X^*\psi] = E[(X-m)\psi] = E[X\psi] - (1-\alpha)m$ が成り立つ．よって，$R_\alpha(X^*) = R_\alpha(X) - (1-\alpha)m$ が得られる．

$X^* \geqq 0$ であるから Neyman-Pearson 補題 (定理 6.71) より

$$\sup\{E[X^*\psi] : \psi \in \mathcal{R}(1-\alpha)\} = E\left[X^*\psi_{(X^*,\alpha)}\right]$$

が得られる．一方，命題 6.70 より $\psi_{(X^*,\alpha)} \in \Psi(1-\alpha)$ であるから，(6.23) より，

$$R_\alpha(X^*) \leqq \sup\{E[X^*\psi] : \psi \in \mathcal{R}(1-\alpha)\} = E\left[X^*\psi_{(X^*,\alpha)}\right] \leqq R_\alpha(X^*)$$

が成り立ち，結局，等式 $R_\alpha(X^*) = E\left[X^*\psi_{(X^*,\alpha)}\right]$ が得られる．しかし，補題 6.43(b) より $q^-_{X^*}(\alpha) = q^-_X(\alpha) - m$ であるので，事象の間の等式

$$\{q_{X^*}^-(\alpha) < X^*\} = \{q_X^-(\alpha) < X\}, \quad \{X^* = q_{X^*}^-(\alpha)\} = \{X = q_X^-(\alpha)\}$$

が成り立ち,$\psi_{(X^*,\alpha)} = \psi_{(X,\alpha)}$ が分かる.よって,

$$E\left[X^*\psi_{(X^*,\alpha)}\right] = E\left[(X-m)\psi_{(X,\alpha)}\right] = E\left[X\psi_{(X,\alpha)}\right] - (1-\alpha)m.$$

以上を組み合わせて,$R_\alpha(X) = E[X\psi_{(X,\alpha)}]$ すなわち (6.22) を得る.

ステップ 2. 次に,X は L^1 に属する任意の確率変数とする.$X_n \in L^1$ を次のように定める:$X_n := X 1_{\{-n \leq X\}} - n 1_{\{X < -n\}}$, $n = 1, 2, \cdots$.もし $-n < a$ ならば

$$\{a < X_n\} = \{-n \leq X\} \cap \{a < X\} = \{a < X\},$$
$$\{X_n = a\} = \{-n \leq X\} \cap \{X = a\} = \{X = a\}$$

であるから,$n > -q_X^-(\alpha)$ ならば $\psi_{(X,\alpha)} = \psi_{(X_n,\alpha)}$ が成り立つ.よって,ステップ 1 の結果より

$$(6.24) \quad \mathrm{CVaR}_\alpha(X_n) = \frac{1}{1-\alpha} E\left[X_n \psi_{(X,\alpha)}\right], \qquad n > -q_X^-(\alpha)$$

が得られる.(6.24) の右辺に関して,$n \to \infty$ のとき,$\|X - X_n\|_1 \to 0$ であり,また $0 \leq \psi_{(X,\alpha)} \leq 1$ であるから次が成り立つ:

$$E\left[X_n \psi_{(X,\alpha)}\right] \to E\left[X \psi_{(X,\alpha)}\right], \qquad n \to \infty.$$

一方,(6.24) の左辺については,(6.3) と補題 6.10 より

$$\mathrm{CVaR}_\alpha(X_n) \to \mathrm{CVaR}_\alpha(X), \qquad n \to \infty$$

が成り立つ.よって,(6.22) が得られる. ∎

注意 6.78 定理 6.77 は,[65] で示されている.Acerbi-Tasche [1] も参照せよ.

定理 6.79 $\alpha \in [0,1)$, $p \in [1,\infty]$ とする.L^p 上のリスク尺度として CVaR_α は性質 7(法則不変性)を持つ. □

[証明] $\alpha = 0$ のときは明らかであるので $0 < \alpha < 1$ とする.$X \in L^1$ に対し,定理 6.77 より X の分布 P_X を用いて,$c = q_X^-(\alpha)$ に対し次が成り立つ:

$$\mathrm{CVaR}_\alpha(X) = \frac{1}{1-\alpha}\left[\int_{(c,\infty)} x P_X(dx) + \{1 - \alpha - P(X > c)\}c\right].$$

c の値は X の分布から決まるので，この等式は $\mathrm{CVaR}_\alpha(X)$ の値も X の分布から決まることを示している．最後に $1 < p \leqq \infty$ に対し $L^p \subset L^1$ であることに注意して，定理を得る．

定理 6.80 $\alpha \in (0,1)$ とする．すると $X \in L^1$ に対し次が成り立つ：

(6.25) $\quad \mathrm{CVaR}_\alpha(X) \geqq E\left[X | X \geqq \mathrm{VaR}_\alpha(X)\right] \geqq \mathrm{VaR}_\alpha(X).$

もし $P(X = \mathrm{VaR}_\alpha(X)) = 0$ ならば，最初の不等式で等号が成り立つ：

(6.26) $\quad \mathrm{CVaR}_\alpha(X) = E\left[X | X \geqq \mathrm{VaR}_\alpha(X)\right].$

特に X が連続な分布関数を持てば (6.26) が成り立つ．

[証明] $c_{(X,\alpha)} = q_X^-(\alpha) = \mathrm{VaR}_\alpha(X)$ に注意すると，

$$P\left(X \geqq \mathrm{VaR}_\alpha(X)\right) = 1 - P\left(X < q_X^-(\alpha)\right) \geqq 1 - \alpha$$

であるから，

$$\frac{1}{P\left(X \geqq \mathrm{VaR}_\alpha(X)\right)} 1_{\{X \geqq \mathrm{VaR}_\alpha(X)\}} \in \mathcal{Z}(1-\alpha)$$

となり，$\mathrm{CVaR}_\alpha(X)$ の定義より (6.25) の最初の不等式が得られる．2番目の不等式は明らかである．

$P(X = \mathrm{VaR}_\alpha(X)) = 0$ ならば定理 6.77 より

$$\mathrm{CVaR}_\alpha(X) = \frac{1}{1-\alpha} E\left[X 1_{\{X > \mathrm{VaR}_\alpha(X)\}}\right] = \frac{1}{1-\alpha} E\left[X 1_{\{X \geqq \mathrm{VaR}_\alpha(X)\}}\right]$$

が成り立つ．しかし，補題 6.24 より

$$P\left(X \geqq \mathrm{VaR}_\alpha(X)\right) = 1 - P\left(X < \mathrm{VaR}_\alpha(X)\right) = 1 - \alpha$$

であるので，(6.26) が得られる．　■

注意 6.81 等式 (6.26) は X の分布関数が連続でない場合，一般には成り立たない．

上に述べたように CVaR を平均バリュー・アット・リスク (the Average Value at Risk, AVaR) ともよぶが，それは次の表現式による．

定理 6.82 $\alpha \in [0,1)$ とする．すると，次が成り立つ：

(6.27) $\quad \mathrm{CVaR}_\alpha(X) = \dfrac{1}{1-\alpha} \displaystyle\int_\alpha^1 \mathrm{VaR}_s(X) ds, \qquad X \in L^1.$　　■

[証明] 簡単のため, $s \in (0,1)$ に対し $q(s) := q_X^-(s) = \mathrm{VaR}_s(X)$ とおく. $X \in L^1$ の分布関数を F とする. すると, 補題 6.49(b) より q は確率空間 $((0,1), \mathscr{B}((0,1)), \mu)$ 上の確率変数として X と同じ分布関数 F を持つ(ただし μ はルベーグ測度である).

まず $\alpha = 0$ のときは, $\int_0^1 \mathrm{VaR}_s(X)ds = \int_0^1 q(s)ds = E[X] = \mathrm{CVaR}_0(X)$ となり, (6.27)を得る.

次に $0 < \alpha < 1$ と仮定する. すると, 補題 6.49(a) より

(6.28) $\{s \in (0,1) : q(\alpha) < q(s)\} = [F(q(\alpha)), 1)$ あるいは $(F(q(\alpha)), 1)$

が成り立つ. まず $P(X = q(\alpha)) > 0$ のときは, 定理 6.77 と補題 6.49(b) および (6.28) より

$$(1-\alpha)\mathrm{CVaR}_\alpha(X) = E[X 1_{\{X > q(\alpha)\}}] + \{1 - \alpha - P(X > q(\alpha))\}q(\alpha)$$
$$= E[X 1_{\{X > q(\alpha)\}}] + \{F(q(\alpha)) - \alpha\}q(\alpha)$$
$$= \int_0^1 q(s) 1_{\{q(s) > q(\alpha)\}} ds + \{F(q(\alpha)) - \alpha\}q(\alpha)$$
$$= \int_{F(q(\alpha))}^1 q(s) ds + \{F(q(\alpha)) - \alpha\}q(\alpha)$$

が成り立つ. ここで $\alpha \leq s < F(q(\alpha))$ に対し, 補題 6.29 より $q(s) = q(\alpha)$ であるので,

$$\int_\alpha^{F(q(\alpha))} q(s)ds = \{F(q(\alpha)) - \alpha\}q(\alpha)$$

となり, (6.27)を得ることができる. 次に $P(X = q(\alpha)) = 0$ のときは, 補題 6.24 より $F(q(\alpha)) = \alpha$ であるので, 上と同様にして,

$$(1-\alpha)\mathrm{CVaR}_\alpha(X) = E[X 1_{\{X > q(\alpha)\}}] = \int_0^1 q(s) 1_{\{q(s) > q(\alpha)\}} ds = \int_\alpha^1 q(s) ds$$

となり, やはり (6.27) を得る. ∎

注意 6.83 (6.27)の右辺の式は, 楠岡[91]において L^∞ 上の法則不変なコヒーレント・リスク尺度に対する表現定理の基本構成要素として用いられている. L^p 上での同様の結果については, [65]を見よ. 等式(6.27)自体は, [91]において証明なしで述べられている. [65]では, 上の定理 6.82 の証明と同様の方法で(6.27)が示されている. [1, Section 3]も参照せよ.

定理 6.84 $\alpha \in [0,1)$, $p \in [1,\infty]$ とする. L^p 上のリスク尺度として CVaR_α

は性質8(共単調性)を持つ.

[証明] VaR_s は共単調性であるので,定理 6.82 より CVaR_α もそうである. ∎

結局,L^p 上の CVaR は性質 1〜8 のすべてを満たすことが分かった.

例 6.85 $\alpha \in (0,1)$ とし,X は正規分布 $N(\mu, \sigma^2)$,$\mu \in \mathbb{R}$,$\sigma \in (0, \infty)$,に従うとする.ϕ を標準正規分布の密度関数とする:$\phi(x) = (2\pi)^{-1} \exp[-(1/2)x^2]$. 補題 6.56 より $\mathrm{VaR}_s(X) = \mu + \sigma \Phi^{-1}(s)$ であるので,定理 6.82 より

$$\mathrm{CVaR}_\alpha(X) = \mu + \frac{\sigma}{1-\alpha} \int_\alpha^1 \Phi^{-1}(s) ds$$

となる.ここで変数変換 $x = \Phi^{-1}(s)$ を用いると, $ds = \phi(x) dx$ より

$$\int_\alpha^1 \Phi^{-1}(s) ds = \int_{\Phi^{-1}(\alpha)}^\infty x \phi(x) dx = [-\phi(x)]_{\Phi^{-1}(\alpha)}^\infty = \phi\left(\Phi^{-1}(\alpha)\right)$$

となり,次の結果が得られる:

$$\mathrm{CVaR}_\alpha(X) = \mu + \sigma \frac{\phi\left(\Phi^{-1}(\alpha)\right)}{1-\alpha}.$$

∎

問題 6.86 $\alpha \in [0,1)$ とする.
(1) 例 6.53 の X に対し $\mathrm{CVaR}_\alpha(X)$ を計算せよ.
(2) 例 6.54 の X に対し $\mathrm{CVaR}_\alpha(X)$ を計算せよ.
(3) 例 6.59 の X に対し $\mathrm{CVaR}_\alpha(X)$ を計算せよ. ∎

6.7 保険料算出原理

以下,確率空間 $(\Omega, \mathscr{F}, P)$ 上の非負で可積分な確率変数 X の全体を L_+^1 で表す.X は,例えば保険事故発生時における保険請求額を表す.この場合,X が非負であるというのは自然な設定である.我々は,X の**保険料**(premium) $H[X]$ に興味がある.写像 $H: L_+^1 \to [0, \infty]$ を**保険料(算出)原理**(premium (calculation) principle)とよぶ.$H[X]$ は ∞ の値を取るかもしれないことを注意せよ.

保険料算出原理の中で最も簡単なものは,

(A) **純保険料原理**(pure premium principle):$H[X] = E[X]$

である.実際の保険料ではこの**純保険料**(pure premium)$E[X]$ に**安全割増**(safety loading)とよばれる非負の値が足されている.安全割増のことをリス

ク・ローディング（risk loading）ともいう．次の三つは，そのような保険料原理の中で最も基本的なものである：

(B) 期待値原理（expected value principle）：$H[X] = (1+\theta)E[X]$, $\theta \in (0,\infty)$.
(C) 分散原理（variance principle）：$H[X] = E[X] + \alpha V[X]$, $\alpha \in (0,\infty)$.
(D) 標準偏差原理（standard variation principle）：$H[X] = E[X] + \beta\sqrt{V[X]}$, $\beta \in (0,\infty)$.

その他の代表的な保険料原理としては，次のようなものがある：

(E) 指数原理（exponential principle）：$H[X] = \dfrac{1}{\beta}\log E[e^{\beta X}]$, $\beta \in (0,\infty)$.
(F) **Esscher 原理**（Esscher principle）：$H[X] = \dfrac{E[Xe^{\alpha X}]}{E[e^{\alpha X}]}$, $\alpha \in (0,\infty)$.
(G) **Wang の保険料原理**（Wang's premium principle）：$[0,1]$ から $[0,1]$ の上への非減少で凹な関数 g に対し，$H[X] = \displaystyle\int_0^\infty g(P(X>t))dt$.

一方，保険料原理 H に対する望ましいと考えられる性質としては，次の 6.2 節のリスク尺度に対するものがそのまま挙げられる：$X, Y \in L_+^1$ に対し，

- 性質 1（正規化）：$H[0] = 0$.
- 性質 2（並進不変性）：すべての $k \in [0,\infty)$ に対し，$H[X+k] = H[X] + k$.
- 性質 3（単調性）：$X \leqq Y \Rightarrow H[X] \leqq H[Y]$.
- 性質 4（正斉次性）：すべての $\lambda \in [0,\infty)$ に対し $H[\lambda X] = \lambda H[X]$.
- 性質 5（劣加法性）：$H[X+Y] \leqq H[X] + H[Y]$.
- 性質 6（凸性）：すべての $\lambda \in [0,1]$ に対し，

$$H[\lambda X + (1-\lambda)Y] \leqq \lambda H[X] + (1-\lambda)H[Y].$$

- 性質 7（法則不変性）：X と Y の分布が等しければ，$H[X] = H[Y]$.
- 性質 8（共単調性）：X と Y が共単調ならば，$H[X+Y] = H[X] + H[Y]$.

また次のものも挙げられる：

- 性質 9（安全割増）：$H[X] \geqq E[X]$.
- 性質 10（不当な安全割増なし）：$X = c$（定数）ならば $H[X] = c$.
- 性質 11（最大損失）：$H[X] \leqq \operatorname{ess\,sup} X$.

上に挙げたもの以外の保険料算出原理や性質については，[137] の 'Premium Principles' の項を参照せよ．

問題 6.87 次を示せ：(1)（性質 1）＋（性質 2）⇒（性質 10）．(2)（性質 3）＋（性質 10）⇒（性質 11）． □

表 6.1 保険料原理の性質

	1	2	3	4	5	6	7	8	9	10	11
A	◎	◎	◎	◎	◎	◎	◎	◎	◎	◎	◎
B	◎	×	◎	◎	◎	◎	◎	◎	◎	×	×
C	◎	◎	×	×	×	×	◎	×	◎	◎	×
D	◎	◎	×	◎	×	×	◎	×	◎	◎	×
E	◎	◎	◎	×	×	◎	◎	×	◎	◎	◎
F	◎	◎	×	×	×	◎	×	◎	◎	◎	◎
G	◎	◎	◎	◎	◎	◎	◎	◎	◎	◎	◎

性質 9 (安全割増) が保険料原理にとって必須の性質であることを見るために,独立同分布の $X_n \in L_+^1$, $n=1,2,\cdots$, を考える.また,性質 7 を仮定する.すると,大数の強法則より $(X_1 + \cdots + X_n)/n \to E[X_1]$, a.s., が成り立つので,

$$\lim_{n\to\infty} P\left(\sum_{k=1}^n X_k > \sum_{k=1}^n H[X_k]\right) = \begin{cases} 1 & (H[X_1] < E[X_1] \text{ のとき}), \\ 0 & (H[X_1] > E[X_1] \text{ のとき}) \end{cases}$$

となる.したがって,$H[X_1] < E[X_1]$ ならば,保険契約者の数 n が大きいとき,1 に近い確率で保険会社の支出は収入を上回ってしまう.

表 6.1 は,保険料算出原理 (A)〜(G) に対し上の性質 (1)〜(11) が成り立つか否かを示したものである.ここで,◎ は「成り立つ」,× は「成り立たない」をそれぞれ意味する.

問題 6.88 (A)〜(F) の保険料原理に対し,表 6.1 の ◎ の性質を証明し,また × の部分を反例を用いて示せ. □

問題 6.89 保険期間中に高々一つの保険金の請求しか起こらないとし,その請求の起こる確率を $p \in (0,1)$ とする.また,保険請求額 Y は次のパレート分布に従うとする:$P(Y > y) = (c/y)^\alpha$ $(y \geq c)$, $\alpha, c > 0$. このとき,保険料 $H[Y]$ を保険料原理 (B)〜(D) に従って計算せよ. □

6.8 Wang の保険料原理

6.8.1 CVaR による表現定理

確率空間 $(\Omega, \mathscr{F}, P)$ 上の実確率変数 X の**減分布関数** (decreasing distribution function) S_X を次により定義する:

$$S_X(x) := P(X > x) = 1 - F_X(x), \qquad x \in \mathbb{R}.$$

また，次の性質(D1)～(D3)を満たす写像 $g : [0,1] \to [0,1]$ の全体を $\mathscr{D}$ とする：

(D1) 非減少：$0 \leqq x \leqq y \leqq 1$ ならば $g(x) \leqq g(y)$.

(D2) 上への写像：$g([0,1]) = [0,1]$.

(D3) 凹性：$x, y, t \in [0,1]$ に対し $g((1-t)x + ty) \geqq (1-t)g(x) + tg(y)$.

$g \in \mathscr{D}$ ならば，g は $[0,1]$ 上連続で $g(0) = 0, g(1) = 1$ を満たす（各自確かめよ）．

問題 6.90 (D1), (D2)を満たす $g : [0,1] \to [0,1]$ と非負確率変数 X に対し，$S_Y(x) = g(S_X(x)), x \in \mathbb{R}$, を満たす非負確率変数 Y が存在することを示せ．ただし，Y は X と同じ確率空間上で定義されていなくてもよい． □

非負確率変数 X と $g \in \mathscr{D}$ に対し，$S_Y(x) = g(S_X(x))$ を満たす非負確率変数 Y を取って

$$H[X] = \int_0^\infty S_Y(x) dx = Y \text{ の期待値}$$

としたものが Wang の保険料原理に他ならない（[141, 142]参照）．

$g \in \mathscr{D}$ は凹であるから，右微係数 $g'_+(t) := \lim_{u \to t+}(g(u) - g(t))/(u-t), 0 < t < 1$, が存在し，$g'_+$ は $(0,1)$ 上で右連続である（各自確かめよ）．

補題 6.91 $g \in \mathscr{D}$ は次の性質を満たす：

(1) $\int_0^t g'_+(u) du = g(t), t \in (0,1]$.

(2) $((0,1], \mathscr{B}((0,1]))$ 上の確率測度 μ で，次を満たすものが一意に存在する：

$$g'_+(t) = \int_{(t,1]} s^{-1} \mu(ds), \qquad 0 < t < 1. \qquad \square$$

[証明] (1) $0 < s < t \leqq 1$ に対し $g(t) - g(s) \leqq g'_+(s)(t-s)$ が成り立ち，また g'_+ は非増加であるから，任意の $a \in (0,1)$ に対し g は $[a,1]$ 上で Lipschitz 連続であり，したがって絶対連続である．よって，$0 < s < t \leqq 1$ に対し，$\int_s^t g'_+(u) du = g(t) - g(s)$. $s \downarrow 0$ とすると，g の連続性および g'_+ の非負性を用いて，欲しい主張が得られる．

(2) g'_+ は $(0,1)$ 上で右連続で非増加であるから $((0,1], \mathscr{B}((0,1]))$ 上の測度 ν が存在して $g'_+(t) = \nu((t,1]), 0 < t < 1$, と書けることが分かる．$((0,1], \mathscr{B}((0,1]))$ 上の測度 μ を $\mu(dt) = t\nu(dt)$ により定義すると，$g'_+(t) = \int_{(t,1]} s^{-1} \mu(ds), 0 < t < 1$ となる．また，μ はこの等式より一意に決まる．最後に，(1)と Fubini-Tonelli の定理より

$$1 = \int_0^1 g'_+(u)du = \int_{(0,1]} \mu(ds)\frac{1}{s}\int_0^s du = \mu((0,1])$$

となるので，μ は $(0,1]$ 上の確率測度であることが分かる． □

Wang の保険料原理 H の CVaR による表現定理を導こう．

定理 6.92([91])　$g \in \mathscr{D}$ に対し，次が成り立つ：

$$\int_0^\infty g(P(X>x))dx = \int_{(0,1]} \mathrm{CVaR}_{1-s}(X)\mu(ds), \qquad X \in L^1_+.$$

ここで μ は，補題 6.91(2) より定まる $((0,1], \mathscr{B}((0,1]))$ 上の確率測度である． □

[証明]　$\mathrm{VaR}_s(X) = q_X^-(s)$ と定理 6.82 より，

$$\int_{(0,1]} \mathrm{CVaR}_{1-s}(X)\mu(ds) = \int_0^1 q_X^-(s)g'_+(1-s)ds.$$

一方，補題 6.91(1) と Fubini-Tonelli の定理および $q_X^-(s)$ の定義より

$$\int_0^\infty g(P(X>x))dx = \int_0^\infty dx \int_0^{1-P(X \leq x)} g'_+(s)ds$$
$$= \int_0^\infty dx \int_0^1 1_{\{s<1-P(X\leq x)\}} g'_+(s)ds$$
$$= \int_0^1 ds g'_+(1-s) \int_0^\infty 1_{\{P(X\leq x)<s\}}dx = \int_0^1 ds g'_+(1-s)q_X^-(s).$$

合わせて，欲しい等式が得られる． □

系 6.93　Wang の保険料原理 H は前節の性質 1～11 をすべて満たす． □

[証明]　性質 9(安全割増)以外は，定理 6.92 より従う．一方，$g(x) \geqq x$ より，$H[X] = \int_0^\infty g(S_X(x))dx \geqq \int_0^\infty S_X(x)dx = E[X]$ であるので，性質 9 も成り立つ． □

6.8.2　比例ハザード原理

正値確率変数 X に対し，

$$S_X(x) = \exp\left(-\int_0^x \mu_X(y)dy\right), \qquad x \in [0,\infty)$$

を満たす $[0,\infty)$ 上の非負の局所可積分関数 μ_X が存在するとき，μ_X を X のハザード率(hazard rate)あるいはハザード・レートという．

例 6.94　(1) 指数分布：確率変数 X が密度関数 $f(x) = (1/b)e^{-x/b}$ $(x \geqq 0)$,

$b \in (0, \infty)$, を持つ指数分布に従うとき, $\mu_X(x) = 1/b$ となる.

(2) 一様分布:X が密度関数 $f(x) = 1/a$ $(0 \leqq x \leqq a)$, $a \in (0, \infty)$ を持つ一様分布に従うとき, $\mu_X(x) = 1/(a-x)$ $(0 \leqq x < a)$ となる.

(3) パレート(Pareto)分布:X が減分布関数 $S_X(x) = [\lambda/(\lambda+x)]^\alpha$ $(x \geqq 0)$, $\alpha, \lambda \in (0, \infty)$ を持つパレート分布に従うとき, $\mu_X(x) = \alpha/(x+\lambda)$ となる.

(4) ワイブル(Weibull)分布:X が減分布関数 $S_X(x) = \exp(-cx^\tau)$ $(x \geqq 0)$, $c, \tau \in (0, \infty)$ を持つワイブル分布に従うとき, $\mu_X(x) = c\tau x^{\tau-1}$ となる. □

$\rho \in [1, \infty)$ に対し, $g(x) = x^{1/\rho}$ は $\mathscr{D}$ に属する. この場合の Wang の保険料原理 H を, **比例ハザード原理**(proportional hazard principle)という([141]参照):

$$H[X] := \int_0^\infty S_X(x)^{1/\rho} dx.$$

また, 写像 $[0,1] \ni x \mapsto g(x) = x^{1/\rho} \in [0,1]$ を**比例ハザード変換**(proportional hazard transform)という. 正値確率変数 X がハザード率 μ_X を持つとき, $S_Y(x) = S_X(x)^{1/\rho}$ で決まる正値確率変数 Y のハザード率 μ_Y は $\mu_Y(x) = \mu_X(x)/\rho$ で与えられる. 比例ハザード原理は Wang の保険料原理の特別な場合であるから, 系 6.93 より性質 1〜11 をすべて満たす.

問題 6.95 例 6.94 の(1)〜(3)の場合, $E[X]$ と比例ハザード原理による $H[X]$ はそれぞれ次で与えられることを示せ:

(1) 指数分布:$E[X] = b$, $H[X] = \rho b$.
(2) 一様分布:$E[X] = a/2$, $H[X] = \rho a/(\rho+1)$.
(3) パレート分布$(\alpha > 1, \rho < \alpha)$:$E[X] = \lambda/(\alpha-1)$, $H[X] = \lambda/[(\alpha/\rho)-1]$.

□

6.8.3 Wang 変換

(6.9)で定義される標準正規分布の分布関数 Φ を, $\Phi(-\infty) = 0$, $\Phi(+\infty) = 1$ により, $\Phi: [-\infty, \infty] \to [0,1]$ (1 対 1, 上への写像)に拡張する.

問題 6.96 $1 - \Phi(x) = \Phi(-x)$ $(x \in [-\infty, \infty])$ および $\Phi^{-1}(1-y) = -\Phi^{-1}(y)$ $(y \in [0,1])$ を示せ. □

$\theta \in \mathbb{R}$ に対し写像 $g_\theta: [0,1] \to [0,1]$ を

(6.29) $$g_\theta(x) := \Phi\left[\Phi^{-1}(x) + \theta\right], \quad 0 \leqq x \leqq 1$$

により定め, **Wang 変換**とよぶ ([143] 参照).

命題 6.97 任意の $\theta \in \mathbb{R}$ に対し Wang 変換 g_θ は 6.8.1 節の (D1), (D2) を満たし, $\theta \geqq 0$ ならば (D3) も満たす. 特に $\theta \geqq 0$ のとき, $g_\theta \in \mathscr{D}$ となる. □

問題 6.98 命題 6.97 を証明せよ. **ヒント.** (D3) $g_\theta'' \leqq 0$ を示せばよい. □

命題 6.97 と問題 6.90 より, $\theta \in \mathbb{R}$ と非負確率変数 X に対し $S_Y(x) = g_\theta(S_X(x))$ となる非負確率変数 Y があるので,

$$H_\theta[X] := \int_0^\infty g_\theta(S_X(x))dx = \int_0^\infty S_Y(x)dx = Y \text{ の期待値}$$

とおき, H_θ を **Wang 変換による保険料原理**とよぶ. 特に $\theta \geqq 0$ のときは, 系 6.93 より H_θ は性質 1~11 をすべて満たす. この節の目的は, Wang 変換による保険料原理に対し, 均衡の概念に基づくミクロ経済学的説明付けを与えることである.

問題 6.99 $m \in \mathbb{R}$, $\sigma \in (0, \infty)$ とする. $X = e^Z$ で Z が正規分布 $N(m, \sigma^2)$ に従うとき, $H_\theta[X] = e^{\sigma^2/2}e^{m+\theta\sigma} = e^{\theta\sigma}E[X]$ を示せ. **ヒント.** $S_Y(x) = g(S_X(x))$ となる Y に対し, $Y = e^W$ で W は正規分布 $N(m+\theta\sigma, \sigma^2)$ に従う. □

$X \in L^0 = L^0(\Omega, \mathscr{F}, P)$ に対する次のような条件を考える:

$$(6.30) \qquad E[e^{\lambda X}] < \infty, \quad \forall \lambda \in (0, \infty).$$

そして, そのような X のクラスを $\mathcal{X}$ とおく: $\mathcal{X} := \{X \in L^0 : (6.30) を満たす\}$.

問題 6.100 $\mathcal{X}$ は凸錐であることを示せ. また, $X \in L^0$ が正規分布に従うならば, $X \in \mathcal{X}$ となることを示せ. □

保険会社などの**各経済主体** (economic agent) $i \in \mathbb{I} := \{1, 2, \cdots, n\}$ の選好は指数効用関数

$$(6.31) \qquad u_i(x) = \frac{1 - e^{-\alpha_i x}}{\alpha_i}, \quad \alpha_i \in (0, \infty)$$

で記述されるとする. 各経済主体 i の初期リスクを $W_i \in \mathcal{X}$ とし, **全体のリスク** (aggregate risk) $W \in \mathcal{X}$ を

$$W := \sum_{i \in \mathbb{I}} W_i$$

により定める. 経済主体 i はリスク W_i を別の $X_i \in \mathcal{X}$ に交換し, $E[u_i(-W_i)] \leqq E[u_i(-X_i)]$ と期待効用を増加させたい. こうして, 経済全体のリスク W の再配分 $(X_i)_{i \in \mathbb{I}} \in \mathcal{X}^n$ を考えることになる. ここで, $\mathcal{X}^n := \mathcal{X} \times \cdots \times \mathcal{X}$ (n 個の

直積)である.なお,期待効用 $E[u_i(-W_i)]$ の W_i などの前に $-$(マイナス)が付いているのは,W_i や X_i が利益ではなく損失を表すとしているためである.

ここでは,次のような線形価格規則で決まる予算制限を考える:

$$-Z \text{ の価格} = E[(-Z)\varphi], \quad Z \in \mathcal{X}.$$

ここで,$\varphi \in \mathscr{P}$,ただし,

$$\mathscr{P} := \{\varphi \in L^1(\Omega, \mathscr{F}, P) : \varphi > 0, \text{ a.s}, \ E[\varphi] = 1\},$$

とする.我々は,φ を(正規化された)**価格密度**(price density)とよぶ.経済全体のリスク W に対し,リスク交換のクラス $\mathscr{A}(W)$ を次のように定義する:

$$\mathscr{A}(W) := \{(Y_1, Y_2, \cdots, Y_n) \in \mathcal{X}^n : \sum_{i \in \mathbb{I}} Y_i = W, \ P\text{-a.s.}\}.$$

定義 6.101 組 $((X_i)_{i \in \mathbb{I}}, \varphi) \in \mathscr{A}(W) \times \mathscr{P}$ が **Arrow-Debreu**(アロー–ドブリュー)**均衡**(equilibrium)であるとは,次の二つの条件を満たすことをいう:

(1) すべての $i \in \mathbb{I}$ に対し,$E[(-X_i)\varphi] = E[(-W_i)\varphi]$.
(2) すべての $i \in \mathbb{I}$ に対し,X_i は次を満たす:

$$\sup\{E[u_i(-Y)] : Y \in B_i(\varphi)\} = E[u_i(-X_i)].$$

ここで,$B_i(\varphi) := \{Y \in \mathcal{X} : E[(-Y)\varphi] \leqq E[(-W_i)\varphi]\}$. □

注意 6.102 ここでは,指数効用関数に限定して議論を進めているが,Arrow-Debreu 均衡自体は一般の効用関数に対して定義される概念である.

定理 6.103 各経済主体 $i \in \mathbb{I}$ は (6.31) で定義される指数効用関数を持つとする.このとき,$((X_i)_{i \in \mathbb{I}}, \varphi) \in \mathscr{A}(W) \times \mathscr{P}$ に対し次の二つの条件は同値である.

(a) $((X_i)_{i \in \mathbb{I}}, \varphi)$ は Arrow-Debreu 均衡である.
(b) $((X_i)_{i \in \mathbb{I}}, \varphi)$ は定義 6.101(1) を満たし,かつある $(c_i)_{i \in \mathbb{I}} \in (0, \infty)^n$ に対し $u_i'(-X_i) = c_i \varphi$, P-a.s., $i \in \mathbb{I}$,を満たす. □

[証明] (a)⇒(b).(a)を仮定する.$i \in \mathbb{I}$ を固定し,$y \in \mathbb{R}$ と $A \in \mathscr{F}$ に対し,次の様におく:$Y(y) := X_i + y\{1_A - E[\varphi 1_A]\}$.すると,すべての $y \in \mathbb{R}$ に対し,$Y(y) \in \mathcal{X}$ で,次を満たす:

$$E[(-Y(y))\varphi] = E[(-X_i)\varphi] = E[(-W_i)\varphi].$$

したがって,$Y(y) \in B_i(\varphi)$ である.$Y(0) = X_i$ が定義 6.101 の (2) を満たすか

ら，次の関数 f は $y=0$ で最大値を取る：$f(y) = E[u_i(-Y(y))]$．ここで

$$\frac{d}{dy}u_i(-Y(y)) = -e^{\alpha_i Y(y)}\{1_A - E[\varphi 1_A]\}$$

より，ある $k \in (0, \infty)$ があって

$$\left|\frac{d}{dy}u_i(-Y(y))\right| \leqq ke^{\alpha_i X_i} \in L^1(\Omega, \mathscr{F}, P), \quad |y| \leqq 1$$

が成り立つ．したがって微分と期待値を取る操作を交換できるので，$f'(0) = 0$ より

$$E[u_i'(-X_i)1_A] = E[u_i'(-X_i)]E[\varphi 1_A] = E[c_i\varphi 1_A],$$

ただし $c_i = E[u_i'(-X_i)] \in (0, \infty)$，となることが分かる．よって，下の定理 6.104 より $u_i'(-X_i) = c_i\varphi$, P-a.s., となって (b) が成り立つ．

次に，(b) を仮定し $i \in \mathbb{I}$ を固定する．すると，u_i の凹性からすべての $Y \in B_i(\varphi)$ に対し，次が成り立つ：

$$u_i(-Y) \leqq u_i(-X_i) + u_i'(-X_i)(-Y + X_i) = u_i(-X_i) + c_i(X_i - Y)\varphi.$$

しかし，$E[(X_i - Y)\varphi] \leqq E[W_i\varphi] - E[W_i\varphi] = 0$ であるから，$E[u_i(-Y)] \leqq E[u_i(-X_i)]$ となり，これは X_i が定義 6.101 の (2) を満たすことをいっている．よって (a) が得られる． ∎

上の定理の証明で次の事実を用いた．

定理 6.104（変分法の基本定理）　$X \in L^1(\Omega, \mathscr{F}, P)$ とする．もし，$E[X1_A] = 0$ がすべての $A \in \mathscr{F}$ に対して成り立つならば，$X = 0$, a.s. である． ∎

定理 6.103 から得られる次の定理（[23]）が示すように，指数効用関数に対しては均衡を具体的に求めることができる（したがって，特に，存在も分かる）．

定理 6.105（Bühlmann の定理）　各経済主体 $i \in \mathbb{I}$ は (6.31) で定義される指数効用関数を持つとする．$\alpha \in (0, \infty)$ を次で定義する：

$$\frac{1}{\alpha} = \frac{1}{\alpha_1} + \cdots + \frac{1}{\alpha_n}.$$

すると，任意の初期リスク配分 $(W_i)_{i \in \mathbb{I}} \in \mathcal{X}^n$ と全体のリスク $W := \sum_{i \in \mathbb{I}} W_i$ に対し，唯一の Arrow-Debreu 均衡 $((X_i)_{i=1}^n, \varphi) \in \mathscr{A}(W) \times \mathscr{P}$ が存在し，次で与えられる：

(a) $\varphi = \dfrac{e^{\alpha W}}{E[e^{\alpha W}]}$.

(b) $X_i = E[\varphi W_i] + \dfrac{\alpha}{\alpha_i}(W - E[\varphi W]), \quad i = 1, \cdots, n.$ □

問題 6.106 定理 6.103 を用いて，定理 6.105 を証明せよ．

ヒント． ある $b_i \in \mathbb{R}$ に対し $X_i = b_i + (1/\alpha_i)\log\varphi$． □

定義 6.107 n 次元確率ベクトル $(U_1, \cdots, U_n)$ が n 次元正規分布に従い，各成分 $U_i, i = 1, \cdots, n,$ がすべて標準正規分布 $N(0,1)$ に従うとき，$(U_1, \cdots, U_n)$ は **n 次元標準正規分布**に従うという． □

定理 6.105 に基づく保険料

$$H[X] := \frac{E[Xe^{\alpha W}]}{E[e^{\alpha W}]}$$

をより具体的に表現するには，X と W の関係を特定する必要がある．この目的のために，次の設定を考える：

(A1) $\mu \in \mathbb{R}, \sigma \in (0, \infty)$ に対し，W は正規分布 $N(\mu, \sigma^2)$ に従う．

(A2) X は正値確率変数で，その分布関数 F_X は $[0, \infty)$ で狭義単調増加連続関数である．

(A3) $(W_0, V) := (\Phi^{-1}(F_W(W)), \Phi^{-1}(F_X(X))) = ((W-\mu)/\sigma, \Phi^{-1}(F_X(X)))$ で定義される (W_0, V) は平均 $(0,0)$ で，共分散行列

$$\begin{pmatrix} 1 & \rho \\ \rho & 1 \end{pmatrix}, \quad -1 < \rho < 1$$

の2次元正規分布に従う．

問題 6.108 次の主張を示せ．

(1) $[0,1]$ 上の一様分布 $U(0,1)$ に従う確率変数 U に対し $\Phi^{-1}(U)$ は標準正規分布 $N(0,1)$ に従う．

(2) (A2) の X に対し $F_X(X)$ は一様分布 $U(0,1)$ に従う． □

定義 6.109 n 次元確率ベクトル $(X_1, \cdots, X_n)$ に対し，$U_j := \Phi^{-1}(F_{X_j}(X_j))$，$j = 1, \cdots, n,$ とおく．もし n 次元確率ベクトル $(U_1, \cdots, U_n)$ が n 次元標準正規分布に従うならば，$(X_1, \cdots, X_n)$ は n 次元**ガウス・コピュラ**(Gaussian copula) を持つという． □

この定義を用いると，上の条件 (A3) は「(W, X) は2次元ガウス・コピュラを

持つ」と言い換えることができる.

Wang 変換による保険料原理に対し,均衡の概念に基づく説明付けを与える準備ができた.

定理 6.110 上の (A1)〜(A3) を仮定する.すると,次が成り立つ:
$$\frac{E[Xe^{\alpha W}]}{E[e^{\alpha W}]} = H_\theta[X], \qquad \theta = \rho\sigma\alpha.$$
□

[証明] まず,$W = \sigma W_0 + \mu$, $\beta := \sigma\alpha$ とおくと,
$$\frac{E[Xe^{\alpha W}]}{E[e^{\alpha W}]} = \frac{E[Xe^{\beta W_0}]}{E[e^{\beta W_0}]}$$

と変形できる.$V := \Phi^{-1}(F_X(X))$ に対し,(A3) より (W_0, V) は共分散行列 R が

$$R = \begin{pmatrix} 1 & \rho \\ \rho & 1 \end{pmatrix}$$

で与えられる 2 次元標準正規分布に従うので,確率変数 Z を $W_0 = \rho V + Z$ により定義すると,

$$\mathrm{Cov}(V, Z) = \mathrm{Cov}(V, W_0 - \rho V) = \mathrm{Cov}(V, W_0) - \rho \mathrm{Cov}(V, V) = 0$$

より V と Z は無相関で,したがって正規性より独立である.さらに,$X = F_X^{-1}(\Phi(V))$ より X は V の関数であるから,

$$\frac{E[Xe^{\beta W_0}]}{E[e^{\beta W_0}]} = \frac{E[Xe^{\theta V}]E[e^{\beta Z}]}{E[e^{\theta V}]E[e^{\beta Z}]} = \frac{E[Xe^{\theta V}]}{E[e^{\theta V}]}$$

が得られる.

今,$(\Omega, \mathscr{F})$ 上の確率測度 Q を $dQ/dP = e^{\theta V}/E[e^{\theta V}]$ により定義すると,$E[Xe^{\theta V}]/E[e^{\theta V}] = E^Q[X]$ と書ける.Q のもとでの X の分布関数を F^Q とする:$F^Q(x) := Q(X \leqq x)$.V は P のもとで標準正規分布 $N(0,1)$ に従うので,$E[e^{\theta V}] = e^{\theta^2/2}$ である.$V = \Phi^{-1}(F_X(X))$ であるから,よって
$$F^Q(x) = e^{-\theta^2/2} E\left[1_{(0,x]}(X) e^{\theta \Phi^{-1}(F_X(X))}\right]$$
$$= e^{-\theta^2/2} \int_0^x e^{\theta \Phi^{-1}(F_X(x))} dF_X(x).$$

ここで,変数変換の公式より

$$\int_0^x e^{\theta \Phi^{-1}(F_X(y))} dF_X(y) = \int_0^{F_X(x)} e^{\theta \Phi^{-1}(u)} du$$

と書け,さらにこれは変数変換 $y = \Phi^{-1}(u)$ と $d\Phi(y)/dy = (2\pi)^{-1/2} e^{-y^2/2}$ より

$$\int_0^{F_X(x)} e^{\theta \Phi^{-1}(u)} du = \int_{-\infty}^{\Phi^{-1}(F_X(x))} e^{\theta y} \frac{1}{\sqrt{2\pi}} e^{-\frac{y^2}{2}} dy$$

と変形できる.したがって,

$$F^Q(x) = e^{-\theta^2/2} \int_{-\infty}^{\Phi^{-1}(F_X(x))} e^{\theta y} \frac{1}{\sqrt{2\pi}} e^{-\frac{y^2}{2}} dy = \int_{-\infty}^{\Phi^{-1}(F_X(x))} \frac{1}{\sqrt{2\pi}} e^{-\frac{1}{2}(y-\theta)^2} dy$$
$$= \int_{-\infty}^{\Phi^{-1}(F_X(x))-\theta} \frac{1}{\sqrt{2\pi}} e^{-\frac{1}{2}z^2} dz = \Phi(\Phi^{-1}(F_X(x)) - \theta)$$

となる.これと問題 6.96 の二つの主張を用いると,$S^Q(x) := 1 - F^Q(x)$ に対し

$$S^Q(x) = \Phi(-\Phi^{-1}(F_X(x)) + \theta) = \Phi(\Phi^{-1}(S_X(x)) + \theta) = g_\theta(S_X(x))$$

となって,欲しい主張が得られる. ∎

第 6 章ノート▶リスク尺度理論や関連するリスク管理の数理技法のより詳しい議論については[44], [103]などを,保険料算出原理については[137](特に 'Premium Principles' の項)および第 9 章で挙げる保険数理の専門書を,それぞれ参照せよ.本章の記述でもこれらの文献を参考にした.これらの理論に現れる汎関数は一般には期待値の形で表せないため,その数値計算は容易でないことが多く,効率的な実装法や数学的な近似法に関する研究が進められている([137]等参照).また,動的リスク尺度理論とよばれる,刻々と行うリスク計測を時間に関して一貫的なものにするための理論の研究も行われている([44]等参照).さらに,リスク尺度と最適投資問題を結びつけた研究も行われている([111], [132]等参照).

7 金融と保険の融合商品の評価例

この章では，投資信託と生命保険を融合させた**変額年金保険**に代表される，金融リスクと保険リスクが混在する商品の評価を考える．一般には保険リスクは市場で複製できないので，このような商品は第3章のデリバティブ価格付け理論の枠組みには含まれない．具体的には例えば，

$$(7.1) \qquad H = \sum_{i=1}^{n} 1_{\{\tau_i > T\}} f(Y(T))$$

をペイオフとする商品を考える．ここで，

$$f(Y(T)) = \max\left(\alpha K \frac{Y(T)}{Y(0)}, K e^{yT}\right).$$

これは，その保険金が株価指数などの金融市場の参照インデックス $Y(t)$ に連動するような生存保険であり，$\tau_i, i=1,\cdots,n$，は i 番目の保険契約者の余命を表す．支払い保険金 $f(Y(T))$ は，一時払い保険料 K を予定利率 y で運用した通常の保険金 Ke^{yT} と，契約期間のインデックス成長率 $Y(T)/Y(0)$ にインデックス追随率 α を掛けた額 $\alpha K Y(T)/Y(0)$ の大きい方となる．

7.1 設定

一つの株式と無リスク資産から成る金融市場を考える．$T \in (0, \infty)$ を終末時刻とし，株式の価格過程 $\{S(t)\}_{t \in [0,T]}$ と無リスク資産の価格過程 $\{B(t)\}_{t \in [0,T]}$ の挙動は

$$dS(t) = S(t)\{bdt + \sigma dW(t)\}, \quad 0 \leqq t \leqq T,$$
$$dB(t) = rB(t)dt, \quad 0 \leqq t \leqq T$$

によって記述されると仮定する．ここで，$\{W(t)\}_{t \in [0,T]}$ はある完備確率空間 $(\Omega, \mathscr{F}, P)$ 上の1次元標準ブラウン運動であり，$S(0) = s_0 \in (0, \infty), B(0) = 1$,

$b \in \mathbb{R}$, $r \in [0, \infty)$, $\sigma \in (0, \infty)$ である. $\mathscr{G}_t^0 = \sigma(W(u) : u \leqq t) \vee \mathscr{N}$, $t \in [0, T]$, とおく. ここで $\mathscr{N}$ は $\mathscr{F}$ の P-零集合全体を表す.

保険契約者の余命 τ_i, $i = 1, \cdots, n$, は $(\Omega, \mathcal{F}, P)$ 上の互いに独立な正値確率変数で, $P(\tau_i > t) > 0$, $t \in [0, \infty)$, を満たすとする. さらに, τ_i たちは $\{W(t)\}$ とも独立と仮定し, 各 τ_i の分布は $[0, \infty)$ で有界な密度関数 $f_i(t)$ を持つとする. 道具として, そのハザード・レート関数

$$\mu_i(t) := \frac{d}{dt}\{-\ln P(\tau_i > t)\} = \frac{f_i(t)}{P(\tau_i > t)}, \quad i = 1, \cdots, n, \ t \in (0, \infty)$$

と, τ_i に付随する点過程

$$N_i(t) := 1_{\{\tau_i \leqq t\}}, \quad t \geqq 0$$

を考える. 第 4 章で見たように, $\{N_i(t)\}_{t \in [0, \infty)}$ は, 各見本路が τ_i の前では 0, τ_i 以後は 1 の値を取る右連続過程である. τ_i たちは互いに独立で密度関数を持つと仮定したので, $P(\tau_i = \tau_j) = 0$, $i \neq j$, が成り立つ.

問題 7.1 これを証明せよ. すなわち, $i, j = 1, \cdots, n$, $i \neq j$ に対して $P(\tau_i = \tau_j) = 0$ を示せ. □

これはすなわち保険契約者たちは同時には死亡しないことを意味する. 特に, $i \neq j$ に対して

(7.2) $$\Delta N_i(t) \Delta N_j(t) = 0, \quad t \geqq 0, \text{ a.s.}$$

各 $i = 1, \cdots, n$ に対して, $\{N_i(t)\}$ により生成されるフィルトレーションを $(\mathscr{G}_t^i)_{t \in [0, T]}$ とする. すなわち, $t \in [0, T]$ に対して $\mathscr{G}_t^i = \sigma(N_i(u) : u \in [0, t])$. このとき, 命題 4.72 より, 各 $i = 1, \cdots, n$ に対して

$$M_i(t) := N_i(t) - \int_0^t \mu_i(s)(1 - N_i(s-))ds, \quad 0 \leqq t \leqq T$$

は $\{\mathscr{G}_t^i\}$-マルチンゲールになる. さらに, $\mathscr{F}_t := \bigvee_{j=0}^n \mathscr{G}_t^j$ とおく. $\mathscr{G}_t^i$, $i = 0, \cdots, n$, は独立であるから, $\{W(t)\}$ は $\{\mathscr{F}_t\}$-ブラウン運動であり, 各 $\{M_i(t)\}$ は $\{\mathscr{F}_t\}$-マルチンゲールである. $\{\mathscr{F}_t\}$ を利用可能な情報とし, 許容取引戦略の集合 $\mathscr{A}^*$ をここでは,

$$\mathscr{A}^* := \left\{\{\xi(t)\}_{0 \leqq t \leqq T} : \{\mathscr{F}_t\}\text{-可予測}, \{\xi(t)S(t)\} \in \mathscr{L}_2\right\}$$

と定義する ($\mathscr{L}_2$ の定義は第 2 章を参照のこと. 定義に用いるフィルトレーショ

ンはもちろんここでの $\{\mathscr{F}_t\}$ である).可予測性を要請するのは,直感的にいえば,各 t 時点でジャンプが起きた直後にリバランスすることを禁止するためである.第3章と同様に,初期資金 $x \in \mathbb{R}$,取引戦略 $\xi \in \mathscr{A}^*$ に関する価値過程 $\{X^{x,\xi}(t)\}_{t \in [0,T]}$ は

$$\begin{cases} dX^{x,\xi}(t) = r\{X^{x,\xi}(t) - \xi(t)S(t)\}dt + \xi(t)dS(t), \quad 0 \leqq t \leqq T, \\ X^{x,\xi}(0) = x \end{cases}$$

で記述されるとする.この解は,$\tilde{S}(t) = S(t)/B(t)$ とおくと,

$$X^{x,\xi}(t) = e^{rt}\left(x + \int_0^t \xi(u)d\tilde{S}(u)\right)$$

で与えられる.また,$\{Z(t)\}_{t \in [0,T]}$ を

$$Z(t) := \exp\left(-\lambda W(t) - \frac{1}{2}\lambda^2 t\right), \quad 0 \leqq t \leqq T$$

で定義する.ただし $\lambda := (b-r)/\sigma$.このとき,確率測度 Q を $dQ/dP = Z(T)$ により定義すると,

$$W^{(\lambda)}(t) = W(t) + \lambda t, \quad 0 \leqq t \leqq T$$

は Q の下でブラウン運動になるのであった.$\{\mathscr{G}_t^i\}, i = 0, \cdots, n$,の独立性より,$\{W^{(\lambda)}(t)\}$ は Q の下で $\{\mathscr{F}_t\}$-ブラウン運動でもあり,$i = 1, \cdots, n$ に対して

$$Q(\tau_i > t) = E[1_{\{\tau_i > t\}}Z(T)] = E[1_{\{\tau_i > t\}}]E[Z(T)] = P(\tau_i > t), \quad t \geqq 0$$

であるから,$\mu_i(t)$ は各 τ_i の Q の下でのハザード・レートでもある.

7.2 リスク評価の問題

第3章で見たように,Black-Scholes モデルは完備である.すなわち,$H \in L^2(\mathscr{G}_T^0, Q)$ のとき,$X^{E^Q[\tilde{H}],\xi'}(T) = H$ を満たすある $\{\mathscr{G}_t^0\}$-発展的可測過程 $\{\xi'(t)\}$ が存在し,この複製コスト $E^Q[\tilde{H}]$ が H の価格として与えられるのであった.ここで,$L^p(\mathscr{B}, R)$ は確率空間 $(\Omega, \mathscr{B}, R)$ 上の p 乗可積分確率変数全体であり,$\tilde{H} = H/B(T)$ とおいた.

ここで扱う市場モデルは Black-Scholes モデルに保険リスクを追加したものであるが,これは完備だろうか.この点について議論するために,H が $\mathscr{F}_T$-可測

な確率変数の場合も含めて，

$$\pi(H) := \inf\{x \in \mathbb{R} : \text{ある } \xi \in \mathscr{A}^* \text{ に対して } X^{x,\xi}(T) \geqq H\}$$

と定義される $\pi(H)$ を考えよう．これは，H の**優複製コスト**(super-replication cost)とよばれるものであり，Black-Scholes モデルにおける複製価格の拡張になっている．実際，$H \in L^2(\mathscr{G}_T^0, Q)$ とすると，複製戦略 $\{\xi'(t)\}$ が存在するから，$\pi(H) \leqq E^Q[\tilde{H}]$ は明らかである．他方，$X^{x,\xi}(T) \geqq H$ を満たす任意の x, ξ に対して，$\tilde{X}^{x,\xi}(T) \geqq E^Q[\tilde{H}] + \int_0^T \xi'(t) d\tilde{S}(t)$ であり，$\{\tilde{X}^{x,\xi}(t)\}$ は $\{\mathscr{F}_t, Q\}$-マルチンゲールであるから両辺の期待値を取って $x \geqq E^Q[\tilde{H}]$．よって $\pi(H) \geqq E^Q[\tilde{H}]$．ゆえに $\pi(H) = E^Q[\tilde{H}]$ が従う．

しかし H が(7.1)のように保険リスクを含む場合には，次の例で見るように，複製は一般には可能ではない．すなわち，この市場モデルは非完備である．

例 7.2 $H = 1_{\{\tau_1 > T\}}$ とするとき，$\pi(H) = e^{-rT}$ である．これを証明しよう．
$x = e^{-rT}, \xi \equiv 0$ とすると，$X^{x,\xi}(T) = 1 \geqq 1_{\{\tau_1 > T\}}$．よって $e^{-rT} \geqq \pi(H)$．他方，$\kappa > -1$ に対して，

$$\frac{dQ_\kappa}{dP} = Z(T)\left(1 + \kappa 1_{\{\tau_1 \leqq T\}}\right) e^{-\kappa \int_0^{\tau_1 \wedge T} \mu_1(t) dt}$$

とおき，確率測度の集合 $\mathcal{Q} = \{Q_\kappa : \kappa > -1\}$ を考える．このとき，$Z(T)$ と τ_1 は独立だから，各 $Q_\kappa \in \mathcal{Q}$ に対して，$\{W^{(\lambda)}(t)\}$ は Q_κ の下でも $\{\mathscr{F}_t\}$-ブラウン運動になる．したがって，$\xi \in \mathscr{A}^*$ について，$\{\tilde{X}^{x,\xi}(t)\}$ は Q_κ の下でもマルチンゲールである．よって，

$$e^{-rT} E^{Q_\kappa}[H] \leqq E^{Q_\kappa}[\tilde{X}^{x,\xi}(T)] = x.$$

これより $e^{-rT} \sup_{Q \in \mathcal{Q}} Q(\tau_1 > T) \leqq \pi(H)$．しかし

$$Q_\kappa(\tau_1 > T) = E[Z(T)(1 + \kappa 1_{\{\tau_1 \leqq T\}}) e^{-\kappa \int_0^{\tau_1 \wedge T} \mu_1(t) dt} 1_{\{\tau_1 > T\}}]$$
$$= e^{-\kappa \int_0^T \mu_1(t) dt} P(\tau_1 > T) = e^{-(\kappa+1) \int_0^T \mu_1(t) dt}$$

より，$\kappa \downarrow -1$ とすれば $Q_\kappa(\tau_1 > T) \to 1$ であるから，$\sup_{Q \in \mathcal{Q}} Q(\tau_1 > 1) = 1$．ゆえに，$e^{-rT} \leqq \pi(H)$ が従う． □

したがって，$H = 1_{\{\tau_1 > T\}}$ の場合は，H の優複製コスト $\pi(H) = e^{-rT}$ を $\{B(t)\}$ で運用し，満期で $X^{\pi(H),0}(T) = 1$ を達成するのが安全なヘッジ戦略となる．しかし，$t = T$ で $1_{\{\tau_1 > T\}}$ のペイオフを持つ商品が $t = T$ で 1 のペイオフの

商品と同じ評価 e^{-rT} であるというのは，明らかに不合理である．非完備市場においては，$\pi(H)$ の定義のような，いかなるタイプの売り手にも受け入れられる基準では，ヘッジコストはしばしば高すぎるものになってしまうのである．

そこで今，あるエージェント(保険者)にとっての，初期資金 x と(時点 T における)売買契約 Y の組 (x, Y) に関する選好を記述するものとして，$\mathbb{R} \times L^2(\mathscr{F}_T, P)$ 上の選好関係 $\succeq$ を考える．初期資金 $x \in \mathbb{R}$ を持ち，時点 0 で $H \in L^2(\mathscr{F}_T, P)$ を売りたいと考えるエージェントにとっては，次の二つの選択肢がある：

- H を y で売る．すなわち，$(x+y, -H)$ を選択する．
- 売り契約を交わさない．すなわち，$(x, 0)$ を選択する．

最初の選択肢が好ましいものであるためには，y は $(x+y, -H) \succeq (x, 0)$ を満たしていなければならない．ゆえに我々は

$$\pi^*(H) = \pi^*(H; x) := \inf\{y \in \mathbb{R} : (x+y, -H) \succeq (x, 0)\}$$

を H の(売り手にとっての)適正な評価として採用しよう．

次に，この選好関係 $\succeq$ を具体的に与えるため，エージェントの確率的な収益(すなわち $L^2(\mathscr{F}_T, P)$ の確率変数)に関する選好が Arrow-Pratt の絶対リスク回避係数 $\alpha(x) \equiv \alpha$ を持つ指数効用関数 $u(x) = -e^{-\alpha x}$ によって記述されると仮定する．したがって，確率変数 Y', Y に対して

$$\mu_{Y'} \succeq \mu_Y \iff E[u(Y')] \geqq E[u(Y)] \iff C(Y') \geqq C(Y)$$

が成り立つ．ただし，$\mu_{Y'}, \mu_Y$ はそれぞれ Y', Y の確率分布であり，$C(Y)$ は Y の u に関する確実性等価で

$$C(Y) = -(1/\alpha) \ln E[e^{-\alpha Y}]$$

により与えられる(第 5 章を見よ)．Y が正規分布に従うとき，容易に確かめられるように，$C(Y) = E[Y] - (\alpha/2)V(Y)$ であり，一般の場合には，$C(Y) = E[Y] - (\alpha/2)V(Y) + O(\alpha^2)$, $\alpha \downarrow 0$ である．

問題 7.3 ある $\alpha_0 > 0$ に対して $Y^2 e^{\alpha_0 |Y|}$ が可積分のとき，$C(Y) = E[Y] - (\alpha/2)V(Y) + O(\alpha^2)$, $\alpha \downarrow 0$ であることを示せ． □

この事実を念頭に，我々はこの「2 次近似」

$$U(Y) := E[Y] - \frac{\alpha}{2}V(Y), \quad Y \in L^2(\mathscr{F}_T, P)$$

を確率的な収益の評価の指標として用いることにしよう．

エージェントは，初期資金 x と売買契約 $Y \in L^2(\mathscr{F}_T, P)$ を受けて，市場への投資によって自らの効用を最大化すると仮定する．このとき，エージェントの $\mathbb{R} \times L^2(\mathscr{F}_T, P)$ 上の選好関係 $\succeq$ は

$$(x', Y') \succeq (x, Y) \iff U^*(Y'; x') \geqq U^*(Y; x)$$

により定義される．ただし，

$$U^*(Y; x) = \sup_{\xi \in \mathscr{A}^*} U(X^{x,\xi}(T) + Y), \quad (x, Y) \in \mathbb{R} \times L^2(\mathscr{F}_T, P).$$

すると $\pi^*(H)$ は

(7.3) $\quad \pi^*(H) = \inf\{y \in \mathbb{R} : U^*(-H; x+y) \geqq U^*(0; x)\}$

と表される．一般に，(7.3) のようにしてリスクを評価することを，H の U^* に関する**効用無差別評価**(utility indifference valuation) という．

$\pi^*(H)$ の計算において，鍵になるのは次の命題である．

命題 7.4 $H \in L^2(\mathscr{F}_T, P)$ に対して，$x^* \in \mathbb{R}, \xi^* \in \mathscr{A}^*$ が問題

(7.4) $$\inf_{x \in \mathbb{R}, \xi \in \mathscr{A}^*} E(X^{x,\xi}(T) - H)^2$$

の解であるとする．すなわち，(x^*, ξ^*) は (7.4) における下限を達成するとする．このとき，

(7.5) $\quad \pi^*(H) = x^* + \dfrac{\alpha}{2} e^{-rT} V(X^{x^*,\xi^*}(T) - H).$ □

[証明] まず，$\mathscr{X} := \{X^{x,\xi}(T) : x \in \mathbb{R}, \xi \in \mathscr{A}^*\}$，$X^* := X^{x^*,\xi^*}(T)$ とおき，

(7.6) $\quad E[X(X^* - H)] = 0, \quad X \in \mathscr{X}$

が成り立つことを示そう．実際，$X' \in \mathscr{X}$ について

$$(X' - H)^2 = (X' - X^*)^2 + 2(X' - X^*)(X^* - H) + (X^* - H)^2$$

より，任意の $X' \in \mathscr{X}$ に対して，

$$(7.7) \qquad E[(X'-X^*)^2 + 2(X'-X^*)(X^*-H)] \geqq 0$$

である. $a \in \mathbb{R}$, $x \in \mathbb{R}$, $\xi \in \mathscr{A}^*$ について, $x' = x^* + ax$, $\xi' = \xi^* + a\xi \in \mathscr{A}^*$, $X = X^{x,\xi}(T)$, $X' = X^{x',\xi'}(T)$ とおき, X' に対して(7.7)を適用すると, $X' = X^* + aX$ だから,

$$a^2 E(X^2) + 2aE[X(X^*-H)] \geqq 0.$$

これが任意の $a \in \mathbb{R}$ に対して成り立つことから $E[X(X^*-H)] = 0$ が得られる. よって(7.6)が従う.

一方, $X^{x,\xi}(T) - H = -e^{rT}x^* + X^{x,\xi-\xi^*}(T) + X^* - H$ と(7.6)より,

$$U(X^{x,\xi}(T) - H)$$
$$= -e^{rT}x^* + E[X^{x,\xi-\xi^*}(T)] - (\alpha/2)V(X^{x,\xi-\xi^*}(T)) - (\alpha/2)V(X^* - H).$$

よって, $U^*(-H; z+x) = -e^{rT}x^* + U^*(0; z+x) - (\alpha/2)V(X^* - H)$. 任意の $z \in \mathbb{R}$ に対して $U^*(0; z) < \infty$ であることが示せ, さらに, $U^*(0; z+x) = e^{rT}z + U^*(0; x)$ であるから, $\pi^*(H)$ は等式 $U^*(-H; \pi^*(H) + x) = U^*(0; x)$ によって決定され, (7.5)で与えられる. ∎

問題 7.5 上の証明において, 次を示せ.
(1) $E[X^* - H] = 0$.
(2) $V(X^{x,\xi-\xi^*}(T) + X^* - H) = V(X^{x,\xi-\xi^*}(T)) + V(X^* - H)$.

ヒント. (1) (7.6)で $X = X^{1,0}(T) = e^{rT}$ を取る. ∎

7.3 ヘッジ誤差の最小化

命題 7.4 により, 我々のリスク評価問題はヘッジ誤差の最小化問題(7.4)に帰着された. これを解くための準備から始めよう.

補題 7.6 $Y \in L^1(\mathscr{F}_T, Q)$, $s \in [t, T]$ とするとき, 各 $i = 1, \cdots, n$ について

$$(7.8) \qquad E^Q[Y 1_{\{\tau_i > s\}} | \mathscr{G}_t^i \vee \mathscr{G}_t^0] = 1_{\{\tau_i > t\}} e^{\int_0^t \mu_i(u) du} E^Q[1_{\{\tau_i > s\}} Y | \mathscr{G}_t^0].$$

特に, $Y \in L^1(\mathscr{G}_T^0, Q)$ のときは,

(7.9)
$$E^Q[Y1_{\{\tau_i>s\}}|\mathscr{F}_t] = E^Q[Y1_{\{\tau_i>s\}}|\mathscr{G}_t^i \vee \mathscr{G}_t^0] = 1_{\{\tau_i>t\}}e^{-\int_t^s \mu_i(u)du}E^Q[Y|\mathscr{G}_t^0].$$

□

[証明]　まず，

(7.10)
$$\mathscr{G}_t^0 \vee \mathscr{G}_t^i \subseteq \mathscr{G}_t^* := \{A \in \mathscr{F} : \text{ある } B \in \mathscr{G}_t^0 \text{ に対して } A \cap \{\tau_i > t\} = B \cap \{\tau_i > t\}\}$$

に注意する．実際，$A = \{\tau_i \leqq u\}$ $(u \leqq t)$ のときは $B = \emptyset$ とすればよいので $\{\tau_i \leqq u\} \in \mathscr{G}_t^*$. $A \in \mathscr{G}_t^0$ ならば $B = A$ とすればよいので $A \in \mathscr{G}_t^*$. $\mathscr{G}_t^*$ は $\mathscr{F}$ の部分 σ-加法族になり，(7.10) が従う．

$C = \{\tau_i > t\}$ とおくと，(7.10) より任意の $A \in \mathscr{G}_t^0 \vee \mathscr{G}_t^i$ に対して $B \in \mathscr{G}_t^0$ が存在して $A \cap C = B \cap C$ だから，C と $\mathscr{G}_t^0$ の独立性を使えば

$$E^Q[1_{A \cap C}P(C)Y] = E^Q[1_{B \cap C}P(C)Y] = E^Q[E^Q[1_{B \cap C}P(C)Y|\mathscr{G}_t^0]]$$
$$= Q(C)E^Q[1_B E^Q[1_C Y|\mathscr{G}_t^0]] = E^Q[1_{B \cap C}E^Q[1_C Y|\mathscr{G}_t^0]]$$
$$= E^Q[1_{A \cap C}E^Q[1_C Y|\mathscr{G}_t^0]]$$

を得る．よって $s = t$ のとき補題が従う．$s \geqq t$ のときには $Y1_{\{\tau_i>s\}}$ に対してこの結果を適用すればよい．よって(7.8)が得られる．さらに，

$$E^Q[Y1_{\{\tau_i>s\}}|\mathscr{G}_t^0] = E^Q[E^Q[1_{\{\tau_i>s\}}Y|\mathscr{G}_T^0]|\mathscr{G}_t^0] = Q(\tau_i>s)E^Q[Y|\mathscr{G}_t^0]$$

と(7.8)より(7.9)が従う． ■

また，第4章で示したように，次が成り立つ．

補題 7.7　$\{Y(t)\}$ が $\{\mathscr{F}_t\}$-可予測で，$i \in \{1,\cdots,n\}$ について

$$E^Q \int_0^T |Y(t)|(1-N_i(t))\mu_i(t)dt < \infty$$

ならば，$\int_{0+}^t Y(s)dM_i(s), 0 \leqq t \leqq T$, は $\{\mathscr{F}_t, Q\}$-マルチンゲールである．　□

補題 7.8　$i = 1,\cdots,n$ に対して

$$L_i(t) = 1_{\{\tau_i>t\}}\exp\left(\int_0^t \mu_i(s)ds\right), \quad 0 \leqq t \leqq T$$

とおく.このとき,

(7.11) $\quad L_i(t) = 1 - \int_{0+}^{t} L_i(s-)dM_i(s), \quad 0 \leq t \leq T, \ i = 1, \cdots, n.$

したがって,各 $\{L_i(t)\}$ は $\{\mathscr{F}_t, Q\}$-マルチンゲールである.さらに,$i \neq j$ に対して $\{L_i(t)\}$ と $\{L_j(t)\}$ は互いに直交する.すなわち,$\{L_i(t)L_j(t)\}$ は $\{\mathscr{F}_t, Q\}$-マルチンゲールとなる. □

[証明] 伊藤の公式(定理 2.192)より

$$L_i(t) = 1 + \int_0^t \mu_i(s) e^{\int_0^s \mu_i(u)du}(1 - N_i(s))ds - \int_{0+}^t e^{\int_0^s \mu_i(u)du}dN_i(s)$$

である.さらに,

$$\int_{0+}^t e^{\int_0^s \mu_i(u)du}dN_i(s) = e^{\int_0^{\tau_i} \mu_i(s)ds} 1_{\{\tau \leq t\}}$$
$$= e^{\int_0^{\tau_i} \mu_i(s)ds}(1 - N_i(\tau_i-)) 1_{\{\tau_i \leq t\}} = \int_{0+}^t L_i(s-)dN_i(s).$$

よって(7.11)が従う.また $\{L(t)\}$ は有界だから補題 7.7 より $\{L_i(t)\}$ は $\{\mathscr{F}_t, Q\}$-マルチンゲールである.

また,(7.2)より $\{L_i(t)\}$ と $\{L_i(t)\}$ が同時にジャンプしないことが分かる.よって,命題 2.189(1)より $[L_i, L_j](t) = 0$ となる.すなわち

$$L_i(t)L_j(t) = 1 - \int_{0+}^t L_i(s-)L_j(s-)(dM_i(s) + dM_j(s))$$

となる.したがって補題 7.7 より $\{L_i(t)L_j(t)\}$ は $\{\mathscr{F}_t, Q\}$-マルチンゲールである. ■

次の定理は $\{\mathscr{F}_t, Q\}$-マルチンゲールに関する表現定理である.

定理 7.9 $i \in \{1, \cdots, n\}$,$Y \in L^2(\mathscr{G}_T^0, Q)$ とし,$Y(t) = E^Q[Y 1_{\{\tau_i > T\}} | \mathscr{F}_t]$ とおく.このとき,$Y(t)$ は表現

$$Y(t) = Y(0) + \int_0^t \xi(u)dW^{(\lambda)}(u) - \int_{0+}^t Y(u-)dM_i(u), \quad 0 \leq t \leq T$$

を持つ.ここで,$\{\xi(s)\}$ は $E^Q\left[\int_0^T |\xi(u)|^2 du\right] < \infty$ を満たす $\{\mathscr{F}_t\}$-可予測過程である. □

[証明] $\{\mathscr{G}_t^0\}$ に関するマルチンゲール表現定理より,

$$\tilde{Y}(t) := E^Q\left[Y\exp\left(-\int_t^T \mu_i(u)du\right)\bigg|\mathscr{G}_t^0\right], \quad 0 \leqq t \leqq T$$

について,

$$\tilde{Y}(t) = \tilde{Y}(0) + \int_0^t \tilde{\xi}(u)dW^{(\lambda)}(u), \quad 0 \leqq t \leqq T$$

がある $\{\mathscr{G}_t^0\}$-可予測 2 乗可積分過程 $\tilde{\xi}$ に対して成立する(可予測な被積分過程が取れることについては[123, Ch. IV, Theorem 36.1]や[71, 定理 9.23]などを参照のこと).$\{W^{(\lambda)}(t)\}$ は $\{\mathscr{F}_t, Q\}$-マルチンゲールであるから $\{\tilde{Y}(t)\}$ も連続 $\{\mathscr{F}_t, Q\}$-マルチンゲールである.補題 7.8 および命題 2.189(2) より,

$$Y(1 - N_i(T)) = \tilde{Y}(T)L_i(T)$$
$$= \tilde{Y}(0) + \int_0^T L_i(u-)d\tilde{Y}(u) - \int_{0+}^T \tilde{Y}(u)L_i(u-)dM_i(u).$$

さらに,$\{L_i(t)\}$ の定義と補題 7.6 より,

$$Y(t) = 1_{\{\tau_i > t\}} e^{-\int_t^T \mu_i(s)ds} E^Q[Y|\mathscr{G}_t^0] = L_i(t)\tilde{Y}(t)$$

を得る.したがって $\xi(t) = \tilde{\xi}(t)L_i(t-)$ と取ることで定理は従う. ∎

以上の準備の下で,問題 (7.4) に取り組もう.そのために,まず固定された $x \in \mathbb{R}$ に対して問題

$$(7.12) \qquad \inf_{\xi \in \mathscr{A}^*} E(\tilde{X}^{x,\xi}(T) - \tilde{H})^2$$

を考える.

命題 7.10 $H(T) = \tilde{H}, \Phi(T) = 1, \Psi(T) = 0$ を満たす三つの適合過程 $\{H(t)\}$,$\{\Phi(t)\}$,$\{\Psi(t)\}$ に対して,

$$(7.13) \quad J^{x,\xi}(t) := (\tilde{X}^{x,\xi}(t) - H(t))^2 \Phi(t) + \Psi(t), \quad 0 \leqq t \leqq T, \ \xi \in \mathscr{A}^*$$

を考える.$\{J^{x,\xi}(t)\}$ が任意の $\xi \in \mathscr{A}^*$ について $\{\mathscr{F}_t, P\}$-劣マルチンゲールであり,かつ $\xi^x \in \mathscr{A}^*$ が存在して $\{J^{x,\xi^x}(t)\}$ が $\{\mathscr{F}_t, P\}$-マルチンゲールになるならば,ξ^x が問題 (7.12) の解である. □

[証明] 仮定より,任意の $\xi \in \mathscr{A}^*$ に対して,

$$E(\tilde{X}^{x,\xi}(T) - \tilde{H})^2 = E[J^{x,\xi}(T)] \geqq J^{x,\xi}(0) = (x - H(0))^2 \Phi(0) + \Psi(0).$$

特に，ξ^x に対しては，上の不等式は等号で成り立つ．よって命題が従う． ∎

命題 7.10 の条件を満たす $\{\mathscr{F}_t\}$-適合過程 H, Φ, Ψ を探すため，これらの(後ろ向きの)時間発展が形式的に次のように記述されると仮定する．

$$(7.14) \quad H(t) = \tilde{H} - \int_t^T h(s)ds - \int_t^T h'(s)dW(s) - \sum_{i=1}^n \int_{t+}^T \hat{h}_i(s)dM_i(s),$$

$$(7.15) \quad \Phi(t) = 1 - \int_t^T \Phi(s)\phi(s)ds - \int_t^T \Phi(s-)\phi'(s)dW(s)$$
$$- \sum_{i=1}^n \int_{t+}^T \Phi(s-)\hat{\phi}_i(s)dM_i(s),$$

$$(7.16) \quad \Psi(t) = -\int_t^T \psi(s)ds.$$

ここで，Φ は $\Phi(t) > 0,\ t \in [0, T),\ \Phi(T) = 1$ を満たすことに注意しよう(定理 2.194 参照)．また (7.16) は，$\Psi(t) = E\left[-\int_t^T \psi(s)ds \,\middle|\, \mathscr{F}_t\right]$ より，

$$\Psi(t) = \int_0^t \psi(s)ds + \Psi'(t)$$

と同値である．ただし $\Psi'(t) = E\left[-\int_0^T \psi(s)ds \,\middle|\, \mathscr{F}_t\right]$．

このとき，2 次変分を考えると命題 2.190 より

$$d(\tilde{X}^{x,\xi}(t) - H(t))^2$$
$$= \Big[2(\tilde{X}^{x,\xi}(t) - H(t))(\xi(t)\tilde{S}(t)(b-r) - h(t)) + (\xi(t)\tilde{S}(t)\sigma - h'(t))^2$$
$$+ \sum_{i=1}^n (\hat{h}_i(t))^2(1 - N_i(t))\mu_i(t)\Big]dt$$
$$+ 2(\tilde{X}^{x,\xi}(t) - H(t-))(\xi(t)\tilde{S}(t)\sigma - h'(t))dW(t)$$
$$+ \sum_{i=1}^n \hat{h}_i(t)(\hat{h}_i(t) - 2(\tilde{X}^{x,\xi}(t) - H(t-)))dM_i(t)$$

であり，さらに，

$$d(\tilde{X}^{x,\xi}(t) - H(t))^2 \Phi(t)$$
$$= \Phi(t)\Big[(\tilde{X}^{x,\xi}(t) - H(t))^2 \phi(t) + 2(\tilde{X}^{x,\xi}(t) - H(t))\{\xi(t)\tilde{S}(t)\sigma(\lambda + \phi'(t))$$

$$
\begin{aligned}
&- h(t) - h'(t)\phi'(t)\} + (\xi(t)\tilde{S}(t)\sigma - h'(t))^2 \\
&+ \sum_{i=1}^n \Big\{ -2(\tilde{X}^{x,\xi}(t) - H(t))\hat{h}_i(t)\hat{\phi}_i(t) + \hat{h}_i(t)^2 \Big\}(1+\hat{\phi}_i(t))(1-N_i(t))\mu_i(t) \bigg] dt \\
&+ \Phi(t-)\bigg[(\tilde{X}^{x,\xi}(t) - H(t-))^2 \phi'(t) \\
&\quad + 2(\tilde{X}^{x,\xi}(t) - H(t-))(\xi(t)\tilde{S}(t)\sigma - h'(t)) \bigg] dW(t) \\
&+ \Phi(t-)\sum_{i=1}^n \bigg[(\tilde{X}^{x,\xi}(t) - H(t-))^2 \hat{\phi}_i(t) \\
&\quad + \{ -2(\tilde{X}^{x,\xi}(t) - H(t-))\hat{h}_i(t) + \hat{h}_i(t)^2 \}(1+\hat{\phi}_i(t)) \bigg] dM_i(t)
\end{aligned}
$$

と書けるから，

(7.17)
$$
\begin{aligned}
J^{x,\xi}&(t) - J^{x,\xi}(0) \\
&= \int_0^t k^{x,\xi}(u)du + \int_0^t \bigg[(\tilde{X}^{x,\xi}(u) - H(u-))\Phi(u-)\{(\tilde{X}^{x,\xi}(u) - H(u-))\phi'(u) \\
&\quad + 2(\xi(u)\tilde{S}(u)\sigma - h'(u))\} \bigg] dW(u) \\
&\quad + \sum_{i=1}^n \int_{0+}^t \bigg[(\tilde{X}^{x,\xi}(u) - H(u-))\Phi(u-)\{(\tilde{X}^{x,\xi}(u) - H(u-))\hat{\phi}_i(u) \\
&\quad - 2(1+\hat{\phi}_i(u))\hat{h}_i(u)\} + \hat{h}_i(u)^2(1+\hat{\phi}_i(u)) \bigg] dM_i(u) + \Psi'(t) - \Psi'(0)
\end{aligned}
$$

となる．ただし，

$$
\begin{aligned}
k^{x,\xi}(t) &= \psi(t) + (\tilde{X}^{x,\xi}(t) - H(t-))^2 \Phi(t-)\phi(t) \\
&\quad + 2(\tilde{X}^{x,\xi}(t) - H(t-))\Phi(t-)\bigg[\xi(t)\tilde{S}(t)(b-r) - h(t) \\
&\quad + (\xi(t)\tilde{S}(t)\sigma - h'(t))\phi'(t) - \sum_{i=1}^n \hat{h}_i(t)\hat{\phi}_i(t)(1 - N_i(t-))\mu_i(t) \bigg] \\
&\quad + \Phi(t-)\bigg[(\xi(t)\tilde{S}(t)\sigma - h'(t))^2 + \sum_{i=1}^n (\hat{h}_i(t))^2(1+\hat{\phi}_i(t))(1 - N_i(t-))\mu_i(t) \bigg].
\end{aligned}
$$

仮に，ある $\{\xi^*(t)\}$ について，(7.14)～(7.16)における係数たちが $k^{x,\xi^*}(t)=0$ かつ $k^{x,\xi}(t) \geqq 0$, a.s., $t \in [0,T]$, を満たし，さらに確率積分項をマルチンゲール

にするように決定できれば，命題 7.10 の条件が満たされることになる．

$k^{x,\xi}(t)$ は $\xi(t)$ に関して下に凸な 2 次関数であるから，その最小値を与える $\xi(t)$ を $\xi^x(t)$ とする．簡単な計算により，

$$\xi^x(t) = \sigma^{-1}\tilde{S}(t)^{-1}\left\{h'(t) - (\tilde{X}^{x,\xi^x}(t) - H(t-))(\lambda + \phi'(t))\right\}$$

と表され，

$$\begin{aligned}
k^{x,\xi^x}(t) =\ & (\tilde{X}^{x,\xi^x}(t) - H(t-))^2\Phi(t-)(\phi(t) - (\lambda + \phi'(t))^2 \\
& + 2(\tilde{X}^{x,\xi^x}(t) - H(t-))\Phi(t-)\Big\{\lambda h'(t) - h(t) \\
& - \sum_{i=1}^n \hat{h}_i(t)\hat{\phi}_i(t)(1 - N_i(t-))\mu_i(t)\Big\} \\
& + \Phi(t-)\sum_{i=1}^n \hat{h}_i(t)^2(1 + \hat{\phi}_i(t))(1 - N_i(t-))\mu_i(t) + \psi(t)
\end{aligned}$$

となる．したがって，

$$\psi(t) = -\Phi(t-)\sum_{i=1}^n \hat{h}_i(t)^2(1 + \hat{\phi}_i(t))(1 - N_i(t-))\mu_i(t),$$

(7.18) $\quad \phi(t) = (\lambda + \phi'(t))^2,$

$$h(t) = \lambda h'(t) - \sum_{i=1}^n \hat{h}_i(t)\hat{\phi}_i(t)(1 - N_i(t-))\mu_i(t)$$

とおけば，$k^{x,\xi^x}(t) = 0$ が満たされる．このとき，(7.15) は

$$d\Phi(t) = \Phi(t-)\left[(\lambda + \phi'(t))^2 dt + \phi'(t)dW(t) + \sum_{i=1}^n \hat{\phi}_i(t)dM_i(t)\right], \quad \Phi(T) = 1$$

と表されるから，$\phi'(t) = 0$, $\hat{\phi}_i(t) = 0$, $i = 1, \cdots, n$ を考えれば，

(7.19) $\qquad\qquad\qquad \Phi(t) = e^{-\lambda^2(T-t)}$

が解となることが分かる．次に，$\hat{\phi}_i(t) = 0$, $i = 1, \cdots, n$, より (7.14) は，

$$dH(t) = h'(t)dW^{(\lambda)}(t) + \sum_{i=1}^n \hat{h}_i(t)dM_i(t), \quad H(T) = \tilde{H}$$

となる．もし $H(t) := E^Q[\tilde{H}|\mathscr{F}_t]$ のマルチンゲール表現が得られればその被積分過程 $\{h'(t)\}$, $\{\hat{h}_i(t)\}$, $i = 1, \cdots, n$, が解となる．さらに，(7.16) は

$$\Psi(t) = \int_t^T \Phi(s)\sum_{i=1}^n (\hat{h}_i(s))^2(1 - N_i(s-))\mu_i(s)ds$$

となる．よって，これは

$$\Psi(t) = E\left[\int_t^T \Phi(s)\sum_{i=1}^n (\hat{h}_i(s))^2(1-N_i(s))\mu_i(s)ds \bigg| \mathscr{F}_t\right]$$

で与えられる．

仮に確率積分項がマルチンゲールであるとすると，

$$\inf_{\xi\in\mathscr{A}^*} E(\tilde{X}^{x,\xi}(T)-\tilde{H})^2$$
$$= E[J^{x,\xi^x}(T)] = (x-E^Q[\tilde{H}])^2\Phi(0)+\Psi(0)$$
$$= e^{-\lambda^2 T}(x-E^Q[\tilde{H}])^2 + E\left[\int_0^T e^{-\lambda^2(T-s)}\sum_{i=1}^n \hat{h}_i(s)^2(1-N_i(s))\mu_i(s)ds\right]$$

となるので，結局 $x^* = E^Q[\tilde{H}]$, $\xi^* = \xi^{x^*}$ が問題(7.4)の解ということになる．

以上の議論をもとに次を得る：

定理 7.11 H は，ある $\varepsilon > 0$ に対して $Y \in L^{2+\varepsilon}(\mathscr{G}_T^0, P)$ を満たす Y により $H = Y\sum_{i=1}^n 1_{\{\tau_i > T\}}$ と表されていると仮定する．このとき，問題(7.4)の解 (x^*, ξ^*) は

$$x^* = E^Q[\tilde{H}], \quad \xi^*(t) = \sigma^{-1}\tilde{S}(t)^{-1}[h'(t)-\lambda\Theta^*(t)], \ 0 \leq t \leq T$$

で与えられる．ただし，$t \in [0,T]$ に対して

$$\Theta^*(t) = -Z(t)e^{-\lambda^2 t}\sum_{i=1}^n \int_{0+}^t \hat{h}_i(s)Z(s)^{-1}e^{\lambda^2 s}dM_i(s)$$

であり，$\{h'(t)\}$, $\{\hat{h}_i(t)\}$, $i=1,\cdots,n$, は $H(t) = E^Q[\tilde{H}|\mathscr{F}_t]$, $t \in [0,T]$, のマルチンゲール表現

(7.20) $\quad H(t) = H(0) + \int_0^t h'(s)dW^{(\lambda)}(s) + \sum_{i=1}^n \int_{0+}^t \hat{h}_i(s)dM_i(s)$

に現れる可予測過程である．

また，最適な割引価値過程 $\{\tilde{X}^{x^*,\xi^*}(t)\}$ は $\tilde{X}^{x^*,\xi^*}(t) = H(t)+\Theta^*(t)$, $0 \leq t \leq T$, と表される．ゆえに ξ^* はフィードバック形式で $\xi^*(t) = \sigma^{-1}\tilde{S}(t)^{-1}[h'(t)-\lambda(\tilde{X}^{x^*,\xi^*}(t)-H(t))]$ と表される．

さらに，(7.3)で定義される H の効用無差別評価 $\pi^*(H)$ は以下で与えられる．

$$\pi^*(H) = E^Q[\tilde{H}] + \frac{\alpha}{2}e^{rT}V[\Theta^*(T)]$$

$$= E^Q[\tilde{H}] + \frac{\alpha}{2}e^{rT} E\left[\int_0^T e^{-\lambda^2(T-s)} \sum_{i=1}^n \hat{h}_i(s)^2(1-N_i(s))\mu_i(s)ds\right].$$

□

注意 7.12 任意の $\beta \in \mathbb{R}$ に対して,

(7.21)
$$\sup_{0 \leq t \leq T} E[Z(t)^\beta] < \infty$$

が成り立つので, ある $\varepsilon > 0$ について $Y \in L^{2+\varepsilon}(\mathscr{F}_T, P)$ であることと, ある $\varepsilon' > 0$ について $Y \in L^{2+\varepsilon'}(\mathscr{F}_T, Q)$ であることは同値である. 実際, $Y \in L^{2+\varepsilon}(\mathscr{F}_T, P)$ のとき, ε' を ε より小さい勝手な正数とし, $\gamma = (2+\varepsilon)/(2+\varepsilon')$ (> 1), $\beta = \gamma/(\gamma-1)$ とおくと, Hölder の不等式より,

$$E^Q[|Y|^{2+\varepsilon'}] = E[Z(T)|Y|^{2+\varepsilon'}] \leq E[Z(T)^\beta]^{1/\beta} E[|Y|^{2+\varepsilon}]^{1/\gamma} < \infty$$

となる. 逆も同様.

問題 7.13 任意の $\beta \in \mathbb{R}$ に対して (7.21) が成り立つことを示せ. □

[**定理 7.11 の証明**]　(7.19) と (7.20) でそれぞれ定義される $\Phi(t), \hat{h}_i(t)$ について, 定理 7.9 より $\hat{h}_i(t) = -E^Q[Y(1-N_i(T))|\mathscr{F}_{t-}]$ であるから, Jensen の不等式より

(7.22)
$$E^Q[|\hat{h}_i(t)|^{2+\varepsilon}] \leq E^Q[|Y|^{2+\varepsilon}].$$

よって Hölder の不等式と Y の可積分性の条件より

$$\sum_{i=1}^n E\left[\int_0^T \Phi(s)\hat{h}_i(t)^2(1-N_i(t))\mu_i(t)dt\right] < \infty$$

である. したがって,

$$\Psi'(t) = E\left[\int_t^T \Phi(s)\sum_{i=1}^n \hat{h}_i(s)^2(1-N_i(s))\mu_i(s)ds \,\bigg|\, \mathscr{F}_t\right], \quad 0 \leq t \leq T$$

は $\{\mathscr{F}_t, P\}$-マルチンゲールである.

$\phi'(t) = \hat{\phi}_i(t) = 0,\ i = 1, \cdots, n,\ t \in [0, T]$, を (7.17) に代入すると,

(7.23)
$$J^{x,\xi}(t) = J^{x,\xi}(0) + \int_0^t k^{x,\xi}(s)ds$$
$$+ \int_0^t 2(\tilde{X}^{x,\xi}(s) - H(s))\Phi(s)(\xi(s)\tilde{S}(s)\sigma - h'(s))dW(s)$$
$$+ \sum_{i=1}^n \int_{0+}^t \Phi(s)\{-2(\tilde{X}^{x,\xi}(s) - H(s))\hat{h}_i(s) + \hat{h}_i(s)^2\}dM_i(s) + \Psi'(t)$$

と表される．また(7.18)より $\phi(t) = \lambda^2$ であり，$k^{x,\xi}(t)$ は

$$k^{x,\xi}(t) = (\tilde{X}^{x,\xi}(t) - H(t))^2 \Phi(t) \lambda^2 + 2(\tilde{X}^{x,\xi}(t) - H(t)) \Phi(t) \lambda (\sigma \xi(t) \tilde{S}(t) - h'(t))$$
$$+ \Phi(t)(\xi(t) \tilde{S}(t) \sigma - h'(t))^2$$

となる．今，$\xi \in \mathscr{A}^*$ であることと，(7.21)と H の可積分性の条件より

$$(7.24) \qquad E\left[\sup_{0 \leq t \leq T} \tilde{X}^{x,\xi}(t)^2\right] + E\left[\sup_{0 \leq t \leq T} H(t)^2\right] < \infty$$

であり，他方，$G(t) = E^Q[Y|\mathcal{G}_t^0]$, $0 \leq t \leq T$, とおくと，Hölder の不等式および Burkholder-Davis-Gundy の不等式(例えば[110, 定理 2.8.1]を見よ)より，

$$E\left[\int_0^T h'(t)^2 dt\right] \leq n^2 E[\langle G, G\rangle(T)] = n^2 E^Q\left[\frac{dP}{dQ}\langle G, G\rangle(T)\right]$$
$$\leq cE^Q\left[\sup_{0 \leq t \leq T} |G(t)|^{2+\varepsilon}\right]^{2/(2+\varepsilon)}$$

がある正定数 c に対して成立する．よって Doob の不等式(定理 2.82 を見よ)より

$$(7.25) \qquad E\left[\int_0^T h'(t)^2 dt\right] < \infty$$

である．(7.24)と(7.25)より $E\left[\int_0^T k^{x,\xi}(t)dt\right] < \infty$ が得られる．また，(7.22)より $E\left[\sup_{0 \leq t \leq T} \hat{h}_i(t)^2\right] < \infty$．したがって，(7.13)の定義式より

$$\sum_{i=1}^n E\left[\int_0^T \left|\Phi(s)\{-2(\tilde{X}^{x,\xi}(s) - H(s))\hat{h}_i(s) + \hat{h}_i(s)^2\}\right|(1 - N_i(s-))\mu_i(s)ds\right]$$
$$\leq \bar{\mu} T \sum_{i=1}^n E\left[\sup_{0 \leq t \leq T}\left|-2(\tilde{X}^{x,\xi}(t) - H(t))\hat{h}_i(t) + \hat{h}_i(t)^2\right|\right]$$
$$\leq \bar{\mu} T \sum_{i=1}^n E\left[2 \sup_{0 \leq t \leq T}(|\tilde{X}^{x,\xi}(t) - H(t)|^2 + \hat{h}_i(t)^2)\right] < \infty.$$

ここで，$\bar{\mu}$ は $\sup\{|\mu_i(t)| : 0 \leq t \leq T, i = 1, \cdots, n\} \leq \bar{\mu}$ を満たす正定数で，2 番目の不等式において $|-2ab + b^2| \leq a^2 + 2|ab| + b^2 \leq 2(a^2 + b^2)$ を用いた．ゆ

えに(7.23)の $\{M_i(t)\}$ に関する積分は $\{\mathscr{F}_t, P\}$-マルチンゲールである．同様にして，

$$\sum_{i=1}^{n} E\left[\sup_{0<t\leq T}\left|\int_{0+}^{t} \Phi(s)\{-2(\tilde{X}^{x,\xi}(s)-H(s))\hat{h}_i(s)+\hat{h}_i(s)^2\}dM_i(s)\right|\right]$$
$$\leq (1+\bar{\mu}T)\sum_{i=1}^{n} E\left[\sup_{0\leq t\leq T}\left|-2(\tilde{X}^{x,\xi}(t)-H(t))\hat{h}_i(t)+\hat{h}_i(t)^2\right|\right] < \infty.$$

また

$$E\left[\sup_{0\leq t\leq T}|J^{x,\xi}(t)-\Psi'(t)|\right]$$
$$\leq E\left[\sup_{0\leq t\leq T}(\tilde{X}^{x,\xi}(t)-H(t))^2\right]+\bar{\mu}T\sum_{i=1}^{n} E\left[\sup_{0\leq t\leq T}\hat{h}_i(t)^2\right] < \infty.$$

よって(7.23)を考慮すれば

$$E\left[\sup_{0\leq t\leq T}\left|\int_0^t 2(\tilde{X}^{x,\xi}(s)-H(s))\Phi(s)(\xi(s)\tilde{S}(s)\sigma-h'(s))dW(s)\right|\right] < \infty$$

を得る．したがって，(7.23)の $\{W(t)\}$ に関する確率積分も $\{\mathscr{F}_t, P\}$-マルチンゲールとなる(問題7.14参照)．ゆえに任意の $\xi \in \mathscr{A}^*$ に対して，$k^{x,\xi}(t) \geq k^{x,\xi^x}(t)=0$ より $\{J^{x,\xi}(t)\}$ は $\{\mathscr{F}_t, P\}$-劣マルチンゲールとなる．他方，$K(t) = Z(t)e^{-\lambda^2 t} = e^{\lambda W^{(\lambda)}(t)-(\lambda^2/2)t}$ とおくと，$dK(t)=\lambda K(t)dW^\lambda(t)$ だから，

$$\Theta^x(t) := K(t)\left\{x-H(0)-\sum_{i=1}^{n}\int_{0+}^{t}\hat{h}_i(s)K(s)^{-1}dM_i(s)\right\}$$

とおけば，

$$d\Theta^x(t) = -\sum_{i=1}^{n}\hat{h}_i(t)dM_i(t)-\lambda\Theta^x(t-)dW^{(\lambda)}(t)$$

を満たす．これより，$\tilde{X}^{x,\xi^x}(t)-H(t-)=\Theta^x(t)$ を確かめることができる．$\xi^x(t)=\sigma^{-1}\tilde{S}(t)^{-1}(h'(t)-\lambda(\tilde{X}^{x,\xi^x}(t)-H(t-)))$ より，$k^{x,\xi^x}(t)=0, 0\leq t\leq T$. ゆえに $\{J^{x,\xi^x}(t)\}$ は $\{\mathscr{F}_t, P\}$-マルチンゲール．命題7.10より ξ^x が問題(7.12) の解であることが従う．このことと $\Theta^*(t)=\Theta^{x^*}(t)$ より定理の主張が得られる．

問題 7.14 連続局所マルチンゲール $\{V(t)\}_{t\in[0,T]}$ は $E[\sup_{0\leq t\leq T}|V(t)|]<\infty$ を満たすとき，マルチンゲールになることを示せ． □

例 7.15 定理 7.11 において，$Y=f(S(T))$ と表される場合を考える．関数 F を (3.20) で定義されるものとすれば，$F(t,S(t))=e^{-r(T-t)}E^Q[f(S(T))|\mathscr{G}_t^0]$ が第 3 章の定理 3.19 より得られるので，補題 7.6 より，

$$E^Q[Y1_{\{\tau_i>T\}}|\mathscr{F}_t]=1_{\{\tau_i>t\}}e^{-\int_t^T\mu_i(s)ds}e^{r(T-t)}F(t,S(t)), \quad i=1,\cdots,n$$

と表される．これより，

$\pi^*(H)$

$$=F(0,S(0))\sum_{i=1}^n e^{-\int_0^T\mu_i(s)ds}$$
$$+\frac{\alpha}{2}e^{rT}\sum_{i=1}^n E\int_0^T e^{-\lambda^2(T-s)-2rs-2\int_s^T\mu_i(u)du}F(s,S(s))^2(1-N_i(s))\mu_i(s)ds$$
$$=F(0,S(0))\sum_{i=1}^n e^{-\int_0^T\mu_i(s)ds}$$
$$+\frac{\alpha}{2}\sum_{i=1}^n e^{rT-\lambda^2T-2\int_0^T\mu_i(s)ds}\int_0^T\mu_i(s)e^{\lambda^2s-2rs+\int_0^s\mu_i(u)du}G(s)ds.$$

ここで，$G(t):=E[F^2(t,S(t))]$ とおいた． □

第 7 章ノート ▶ 変額年金保険全般については，[85], [100], [108] などを参照してほしい．本章の記述に関しては，[131], [105]〜[107], [9], [37], [93], [127] などを参考にした．この価格付け法は，最適なヘッジング価値過程 $\{X^{x^*,\xi^*}(t)\}$ は負になり得るという欠点を持つ．この点を考慮した研究としては [87] が挙げられる．また，本章で用いた，点過程の確率解析については，[19], [10], [118] などでより詳しく扱われている．[7], [148] では，指数効用関数による金融・保険リスクの効用無差別価格付けが研究されている．その他のアプローチに関しては，[39] に概観されているのでそちらを参照してほしい．

第Ⅲ部

8 金融と保険の基礎概念

本章では，金融や保険の数理以前の基礎概念の説明を行う．また本書の各章がどのような文脈に位置付けられているかも示す．物理現象の直感的イメージを思い浮かべながら数学的な議論を追わなければ物理理論を十分に理解できないように，金融や保険の具体的なイメージや本質的なメカニズムの理解が数学的・抽象的な議論や記述への抵抗感を減らし，全体感を持った深い理解につながると考えるためである．

8.1 社会的分業と金融・保険

社会的分業と貨幣

金融制度や保険制度は**貨幣**(お金)の存在を前提としている．これらのメカニズムを考えるにあたり改めてなぜ貨幣が社会に必要なのかを考えてみよう．社会は多様な能力を持った個人で構成されている．それを基礎に個々人はさまざまな経緯をへて特定の技能を必要とする職業人に分化する．スポーツの才能がある人がスポーツを職業とする場合もあるだろうし，農業が好きな人が必要な技能を身に付けて農業を職業とする場合もあるだろう．このように現代人は社会の多様なニーズの特定部分に応える労働を提供する対価として貨幣を得るという生活を送っている．

今日の複雑化した世界では，もはや社会的分業なしに我々は生活できないことは明らかである．何でも自分でできる超人的能力を持った人がいるとしても，その人の持つ最も付加価値の高い能力に専従し，他の仕事は他人に任せた方が社会全体で見れば経済効率が高まるという経済学の理論(比較優位の原理とよばれる)もある．生活のさまざまなニーズを満たすためには，自分の仕事の成果を他人の仕事の成果と交換できなくてはならない．これを解決するための特別な交換の道具が貨幣である．本書の他章では数学的な議論が展開されるが，以上述べたよう

な素朴な貨幣の起源の中にさまざまな数理ファイナンス，保険数理の理論の源流を見出すことができる．

貨幣の機能

金融論では貨幣は次のような機能を持つものとして定義されている．

> 一般的交換手段機能，一般的価値貯蔵手段機能，一般的価値尺度機能を
> 持つものを貨幣という．

これらは社会的分業を効率的に行う上で必然的に要請されるものである．**一般的交換手段機能**とは，あらゆる商品(財)やサービスと交換できるという機能であり，**一般的価値貯蔵手段機能**とは保有し続けることによって価値を保存するという機能であり，**一般的価値尺度機能**とはあらゆる商品やサービスの価値を比較する尺度となる機能を意味する([72]参照)．

一般的交換手段機能を持つので，貨幣を支払うことで物々交換せずに貸し借りを清算できる(**決済**)し，遠隔地との取引の場合にも物々交換の品物を運搬せずに済む(**為替**)．また金融サービスの対価として金利や保険契約の手数料をお金で支払うことができる．

一般的交換手段機能と一般的価値貯蔵手段機能があるので，とりあえず今使う目的のないお金を銀行に預けたり(**預金**)，確定していない将来の支出に備えるため貯めておくこと(**貯蓄・資産運用**)ができる．

一般的価値尺度機能があるので，未来のお金と今のお金の価値の変換(**現価計算**)の比率，外国のお金と日本のお金の交換(**外国為替**)の比率を定めるための基準財(**ニューメレール**)としての役割が果たせる．基準財としての性質については第3章(金利モデル)を参照のこと．

8.2 金融の基本メカニズム

貨幣の過不足の調整

社会が生産活動を行うにつれて，当面使う予定のない貨幣が余り貯蓄できる者と貨幣が不足するものが現れてくる．そこに**金融**の必要が生まれる．すなわち金融は次のように定義できる．

貨幣が余っている者が貨幣が不足するものに貨幣を貸すことを金融という．

貨幣を貸すメリットを与える対価として借手は貸手に対価を支払う．金融の個々の形態により対価を**金利**とよんだり**配当**とよんだりする．貨幣の余っている者と不足している者が2者間で直接貸し借りを行うことを**直接金融**という．これに対し第三者が貨幣の余っている者と不足している者の間に立ってそれぞれと取引を行うことにより行われる金融を**間接金融**という．直接金融の相手を探したり取引手続きを代行する者と，間接金融を行う者を合わせて金融業者という．前者の代表は証券会社で後者の代表は銀行である．金融業者も貨幣の過不足を調整する機能を担った社会的分業の一形態といえる．

市場と金融

貨幣の過不足を調整する「場」を(資本)**市場**という．有価証券取引所のように物理的に施設を設けた市場もあるが，融資などの特定の金融取引の全体を総称して市場ということもある．後者には金融取引に関わる者だけで完結するもの(相対取引)もあり，当事者以外が内容を把握できないものが数多く存在する．

直接金融は，主に取引所などのように不特定多数が需給を満たす市場を前提とした金融の形態である．これに対して間接金融は，取引相手，とりわけ借手との契約締結による相対取引を行うことを前提にした金融の形態である．

金融と不確実性

貨幣の貸手は，自分の手元から貨幣が離れることにより，自分が予想できなかったり，自分に起因しない原因により貨幣が戻ってこなくなるという不確実性に，必然的にさらされることになる．このように，不確実性に起因して被る経済的損失の可能性を**リスク**とよぶことにしよう．

つまり金融には本質的にリスクが伴うということである．したがって金融を理論的に扱うためには，リスクのもととなる不確実性を定量的に扱う必要があり，今日では確率論や確率過程論を基礎として理論展開されるに至っている．

直接金融では貸手がリスクの負担者であり間接金融では借手の相手方となる金融業者がリスクの負担者である．いずれにせよリスクの負担者は貨幣を融通する対価の中にリスク負担の対価も含めることになる．リスクが高い金融取引ではリ

スク負担の対価は高く，リスクが低いものでは低くなる．リスクに関する数学的な議論は第6章で詳細に説明されているが，常識的にも理解できることだろう．

8.3 保険の基本メカニズム

この節では保険と金融を比較しながらより詳しくそのメカニズムについて考えよう．

8.3.1 保険とリスク・シェアリング

一旦起こってしまうと精神的・肉体的・経済的など，さまざまなダメージを受けてしまう危険にさらされながら，我々は社会生活を過ごしている．このような危険は誰の身に降りかかってもおかしくない．

例えば，怪我をしたり，天災で住宅や家財を破壊されたり，世帯の収入の担い手が亡くなったりするなどの危険は誰にでも起こりうる．前節で述べた金融行為においても，借手にこのような事故が起こり貸していたお金が返ってこないということもある．このような事故が起こるといかなる方法でも元通りにダメージを回復することができないことも多い．しかし貨幣で，怪我を治療したり代替物を購入したり，失った収入を補うということは可能である．したがって，事前にコントロール不可能な事故の発生に対し，物理的回復ではなく経済的損失の回復により対処する方法をあらかじめ講じておくと，不確実性に起因する経済的損失を補うことができることになる．金融以外の事象の不確実性にも経済的損失を結びつけリスクという概念を与えることができるということである．

不確実性に対し貨幣で対処する方法を一般に**リスク・ファイナンス**というが，リスクが実現した場合に必要な貨幣を，リスクにさらされている人々の集団で分担するという仕組みが**保険**である．社会的分業という人々の間の協力関係が貨幣と金融の発生の起源であったように，保険もリスクの共有と分担(**リスク・シェアリング**)する人の集団による協力関係が前提にある．この協力関係を**相互扶助**という．

注意 8.1 相互扶助に関して，保険の原型は貨幣の存在しなかった先史時代に狩猟や採集によって得た食料を共同備蓄したところまでさかのぼることができるといわれるが，近年さまざまな生物で将来の見返りを期待して当座の見返りを求めずに利他な行動を行う現象が観測され注目されている．互恵的利他行動とよばれる．個々では弱い個体が集団でリ

スクを分担するというのは生物の生き残り戦略として優れたものかもしれない．

8.3.2 保険の定義と間接金融との類似

保険はまだ確定していない将来の事象について取り決める必要があるため**保険契約**の形態を取る．また，現在では金融を専門とする金融業が金融の中心的役割を担っているように，保険を専門とする保険会社が保険を必要とする多数の人と契約を結ぶことにより保険というサービスを提供している．

保険契約は次のように定義することができる．

> 保険契約とは，保険会社に，特定の偶発事象の発生した場合の経済的損失を埋め合わせてもらう代わりに，そのリスクにさらされている者がその対価を支払う契約をいう．

この定義は，一見金融と全く異なることを定義しているように見える．しかし間接金融と保険はよく似たメカニズムを持っている．この保険の定義を次のように言い換えてみよう．

> ある偶発事象のリスク負担能力が余っているものが，不足するものにそのリスク負担能力を貸すことを保険という．

金融が貨幣を融通する代わりに金利を対価として支払うように，保険では保険料とよばれる対価を保険会社に支払う．保険契約に従って保険料を支払う者を**保険契約者**とよび保険契約を引受ける保険会社を**保険者**という．先に述べたように，保険は本質的には保険契約者の集団によってリスクを共有しているわけであるが，保険者と保険契約を行うことにより，集団を代表して保険者がリスクを負担することになる．リスク負担の原資は契約者から支払われる保険料の合計である．

保険会社と間接金融の代表である銀行を比較してみよう．銀行は貨幣の実質的貸手である預金者と預金契約を結んで原資を確保し，他方では貨幣の借手と融資契約を結ぶ．銀行は預金者がいつ貨幣を引き出すか分からないので，よい融資先が見つかったとき融資する機会を失うリスクも抱えてはいるが，銀行にとって最も大きいリスクは借手が貨幣を返せないリスクである．このようなリスクを**信用リスク**とよぶ．実は次項で示すように，信用リスクは銀行の借手の集団が共有するリスクと見ることができる．

8.3.3 融資と信用保険の比較例

具体的な例で保険と融資の類似を考えてみよう．インターバンク市場とは，専門業者である銀行が互いに貨幣の過不足を調整する市場である．平常時であればお互い信用リスクのない資金として入手できる．このような意味でインターバンク市場の金利を無リスク金利と考えよう．今，ある銀行が融資のために，この市場から十分な量の貨幣を無リスク金利で借りることができたとしよう．この資金をもとに，ある企業の集団にこの銀行が融資をした場合には，無リスク金利に上乗せした金利をもらうことになる．

今，ある保険会社が同じ企業集団に対して融資資金の貸し倒れに対する信用保険（その保険料は企業が支払うと考える）を結ばせると同時に，インターバンク市場から融資の合計額にあたる無リスク金利の資金を調達して企業に融資したとしよう（日本では保険会社もインターバンク市場に参加している）．ある企業の銀行融資が貸し倒れになったときには銀行は，営業上の収益から埋め合わせるしかないから，上乗せ金利の合計から損失を埋め合わせる．銀行が埋め合わせた資金はインターバンク市場の貸手に返済する．保険会社の場合では，同じ企業の融資が貸し倒れになったら，信用保険の保険金で損失を埋め合わせる．保険金の原資は保険料の合計である．保険金はインターバンク市場の貸手に返済する．

この二つの場合を比較すると，企業が銀行に支払う上乗せ金利と企業が保険会社に支払う信用保険の保険料とは実質同じ機能を持っていることが分かるであろう．融資された企業集団は実質的に信用リスクを共有しているのである．

8.3.4 リスクの負担能力と大数の法則

金融では貨幣が余っていることだけが貸手の条件であるが，リスクの負担能力は具体的にどのように生まれてくるのだろうか．保険は集団によるリスク・シェアリングを前提としていると述べた．同じリスクにさらされた集団の存在はリスク負担力を生み出す重要なメカニズムの基礎を与える．

今リスクを共有する n のメンバーからなる人や企業の集団を**ポートフォリオ**とよぼう．ポートフォリオのそれぞれのメンバー k $(k=1,2,\cdots,n)$ に発生する事故の発生の有無を表す確率変数を X_k で表そう．すなわち，事故が発生した場合には $X_k=1$，発生しない場合には $X_k=0$ の値を取る．X_k の確率分布は確率 p のベルヌーイ分布

$$P(X_k = 1) = p, \quad P(X_k = 0) = 1 - p$$

であり集団のすべてのメンバーで同分布で互いに独立と仮定しよう．事故発生のときには保険金 K 円を支払うこととする．保険会社が支払うべき保険金の合計は確率変数 $S_n = K \sum_{k=1}^{n} X_k$ で表せる．

n が小さい場合には，保険会社は安定的な経営を行えずリスクを負担できない．例えば極端な例として $n=1$, $K=1000$, $p=95/100000$ である場合を考えよう．具体的なイメージとしては保険金 1000 万円の死亡保険を考えればよい．保険料として 1 万円を会社が受け取るとしたときの保険会社の損益は次のようになる．死亡しなかった場合 $(X_n = 0)$ には 1 万円，死亡した場合 $(X_n = 1)$ には $1 - K = -999$ 万円となる．この場合には損益の期待値 $E[1 - S_1]$ は 500 円になる．損益の期待値はかろうじてプラスであるが，原理的に巨大な赤字となるような可能性のある割の合わない事業は誰も行わないだろう．**大数の法則**から任意の ε に対して

$$\lim_{n \to \infty} P\left(\left|\frac{S_n}{n} - Kp\right| > \varepsilon\right) = 0 \tag{8.1}$$

が成り立つから，n が十分大きいときには，一人あたり Kp 程度の保険料をもらえば，保険会社は大幅な赤字にはならないことが原理的に保証される．

また，もとの部分集合となるポートフォリオが $1 \leqq k_1 \leqq k_2 \leqq \cdots \leqq k_m \leqq n$ のメンバーからなっているとすると

$$P(X_{k_1} = 1, X_{k_2} = 1, \cdots, X_{k_m} = 1) = p^m$$

となるから，m が大きくなればなるほどメンバー全員に事故が同時に起こる確率が小さくなることが分かる．したがって n が大きくなれば損失を賄う原資が不足してしまうほど大量の事故が発生する可能性が低くなる効果が現れる．このような効果を**リスク分散効果**という．リスク分散効果は，このようにポートフォリオのメンバー数を増やす他に，独立でないリスクの相互依存関係を利用するため，ポートフォリオに含まれるリスクの種類を多様化する方法によっても得られる．個々のメンバーとして見れば分散効果により事故発生時に保険金を受け取る確実性は高まるので，保険会社のリスク負担能力が高まることを意味している．

このように集団でリスクを共有することにより，大数の法則で損失総額の予測可能性を高める効果とリスク分散の効果が利用できるようになる．リスク負担能

力はこの効果を担保に生み出されるのである．

注意 8.2 資産運用においては，各期の収益率が互いに独立で同一の分布に従うときには長期間の投資をすると，上と同様の理由により通期の相対的リスクを減少させることができる．これをリスクの**時間分散効果**という．

8.3.5 リスクの負担能力とリスク・バッファ

リスク・ローディング

大数の法則およびリスク分散に加えて，リスクの負担能力にとって重要な別の要素があることを指摘したい．大数の法則は n が無限大の場合に成り立つ定理であるが，現実の世界ではリスクを共有する集団のメンバー数は有限である．したがって，実現した損失額の方が損失額の期待値を上回る可能性を完全になくすことはできない．また，確率分布のパラメータ p の推計誤差により損失額の期待値を少なく見積もっている可能性もある．このことから損失額の期待値を保険料として受け取るだけでは保険会社を継続的に経営することは困難である．そこで，このような事態に備えて保険料を期待値より多めに取る方法が取られる．期待値を超える保険料を**リスク・ローディング**(risk loading)または**安全割増**(safety loading)という．

リスク・キャピタルとソルベンシー・マージン

ポートフォリオ全体の損失額の分布は損失の平均の1点に集中しているわけでなく，その周りに広がりを持っているので，リスク・ローディングを行ってもなお吸収できない大幅な損失を被る可能性も残っている．これに対処するには，発生した損失を埋め合わせるために一定の準備金を用意する必要がある．例えば，さきほど示した保険契約者が1名の例で，もし保険会社の資本金が500万円しかなければ倒産してしまうが，資本金が1億円あったら倒産はしないであろう．

準備金の額を決める合理的な方法の1例としてバリュー・アット・リスク (Value at Risk; 省略形は VaR) による方法がある (第6章を参照のこと)．これは信頼水準 (例えば99％, 99.5％ など) を設定し，信頼水準に対応する最大損失額 (Unexpected Loss; 省略形 UL) を求め，損失額平均 (Expected Loss; 省略形 EL) との差を資本の形で保険会社や銀行が準備しておく方法である．

このように平常を超える損失に備える資本を金融機関では**リスク・キャピタル**

(risk capital)とよび,保険会社では**ソルベンシー・マージン**(solvency margin)とよぶ.ソルベンシーとは支払能力を意味する.金融機関では自分自身の破綻に備え,保険会社では契約者への支払能力を確保するというニュアンスの違いがよび方に影響していると思われる.なお,EU では支払能力確保のために保険会社に課すソルベンシー・マージン規制を Solvency Capital Requirement とよんでおり Capital であることを明確にしている.

金融機関や保険会社は,公共性のある事業を行っているのでリスク・キャピタルまたはソルベンシー・マージンを超える損失が発生する事態に陥らないように,各国の金融当局はさまざまな規制を行っている.しかしそれでもリスク・キャピタルまたはソルベンシー・マージンを超える損失に至ったときにはどうなるだろうか.資本主義は,金融機関や保険会社の事業に出資しているものの責任は出資額に限定し無限責任は問わないことで成り立っている.したがって,このような事態に至った会社は破綻させることになり,政府による一定の救済措置は設けられるが,預金者や契約者は損失を免れない.

リスク・バッファ

リスク・ローディングはリスク・キャピタルやソルベンシー・マージンの一部を費用化して契約者に求めるようなものであり,平常時であれば損失は損失の期待値程度で賄われるので,その費用として使われなかったリスク・ローディングは剰余となりリスク・キャピタルやソルベンシー・マージンの原資となるという意味で,分かちがたい関係にある.これまでの議論で分かるように,リスクの負担能力を生み出すためには損失額の平均値を超える変動を吸収する手段を取ることが必要である.リスク・ローディングとリスク・キャピタルおよびソルベンシー・マージンはこのような変動の緩衝材という意味で**リスク・バッファ**(risk buffer)とよぶことにしよう.

リスク・バッファとリスクの選好

保険ではリスク・ローディングを計算するためのルールを**保険料算出原理**とよび古くから研究されてきており,数多くの種類がある.また,リスク・キャピタルやソルベンシー・マージンの水準を決めるためには VaR のようにリスクを評価するための計算を行うルールを定める必要がある.このようなルールを**リスク尺度**という.リスク尺度にもさまざまな種類がある.保険料算出原理とリスク尺

度に関する詳細は第6章を参照のこと．なぜリスク・バッファを設定するための方法に多様性があるのだろうか．その理由は人が異なれば不確実性に関する見方が異なるということである．言い換えればリスクの評価者のリスクに関する好み(選好)が異なっており，リスク量に関する評価の関数(**効用関数**)が異なっているからといえる．保険と間接金融のメカニズムに必須なリスク・バッファはこれらの事業を行う会社(の経営者)の効用関数に依存して決定されるということである．本書では第5章でその基礎付けを行っている．リスクの選好の順序関係から効用関数の表現が導出できることが示されている．

リスク管理とリスク・バッファ

直接金融においてはリスク負担は貨幣の貸手自身が負っており，そのリスクの不確実性は金融市場で決まるので，不確実性に対する対価も市場で決まる．これに対し保険と間接金融では，リスクの負担者は金融機関や保険会社であり，引受けるリスクの不確実性の大きさは，対象となるリスクの特性とリスクを共有しているポートフォリオの性質で決まってくる．さらされているリスクは，市場とは関係ない場合もあれば，一部が市場と連動している場合もある．これらのリスクの情報を収集し分析・評価し，どの程度リスク・バッファを準備すればよいかを判断するには専門的な知識やノウハウが必要である．

貨幣の借手や保険契約者は一般にこのような知識やノウハウを持っていないから金融業者や保険会社がこれらの専門的なサービス(情報の非対称性への対処とよばれる)を行うことになる．したがって保険と間接金融が貨幣の借手や保険契約者に求めるリスク負担の対価には，さらされているリスクに関する情報を専門的に分析・評価しリスク・バッファを見積もるための対価と，リスク・バッファの原資の一部が含まれるということになる．

保険会社や金融機関の立場から見れば，これらの情報分析とリスク・バッファの見積もりは，リスク管理の中心的作業といえる(リスク管理と資本管理はコインの裏表であるという人もいる)．

注意 8.3 情報の非対称性への対処とは，貨幣の貸手と資金の借手，保険契約者と保険金の受取手の間の情報の非対称性を埋めて，資金の貸手や保険契約者の利益を守るという役割を果たすということである．銀行や保険会社が公共性を求められるのはこのような役割があるためである．

8.4 金融と保険の数理の関連性の理解へ

8.4.1 近年のビジネスの動向と数理的な課題

20世紀の後半からさまざまな意味で金融と保険の融合が進んでいる．商品の面で見るとこれらの間の垣根を超えるようなものが次々と開発されている．例えば**債権の証券化**，**クレジット・デリバティブ**などは保険的特性を持った金融商品であり，**巨大リスクの証券化**や**天候デリバティブ**は保険的な機能を金融的手法で実現したものであり，**変額保険**は金融的要素を含んだ保険商品の例である．リスク管理手法においても，金融機関が行う信用リスク管理や**オペレーショナル・リスク**管理は保険的な手法を取り入れており，変額保険の債務評価においては金融的手法が用いられている．

これからも金融と保険のビジネス上の融合は進んでいく趨勢にあるが，業態別に数理的研究が発達してきたため，数理ファイナンスとアクチュアリアル・サイエンスのそれぞれの成果を応用し高度化させるという動きはあまり活発でないというのが現実である．本書はこの点を意識し金融と保険の数理の関連性を理解するための数学的基礎を中心に記述している．以下その論点のいくつかについて考察しよう．

注意 8.4 上に出てきた金融用語を説明する．
(1) **債権**：貨幣を他人に請求できる権利のことを意味する．融資した銀行は借手に債権を持つ．債権は金融資産の一種である．
(2) **証券化**：証券化とは，金融資産を保有するものが，資金を入手するために，その金融資産から生まれる金利や配当などのキャッシュ・フローを元に有価証券を発行することをいう．通常金融資産は特別な法人(SPV, special purpose vehicle)に譲渡されその法人が有価証券を発行する形態を取る．金融資産を保有するものは有価証券発行で得られる資金を金融資産譲渡の対価として受け取る．
(3) **クレジット・デリバティブ**：一定の対価を支払うことにより債権などの信用リスクが実現した場合にその損失を補償してもらう契約のこと．
(4) **巨大リスクの証券化**：企業や保険会社が持つ地震などの巨大災害のリスクを証券化の手法により投資家に負担してもらう方法のこと．SPVが有価証券を発行することによって得られる資金は安全資産に投資され，巨大リスクが発生した場合にはリスクをSPVに譲渡したものに引き渡される．投資家の受け取る金利や配当はリスクを引受けた対価としての受取保険料と同等と考えることができる．

(5) **天候デリバティブ**：一定の対価を支払うことにより気温や降雨量などの気象条件が一定値を超えたり下回った場合に補償額を支払う取引のこと．

(6) **変額保険**：保険金の額や解約返戻金(保険契約解約の際に支払われる精算金)の額が株式インデックスや契約独自の運用ポートフォリオに連動して変動する保険のこと．

(7) **オペレーショナル・リスク**：事務ミスやシステム障害，従業員不正などによる損失や災害による操業の中断による損失などのリスクをいう．

8.4.2 対象とする確率事象の性質の違い

前節では間接金融と保険のメカニズムの類似について説明してきたが，直接金融も保険とよく似た構造で理論的に説明される．

近年，単純なデリバティブ，例えば株式のプット・オプションの購入が株価の下落に関する保険の購入に類似していることは専門家でなくとも知られるようになってきている．第1章と第3章で詳しく扱われているが，金融市場の商品は，もっと一般的な形として**条件付請求権**という概念で捕えることができる．

条件付請求権は金融市場の確率事象により決まる確率変数である．間接金融の対象とするリスクも金融市場に連動する事象を扱っている．これに対し，保険数理では，主に物理的・客観的な事実に立脚した確率事象により決まる確率変数を損失額のモデル化の基礎とする．市場に関連する事象の影響を受ける場合もあるが，間接的であることが多い．リスクを確率変数の期待値で評価する点から見れば直接金融も保険数理もほとんど変わりはない．

結局，直接金融と間接金融はどちらも保険と類似しているのである．制度の違いにより全く異なって見えるが，本質的に最も異なっている要素は，どのような確率事象を対象としているかである．

金融と保険の対象とする確率事象の特性の最も大きな違いは，**システマティック・リスク**(systematic risk)の有無に現れると考えられる([61]参照)．保険で扱われる確率事象は，景気などの経済的・社会的な状態に影響を受けにくいが，金融市場の確率事象は，大きく影響を受けるのが普通である．このように金融市場の確率事象に影響を与える外的変数を**状態変数**とよぶことにしよう．

直接金融の例として株式市場を考えよう．株式市場では，個々の株式の確率変動は日経平均株価などの市場インデックスを状態変数の一つとみなしたモデルで説明できる(本書では扱わないが資本資産評価モデルCAPMはこのような仕

組みを説明する代表的モデルである）．すべての株式は状態変数で記述されるリスクを内包しているので，リスクを分散するためにどのようなポートフォリオを組んだとしても除去できないリスクが残る．このようなリスクをシステマティック・リスクという．

次に間接金融の例として銀行による融資を考えよう．融資が貸し倒れとなるリスク（信用リスク）も，1件だけを注目すれば，人の死亡と同じようにデフォルトするかしないかのベルヌーイ分布と考えられる．しかし，融資のポートフォリオ全体で見れば，景気が悪ければデフォルト確率が高くなり景気がよくなればデフォルト確率が低くなる現象がよく知られている．これは"景気"という状態変数に影響されていると見ることができる．つまり，状態変数を通じてポートフォリオに含まれる企業のデフォルトという確率事象に相関関係が生まれるということである．連鎖倒産はこのような仕組みで説明できる（金融危機や恐慌に至ると大規模に連鎖倒産が発生しシステマティック・リスクが顕現化することとなる）．

このように，金融の場合には複数の商品や契約が共通の状態変数の影響を受けるという特性がある．これに対し，保険ではそのような共通な変数の影響が極めて小さく，各契約の基礎にある確率変数が独立としてよい場合が多い．

第3章で扱われている**リスクの市場価格**は，複数の条件付請求権の価格に影響を与える共通の状態変数の性質を表すものであり，条件付請求権の価格付けにおいて重要な役割を果たす．

8.4.3 価格付けの枠組みの違い

条件付請求権の価格付けの標準的理論は，**裁定機会**がない理想的な市場で展開される．裁定機会がない市場モデルでは**同値マルチンゲール測度**という確率測度が存在することを示すことができる（**資産価格評価の第1基本定理**）．さらに，無裁定な市場ではすべての資産が**複製**できること（**市場の完備性**）と同値マルチンゲール測度が一意に決まることと同値であることが示される（**資産価格評価の第2基本定理**）．詳しくは第1章と第3章を参照のこと．

これらは離散の場合を含め，実用上十分一般的な設定のもとで証明できる．同値マルチンゲール測度は，**リスク中立測度**（risk-neutral measure）ともよばれる．またこの測度による期待値を取ることで条件付請求権の価格付けを行うことを**リスク中立価格評価法**（risk-neutral pricing）とよぶ．

このことは，逆にいえば，市場が理想的でない場合や間接金融や保険の場合に

おいては，リスク中立価格評価法は使えないということであり，価格付けの理論としてはむしろ特殊なものといえる．しかし数学的に厳密な理論構築の成功により，金融工学・数理ファイナンスにおける規範的理論となっている．

なお，この条件付請求権の価格付けは，特定の金融資産の価格を所与として他の資産価格を複製することを基礎としているため，**相対的価格付け**の理論ともよばれる．これに対し間接金融や保険では，明示的でないにせよ，リスク選好，すなわち効用関数を基礎にリスク・バッファの価格付けをすることになる．これは経済学でいう**絶対的価格付け**の一種と考えられる（[113]参照）．

8.4.4 ファイナンスと保険の価格付け融合の視点

価格付けに用いる確率測度

リスク・バッファ以前の期待値計算に用いる確率測度については保険と間接金融では多少異なる点がある．保険では，過去に観測された物理的現象や客観的事実から得られた統計を基礎とする確率測度を損失額の期待値計算に用いる．このような確率測度を**実世界測度**(real-world measure)とよぶ．一方，間接金融でも，格付けの推移やデフォルト件数の統計など実世界測度も用いるが，金利計算では金利市場のリスク中立測度も参照していると見ることができる．したがって間接金融では確率測度は両方を用いているといえるだろう．

さらに現在のところは，保険，特に生命保険における金利計算は単純な複利計算によっているが，本来，金利市場と整合的な方法を取らない必然的な理由は見あたらない．実際にヨーロッパではそのような評価方法が模索されている．したがって将来，保険においてもリスク中立測度と実世界測度の両方を用いて価格付けを行う可能性があり，第3章の金利モデルの理論は，保険の価格付けでも重要性を増すと思われる．

なお金利計算は金融と保険の基礎として後半の理論の理解に重要であるので数理ファイナンスと保険数理の両方の記法に配慮する形で第9章に簡潔にまとめてある．

融合的商品の価格付け

以上のような論点を踏まえると金融的要素と保険的要素が融合した商品の価格付けの理論には，条件付請求権の標準理論とは異なるアプローチを取る必要性があると考えられる．一つのヒントは，リスク・バッファの価格付けには実質的に

効用関数が必要という点であろう．本書の第7章では，一つのアプローチとして効用無差別評価法による価格付けという手法を使って変額保険の評価を行っている．

数学的道具立ての共通化

数理ファイナンスでは確率過程論を土台にして理論を展開するのがスタンダードになっているが，保険ではリスク理論以外ではあまり用いられない．しかし金融にせよ保険にせよリスクを扱うということは情報と時間を数学的に扱う必要があり，融合的商品の価格付けには確率過程論を土台とするのが自然と思われる．

このように数学的な道具立ても，共通化して議論する必要が生まれつつあるが，日本ではブラウン運動に関して解説した教科書は多いのに対し保険で必要とされる**点過程**などの確率過程を解説したものは少ない．本書では第4章で基礎的な事項を解説している．

被保険利益と市場

保険には直接金融の商品に決して置き換えられないものが一つある．それは**被保険利益**である．つまり保険契約が有効に成立するには，事故発生により損害を受けるような利益が存在していることが必要なのである．これは保険は反社会的な目的に用いてはならないことから受ける制約である．

例えば，1年以内に著名人A氏が死亡した場合，1年後に1億円を支払う有価証券を発行したとしよう．これを市場で自由に流通させたとするとモラルハザードを引き起こしてしまうことは明らかであろう．A氏と全く関わりのないB氏が大量にこの証券を購入しA氏を暗殺すれば大きな利益が得られるからである．このように被保険利益のない者に市場で自由に売買すると反社会的な行為を招くようなリスクを保険では数多く扱っている．したがってこのようなリスクを有価証券化することは理論的には可能であっても市場での流通を前提に発行することは認められないのである．

市場で売買される条件付請求権などの商品購入の目的には，投機，裁定，リスクヘッジの三つがある．しかし保険は反社会的に利用されないように基本的にリスクヘッジにしか用いることはできない．これは金融と保険の融合という議論において忘れてはならない点である．

9 金融と保険の数理の基礎

　金融も保険も，未来に貨幣を受け取ることを構成要素として含むので，未来の貨幣の価値を現在の価値に変換する必要がある．貨幣の一般的価値尺度機能のうち時間に関する価値換算は金利を用いて行われる．また，金融と不確実性は不可分であり確率変数の期待値計算などによる各種の量の算定も重要な数理的事項である．本章では金融や保険の数理の共通の基礎となる金利計算と期待値計算を伴う保険数理の基礎的事項を説明する．

9.1 金利計算の基礎

投資と金利

　貨幣の余剰がある者が，報酬の獲得を目的として行う金融行為を**投資**とよび，投資する者を**投資家**とよぶ．投資の際に提供する資金を**元金**または**投資元本**といい，投資元本が投資されてから投資家のもとへ回収されるまでの期間を**投資期間**という．資金提供の見返りとして受け取る報酬を**投資収益**といい，元本1に対する投資の利回りを**収益率**という．

　金利は一般に貨幣を借りる対価であり，実行後の状況の如何によらず元本の一定の割合を受け取れる．金利を受け取る投資の収益率は特に**利率**という．投資家は金利の受け取りを目的とする投資をすることもあれば，実行後の状況によって報酬が変化してしまうような投資(例えば株式投資の配当)をすることもある．多様な投資対象の収益性を比較するにはどうしたらよいであろうか．比較のためには投資結果の判明する将来と投資判断する現時点の価値の評価を行う必要がある．

　第8章で貨幣の一般的価値尺度機能は異時点の貨幣価値の比較を可能にすると述べたが，具体的には金利を用いて将来と現在の価値の等価性を定義する．つまり現在の貨幣の価値に将来に受け取れる金利を含めたものが将来の貨幣の価値

と等価であると考える．投資一般から見れば金利投資には，基準としての特別な役割を与えていることになる．

単利と複利

現在の価値 V_0 と将来の価値 V_t の関係の金利による表現について考えよう．一般に，r を利率，t を2時点間の時間とするとき，適当な関数 $I(\cdot,\cdot)$ によって

$$V_t = V_0 I(r,t)$$

と書き表すことができる．I は金利計算の関数を表すが，K を定数として $I(r,t) = 1 + Krt$ のように t の線形関数であるときには**単利計算**，$I(r,t) = (1+Kr)^t$ または $I(r,t) = e^{Krt}$ のように t に関する指数関数であるときには**複利計算**という．

単利計算は，投資期間の間に投資収益を元本に繰り入れないとしたときの収益率の計算方法であり，複利計算は，投資期間をいくつかに分割し，各分割期間終了時に投資収益を元本に繰り入れるとしたときの収益率の計算方法である．

複利計算においては年または年を均等分した一定期間を繰り入れの期間とすることが多い．1年に投資収益を複数回元本に繰り入れる場合に，1年に繰り入れる回数を**転化回数**，繰り入れを行う期間を**転化期間**という．

投資期間(年数)を n，年あたりの収益率を r，転化回数を k とした場合に，複利計算による n 年後の投資元本と運用収益の合計は $V_n = V_0 \left(1 + \dfrac{r}{k}\right)^{nk}$ となる．

名称利率と実利率

転化回数を導入すると，複利計算のもとになる利率 r に対し，複利による1年間の収益率として次の金利が計算される：

$$R = \left(1 + \frac{r}{k}\right)^k - 1.$$

預金，債券などでは商習慣上，年単位の r と転化回数で商品を定義することがあり，r を年利率とよぶことがある．しかし投資としての1年間の実際の収益率は R である．この二つの年利率を区別するため，r を**名称利率**，R を**実利率**とよぶ．

連続複利

投資期間の毎瞬間に収益を投資元本に繰り入れたとして計算する方法を**連続複利計算**という．これは転化回数を無限にした場合と考えることができる．r を固定して転化回数の極限を取ると，

$$\lim_{k \to \infty} \left(1 + \frac{r}{k}\right)^k = e^r$$

となるから，逆に1年間の実利率 i が与えられたときの(極限の)名称利率を δ とすると $\delta = \log(1+i)$ となる．

微分方程式による記述

投資期間 n の全期間で δ が一定の場合に，当初の投資元本 V_0 を連続複利で計算した結果を時間 $t \in [0, n]$ の関数 V_t と考えてみよう．$V_t = V_0 e^{\delta t}$ となるから V_t は次の微分方程式を満たす：

$$\frac{dV_t}{dt} = \delta V_t.$$

微小期間 Δt の間の運用収益 ΔV_t は，$\delta V_t \Delta t$ となり，直前の投資元本 V_t の $\delta \Delta t$ 倍になることから，δ は瞬間の運用収益率を表していることが分かる．このことから金利への投資の場合に δ をファイナンスでは**瞬間利率**という．ただし保険数理では**利力**とよぶことが多い．

割引債

現在のお金の価値と将来のお金の価値の等価性が簡単に分かるような投資商品があれば，多様な投資と金利投資との比較が簡単になる．実際，このような商品としては**債券**の一種である**割引債**がある．T 年満期の割引債とは，満期時 T に1単位の支払いのみを行う債券のことである．**国債**などの貸し倒れのリスクがない割引債があれば，その他の投資はこの割引債投資より大きいリスクを伴うことになり収益率は割引債の金利より高いはずである．したがって割引債の利率を超過する収益率をリスクとの対比で比較すれば，価値の時間による変化の要素を調整した比較ができることになる．

注意 9.1 上に出てきた金融用語を説明する．
(1) **金融商品**：貨幣と交換する目的で生み出される物やサービスを商品という．金融機関の提供する貸付や預金などのサービスを金融商品といい，投資を目的とする金融

商品を投資商品という．同様に保険会社が保険契約締結により提供するサービスを保険商品という．
(2) **債券**：貨幣を借りる代わりにクーポン（毎年の利息）と元本を支払うことを約して発行する有価証券を債券という．直接金融の一種で債券の価格と金利は表裏一体であり市場で決まる．本章の議論では金利は金利市場を前提に議論する．
(3) **割引債**：クーポンがない債券を割引債という．
(4) **国債**：国が発行する債券を国債という．

金利計算の説明の設定を再び用いよう．$t\,(<T)$ における T 年満期の割引債の価値を $P(t,T)$ と表すと，$V_T = P(t,T) I(r, T-t) = 1$ より

$$P(t,T) = I(r, T-t)^{-1}$$

となる．$t=0$ なら $P(0,T) = I(r,T)^{-1}$ であり $t=T$ なら $P(T,T) = I(r,0)^{-1} = 1$ となる．つまり I を定めることと P を定めることは同等である．

金利モデルの理論展開の上でも割引債が基本的な役割を果たす（第3章を参照）．次に $P(t,T)$ を用いて，基礎となる各種の金利の利率の関数を説明したい．

スポット・レート

現時点を投資期間の始点とする金利の利率を**スポット・レート**という．以降に説明する利率の計算式は，ある投資期間における利率の平均値の算出方法のバリエーションとなっている．投資期間の平均利率は**イールド**とよばれる．

t から満期 T まで割引債を保有したときに，保有期間中単利運用したと考えたときの金利を t における**単利スポット・レート**といい，その利率を $L(t,T)$ で表す．すなわち $P(t,T)(1+(T-t)L(t,T))=1$ を満たす利回り $L(t,T)$ であり次のように書ける．

$$L(t,T) = \frac{1-P(t,T)}{(T-t)P(t,T)}.$$

注意9.2 単利スポット・レートの代表例はインターバンク市場の金利であり，LIBOR (London Inter-Bank Offered Rate), TIBOR (Tokyo Inter-Bank Offered Rate), EURIBOR(Euro Interbank Offered Rate)などがある．これらはロンドン，東京，欧州のインターバンク市場において，特定の有力銀行の提示した金利を特定のルールに基づき算出した平均値である．

t から満期 T まで割引債を保有したときに，保有期間中年1回複利運用した

と考えたときの金利を t における(年)**複利スポット・レート**といい，その利率を $Y(t,T)$ であらわす．すなわち $P(t,T)(1+Y(t,T))^{T-t} = 1$ を満たす利回り $Y(t,T)$ であり次のように書ける：

$$Y(t,T) = \frac{1}{P(t,T)^{1/(T-t)}} - 1.$$

t から満期 T まで割引債を保有したときに，保有期間中連続複利運用したと考えて計算した金利を t における**連続複利スポット・レート**といい，その利率を $R(t,T)$ であらわす．すなわち $P(t,T)\exp[(T-t)R(t,T)] = 1$ を満たす利回り $R(t,T)$ であり次のように書ける：

$$R(t,T) = -\frac{\ln P(t,T)}{T-t}.$$

単利スポット・レートについて，T を t に $+$ の側から極限を取ったもの，すなわち

$$r_t := \lim_{T \to t+} L(t,T) \left(= \lim_{T \to t+} R(t,T) \right)$$

を t 時点の**瞬間スポット・レート**もしくは**ショート・レート**とよぶ．

フォワード・レート

将来の時点を投資期間の始点とする金利を**フォワード・レート**という．フォワード・レートは将来のスポット・レートを現時点の市場の状態に基づき評価したものである．

t 時点 ($t \leq T \leq S$) において，将来の T から S までの期間，単利で運用したと考えたときの金利を**単利フォワード・レート**といい，その利率を $F(t;T,S)$ で表す．すなわち

$$(1 + (T-t)L(t,T))(1 + (S-T)F(t;T,S)) = 1 + (S-t)L(t,S)$$

を満たす利率 $F(t;T,S)$ のことであり次のように書ける．

$$F(t;T,S) = \frac{1}{S-T}\left(\frac{1+(S-t)L(t,S)}{1+(T-t)L(t,T)} - 1\right).$$

$P(t,T)$ を用いると $P(t,S)(1+(S-T)F(t;T,S)) = P(t,T)$ より単利フォワード・レートは次のようにも表せる．

$$F(t;T,S) = \frac{1}{S-T}\left(\frac{P(t,T)}{P(t,S)} - 1\right).$$

将来の投資期間の始点の瞬間のフォワード・レートを考えてみよう．

$$F(t;T,T+\Delta T) = -\frac{1}{P(t,T+\Delta T)}\frac{P(t,T+\Delta T) - P(t,T)}{\Delta T}$$

となるから ΔT を $+$ の側から 0 に近づけると次のようになる．

$$\lim_{\Delta T \to 0+} F(t;T,T+\Delta T) = -\frac{\partial \ln P(t,T)}{\partial T}.$$

右辺により**瞬間フォワード・レート**を定義しこれを $f(t,T)$ で表すことにしよう．すなわち

$$f(t,T) = \lim_{S \to T+} F(t;T,S) = -\frac{\partial \ln P(t,T)}{\partial T}.$$

瞬間フォワード・レート $f(t,T)$ を用いると $P(t,T)$ は次のように表現できる．

$$P(t,T) = \exp\left(-\int_t^T f(t,s)ds\right).$$

問題 9.3 フォワード・レートについて，スポット・レートの年複利，連続複利と同様の算式を導け． □

問題 9.4 瞬間フォワード・レートが $f(t,s) = (y_{s-t} + \alpha + \beta(s-t))^2$ を満たすとき $P(t,T)$ を求めよ．ただし，y_t は $dy_t = -ay_t dt$ の解で初期条件は $y_0 \in \mathbb{R}$ とし，$a, \alpha, \beta \in \mathbb{R}$ とする． □

注意 9.5 $\{W_t\}$ をブラウン運動 (第 2 章を参照) としてショート・レート (短期金利ともいう) r_t が

$$dy_t = -ay_t dt + \sigma dW_t, \qquad r_t = \{y_t + \gamma(t)\}^2$$

に従う金利モデルを 2 次ガウシアン・モデルという (ショート・レート・モデルについては第 3 章を参照). このタイプのモデルは日本の 40 年国債の発行の際の参考にされたといわれている (Pelsser [115], 木島・田中・Wang [84] を参照のこと).

問題 9.6 期間 $[t, t_n]$ の**金利スワップ契約** (Interest Rate Swap) とは，期間内の特定の時点 $\{t_0, t_1, t_2, \cdots, t_n\}$ ($t \leqq t_0 < t_1 < t_2 < \cdots < t_n$) を定め，想定元本の各期間に対応する変動フォワード・レートを支払う代わりに同じ期間に対応する固定金利を受け取る契約のことである．t 時点での金利スワップの価値が 0 となるように定めた固定金利 $FSR(t)$ を t における**フォワード・スワップ・レート**

表 9.1 円 LIBOR および円スワップ金利(単位：%)

期間	1ヶ月	3ヶ月	6ヶ月	1年	2年	3年
金利	0.04	0.05375	0.06563	0.0703	0.168	0.288
期間	4年	5年	6年	7年	8年	9年
金利	0.45	0.615	0.789	0.926	1.123	1.269
期間	10年	15年	20年	25年	30年	
金利	1.393	1.83625	2.094	2.23125	2.31875	

(forward swap rate) とよび，次のように求められる：

$$FSR(t) = \frac{P(t,t_0) - P(t,t_n)}{\sum_{j=1}^{n}(t_j - t_{j-1})P(t,t_j)}.$$

$t = t_0 = 0$ としてスワップ・レートが表 9.1 の利率に一致するように前問題のパラメータ a, y_0, α, β を最小 2 乗誤差 10^{-5} 以下となるように決定せよ．ただし，1 年未満の金利もスワップ・レートとして計算すること．計算手段としては Nelder-Mead アルゴリズムの実装されたソフトウェアを用いればよい．例えば Mathematica の NMinimize 関数など． □

注意 9.7
(1) **想定元本**：契約上元本の授受はないが，金利算定の基準として想定する仮の金額を想定元本という．
(2) **変動フォワード・レート**：市場の取引で決まるフォワード・レートを変動フォワード・レートという．

注意 9.8 表 9.1 の金利は 2005 年 1 月 31 日の円 LIBOR(1 年未満)と円スワップレート(1 年以上)である．この日は日銀によりゼロ金利政策および量的緩和政策が行われており金利変動が極めて小さい時期に属する．

9.2 保険数理における金利計算

9.2.1 アクチュアリー記号と基本計算

保険数理における金利の表記法

保険数理においては，各種の記号が固定的に用いられておりアクチュアリー記号とよばれる．1898 年に初めて制定され，現在では 1954 年に改正されたもの

が国際アクチュアリー記号とよばれ世界で共通した記述法となっている．保険数理における金利計算の特徴は，年複利でかつ対象期間中一定とするのが標準であるということである．実利率は i で表し，保険設計の仮定となる利率という意味で**予定利率**とよぶ．また $v \equiv (1+i)^{-1}$ を**現価率**，$d \equiv i(1+i)^{-1}$ を**割引率**とよんでいる．利力 $\delta = \log(1+i)$ も定数であるから，ショート・レートと瞬間フォワード・レートも定数，すなわち $r_s = f(t,s) = \delta$ と考えていることになる．したがって割引債の価格は $P(t,T) = v^{T-t}$ である．

実利率が i で転化回数が k の名称利率は $i^{(k)}$ で表す．すなわち

$$\left(1 + \frac{i^{(k)}}{k}\right)^k = 1 + i.$$

同様に次の式を満たす $d^{(k)}$ を実割引率 d の転化回数 k の名称割引率という：

$$\left(1 - \frac{d^{(k)}}{k}\right)^{-k} = (1-d)^{-1}.$$

これらの記号の違いは i は金利を期末に支払い d は金利を期初に支払うことを表している．

現　価

受け取りもしくは支払いのための金額と時期の組み合わせの集合を**キャッシュ・フロー**という．受け取りを基準にするときには**キャッシュ・イン**，支払いを基準とする場合には**キャッシュ・アウト**ということもある．一般に毎 k 年の期始に $C_k\ (k=0,1,\cdots,n-1)$ のキャッシュ・フローを得られるときの現在の価値を s_n とすると，次のような割引計算で s_n は得られる：

$$(9.1) \qquad s_n = \sum_{k=0}^{n-1} C_k P(0,k).$$

これをキャッシュ・フロー $C_k(k=0,1,\cdots,n-1)$ の**現価**という．$P(t,T) = v^{T-t}$ なら v を用いて次のように書ける：

$$s_n = \sum_{k=0}^{n-1} C_k v^k.$$

保険数理では $C_k \equiv 1$ のときには，次のアクチュアリー記号を用いる．

$$\ddot{a}_{\overline{n}|} = \sum_{k=0}^{n-1} v^k = \frac{1-v^n}{1-v}.$$

なおこの値は,毎年年始に1のキャッシュ・フローがある場合の現価を表し,**確定年金現価率**とよばれている.記号の上のドットは期始払いを意味している.期末払の年金現価は次のように表される:

$$a_{\overline{n}|} = \sum_{k=1}^{n} v^k = \frac{1-v^n}{i}.$$

内部収益率

(9.1)において,キャッシュ・フローの現価が現在保有する投資元本 s_n と一致するような利率 i を**内部収益率**という.投資の収益率を測定するときには内部収益率を計算することが標準となっている.5次以上の代数方程式の解法は一般に存在しないから,ニュートン法などで数値計算を行って求めることとなる.

終　価

n 年間にわたり毎年 i_k の収益が得られる投資に,毎年初に C_k $(k=0,1,\cdots,n-1)$ の資金を投入したときの n 年後の運用結果の金額 S_n は,毎年末の運用結果を S_k とすると,次のような漸化式で計算できる($S_0 = 0$ とする):

$$S_k = (1 + i_{k-1})(S_{k-1} + C_{k-1}).$$

このように順次計算していく方法を実務家は**転がし計算**とよんでいる.S_n は次のようになる:

$$S_n = \sum_{k=0}^{n-1} \left(\prod_{j=k}^{n-1} (1+i_j) C_k \right).$$

特に $i_k \equiv i$ の場合には次の S_n を予定利率 i による C_k $(k=1,2,\cdots,n-1)$ の**終価**とよんでいる:

$$S_n = \sum_{k=0}^{n-1} (1+i)^{n-k} C_k.$$

$C_k \equiv 1$ のときには**期始年金終価率**とよばれ次のようなアクチュアリー記号が定められている:

$$\ddot{s}_{\overline{n}|} = \sum_{k=0}^{n-1}(1+i)^{n-k} = \sum_{k=1}^{n}(1+i)^k = \frac{(1+i)\{(1+i)^n - 1\}}{i}.$$

期末払の場合は次のように表される：

$$s_{\overline{n}|} = \sum_{k=0}^{n-1}(1+i)^k = \frac{(1+i)^n - 1}{i}.$$

9.2.2 保険数理的手法の金利商品への応用例

金利計算への応用例

後述する保険料の計算と対比ができるように，アクチュアリー記号を用いてローンや定期積金などの固定金利商品の計算が簡潔に行えることを示したい（銀行や証券会社などの金融機関では金利計算にアクチュアリー記号は用いられておらず各会社独自の算式が用いられているようである）．次の例を考えよう．

例 9.9（満期一括返済） 固定金利 i で金額 1 の n 年間のローンを受ける場合に貸手に支払う金利 I_n を計算してみよう．金利スワップ契約では固定金利の払い手を payer，受け手を receiver とよぶのに倣い，サービスの対価を支払う側を P で対価の受取手側を R で表す．金利は年 1 回期始に支払い元本は n 年経過後に一括返済するものとする．借手が受け取るキャッシュ・フローの現価を $\mathscr{V}^P$，貸手が受け取るキャッシュ・フローの現価を $\mathscr{V}^R$ としよう．借手は現時点で金額 1 を受け取るから $\mathscr{V}^P = 1$，貸手は毎年始めに I_n の金利を n 年間，元本を n 年経過後に返済してもらうから $\mathscr{V}^R = I_n \ddot{a}_{\overline{n}|} + P(0, n)$ である．$\mathscr{V}^P = \mathscr{V}^R$ となるように金利 I_n を決めればよい．したがって次のような方程式 $I_n \ddot{a}_{\overline{n}|} + v^n = 1$ を解けばよい．これよりこのローンの金利は次のようになる：

$$I_n = \frac{1 - v^n}{\ddot{a}_{\overline{n}|}} = 1 - v = d.$$

ローンの金利は割引率に一致していることを示している．つまり次が成り立つ：

$$d\ddot{a}_{\overline{n}|} + v^n = 1.$$

なお後述するが確率を反映しても同様の公式が成立する．生命保険数理ではよく知られた公式である． □

次の二つの問題は読者に任せよう．

問題 9.10（元利均等返済） 金額 1 のローンを n 年間の元利均等払いで返済する場合に毎年貸手に支払う返済額が $R_n = (\ddot{a}_{\overline{n}|})^{-1}$ になることを示せ．金利は年

固定金利 i で返済は年 1 回期始に支払うものとする． □

　信用金庫や信用組合など扱われる金融商品で定期的に一定額の金額を払い込み満期に元利合計額を受け取る商品を**定期積金**という．これについて次の問題を考えてみよう．

　問題 9.11（**定期積金**）　n 年後の満期に金額 1 の目標額を積み立てるために毎年金融機関に預ける定期積金の掛金は $P_{\overline{n|}} = v^n/\ddot{a}_{\overline{n|}}$ となることを示せ．金利は年固定金利 i で掛金は年 1 回期始に預けるものとする． □

　上の二つの問題の解から $P_{\overline{n|}} = R_n - I_n$ となっていることに気づくだろう．すなわち次が成り立っている．確率を反映しても同様の公式が導かれる：

$$P_{\overline{n|}} = \frac{1}{\ddot{a}_{\overline{n|}}} - d.$$

金利商品の負債計算への応用例

　これまで説明してきた金利商品の契約期間途中で負債 (9.3.5 節参照) を計算することを考えてみよう．これには二つの計算方法がある．一つ目は貸手が受け取る予定のキャッシュ・フローの現価から，借手が受け取るキャッシュ・フローの現価を引いて計算する方法である．二つ目は借手の受け取ったキャッシュ・フローの終価から貸手の受け取ったキャッシュ・フローの終価を引く方法である．

　前者を**将来法**，後者を**過去法**という．この方法は保険料の計算でも成り立つことを後述する．以下は読者の演習問題としよう．

　問題 9.12　満期一括返済のローンの t 年末 $(1 \leq t \leq n)$ の借手の負債 $\mathscr{V}_t^I$ について次を示せ．
　(1) 将来法では $\mathscr{V}_t^I = I_n \ddot{a}_{\overline{n-t|}} + v^{n-t}$ となる．
　(2) 過去法では $\mathscr{V}_t^I = (1+i)^t - I_n \ddot{s}_{\overline{t|}}$ となる．
　(3) これら二つの値は一致する． □

　問題 9.13　元利均等返済のローンの t 年末 $(1 \leq t \leq n)$ の借手の負債 V_t^R について次を示せ．
　(1) 将来法では $\mathscr{V}_t^R = R_n \ddot{a}_{\overline{n-t|}}$ となる．
　(2) 過去法では $\mathscr{V}_t^R = (1+i)^t - R_n \ddot{s}_{\overline{t|}}$ となる．
　(3) これら二つの値は一致する． □

　問題 9.14　定期積金の t 年末 $(1 \leq t \leq n)$ の残高（金融機関の負債）V_t^P について次を示せ．

(1) 将来法では $\mathscr{V}_t^P = v^{n-t} - P_{\overline{n|}} \ddot{a}_{\overline{n-t|}}$ となる.
(2) 過去法では $\mathscr{V}_t^P = P_{\overline{n|}} \ddot{s}_{\overline{t|}}$ となる.
(3) これら二つの値は一致する. □

9.3 保険数理のフレームワーク

9.3.1 保険数理に共通する原則

収支相等の原則

保険は保険者との保険契約により実現され,保険者が引受けたリスクのポートフォリオから受け取る保険料の総額と支払う保険金の総額が概ね均衡していなければ,事業として成り立たない.このため,保険の対象とするリスクの集団を特定し,この集団から発生が見込まれる保険金支払いの合計と,収入が見込まれる保険料合計を一致させるように,保険料を決定することを原則とする.これを**収支相等の原則**という.

リスク・プール

収支相等の原則を適用するリスクの集団を,**リスク・プール**または**数理群団**とよぶ.理屈からいえば,保険者が引受けた保険契約全体で収支相等すればよいわけだが,保険種類によるリスクの特性の違いや,経営上,法制度上などさまざまな理由により,多様なリスク・プール設定が行われる.なお,収支相当の原則という用語は,収支という言い方が示唆しているように保険の供給者である保険側の用語であり,保険者の都合が反映される.収支相等の原則が保険者の立場からの要請であるので保険経営の原理とよぶ人もいる.

実務においては,単位保険金に関する保険料の比率として保険料率を定めておき,引受ける保険金額に乗じて保険料を算定することがほとんどである.同じ契約期間を持つ保険契約のリスク・プール内の個々のリスクの識別子を λ,識別子全体の集合を Λ として,保険料率 π_λ を決定することを考えてみよう.

各 λ に対する保険金額を S_λ,保険の対象となる偶発事象の指示関数(すなわち,偶発事象が発生した場合 1,発生しないときには 0 の値を取る関数)を $\mathbf{1}_\lambda$,保険金支払額の見込み額を評価する関数を $\mathscr{E}^P(\cdot)$,保険料収入の見込み額を評価する関数を $\mathscr{E}^R(\cdot)$ で表すことにする.

収支相等の原則は特定のリスク・プール Λ について次の均衡式が成り立つように保険料率 π_λ を決めるという保険料の価格付けの方針を意味している：

$$\mathscr{E}^P\left(\sum_{\lambda\in\Lambda}S_\lambda\mathbf{1}_\lambda\right)=\mathscr{E}^R\left(\sum_{\lambda\in\Lambda}S_\lambda\pi_\lambda\right).$$

保守的な評価

収支相等の原則は，大数の法則を前提として収支の一致を要請しているものである．したがって，安定的な保険事業のためには，保険金支出の評価関数 $\mathscr{E}^P(\cdot)$，保険料収入の評価関数 $\mathscr{E}^R(\cdot)$ は保守的に，すなわちリスク・プールのサイズが有限であるため保険金の原資が賄われなくなることがないように設定される必要がある．このことから，これらの評価関数は，確率変数の単純な期待値を取る演算子ではなく，なんらかの形でリスク・ローディングを含んでいるのが普通である．これは，デリバティブなどの金融商品の価格付けにおいて，契約当事者のキャッシュ・フローの期待値を例外なく一致させていることと対照的である．

9.3.2 保険の特性によるバリエーション

保険を応用した制度の収支相等

民間保険会社と個人との間の保険契約では，保険金の原資は契約者が拠出する保険料のみであり，保険料は λ と 1 対 1 に対応しているが，法人が契約者になるような場合には例外的に，別途の原資 C と保険料の合計で保険金の原資が賄われることもあり得る．

つまり次のような場合でも収支相等の原則が成り立つと考えている：

$$\mathscr{E}^P\left(\sum_{\lambda\in\Lambda}S_\lambda\mathbf{1}_\lambda\right)=\mathscr{E}^R\left(\sum_{\lambda\in\Lambda}S_\lambda\pi_\lambda\right)+\mathscr{E}^{R'}(C).$$

ただし $\mathscr{E}^{R'}$ は別途の原資を評価する関数である．このような原資の例としては，企業年金の拠出金(contribution)や制度資産(plan asset)，政府管掌保険などの制度へ国が拠出する負担金などがある．企業年金の拠出金は，制度発足時に在職する従業員分の未積立部分の債務(過去勤務債務)を償却するための掛金などであり，制度資産は，過去に積み立てられ運用された年金制度の保有する資産である．政府管掌保険に国が拠出する負担金としては，厚生年金保険の政府負担金や，国民年金保険，政府管掌健康保険の国庫負担などがある．Λ はこれらの制度

の加入員を表している．

注意 9.15　法人：生物学的な意味の人ではないが，法律上の人として権利・義務を果たす能力を与えられたものを法人という．国や株式会社は法人である．

給付・反対給付等価の原則

一般的に収支相等の原則はリスク・プール単位で成立すればよく，契約者ごとに収支の見込みが均衡しなくてもかまわないが，個人が契約する保険のほとんどは，保険契約上の権利と義務の均衡が必要となり，次の均衡式が成り立つように保険料率を決定する．これを**給付・反対給付等価の原則**という．すなわち

$$\mathscr{E}^P(S_\lambda \mathbf{1}_\lambda) = \mathscr{E}^R(S_\lambda \pi_\lambda), \quad \lambda \in \Lambda.$$

このように決めた場合には収支相等の原則も成り立つのは自明であろう．

注意 9.16　新規に保険を設計する場合に給付・反対給付等価の原則のような保険料の決め方を用いると，その保険の前提とするリスク・プールへの限界的な影響，すなわち，ある契約がリスク・プールに追加された場合の影響を反映しやすい面もある．

保険種類による確率変数設定の違い

保険金支払いの対象となる事故のことを**保険事故**という．保険には，保険事故の種類によって，生命保険，障害疾病定額保険，損害保険の3種類がある．**生命保険**は人の生存または死亡を保険事故とする保険である．死亡保険や年金保険が含まれる．**障害疾病定額保険**は人の傷害や疾病を保険事故とする保険である．**損害保険**は生命保険，障害疾病定額保険以外の対象とする保険事故以外を保険事故とする保険である．損害保険には，火災保険や海上保険，自動車保険などがある．損害保険と生命保険および障害疾病定額保険とでは，確率変数の設定が異なる．保険は本来，損失を埋め合わせるためのものであるから，保険事故の発生による実際の損失額を支払うものである．あらかじめ定めた保険金額を上限として，実際の損失額を支払う方式を**実損填補**という．実務上は保険金の請求を受けて損害額を専門家が査定する．このため，損害保険においては実際の保険金支払いを**クレーム** (claim) ということが多い．なお，クレームという用語には，保険事故そのものではなく，事故発生後の保険金の請求をトリガーとして金額が定まるというニュアンスがある．

損害保険契約は基本的に実損填補型の契約である．例えばもし火災保険が実損

塡補方式でなければ，故意に火災を起こし，損害額よりも大きな保険金を受け取り，不当利得を得てしまう．実損塡補はこのような不当利得を防ぐ（利益禁止原則という）意味がある．これに対し，生命保険や障害疾病定額保険は人に関するものであり，実損を測定しがたいので，契約にあらかじめ定めた保険金を支払う形態を取る．

この保険金支払方式の違いから，基本的に生命保険と障害疾病定額保険では支払保険金額は定数 S_λ そのものであり，損害保険では $[0,1]$ の値を取り保険事故の損害の大きさを表す確率変数 X_λ を用いて支払い保険金を $S_\lambda X_\lambda$ と設定する．

注意 9.17 かつては保険の種類は生命保険と損害保険の 2 種類とされていたが，近年単純に分類することが難しい傷害保険と疾病保険が開発され，「第 3 分野の保険」とよばれていた．人に関する保険として生命保険の延長上の保険とも，入院中の所得を補償するものとして損害保険としても考えられた．2008 年 6 月に公布された保険法では，分類を新たに設け，人の傷害や疾病を保険事故として定額の保険金を支払う保険を障害疾病定額保険とし，入院時の所得保障は傷害疾病損害保険として損害保険に分類することとなった．

時間的要素反映の有無による確率変数の違い

生命保険では，契約期間 1 年未満の保険は例外で，1 年以上の契約がほとんどである．これから，保険金が将来のいつ支払われるかで価値の変化が大きく金利の要素を無視し得なくなる．したがって生命保険では，いつ死亡事故が発生するかをモデル化する必要が出てくる．詳しくは本章 9.4 節を参照のこと．

逆にほとんどの損害保険の契約期間は 1 年間であり，1 年未満と 1 年超の保険は例外的である．したがって契約期間の 1 年間に保険事故が発生したか否か，その実損の程度がモデル化する場合に重要となる．また，損害保険契約の中には，火災保険などのように，保険事故の発生により消滅しない契約もあり，契約期間中に繰り返し損害が発生するようなモデル化も必要になる．

傷害保険や疾病保険は，主に取り扱っている保険が生命保険の場合には生命保険型，損害保険の場合には損害保険型のモデルが用いられているようである．

9.3.3 個別的リスクモデルと集合的リスクモデル

クレームのモデル化

リスク・プール Λ から発生する保険金支払いの額の合計を**クレーム総額**(aggregate claim amount)という．生命保険の分野では，実務上クレーム総額の確

率分布の形状はこれまであまり問題とならなかった．というのも，人の死亡確率の分布は比較的安定しており，戦争や天災による死亡には契約上保険金を支払わなくてよい(このような保険契約の定めを免責規定という)こと，死亡保険金も，定額であることに加え，小口で均質である場合が多く，リスク・プールから想定外の巨大な損失が発生することは実質的に起こりにくいからである．生命保険は，1年を超える契約が多く金利の影響が重要であり，クレーム総額よりは，むしろ**給付現価**(クレームの現価の期待値)の総額の方が重要であった．給付現価総額の計算は，個々の契約の給付現価を計算し合計することで簡単に求められる．したがって，個々のリスク λ を認識し，それぞれのクレームに確率変数を設定する**個別的リスクモデル**(individual risk model)による方法が，生命保険数理で用いられてきた．生命保険の個別的リスクモデルによる数理計算は，今日においても保険数理の重要な基礎であるので，本章9.4節で詳しく説明する．

これに対し，損害保険では，クレームの確率分布が重要な場合が多い．なぜなら，損害保険の中には，クレーム発生0の確率はほぼ1に近く，確率自体は極めて小さいが巨額なクレームの発生する可能性のある保険もあるし，逆に小額のクレームはそこそこ発生する頻度が見込まれるが，大規模なクレームの発生する確率が低い保険もあるからである．特に前者の場合に，ある金額以上のクレーム総額について再保険が必要かどうかを検討するには，クレーム総額の分布を知る必要が出てくる．このような要請から，伝統的に損害保険においては，クレーム総額の分析や近似が中心的課題となってきた．

損害保険における個別的リスクモデル

損害保険も19世紀までは，個別的リスクモデルによりクレームをモデル化することが主流であった．例えば一定の期間に発生するクレーム総額 S を次のようにモデル化する：

$$(9.2) \quad S = \sum_{\lambda \in \Lambda} Z_\lambda, \quad Z_\lambda = S_\lambda X_\lambda \mathbf{1}_\lambda.$$

ただし，S_λ は λ の保険金額の上限(定数)で X_λ は $[0,1]$ の値を取る実損の程度を表す確率変数である．また Z_λ ($\lambda \in \Lambda$) は互いに独立とする(以下も同様)．

各 λ について複数回の保険事故に保険金を支払う契約の場合は(9.2)における Z_λ を次のように置き換えればよい：

$$Z_\lambda = S_\lambda \sum_{k=1}^\infty X_{\lambda,k} \mathbf{1}_{\lambda,k}.$$

ただし，$\mathbf{1}_{\lambda,k}$ は λ の k 回目の保険事故発生に関する指示関数，$X_{\lambda,k}$ はそのときの実損の程度の大きさを表す．

また，各クレームがある条件(例えばクレームがある金額以下など)の下では，離散な確率変数 X_λ に，条件を満たさないときには連続な確率変数 Y_λ に従うような場合には，(9.2)式を次のように置き換える：

$$Z_\lambda = S_\lambda \left(\mathbf{1}_\lambda X_\lambda + (1 - \mathbf{1}_\lambda) Y_\lambda \right).$$

クレーム総額の分布の計算方法

クレーム総額 S の分布を，個別的リスクモデルにより求める一般的方法としては，各 Z_λ の確率密度関数 f_λ の畳み込みを用いる方法がある．確率密度関数 f_1 を持つ確率変数 Z_1 と確率密度関数 f_2 を持つ確率変数 Z_2 (Z_1 と Z_2 は互いに独立)の和 $Z_1 + Z_2$ の確率密度関数は，f_1 と f_2 の**畳み込み**

$$(f_1 * f_2)(z) = \int_{-\infty}^\infty f_1(x) f_2(z - x) dx$$

により与えられる．

一般に畳み込みの計算実行には非常に大きな労力を要する．次の簡単な例で確認してほしい．

問題 9.18(一様分布の畳み込み)

(1) Z_1 と Z_2 が区間 $[0,1]$ における互いに独立な一様分布に従うとき $S = Z_1 + Z_2$ の確率密度関数を求めよ．

(2) $Z_1, Z_2, \cdots, Z_n$ が区間 $[0,1]$ における互いに独立な一様分布に従うとき $S = \sum_{k=1}^n Z_k$ の確率密度関数を求めよ． □

畳み込みの計算を効率的に行う方法としては，確率変数 Z に関する**積率母関数** $m_Z(t) = E[e^{tZ}]$ や**特性関数** $\phi_Z(t) = E[e^{itZ}]$ (i は虚数単位)を用いる方法がある．これらの関数への変換により畳み込みの演算 $*$ はそれぞれの積率母関数などの積に変換できる．

また**キュムラント母関数** $c_Z(t) = \log(m_Z(t)) = \log E[e^{tZ}]$ のマクローリン展開

$$c_Z(t) = \sum_{n=1}^\infty \frac{\zeta_n}{n!} t^n$$

より求められる**キュムラント** ζ_n を用いて,クレーム総額分布を近似する方法も,アクチュアリーたちによりさまざまに研究されてきた.ζ_1 は平均 $\mu = E[Z]$ であり,ζ_2 は分散 $\sigma^2 = V[Z]$ である.また,次の κ は**歪度**とよばれる:

$$\kappa = \frac{\zeta_3}{\zeta_2^{2/3}} = \frac{E[(Z-\mu)^3]}{\sigma^3}.$$

参考のために,**NP 近似**(normal power approximation)とよばれる手法を紹介する.

例 9.19(NP 近似) クレーム総額 S の平均を μ,分散を σ^2,歪度を κ とし,$\Phi(\cdot)$ を標準正規分布関数とすると,$x\ (\geqq 1)$ に対し,次の近似が成り立つ:

$$P\left(\frac{S-\mu}{\sigma} \leqq x\right) \approx \Phi\left(\sqrt{\frac{9}{\kappa^2} + \frac{6x}{\kappa} + 1} - \frac{3}{\kappa}\right). \qquad \square$$

今日では,パーソナル・コンピュータでもかなり大きな量の計算を実行できるようになったので,技巧を凝らした近似計算法を開発するよりも,単純なモデルを積み木のように構成して複合化し,モンテカルロ・シミュレーションを実行する方が実用的となってきた.また,クレームが互いに独立でない場合には個別的リスクモデルに基づき数値計算を行うのが合理的である.次項で取り上げるように損害保険の技術は,20 世紀初頭から近年まで,集合的リスクモデルを軸として開発されてきた.しかし近年の IT 技術の高度化とクレームが独立でないような複雑な商品の出現は個別リスクモデルに新たな光を当てつつある.

集合的リスクモデル

今日のようにコンピュータなどの計算手段がない時代には,個別的リスクモデルは計算の実行が困難であり,損害保険の実務ではあまり実用的ではなかった.そこで 20 世紀初頭にクレーム総額を**集合的リスクモデル**(collective risk model)を用いてモデル化することが損害保険数理の主流となっていった.

集合的リスクモデルはリスク・プールに関してある前提をおく.保険事故の発生頻度とクレームの大きさについて**均質**(homogeneous)なリスク・プールであると仮定するのである.集合的リスクモデルとは,このような均質なリスク・プール Λ に含まれるリスク λ の個別性を捨象して,クレーム総額の分布自体を直接モデル化する方法をいう.個別的リスクモデルは古典物理学のように個別の粒子について運動方程式を立て分析し,集合的リスクモデルは,統計力学のよう

に粒子の集合としての気体のふるまいを分析していることにたとえられる．

具体的には，ある期間にリスク・プールから発生する**クレーム件数** N と $k\,(1 \leqq k \leqq N)$ 番目のクレーム額 Z_k を確率変数としてクレーム総額 S を次のようにモデル化する：

$$(9.3) \qquad S = \sum_{k=1}^{N} Z_k.$$

通常，$Z_k\,(k=1,2,\cdots,N)$ は互いに独立で同一の確率分布に従い，N と $Z_k\,(k=1,2,\cdots,N)$ も互いに独立と仮定する．なお便宜上 $N=0$ のときには $S=0$ とし，Z_k はモデルにより非負もしくは正とする．

(9.3)のような設定の S の従う確率分布を**複合分布**(compound distribution)とよぶ．Z を Z_k と同一の確率分布を持つ確率変数とすると次の定理が成り立つ．

定理 9.20(複合分布の期待値と分散)
(1) $E[S] = E[N]E[Z]$.
(2) $V[S] = E[N]V[Z] + V[N](E[Z])^2$. □

問題 9.21 上記定理を証明せよ．それぞれ以下に注意．
(1) $E[S] = E[E[S|N]]$.
(2) $E[S^2] = E[N]E[Z^2] + E[N(N-1)](E[Z])^2$. □

特に N がポアソン分布に従う複合分布を**複合ポアソン分布**とよぶ．複合ポアソン分布によりクレーム総額をモデル化したものを Cramér-Lundberg Model とよび，損害保険数理では有用なモデルである．

注意 9.22 生命保険においても，団体定期保険や団体信用保険などでは複合ポアソンモデルによる保険料計算を行う．団体保険の加入員は企業の従業員など人口構成が安定していること，保険期間が1年であることから，均質なリスク・プールの前提を満たすからである．

9.3.4 保険料計算

純保険料と付加保険料

保険会社が契約者から実際に受け取る保険料を**営業保険料**とよぶ．営業保険料は**純保険料**と**付加保険料**からなっている．純保険料は，クレーム総額を賄うために必要な保険料である．これに対し，付加保険料とは保険会社が保険事業運営に必要な経費に相当する手数料である．

保険会社は営業保険料として収支相等するように保険料を定めるが，アクチュアリーは，純保険料としての収支相等に最も関心を持っている．純保険料は保険の製造原価であり，保障というサービスの品質であるソルベンシーの信頼度を決めるからである．

一般に，純保険料は金利とリスク・バッファの要素を反映している．すなわちクレームを金利で割り引いたものの期待値にリスク・ローディングを加えたものが純保険料である．

注意 9.23 保険事業運営に必要な経費には，営業職員や事務職員の人件費，募集資料や内部資料の印刷代，コンピュータなどの事務処理設備の維持費，保険金の送金手数料などが含まれる．これらは，経費の発生の構造やタイミングにできるだけ対応するように保険料計算の算式に織り込まれる．例えば毎年掛ける維持経費的なものは保険料比例で，契約成立時の経費は，保険金比例で成立時に一度だけ負担する形態とするなどである．損害保険では，付加保険料に経費ばかりでなく予定利潤を含んでおり，経費部分を社費とよんでいる．

保険料の支払方法

保険料の支払方法には大きく分けて二つの方法がある．簡単のために，給付・反対給付等価の原則に基づく場合で説明する．

保険契約締結のときに一度だけ保険料を支払う方法を**一時払い**という．リスク λ に関する一時払い保険料の現価を $\mathscr{V}_\lambda^R$ とすると

$$(9.4) \qquad \mathscr{V}_\lambda^R = S_\lambda \pi_\lambda$$

となる．保険料の側でリスク・ローディングを行うなら $\mathscr{E}^R(\mathscr{V}_\lambda^R)$ を求める．

一時払いに対し，保険事故が発生しない限り契約締結の一定期間ごとに保険料を支払うことを**定期払い**という．資金的余力がなければ，一時払いは一般に困難であるが，定期払いにより，毎回の保険料負担を小さくして，資金的余力のない人でも加入しやすくできる効果がある．定期払いには保険料額を一定期間ごとに増加していくものなど多くのバリエーションが考えられるが，基本となるのは**平準払い**とよばれる，毎回同じ額を支払う払い方である．以降平準払いの支払い間隔は1年(年払い)とする．

注意 9.24 月払い，3ヶ月払い，半年払いなど1年未満の支払い方を分割払い保険料という．分割払い保険料には，分割賦払い保険料と分割払い真保険料の2種類がある．分割賦払い保険料は年払い保険料を単に分割しているだけなので，年の途中で保険事故が

発生しても年内の残りの分割払い保険料は支払わなければならない．損害保険では主にこの方法によっている．分割払い真保険料は保険事故の発生した以降の保険料支払いは必要ない．生命保険では分割払い真保険料がほとんどである．分割払い保険料については二見[49]を参照のこと．

定期払いでは，保険事故発生以降保険料の支払いはないので，保険料の現価は，生存時間 T_λ の確率変数となる．保険料の現価の期待値を(保険者側から見て)**収入現価**ともいう．保険期間が $[0, n]$ のとき，期間内の特定の時点

$$\{t_0, t_0 + \Delta, t_0 + 2\Delta, \cdots, t_0 + m\Delta\}$$

($\Delta > 0$, $0 \leqq t_0 \leqq n$, $t_0 + m\Delta \leqq n$)で保険料を支払う場合を考えよう．$t_0 + k\Delta$ ($k = 0, 1, \cdots, m$) で支払う保険料の現価は $P(0, t_0 + k\Delta)S_\lambda \pi_\lambda$ であるから，T_λ までに支払われる保険料の現価 $\mathscr{V}_\lambda^R(T_\lambda)$ は次のように表せる：

$$(9.5) \qquad \mathscr{V}_\lambda^R(T_\lambda) = \sum_{k=0}^{\lfloor (T_\lambda - t_0)/\Delta \rfloor} S_\lambda P(0, t_0 + k\Delta) \pi_\lambda.$$

ただし $\lfloor \cdot \rfloor : \mathbb{R} \to \mathbb{Z}$ はガウス記号 $\lfloor t \rfloor = \max\{n \in \mathbb{Z} \mid n \leqq t\}$ を意味するものとし，$\lfloor (T_\lambda - t_0)/\Delta \rfloor < 0$ のときは，合計は 0 とする．

期待値とリスク・ローディングを含めた評価額は $\mathscr{E}^R(\mathscr{V}_\lambda^R(T_\lambda))$ を求めればよい．また，保険金額は時間の関数 $S_\lambda(t)$ であってもよく，その場合は上式の S_λ を $S_\lambda(t_0 + k\Delta)$ に置き換えればよい．

なお，実務では第1回の保険料を支払う前に保険金を支払うことがないように，$t_0 \leqq 0$ とするのが普通である．

損害保険の純保険料

日本では，損害保険の実務において，**判断法**(judgmental method)，**損害率法**(loss ratio method)，**純保険料法**(pure premium method)とよばれる三つの保険料率の定め方が，主に用いられている．

判断法は，人の経験のみで決める方法で科学的な方法論があるわけではない．海上保険や貨物保険など個別性が高くクレーム分布が安定しない保険で用いられる．損害率法は，既存の保険の保険料を損害率の実績に基づき改定する方法をいう．損害保険会社の扱う個人向け保険の多くは損害率法で保険料を決定している．判断法と損害率法は，保険会社の経験に基づくため**経験料率法**(experience rating method)と総称されることもある．判断法はもちろん，付加保険料と純保険料を区分せずに決定しているが，損害率法でも純保険料と付加保険料を混在させた改定率を用いており，これらの方法による保険料の純保険料を求めるには，なんらかの仮定をおかざるを得ない．

これに対し，純保険料法はその名が示す通り，集合的リスクモデルによるクレーム総額(混合分布を仮定)の期待値を純保険料とする方法であり理論的に明確である．新商品の保険料の決定に用いられることが多い．純保険料は，定理 9.20 の結果を用いて，平均クレーム件数である**頻度**(frequency)と，クレーム 1 件あたりのクレーム額の平均である**平均損害**(damageablity)の積で求めるので，**FD 法**ともよばれている．

すなわち $\mathscr{E}^P(S) = E[S] = E[N]E[Z]$, $\mathscr{E}^R(1 \cdot \pi) = E[\pi] = \pi$ とすることにより，次のように保険料を決める：

$$\pi = E[N]E[Z].$$

損害保険の多くは保険期間が 1 年未満であるため，金利の影響は一時払い保険料を分割賦払いにするための僅少な調整に留まる．したがって，理論的関心はリスク・ローディングの方法に集まることとなり，どのような保険料算出原理を用いるかは，損害保険分野のアクチュアリーの重要な課題である．各種の保険料算出原理については第 6 章を参照のこと．

注意 9.25 日本では残念ながら，FD 法が適用可能な保険であっても，保険料算出原理として期待値法しか実質用いられていないようである．長らく損害保険料率算定会(現損害保険料率算出機構)に頼っていたこともあり，研究も実践も盛んでなく欧米に比べ文献は限られている．

経験料率法と信頼性理論

経験料率法は，理論的根拠付けを与えられず実務で実施されてきた．しかし 20 世紀前半に Bühlmann らによって**信頼性理論**(credibility theory)として統計学的な基礎付けがなされた．この理論も集合的リスクモデルを前提とする．集合的リスクモデルでは，リスク・プールの均質性を仮定したが，現実のリスク・プールは完全に均質でも完全に不均一(heterogeneous)でもないと考えられる．信頼性理論は，ベイズ統計の手法により，均質なリスク・プールを前提にしたクレーム S に基づく量 $\mathscr{V}_1(S)$ と，不均質さについてなんらかの情報を含むクレー

ム $\tilde{S}$ に基づく量 $\mathscr{V}_2(\tilde{S})$ の線形和

$$(1-w)\mathscr{V}_1(S) + w\mathscr{V}_2(\tilde{S}), \quad 0 \leqq w \leqq 1$$

により，最も合理的な保険料を推定できないか，というアイデアに基づく．この保険料を**信頼性保険料**(credibility premium)，線形和にする係数 w を**信頼係数** (credibility factor)という．Bühlmann 以降，さまざまな拡張がなされている．この手法もコンピュータなどの計算資源が限られた条件のもとで，コストを掛けず実務処理するための手法として開発された側面があるから，今日のように，発生した事故のデータを容易に多角的に分析することができる時代においては，新しい視点からの拡張を考える必要もあろう．

参考のため，典型的な次の例を挙げておく．他のケースについては Bühlmann [22]，Mikosch[104]を参照のこと．

例 9.26(期待値原理の信頼性保険料) (期待値原理については第 6 章を参照せよ．分散原理でも同様の公式が成り立つ．) $\tilde{S}$ として，過去の m 個のクレーム額の実績 $S_1, S_2, \cdots, S_m$ を用いた，信頼性保険料 $P(S_1, S_2, \cdots, S_m)$ は次のように近似される：

$$P(S_1, S_2, \cdots, S_m) = E[\mu(\theta) \mid S_1, S_2, \cdots, S_m],$$
$$E[\mu(\theta) \mid S_1, S_2, \cdots, S_m] \approx (1-w)E[\mu(\theta)] + w \cdot \bar{S},$$
$$w = \frac{mV[\mu(\theta)]}{E[\sigma^2(\theta)] + mV[\mu(\theta)]}.$$

ただし，$\mu(\theta), \sigma(\theta)$ は，それぞれ θ でパラメタライズされたクレーム総額 $S(\theta)$ の期待値と分散を表し，$E[\mu(\theta) \mid S_1, S_2, \cdots, S_m]$ はクレーム実績 $S_1, S_2, \cdots, S_m$ が与えられた条件のもとでの θ に関する $\mu(\theta)$ の平均，$\bar{S}$ はクレーム実績 $S_1, S_2, \cdots, S_m$ の平均，$E[\mu(\theta)], E[\sigma^2(\theta)], V[\mu(\theta)]$ は θ に関する平均と分散を表している． □

生命保険の純保険料

契約期間 $[0, n]$ の生命保険で給付・反対給付等価の原則を満たす純保険料率 π_λ を求めることを考えよう．T_λ を現時点からの生存期間として，被保険者の死亡リスク λ のクレームの現価 $\mathscr{V}^P(T_\lambda)$ は，

$$(9.6) \qquad \mathscr{V}^P(T_\lambda) = S_\lambda P(0, T_\lambda) \mathbf{1}_{\{T_\lambda \leqq n\}}$$

と表すことができる. S_λ は時間の関数 $S_\lambda(t)$ でもよい.

注意 9.27 生命保険では,保険料を支払う契約者と,保険事故の対象となる人あるいは保険金を受け取る人が異なることがあるので,後者 2 人をそれぞれ**被保険者**,**保険金受取人**とよぶ.

純保険料率を求めるには次を解けばよい.

$$\mathscr{E}^P(\mathscr{V}^P(T_\lambda)) = \mathscr{E}^R(\mathscr{V}^R(T_\lambda)).$$

$\mathscr{E}^R(\cdot)$ が π_λ に関し線形であるとすると一時払い純保険料率は (9.4) と (9.6) を用いて次のように解ける:

$$\pi_\lambda = \frac{\mathscr{E}^P\left[S_\lambda P(0, T_\lambda)\mathbf{1}_{\{T_\lambda \leqq n\}}\right]}{\mathscr{E}^R(S_\lambda)}.$$

特に $\mathscr{E}^P(\cdot)$, $\mathscr{E}^R(\cdot)$ が期待値オペレーター $E[\cdot]$ であれば一時払い純保険料は次のように表される:

$$(9.7) \qquad \pi_\lambda = E\left[P(0, T_\lambda)\mathbf{1}_{\{T_\lambda \leqq n\}}\right].$$

同様に $\mathscr{E}^R(\cdot)$ が π_λ に関し線形であるとすると平準払いの純保険料率は (9.5) と (9.6) を用いて次のように解くことができる:

$$\pi_\lambda = \frac{\mathscr{E}^P\left[S_\lambda P(0, T_\lambda)\mathbf{1}_{\{T_\lambda \leqq n\}}\right]}{\mathscr{E}^R\left[S_\lambda \sum_{k=0}^{\lfloor (T_\lambda - t_0)/\Delta \rfloor} P(0, t_0 + k\Delta)\right]}.$$

$\mathscr{E}^P(\cdot)$, $\mathscr{E}^R(\cdot)$ が期待値オペレーターであれば平準払い純保険料は次のように表される:

$$(9.8) \qquad \pi_\lambda = \frac{E\left[P(0, T_\lambda)\mathbf{1}_{\{T_\lambda \leqq n\}}\right]}{E\left[\sum_{k=0}^{\lfloor (T_\lambda - t_0)/\Delta \rfloor} P(0, t_0 + k\Delta)\right]}.$$

多期間への適用が合理性を持つ保険料算出原理は確立されておらず,生命保険料のリスク・ローディングは主に,死亡確率の補正を通じて行われる.すなわち

(9.7)もしくは(9.8)の純保険料より高くなるように確率測度を変更することによりリスク・ローディングを行う．生命保険における測度の変換の公式については第4章を参照のこと．

9.3.5　責任準備金の計算

金融商品と資産・負債の評価

資産(asset)とは，それを保有することで将来貨幣の支払いを受けることができる物もしくは契約をいい，**負債**(liability)とは，それを保有するものは将来貨幣の支払いや物の返却をしなくてはならないような契約をいう．特に貨幣に関する契約に限定した資産，負債を金融資産，金融負債という．これらの用語を用いて，「金融商品とは，ある主体にとって金融資産になるとともに，別の主体にとっては金融負債または資本となるようなあらゆる契約である」と定義することもできる．したがって，ある金融商品に利害を有する者は，その金融商品の資産または負債としての経済的価値に関心を持つことになる．

注意 9.28　上で資本とは，企業の所有権や企業の収益から配当を受け取る権利(の持分)を意味し，株式や出資証券などの有価証券の形態で提供されるものを指す．企業の資産から負債を引いた残りは基本的に資本である．

個別の金融商品との利害関係は，社会のいろいろな立場を反映して多様であり，経済的価値の評価の視点も多様である．例えば，その金融商品を保有する者，金融商品を提供した金融機関，金融機関を監督する者，金融商品に課税をする者の立場では，経済的価値の評価が異なり得る．また，株式を金融商品として提供する企業の会計情報開示をする視点や，社債を金融商品として提供する会社の信用情報をする視点，すなわち信用格付けをする視点からも，経済的価値が異なることがあり得る．

加えて，対象となる金融商品が市場で売買される直接金融商品なのか，当事者だけが関与し相対で契約することで提供される間接金融商品なのかで，経済的価値を評価する方法論も異なり，一意性がないこともあり得る．市場で売買される商品の価値は，市場で成立した価格，すなわち**時価**(market value)を用いるのが基本である．一方，間接金融商品や，市場で取引が成立することが稀な直接金融商品では，**理論価格**(theoretical value)を用いることになる．理論価格はなんらかの数理モデルにより求めることになるから，採用するモデルにより価格は一意でなくなる．

注意 9.29 市場に合わせて価格付けすることを mark-to-market という．欧米を中心に，会計制度自体を時価基準(mark-to-market accounting)に改正することが，近年の世界的趨勢であったが，2008 年から本格化した金融危機を契機に見直しの機運もある．一方，理論価格により価格付けすることを mark-to-model という．

保険商品の経済的価値の評価

保険商品も，市場で自由に売買される商品ではないので，間接金融商品のように，理論価格により経済的価値を評価しなければならない．保険商品の理論価格についてはいくつかの特徴がある．

まず，保険の経済的価値は伝統的にまず負債として評価されてきた．その理由としては，評価する技術を持つアクチュアリーが保険会社に在籍したことによるところが大きいと思われる．保険契約者が，資産性のある保険契約を締結している場合に，会計上，税務上の資産として評価しようとするときも，基本的にアクチュアリーが評価した負債を基準とすることが多い．2 番目の特徴としては，保険負債としての評価は保険料計算と整合性を持って算定されているということである．特に生命保険においては，負債の評価のみならず，毎年の保険会社の損益の分析方法や，剰余金を各保険契約の寄与度に基づき配当として分配する方法も，保険料計算と一貫した体系を持っている．3 番目の特徴としては，前 2 点と関連しているが，各国とも伝統的に，監督当局が求める規制上の負債評価を以って，会計上の負債とすることが多かった．また規制当局も金融が自由化される以前には，保険会社の破綻リスクを把握するために会計的な数値を基礎とする指標を持って十分としてきた．しかし，近年グローバル化や，金融と保険の融合の進展を契機に，金融商品の経済的価値の評価方法と平仄(ひょうそく)を合わせようとする機運が高まっている．本節の最後の項で詳しく議論するが，その前に，現在実務で行われている保険の負債評価について説明する．

注意 9.30 保険会社の毎年の損益の分析では，死亡率などの予定したパラメータと実績値の乖離によって剰余金の変動を説明するような分析手法が用いられており，利源分析とよばれる．企業年金においても顧客向けサービスとして利源分析は行われている．

注意 9.31 保険会社の場合と対照的なのが，現在の銀行の融資の数理的体系である．融資条件の金利の決定方法と，貸倒引当金，リスク管理のためのエコノミック・キャピタルの計算方法の間の理論的整合性は不十分といわざるを得ない．特に日本の銀行は，貸倒引当金の計算は税法の規定を踏襲しており，リスク管理の観点からは，大いに疑問である．保険数理のような体系化は今後の大きな課題となろう．

保険の負債評価

まず，損害保険などのように期間が 1 年の契約の $t\ (\in [0,1])$ 時点における保険会社の負債 V_t を考えてみよう．簡単のために，付加保険料は考慮せず，純保険料 π は 1 年間のクレームの期待値であるとする．$t=0$ では，純保険料 π を保険会社に支払って，補償を引き受けてもらうため，$V_0 = \pi$ と考えるのが合理的であろう．保険事故が起こらず $t=1$ となった場合は，以後保険会社は保険金を支払わなくてもよいので $V_1 = 0$ とするのもよいであろう．では，$t \in (0,1)$ の場合に V_t をどのように定めればよいであろうか．ここで二つの考え方がある．金利商品の例の項で説明した将来法と過去法である．保険会社は $[t,1]$ で発生する保険事故について保険金を支払わなくてはならないから将来法によれば $[t,1]$ の間に発生するクレームの期待値を負債にすれば合理的であろう．過去法によれば，すでに t 経過しているので，契約者から見ればその分の純保険料は消費したと考えられる．純保険料のうち経過期間で消費した分に対応するものを**既経過保険料**(expired premium)，純保険料から経過保険料を控除したものを**未経過保険料**(unexpired premium)という．

実務上は純保険料を期間で按分した未経過保険料，すなわち $V_t = (1-t)\pi$ を，負債とすることが多い．なぜなら，すでに説明したように，損害保険では，クレーム総額は時間に関する確率変数を含まない．また，生命保険においても 1 年未満の保険事故を記述する統計がないことが多い．このため，1 年未満の保険事故発生は時間に関して一様分布していると仮定し純保険料も期間に比例すると考えれば，将来法で評価しているとみなせるのである．

これに対し，生命保険のように期間 1 年以上で，クレームのキャッシュ・フローや保険料のキャッシュ・フローを時間に関する確率変数で記述する必要のある保険では，将来法で次のように $t (\in [0,n],\ n>1)$ 時点の負債を評価する：

$$(9.9) \quad V_t = \mathscr{E}^P(\mathscr{V}^P(T_\lambda) \mid T_\lambda \geqq t) - \mathscr{E}^R(\mathscr{V}^R(\pi, T_\lambda) \mid T_\lambda \geqq t).$$

ただし，$\mathscr{E}^P(\mathscr{V}^P(T_\lambda) \mid T_\lambda > t)$, $\mathscr{E}^R(\mathscr{V}^R(\pi, T_\lambda) \mid T_\lambda > t)$ は，それぞれ t 時点まで保険事故が発生しなかった条件の下での，$[t,n]$ で発生するクレームの現価の評価額と，$[t,n]$ で受け取れる保険料率 π による保険料の現価の評価額を表している．このように評価した保険の負債を**保険料積立金**(premium reserve)または**責任準備金**(liability)とよぶ．広義には，未経過保険料と保険料積立金を合わせて責任準備金とよぶ場合もある．

$\mathcal{E}^P(\cdot \mid T_\lambda > t)$, $\mathcal{E}^R(\cdot \mid T_\lambda > t)$ が条件付き期待値オペレーター $E[\cdot \mid T_\lambda > t]$ である場合には，過去法による場合と一致する．この場合の過去法とは，$[0,t]$ 間に受け取る保険料の終価の期待値から，同じ期間に発生するクレームの終価の期待値を控除したものを t まで生存する確率で除したものである（9.4.4節を参考のこと）．

以上は，個別の契約ごとの時間経過に沿った負債の評価の議論であるが，保険会社の財務会計上の負債を評価する場合には，会社の事業年度末に全保有契約のそれぞれの経過時間に対応する負債評価を行って，合計することになる（実務上は，正確に期間計算を行うため，1年未満の端数期間の修正を行う）．

これまでは，現在有効に継続している保険契約の負債について議論してきたが，保険の負債には，保険事故がすでに発生している契約に関する負債もある．まず保険事故により保険金が発生し金額も確定しているが，決算の基準日時点には，まだ保険金受取人に支払えず，会社が預かっているものであり，**支払備金**(reserve for outstanding claims)とよばれる．これについては特段数理的評価を要しない．また保険事故が発生することにより，新たな保険契約が発生するような場合もある．例えば，死亡保険金を遺族が年金として受け取るような場合である．このような場合には，通常の年金の保険契約と同じように責任準備金の評価を行えばよい．

損害保険や第3分野の保険のように保険事故の発生からその報告までに時間的遅延が生じがちな保険については，特有の負債評価を行う．保険事故の発生の報告がきていないが，大数の法則からすでに保険事故が発生していることが推定される金額も算定し負債に計上することが行われている．これを**既発生未報告損害備金**，あるいは略語を用いて **IBNR 備金**(Incurred But Not Reported Reserve)とよぶ．この負債の推計には統計的な手法を用いる．

責任準備金の経済価値評価とソルベンシー

保険の存在の意義はリスク負担能力の提供にあるから，保険の負債評価の最も重要な目的は，ソルベンシーの検証である．保険者は，保険契約を確実に履行できるように，評価した保険負債を賄うに十分な資産を持つことを確認することでソルベンシーの検証を行う．

注意 9.32 このように負債が資産を下回らないように保険の資産と負債を体系的にリスク管理することを保険 ALM(asset and liability management)という．企業年金では

同様のリスク管理を年金 ALM とよぶ．

したがって，保険者は，真のソルベンシーを評価するために正確な保険負債を自己責任のもと評価することが必要なはずであるが，長らく，無批判に**法定責任準備金**(statutory liability)を保険のソルベンシーに関するリスク管理の出発点としていたことは否めない．監督当局も，硬直的かつ機械的な法定の算出法ではなく，真のソルベンシーに基づいて判断しなければ契約者の権利を保護する使命を果たせないはずであるが，各国とも，理論的な整合性より実務を優先した規制を実施してきたのが実状と思われる．例えば，日本では危険準備金や異常危険準備金とよばれる準備金も，金融規制と税務の上で保険負債とされているが，これらは本来リスク・バッファに分類すべきものと考えることができる．

注意 9.33 生命保険会社が保険や運用の通常を超える支払いに備えるため積み立てる準備金を，危険準備金という．一方，損害保険会社が通常を超える巨大災害などの支払いに備えるために積み立てる準備金を，異常危険準備金という．

しかし，近年，このような現状を直視し，規制当局，アクチュアリー，会計基準制定のそれぞれの国際団体が，保険負債の評価およびソルベンシー確保のためのリスク・バッファを，体系的に整理しようという機運が高まっている．議論の焦点となっているのは，保険の負債とリスク・バッファをどのように位置付け区分するかということと，これらの評価を，金融市場といかに整合性を持ったものにするかということである．

注意 9.34 上に述べた国際団体としては，保険監督者国際機構(International Association of Insurance Supervisors; 省略形 IAIS)，国際アクチュアリー会(International Actuarial Association; 省略形 IAA)，国際会計基準審議会(International Accounting Standards Board; 省略形 IASB)などがある．この他 EU もソルベンシー II とよばれる規制の導入で指導的役割を果たしている．

これらの課題について，実務的な着地点が見えつつある国もあるが，十分な理論的解明を行った上で，意思決定されているとはいいがたい．理論的な課題として 2 点指摘しておきたい．

まず，負債とリスク・バッファを区分する以前の問題として，リスク負担能力の創造を行うには，その総額をどう設定するかの問題である．設定するためには，第 8 章で述べたように，保険会社のリスクの選好との関係が明確にならなくてはならない．したがって，効用関数やリスク尺度のさらなる研究が必要であろう (第 5 章，6 章を参照のこと)．

2 点目は確率過程論的アプローチの必要性である．今日，金融商品の価格付けにおいては，確率過程論的なアプローチによるのが標準的である．金融市場と整合的なリスク・バッファを見積もるためには，保険数理においても確率過程論的なアプローチの検討は避けて通れない．

例えば，生命保険契約では，各契約者はリスクと資産を共有しているが，リスク・プールとしては，自己資金充足的に運用した資産で，保険金を賄わなければならない．

また，損害保険の分野でも，保険会社の破綻確率の研究分野である**破産理論**(ruin theory)は，確率過程論を用いて長らく研究されてきた．この理論では集合的リスクモデルを基礎とし，当初資産と保険料収入の合計からクレーム総額を引いた確率過程を**リスク過程**(risk process)とよび，この確率過程が負になる確率を分析する．クレーム発生までの時間を確率変数として用いれば，クレーム件数も定義でき，確率過程論的に扱える．詳しくは第 4 章を参照のこと．

ここで，留意しなければならないのは，保険商品を確率過程論的取り扱いをする場合には，金融商品と異なった特性を表現できなくてはならないことである．なぜなら，金融では，観察期間で消滅しない金融商品の価格に関する確率過程をもっぱら分析するが，保険では，死亡や火災などの保険事故発生時点による商品の消滅も扱わなくてはならない．このような取り扱いの基礎としては，点過程に関する議論が必要となる(第 4 章を参照のこと)．

このように，クレーム分析，保険債務の評価，リスク・バッファの評価の手法の高度化において，リスク尺度や確率過程論など基礎的研究を踏まえた実務的方法論の開発が必要とされてきている．

注意 9.35 破産理論は，1903 年に Lundberg により保険数理に初めて導入された．20 世紀初頭には，奇しくも物理(1905 年 Einstein)，金融工学(1900 年 Bachelier)とともに三つの分野で確率過程論による研究が始まっている．金融工学ではブラウン運動などの確率過程に基づく数理モデルは標準となっているが，保険数理では今日まで確率過程論や金融工学と関連するような研究と応用はあまり進展していない．

9.4 生命保険の数理計算

前節で述べたように，短期の契約が多い損害保険に対し，生命保険は，長期の契約が多く金利計算の要素が重要になる．コンピュータが存在しなかったり，

高価であった時代において，生命保険の数理計算は，アクチュアリーの重要な専門的技能として，伝統的職業訓練の基礎であった．特に，**生命表**(life table) と，**計算基数**(commutation functions)を用いた技巧により計算負担を軽減していた．今日では，計算技巧の獲得よりは生命保険の数理計算の本質を簡明に記述し，金融的要素の理解に注力した方が有意義と考えられるので，以下では計算基数の議論は省略することとした．

生命保険数理の計算方法は，信用リスク(ただしシステマティック・リスクは考慮しない場合)を反映した無担保融資の数理評価とも見ることができるので，金融の実務家にも参考になろう．

注意 9.36
(1) **生命表**：0歳のある数(100,000人など)の人が，仮定した死亡率によって減少していくことを表現したモデル人口の推移を表にしたものを生命表という．
(2) **計算基数**：あらかじめ定めた現価率をモデル人口と乗じることで得られる計算の便宜のための数値を計算基数という．

9.4.1　ハザード・レートと生命関数

ハザード・レート

確率空間 $(\Omega, \mathscr{F}, P)$ で定義された確率変数 $T_x : \Omega \to \mathbb{R}_+$ を現在 x 歳の人が亡くなるまでの経過時間を表すものとする．また次のように設定する：

$$(9.10) \qquad F(t) = P(T_x \leqq t),$$

$$(9.11) \qquad \mu_{x+t} = -\frac{d\log(1-F(t))}{dt}.$$

$F(t)$ は T_x の累積分布関数であるが生存分析の分野では，$G(t) = 1 - F(t)$ を**生存関数**(survival function)とよび μ_{x+t} を**強度関数**(intensity function)または**ハザード・レート**(hazard rate)という．生命保険数理では強度関数は瞬間死亡率の関数を意味しており**死力**(force of mortality)とよぶ．解析的な死力としては，歴史的に $\mu_x = Bc^x$ (Gompertz の法則)，$\mu_x = A + Bc^x$ (Makeham の法則)などが用いられてきた．Makeham の法則は現在でもサンプル数が小さく誤差が大きくなりがちな高齢者の死亡率の外挿に用いられる：

ハザード・レートを与えると生存関数は次で表される．

$$G(t) = P(T_x > t) = \exp\left(-\int_0^t \mu_{x+\tau} d\tau\right).$$

表 9.2 生命関数のアクチュアリー記号

対象確率	生命関数
死亡確率	$_tq_x = F(t)$
生存確率	$_tp_x = G(t)$
将来区間の死亡確率	$_{s|t}q_x = P(s < T_x \leqq s+t) = {_{s+t}q_x} - {_sq_x}$
条件付き死亡確率	$_tq_{x+s} = P(T_x \leqq s+t \mid T > s) = \dfrac{F(s+t) - F(s)}{G(s)}$
条件付き生存確率	$_tp_{x+s} = P(T_x > s+t \mid T > s) = \dfrac{G(s+t)}{G(s)}$

以下では,この μ_x を与えたときの期待値オペレーター $E(\cdot)$ を収入現価の評価関数 $\mathscr{E}^R(\cdot)$ と給付現価の評価関数 $\mathscr{E}^P(\cdot)$ として用いることとする.

生命関数

保険数理では死亡率,生存率を与える関数を**生命関数**(life function)とよびアクチュアリー記号では表9.2のように表記する.

9.4.2 離散モデルによる生命保険料の計算

離散と連続

理論的研究においては連続的なハザード・レート,金利,キャッシュ・フローを仮定するさまざまな利点はあるが,保険数理の実務では離散的なモデルに基づき計算されてきた.離散的モデルとは死亡までの経過時間,利息の付け方,保険料の支払い方,保険金の支払い方について離散的な単位期間を設けることを指している.通常単位期間として1年を採用する.契約行為の単位として自然なこともあるが死亡確率を算定するための統計が年単位でおこなわれてきたことが大きい.ここでは離散的モデルを扱うにあたり連続なハザード・レートの仮定のもと,現在 x 歳の人が亡くなるまでの年数 $Y_x = \lfloor T_x \rfloor$ を確率変数として用いる.

保険金の支払い方と利息の付け方

離散モデルでは保険者は単位期間に保険事故の有無を観察し,発生した場合にはその単位期間内に支払う.年を単位期間として年末に支払い処理をする場合を**年末払い**(year-end payment),事故発生とともに速やかに支払う場合を**即時払い**(immediate payment)という.

年末払いの場合は年始からの利息を1年分反映することで保険料計算は単純になるが，即時支払いは単位期間全体にわたり発生する可能性があり，保険料計算を離散的，代数的に行うためには，単位期間の特定時期に支払うこととみなせばよい．後述するが即時払いは連続モデルにより近似計算すると，年央に1回支払うとしてよいことが分かる．以下では現価計算において年初から保険金支払い時までの割引は v^γ とし $\gamma = 1$ が年末払いに $\gamma = 1/2$ が即時払いに対応するものと考える．

給付現価と収入現価の関数

以下では，給付現価の関数を $\mathscr{V}^P(Y_x)$, 収入現価の関数を $\mathscr{V}^R(Y_x)$ で表すことにする．まず一時払い保険料，すなわち保険者が収入現価 $\mathscr{V}^R(Y_x)$ を保険料 π として受け取る場合を考えよう．

死亡保険

契約締結から1年間に死亡が起こった場合に保険金1を支払う対価として保険料 π を締結時に支払う死亡保険を1年**定期死亡保険**とよぶ．これは最も単純な死亡保険である．この場合，給付現価は次で定義される：

$$\mathscr{V}^P(Y_x) = v^\gamma \mathbf{1}_{\{Y_x=0\}}.$$

これより保険料は次のようになる．これは**自然保険料**とよばれることがある：

$$\pi = E\left[v^\gamma \mathbf{1}_{\{Y_x=0\}}\right] = v^\gamma E\left[\mathbf{1}_{\{T_x<0\}}\right] = v^\gamma {}_1q_x.$$

また，契約締結から n 年間に死亡が起こった場合に保険金1を支払う対価として保険料 π を締結時に支払う死亡保険を一時払い n 年定期死亡保険とよぶ．この場合は給付現価は次で定義される：

$$\mathscr{V}^P(Y_x) = v^{Y_x+\gamma} \mathbf{1}_{\{Y_x<n\}}.$$

これより保険料は次のようになる：

$$\pi = E\left[v^{Y_x+\gamma} \mathbf{1}_{\{Y_x<n\}}\right] = \sum_{k=0}^{n-1} v^{k+\gamma} E\left[\mathbf{1}_{\{k \leqq T_x < k+1\}}\right]$$
$$= \sum_{k=0}^{n-1} v^{k+\gamma} {}_{k|1}q_x = \sum_{k=0}^{n-1} v^{k+\gamma} {}_kp_x {}_1q_{x+k}.$$

生涯にわたり死亡保険金支払いを行う終身保険は次のように定義できる：契約締結から生涯にわたり死亡が起こった場合に保険金 1 を支払う対価として保険料 π を締結時に支払う死亡保険を一時払い**終身保険**とよぶ．給付現価は次で定義される：

$$\mathscr{V}^P(Y_x) = v^{Y_x+\gamma}.$$

終身保険は $n = \infty$ である定期保険と見ることができる．実務的には現実にすべての人が亡くなるであろう年齢 ω を定め $\omega - x$ 年定期保険として計算する．ω を最終年齢とよび，通常 $\omega \leq 120$ となるように定める．

一時払い終身保険の保険料は次のようになる：

$$\pi = E\left[v^{Y_x+\gamma}\right] = \sum_{k=0}^{\infty} v^{k+\gamma} E\left[\mathbf{1}_{\{k \leq T_x < k+1\}}\right]$$
$$= \sum_{k=0}^{\omega-x-1} v^{k+\gamma}{}_{k|1}q_x = \sum_{k=0}^{\omega-x-1} v^{k+\gamma}{}_{k}p_x{}_{1}q_{x+k}.$$

生存保険

個人にとってみると死亡は明らかに不幸であり保険といえば死亡保険のイメージがある．しかし保険の定義から見れば特定の期間末まで生存することにより経済的損失が生じることはあり得る．これを「長生きのリスク」ということがある．年金をイメージすれば理解できるであろう．将来の特定時期までの生存を条件として保険金を支払う保険を**生存保険**という．

注意 9.37 実際には，日本では，さまざまな理由(解約による逆選択，保険会社の収益性，「死亡時の掛け捨て」の受け入れにくさ)などから純粋な生存保険は販売されておらず年金のように複数の生存保険を組み合わせたり，こども保険や養老保険など死亡保険と組み込まれる場合が多い．

特に，契約締結から n 年後までに死亡が起こらなかった場合に保険金 1 を支払う対価として保険料 π を締結時に支払う生命保険を一時払い n **年満期生存保険**とよぶ．給付現価は次で定義される：

$$\mathscr{V}^P(Y_x) = v^n \mathbf{1}_{\{Y_x \geq n\}}.$$

一時払いの生存保険は信用リスクを伴う無担保の割引債券とよく似ている．一時払いの生存保険は，満期以前に死亡した場合には，支払った保険料の返還もなく

全くキャッシュ・フローは発生しないが，満期まで生存すれば保険金金額 1 が受け取れる．担保の設定のない（したがってなんら債権回収ができない）割引債への投資では，満期より前に債券発行体が支払不能 (insolvent) になったときには何も受け取れず，支払不能の事態が生じることなく満期になった場合には償還金額 1 を受け取れる．

また信用リスクが高い割引債ほど発行時の割引債価格が低く投資収益率は高いが，同様に死亡リスクが高い人ほど一時払い保険料が安く，生存したときの生存保険の収益率は高くなる．

主な相違点は，参照しているリスクが，割引債では発行体の満期までの信用リスク（発行体という法人の「生死」）であるのに対し，生存保険では（被保険者ごとの）満期までの人の生死であるという点である．

生存保険の一時払い保険料は次のようになる：

$$\pi = E\left[v^n \mathbf{1}_{\{Y_x \geq n\}}\right] = v^n E\left[\mathbf{1}_{\{Y_x \geq n\}}\right] = v^n {}_n p_x.$$

養老保険

n 年定期死亡保険と n 年満期生存保険を組み合わせた保険を n 年満期**養老保険**という．このように死亡保険と生存保険を組み合わせた保険は**生死混合保険**という．養老保険は期間中の死亡による経済的損失と満期の資金準備の両方に備える保険であり代表的保険の一つである．

契約締結から n 年以内に死亡が起こった場合にはその年に保険金 1 を，n 年後まで生存していた場合には保険金 1 を支払う対価として，保険料 π を締結時に支払う死亡保険を一時払い n 年満期養老保険とよぶ．給付現価は次で定義される：

$$\mathscr{V}^P(Y_x) = v^{Y_x+\gamma}\mathbf{1}_{\{Y_x < n\}} + v^n \mathbf{1}_{\{Y_x \geq n\}}.$$

一時払い養老保険の保険料は次のようになる：

$$\begin{aligned}\pi &= E\left[v^{Y_x+\gamma}\mathbf{1}_{\{Y_x<n\}} + v^n \mathbf{1}_{\{Y_x \geq n\}}\right] \\ &= \sum_{k=0}^{n-1} v^{k+\gamma} {}_k p_x {}_1 q_{x+k} + v^n {}_n p_x.\end{aligned}$$

有期生命年金保険

生存を条件として年金を支払う保険を**生命年金**という．年金を支払う期間をあらかじめ定めた生命年金を**有期生命年金**という．有期年金は年金支払い時期を満期とした複数の生存保険を組み合わせたものと考えられる．年金を期始払いする場合の有期生命年金保険の一時払い保険料を考えよう．

契約締結から n 年間の毎年期始に生存していることを条件に保険金 1 を支払う対価として，保険料 π を締結時に支払う保険を一時払い n 年有期生命年金保険とよぶ．給付現価は次で定義される：

$$(9.12) \qquad \mathscr{V}^P(Y_x) = \sum_{k=0}^{n-1} v^k \mathbf{1}_{\{Y_x \geq k\}}.$$

この給付現価は次のようにも表現できる：

$$(9.13) \qquad \mathscr{V}^P(Y_x) = \ddot{a}_{\overline{Y_x+1|}} \mathbf{1}_{\{Y_x < n\}} + \ddot{a}_{\overline{n|}} \mathbf{1}_{\{Y_x \geq n\}} = \ddot{a}_{\overline{(Y_x+1)\wedge n|}}.$$

ただし $x \wedge y = \min(x,y)$．有期年金保険の一時払い保険料は最初の給付現価の表現 (9.12) を用いると次のようになる：

$$\pi = E\left[\sum_{k=0}^{n-1} v^k \mathbf{1}_{\{Y_x \geq k\}}\right] = \sum_{k=0}^{n-1} v^k E\left[\mathbf{1}_{\{Y_x \geq k\}}\right] = \sum_{k=0}^{n-1} v^k {}_k p_x.$$

二番目の給付現価の表現 (9.13) を用いると次のようになる：

$$\pi = E\left[\ddot{a}_{\overline{(Y_x+1)\wedge n|}}\right] = \sum_{k=0}^{n-1} \ddot{a}_{\overline{k+1|}} E\left[\mathbf{1}_{\{k \leq T_x < k+1\}}\right] + \ddot{a}_{\overline{n|}} E\left[\mathbf{1}_{\{Y_x \geq n\}}\right]$$

$$= \sum_{k=0}^{n-1} \ddot{a}_{\overline{k+1|}} {}_k p_x {}_1 q_{x+k} + \ddot{a}_{\overline{n|}} {}_n p_x.$$

最後の式から有期年金は特殊な生死混合保険であることが分かる．

問題 9.38 給付現価が (9.13) のように表現できることを証明せよ． □

終身年金保険

期間を定めず生涯支払う生命年金を**終身年金**という．契約締結から毎年期始に生存していることを条件に保険金 1 を支払う対価として，保険料 π を締結時に支払う保険を一時払い終身年金生命年金保険とよぶ．契約者の受け取る金額の現価は次で定義される：

$$(9.14) \qquad \mathscr{V}^P(Y_x) = \sum_{k=0}^{\infty} v^k \mathbf{1}_{\{Y_x \geq k\}} = \sum_{k=0}^{\omega-x-1} v^k \mathbf{1}_{\{Y_x \geq k\}}.$$

この給付現価 $\mathscr{V}^P(Y_x)$ は次のようにも表現できる：

(9.15) $$\mathscr{V}^P(Y_x) = \ddot{a}_{\overline{Y_x+1}|}.$$

終身年金保険の一時払い保険料は最初の給付現価の表現 (9.14) を用いると次のようになる：

$$\pi = E\left[\sum_{k=0}^{\omega-x-1} v^k \mathbf{1}_{\{Y_x \geq k\}}\right] = \sum_{k=0}^{\omega-x-1} v^k E\left[\mathbf{1}_{\{Y_x \geq k\}}\right] = \sum_{k=0}^{\omega-x-1} v^k {}_k p_x.$$

二番目の現価の給付表現 (9.15) を用いると次のようになる：

$$\pi = E\left[\ddot{a}_{\overline{Y_x+1}|}\right] = \sum_{k=0}^{\omega-x-1} \ddot{a}_{\overline{k+1}|} E\left[\mathbf{1}_{\{k \leq T_x < k+1\}}\right] = \sum_{k=0}^{\omega-x-1} \ddot{a}_{\overline{k+1}|} {}_k p_x {}_1 q_{x+k}.$$

最後の式から終身年金は特殊な終身保険と見ることができることが分かる．

平準払いの生命保険料

平準払いの期間の設定にもさまざまなバリエーションがあるが，ここでは保険による保障の期間と払い込みの期間が同じである代表的保険として養老保険と終身保険を取り上げる．金融工学風にいえば，これらは生命保険商品の「プレーン・バニラ」である．

契約締結から n 年以内に死亡が起こった場合にはその年に保険金 1 を，n 年後まで生存していた場合には保険金 1 を支払う対価として，締結時から被保険者が生存する限りに毎年期初に保険料 π を支払う死亡保険を平準払い n 年満期養老保険とよぶ．給付現価，収入現価はそれぞれ次で定義される：

(9.16) $$\mathscr{V}^P(Y_x) = v^{Y_x+\gamma} \mathbf{1}_{\{Y_x < n\}} + v^n \mathbf{1}_{\{Y_x \geq n\}}, \quad \mathscr{V}^R(Y_x) = \pi \ddot{a}_{\overline{(Y_x+1) \wedge n}|}.$$

式 (9.16) を用いて養老保険の平準払い保険料は次のように求めることができる：

(9.17) $$\pi = \frac{E\left[v^{Y_x+\gamma} \mathbf{1}_{\{Y_x < n\}} + v^n \mathbf{1}_{\{Y_x \geq n\}}\right]}{E\left[\ddot{a}_{\overline{(Y_x+1) \wedge n}|}\right]}$$

$$= \frac{\sum_{k=0}^{n-1} v^{k+\gamma} {}_k p_x {}_1 q_{x+k} + v^n {}_n p_x}{\sum_{k=0}^{n-1} \ddot{a}_{\overline{k+1}|} {}_k p_x {}_1 q_{x+k} + \ddot{a}_{\overline{n}|} {}_n p_x}.$$

特に $\gamma = 1$ の場合には，$v^{k+1} = 1 - d\ddot{a}_{\overline{k+1}|}$ に留意すると次のように定期積金と類似の等式が成り立つことが分かる（問題 9.11 を参照のこと）：

$$\pi = \frac{1}{E\left[\ddot{a}_{\overline{(Y_x+1)\vee n}|}\right]} - d.$$

ただし，$x \vee y = \max(x, y)$.

契約締結から生涯にわたり死亡が起こった場合に保険金 1 を支払う対価として，締結時から被保険者が生存する限りに毎年期始に保険料 π を支払う死亡保険を平準払い終身保険とよぶ．給付現価と収入現価はそれぞれ次で定義される：

$$\mathscr{V}^P(Y_x) = v^{Y_x+\gamma}, \quad \mathscr{V}^R(Y_x, \pi) = \pi \ddot{a}_{\overline{Y_x+1}|}.$$

これにより終身保険の平準払い保険料は次のように求められる：

$$\pi = \frac{E\left[v^{Y_x+\gamma}\right]}{E\left[\ddot{a}_{\overline{Y_x+1}|}\right]} = \frac{\sum_{k=0}^{\omega-x-1} v^{k+\gamma} {}_kp_x \, {}_1q_{x+k}}{\sum_{k=0}^{\omega-x-1} \ddot{a}_{\overline{k+1}|} {}_kp_x \, {}_1q_{x+k}}.$$

特に $\gamma = 1$ の場合には，次のように養老保険と同様に定期積金と類似の等式が成り立つことが分かる：

$$\pi = \frac{1}{E\left[\ddot{a}_{\overline{Y_x+1}|}\right]} - d.$$

9.4.3　連続モデルによる生命保険料の計算

以下では離散モデルと異なる点を中心に説明する．

連続モデルにおける期待値計算

容易に確かめられるように

$$P(t < T_x \leqq t + dt) = {}_{t|dt}q_x = {}_{t+dt}q_x - {}_tq_x = {}_tp_x \, {}_{dt}q_{x+t} = {}_tp_x \mu_{x+t} \, dt$$

となるから，確率変数 T_x の可測関数 $\psi(\cdot)$ の期待値は次のように書ける：

$$E[\psi(T_x)] = \int_0^\infty \psi(t) \, {}_tp_x \, \mu_{x+t} \, dt.$$

9.4 生命保険の数理計算

連続モデルによる年金保険の一時払い保険料

予定利率 i のときの利力を $\delta = \log(1+i)$ とすると連続支払いの確定年金現価は次のようになる：

$$(9.18) \qquad \bar{a}_{\overline{n|}} = \int_0^n v^t dt = \int_0^n e^{-\delta t} dt = \frac{1-e^{-\delta n}}{\delta} = \frac{1-v^n}{\delta}.$$

契約締結から期間 n の毎瞬間に生存していることを条件に保険金 1 を連続的に支払う対価として，保険料 π を締結時に支払う保険を連続払いの一時払い有期生命年金保険とよぶ．給付現価は次で定義される：

$$\mathscr{V}^P(T_x) = \bar{a}_{\overline{T_x|}} \mathbf{1}_{\{T_x < n\}} + \bar{a}_{\overline{n|}} \mathbf{1}_{\{T_x \geq n\}}.$$

この保険の保険料は次のようになる：

$$(9.19) \qquad \pi = E\left[\mathscr{V}^P(T_x)\right] = E\left[\bar{a}_{\overline{T_x|}} \mathbf{1}_{\{T_x < n\}}\right] + \bar{a}_{\overline{n|}} E\left[\mathbf{1}_{\{T_x \geq n\}}\right]$$
$$= \int_0^n \bar{a}_{\overline{t|}} \, {}_t p_x \, \mu_{x+t} \, dt + \bar{a}_{\overline{n|}} \, {}_n p_x.$$

連続払い有期年金の一時払い保険料の別表現

(9.19) の最後の式の第 1 項は部分積分により次のようになる：

$$\int_0^n \bar{a}_{\overline{t|}} \, {}_t p_x \, \mu_{x+t} \, dt = [-\bar{a}_{\overline{t|}} \, {}_t p_x]_0^n + \int_0^n v^t \, {}_t p_x \, dt$$
$$= -\bar{a}_{\overline{n|}} \, {}_n p_x + \int_0^n v^t \, {}_t p_x \, dt.$$

したがって保険料は次のようにも表現できる：

(9.20)
$$\pi = \int_0^n v^t \, {}_t p_x \, dt = \int_0^n e^{-\delta t} \, {}_t p_x \, dt = \int_0^n \exp\left(-\int_0^t (\delta + \mu_{x+\tau}) d\tau\right) dt.$$

(9.18) と (9.20) を比較すると，生命年金の場合は死亡によるキャッシュ・フローの不確実性を反映して年金現価が小さくなっていることが分かる．保険料 π を運用していると考えると死力 $\mu_{x+\tau}$ の累積部分だけ利回りがよいことを表している．連続払いの年金は，連続払いのクーポンのみの債券のようなものなので，信用リスクのある債券がリスクのないものに対し利回りがリスクの分だけ利回りが高いことと同じ効果を表している．

終身年金の場合には，$n \to \infty$ もしくは $n = \omega - x$ とすればよいことが分かる

であろう．

連続モデルによる死亡保険の一時払い保険料

これまで即時払いの保険金支払いは離散モデルで $\gamma = 1/2$ としてきたが，厳密には連続モデルで定義すべきである．

契約締結から期間 n の間に死亡が起こった場合に即時に保険金 1 を支払う対価として，保険料 π を締結時に支払う保険を即時払いの一時払い定期保険とよぶ．給付現価は次で定義される：

$$\mathscr{V}^P(T_x) = v^{T_x} \mathbf{1}_{\{T_x < n\}}.$$

この保険の保険料は次のようになる：

$$\pi = E\left[\mathscr{V}^P(T_x)\right] = E\left[v^{T_x} \mathbf{1}_{\{T_x < n\}}\right] = \int_0^n v^t\,{}_tp_x\,\mu_{x+t}\,dt.$$

終身年金の場合には，$n \to \infty$ もしくは $n = \omega - x$ とすればよい．

即時払いの近似方法

即時払いの死亡保険の一時払い保険料を離散的に近似することを考える：

$$v^{k+1}\int_k^{k+1} {}_tp_x\,\mu_{x+t}\,dt \leqq \int_k^{k+1} v^t\,{}_tp_x\,\mu_{x+t}\,dt \leqq v^k\int_k^{k+1} {}_tp_x\,\mu_{x+t}\,dt.$$

であるから，積分の平均値の定理より，ある $\lambda \in [0,1]$ が存在して，

$$v^{k+\lambda}\int_k^{k+1} {}_tp_x\mu_{x+t}\,dt = \int_k^{k+1} v^t\,{}_tp_x\mu_{x+t}\,dt.$$

ここで右辺の死亡確率が $[k, k+1]$ で一様に分布すると仮定すると

$$\int_k^{k+1} v^t\,{}_tp_x\,\mu_{x+t}\,dt = \int_k^{k+1} v^t \mathbf{1}_{[k,k+1]}\,{}_{k|1}q_x\,dt$$

となるので

$$v^{k+\lambda} = \int_k^{k+1} v^t dt = v^k \int_0^1 v^t dt = v^k \frac{1-v}{\delta}$$

より次のように λ を求めることができる：

$$\lambda = -\frac{1}{\delta}\log\left(\frac{i}{\delta(1+i)}\right).$$

ここで λ を予定利率 i の関数として 0 の近傍でマクローリン展開すると

$$\lambda \approx \frac{1}{2} - \frac{i}{24} + \frac{i^2}{48} - \frac{13i^3}{960}$$

と近似できる．したがって即時払いの現価を離散的に計算するときには

$$\int_k^{k+1} v^t \, {}_tp_x \mu_{x+t}\, dt \approx v^{k+\frac{1}{2}} \, {}_{k|1}q_x$$

と近似できることになる．これが即時払いのときに $\gamma = 1/2$ とする理由である．この近似により，即時払いの終身保険の一時払い保険料は次のようになる：

$$\int_0^\infty v^t \, {}_tp_x \, \mu_{x+t}\, dt \approx \sum_{k=0}^\infty v^{k+\frac{1}{2}} \, {}_{k|1}q_x.$$

次のような別の近似方法もある．これは読者に任そう（Gerber [52]参照）．

問題 9.39 次の近似が成り立つことを示せ．
(1) $\displaystyle\int_k^{k+1} v^t \, {}_tp_x \, \mu_{x+t}\, dt \approx \frac{i}{\delta} v^{k+1} \, {}_{k|1}q_x.$
(2) $\displaystyle\int_0^\infty v^t \, {}_tp_x \, \mu_{x+t}\, dt \approx \frac{i}{\delta} \sum_{k=0}^\infty v^{k+1} \, {}_{k|1}q_x.$ □

9.4.4 生命保険の責任準備金計算

以下では生命保険商品の代表として保険金期末払い保険料平準払いの養老保険の負債の計算方法について解説する．x 歳で n 年満期の養老保険を締結した人が t 年 $(t = 1, 2, \cdots, n-1)$ 経過後に生存している場合に，t 時点で保険者が確保すべき責任準備金を ${}_tV_{x:\overline{n}|}$ とする．(9.9)式の第1項と第2項はそれぞれ次のように書ける：

$$\mathscr{E}^P(\mathscr{V}^P(T_\lambda) \mid T_\lambda \geqq t) = E\left[v^{(Y_x+1)\wedge n-t} \,\middle|\, Y_x \geqq t\right],$$

$$\mathscr{E}^R(\mathscr{V}^R(\pi, T_\lambda) \mid T_\lambda \geqq t) = E\left[\pi \ddot{a}_{\overline{(Y_x+1)\wedge n-t}|} \,\middle|\, Y_x \geqq t\right].$$

ただし，π は (9.17) で $\gamma = 1$ としたときの平準払い保険料である．したがって t 時点の**将来法責任準備金**は次のように求められる：

$$(9.21)\quad {}_tV_{x:\overline{n}|} = \mathscr{E}^P(\mathscr{V}^P(T_\lambda) \mid T_\lambda \geqq t) - \mathscr{E}^R(\mathscr{V}^R(\pi, T_\lambda) \mid T_\lambda \geqq t)$$
$$= E\left[v^{(Y_x+1)\wedge n-t} - \pi \ddot{a}_{\overline{(Y_x+1)\wedge n-t}|} \,\middle|\, Y_x \geqq t\right].$$

命題 9.40 この養老保険の将来法責任準備金は次のようにも表せる：

(9.22)
$$_tV_{x:\overline{n|}} = \frac{1}{_tp_x} E\left[(1+i)^{t-1-Y_x}\left(\pi\ddot{s}_{\overline{Y_x+1|}} - 1\right)\mathbf{1}_{\{Y_x<t\}} + \pi\ddot{s}_{\overline{t|}}\mathbf{1}_{\{Y_x\geq t\}}\right].$$

[証明] まず，以下の等式が成り立つことに着目する：

$$(1+i)^t E\left[\pi\ddot{a}_{\overline{(Y_x+1)\wedge n|}} - v^{(Y_x+1)\wedge n}\right] = 0,$$

$$\ddot{a}_{\overline{Y_x+1|}}\mathbf{1}_{\{Y_x<n\}} = \ddot{a}_{\overline{Y_x+1|}}\mathbf{1}_{\{Y_x<t\}} + (\ddot{a}_{\overline{t|}} + v^t\ddot{a}_{\overline{Y_x-t+1|}})\mathbf{1}_{\{t\leq Y_x<n\}},$$

$$v^{Y_x+1}\mathbf{1}_{\{Y_x<n\}} = v^{Y_x+1}\mathbf{1}_{\{Y_x<t\}} + v^t v^{Y_x-t+1}\mathbf{1}_{\{t\leq Y_x<n\}},$$

$$\ddot{a}_{\overline{n|}} = \ddot{a}_{\overline{t|}} + v^t\ddot{a}_{\overline{n-t|}}.$$

これらを式 (9.21) に適用することにより，$_tp_x \cdot {}_tV_{x:\overline{n|}}$ を次のように変形できる：

$$_tp_x \cdot {}_tV_{x:\overline{n|}}$$
$$= E\left[v^{(Y_x+1)\wedge n - t}\mathbf{1}_{\{t\leq Y_x\}} - \pi\ddot{a}_{\overline{(Y_x+1)\wedge n - t|}}\mathbf{1}_{\{t\leq Y_x\}}\right]$$
$$= (1+i)^t E\left[\pi\left(\ddot{a}_{\overline{Y_x+1|}}\mathbf{1}_{\{Y_x<t\}} + \ddot{a}_{\overline{t|}}\mathbf{1}_{\{Y_x\geq t\}}\right) - v^{Y_x+1}\mathbf{1}_{\{Y_x<t\}}\right].$$

したがって，次が成り立ち命題が証明される．

$$_tV_{x:\overline{n|}} = \frac{1}{_tp_x}E\left[\pi\left((1+i)^{t-1-Y_x}\ddot{s}_{\overline{Y_x+1|}}\mathbf{1}_{\{Y_x<t\}} + \ddot{s}_{\overline{t|}}\mathbf{1}_{\{Y_x\geq t\}}\right)\right.$$
$$\left. - (1+i)^{t-1-Y_x}\mathbf{1}_{\{Y_x<t\}}\right].$$

(9.22) 式は過去に受け取った保険料を予定利率で運用した結果 (終価) から，支払った保険金を控除したものの期待値と解釈できるので，**過去法責任準備金**とよばれている．他の保険種類でも成り立つことが証明できる．

問題 9.41 養老保険以外の保険でも，将来法責任準備金が命題 9.40 と同様の式に表現できることを確認せよ．

第 9 章ノート▶本章では，金融と保険の共通要素である現在価値評価の数理的基礎および保険商品の価格付けを中心とした保険数理の基礎的事項を解説した．金利を用いた現在価値評価の数理は例えば [95] に詳しい．一般に，保険商品の価格公式は保険数理特有の記号を用いて記述されるが，本書では確率論の記号を併用し，ファイナンス

を学ぶ読者にも分かりやすいよう配慮した．このような確率論的表現が，金利モデルを反映した割引計算による保険料計算を検討する際の実務家のヒントとなれば幸いである．本書で解説できなかった話題については[49]，[52]，[146]など保険数理の専門書を参照していただきたい．

付録A 更新定理

ここでは4.3節で利用した更新理論のいくつかの結果を述べる．それらの証明や更新理論全般については[41]や[124]，[121]などに詳しいのでそちらを参照していただきたい．

$\{T_n\}_{n=1}^\infty$ を更新列として，付随する更新過程

$$N(t) = \sum_{n=1}^\infty 1_{\{T_n \leq t\}}, \quad t \geq 0$$

を考える．さらに，$T_2 - T_1$ の分布関数を F とする．

更新関数 (renewal function) $V(t) = E[N(t)]$, $t \geq 0$, は次の性質を持つ：

命題 A.1 V は右連続かつ非減少関数であり，各 $t \geq 0$ に対して，$V(t) = \sum_{n=1}^\infty F^{n*}(t) < \infty$．さらに，$V$ は積分方程式

(A.1) $$V(t) = F(t) + \int_0^t V(t-x)dF(x), \quad t \geq 0$$

を満たす． □

$z : [0, \infty) \to \mathbb{R}$ を局所有界関数として，(A.1)を一般化させた**更新方程式**(renewal equation)

(A.2) $$Z(t) = z(t) + \int_0^t Z(t-u)dF(u), \quad t \geq 0$$

を考える．ここでは F は $F(0) < 1$, $F(\infty) < \infty$ を満たす $[0, \infty)$ 上の右連続単調非減少関数とする．この z に対して

$$\underline{m}_k(h) = \inf_{(k-1)h \leq x \leq kh} z(x), \quad \overline{m}_k(h) = \sup_{(k-1)h \leq x \leq kh} z(x), \quad h > 0, \; k = 1, 2, \cdots,$$

$$\underline{\sigma}(h) = \sum_{k=1}^\infty h\underline{m}_k(h), \quad \overline{\sigma}(h) = \sum_{k=1}^\infty h\overline{m}_k(h), \quad h > 0$$

とおく．任意の $h > 0$ に対して $\overline{\sigma}(h) < \infty$ および

$$\lim_{h \to 0} \{\overline{\sigma}(h) - \underline{\sigma}(h)\} = 0$$

が満たされるとき，z は $[0, \infty)$ 上**直接的リーマン積分可能**(directly Riemann integrable)であるという．

注意 A.2 $z \geqq 0$ が有界かつ連続で $\overline{\sigma}(1) < \infty$ ならば z は直接的リーマン積分可能である．また，$z \geqq 0$ が非増加で，通常の意味でリーマン積分可能ならば，これは直接的リーマン積分可能である．

$V(t) = \sum_{n=0}^{\infty} F^{n*}(t)$ とおき，

$$m = \int_0^\infty y dF(y) = \int_0^\infty (1 - F(y)) dy$$

とおく．$m = \infty$ の場合は，$m^{-1} = 0$ と解釈するものと約束する．

定理 A.3 z が局所有界のとき，

$$Z(t) = \int_0^t z(t-s) dV(s), \quad t \geqq 0$$

が $[0, \infty)$ 上の局所有界な関数のクラスにおいて，(A.2)の一意解である．また，$F(\infty) = 1$ でかつ z が直接的リーマン積分可能ならば，

$$\lim_{t \to \infty} Z(t) = m^{-1} \int_0^\infty z(s) ds. \qquad \square$$

付録B 有限加法的測度

定義 B.1 $(\Omega, \mathscr{F})$ を可測空間とする．集合関数 $\mu : \mathscr{F} \to \mathbb{R}$ は次の条件を満たすとき**有限加法的**(finitely additive)という：

(1) $\mu(\emptyset) = 0$.
(2) $A_i \cap A_j = \emptyset \ (i \neq j)$ を満たす $A_1, \cdots, A_n \in \mathscr{F}$ に対して
$$\mu\left(\bigcup_{i=1}^n A_i\right) = \sum_{i=1}^n \mu(A_i).$$
□

$\mathcal{M}_f$ を $\mu(\Omega) = 1$ を満たす有限加法的測度 $\mu : \mathscr{F} \to [0,1]$ 全体とする．また，有限加法的測度 μ に対して $|\mu| := \sup_{A \in \mathscr{F}} |\mu(A)|$ とおく．

μ を $|\mu| < \infty$ を満たす有限加法的測度とする．X が次のような単関数で表されるとする：
$$X(\omega) = \sum_{i=1}^n \alpha_i 1_{A_i}(\omega).$$
ここで $n \in \mathbb{N}$, $\alpha_i \in \mathbb{R}$, $A_i \in \mathscr{F}$ であり，A_i たちは互いに共通部分を持たないとする．このような X について，μ による積分を
$$\int X d\mu = \sum_{i=1}^n \alpha_i \mu(A_i)$$
により定義する．この定義が X の表現の仕方に依存しないことは容易に確かめられる．

一般の $(\Omega, \mathscr{F})$ 上の一般の可測関数 X に対して，
$$\sup\left\{\int Y d\mu \,\middle|\, Y \text{ は単関数}, Y \leqq X\right\} = \inf\left\{\int Y d\mu \,\middle|\, Y \text{ は単関数}, Y \geqq X\right\}$$
が成り立つとき，X は μ に関して可積分であるといい，この共通の値を $\int X d\mu$ と書く．また，$Q \in \mathcal{M}_f$ の場合は，
$$E^Q[X] := \int X d\mu, \quad X \in \mathcal{X}$$

と表す．

$\mathcal{X}$ を $(\Omega, \mathscr{F})$ 上の有界可測関数全体とするとき，次が成り立つ．

定理 B.2 μ を $|\mu| < \infty$ を満たす有限加法的測度とする．任意の $X \in \mathcal{X}$ は μ に関して可積分である． □

連続線形汎関数に関する次のような表現定理が知られている．

定理 B.3 ℓ を $\mathcal{X}$ 上の連続線形汎関数とする．このとき，$|\mu| < \infty$ を満たす有限加法的測度 μ が一意的に存在し，

$$\ell(X) = \int X d\mu, \quad X \in \mathcal{X}.$$

□

付録C 生命保険公式のまとめ

第9章では，保険数理記号になじみのない読者のためにアクチュアリー記号の使用を抑えて記述したが，実務ではアクチュアリー記号が必要となるので，主要な記法を公式の形でまとめておく．

表C.1 一時払い死亡保険の公式

保険種類	公　式
期末払い定期死亡保険	$A^1_{x:\overline{n}|} = \sum_{k=0}^{n-1} v^{k+1} {}_kp_x {}_1q_{x+k}$
期末払い終身保険	$A_x = \sum_{k=0}^{\infty} v^{k+1} {}_kp_x {}_1q_{x+k}$
即時払い定期死亡保険	$\bar{A}^1_{x:\overline{n}|} = \int_0^n v^t {}_tp_x \mu_{x+t}\, dt$
	$\fallingdotseq \sum_{k=0}^{n-1} v^{k+\frac{1}{2}} {}_kp_x {}_1q_{x+k}$
即時払い終身保険	$\bar{A}_x = \int_0^{\infty} v^t {}_tp_x \mu_{x+t}\, dt$
	$\fallingdotseq \sum_{k=0}^{\infty} v^{k+\frac{1}{2}} {}_kp_x {}_1q_{x+k}$

表C.2 一時払い生存保険・一時払い養老保険の公式

保険種類	公　式
生存保険	$A^{\ 1}_{x:\overline{n}|} = v^n {}_np_x$
期末養老保険	$A_{x:\overline{n}|} = A^1_{x:\overline{n}|} + A^{\ 1}_{x:\overline{n}|}$
	$= \sum_{k=0}^{n-1} v^{k+1} {}_kp_x {}_1q_{x+k} + v^n {}_np_x$
即時払い養老保険	$\bar{A}_{x:\overline{n}|} = \bar{A}^1_{x:\overline{n}|} + A^{\ 1}_{x:\overline{n}|}$
	$= \int_0^n v^t {}_tp_x \mu_{x+t}\, dt + v^n {}_np_x$
	$\fallingdotseq \sum_{k=0}^{n-1} v^{k+\frac{1}{2}} {}_kp_x {}_1q_{x+k} + v^n {}_np_x$

表 C.3　一時払い年金保険の公式

保険種類	公　式
有期生命年金	$\ddot{a}_{x:\overline{n}|} = \sum_{k=0}^{n-1} v^k {}_k p_x$
終身生命年金	$\ddot{a}_x = \sum_{k=0}^{\infty} v^k {}_k p_x$
連続払い有期生命年金	$\bar{a}_{x:\overline{n}|} = \int_0^n v^t {}_t p_x \, dt$
連続払い終身年金	$\bar{a}_x = \int_0^{\infty} v^t {}_t p_x \, dt$

表 C.4　平準払い保険の公式

保険種類	公　式
生存保険	$P_{x:\overline{n}|}^{\ \ 1} = \dfrac{A_{x:\overline{n}|}^{\ \ 1}}{\ddot{a}_{x:\overline{n}|}}$
定期保険	$P_{x:\overline{n}|}^{1} = \dfrac{A_{x:\overline{n}|}^{1}}{\ddot{a}_{x:\overline{n}|}}$
期末養老保険	$P_{x:\overline{n}|} = \dfrac{A_{x:\overline{n}|}}{\ddot{a}_{x:\overline{n}|}}$
即時払い養老保険	$\bar{P}_{x:\overline{n}|} = \dfrac{\bar{A}_{x:\overline{n}|}}{\ddot{a}_{x:\overline{n}|}}$
期末終身保険	$P_x = \dfrac{A_x}{\ddot{a}_x}$
即時払い終身保険	$\bar{P}_x = \dfrac{\bar{A}_x}{\ddot{a}_x}$

表 C.5　一時払い保険料と年金現価の関係公式

保険種類	公　式
養老保険	$d\ddot{a}_{x:\overline{n}|} + A_{x:\overline{n}|} = 1$
終身保険	$d\ddot{a}_x + A_x = 1$
連続払い終身保険	$r\bar{a}_x + \bar{A}_x = 1$
（参考）死亡率のない場合	$d\ddot{a}_{\overline{n}|} + v^n = 1$

表 C.6 平準払い保険料と年金現価の関係公式

保険種類	公　式
養老保険	$P_{x:\overline{n}|} = \dfrac{1}{\ddot{a}_{x:\overline{n}|}} - d$
終身保険	$P_x = \dfrac{1}{\ddot{a}_x} - d$
(参考) 死亡率のない場合	$P_{\overline{n}|} = \dfrac{1}{\ddot{a}_{\overline{n}|}} - d$

参考文献

[1] Acerbi, C. and Tasche, D., "On the coherence of expected shortfall", *Journal of Banking and Finance*, **26** (2002), pp.1487–1503.

[2] Albrecht, P., "Premium calculation without arbitrage?", *ASTIN Bulletin*, **22** (1992), pp.247–254.

[3] Allais, M., "Le comportement de l'homme rationnel devant le risque: Critique des postulats et axiomes de l'école Américaine", *Econometrica*, **21** (1953), pp.503–546.

[4] Anscombe, F. J. and Aumann, R. J., "A definition of subjective probability", *Ann. Math. Stat.*, **34** (1963), pp.199–205.

[5] Artzner, P., Delbaen, F., Eber, J. M., and Heath, D., "Coherent measures of risk", *Math. Finance*, **9** (1999), pp.203–228.

[6] Asmussen, S. and Glynn, P. W., *Stochastic Simulation: Algorithms and Analysis*, Springer-Verlag, 2007.

[7] Becherer, D., "Rational hedging and valuation of integrated risks under constant absolute risk aversion", *Insurance Math. Econom.*, **33** (2003), pp.1–28.

[8] Bernoulli, D., "Specimen theoriae novae de mensura sortis", *Commentarii Academiae Scientiarum Imperialis Petropolitanae*, **5** (1738), pp.175–192. (English translation) Sommer, L., "Exposition of a New Theory on the Measurement of Risk", *Econometrica*, **22** (1954), pp.23–36.

[9] Bielecki, T. R., Jeanblanc, M., and Rutkowski, M., "Hedging of defaultable claims", in *Paris-Princeton Lectures on Mathematical Finance 2003*, Carmona, R. A. et al. (eds.), Springer-Verlag, 2004, pp.1–132.

[10] Bielecki, T. R. and Rutkowski, M., *Credit Risk: Modeling, Valuation and Hedging*, Springer-Verlag, 2004.

[11] Bingham, N. H. and Kiesel, R., *Risk-Neutral Valuation. Pricing and Hedging of Financial Derivatives*, 2nd ed., Springer-Verlag, 2004.

[12] Bingham, N. H., Goldie, C. M., and Teugels, J. L., *Regular Variation*, 2nd ed., Cambridge University Press, 1989.

[13] Björk, T., *Arbitrage Theory in Continuous Time*, 2nd ed., Oxford University

Press, 2004. (邦訳)『ビョルク 数理ファイナンスの基礎——連続時間モデル』, 前川功一 訳, 朝倉書店, 2006.

[14] Björk, T., Di Masi, G., Kabanov, Y., and Runggaldier, W., "Towards a general theory of bond markets", *Finance Stoch.*, **1** (1997), pp.141-174.

[15] Björk, T., Kabanov, Y., and Runggaldier, W., "Bond market structure in the presence of market point processes", *Math. Finance*, **7** (1997), pp.211-239.

[16] Black, F., "The pricing of commodity contracts", *J. Finan. Econom.*, **3** (1976), pp.167-179.

[17] Black, F. and Scholes, M., "The pricing of options and corporate liabilities", *J. Political Econom.*, **81** (1973), pp.637-654.

[18] Brace, A., Gatarek, D., and Musiela, M., "The market model of interest rate dynamics", *Math. Finance*, **4** (1997), pp.127-155.

[19] Brémaud, P., *Point Processes and Queues: Martingale Dynamics*, Springer-Verlag, 1981.

[20] Brémaud, P., *An Introduction to Probabilistic Modeling*, Springer-Verlag, 1988. (邦訳)『モデルで学ぶ確率入門』, 釜江哲朗 監修, 向井久 訳, シュプリンガー・フェアラーク東京, 2004.

[21] Brigo, D. and Mercurio, F., *Interest Rate Models——Theory and Practice With Smile, Inflation and Credit*, 2nd ed., Springer-Verlag, 2006.

[22] Bühlmann, H., *Mathematical Methods in Risk Theory*, Springer-Verlag, 1970.

[23] Bühlmann, H., "An economic premium principle", *ASTIN Bulletin*, **11**, (1980), pp.52-60.

[24] Cont, R. and Tankov, R., *Financial Modelling with Jump Processes*, Chapman & Hall/CRC, 2004.

[25] Cox, J. C., Ingersoll, J. E., and Ross, S. A., "A theory of the term structure of interest rates", *Econometrica*, **53**, (1985), pp.385-407.

[26] Cox, J. C., Ross, S. A., and Rubinstein, M., "Option pricing: a simplified approach", *J. Finan. Econom.*, **7**, (1979), pp.229-263.

[27] Cramér, H., *Collected Works*, vol.I. Edited by Martin-Löf, A. Springer-Verlag, 1994.

[28] Cramér, H., *Collected Works*, vol.II. Edited by Martin-Löf, A. Springer-Verlag, 1994.

[29] Delbaen, F., "Coherent measures of risk on general probability spaces", In: *Advances in Finance and Stochastics, Essays in Honor of Dieter Sondermann*, Sandmann, K. and Schönbucher, P. J. (Eds.), Springer-Verlag, 2002, pp.1-37.

[30] Delbaen, F. and Haezendonck, J., "A martingale approach to premium calculation principles in an arbitrage free market", *Insurance Math. Econom.*, **8** (1989), pp.269-277.

[31] Delbaen, F. and Schachermayer, W., "A general version of the fundamental theorem of asset pricing", *Math. Ann.*, **300**, (1994), pp.463-520.

[32] Delbaen, F. and Schachermayer, W., *The Mathematics of Arbitrage*, Springer-Verlag, 2006.

[33] Dudley, R. M., "Wiener functionals as Itô integrals", *Ann. Probab.*, **5** (1977), pp.140-141.

[34] Duffie, D. and Kan, R., "Multi-factor term structure models", *Phil. Trans. Roy. Soc. London Ser. A*, **347** (1994), pp.577-586.

[35] Duffie, D. and Kan, R., "A yield-factor model of interest rates", *Math. Finance*, **6** (1996), pp.379-406.

[36] Durrett, R., *Essentials of Stochastic Processes*, Springer-Verlag, 1999.（邦訳）『確率過程の基礎』, 今野紀雄, 中村和敬, 曽雌隆洋, 馬霞 訳, シュプリンガー・フェアラーク東京, 2005.

[37] El Karoui, N. and Rouge, R., "Pricing via utility maximization and entropy", *Math. Finance*, **10** (2000), pp.259-276.

[38] Ellsberg, D., "Risk, ambiguity, and the Savage axioms", *Quart. J. Econ.*, **75** (1961), pp.643-669.

[39] Embrechts, P., "Actuarial versus financial pricing of insurance", *Journal of Risk Finance*, **1** (2000), pp.17-26.

[40] Embrechts, P., Klüppelberg, C., and Mikosch, T., *Modelling Extremal Events for Insurance and Finance*, Springer-Verlag, 1997.

[41] Feller, W., *An Introduction to Probability Theory and its Applications*, vol.II, 2nd ed., Wiley, 1971.（邦訳）『確率論とその応用 II』, 上, 下, 国沢清典 監訳, 羽鳥裕久, 大平坦 訳, 紀伊國屋書店, 1969, 1970.

[42] Filipović, D., *Term-Structure Models. A Graduate Course*, Springer-Verlag, 2009.

[43] Fishburn, P. C., *Utility Theory for Decision Making*, John Wiley & Sons, 1970.

[44] Föllmer, H. and Schied, A., *Stochastic Finance: An Introduction in Discrete Time*, 3rd ed., Walter de Gruyter, 2011.

[45] 藤田宏, 黒田成俊, 伊藤清三,『関数解析』, 岩波書店, 1991.

[46] 藤田岳彦,『ファイナンスの確率解析入門』, 講談社, 2002.

[47] 舟木直久,『確率論』, 朝倉書店, 2004.

[48] 舟木直久,『確率微分方程式』, 岩波書店, 2005.
[49] 二見隆,『生命保険数学』, 上, 下, 生命保険文化研究所, 1992.
[50] Geman, H., El Karoui, N., and Rochet, J. C., "Changes of numéraire, changes of probability measures and pricing of options", *J. Appl. Probab.*, **32** (1995), pp. 443-458.
[51] Gerber, H. U., *An Introduction to Mathematical Risk Theory*, S. S. Huebner Foundation for Insurance Education, 1979.
[52] Gerber, H. U., *Life Insurance Mathematics*, 3rd ed., Spinger-Verlag, 1997. (邦訳)『生命保険数学』, 山岸義和 訳, シュプリンガー・ジャパン, 2007.
[53] Gilboa, I., "Expected utility with purely subjective non-additive probabilities", *J. Math. Econom.*, **16** (1987), pp.65-88.
[54] Gilboa, I. and Schmeidler, D., "Maxmin expected utility with non-unique prior", *J. Math. Econom.*, **18** (1989), pp.141-153.
[55] Grandell, J., "Finite time ruin probabilities and martingales", *Informatica*, **2** (1991), pp.3-32.
[56] Harrison, J. M. and Kreps, D. M., "Martingales and arbitrage in multiperiod securities markets", *J. Econom. Theory*, **20**,(1979), pp.381-408.
[57] Harrison, J. M. and Pliska, S. R., "Martingales and stochastic integrals in the theory of continuous trading", *Stochastic Process. Appl.*, **11** (1981), pp.215-260.
[58] Heath, D., Jarrow, R., and Morton, A., "Bond pricing and the term structure of interest rates: a new methodology for contingent claims valuation", *Econometrica*, **60** (1992), pp.77-105.
[59] Herstein, I. N. and Milnor, J., "An axiomatic approach to measurable utility", *Econometrica*, **21** (1953), pp.291-297.
[60] Hogg, R. V. and Klugman, S. A., *Loss Distributions*, John Wiley & Sons, 1984.
[61] Hull, J. C., *Options, Futures, and Other Derivatives*, 8th ed., Pearson Prentice Hall, 2011. (邦訳)『フィナンシャルエンジニアリング——デリバティブ取引とリスク管理の総体系(第7版)』三菱 UFJ 証券 市場商品本部 訳, 金融財政事情研究会, 2009.
[62] Hull, J. and White, A., "Pricing interest-rate derivative securities", *Rev. Finan. Stud.*, **3** (1990), pp.573-592.
[63] 猪狩惺,『実解析入門』, 岩波書店, 1996.
[64] Ikeda, N. and Watanabe, S., *Stochastic Differential Equations and Diffusion Processes*, 2nd ed., North-Holland; Kodansha, 1989.
[65] Inoue, A., "On the worst conditional expectation", *J. Math. Anal. Appl.*, **286**

(2003), pp.237-247.
[66] 伊藤清, Markoff 過程ヲ定メル微分方程式, 全国紙上数学談話会, 244 号, No. 1077, (1942), pp.1352-1400.
[67] Itô, K., "Stochastic integral", *Proc. Imp. Acad. Tokyo*, **20** (1944), pp.519-524.
[68] Itô, K., "On a stochastic integral equation", *Proc. Imp. Acad. Tokyo*, **22** (1946), pp.32-35.
[69] Itô, K., "On stochastic differential equations", *Mem. Amer. Math. Soc.*, **4** (1951), pp.1-51.
[70] 伊藤清三,『ルベーグ積分入門』, 裳華房, 1963.
[71] 岩城秀樹,『確率解析とファイナンス』, 共立出版, 2008.
[72] 岩田規久男,『テキストブック 金融入門』, 東洋経済新報社, 2008.
[73] Jacod, J. and Shiryaev, A. N., *Limit Theorems for Stochastic Processes*, 2nd ed., Springer-Verlag, 2003.
[74] Jamshidian, F., "An exact bond option pricing formula", *J. Finance*, **44** (1989), pp.205-209.
[75] Jamshidian, F., "LIBOR and swap market models and measures", *Finance Stochast.*, **1** (1997), pp.293-330.
[76] Kaas, R., Goovaerts, M., Dhaene, J., and Denuit, M., *Modern Actuarial Risk Theory*, Kluwer Academic Publishers, 2001.
[77] 神楽岡優昌, 鈴木重信,『確率金利モデル――理論と Excel による実践』, ピアソン・エデュケーション, 2006.
[78] Kahneman, D. and Tversky, A., "Prospect theory: an analysis of decision under risk", *Econometrica*, **47** (1979), pp.263-292.
[79] Karatzas, I. and Shreve, S. E., *Brownian Motion and Stochastic Calculus*, Springer-Verlag, 1991. (邦訳)『ブラウン運動と確率積分』, 渡邉壽夫 訳, 丸善出版, 2012.
[80] Karatzas, I. and Shreve, S. E., *Methods of Mathematical Finance*, Springer-Verlag, 1998.
[81] Kazamaki, N., "On a problem of Girsanov", *Tohoku Math. J.*, **29** (1977), pp. 597-600.
[82] 木島正明,『期間構造モデルと金利デリバティブ』, 朝倉書店, 1999.
[83] 木島正明, 田中敬一,『資産の価格付けと測度変換』, 朝倉書店, 2007.
[84] Kijima, M., Tanaka, K., and Wong, T., "A multi-quality model of interest rates", *Quant. Finan.*, **9** (2009), pp.133-145.
[85] 小守林克哉, 工藤康祐,「株価連動型年金のオプション性」,『リスクの科学――金

融と保険のモデル分析』,小暮厚之 編著, 朝倉書店, 2007, pp.99-122.
[86] Koopmans, T. C., "Stationary ordinal utility and impatience", *Econometrica*, **28** (1960), pp.287-309.
[87] Korn, R., "Some applications of L^2-hedging with a nonnegative wealth process", *Applied Math. Finance*, **4** (1997), pp.65-79.
[88] 小谷眞一, 『測度と確率』, 岩波書店, 2005.
[89] Kreps, D. M., *Notes on the Theory of Choice*, Westview Press, 1988.
[90] 国友直人, 高橋明彦, 『数理ファイナンスの基礎——マリアバン解析と漸近展開の応用』, 東洋経済新報社, 2003.
[91] Kusuoka, S., "On law invariant coherent risk measures", *Adv. Math. Econ.*, **3** (2001), pp.83-95.
[92] Lamberton, D. and Lapeyre, B., *Introduction to Stochastic Calculus Applied to Finance*, 2nd ed., Chapman & Hall/CRC, 2008.（邦訳）『ファイナンスへの確率解析』, 森平爽一郎 監修, 青木信隆 他 訳, 朝倉書店, 2000.
[93] Levy, H. and Markowitz, H. M., "Approximating expected utility by a function of mean and variance", *Am. Econ. Rev.*, **69** (1979), pp.308-317.
[94] Liptser, R. S. and Shiryaev, A. N., *Statistics of Random Processes. I. General Theory*, Second, revised and expanded edition, Springer-Verlag, 2001.
[95] Luenberger, D. G., *Investment Science*. Oxford University Press, 1998.（邦訳）『金融工学入門』, 今野浩 他 訳, 日本経済新聞社, 2002.
[96] Lundberg, F., *Approximerad Framställning av Sannolikhetsfunktionen. Återförsäkering av Kollektivrisker*. Akad. Afhandling. Almqvist och Wiksell, Uppsala, 1903.
[97] Machina, M., "Choice under uncertainty: Problems solved and unsolved", *Economic Perspectives*, **1** (1987), pp.121-154.
[98] 丸山徹, 『積分と函数解析——実函数から多価函数へ』, 丸善出版, 2012.
[99] 松田稔, 『バナッハ空間とラドン・ニコディム性』, 横浜図書, 2006.
[100] 松山直樹, 「変額年金保険の数理」, 『ファイナンス・保険数理の現代的課題』, 黒田耕嗣 編著, 日本大学文理学部, 2008, pp.153-181.
[101] Merton, R. C., "Theory of rational option pricing", *Bell J. Econom. Manag. Sci.*, **4** (1973), pp. 141-183.
[102] Merton, R. C., *Continuous-Time Finance*, Wiley-Blackwell, 1992.
[103] McNeil, A. J., Frey, R. and Embrechts, P., *Quantitative Risk Management. Concepts, Techniques and Tools*, Princeton University Press, 2005.（邦訳）『定量的リスク管理——基礎概念と数理技法』, 塚原英敦 他 訳, 共立出版, 2008.

[104] Mikosch, T., *Non-Life Insurance Mathematics: An Introduction with Stochastic Processes*, Springer-Verlag, 2004.

[105] Møller, T., "On transformations of actuarial valuation principles", *Insurance Math. Econom.*, **28** (2001), pp.281-303.

[106] Møller, T., "Indifference pricing of insurance contracts in a product space model", *Finance and Stochastics*, **7** (2003), pp.197-217.

[107] Møller, T., "Indifference pricing of insurance contracts in a product space model: applications", *Insurance Math. Econom.*, **32** (2003), pp.295-315.

[108] Møller, T. and Steffensen, M., *Market-Valuation Methods in Life and Pension Insurance*, Cambridge University Press, 2007.

[109] Musiela, M. and Rutkowski, M., *Martingale Methods in Financial Modelling*, 2nd ed., Springer-Verlag, 2005.

[110] 長井英生, 『確率微分方程式』, 共立出版, 1999.

[111] Nakano, Y., "Efficient hedging with coherent risk measure", *J. Math. Anal. Appl.*, **293** (2004), pp.345-354.

[112] 西尾眞喜子, 樋口保介, 『確率過程入門』, 培風館, 2006.

[113] 野口悠紀雄, 藤井眞理子, 『現代ファイナンス理論』, 東洋経済新報社, 2005.

[114] Øksendal, B., *Stochastic Differential Equations: An Introduction with Applications*, 6th ed., Springer-Verlag, 2010. (邦訳)『確率微分方程式——入門から応用まで』, 谷口説男 訳, 丸善出版, 2012.

[115] Pelsser, A., *Efficent Methods for Valuing Interest Rate Derivatives*, Springer-Verlag, 2000.

[116] Petrov, V. V., *Sums of Independent Random Variables*, Springer-Verlag, 1975.

[117] Pratt, J. W. "Risk aversion in the small and in the large", *Econometrica*, **32** (1964), pp.122-136.

[118] Protter, P. E., *Stochastic Integration and Differential Equations*, 2nd ed., Springer-Verlag, 2005.

[119] Rabin, M., "Risk aversion and expected-utility theory: a calibration theorem", *Econometrica*, **68** (2000), pp.1281-1292.

[120] Ramlau-Hansen, H., "A solvency study in non-life insurance, Part 1: analysis of fire, windstorm, and glass claims", *Scand. Actuarial J.*, (1988), pp.3-34.

[121] Resnick, S. I., *Adventures in Stochastic Processes*, Birkhäuser, 1992.

[122] Revuz, D. and Yor, M., *Continuous Martingales and Brownian Motion*, 3rd ed., Springer-Verlag, 1999.

[123] Rogers, L. C. G. and Williams, D., *Diffusions, Markov Processes and Martingales*, Vol.2, Cambridge University Press, 2000.

[124] Rolski, T., Schmidli, H., Schmidt, V., and Teugels, J., *Stochastic Processes for Insurance and Finance*, John Wiley & Sons, 1999.

[125] Rudin, W., *Functional Analysis*, 2nd ed., McGraw-Hill, 1991.

[126] 齊藤誠,『資産価格とマクロ経済』, 日本経済新聞出版社, 2007.

[127] Samuelson, P. A., "The fundamental approximation theorem of portfolio analysis in terms of means, variances and higher moments", *Rev. Econ. Stud.*, **37** (1970), pp.537-542.

[128] Savage, L. J., *The Foundations of Statistics*, John Wiley & Sons, 1954.

[129] Schmeidler, D., "Integral representation without additivity", *Proc. Amer. Math. Soc.*, **97** (1986), pp. 255-261.

[130] Schmeidler, D., "Subjective probability and expected utility without additivity", *Econometrica*, **57** (1989), pp.571-587.

[131] Schweizer, M., "From actuarial to financial valuation principles", *Insurance Math. Econom.*, **28** (2001), pp.31-47.

[132] Sekine, J., "Dynamic minimization of worst conditional expectation of shortfall", *Math. Finance*, **14** (2004), pp.605-618.

[133] 関根順,『数理ファイナンス』, 培風館, 2007.

[134] Shreve, S. E., *Stochastic Calculus for Finance. II. Continuous-Time Models*, Springer-Verlag, 2004. (邦訳)『ファイナンスのための確率解析 II——連続時間モデル』, 長山いづみ 他 訳, シュプリンガー・ジャパン, 2008.

[135] Sondermann, D., "Reinsurance in arbitrage-free markets", *Insurance: Math. Econom.*, **10** (1991), pp.191-202.

[136] Sørensen, M., "A semimartingale approach to some problems in risk theory", *ASTIN Bulletin*, **26** (1996), pp.15-23.

[137] Teugels, J. L. and Sundt, B. (editors-in-chief), *Encyclopedia of Actuarial Science*, 3 volumes, Wiley, 2004.

[138] Vasicek, O., "An equilibrium characterization of the term structure", *J. Finan. Econom.*, **5** (1977), pp.177-188.

[139] von Chossy, R. and Rappl, G., "Some approximation methods for the distribution of random sums", *Insurance Math. Econom.*, **2** (1983), pp.251-270.

[140] von Neumann, J. and Morgenstern, O., *Theory of Games and Economic Behavior*, 2nd ed., Princeton University Press, 1947.

[141] Wang, S., "Insurance pricing and increased limits ratemaking by proportional

hazards transforms", *Insurance Math. Econom.*, **17** (1995), pp.43-54.
[142] Wang, S., "Premium calculation by transforming the layer premium density", *ASTIN Bulletin*, **26** (1996), pp.71-92.
[143] Wang, S., "A class of distortion operators for pricing financial and insurance risks", *Journal of Risk and Insurance*, **67** (2000), pp.15-36.
[144] Wiener, N., "Differential space", *J. Math. Phys.*, **2** (1923), pp.131-174.
[145] Williams, D., *Probability with Martingales*, Cambridge University Press, 1991. (邦訳)『マルチンゲールによる確率論』, 赤堀次郎, 原啓介, 山田俊雄 訳, 培風館, 2004.
[146] 山内恒人, 『生命保険数学の基礎——アクチュアリー数学入門』, 東京大学出版会, 2009.
[147] Yamada, T. and Watanabe, S., "On the uniqueness of solutions of stochastic differential equations", *J. Math. Kyoto Univ.*, **11** (1971), pp.155-167.
[148] Young, V. R. and Zariphopoulou, T., "Pricing dynamic insurance risks using the principle of equivalent utility", *Scand. Actuarial J.*, (2002), pp.246-279.

記号一覧

$(\cdot)_+$ 5
$1_E, 1_A$ 13, 70
$a \vee b$ 88
$a \wedge b$ 88
$\mathbb{T}, \mathbb{T}_1$ 34
$\overline{F}$ 230
S_X 333
F_X 210
$q^+(s), q^-(s)$ 311
g_θ 335
$\mathscr{B}(\mathbb{R}), \mathscr{B}([a,b])$ 68
dQ/dP 136
Q_T 182
$E[\cdot], E^P[\cdot]$ 13, 77
$E[\cdot|\mathscr{H}], E^P[\cdot|\mathscr{H}]$ 79
$E[\cdot|\mathbb{Y}]$ 30
$E_t[\cdot]$ 35, 39, 51
$E^T[\cdot]$ 182
$V(\cdot)$ 77
$\{\mathscr{F}_t\}$ 82
$\mathscr{F}_\tau$ 89
$\sigma(\mathscr{A})$ 68
$\mathscr{H} \vee \mathscr{G}$ 69
$\sigma(X)$ 77
$\sigma(X_\lambda : \lambda \in \Lambda)$ 78
$\int_{0+}^{t}$ 148
Leb 68
$(S, \mathscr{F})$ 67
$\mathscr{N}$ 82
$N(m, v)$ 76
$(\Omega, \mathscr{F}, P)$ 10, 75
$(S_1 \times S_2, \mathscr{F}_1 \otimes \mathscr{F}_2, \mu_1 \otimes \mu_2)$ 74

$W(t)$ 86
$W^{(\lambda)}(t)$ 137, 345
$W^*(t)$ 158, 176, 199
$W_T(t), W_{T+\delta}(t)$ 184, 202
$\langle X \rangle(t)$ 125
$\langle X_1, X_2 \rangle(t)$ 125
$[X, Y](t)$ 149
$\sigma_P(t, T)$ 175
$B_t, B(t)$ 39, 53, 132, 157, 173
$S_t, S(t)$ 3, 16, 39, 53, 130, 158
$X_t^{x,\xi}, X^{x,\xi}(t)$ 41, 53, 132, 159, 177
$X_t^{x,\xi,\eta}$ 22, 47, 58
$C([0,T] \times \mathbb{R})$ 128
$C([0,T], \mathbb{R})$ 98
$C^{1,2}([0,T] \times \mathbb{R})$ 128
$L^p(S, \mathscr{F}, \mu), L^p(S), L^p(\mu), L^p$ 72
$\|\cdot\|_p$ 72
L^∞ 303
$\|\cdot\|_\infty$ 303
L^0 301, 308
L^1_+ 330
$\mathscr{L}_0$ 106
$\mathscr{L}_1^{loc}, \mathscr{L}_{1,T}^{loc}$ 122
$\mathscr{L}_2, \mathscr{L}_{2,T}$ 106
$\|\cdot\|_{\mathscr{L}}$ 111
$\mathscr{L}_2^{loc}, \mathscr{L}_{2,T}^{loc}$ 106
$\mathscr{M}_2^c$ 97
$\|\cdot\|_{\mathscr{M}}$ 97
$\mathscr{M}^{c,loc}$ 103
$\mathrm{VaR}_\alpha(X)$ 317
$\mathrm{CVaR}_\alpha(X)$ 325
$H_\theta[X]$ 336

索　引

欧　字

a.e., μ-a.e.　70
a.s., P-a.s.　75
Allais の逆説　266
Arrow-Debreu 均衡　337
Arrow-Pratt の絶対リスク回避係数　282
Bühlmann の定理　338
Banach 空間　73, 98
Bayes の公式　138
Berry-Esseen の不等式　217
BGM モデル　201
BIS 規制　300
Black-Scholes-Merton モデル　157
Black-Scholes の公式　49, 167
Black-Scholes 方程式　167
Black-Scholes モデル　157
Black の公式　202
Borel σ-加法族　68
Borel 集合　68
BS モデル, BSM モデル　157
CIR モデル　192
Cramér-Lundberg モデル　209
CRR モデル　50
CVaR　324
Doob の不等式　95
Ellsberg の逆説　290
Esscher 原理　249, 331
Esscher 変換　219
Fatou の補題　72, 81
FD 法　400
Feynman-Kac の定理　186
Fubini-Tonelli の定理　75
Fubini の定理　74
Girsanov の定理　135, 137
Greeks　167

HARA 効用関数　285
Heath-Jarrow-Morton ドリフト条件　200
HJM 枠組み　196
Hölder の不等式　72
Hull-White モデル　191
IBNR 備金　406
in prob.　77
in L^p　73
Jensen の不等式　80
LIBOR　202
Lipschitz 条件　145
L^p-収束　72
L^p-ノルム　72
Lundberg 係数　226
Lundberg の不等式　226
Minkowski の不等式　72
Neyman-Pearson の補題　322
Novikov の条件　132
NP 近似　396
Panjer の漸化式　214
Prohorov の距離　274
p 乗可積分　72, 82
Radon-Nikodym の定理　137
Riccati 方程式　188
Riesz-Fischer の定理　73
Savage の期待効用表現　289
Schwarz の不等式　72
SDE　131
σ-加法族　67
σ-加法族の生成　68, 77
σ-有限　74
Sparre-Andersen モデル　209
Stratonovich 積分　105
s 分位　308
Thiele の微分方程式　243, 244
T-債券　171

索　引　443

T-派生証券　178
Value at Risk (VaR)　299, 317, 370
Vasicek モデル　189
Wang の保険料原理　331, 333
Wang 変換　336
Wiener 過程　86

ア　行

アフィン期間構造モデル　187, 188
アメリカン・オプション　6
アルキメデス性の公理　266
安全割増　330, 331, 370
イールド　172, 382
イールド・カーブ　172
一時払い　398
一様ポアソン過程　207
伊藤過程　123
伊藤過程表現　125
伊藤の公式　128, 152
インプライド・ボラティリティ　169
営業保険料　397
オペレーショナル・リスク　373, 374

カ　行

概収束　77
ガウス過程　86
ガウス・コピュラ　339
価格密度　337
確実性原理　273
確実性等価　281
拡張された市場　22, 46, 58
確定年金現価率　387
確率過程　34, 82
確率過程の変形　94
確率収束　77
確率積分　37, 109, 112, 115, 125
確率測度　10, 68
確率的保険　285
確率微分方程式　131, 144
確率変数　12, 75
過去法　389

過去法責任準備金　420
風巻の条件　132
可積分　71
可測　69
可測空間　9, 67
価値過程　40, 47, 53, 58, 160
貨幣　363, 364
下方分位関数　311
可予測　36, 51, 146
可予測 σ-集合族　146
元金　379
間接金融　365
完備　18, 57, 162, 179
完備確率空間　75
完備性　43
完備性(二項関係の)　264
緩変動関数　234
ガンマ分布　206
幾何ブラウン運動　158
幾何分布　206
期間構造方程式　186
期間構造モデル　172
既経過保険料　405
期始年金終価率　387
期待効用表現　265
期待収益率　158
期待ショートフォール　325
期待値　13, 77
期待値原理　249, 331
既発生未報告損害備金　406
客観的確率　288
キャッシュ・アウト　386
キャッシュ・イン　386
キャッシュ・フロー　386
キャプレット　203
給付現価　394
給付・反対給付等価の原則　392
キュムラント　396
キュムラント母関数　395
強解　145
共単調　307
共単調性　307, 331
強度核　245

強度過程　240
強度関数　409
共分散　25
局所時間　195
局所マルチンゲール　100
局所有界　151
巨大リスクの証券化　373
許容取引戦略　161
均質　396
金融　364
金利　365
金利キャップ　203
金利スワップ契約　384
金利の期間構造　172
クレーム　392
クレーム額　205
クレーム件数　397
クレーム件数過程　206
クレーム時刻　205
クレーム総額　393
クレーム総額過程　209
クレジット・デリバティブ　373
経験料率法　399
経済主体　336
計算基数　409
計数過程　239
計数測度　244
現価　364, 386
現価率　386
原資産　5
減少的な絶対リスク回避性　283
減少的な相対リスク回避性　284
減分布関数　332
行使価格　5
控除免責金額　209
更新過程　207
更新関数　231
更新モデル　209
更新列　207
効用　261
効用関数　281, 372
効用無差別評価　348
コール　6

国債　381
コヒーレント・リスク尺度　302
個別的リスクモデル　394
転がし計算　387

サ　行

最悪の条件付き期待値　325
債券　381
債権　373
債券オプション　184
最大損失　331
裁定機会　8, 375
裁定取引　7, 8, 20, 22, 47, 54, 59
再保険　209, 248
先渡価格　19, 182
時価　403
時間分散効果　370
資金自己調達的　16, 41, 160
資産　403
資産価格評価の第1基本定理　55, 375
資産価格評価の第2基本定理　58, 375
指示関数　13
市場　365
事象　9, 75
市場の完備性　375
市場モデル　203
指数型リスク尺度　305
指数原理　331
指数効用関数　284
指数分布　206
指数マルチンゲール　131
指数優マルチンゲール　131
システマティック・リスク　374
自然保険料　411
実世界測度　376
実損填補　392
実利率　380
支払備金　406
弱収束　274
弱選好関係　263
収益率　379
終価　387

索引　445

集合的リスクモデル　396
収支相等の原則　390
終身年金　414
終身保険　412
修正 Bessel 関数　213
収入現価　399
主観的確率　288
瞬間スポット・レート　174, 383
瞬間フォワード・レート　196, 384
瞬間フォワード・レート曲線　196
瞬間利率　381
純保険料　397
純保険料原理　330
純保険料法　399
純利益条件　225
障害疾病定額保険　392
証券化　373
条件付き確率　28
条件付き期待値　29, 30, 79
条件付請求権　374
条件付きバリュー・アット・リスク　324
上方分位関数　311
剰余過程　224
将来法　389
将来法責任準備金　419
ショート　19
ショート・レート　383
死力　409
シングル・ファクターモデル　173
信用リスク　367, 368
信頼係数　401
信頼性保険料　401
信頼性理論　400
推移性　264
推移測度　244
数値表現　269
数理群団　390
裾の重い分布　232
裾の軽い分布　226
ストップ・ロス再保険　209
スポット・レート　174, 382
正規化　301, 331

正規分布　76
生死混合保険　413
正斉次性　302, 331
正則変動　234
生存関数　409
生存保険　412
聖ペテルスブルグの逆説　261
生命関数　410
生命年金　414
生命表　409
生命保険　392
責任準備金　405
積の微分の公式　129
積分　70
積率母関数　395
絶対的価格付け　376
絶対リスク回避度一定　284
絶対連続　136
選好　261
選好関係　263
全体のリスク　336
増加的な絶対リスク回避性　283
増加的な相対リスク回避性　284
相互扶助　366
相対的価格付け　376
相対リスク回避度一定　285
即時払い　410
測度　68
測度空間　68
ソルベンシー・マージン　371
損害保険　392
損害率法　399

タ　行

滞在時間公式　195
対称差　85
対数正規分布　158, 206
大数の強法則　216
大数の法則　369
大偏差原理　219
多次元標準正規分布　339
畳み込み　211, 395

446　索　引

田中の公式　194
単関数　70
短期金利　173
短期金利モデル　185
単純確率測度　264
単純過程　105
単調収束定理　69, 72, 81
単調性　280
単調性(リスク尺度・保険料原理の)
　　302, 331
単調族定理　240, 245
単利計算　380
単利スポット・レート　382
単利フォワード・レート　383
中心極限定理　216
直積 σ-加法族　73
直積測度　74
直接金融　365
直接的リーマン積分可能　231
通常の条件　82
ツリー法　50
定期死亡保険　411
定期払い　398
停止過程　90
停止時刻　88
停止時刻の局所化列　101
適合　35, 51, 83
デルタ　49
デルタ分布　76
デルタ・ヘッジ　50, 167
転化回数　380
転化期間　380
点過程　205, 238, 344, 377
天候デリバティブ　373, 374
投機　7
投資　379
投資家　379
投資元本　379
投資期間　379
投資収益　379
到達時刻　91
同値　15, 136
同値マルチンゲール測度　19, 44, 54,
　　59, 159, 174, 375
特性関数　395
独立　25, 26, 78
独立性の公理　265
凸関数　80
凸錐　301
凸性　305, 331
凸リスク尺度　305
取引戦略　4, 16, 40, 46, 53, 58
取引戦略の価値　4, 17
ドリフト　144

　　　　ナ　行

内部収益率　387
二項関係　263
二項分布　206
二項モデル　3, 37, 50
2次共変分過程　125, 149
2次変分過程　125, 149
ニューメレール　180, 364
ニューメレールの変更　180
任意時刻　88
任意抽出定理　93
年末払い　410

　　　　ハ　行

配当　365
ハザード関数　237
ハザード・レート　334, 409
ハザード・レート関数　237, 344
破産　224
破産確率　224, 247
破産時刻　224
破産理論　408
派生証券　5
発展的可測　84
バリュー・アット・リスク　299, 317,
　　370
パレート分布　207
判断法　399
非完備　57, 346

索　引　447

ヒストリカル・ボラティリティ　169
非対称性　263
非爆発　238
被保険者　402
被保険利益　377
標準偏差原理　331
標本元　75
比例再保険　209
比例ハザード原理　335
比例ハザード変換　335
頻度　400
フィルター付き確率空間　83
フィルトレーション　82
フォワード LIBOR　202
フォワード LIBOR モデル　201
フォワード・スワップ・レート　384
フォワード測度　182
フォワード中立価格評価法　183
フォワード・レート　383
不確実性　261
付加保険料　397
複合確率変数　210
複合分布　212, 397
複合ポアソン過程　209
複合ポアソン分布　212, 397
複製　375
複製可能　18, 42, 57, 162, 178
複製コスト　7, 18, 42
複製戦略　7, 17, 42, 57, 162
複利計算　380
複利スポット・レート　383
負債　403
負推移性　263
プット　6
プット・コール・パリティ　48, 169
不当な安全割増なし　331
負の二項分布　206
ブラウン運動　86
ブラウン・フィルトレーション　88
分位関数　309
分割　14
分散　77
分散原理　249, 331

分布　14, 76
分布関数　210
ペイオフ　5
平均回帰性　189
平均損害　400
平準払い　398
並進不変性　301, 331
べき型効用関数　285
ヘッジ　6
変額年金保険　343
変額保険　373, 374
ポアソン過程　207, 239
ポアソン分布　206
法則不変性　306, 331
法定責任準備金　407
ポートフォリオ　4, 368
保険　366
保険金受取人　402
保険契約　367
保険契約者　367
保険事故　392
保険者　367
保険料算出原理　330, 371
保険料積立金　405
ボラティリティ　158
本質的上限　303

マ　行

マーク空間　244
マーク付き点過程　205, 244
マネー・マーケット・アカウント　174
マルチンゲール　35, 52, 92
マルチンゲール表現定理　139, 140
マルチンゲール変換　37
未経過保険料　405
密度　76, 136
無裁定　21, 22, 47, 54, 59, 161, 178, 248
無裁定価格　48, 60
無裁定条件　9
無差別関係　264
無リスク資産　3

無リスク利子率　3, 158
名称利率　380

ヤ 行

山田-渡辺の定理　145
有期生命年金　414
有限確率空間　9, 10
有限加法性　69
有限加法的　290, 425
有限測度　68
優収束定理　72, 81
優複製コスト　346
優マルチンゲール　92
養老保険　413
ヨーロピアン・プット・オプション　6
予定利率　386

ラ 行

リスク　261, 365
リスク回避性　281
リスク過程　224, 408
リスク・キャピタル　370
リスク・シェアリング　366
リスク尺度　299, 301, 371
リスク中立価格　249
リスク中立価格付け　248
リスク中立価格評価法　21, 48, 164, 179, 375
リスク中立測度　20, 44, 159, 174, 375
リスクの市場価格　159, 173, 375
リスク・バッファ　371
リスク・ファイナンス　366
リスク・プール　390
リスク分散効果　369
リスク・ローディング　330, 370
利率　379
利力　381
理論価格　403
ルベーグ測度　68
ルベーグの収束定理　72
劣加法性　69
劣加法性(リスク尺度・保険料原理の)　302, 331
劣指数的　232
劣マルチンゲール　92
連続性の公理　266
連続複利計算　381
連続複利スポット・レート　383
ロング　19

ワ 行

歪度　396
ワイブル分布　207
割引債　171, 381
割引率　386

■岩波オンデマンドブックス■

ファイナンスと保険の数理

```
            2014 年 8 月 28 日   第 1 刷発行
            2025 年 5 月 9 日   オンデマンド版発行
```

著　者　井上昭彦　中野　張　福田　敬

発行者　坂本政謙

発行所　株式会社　岩波書店
　　　　〒 101-8002　東京都千代田区一ツ橋 2-5-5
　　　　電話案内　03-5210-4000
　　　　https://www.iwanami.co.jp/

印刷／製本・法令印刷

© Akihiko Inoue, Yumiharu Nakano, Kei Fukuda
2025
ISBN 978-4-00-731562-6　Printed in Japan